# 计算机系统基础

## 基于LoongArch指令系统

袁春风　鲍培明 ◎ 编著

清华大学出版社
北京

## 内 容 简 介

本书主要介绍与计算机系统相关的基础性内容和核心概念，解释这些概念如何相互关联并最终影响程序执行的结果和性能。本书共 9 章，主要包括数据的表示和运算、LoongArch 指令系统、程序的转换及机器级表示、程序的链接和加载执行、存储器层次结构、虚拟存储器、进程控制和异常控制流以及 I/O 操作的实现等内容。

本书内容详尽，概念清楚，通俗易懂，实例丰富，并提供大量典型习题以供读者练习。本书可以作为高等学校计算机专业本科学生计算机系统方面的基础性教材，也可以作为有关专业研究生或计算机技术人员的参考书。

版权所有，侵权必究。举报：010-62782989，beiqinquan@tup.tsinghua.edu.cn。

图书在版编目（CIP）数据

计算机系统基础：基于 LoongArch 指令系统 / 袁春风，鲍培明编著.
北京：清华大学出版社，2025.3. -- ISBN 978-7-302-68603-3
Ⅰ. TP303
中国国家版本馆 CIP 数据核字第 20250HR304 号

责任编辑：张瑞庆　薛　阳
封面设计：何凤霞
责任校对：郝美丽
责任印制：沈　露

出版发行：清华大学出版社
网　　址：https://www.tup.com.cn,https://www.wqxuetang.com
地　　址：北京清华大学学研大厦 A 座　　　　邮　编：100084
社 总 机：010-83470000　　　　　　　　　　邮　购：010-62786544
投稿与读者服务：010-62776969，c-service@tup.tsinghua.edu.cn
质量反馈：010-62772015，zhiliang@tup.tsinghua.edu.cn
课件下载：https://www.tup.com.cn,010-83470236
印 装 者：三河市铭诚印务有限公司
经　　销：全国新华书店
开　　本：185mm×260mm　　　印　张：26　　　字　数：661 千字
版　　次：2025 年 5 月第 1 版　　　　　　　印　次：2025 年 5 月第 1 次印刷
定　　价：79.00 元

产品编号：104097-01

# 推 荐 序

这套教材涉及两个关键词：一是计算机系统能力，二是自主核心技术。它们在现在和将来一段时间里都是我国计算机教育改革的重要内容。

一方面，在教育部高等学校计算机类专业教学指导委员会的指导和推动下，计算机系统能力培养已经成为国内高校计算机类专业最具影响力的教育教学改革热点之一。目前已经在国内上百所高校范围内进行了实践，取得了显著的人才培养成效。人们正在探讨如何进一步深化改革，以更好地满足产业界不断增长的系统能力人才需求。

另一方面，近年来我国在计算机核心技术方面取得了长足的进展，不少基于自主核心技术的产品开始具备和国际产品同台竞争的能力。在美国等西方国家不断加大卡脖子力度的背景下，基于自主核心技术的产品开始成为市场主流选择。随着市场份额的扩大，自主核心技术相关的人才需求出现了明显的缺口，这已成为我国教育界急需解决的一个问题。

这套教材将系统能力培养与国产自主核心技术相结合，对教学改革和产业发展都有着良好的推动作用。从教学角度，基于自主技术进行系统能力培养，不仅更容易获得一手资料和专家资源支持，还可以通过校企合作、实习交流等方式让抽象的理论和具体的实践更好地融汇贯通。从自主技术开发企业角度，自主技术进入计算机系统教学环节，不仅更便于吸引优质人才，还能为其产业生态的长期发展奠定扎实的根基。

这套教材覆盖了从计算机系统基础到汇编、组成原理、操作系统和编译技术等系统能力培养的核心专业课程。作者们都是长期从事系统能力培养的知名高校教学专家，教材也很好地体现了他们丰富的经验，具有以下鲜明的特点。

一是自主指令系统贯通全系列。本系列所有教材都基于我国自主研发的 LoongArch 指令系统编写，不同课程之间容易实现前后贯通，能避免出现汇编讲 x86 而组成原理用 MIPS 之类的尴尬局面。LoongArch 问世虽然仅有短短 3 年时间，但它已经建成完整的产业生态，形成了规模产业。LoongArch 采用开放策略建设其生态，已经获得国际开源软件社区的普遍支持，成为与 x86、Arm 等并列的顶层软件生态之一。采用 LoongArch 进行教学，可以把思政教育自然融入教学之中，有助于提升学生的自主创新信心，培养其家国情怀。

二是强调系统思维。系统思维是高校计算机专业学生相对其他专业学生的重要优势。作为一套面向高校计算机专业课程的教材，它很好地体现了系统思维。例如，计算机系统基础教材包括可执行文件的加载和运行、程序执行过程中的存储访问以及硬件与操作系统之间的协同机制三部分，有助于学生构建从底层微结构到编译工具链、操作系统和应用软件等计算机系统各抽象层之间的系统级关联知识体系。汇编教材包括基础知识、汇编语言、LoongArch 和计算机系统三部分，把汇编语言定位为理解整个计算机系统的有效起点和高效途径，培养学生站在系统的高度考虑和解决问题。组成原理教材的核心目标是开发一个具有数十条指令的功能型 CPU，编译、操作系统等教材也通过分步实验构建完整系统。这些实验设计，一方面通过问题牵引，培养学生发现问题、定义问题、提出方法并评估优劣的研究思维能力；另一方面通过自顶向下、螺旋迭代等迭代完善系统的功能和性能，逐渐培养学生系统软件工程化开发意识，帮助他们建立起功能、复杂性与系统性能之间不断取舍的全局"系统观"。

三是内容编排充分照顾不同层次的教学需求。考虑到不同专业培养目标定位、师资队伍、学生基础等差异，建立了层层递进的理论与实验体系，从而有助于不同等级高校教学实施。例如，本系列中两本操作系统教材都进行了基础篇和提升篇等分层设计，它们又分别从内核构建和系统编程两个角度着手，能够满足不同层次、不同目标的教学需求。其他教材也都有明确的分层设计。

综上所述，我相信本系列教材将是一套特色鲜明、推广潜力大、学生培养成效好的高质量计算机系统能力教材，愿意推荐给广大教育界同仁采用。同时，也希望作者们不断吸取在教学实践过程中的反馈，持续改进，为打造精品教材不懈努力。

郑纬民

中国工程院院士
清华大学计算机科学与技术系教授、博士生导师

# 前　言

**FOREWORD**

随着基于大数据处理的人工智能时代的到来，基于 PC 构建起来的专业教学内容已经远远不能反映现代社会对计算机专业人才的培养要求。原先高等学校计算机专业人才培养强调"程序"设计，而现在更强调"系统"设计。这需要我们重新规划教学课程体系，调整教学理念和教学内容，加强学生的计算机系统能力培养，使学生能够深刻理解计算机系统的整体概念，更好地掌握软/硬件协同设计和程序设计技术，从而培养出更多满足业界需求的各类计算机专业人才。不管培养计算机系统哪个层面的计算机技术人才，计算机专业教育都要重视学生"系统观"的培养。本书是为加强高等学校计算机类专业学生的"系统观"而提供的一本用于计算机系统基础类课程教学的教材。

**1. 本书的写作思路和内容组织**

本书从程序员视角出发，以高级语言程序的开发和运行过程为主线，将该过程中的每个环节涉及的硬件和软件基本概念关联起来，试图建立一个完整的计算机系统层次结构框架，使读者了解计算机系统全貌和相关知识体系，初步理解计算机系统中的每个抽象层及其相互转换关系，理解高级语言程序、指令集体系结构、操作系统、编译器、链接器等之间的相互关联，对指令在硬件上的执行过程和指令的底层硬件执行机制有一定的认识和理解，从而在程序的调试、性能优化、移植和健壮性保证等方面提升能力，并为后续的"计算机组成原理""操作系统""编译原理""计算机体系结构"等课程打下坚实基础。

本书的具体内容包括程序中处理的数据在机器中的表示和运算、程序中各类控制语句对应的机器级代码的结构、可执行目标代码的链接生成、可执行目标代码中的指令序列在机器上的执行过程、存储访问过程、打断程序正常执行的机制，以及程序中的 I/O 操作功能如何通过请求操作系统内核提供的系统调用服务来完成等。

虽然构建计算机系统的各类硬件和软件千差万别，但计算机系统的构建原理以及在计算机系统上的程序转换和执行机理是相通的，因而，本书主要介绍一种特定计算机系统平台下的相关内容。本书所用的平台为 LoongArch＋Linux＋GCC＋C 语言。

本书以高级语言程序为出发点来组织内容，按照"自顶向下"的方式，从高级语言程序→汇编语言程序→机器指令序列→控制信号的顺序，展现程序从编程设计、编译转换、链接到最终运行的整个过程。对于存储访问机制和异常控制流这两部分内容，本书在介绍基本原理的基础上，还简要介绍了 LA32/LA64＋Linux 系统的具体实现（带 * 的章节）。若将本书用作教材，则这部分可以选择不作为课堂教学内容，而作为学生的自学材料。

本书共 9 章，从逻辑上分为三部分。第 1 章作为导引，基于一个简单模型机简要介绍计算机系统概述内容；第 2～5 章为第一部分——可执行文件的生成和加载执行，主要围绕程序的编译、汇编、链接、加载和执行进行介绍,包括信息的表示和运算、指令系统和程序的机器级表示等;第 6~7 章为第二部分——程序的存储访问,主要介绍存储层次结构和访存局部性、主存储器、外部存储器、cache、虚拟存储机制等;第 8~9 章为第三部分——硬件与操作系统之间的协同机制,主要介绍进程的上下文切换、进程控制、异常和中断处理、程序中 I/O 操作的底层实现机制。

本书各章的主要内容说明如下。

### 第 1 章　计算机系统概述

主要介绍计算机系统的基本工作原理、计算机的基本组成、程序的开发与执行过程、计算机系统层次结构和计算机系统性能评价。

### 第 2 章　数据的机器级表示与处理

主要介绍各类数据在计算机中的表示与运算。计算机中的算术运算与现实中的算术运算有所区别,例如,一个整数的平方可能为负数;两个正整数的乘积可能比乘数小;浮点数运算时可能不满足结合律。计算机算术运算的这些特性使得有些程序产生意想不到的结果,甚至造成安全漏洞,许多程序员为此感到困惑和苦恼。本章将从数据的机器级表示及其基本运算电路层面来解释计算机算术运算的本质特性,从而使程序员能够清楚地理解由于计算机算术的局限性而造成的异常程序行为。

### 第 3 章　程序转换与指令系统

计算机硬件只能理解机器语言程序,机器语言标准规范是位于软件和硬件交界面的指令集体系结构,即指令系统。本章主要介绍高级语言程序转换为机器代码的过程以及指令系统相关的基本内容,包括指令中的操作数类型、寻址方式、操作类型以及 LA32 和 LA64 指令集架构及其常用指令。

### 第 4 章　程序的机器级表示

主要介绍 C 语言程序中的过程调用和控制语句(如选择、循环等结构语句)以及各类数据结构(如数组、指针、结构体、联合体等)元素的访问所对应的机器级代码。高级语言程序员使用高度抽象的过程调用、控制语句和数据结构等来实现算法,因而无法了解程序在计算机中执行的细节,无法真正理解程序设计中许多的抽象概念,也就很难解释清楚某些程序的行为和执行结果。本章在机器级汇编指令层面来解释程序的行为,因而能对程序执行结果进行较为清楚的说明。通过本章学习将会明白诸如以下一些问题的答案:过程调用时按值传递参数和按地址传递参数的本质差别是什么?缓冲区溢出漏洞是如何造成的?为什么递归调用会耗内存?为什么同样的程序在 32 位架构和 64 位架构上执行结果会不同?指针操作的本质是什么?

### 第 5 章　程序的链接与加载执行

主要介绍如何将多个程序模块链接生成一个可执行目标文件并加载执行。通过介绍与链接相关的目标文件格式、符号解析、重定位、静态库、共享库以及可执行文件的加载等内容,使读者清楚了解为何不能出现同名全局变量、为何可出现同名静态变量等编程问题。此外,链接生成的可执行文件与程序加载、虚拟地址空间和存储器映射等重要内容相关,对理解操作系统中存储管理方面的内容非常有用。可执行文件加载后的执行过程就是其包含的一条条指令的执行过程。

### 第 6 章　存储器层次结构

指令执行过程中需要通过访问存储器来取指令或读写操作数。通常,程序员以为程序代码和数据按序存放在线性地址构成的主存空间中,实际上计算机中并不只有主存,高速缓存和外存等存储器也与程序的执行相关。因此,存储单元不一定是指主存单元,访存过程也不是仅指访问主存的过程,而是指访问整个存储系统的过程。本章将介绍如何构成层次结构存储系统以及在该系统中的访存过程。层次结构存储系统能获得较好效果的一个很重要的原因是,程序中的存储访问具有局部性特点,因此,本章将详细介绍如何通过改善程序的时间局部性和空间局部性来提高程序执行的性能。

#### 第 7 章 虚拟存储器

在链接生成的可执行文件中,其指令代码和数据的地址并不是主存地址,而是一个物理上并不存在的逻辑地址。每个可执行文件的代码和数据都映射到一个统一的虚拟地址空间,因此,在可执行文件执行过程中涉及逻辑地址向主存地址转换等实现虚拟存储器的一整套机制,这部分内容涉及指令系统、操作系统和硬件等多层次间的关联和协同。本章主要介绍页式虚拟存储器机制。

#### 第 8 章 进程与异常控制流

可执行文件被加载后就变成了一个进程,在正常执行过程中,CPU 会因为内部异常或外部中断事件而打断原程序的执行,转去执行操作系统提供的针对这些特殊事件的处理程序。这种由于某些特殊情况引起用户程序的正常执行被打断所形成的意外控制流称为异常控制流。显然,计算机系统必须提供一种机制使得自身能够实现异常控制流。本章主要介绍硬件层和操作系统层中涉及的内部异常和外部中断的异常控制流实现机制,包括进程与进程上下文切换、异常的响应和处理、中断的响应和处理,以及系统调用的实现等。

#### 第 9 章 I/O 操作的实现

所有高级语言的运行时系统都提供了执行 I/O 功能的高级机制,如 C 语言中提供了像 fread、printf 和 scanf 等这样的标准 I/O 库函数。通过 I/O 函数提出 I/O 请求到设备响应并完成 I/O 功能,整个过程涉及多层次的 I/O 软件和 I/O 硬件的协调工作。本章主要介绍与 I/O 操作相关的软硬件协同内容,主要包括文件的概念、系统级 I/O 函数、C 标准 I/O 库函数、设备控制器的基本功能和结构、I/O 端口的编址方式、外设与主机之间的 I/O 控制方式、系统总线和系统互连、中断处理机制以及如何利用陷阱指令将用户 I/O 请求转换为 I/O 硬件操作的过程。

### 2. 读者所需的背景知识

本书假定读者有一定的 C 语言程序设计基础,已经掌握了 C 语言的语法和各类控制语句、数据类型及其运算、各类表达式、函数调用和 C 语言的标准库函数等相关知识。

此外,本书对于程序中指令的执行过程进行了介绍,这涉及布尔代数、逻辑运算电路、存储部件等内容,因而本书假定读者具有数字逻辑电路基础知识。本书大多数 C 语言程序对应的机器级表示都是基于 LA32/LA64+Linux 平台用 GCC 编译器生成的,本书会在介绍程序的机器级表示之前,先简要介绍 32 位 LoongArch 架构 LA32 和 64 位 LoongArch 架构 LA64,包括其机器语言和汇编语言,因而读者无需任何指令系统和机器级语言的背景知识。

### 3. 使用本书作为教材的课程

传统的高校计算机类专业课程体系按计算机系统层次结构横向切分,自下而上分成"数字逻辑电路""计算机组成原理""汇编程序设计""操作系统""编译原理""程序设计"等课程,而且每门课程都仅局限在本抽象层,相互之间很少关联,因而很难形成对完整计算机系统的全面认识。

本书在借鉴国内外相关课程教学内容和相关教材的基础上编写而成,适合在完成程序设计基础课程后学习,本书内容贯穿计算机系统各抽象层,是关于计算机系统的最基础内容,因而使用本书作为教材开设的课程适用于所有计算机类相关专业。

使用本书作为教材开设的课程名称可以是"计算机系统基础""计算机系统导论"或类似名称,可以有以下几种安排方案。

| 章节 | 内容 | 课程 | | | |
| --- | --- | --- | --- | --- | --- |
| | | ① | ② | ③ | ④ |
| 1 | 计算机系统概述 | √ | √ | √ | √ |
| 2 | 数据的机器级表示与处理 | √ | √ | √ | √ |
| 3 | 程序转换与指令系统 | √ | √ | √ | √ |
| 4 | 程序的机器级表示 | √ | √ | √ | |
| 5 | 程序的链接与加载执行 | √ | √ | | |
| 6 | 存储器层次结构 | √ | | √ | √ |
| 7 | 虚拟存储器 | √ | | √ | √ |
| 8 | 进程与异常控制流 | √ | | | |
| 9 | I/O操作的实现 | √ | | | √ |

对于上表说明如下:

- 第①种课程适合软件工程等不需要深入掌握底层硬件细节的专业。开设该课程后,无需开设"数字逻辑电路""汇编程序设计""计算机组成原理""微机原理与接口技术"等偏硬件类课程,只要在课程第 2 章中补充一些布尔代数和基本门电路的内容即可。本书将底层指令系统和微架构的基本内容与高级语言程序、操作系统部分概念、编译和链接的基本内容有机联系在一起,作为一门完整的课程进行教学,不仅能缩减大量课时,还可以通过该课程的讲授为学生的系统能力培养打下坚实基础。因为课程内容较多,建议开设为一学年课程,第一学期学习第 1~5 章,第二学期学习第 6~9 章。每学期总学时数为 54~64。

- 第②种课程适合计算机工程、计算机系统等偏系统或硬件的专业。可以在该课程前或该课程后,开设一门将数字逻辑电路和计算机组成原理的内容合并的课程,专门介绍数字逻辑和微架构设计技术;也可以在该课程之前先开设"数字逻辑电路"课程,之后再开设"计算机组成与系统结构""操作系统"等课程。建议开设为一学期课程,根据带 * 章节内容是否讲解,总学时数为 60~80。

- 第③和第④种课程适合其他与计算机相关的非计算机专业或大专类计算机专业,在学时受限的情况下,可选择一些基本内容进行讲授。建议开设为一学期课程,总学时为 60~80。

### 4. 如何阅读本书

本书的出发点是试图将计算机系统每个抽象层中涉及的重要概念通过程序的开发和运行过程为主线串起来,因而本书涉及的所有问题和内容都从程序出发,这些内容涉及程序中数据的表示及运算、程序对应的机器级表示、多个程序模块的链接、程序的加载及运行、程序执行过程中的异常中断事件、程序中的 I/O 操作等。本书从读者熟悉的程序开发和运行过程出发，介绍计算机系统基本概念，可以使读者将新学的概念与已有的知识建立关联，不断拓展和深化知识体系。因为所有内容从程序出发，所以所有内容都可以通过具体程序进行验证，边学边实践中使所学知识转化为实践能力。

本书虽然涉及内容较广，但所有内容之间具有非常紧密的关联，因而建议读者在阅读本书时采用"整体性"学习方法，通过第 1 章的学习先建立一个粗略的计算机系统整体框架，然后不断地通过后续章节的学习，将新的内容与前面内容关联起来，逐步细化计算机系统框架内容，最终形成比较完整的、相互密切关联的计算机系统整体概念。

本书提供了大量的例题和课后习题，这些题目大多是具体的程序示例，通过对这些示例的分析或验证性实践，读者可以对基本概念有更加深刻的理解。因此，在阅读本书时，若遇到一些难以理解的概念，可以先不用仔细琢磨，而是通过具体程序的反汇编代码来对照基本概念和相关手册中的具体规定进行理解。

本书提供的小贴士对理解书中的基本概念有用，由于篇幅有限，这些补充资料不可能占用很大篇幅，因而大多是简要内容。如果读者希望了解更多的细节内容，可以自行到互联网上查找。

本书内容虽然涉及高级语言程序设计、数字逻辑电路、汇编语言程序、计算机组成与系统结构、操作系统、编译器和链接器等，但主要是讲解它们之间的关联，而不提供其细节，如果读者想要了解更详细的内容，还要阅读关于这些内容的专门书籍。不过，若读者学完本书后再去阅读这些书籍，则会轻松很多。

本书以 LoongArch+Linux 系统平台为案例进行介绍，给出的机器级代码主要是在 LA32 或 LA64 架构机器中生成的。为了更好地理解不同架构平台的差别，深刻理解操作系统、编译程序、链接程序和指令集架构（ISA）等之间的相互协同和关联关系，可以对照学习如 x86+Linux、RISC-V+Linux 等不同系统平台的相关内容。

### 5. 致谢

衷心感谢在本书的编写过程中给予热情鼓励和中肯建议的各位专家、同事和学生们，正是因为有他们的鞭策、鼓励和协助才能顺利完成本书的编写。

在本书的编写过程中，得到了龙芯中科技术股份有限公司和中国科学院计算技术研究所张福新、汪文祥、高燕萍、薛峰、李欣宇等多位龙芯处理器架构和计算机体系结构专家及工程技术人员的热情帮助和技术支持，他们为本书的编写提供了大量的技术资料和相应实验系统支撑，并帮助搭建了本地计算机上及远程服务器上基于 LA32 架构和 LA64 架构的不同系统编程实验环境。

特别感谢本书合著者鲍培明老师的辛勤付出，她对书中所有 LoongArch 指令集架构的机器级代码进行了设计和验证，对书中 LoongArch 架构相关内容进行了组织编撰，并根据 LA 手册中的相关规定以及 C 语言程序对应的 LA 机器级代码，对编写的内容进行了详尽的核实和调整。

本书是作者在南京大学从事"计算机组成与系统结构"和"计算机系统基础"两门课程教学所积累的部分讲稿内容的基础上编写而成的，同时也是在《计算机系统基础（第 2 版）》、《计算机系统：基于 x86+Linux 平台》等教材基础上编写而成的，感谢南京大学各位同仁和各届学生对讲稿内容和教学过程所提出的宝贵的反馈和改进意见，使得本教材的内容得以不断地改进和完善，特别感谢《计算机系统基础（第 2 版）》、《计算机系统：基于 x86+Linux 平台》等教材的合著者余子濠博士，本书的编写采纳了他在编写这些教材过程中提出的许多非常好的建议。

特别感谢清华大学出版社为本书的编写和出版工作提供了极大的支持，本书的责任编辑极其专业和非常细致的工作为本书的出版质量提供了可靠的保证。

### 6. 结束语

本书广泛参考了国内外相关的经典教材和教案，在内容上力求做到取材先进并反映技术发展现状；在内容的组织和描述上力求概念准确、语言通俗易懂、实例深入浅出，并尽量利用图示和实例来解释和说明问题。但是，由于计算机系统相关技术在不断发展，新的思想、概念、技术和方法不断涌现，加之作者水平有限，在编写中难免存在不当或遗漏之处，恳请广大读者对本书的不足之处给予指正，以便在后续的版本中予以改进。

袁春风于南京

2025 年 1 月

# 目录

## 第 1 章 计算机系统概述 ············································································· 1
### 1.1 计算机系统基本工作原理 ································································· 1
#### 1.1.1 冯·诺依曼结构基本思想 ······················································ 1
#### 1.1.2 冯·诺依曼机基本结构 ··························································· 2
#### 1.1.3 程序和指令的执行过程 ························································· 3
### 1.2 程序的开发与运行 ············································································ 5
#### 1.2.1 程序设计语言和翻译程序 ····················································· 5
#### 1.2.2 从源程序到可执行文件 ························································· 7
#### 1.2.3 可执行文件的启动和执行 ····················································· 8
### 1.3 计算机系统的层次结构 ··································································· 10
#### 1.3.1 计算机系统抽象层的转换 ··················································· 10
#### 1.3.2 计算机系统核心层之间的关联 ············································ 12
#### 1.3.3 计算机系统的不同用户 ······················································· 13
### 1.4 计算机系统性能评价 ······································································· 15
#### 1.4.1 计算机性能的定义 ······························································· 15
#### 1.4.2 计算机性能的测试 ······························································· 16
#### 1.4.3 用指令执行速度进行性能评估 ············································ 18
#### 1.4.4 用基准程序进行性能评估 ··················································· 19
#### 1.4.5 阿姆达尔定律 ······································································· 20
### 1.5 本章小结 ·························································································· 21
### 习题 ········································································································ 21

## 第 2 章 数据的机器级表示与处理 ····························································· 24
### 2.1 数制和编码 ······················································································ 24
#### 2.1.1 信息的二进制编码 ······························································· 24
#### 2.1.2 进位计数制 ·········································································· 26
#### 2.1.3 定点数与浮点数 ·································································· 29
#### 2.1.4 定点数的编码表示 ······························································· 30
### 2.2 整数的表示 ······················································································ 34

- 2.2.1 无符号整数和带符号整数的表示 ········· 34
- 2.2.2 C语言中的整数及其相互转换 ········· 34
- 2.3 浮点数的表示 ········· 36
  - 2.3.1 浮点数的表示范围 ········· 37
  - 2.3.2 浮点数的规格化 ········· 37
  - 2.3.3 IEEE 754 浮点数标准 ········· 38
  - 2.3.4 C语言中的浮点数类型 ········· 41
- 2.4 非数值数据的编码表示 ········· 43
  - 2.4.1 逻辑值 ········· 43
  - 2.4.2 西文字符 ········· 43
  - 2.4.3 汉字字符 ········· 44
- 2.5 数据的宽度和存储 ········· 45
  - 2.5.1 数据的宽度和单位 ········· 45
  - 2.5.2 数据的存储和排列顺序 ········· 47
- 2.6 数据的基本运算 ········· 51
  - 2.6.1 按位运算和逻辑运算 ········· 51
  - 2.6.2 左移和右移运算 ········· 51
  - 2.6.3 位扩展和位截断运算 ········· 52
  - 2.6.4 整数加减运算 ········· 53
  - 2.6.5 整数乘除运算 ········· 56
  - 2.6.6 常量的乘除运算 ········· 58
  - 2.6.7 浮点数运算 ········· 59
- 2.7 本章小结 ········· 65
- 习题 ········· 65

## 第3章 程序转换与指令系统 ········· 72

- 3.1 程序转换概述 ········· 72
  - 3.1.1 机器指令和汇编指令 ········· 73
  - 3.1.2 ISA概述 ········· 73
  - 3.1.3 指令系统设计风格 ········· 75
  - 3.1.4 机器代码的生成过程 ········· 76
- 3.2 LA32/LA64 指令系统 ········· 81
  - 3.2.1 LoongArch 指令系统概述 ········· 81
  - 3.2.2 机器指令格式 ········· 83
  - 3.2.3 操作数类型 ········· 84
  - 3.2.4 寄存器组织 ········· 86
  - 3.2.5 寻址方式 ········· 87
- 3.3 LA32/LA64 基础整数指令 ········· 89
  - 3.3.1 基础整数指令概述 ········· 89
  - 3.3.2 整数运算类指令 ········· 91

|     |       | 3.3.3 移位指令 ································································ 98 |
| --- | --- | --- |
|     |       | 3.3.4 普通访存指令 ························································· 100 |
|     |       | 3.3.5 程序执行流控制指令 ················································ 105 |
|     | 3.4   | LA32/LA64 基础浮点指令 ·························································· 110 |
|     |       | 3.4.1 基础浮点指令集概述 ················································ 110 |
|     |       | 3.4.2 浮点普通访存指令 ···················································· 110 |
|     |       | 3.4.3 浮点运算类指令 ······················································ 112 |
|     |       | 3.4.4 浮点转换指令 ························································· 113 |
|     |       | 3.4.5 浮点传送指令 ························································· 115 |
|     | 3.5   | 本章小结 ················································································· 119 |
|     | 习题   | ······························································································ 119 |

## 第 4 章　程序的机器级表示 ·············································································· 122

- 4.1 过程调用的机器级表示 ······················································································ 122
  - 4.1.1 LoongArch 的过程调用约定 ·································································· 122
  - 4.1.2 变量的作用域和生存期 ········································································· 126
  - 4.1.3 按值传递参数和按地址传递参数 ···························································· 128
  - 4.1.4 递归过程调用 ······················································································ 132
  - 4.1.5 非静态局部变量的存储分配 ·································································· 134
  - 4.1.6 入口参数的传递与分配 ········································································· 137
- 4.2 流程控制语句的机器级表示 ··············································································· 142
  - 4.2.1 选择语句的机器级表示 ········································································· 142
  - 4.2.2 循环语句的机器级表示 ········································································· 146
- 4.3 复杂数据类型的分配和访问 ··············································································· 149
  - 4.3.1 数组的分配和访问 ··············································································· 149
  - 4.3.2 结构体数据的分配和访问 ······································································ 154
  - 4.3.3 联合体数据的分配和访问 ······································································ 156
  - 4.3.4 数据的对齐 ························································································· 159
- 4.4 越界访问和缓冲区溢出 ····················································································· 161
  - 4.4.1 缓冲区溢出 ························································································· 161
  - 4.4.2 缓冲区溢出攻击 ··················································································· 163
  - 4.4.3 缓冲区溢出攻击的防范 ········································································· 165
- 4.5 本章小结 ············································································································ 168
- 习题 ························································································································· 169

## 第 5 章　程序的链接与加载执行 ········································································· 180

- 5.1 编译、汇编和静态链接 ······················································································ 180
  - 5.1.1 编译和汇编 ························································································· 180
  - 5.1.2 可执行文件的生成 ··············································································· 181
- 5.2 目标文件格式 ····································································································· 183

  5.2.1 ELF 目标文件格式 …… 183
  5.2.2 可重定位文件格式 …… 184
  5.2.3 可执行文件格式 …… 188
  5.2.4 可执行文件的存储器映像 …… 190
 5.3 符号表和符号解析 …… 191
  5.3.1 符号和符号表 …… 191
  5.3.2 符号解析 …… 194
  5.3.3 与静态库的链接 …… 197
 5.4 符号的重定位 …… 199
  5.4.1 重定位信息 …… 200
  5.4.2 重定位过程 …… 200
  5.4.3 LoongArch 代码的重定位 …… 203
\*5.5 动态链接 …… 206
  5.5.1 动态链接的特性 …… 206
  5.5.2 程序加载时的动态链接 …… 207
  5.5.3 程序运行时的动态链接 …… 208
  5.5.4 位置无关代码 …… 210
  5.5.5 位置无关可执行文件 …… 214
\*5.6 库打桩机制 …… 215
  5.6.1 编译时打桩 …… 215
  5.6.2 链接时打桩 …… 216
  5.6.3 运行时打桩 …… 217
 5.7 可执行文件的加载和执行 …… 219
  5.7.1 可执行文件的加载 …… 219
  5.7.2 程序和指令的执行过程 …… 220
  5.7.3 CPU 的基本功能和基本组成 …… 221
  5.7.4 打断程序正常执行的事件 …… 223
 5.8 本章小结 …… 223
 习题 …… 224

## 第 6 章 存储器层次结构 …… 229

 6.1 存储器概述 …… 229
  6.1.1 存储器的分类 …… 229
  6.1.2 主存储器的组成和基本操作 …… 230
  6.1.3 层次化存储结构 …… 231
  6.1.4 程序访问的局部性 …… 232
 6.2 半导体随机存取存储器 …… 234
  6.2.1 基本存储元件 …… 234
  6.2.2 DRAM 芯片 …… 235
  6.2.3 SDRAM 芯片技术 …… 237

6.2.4 内存条及其与CPU的连接 ································ 238
6.2.5 存储器芯片的扩展 ································ 240
6.2.6 主存控制器 ································ 241
6.3 外部存储器 ································ 242
6.3.1 磁盘存储器的结构 ································ 242
6.3.2 磁盘存储器的性能指标 ································ 244
*6.3.3 闪速存储器和U盘 ································ 245
*6.3.4 固态硬盘 ································ 246
6.4 cache ································ 247
6.4.1 cache的基本工作原理 ································ 247
6.4.2 cache的映射方式 ································ 249
6.4.3 cache的替换算法 ································ 255
6.4.4 cache的写策略 ································ 258
*6.4.5 cache的设计 ································ 259
*6.4.6 cache和程序性能 ································ 263
6.5 本章小结 ································ 267
习题 ································ 267

# 第7章 虚拟存储器 ································ 271

7.1 虚拟存储器概述 ································ 271
7.1.1 虚拟存储器的基本概念 ································ 271
7.1.2 进程的虚拟地址空间 ································ 272
7.1.3 虚拟存储器的基本类型 ································ 274
7.2 页式虚拟存储器的实现 ································ 275
7.2.1 页表和页表项的结构 ································ 275
7.2.2 页式存储管理总体结构 ································ 276
7.2.3 页式虚拟存储地址转换 ································ 278
7.2.4 快表(TLB) ································ 278
7.3 具有TLB和cache的存储系统 ································ 280
7.3.1 层次化存储系统结构 ································ 281
7.3.2 CPU访存过程 ································ 282
7.3.3 cache的4种查找方式 ································ 283
7.4 存储保护机制 ································ 284
*7.5 实例：LoongArch架构的虚拟存储系统 ································ 285
7.5.1 与虚拟存储管理相关的CSR ································ 285
7.5.2 LoongArch架构的虚拟地址空间 ································ 288
7.5.3 直接映射地址翻译模式 ································ 289
7.5.4 页表映射模式下的TLB访问 ································ 290
7.5.5 页表映射模式下的多级页表结构 ································ 294
7.5.6 页表映射模式下的多级页表遍历 ································ 296

- *7.6 实例：Intel Core i7＋Linux 平台 ……… 297
  - 7.6.1 Core i7 的层次化存储器结构 ……… 297
  - 7.6.2 Core i7 的地址转换机制 ……… 297
- *7.7 Linux 操作系统的虚拟存储管理 ……… 300
  - 7.7.1 mmap( ) 函数的功能 ……… 300
  - 7.7.2 共享库的映射 ……… 302
  - 7.7.3 私有的写时拷贝对象 ……… 302
- 7.8 本章小结 ……… 305
- 习题 ……… 305

## 第 8 章 进程与异常控制流 ……… 308

- 8.1 进程与进程的上下文切换 ……… 308
  - 8.1.1 程序和进程的概念 ……… 308
  - 8.1.2 进程的逻辑控制流 ……… 309
  - 8.1.3 进程的上下文切换 ……… 310
- 8.2 异常和中断 ……… 312
  - 8.2.1 异常和中断的基本概念 ……… 312
  - 8.2.2 异常的分类 ……… 313
  - 8.2.3 中断的分类 ……… 317
  - 8.2.4 异常和中断的响应 ……… 317
- *8.3 LoongArch＋Linux 平台的异常和中断机制 ……… 319
  - 8.3.1 支持的异常/中断类型 ……… 319
  - 8.3.2 异常/中断相关的 CSR ……… 320
  - 8.3.3 异常/中断的响应优先级 ……… 321
  - 8.3.4 异常/中断的响应过程和处理 ……… 322
  - 8.3.5 异常/中断处理程序的入口地址 ……… 324
  - 8.3.6 LoongArch＋Linux 平台中的异常处理 ……… 325
  - 8.3.7 LoongArch 中的系统调用机制 ……… 328
- *8.4 Linux 中的进程控制 ……… 330
  - 8.4.1 进程的创建、休眠和终止 ……… 330
  - 8.4.2 进程 ID 的获取和子进程的回收 ……… 333
  - 8.4.3 程序的加载运行 ……… 335
- *8.5 Linux 系统中的信号与非本地跳转 ……… 339
  - 8.5.1 Linux 系统中的信号处理机制 ……… 339
  - 8.5.2 信号的发送 ……… 340
  - 8.5.3 信号的捕获和信号处理 ……… 342
  - 8.5.4 非本地跳转处理 ……… 343
- 8.6 本章小结 ……… 345
- 习题 ……… 346

## 第 9 章 I/O 操作的实现 ································································ 352
### 9.1 I/O 子系统概述 ································································ 352
### 9.2 用户空间 I/O 软件 ···························································· 354
#### 9.2.1 用户程序中的 I/O 函数 ············································ 354
#### 9.2.2 文件的基本概念 ···················································· 357
#### 9.2.3 系统级 I/O 函数 ···················································· 358
#### 9.2.4 C 标准 I/O 库函数 ················································· 361
### 9.3 内核空间 I/O 软件 ···························································· 366
#### 9.3.1 设备无关 I/O 软件层 ·············································· 366
#### 9.3.2 设备驱动程序 ······················································· 370
#### 9.3.3 中断服务程序 ······················································· 376
### 9.4 I/O 硬件与软件的接口 ······················································ 378
#### 9.4.1 输入/输出设备 ······················································ 378
#### 9.4.2 基于总线的互连结构 ·············································· 378
#### 9.4.3 I/O 接口的功能和结构 ············································ 381
#### 9.4.4 I/O 端口及其编址 ·················································· 383
#### 9.4.5 中断系统 ····························································· 387
### 9.5 本章小结 ········································································· 388
### 习题 ······················································································· 389

## 参考文献 ················································································· 393

# 第 1 章

# 计算机系统概述

本书主要介绍与计算机系统相关的核心基本概念,解释这些概念是如何相互关联并最终影响程序执行的结果和性能的。本书以单处理器计算机系统为基础介绍程序开发和执行的基本原理,以及所涉及的重要概念,为高级语言程序员展示高级语言源程序与机器级代码之间的对应关系,以及机器级代码在计算机硬件上的执行机制。

本章概要介绍计算机系统基本工作原理、程序的开发与运行、计算机系统的层次结构,以及计算机系统性能评价等内容。

## 1.1 计算机系统基本工作原理

### 1.1.1 冯·诺依曼结构基本思想

世界上第一台真正意义上的电子数字计算机是在1935—1939年间由美国艾奥瓦州立大学物理系副教授约翰·文森特·阿塔那索夫(John Vincent Atanasoff,1903—1995)和物理系研究生克利福特·贝瑞(Clifford Berry)一起研制成功的,用了300个电子管,取名为ABC(Atanasoff-Berry Computer)。不过这台机器只是个样机,并没有完全实现阿塔那索夫的构想。

1946年2月,真正实用的电子数字计算机ENIAC(Electronic Numerical Integrator And Computer)在美国研制成功,不过,其设计思想基本来源于ABC,只是采用了更多的电子管,运算能力更强大。它的负责人是莫克利(John Mauchly)和艾克特(John P. Eckert)。他们制造完ENIAC后立刻申请并获得美国专利。就是这个专利导致ABC和ENIAC之间长期的"世界第一台电子计算机"之争。

1973年美国明尼苏达地区法院给出正式宣判,推翻并吊销了莫克利的专利。虽然他们失去了专利,但是功劳不能被抹杀,毕竟是他们按照阿塔那索夫的思想完整地制造出真正意义上的电子数字计算机。

现在国际计算机界公认的事实是:第一台电子计算机的真正发明人是美国的约翰·文森特·阿塔那索夫。他在国际计算机界被称为电子计算机之父。

ENIAC的研制主要是为了解决美军复杂的弹道计算问题。它用十进制数表示信息,通过设置开关和插拔电缆手动编程,每秒能进行5000次加法运算或50次乘法运算。1944年夏的一天,冯·诺依曼巧遇美国弹道实验室的军方负责人戈尔斯坦。于是,冯·诺依曼被戈尔斯坦介绍加入ENIAC研制组。在ENIAC研制的同时,冯·诺依曼等人开始考虑研制另一台电子计算机 EDVAC(Electronic Discrete Variable Automatic Computer)。1945 年,冯·诺依曼以"关于 EDVAC 的报告草案"为题,起草了长达 101 页的报告,发表了全新的存储程序(stored-program)通用电子计算机方案,宣告了现代计算机结构思想的诞生。

**存储程序**方式的基本思想是:必须将事先编好的程序和原始数据送入主存后才能执行程序,一旦程序被启动执行,计算机能在不需操作人员干预的情况下自动完成逐条指令取出和执行的任务。

从 20 世纪 40 年代计算机诞生以来,尽管硬件技术已经经历了电子管、晶体管、集成电路和超大规模集成电路等多个发展阶段,计算机体系结构也取得很大发展,但绝大部分通用计算机硬件组成仍然具有冯·诺依曼结构特征。**冯·诺依曼结构**基本思想主要包括以下几个方面:

(1) 采用存储程序工作方式。

(2) 计算机由运算器、控制器、存储器、输入设备和输出设备 5 个基本部件组成。

(3) **存储器**不仅能存放数据,也能存放指令,形式上数据和指令没有区别,但计算机应能区分它们;**控制器**应能自动执行指令;**运算器**应能进行算术运算,也能进行逻辑运算;操作人员可以通过**输入设备**和**输出设备**使用计算机。

(4) 计算机内部以**二进制**形式表示指令和数据;每条**指令**由操作码和地址码两部分组成,**操作码**指出操作类型,**地址码**指出操作数的地址;由一串指令组成**程序**。

### 1.1.2 冯·诺依曼机基本结构

根据冯·诺依曼结构基本思想,可以给出一个模型计算机的基本硬件结构。如图 1-1 所示,模型机中主要包括:①用来存放指令和数据的**主存储器**(Main Memory,MM),简称**主存**或**内存**;②用来进行算术逻辑运算的运算器,即**算术逻辑部件**(Arithmetic Logic Unit,**ALU**),在 ALU 操作控制信号 ALUop 的控制下,ALU 可以对输入端 A 和 B 进行不同的运算,得到结果 F;③用于自动逐条取出指令并进行译码的部件,即**控制部件**(Control Unit,CU),也称控制器;④与用户交互的输入设备和输出设备。

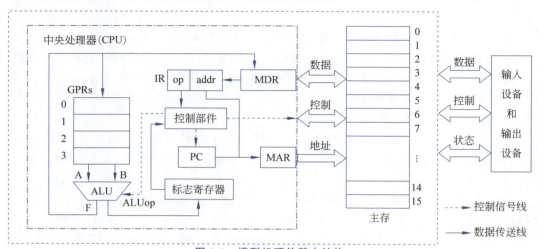

图 1-1 模型机硬件基本结构

通常把控制器、运算器和各类寄存器互连组成的电路称为**中央处理器**(Central Processing Unit,CPU),简称**处理器**。在图 1-1 中,为了临时存放从主存取来的数据或运算的结果,还需要若干**通用寄存器**(General Purpose Register),组成**通用寄存器组**(GPRs),ALU 两个输入端 A 和 B 的数据来自通用寄存器;ALU 运算的结果会产生标志信息,例如,结果是否为 0(**零标志** ZF)、是否为负数(**符号标志** SF)等,这些标志信息需要记录在专门的**标志寄存器**中;从主存取来的指令需要临时保存在**指令寄存器**(Instruction Register,IR)中;CPU 为了自动按序读取主存中的指令,还需要有一个**程序计数器**(Program Counter,PC),在执行当前指令过程中,自动计算出下一条指令的地址并送到 PC 中保存。

CPU 需要从通用寄存器中取数据到 ALU 中进行运算,或把 ALU 运算的结果保存到通用寄存器中,因此,需要给每个通用寄存器编号;同样,主存中每个单元也需要编号,称为**主存单元地址**,简称**主存地址**。通用寄存器和主存都属于存储部件,计算机中的存储部件从 0 开始编号,例如,在图 1-1 中 4 个通用寄存器编号分别为 0,1,2 和 3;16 个主存单元编号为 0~15。

CPU 为了从主存取指令和存取数据,需要通过传输介质和主存相连,通常把连接不同部件进行信息传输的介质称为**总线**,其中包含了用于传输地址信息、数据信息和控制信息的地址线、数据线和控制线。CPU 访问主存时,需先将主存地址、读/写命令分别送到总线的地址线、控制线,然后通过数据线发送或接收数据。CPU 送到地址线的主存地址应先存放在**主存地址寄存器**(Memory Address Register,**MAR**)中,发送到数据线或从数据线取来的信息存放在**主存数据寄存器**(Memory Data Register,**MDR**)中。

## 1.1.3 程序和指令的执行过程

冯·诺依曼结构计算机的功能通过执行程序实现,程序的执行过程就是所包含指令的执行过程。

**指令**(instruction)是用 0 和 1 表示的一串 0/1 序列,用来指示 CPU 完成一个特定的原子操作,例如,**取数**(load)**指令**从主存单元中取出数据存放到通用寄存器中;**存数**(store)**指令**将通用寄存器的内容写入主存单元;**加法**(add)**指令**将通用寄存器中两个内容相加后的结果送入通用寄存器;**传送**(mov)**指令**将一个通用寄存器的内容送到另一个通用寄存器。

指令通常被划分为若干个字段,有操作码、地址码等字段。**操作码字段**指出指令的操作类型,如取数、存数、加、减、传送、跳转等;**地址码字段**指出指令所处理操作数的地址,如寄存器编号、主存单元编号等。

下面用一个简单的例子,说明在图 1-1 所示的计算机上程序和指令的执行过程。

假定图 1-1 所示模型机**字长**为 8 位;有 4 个通用寄存器 r0~r3,编号分别为 0~3;有 16 个主存单元,编号为 0~15。每个主存单元和 CPU 中的 ALU、通用寄存器、IR、MDR 的宽度都是 8 位,PC 和 MAR 的宽度都是 4 位;连接 CPU 和主存的总线中有 4 位地址线、8 位数据线和若干位控制线(包括读/写命令线)。该模型机采用 8 位定长指令字,即每条指令有 8 位。指令格式有 R 型和 M 型两种,如图 1-2 所示。

| 格式 | 4位 | 2位 | 2位 | 功能说明 |
|---|---|---|---|---|
| R 型 | op | rt | rs | R[rt] ← R[rt] op R[rs] 或 R[rt] ← R[rs] |
| M 型 | op | addr | | R[0] ← M[addr] 或 M[addr] ← R[0] |

图 1-2 定长指令字格式

在图 1-2 中,op 为操作码字段,当 R 型指令的 op 为 0000 和 0001 时,分别定义为寄存器间传送和加操作,当 M 型指令的 op 为 1110 和 1111 时,分别定义为取数和存数操作;rs 和 rt

为通用寄存器编号;addr 为主存单元地址。

在图 1-2 中,R[r]表示编号为 r 的通用寄存器中的内容,M[addr]表示地址为 addr 的主存单元内容,"←"表示从右向左传送数据。指令 1110 0110 的功能为 R[0]←M[0110],表示将 6 号主存单元(地址为 0110)中的内容取到 0 号寄存器;指令 0001 0001 的功能为 R[0]←R[0]+R[1],表示将 0 号和 1 号寄存器内容相加的结果送到 0 号寄存器。

若在该模型机上实现"z=x+y;",其中 x 和 y 分别存放在 5 号和 6 号主存单元中,结果 z 存放在 7 号主存单元中,则相应程序在主存单元中的初始内容如图 1-3 所示。

| 主存地址 | 主存单元内容 | 内容说明(Ii表示第i条指令) | 指令的符号表示 |
|---|---|---|---|
| 0 | 1110 0110 | I1: R[0] ← M[6]; op=1110: 取数操作 | load r0, 6# |
| 1 | 0000 0100 | I2: R[1] ← R[0]; op=0000: 传送操作 | mov r1, r0 |
| 2 | 1110 0101 | I3: R[0] ← M[5]; op=1110: 取数操作 | load r0, 5# |
| 3 | 0001 0001 | I4: R[0] ← R[0] + R[1]; op=0001: 加操作 | add r0, r1 |
| 4 | 1111 0111 | I5: M[7] ← R[0]; op=1111: 存数操作 | store 7#, r0 |
| 5 | 0001 0000 | 操作数x,值为16 | |
| 6 | 0010 0001 | 操作数y,值为33 | |
| 7 | 0000 0000 | 结果z,初始值为0 | |

图 1-3 实现"z=x+y;"的程序在部分主存单元中的初始内容

存储程序方式规定:程序执行前,需将程序包含的指令和数据先送入主存,一旦启动程序执行,则计算机必须能够在不需操作人员干预的情况下自动完成逐条指令取出和执行的任务。如图 1-4 所示,一个程序的执行就是循环逐条指令取出和执行的过程。每条指令的执行过程包括:从主存取指令、对指令进行译码、PC 增量(图中的 PC+"1"表示 PC 的内容加上当前这条指令的长度)、取操作数并执行、将结果送主存或寄存器保存。

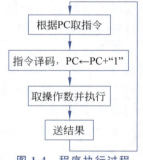

图 1-4 程序执行过程

程序执行前,首先将程序的起始地址存放在 PC 中,取指令时,将 PC 的内容作为地址访问主存。每条指令执行过程中,都需要计算将要执行指令的主存地址,并送到 PC 中。若当前指令为顺序型指令,则下条指令地址为 PC 的内容加上当前指令的长度;若当前指令为跳转型指令,则下条指令地址为指令中指定的目标地址。当前指令执行完后,根据 PC 的值在主存中取到的是下条将要执行的指令,因而计算机能够自动取出并执行每条指令。

对于图 1-3 中的程序,程序首地址(即指令 I1 所在地址)为 0,因此,程序开始执行时,PC 的内容为 0000。根据程序执行流程,该程序运行过程中,所执行的指令顺序为 I1→I2→I3→I4→I5。每条指令在图 1-1 所示模型机中的执行过程及结果如图 1-5 所示。

| | I1: 1110 0110 | I2: 0000 0100 | I3: 1110 0101 | I4: 0001 0001 | I5: 1111 0111 |
|---|---|---|---|---|---|
| 取指令 | IR←M[0000] | IR←M[0001] | IR←M[0010] | IR←M[0011] | IR←M[0100] |
| 指令译码 | op=1110,取数 | op=0000,传送 | op=1110,取数 | op=0001,加 | op=1111,存数 |
| PC增量 | PC←0000+1 | PC←0001+1 | PC←0010+1 | PC←0011+1 | PC←0100+1 |
| 取数并执行 | MDR←M[0110] | A←R[0]、mov | MDR←M[0101] | A←R[0]、B←R[1]、add | MDR←R[0] |
| 送结果 | R[0]←MDR | R[1]←F | R[0]←MDR | R[0]←F | M[0111]←MDR |
| 执行结果 | R[0]=33 | R[1]=33 | R[0]=16 | R[0]=16+33=49 | M[7]=49 |

图 1-5 实现"z=x+y;"功能的每条指令执行过程

如图 1-5 所示,在图 1-1 的模型机中执行指令 I1 的过程如下:指令 I1 存放在 0 号主存单元,即取指令操作为 IR←M[0000],表示将 0 号主存单元中的内容取到 IR 中,当取指阶段结束时,IR 中的内容为 1110 0110;然后,将高 4 位 1110(op 字段)送到控制器进行指令译码;同时控制 PC 进行"+1"操作,PC 中的内容变为 0001;因为是取数指令,所以控制器产生"主存读"控制信号 Read,并控制在取数并执行阶段将 Read 信号送控制线,指令后 4 位 0110(addr 字段)作为主存地址送 MAR 并自动送地址线,经过一段时间以后,将 6 号(0110)主存单元中的 33(变量 y)送到数据线并自动存储在 MDR 中;最后由控制器控制将 MDR 中的内容送 0 号通用寄存器,因此,指令 I1 的执行结果为 R[0]=33。其他指令的执行过程类似。程序最后执行的结果为 7 号(0111)主存单元内容(变量 z)变为 49,即 M[7]=49。

指令执行各阶段都包含若干微操作,微操作需要相应的控制信号(control signal)进行控制。

取指令阶段 IR←M[PC]微操作有:MAR←PC;控制线←Read;IR←MDR。

取数阶段 R[0]←M[addr]微操作有:MAR←addr;控制线←Read;R[0]←MDR。

存数阶段 M[addr]←R[0]微操作有:MAR←addr;MDR←R[0];控制线←Write。

ALU 运算 R[0]←R[0]+R[1]微操作有:A←R[0];B←R[1];ALUop←add;R[0]←F。

ALU 操作有加(add)、减(sub)、与(and)、或(or)、传送(mov)等类型,如图 1-1 所示,ALU 操作控制信号 ALUop 可以控制 ALU 进行不同的运算,例如,ALUop←mov 时,ALU 的输出 F=A;ALUop←add 时,ALU 的输出 F=A+B。

这里的 Read、Write、mov、add 等微操作控制信号都是控制器对 op 字段进行译码后送出的,如图 1-1 中虚线所示就是控制信号线。每条指令执行过程中,所包含的微操作具有先后顺序关系,需要定时信号进行定时。通常,CPU 中所有微操作都由时钟信号进行定时,时钟信号(clock signal)的宽度为一个时钟周期(clock cycle)。一条指令的执行时间包含一个或多个时钟周期。

## 1.2 程序的开发与运行

现代通用计算机都采用存储程序方式工作,需要计算机完成的任何任务都应先表示为一个程序。首先,应将应用问题(任务)转化为算法(algorithm)描述,使得应用问题的求解变成流程化的清晰步骤,并能确保步骤是有限的。任何一个问题可能有多个求解算法,需要进行算法分析以确定哪种算法在时间和空间上更优化。其次,将算法转换为用编程语言描述的程序,这个转换通常是手工进行的,也就是说,需要程序员进行程序设计。程序设计语言(programming language)与自然语言不同,它有严格的执行顺序,不存在二义性,从而保证程序行为与算法描述一致。

### 1.2.1 程序设计语言和翻译程序

程序设计语言可以从抽象层、适用的领域、采用的描述结构等方向进行分类。目前大约有上千种程序设计语言。从抽象层次上来分,可以分成高级语言和低级语言两类。

使用特定计算机规定的指令格式而形成的 0/1 序列称为机器语言,计算机能理解和执行的程序称为机器代码或机器语言程序,其中的每条指令都由 0 和 1 组成,称为机器指令。如图 1-3 所示,0 号~4 号主存单元中存放的 0/1 序列就是机器指令。

最早人们采用机器语言编写程序。机器语言程序的可读性很差,也不易记忆,给程序的编写和阅读带来极大的困难。因此,人们引入了一种机器语言的**符号表示语言**,用简短的英文符号和机器指令建立对应关系,以方便程序员编写和阅读程序。这种语言称为**汇编语言**(assembly language),机器指令对应的符号表示称为**汇编指令**。在图1-3中,机器指令"11100110"对应的汇编指令为"load r0, 6#"。显然,使用汇编指令编写程序比使用机器指令编写程序要方便得多。但是,因为计算机无法理解和执行汇编指令,因而用汇编语言编写的**汇编语言源程序**必须先转换为机器语言程序,才能被计算机执行。

每条汇编指令表示的功能与对应机器指令一样,都与特定的机器结构相关,因此,汇编语言和机器语言都属于低级语言,它们统称为**机器级语言**(machine level language)。

因为每条指令的功能非常简单,所以使用机器级语言描述程序功能时,需描述的细节很多,不仅程序设计工作效率很低,而且同一个程序不能在不同结构的机器上运行。为此,程序员多采用高级程序设计语言编写程序。**高级程序设计语言**(high level programming language)简称**高级语言**,是指面向算法设计的、较接近于日常英语书面语言的程序设计语言,如BASIC、C/C++、Fortran、Java等语言。它与具体机器结构无关,可读性比机器级语言好、描述能力更强,一条语句可对应几条或几十条指令。例如,对于图1-3中所示程序,机器级语言表示需5条指令,而高级语言只需一条语句"z=x+y;"即可。

不过,计算机无法直接理解和执行使用高级语言实现的程序,因而需要将高级语言程序转换成机器语言程序。这个转换过程可由计算机自动完成,进行这种转换的软件统称**翻译程序**(translator)。通常,程序员借助程序设计语言处理系统来开发软件。在任何一个程序设计**语言处理系统**中,都包含翻译程序,它能把一种编程语言表示的程序转换为等价的另一种编程语言程序。被翻译的语言和程序分别称为**源语言和源程序**,翻译生成的语言和程序分别称为**目标语言**和**目标程序**。翻译程序有以下三类。

(1) **汇编程序**(assembler):也称**汇编器**,实现将汇编语言源程序翻译成机器语言目标程序。

(2) **解释程序**(interpreter):也称**解释器**,实现将源程序中的语句按其执行顺序逐条翻译成机器指令并立即执行。

(3) **编译程序**(compiler):也称**编译器**,实现将高级语言源程序翻译成汇编语言或机器语言目标程序。

图1-6给出了实现两个相邻数组元素交换功能的不同层次语言之间的等价转换过程。

如图1-6所示,交换数组元素v[k]和v[k+1]的功能可以在高级语言源程序中直观地用三个赋值语句实现;在经编译后生成的汇编语言源程序中,可用4条汇编指令实现该功能,其中,两条是取数指令lw(load word),另两条是存数指令sw(store word);在经汇编后生成的机器语言程序中,对应的机器指令是特定格式的二进制代码,例如,第一条lw指令对应的机器代码为"100011 00010 01111 0000 0000 0000 0000",这是一条**MIPS**(Microcomputer without Interlocked Pipeline Stages)**指令集体系结构**中的指令,其中,高6位"100011"为操作码,随后5位"00010"为通用寄存器的编号2,再后面5位"01111"为另一个通用寄存器的编号15,最后16位为立即数0。CPU能够通过逻辑电路直接执行这种二进制表示的机器指令。指令执行时控制器将指令操作码进行译码,解释成控制信号控制数据的流动和运算,例如,控制信号ALUop=add可以控制ALU进行加法操作,RegWr=1可以控制将结果数据写入某个通用寄存器。

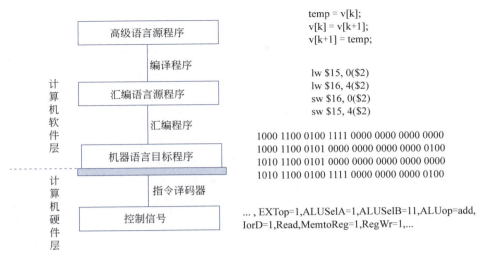

图 1-6　不同层次语言之间的等价转换

**小贴士**

本书中多处提到 MIPS 架构或 MIPS 指令集体系结构，这里的 MIPS 是指在 20 世纪 80 年代初期由斯坦福大学（Stanford University）Hennessy 教授领导的研究小组研制的一种 RISC 处理器。在通用计算方面，MIPS R 系列微处理器曾经用于构建高性能工作站、服务器和超级计算机系统。在嵌入式方面，MIPS K 系列微处理器在 1999 年以前曾是世界上用得最多的处理器，应用领域覆盖游戏机、路由器、激光打印机、掌上电脑等产品。目前 MIPS 处理器所属公司已经宣布放弃继续设计 MIPS 架构，将投入 RISC-V 架构处理器的设计。

表示指令速度的计量单位 MIPS（Million Instructions Per Second），其含义是平均每秒执行多少百万条定点操作指令。注意这两个名称的内涵截然不同。

## 1.2.2　从源程序到可执行文件

程序的开发和运行涉及计算机系统的不同层次，因而计算机系统的层次结构思想体现在程序开发和运行的各个环节。下面以简单的 hello 程序为例，简要介绍程序开发与执行过程，以便加深对计算机系统层次结构概念的认识。

以下是 hello.c 文件的 C 语言源程序代码。

```
1   #include <stdio.h>
2
3   int main()
4   {
5       printf("hello, world\n");
6   }
```

为了让计算机能执行上述应用程序，程序员应按照以下步骤进行处理。

（1）通过程序编辑软件得到 hello.c 文件。hello.c 文件在计算机中以 ASCII 码存放，如图 1-7 所示，图中给出了每个字符对应 ASCII 码的十进制值，例如，第一个值是 35，代表字符'#'；第二个值是 105，代表字符'i'，最后一个值是 125，代表字符'}'。通常把用 ASCII 码字符或汉字字符表示的文件称为**文本文件**（text file），源程序文件都是文本文件，是可显示和可读的。

（2）将 hello.c 文件进行预处理、编译、汇编和链接，最终生成**可执行目标文件**。例如，在

| # | i | n | c | l | u | d | e | <sp> | < | s | t | d | i | o | . |
|---|---|---|---|---|---|---|---|---|---|---|---|---|---|---|---|
| 35 | 105 | 110 | 99 | 108 | 117 | 100 | 101 | 32 | 60 | 115 | 116 | 100 | 105 | 111 | 46 |
| h | > | \n | \n | i | n | t | <sp> | m | a | i | n | ( | ) | \n | { |
| 104 | 62 | 10 | 10 | 105 | 110 | 116 | 32 | 109 | 97 | 105 | 110 | 40 | 41 | 10 | 123 |
| \n | <sp> | <sp> | <sp> | <sp> | p | r | i | n | t | f | ( | " | h | e | l |
| 10 | 32 | 32 | 32 | 32 | 112 | 114 | 105 | 110 | 116 | 102 | 40 | 34 | 104 | 101 | 108 |
| l | o | , | <sp> | w | o | r | l | d | \ | n | " | ) | ; | \n | } |
| 108 | 111 | 44 | 32 | 119 | 111 | 114 | 108 | 100 | 92 | 110 | 34 | 41 | 59 | 10 | 125 |

图 1-7 hello.c 源程序文件的表示

Linux 操作系统中,可用 GCC 编译驱动程序进行处理,命令如下。

```
linux> gcc -o hello hello.c
```

在上述命令中,最前面的"linux>"为**命令行解释程序(shell)**的命令行提示符,gcc 为 **GCC 编译驱动程序名**,-o 表示后面为输出文件名,hello.c 为要处理的源程序文件。从 hello.c 文件到可执行目标文件 hello 的转换过程如图 1-8 所示。

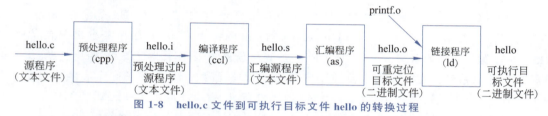

图 1-8 hello.c 文件到可执行目标文件 hello 的转换过程

① **预处理阶段**:预处理程序(cpp)对源程序中以字符'#'开头的命令进行处理,例如,将#include 命令后面的.h 文件内容嵌入到源程序文件中。预处理程序的输出结果还是一个源程序文件,以.i 为扩展名。

② **编译阶段**:编译程序(ccl)对预处理后的源程序进行编译,生成一个汇编语言源程序文件,以.s 为扩展名,例如,hello.s 是一个汇编语言程序文件。汇编语言与具体的机器结构有关。

③ **汇编阶段**:汇编程序(as)对汇编语言源程序进行汇编,生成**可重定位目标文件**(relocatable object file),以.o 为扩展名,例如,hello.o 是一个可重定位目标文件。它是一种**二进制文件**(binary file),因为其中的代码已经是机器指令,数据和其他信息也都用二进制表示,所以它是不可读的,打开显示的是乱码。

④ **链接阶段**:链接程序(ld)将多个可重定位目标文件和标准函数库中的可重定位目标文件合并成为**可执行目标文件**(executable object file),简称**可执行文件**。本例中,链接程序将 hello.o 文件和标准库函数 printf()所在的可重定位目标文件 printf.o 进行合并,生成可执行文件 hello。

最终生成的可执行文件保存在硬盘上,可以通过某种方式启动一个硬盘上的可执行文件运行。

### 1.2.3 可执行文件的启动和执行

对于一个存放在硬盘上的可执行文件,可以在操作系统提供的用户操作环境中,双击对应文件的图标或在命令行中输入可执行文件名等多种方式启动执行。在 Linux 操作系统中,可

以通过 **shell** 执行可执行文件。例如，对于上述可执行文件 hello，通过 shell 启动执行的结果如下。

```
linux> ./hello
hello, world
```

shell 会显示提示符（linux＞），告知用户它准备接收用户的输入，此时，用户可以在提示符后面输入需要执行的命令名，它可以是一个可执行文件在硬盘上的路径名后跟若干参数，例如，上述"./hello"就是可执行文件 hello 的路径名，其中"./"表示当前目录，hello 程序没有参数。在命令后用户需按 Enter 键表示结束。在计算机中启动和执行 hello 程序的整个过程如图 1-9 所示。

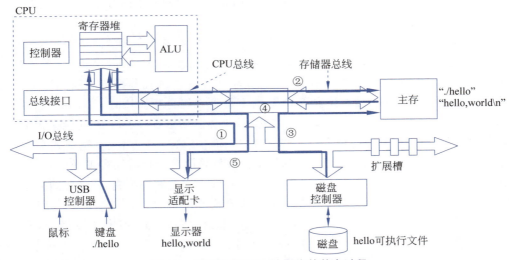

图 1-9  启动和执行 hello 程序的整个过程

如图 1-9 所示，shell 会将用户从键盘输入的每个字符逐一读入 CPU 寄存器中（对应线①），然后再保存到主存中，在主存的缓冲区形成字符串"./hello "（对应线②）。按 Enter 键时，shell 将调出操作系统内核中相应的服务例程，由内核来加载硬盘上的可执行文件 hello 到主存（对应线③）。内核加载完可执行文件中的代码及其所要处理的数据（这里是字符串"hello，world\n"）后，将 hello 第一条指令的地址送到 PC 中，CPU 永远将 PC 的内容作为将要执行指令的地址，因此，CPU 随后开始执行 hello 程序，它将加载到主存的字符串"hello，world\n"中每个字符从主存取到 CPU 的寄存器中（对应线④），然后将寄存器中的字符送到显示器显示（对应线⑤）。

从上述过程可看出，用户程序被启动执行，必须依靠操作系统的支持，包括提供人机接口环境（如外壳程序）和内核服务例程。例如，shell 就是操作系统**外壳程序**，它为用户提供一个启动程序执行的环境，对用户从键盘输入的命令进行解释，并调出操作系统内核来加载用户程序（用户从键盘输入的命令所对应的程序）。显然，加载用户程序并使其从第一条指令开始执行的操作系统内核服务例程也是必不可少的。

此外，在上述过程中，还涉及键盘、硬盘和显示器等外部设备的操作，这些底层硬件不能被用户程序直接访问，此时，也需要依靠操作系统内核服务例程的支持，例如，用户程序需要使用内核的 read 系统调用服务例程读取硬盘文件，或使用内核的 write 系统调用服务例程把字符串"写"到显示器上等。

键盘、硬盘和显示器等外部设备简称为**外设**,也称 **I/O 设备**,其中,I/O 是输入/输出(Input/Output)的缩写。外设通常由机械部分和电子部分组成,并且两部分通常是分开的。机械部分是外部设备本身,而电子部分则是控制外部设备工作的 **I/O 控制器**或 **I/O 适配器**。外设通过 I/O 控制器或 I/O 适配器连到主机,I/O 控制器或 I/O 适配器统称**设备控制器**。例如,键盘接口、打印机适配器、显示控制卡(简称显卡)、网络控制卡(简称网卡)等都是设备控制器,属于 **I/O 模块**。

从图 1-9 可以看出,程序的执行过程就是数据在 CPU、主存和 I/O 模块之间流动的过程,所有数据的流动都是通过总线、I/O 桥接器等进行的。数据在总线上传输之前,需要先缓存在存储部件中,因此,除了主存本身是存储部件以外,在 CPU、I/O 桥接器、设备控制器中也有存放数据的缓冲存储部件,例如,CPU 中的通用寄存器,设备控制器中的数据缓冲寄存器等。

**小贴士**

计算机的硬件可以分成主机和外设两部分,主机中的主要功能模块是 CPU、主存和各个 I/O 模块。因为早期计算机的主要功能部件由一条单总线相连,这条总线被称为系统总线,所以,发展为多总线后,就把连接主机中主要功能模块的各类总线统称**系统总线**。因此,多总线计算机中的 CPU 总线、存储器总线和 I/O 总线都属于系统总线。不过,在 Intel 架构中将连接 CPU 和北桥芯片的 CPU 总线特指为系统总线,也称**前端总线**(Front Side Bus,FSB)。

外部设备种类繁多,且具有不同的工作特性,因而它们在工作方式、数据格式和工作速度方面存在很大差异。此外,由于 CPU、主存等主机部件采用高速元器件实现,使得它们和外设之间在技术特性上有很大差异,它们各有自己的时钟和独立的时序控制,两者之间采用完全的异步工作方式。为此,在各个外设和主机之间必须要有相应的逻辑部件来解决它们之间的同步与协调、工作速度的匹配和数据格式的转换等问题,这类逻辑部件统称 **I/O 模块**(有些教材也称 **I/O 接口**)。从功能上来说,各种设备的 I/O 控制器或适配器都是一种 I/O 模块。通常,I/O 模块中有数据缓冲寄存器、命令字寄存器和状态字寄存器,它们统称 **I/O 端口**。为了能够访问这些端口,需要对其进行编址,所有 I/O 端口的地址组成的空间称为 **I/O 空间**。I/O 空间可以和主存空间统一编址,也可以单独进行编址,前者称为**统一编址方式**或**存储器映射方式**,后者称为**独立编址方式**。

## 1.3 计算机系统的层次结构

传统计算机系统采用分层方式构建,即计算机系统是一个层次结构系统,向上层用户提供一个抽象的简洁接口而将较低层次的实现细节隐藏起来。计算机解决应用问题的过程就是不同抽象层进行转换的过程。

### 1.3.1 计算机系统抽象层的转换

计算机系统抽象层及其转换如图 1-10 所示,描述了从最终用户希望计算机完成的应用(问题)到电子工程师使用器件完成基本电路设计的整个转换过程。

希望计算机完成或解决的应用(问题)最开始形成时通常用自然语言描述,但是,计算机硬件只能理解机器语言。要将一个自然语言描述的应用问题转换为机器语言程序,需要经过应用问题描述、算法抽象、高级语言程序设计、将高级语言源程序转换为特定机器语言目标程序等多个抽象层的转换。

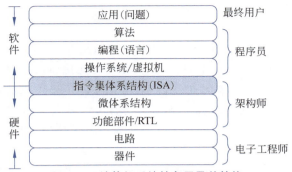

图 1-10　计算机系统抽象层及其转换

在进行高级语言程序设计时，需要有相应的**程序开发支撑环境**。如需要有一个**程序编辑器**，以方便源程序的编写；需要一套**翻译转换软件**处理各类源程序，包括预处理程序、编译器、汇编器、链接器等；还需要一个可以执行各类程序的**用户界面**，例如，GUI 方式下的**图形用户界面**或 CLI 方式下的**命令行用户界面**（如 shell）。提供程序编辑器和各类翻译转换软件的工具包统称**语言处理系统**；而具有人机交互功能的用户界面和底层系统调用服务例程则是由**操作系统**提供。

当然，所有的语言处理系统都必须在操作系统提供的计算机环境中运行，操作系统是对计算机底层结构和计算机硬件的一种抽象，这种抽象构成了一台可以让程序员使用的**虚拟机**（virtual machine）。

从应用问题到机器语言程序的每次转换所涉及的概念都属于**软件**的范畴，而机器语言程序所运行的计算机硬件和软件之间需要有一个"桥梁"，这个在软件和硬件之间的桥梁就是**指令集体系结构**（Instruction Set Architecture，**ISA**），简称**指令系统**或**架构**，它是软件和硬件之间接口的一个完整定义。ISA 定义了一台计算机可以执行的所有指令的集合，每条指令规定了计算机执行什么操作，以及所处理的操作数存放的地址空间和操作数类型。ISA 规定的内容包括数据类型及格式，指令格式，寻址方式和可访问地址空间大小，程序可访问的通用寄存器的个数、位数和编号，状态/控制寄存器的定义，I/O 空间的编址方式，中断结构，机器工作状态的定义和切换，I/O 传送方式，存储保护方式等。因此，ISA 是指软件能感知到的部分，也称**软件可见**部分。

机器语言程序就是一个 ISA 规定的指令序列，因此，计算机硬件执行机器语言程序的过程就是执行每条指令的过程。ISA 是对指令系统的一种规定或结构规范，实现 ISA 的具体逻辑结构称为**计算机组织**（computer organization）或**微体系结构**（micro-architecture），简称**微架构**。ISA 和微体系结构是两个不同层面上的概念，微体系结构是软件不可感知的部分。例如，加法器采用串行进位方式还是并行进位方式实现是属于微体系结构考虑的问题，与程序的编写没有关系，机器级代码程序员只需要知道 ISA 中是否规定有加法指令，而不需要知道机器是采用什么进位方式实现加法器的。相同的 ISA 可能具有不同的微体系结构，例如，对于 Intel x86 这种 ISA，很多处理器的组织方式不同，即具有不同的微体系结构，但由于它们具有相同的 ISA，因此，一种处理器能运行的程序，在另一种处理器上也能运行。

微体系结构最终由**逻辑电路**（logic circuit）实现，当然，微体系结构中的一个功能部件可以用不同的逻辑实现，用不同的逻辑实现方式得到的性能和付出的成本也有差异。

最后，每个基本的逻辑电路都是由特定的**器件技术**（device technology）实现的。

## 1.3.2 计算机系统核心层之间的关联

高级语言编译器将高级语言源程序转换为机器级目标代码,这个过程需要完成多个步骤,包括词法分析、语法分析、语义分析、中间代码生成、代码优化、目标代码生成和目标代码优化等。整个过程可划分为前端和后端两个阶段,通常把中间代码生成及之前各步骤称为**前端**。因此,前端主要完成对源程序的分析,把源程序切分成一些基本块,并生成中间语言表示(中间代码)。**后端**在分析结果正确无误的基础上,把中间语言表示转换为目标机器支持的机器级语言程序。

每一种程序设计语言都有相应的标准规范,如 C 语言的 C90 和 C99 等标准规范。一方面,编译器开发者必须按照语言标准规范设计编译器前端,才能向高级语言程序员提供可正确工作的编译器。另一方面,程序员必须按照语言标准规范编写源程序,源程序才能被编译器正确处理。若程序员不了解语言标准规范,或编写不符合语言标准规范的高级语言源程序,编译过程就将出错,或者编译出的目标程序运行结果不符合预期。

语言标准规范中有三种行为需要程序员注意。①**未定义行为**(undefined behavior),指符合语言标准规范但未明确指定其结果的行为。若源程序包含未定义行为,则目标程序的每次运行结果可能不同,或在不同平台下运行结果不同。例如,C 语言标准规定,最小负整数除以 $-1$ 的结果未定义,因此在不同平台中运行该程序,可能得到不同结果。②**未指定行为**(unspecified behavior),指语言标准规范列出多种供编译器选择的行为结果,不同编译器可能选择不同行为结果。若源程序包含未指定行为,则采用不同编译器编译,或采用一款编译器的不同版本,目标程序的运行结果可能不同。例如,对于程序段"int i=1; f(i++, i++);",C 语言标准规定,函数调用的参数求值顺序未指定,因此有的编译器可能按"f(1,2)"处理,有的编译器可能按"f(2,1)"处理。③**实现定义行为**(implementation-defined behavior),指语言标准规范的实现(如编译器)需要在文档中说明其选择的未指定行为。若源程序包含实现定义行为,在相同环境下运行可得到相同结果,但将程序移植到另一个环境时,运行结果可能不同。例如,C 语言标准规定,char 型是带符号还是无符号整数,是实现定义行为,故程序员不应假设 char 是带符号或无符号整数。

编译器后端的设计应遵循 ISA 规范和**应用程序二进制接口**(Application Binary Interface,**ABI**)规范。正如 1.3.1 节提到,ISA 是对指令系统的一种规定或结构规范,ISA 定义了一台计算机可以执行的所有指令的集合,每条指令规定了执行什么操作,以及所处理的操作数存放的地址空间和操作数类型等。翻译程序的后端要生成在目标机器中能够运行的机器目标代码,必须按照目标机器的 ISA 规范生成相应的机器目标代码。对于不符合 ISA 规范的目标代码,将无法正确运行在根据该 ISA 规范而设计的计算机上。

ABI 是为运行在特定 ISA 及特定操作系统之上的应用程序规定的一种机器级目标代码层接口,包含运行在特定 ISA 及特定操作系统之上的应用程序所对应的目标代码生成时必须遵循的约定。ABI 描述了应用程序和操作系统之间、应用程序和所调用的库函数之间、不同组成部分(如过程或函数)之间在较低层次上的机器级代码接口。例如,过程之间的调用约定(如参数和返回值如何传递等)、系统调用约定(系统调用的参数和调用号如何传递,以及如何从用户态陷入操作系统内核等)、目标文件的二进制格式和函数库使用约定、机器中寄存器的使用规定、程序的虚拟地址空间划分等。不符合 ABI 规范的目标程序,将无法正确运行在根据该 ABI 规范提供的操作系统运行环境中。

ABI 不同于**应用程序编程接口**（Application Programming Interface，**API**）。API 定义了较高层次的源程序代码和库之间的接口，通常是与硬件无关的接口。因此，同样的源程序代码可以在支持相同 API 的任何系统中进行编译以生成目标代码。在 ABI 相同或兼容的系统上，一个已经编译好的目标代码则可以无须改动而直接运行。

在 ISA 层之上，操作系统向应用程序提供的运行时环境需要符合 ABI 规范，同时，操作系统也需要根据 ISA 规范来使用硬件提供的接口，包括硬件提供的各种控制寄存器和状态寄存器、原子操作、中断机制、分段和分页存储管理部件等。如果操作系统没有按照 ISA 规范使用硬件接口，则无法提供操作系统的重要功能。

在 ISA 层之下，CPU 设计时需要根据 ISA 规范设计相应的硬件接口给操作系统和应用程序使用，不符合 ISA 规范的 CPU 设计，将无法支撑操作系统和应用程序的正确运行。

总之，计算机系统能够按照预期正确地工作，是不同层次的多个规范共同作用、相互支撑的结果，计算机系统的各抽象层之间如何进行转换，最终都是由这些规范来定义的。不管是系统软件开发者、应用程序开发者，还是处理器设计者，都必须以规范为准绳，也就是要以手册为准。计算机系统中的所有行为都是由各种手册确定的，计算机系统也是按照手册制造出来的。因此，如果想要了解程序的确切行为，最好的方法就是查手册。

### 1.3.3 计算机系统的不同用户

计算机系统所完成的所有任务都是通过执行程序所包含的指令来实现。计算机系统由硬件（hardware）和软件（software）两部分组成，**硬件**是物理装置的总称，人们看到的各种芯片、板卡、外设、电缆等都是计算机硬件。**软件**包括运行在硬件上的程序和数据及相关的文档。**程序**（program）是指挥计算机如何操作的一个指令序列，**数据**（data）是指令操作的对象。根据软件的用途，一般将软件分成系统软件（system software）和应用软件（application software）两大类。

**系统软件**包括为有效、安全地使用和管理计算机，以及为开发和运行应用程序而提供的各种软件，介于计算机硬件与应用程序之间，它与具体应用关系不大。系统软件包括操作系统（如 Windows、UNIX、Linux）、语言处理系统（如 Visual Studio、GCC）、数据库管理系统（如 Oracle）和各类实用程序（如磁盘碎片整理程序、备份程序）。操作系统（Operating System，OS）主要用来管理整个计算机系统的资源，包括对它们进行调度、管理、监视和服务等，操作系统还提供计算机用户和硬件之间的人机交互界面，并提供对应用软件的支持。语言处理系统主要用于提供一个用高级语言编程的环境，包括源程序编辑、翻译、调试、链接、装入运行等功能。

**应用软件**指专门为数据处理、科学计算、事务管理、多媒体处理、工程设计，以及过程控制等应用所编写的各类程序。例如，人们平时经常使用的电子邮件收发软件、多媒体播放软件、游戏软件、炒股软件、文字处理软件、电子表格软件、演示文稿制作软件等都是应用软件。

按照在计算机上完成任务的不同，可以把使用计算机的用户分成以下 4 类：最终用户（end user）、系统管理员（system administrator）、应用程序员（application programmer）和系统程序员（system programmer）。

使用应用软件完成特定任务的计算机用户称为**最终用户**。大多数计算机使用者都属于最终用户。例如，使用炒股软件的股民、玩计算机游戏的玩家、进行会计电算化处理的财会人员等。

**系统管理员**是指利用操作系统、数据库管理系统等软件提供的功能对系统进行配置、管理和维护,以建立高效合理的系统环境供计算机用户使用的操作人员。其职责主要包括安装、配置和维护系统的硬件和软件,建立和管理用户账户,升级软件,备份和恢复业务系统和数据等。

**应用程序员**是指使用高级语言编写应用软件的程序员;而**系统程序员**则是指设计和开发系统软件的程序员,如开发操作系统、编译器、数据库管理系统等系统软件的程序员。

很多情况下,同一个人可能既是最终用户,又是系统管理员,同时还是应用程序员或系统程序员。例如,对于一个计算机专业的学生来说,有时需要使用计算机玩游戏或网购物品,此时为最终用户的角色;有时需要整理计算机磁盘中的碎片、升级系统或备份数据,此时是系统管理员的角色;有时需要完成老师布置的一个应用程序的开发任务,此时是应用程序员的角色;有时可能还需要完成老师布置的操作系统或编译程序等软件的开发任务,此时是系统程序员的角色。

计算机系统采用层次化体系结构,因此不同用户工作在不同的系统结构层,所看到的计算机的概念性结构和功能特性也是不同的。

### 1. 最终用户

早期的计算机非常昂贵,只能由少数专业化人员使用。随着 20 世纪 80 年代初个人计算机的迅速普及,以及 20 世纪 90 年代初多媒体计算机的广泛应用,特别是互联网技术的发展,计算机已经成为人们日常生活中的重要工具。人们利用计算机播放电影、玩游戏、炒股票、发邮件、查信息、聊天、打电话等,计算机的应用无处不在。因而,许多普通人都成为了计算机的最终用户。

最终用户使用键盘和鼠标等外设与计算机交互,通过操作系统提供的用户界面启动执行应用程序或系统命令,从而完成用户任务。因此,最终用户能够感知到的只是系统提供的简单人机交互界面和安装在计算机中的相关应用程序。

### 2. 系统管理员

相对于普通的最终用户,系统管理员作为管理和维护计算机系统的专业人员,对计算机系统的了解要深入得多。系统管理员必须能够安装、配置和维护系统的硬件和软件,能建立和管理用户账户,需要时能升级硬件和软件,备份和恢复业务系统和数据等。也就是说,系统管理员应该非常熟悉操作系统提供的有关系统配置和管理方面的功能,很多普通用户解决不了的问题,系统管理员必须能够解决。

因此,系统管理员能感知到的是系统中部分硬件层面、系统管理层面,以及相关的实用程序和人机交互界面。

### 3. 应用程序员

应用程序员大多使用高级语言编写程序。应用程序员所看到的计算机系统除了计算机硬件、操作系统提供的 API、人机交互界面和实用程序外,还包括相应的程序语言处理系统。

在语言处理系统中,除了翻译程序外,通常还包括编辑程序、链接程序、装入程序,以及将这些程序和工具集成在一起所构成的**集成开发环境**(Integrated Development Environment,**IDE**)等。此外,语言处理系统中还包括可供应用程序调用的各类函数库。

### 4. 系统程序员

系统程序员开发操作系统、编译器和实用程序等系统软件时,需要熟悉计算机底层的相关硬件和系统结构,甚至可能需要直接与计算机硬件和指令系统打交道。比如,直接对各种控制寄存器、用户可见寄存器、I/O 控制器等硬件进行控制和编程。因此,系统程序员不仅要熟悉应用程序员所用的所有语言和工具,还必须熟悉指令系统、机器结构和相关的机器功能特性,有时还要直接用汇编语言等低级语言编写程序代码。

在计算机技术中,一个存在的事物或概念从某个角度看似乎不存在,即对实际存在的事物或概念感觉不到,则称为**透明**。通常,在一个计算机系统中,系统程序员所看到的底层机器级的概念性结构和功能特性对高级语言程序员(通常就是应用程序员)来说是透明的,即看不见或感觉不到的。因为对应用程序员来说,他们直接用高级语言编程,不需要了解有关汇编语言的编程问题,也不用了解机器语言中规定的指令格式、寻址方式、数据类型和格式等指令系统方面的问题。

一个计算机系统可以认为是由各种硬件和各类软件采用层次化方式构建的分层系统,不同计算机用户工作所在的系统结构层如图 1-11 所示。

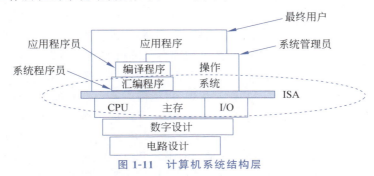

图 1-11 计算机系统结构层

从图 1-11 中可看出,ISA 处于硬件和软件的交界上,硬件所有的功能都由 ISA 集中体现,软件通过 ISA 在计算机上执行。所以,ISA 是整个计算机系统中的核心部分。

ISA 层下面是硬件部分,上面是软件部分。硬件部分包括 CPU、主存和 I/O 等主要功能部件,这些功能部件通过数字逻辑电路设计实现。软件部分包括低层的系统软件和高层的应用软件,汇编程序、编译程序和操作系统等,系统软件直接在 ISA 上实现。系统程序员所看到的机器的属性是属于 ISA 层面的内容,所看到的机器是配置了指令系统的机器,称为**机器语言机器**,工作在该层次的程序员称为机器语言程序员;汇编语言程序员工作在提供汇编程序的虚拟机器级,所看到的机器称为**汇编语言虚拟机**;应用程序员大多工作在提供编译器或解释器等翻译程序的语言处理系统层,用高级语言编写程序,因而也称为高级语言程序员,所看到的虚拟机器称为**高级语言虚拟机**;系统管理员工作在操作系统层,所看到的是配置了操作系统的虚拟机器,称为**操作系统虚拟机**;最终用户则工作在最上面的**应用程序层**。

## 1.4 计算机系统性能评价

一个完整的计算机系统由硬件和软件构成,硬件性能的好坏对整个计算机系统的性能有极大的影响。硬件的性能检测和评价比较困难,因为硬件的性能只有通过运行软件才能反映出来,而在相同硬件上运行不同类型的软件,或者同样的软件用不同的数据集进行测试,所测到的性能都可能不同。因此,必须有一套综合的测试和评价硬件性能的方法。

### 1.4.1 计算机性能的定义

**吞吐率**(throughput)和**响应时间**(response time)是考量一个计算机系统性能的两个基本

指标。吞吐率表示在单位时间内所完成的工作量,类似的概念是**带宽**(bandwidth),它表示单位时间内所传输的信息量。响应时间是指从作业提交开始到作业完成所用的时间,类似的概念是**执行时间**(execution time)和**等待时间**(latency),它们都是表示一个任务所用时间的度量值。

不同应用场合下,计算机用户所关心的性能是不同的。例如,在多媒体应用场合,用户希望音/视频的播放要流畅,即单位时间内传输的数据量要大,因而关心系统的吞吐率是否高;而在银行、证券等事务处理应用场合,用户希望业务处理速度快,不需长时间等待,因而更关心响应时间是否短;还有些应用场合(如 ATM、文件服务、Web 服务等),用户则同时关心吞吐率和响应时间。

### 1.4.2 计算机性能的测试

如果不考虑应用背景而直接比较计算机性能,则基本用程序的执行时间来衡量。即从执行时间来考虑,完成同样工作量所需时间最短的那台计算机性能是最好的。

操作系统在对处理器进行调度时,一段时间内通常会让多个程序(更准确地说是进程)轮流使用处理器,因此在某个用户程序执行过程中,可能同时还会有其他用户程序和操作系统程序在执行,所以,通常情况下,一个程序的执行时间除了程序包含的指令在 CPU 上执行所用的时间外,还包括磁盘访问时间、I/O 操作所需时间,以及操作系统运行这个程序所用的额外开销等。即用户感觉到的某个程序的执行时间并不是其真正的执行时间。通常把用户感觉到的执行时间分成两部分:CPU 时间和其他时间。**CPU 时间**指 CPU 用于某程序执行的时间,它又包括以下两部分:①**用户 CPU 时间**,指真正用于运行用户程序代码的时间;②**系统 CPU 时间**,指为了执行用户程序而需要 CPU 运行操作系统程序的时间。**其他时间**指等待 I/O 操作完成的时间或 CPU 用于执行其他用户程序的时间。

计算机系统的性能评价主要考虑的是 CPU 性能。系统性能和 CPU 性能并不等价,两者有一些区别。**系统性能**是指系统的响应时间,它与 CPU 外的其他部分也有关系;而 **CPU 性能**是指用户 CPU 时间,它只包含 CPU 运行用户程序代码的时间。

在对 CPU 时间进行计算时需要用到以下几个重要的概念和指标。

(1) **时钟周期**:计算机执行一条指令的过程被分成若干步骤(微操作),每一步都要有相应的控制信号进行控制,这些控制信号何时发出、作用时间多长,都要有相应的定时信号进行同步。因此,计算机必须能够产生同步的时钟定时信号,也就是 CPU 的主脉冲信号,其宽度称为时钟周期。

(2) **时钟频率**(clock rate):CPU 的**主频**就是 CPU 中主脉冲信号的时钟频率,是 CPU 时钟周期的倒数。

(3) **CPI**(cycles per instruction):表示执行一条指令所需的时钟周期数。由于不同指令的功能不同,所需的时钟周期数也不同,因此,对于一条特定指令而言,其 CPI 指执行该条指令所需的时钟周期数,此时 CPI 是一个确定的值;对于一个程序或一台机器来说,其 CPI 指该程序或该机器指令集中的所有指令执行所需的平均时钟周期数,此时,CPI 是一个平均值。

已知上述参数或指标,可以通过以下公式来计算用户程序的 CPU 执行时间,即用户 CPU 时间。

用户 CPU 时间 = 程序总时钟周期数/时钟频率 = 程序总时钟周期数 × 时钟周期

上述公式中,程序总时钟周期数可由程序总指令条数和相应的 CPI 求得。

如果已知程序总指令条数和综合 CPI,则可用如下公式计算程序总时钟周期数。

$$程序总时钟周期数 = 程序总指令条数 \times 综合 CPI$$

如果已知程序中共有 $n$ 种不同类型的指令,第 $i$ 种指令的条数和 CPI 分别为 $C_i$ 和 $CPI_i$,则

$$程序总时钟周期数 = \sum_{i=1}^{n}(CPI_i \times C_i)$$

程序的综合 CPI 也可由以下公式求得,其中,$F_i$ 表示第 $i$ 种指令在程序中所占的比例。

$$综合 CPI = \sum_{i=1}^{n}(CPI_i \times F_i) = 程序总时钟周期数 / 程序总指令条数$$

因此,若已知程序综合 CPI 和总指令条数,则可用下列公式计算用户 CPU 时间。

$$用户 CPU 时间 = 综合 CPI \times 程序总指令条数 \times 时钟周期$$

有了用户 CPU 时间,就可以评判两台计算机性能的好坏。计算机的性能可以看成是用户 CPU 时间的倒数,因此,两台计算机性能之比就是用户 CPU 时间之比的倒数。若计算机 M1 和 M2 的性能之比为 $n$,则说明"计算机 M1 的速度是计算机 M2 的速度的 $n$ 倍",也就是说,"在计算机 M2 上执行程序的时间是在计算机 M1 上执行时间的 $n$ 倍"。

用户 CPU 时间度量公式中的时钟周期、指令条数、CPI 三个因素是相互制约的。例如,更改指令集可以减少程序总指令条数,但是,同时可能引起 CPU 结构的调整,从而可能会增加时钟周期的宽度(即降低时钟频率)。对于解决同一个问题的不同程序,即使是在同一台计算机上,指令条数最少的程序也不一定执行得最快。

**例 1-1**  假设某个频繁使用的程序 P 在机器 M1 上运行需要 10s,M1 的时钟频率为 2GHz。设计人员想开发一台与 M1 具有相同 ISA 的新机器 M2。采用新技术可使 M2 的时钟频率增加,但同时也会使 CPI 增加。假定程序 P 在 M2 上的时钟周期数是在 M1 上的 1.5 倍,则 M2 的时钟频率至少达到多少才能使程序 P 在 M2 上的运行时间缩短为 6s?

**解**:程序 P 在机器 M1 上的时钟周期数为用户 CPU 时间 $\times$ 时钟频率 $= 10s \times 2GHz = 2 \times 10^{10}$。因此,程序 P 在机器 M2 上的时钟周期数为 $1.5 \times 2 \times 10^{10} = 3 \times 10^{10}$。要使程序 P 在 M2 上运行时间缩短到 6s,则 M2 的时钟频率至少应为程序总时钟周期数 $\div$ 用户 CPU 时间 $= 3 \times 10^{10}/6s = 5GHz$。

由此可见,M2 的时钟频率是 M1 的 2.5 倍,但 M2 的速度却只是 M1 的 1.67 倍。

例 1-1 说明,时钟频率的提高可能会对 CPU 结构带来影响,从而使其他性能指标降低,因此,虽然时钟频率的提高会加快 CPU 执行程序的速度,但不能保证执行速度有相同倍数的提高。

**例 1-2**  假设计算机 M 的指令集中包含 A、B、C 三类指令,其 CPI 分别为 1、2、4。某个程序 P 在 M 上被编译成两个不同的目标代码序列 P1 和 P2,P1 所含 A、B、C 三类指令的条数分别为 8、2、2;P2 所含 A、B、C 三类指令的条数分别为 2、5、3。请问:哪个代码序列总指令条数少?哪个执行速度快?它们的 CPI 分别是多少?

**解**:P1 和 P2 的总指令条数分别为 12 和 10,所以,P2 的总指令条数少。

P1 的总时钟周期数为 $8 \times 1 + 2 \times 2 + 2 \times 4 = 20$。

P2 的总时钟周期数为 $2 \times 1 + 5 \times 2 + 3 \times 4 = 24$。

因为两个指令代码序列在同一台机器上运行,所以时钟周期一样,故总时钟周期数少的代码序列所用时间短、执行速度快。显然,P1 比 P2 快。

从上述结果来看，总指令条数少的代码序列执行时间并不一定更短。

综合 CPI＝程序总时钟周期数/程序总指令条数，因此，P1 的 CPI 为 20/12＝1.67；P2 的 CPI 为 24/10＝2.4。

例 1-2 说明，指令条数少并不代表执行时间短，同样，时钟频率高也不说明执行速度快。在评价计算机性能时，仅考虑单个因素是不全面的，必须三个因素同时考虑。1.4.3 节介绍的性能指标 MIPS 曾被普遍使用，它就没有考虑所有三个因素，所以用它来评价性能有时会得到不准确的结论。

### 1.4.3 用指令执行速度进行性能评估

最早用来衡量计算机性能的指标是每秒完成单个运算指令（如加法指令）的条数。当时大多数指令的执行时间是相同的，并且加法指令能反映乘、除等运算性能，其他指令的时间大体与加法指令相当，故加法指令的速度有一定的代表性。指令速度所用的计量单位为 **MIPS**（Million Instructions Per Second），其含义是平均每秒钟执行多少百万条指令。

早期还有一种类似于 MIPS 的性能估计方式，就是**指令平均执行时间**，也称**等效指令速度法**或**吉布森混合法**（**Gibson mix**）。随着计算机体系结构的发展，不同指令所需的执行时间差别越来越大，人们就根据等效指令速度法，通过统计各类指令在程序中所占比例进行折算。设某类指令 $i$ 在程序中所占比例为 $w_i$，执行时间为 $t_i$，则等效指令的执行时间为 $T=w_1\times t_1+w_2\times t_2+\cdots+w_n\times t_n$（$n$ 为指令种类数）。若指令执行时间用时钟周期数来衡量，则上式计算的结果就是综合 CPI。对指令平均执行时间求倒数能够得到 MIPS 值。

选取一组指令组合，让得到的平均 CPI 最小，由此得到的 MIPS 就是**峰值 MIPS**（peak MIPS）。有些制造商经常将峰值 MIPS 直接当作 MIPS，而实际性能要比标称的性能差。

**相对 MIPS**（relative MIPS）是根据某个公认的参考机型来定义的相应 MIPS 值，其值的含义是被测机型相对于参考机型 MIPS 的倍数。

MIPS 反映了机器执行定点指令的速度，但是，用 MIPS 来对不同的机器进行性能比较有时是不准确或不客观的。因为不同机器的指令集不同，而且指令的功能也不同，也许在机器 M1 上某一条指令的功能，在机器 M2 上要用多条指令来完成，因此，同样的指令条数所完成的功能可能完全不同；另外，不同机器的 CPI 和时钟周期也不同，因而同一条指令在不同机器上所用的时间也不同。下面的例子可以说明这点。

例 1-3 假定某程序 P 编译后生成的目标代码由 A、B、C、D 四类指令组成，它们在程序中所占的比例分别为 43％、21％、12％、24％，已知它们的 CPI 分别为 1、2、2、2。现重新对程序 P 进行编译优化，生成的新目标代码中 A 类指令条数减少了 50％，其他类指令的条数没有变。请回答下列问题。

① 编译优化前后程序的 CPI 各是多少？

② 假定程序在一台时钟频率为 50MHz 的计算机上运行，则优化前后的 MIPS 各是多少？

**解**：优化后 A 类指令的条数减少了 50％，因而各类指令所占比例分别计算如下。

A 类指令：21.5/(21.5＋21＋12＋24)＝27％

B 类指令：21/(21.5＋21＋12＋24)＝27％

C 类指令：12/(21.5＋21＋12＋24)＝15％

D 类指令：24/(21.5＋21＋12＋24)＝31％

① 优化前后程序的 CPI 分别计算如下。

优化前：43％×1＋21％×2＋12％×2＋24％×2＝1.57
优化后：27％×1＋27％×2＋15％×2＋31％×2＝1.73
② 优化前后程序的 MIPS 分别计算如下。
优化前：$5×10^7/1.57=31.8$ MIPS
优化后：$5×10^7/1.73=28.9$ MIPS
从 MIPS 值来看，优化后程序执行速度反而变慢了。

这显然是错误的，因为优化后只减少了 A 类指令条数而其他指令数没变，所以程序执行时间一定减少了。从这个例子可以看出，用 MIPS 值进行性能估计是不可靠的。

与定点指令运行速度 MIPS 相对应，表示浮点操作速度的指标是 **MFLOPS**（Million FLoating-point Operations Per Second）或 **Mflop/s**。它表示每秒所执行的浮点运算有多少百万（$10^6$）次，它是基于所完成的操作次数而不是指令数来衡量的。类似的浮点操作速度还有 **GFLOPS** 或 **Gflop/s**（$10^9$）、**TFLOPS** 或 **Tflop/s**（$10^{12}$）、**PFLOPS** 或 **Pflop/s**（$10^{15}$）和 **EFLOPS** 或 **Eflop/s**（$10^{18}$）等。

### 1.4.4 用基准程序进行性能评估

**基准程序**（benchmarks）是进行计算机性能评测的一种重要工具。基准程序是专门用来进行性能评价的一组程序，能够很好地反映机器在运行时实际负载的性能，可以通过在不同机器上运行相同的基准程序来比较在不同机器上的运行时间，从而评测其性能。基准程序最好是用户经常使用的一些实际程序，或是某个应用领域的一些典型的简单程序。对于不同的应用场合，应该选择不同的基准程序。例如，对用于软件开发的计算机进行评测时，最好选择包含编译器和文档处理软件的一组基准程序。而如果是对用于 CAD 处理的计算机进行评测时，最好选择一些典型的图形处理小程序作为一组基准程序。

基准程序是一个测试程序集，由一组程序组成。例如，SPEC 测试程序集是应用最广泛、也是最全面的性能评测基准程序集。1988 年，由 Sun、MIPS、HP、Apollo、DEC 五家公司联合提出了 **SPEC 标准**。它包括一组标准的测试程序、标准输入和测试报告。这些测试程序是一些实际的程序，包括系统调用、I/O 等。最初提出的基准程序集分成两类：整数测试程序集 SPECint 和浮点测试程序集 SPECfp。后来分成了按不同性能测试用的基准程序集，如 CPU 性能测试集（SPEC CPU2000）、Web 服务器性能测试集（SPECweb99）等。

如果基准测试程序集中不同的程序在两台机器上测试得出的结论不同，则如何给出最终的评价结论？例如，假定基准测试程序集包含程序 P1 和 P2，程序 P1 在机器 M1 和 M2 上运行的时间分别是 10s 和 2s，程序 P2 在机器 M1 和 M2 上运行的时间分别是 120s 和 600s，即对于 P1，M2 的速度是 M1 的 5 倍；而对于 P2，M1 的速度是 M2 的 5 倍，那么，到底是 M1 快还是 M2 更快？可以用所有程序的执行时间之和来比较，例如，P1 和 P2 在 M1 上的执行时间总和为 130s，而在 M2 上的总时间为 602s，故 M1 比 M2 快。但通常不这样做，而是采用执行时间的算术平均值或几何平均值来综合评价机器的性能。如果考虑每个程序的使用频度而用加权平均的方式，结果会更准确。

也可以将执行时间进行归一化来得到被测试的机器相对于参考机器的性能。

执行时间的归一化值＝参考机器上的执行时间/被测机器上的执行时间

例如，SPEC 比值（SPEC ratio）是指将测试程序在 Sun SPARCStation 上运行时的执行时间除以该程序在测试机器上的执行时间所得到的比值。比值越大，机器的性能越好。

使用基准程序进行计算机性能评测也存在一些缺陷,因为基准程序的性能可能与某一小段的短代码密切相关,此时,硬件系统设计人员或编译器开发者可能会针对这些代码片段进行特殊的优化,使得执行这段代码的速度非常快,以至于得到不具代表性的性能评测结果。例如,Intel Pentium 处理器运行 SPECint 时用了公司内部使用的特殊编译器,使其性能表现得很高,但用户实际使用的是普通编译器,达不到所标称的性能。又如,矩阵乘法程序 SPECmatrix300 有 99% 的时间运行在一行语句上,有些厂商用特殊编译器优化该语句,使性能达到 VAX 11/780 的 729.8 倍。

浮点运算实际上包括了所有涉及小数的运算,在某类应用软件中经常出现,比整数运算更费时间。现今大部分的处理器中都有浮点运算器,因此每秒浮点运算次数所量测的实际上就是浮点运算器的执行速度。Linpack 是最常用来测量每秒浮点运算次数的基准程序之一。

### 1.4.5 阿姆达尔定律

**阿姆达尔定律**(Amdahl's law)是计算机系统设计方面重要的定量原则之一,1967 年由 IBM 360 系列机的主要设计者阿姆达尔首先提出。该定律的基本思想是,对系统中某个硬件部分,或者软件中的某部分进行更新所带来的系统性能改进程度,取决于该硬件部件或软件部分被使用的频率或其执行时间占总执行时间的比例。

阿姆达尔定律定义了增强或加速部分部件而获得整体性能的改进程度,它有两种表示形式:

改进后的执行时间=改进部分执行时间÷改进部分的改进倍数+未改进部分执行时间

或

整体改进倍数=1/(改进部分执行时间比例÷改进部分的改进倍数+未改进部分执行时间比例)

**例 1-4** 假定计算机中的整数乘法器改进后可以加快 10 倍,若整数乘法指令执行时间在程序中占 40%,则整体性能能改进多少倍?若整数乘法指令执行时间在程序中所占比例达 60% 和 90%,则整体性能分别能改进多少倍?

**解**:题目中改进部分就是整数乘法器,改进部分的改进倍数为 10,整数乘法指令在程序中占 40%,说明程序执行总时间中 40% 是整数乘法器所用,其他部件所用时间占 60%。

根据公式可得:整体改进倍数=1/(0.4/10+0.6)=1.56。

若整数乘法指令在程序中所占比例达 60% 和 90%,则整体改进倍数分别为:
1/(0.6/10+0.4)=2.17 和 1/(0.9/10+0.1)=5.26。

从例 1-4 可看出,即使执行时间占总时间 90% 的高频使用部件加快了 10 倍,所带来的整体性能也只能加快 5.26 倍。想要改进计算机系统整体性能,不能仅提高部分部件的速度,因为计算机系统整体性能还受慢速部件的制约。

若 $t$ 表示改进部分执行时间比例,$n$ 为改进部分的改进倍数,则 $1-t$ 为未改进部分执行时间比例,整体加速比($p$)为 $p=1/(t/n+1-t)$。

当 $1-t=0$ 时,则最大加速比 $p=n$;当 $t=0$ 时,最小加速比 $p=1$;当 $n\to\infty$ 时,极限加速比 $p\to 1/(1-t)$,这就是加速比的上限。

某程序在某台计算机上运行所需时间是 100s,其中,80s 用来执行乘法操作。要使该程序的性能是原来的 5 倍,若不改进其他部件而仅改进乘法部件,则乘法部件的速度是原来的多少倍?

设乘法部件的速度应该是原来的 $n$ 倍,即改进后乘法操作执行时间为 $80s/n$。要使程序的性能是原来的 5 倍,也就是程序的执行时间为原来的 $1/5$,即 $20s$。根据阿姆达尔定律,有 $20s=80s/n+(100s-80s)$,显然,必须 $80s/n=0$,因而 $n→∞$。也就是说,当乘法运算时间占 80% 时,无论如何改进乘法部件,整体性能都不可能是原来的 5 倍。

对并行计算系统进行性能分析时,会广泛使用到阿姆达尔定律。阿姆达尔定律适用于对特定任务的一部分进行优化的所有情况,可以是硬件优化,也可以是软件优化。例如,系统中异常处理程序的执行时间只占整个程序运行时间非常小的一部分,即使对异常处理程序进行非常好的优化,它对整个系统带来的性能提升也几乎为零。

## 1.5 本章小结

计算机在控制器的控制下完成数据处理、数据存储和数据传输三个基本功能,因而它由完成相应功能的控制器、运算器、存储器、输入和输出设备组成。在计算机内部,指令和数据都用二进制表示,两者形式上没有任何差别,都是一个 0/1 序列,它们都存放在存储器中,按地址访问。计算机采用存储程序方式进行工作。指令格式中包含操作码字段和地址码字段等,地址码可以是主存单元编号,也可能是通用寄存器编号,用于指出操作数所在的主存单元或通用寄存器。

计算机系统采用逐层向上抽象的方式构成,通过向上层用户提供一个抽象的简洁接口而将较低层次的实现细节隐藏起来。在底层系统软件和硬件之间的抽象层就是指令集体系结构(ISA)。硬件和软件相辅相成,缺一不可,两者都可用来实现逻辑功能。

计算机完成一个任务的大致过程如下:用某种程序设计语言编写源程序;用语言处理系统将源程序翻译成机器语言目标程序;将目标程序中的指令和数据装入内存,然后从第一条指令开始执行,直到程序所含指令全部执行完。每条指令的执行包括取指令、指令译码、PC 增量、取操作数、运算、送结果等操作。

处理器的基本性能参数包括时钟周期(或时钟频率)、CPI、MIPS、MFLOPS、GFLOPS、TFLOPS 等。一般把程序的响应时间划分成 CPU 时间和其他时间,CPU 时间又分成用户 CPU 时间和系统 CPU 时间。对 CPU 性能的测量一般是测量用户 CPU 时间。

基准程序是专门用来性能评价的一组程序,能反映机器在运行实际负载时的性能,通常以在机器上运行基准程序的时间来评测其性能。对于不同的应用场合,应该选择不同的基准程序。常见的基准程序包括 CPU 性能测试集(SPEC CPU2000)、Web 服务器性能测试集(SPECweb99)等。

阿姆达尔定律是计算机系统设计方面重要的定量原则之一。阿姆达尔定律表明,对系统中某个硬件部分或者软件中的某部分进行更新所带来的系统性能改进程度,取决于其被使用的频率或其执行时间占总执行时间的比例。

## 习 题

1. 给出以下概念的解释说明。
中央处理器　　　　算术逻辑部件　　　　通用寄存器　　　　程序计数器
指令寄存器　　　　控制器　　　　　　　主存储器　　　　　总线
主存地址寄存器　　主存数据寄存器　　　指令操作码　　　　指令地址码

| 微操作 | 控制信号 | 时钟信号 | 时钟周期 |
| --- | --- | --- | --- |
| 机器指令 | 高级程序设计语言 | 汇编语言 | 机器语言 |
| 机器级语言 | 源程序 | 目标程序 | 编译程序 |
| 解释程序 | 汇编程序 | 语言处理系统 | 设备控制器 |
| 指令集体系结构 | 微体系结构 | ABI 规范 | 最终用户 |
| 系统管理员 | 应用程序员 | 系统程序员 | 透明 |
| 响应时间 | 吞吐率 | 用户 CPU 时间 | 系统 CPU 时间 |
| 系统性能 | CPU 性能 | 主频 | CPI |
| 基准程序 | SPEC 基准程序集 | SPEC 比值 | MIPS |
| 峰值 MIPS | 相对 MIPS | PFLOPS | 阿姆达尔定律 |

2. 简单回答下列问题。

(1) 冯·诺依曼计算机由哪几部分组成？各部分的功能是什么？

(2) 什么是存储程序工作方式？

(3) 一条指令的执行过程包含哪几个阶段？

(4) 计算机系统的层次结构如何划分？

(5) 什么是程序的未定义行为？什么是程序的未指定行为？什么是程序的实现定义行为？

(6) 计算机系统的用户可分哪几类？每类用户工作在哪个层次？

(7) 应用程序二进制接口(ABI)和应用程序编程接口(API)分别与哪类计算机系统用户关系最密切（哪类用户直接使用 ABI 和 API 标准）？

(8) 程序的 CPI 与哪些因素有关？

(9) 为什么说性能指标 MIPS 不能很好地反映计算机的性能？

(10) 阿姆达尔定律对程序性能优化有什么指导意义？

3. 假定你的朋友不太懂计算机，请用简单通俗的语言给你的朋友介绍计算机系统是如何工作的。

4. 你对计算机系统的哪些部分最熟悉，哪些部分最不熟悉？最想进一步了解细节的是哪些部分的内容？

5. 图 1-1 所示模型机（采用图 1-2 所示指令格式）的指令系统中，除了有 mov(op=0000)、add(op=0001)、load(op=1110) 和 store(op=1111) 指令外，R 型指令还有减(sub, op=0010) 和乘(mul, op=0011) 等指令，请仿照图 1-3 给出求解表达式 "z=(x−y)*y;" 所对应的指令序列（包括机器代码和对应的汇编指令），以及在主存中的存放内容，并仿照图 1-5 给出每条指令的执行过程，以及所包含的微操作。

6. 若有两个基准测试程序 P1 和 P2 在机器 M1 和 M2 上运行，假定 M1 和 M2 的价格分别是 5000 元和 8000 元，表 1-1 给出了 P1 和 P2 在 M1 和 M2 上所花的时间和指令条数。

表 1-1 题 6 表

| 程 序 | M1 | | M2 | |
| --- | --- | --- | --- | --- |
| | 指令条数 | 执行时间 | 指令条数 | 执行时间 |
| P1 | $200 \times 10^6$ | 10 000 ms | $150 \times 10^6$ | 5000 ms |
| P2 | $300 \times 10^3$ | 3 ms | $420 \times 10^3$ | 6 ms |

请回答下列问题：

(1) 对于 P1，哪台机器的速度更快？快多少？对于 P2 呢？

(2) 在 M1 上执行 P1 和 P2 的速度分别是多少 MIPS？在 M2 上的执行速度又各是多少？从执行速度来看，对于 P2，哪台机器的速度更快？快多少？

(3) 假定 M1 和 M2 的时钟频率各是 800MHz 和 1.2GHz，则在 M1 和 M2 上执行 P1 时的平均 CPI 各是多少？

(4) 如果某个用户需要大量使用 P1，并且该用户主要关心系统的响应时间而不是吞吐率，那么，该用户需要大批购进机器时，应该选择 M1 还是 M2？为什么？（提示：从性价比上考虑）

(5) 如果另一个用户也需要购进大批机器，但该用户使用 P1 和 P2 一样多，主要关心的也是响应时间，那么,应该选择 M1 还是 M2？为什么？

7. 若机器 M1 和 M2 具有相同的指令集,其时钟频率分别为 1GHz 和 1.5GHz。在指令集中有 5 种不同类型的指令 A～E。表 1-2 给出了在 M1 和 M2 上每类指令的平均 CPI。

表 1-2  题 7 表

| 机 器 | A | B | C | D | E |
|---|---|---|---|---|---|
| M1 | 1 | 2 | 2 | 3 | 4 |
| M2 | 2 | 2 | 4 | 5 | 6 |

请回答下列问题:

(1) M1 和 M2 的峰值 MIPS 各是多少？

(2) 假定某程序 P 的指令序列中,5 种指令具有完全相同的指令条数,则 P 在 M1 和 M2 上运行时,哪台机器更快？快多少？在 M1 和 M2 上执行 P 时的平均 CPI 各是多少？

8. 假设同一套指令集用不同的方法设计了两种机器 M1 和 M2。M1 的时钟周期为 0.8ns,M2 的时钟周期为 1.2ns。某个程序 P 在 M1 上运行时的 CPI 为 4,在 M2 上的 CPI 为 2。对于 P 来说,哪台机器的执行速度更快？快多少？

9. 假设某机器 M 的时钟频率为 4GHz,用户程序 P 在 M 上的指令条数为 $8 \times 10^9$,其 CPI 为 1.25,则 P 在 M 上的执行时间是多少？若在 M 上从 P 启动到执行结束所需的时间是 4s,则 P 占用的 CPU 时间的百分比是多少？

10. 假定某编译器对某段高级语言程序编译生成两种不同的指令序列 S1 和 S2,在时钟频率为 500MHz 的机器 M 上运行,目标指令序列中用到的指令类型有 A、B、C、D 共 4 类。4 类指令在 M 上的 CPI 和两个指令序列所用的各类指令条数如表 1-3 所示。

表 1-3  题 10 表

| | A | B | C | D |
|---|---|---|---|---|
| 各指令的 CPI | 1 | 2 | 3 | 4 |
| S1 的指令条数 | 5 | 2 | 2 | 1 |
| S2 的指令条数 | 1 | 1 | 1 | 5 |

请问：S1 和 S2 各有多少条指令？CPI 各为多少？所含的时钟周期数各为多少？执行时间各为多少？

11. 假定机器 M 的时钟频率为 1.2GHz,某程序 P 在 M 上的执行时间为 12s。对 P 优化时,将其所有的乘 4 指令都换成一条左移两位的指令,得到优化后的程序 P′。已知在 M 上乘法指令的 CPI 为 5,左移指令的 CPI 为 2,P 的执行时间是 P′执行时间的 1.2 倍,则 P 中有多少条乘法指令被替换成左移指令被执行？

12. 假定机器 M 的时钟频率为 2.5GHz,运行某程序 P 的过程中,共执行了 $5 \times 10^8$ 条浮点数指令、$4 \times 10^9$ 条整数指令、$3 \times 10^9$ 条访存指令、$1 \times 10^9$ 条分支指令,这 4 种指令的 CPI 分别是 2、1、4、1。若要使 P 的执行时间减少一半,则浮点指令的 CPI 应如何改进？若要使 P 的执行时间减少一半,则访存指令的 CPI 应如何改进？若浮点数指令和整数指令的 CPI 减少 20%,访存指令和分支指令的 CPI 减少 40%,则 P 的执行时间会缩短多少？

# 第 2 章 数据的机器级表示与处理

在高级语言程序中需要定义所处理数据的类型,以及存储的数据结构。例如,C语言程序中有无符号整数(unsigned int)类型、带符号整数(signed int)类型、单精度浮点数(float)类型等;此外,在 C 语言中,多个相同类型数据可以构成一个数组(array),多个不同类型数据可以构成结构体(struct)。那么,在高级语言程序中定义的这些数据在计算机内部是如何表示的?它们在计算机中又是如何存储、运算和传送的?

本章重点讨论数据在计算机内部的机器级表示和基本处理。主要内容包括进位计数制、二进制定点数的编码表示、无符号整数和带符号整数的表示、IEEE 754 浮点数表示标准、西文字符和汉字的编码表示、C 语言中各种类型数据的表示和转换、数据的宽度和存放顺序、基本运算及其运算电路。

## 2.1 数制和编码

### 2.1.1 信息的二进制编码

数据是计算机处理的对象。从不同的处理角度来看,数据有不同的表现形态。从外部形式来看,计算机可处理数值、文字、图像、声音、视频及各种模拟信息,它们被称为感觉媒体。从算法描述的角度来看,有图、表、树、队列、矩阵等结构类型的数据。从高级语言程序员的角度来看,有数组、结构体、指针、实数、整数、布尔数、字符和字符串等类型的数据。不管以什么形态出现,在计算机内部,数据最终都由机器指令来处理。而从机器指令的角度来看,数据只有整数、浮点数和位串这几类简单的基本数据类型。

计算机内部处理的所有数据都必须是数字化编码的数据。现实世界中的感觉媒体信息由输入设备转换为二进制编码表示,因此,输入设备必须具有离散化和编码两方面的功能。因为计算机中用来存储、加工和传输数据的部件都是位数有限的部件,所以,计算机中只能表示和处理离散的信息。数字化编码过程,就是指对感觉媒体信息进行采样,将现实世界中的连续信息转换为计算机中的离散样本信息,然后对样本信息用 0 和 1 进行数字化编码的过程。所谓编码,就是用少量简单的基本符号,对大量复杂多样的信息进行一定规律的组合。基本符号的种类和组合规则是信息编码的两大要素。例如,电报码中用 4 位十进制数字表示汉字;从键盘上输入汉字时用汉语拼音(26 个英文字母)表示汉字等,都是编码的典型例子。

在计算机系统内部,所有信息都用二进制进行编码。也就是说计算机内部采用的是二进制表示方式。这样做的原因有以下几点。

(1) 二进制只有两种基本状态,使用有两个稳定状态的物理器件就可以表示二进制数的每一位,而制造有两个稳定状态的物理器件要比制造有多个稳定状态的物理器件容易得多。例如,用高低两个电位,或脉冲的有无、脉冲正负极性等都可以方便、可靠地表示 0 和 1。

(2) 二进制的编码、计数和运算规则都很简单。可用开关电路实现,简便易行。

(3) 两个符号 1 和 0 正好与逻辑命题的真和假相对应,为计算机中实现逻辑运算和程序中的逻辑判断提供了便利条件,特别是能通过逻辑门电路方便地实现算术运算。

采用二进制编码将各种媒体信息转变成数字化信息后,可以在计算机内部进行存储、运算和传送。在高级语言程序设计中,可以利用图、树、表和队列等数据结构进行算法描述,并以数组、结构体、指针和字符串等数据类型来说明处理对象,但将高级语言程序转换为机器语言程序后,每条机器指令的操作数只能是以下 4 种简单的基本数据类型:无符号定点整数、带符号定点整数、浮点数和表示非数值数据的位串,如图 2-1 中虚线框内所示。

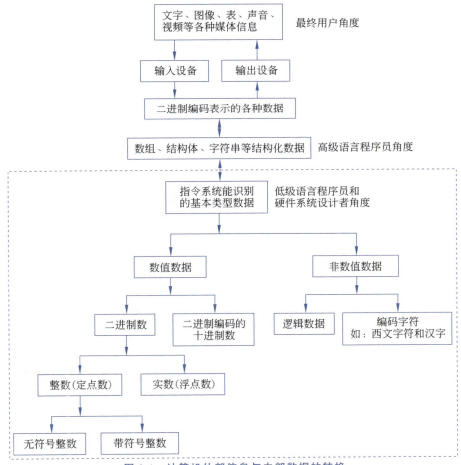

图 2-1 计算机外部信息与内部数据的转换

指令所处理的数据类型分为数值数据和非数值数据两种。**数值数据**可用来表示数量的多少,可比较其大小,分为整数和实数,整数又分为无符号整数和带符号整数。在计算机内部,整数用定点数表示,实数用浮点数表示。**非数值数据**就是一个没有大小之分的位串,不表示数量的多少,主要用来表示字符数据和逻辑数据。

日常生活中,常使用带正负号的十进制数表示数值数据,例如 6.18,−127 等。但这种形式的数据在计算机内部难以直接存储、运算和传输,仅用来作为程序的输入或输出形式,以方便用户从键盘等输入设备输入数据,或从屏幕、打印机等输出设备上输出数据,它不是用于计算机内部运算和传输的主要表示形式。

在计算机内部,数值数据的表示方法有两大类:第一种是直接用二进制数表示;另一种是采用**二进制编码的十进制**(binary coded decimal,**BCD**)数表示。

表示一个数值数据要确定三个要素:进位计数制、定/浮点表示和编码规则。任何给定的一个二进制 0/1 序列,在未确定它采用什么进位计数制、定点还是浮点表示,以及编码表示方法之前,它所代表的数值数据的值是无法确定的。

### 2.1.2 进位计数制

日常生活中基本上都使用十进制数,其每个数位可用 10 个不同符号 $0,1,2,\cdots,9$ 表示,每个符号处在十进制数中不同位置时,所代表的数值不一样。例如,2585.62 代表的值如下。

$$(2585.62)_{10} = 2 \times 10^3 + 5 \times 10^2 + 8 \times 10^1 + 5 \times 10^0 + 6 \times 10^{-1} + 2 \times 10^{-2}$$

一般地,任意一个十进制数

$$D = d_n d_{n-1} \cdots d_1 d_0 . d_{-1} d_{-2} \cdots d_{-m} \quad (m, n \text{ 为正整数})$$

其值可表示为如下形式

$$V(D) = d_n \times 10^n + d_{n-1} \times 10^{n-1} + \cdots + d_1 \times 10^1 + d_0 \times 10^0 + d_{-1} \times 10^{-1} + d_{-2} \times 10^{-2} + \cdots + d_{-m} \times 10^{-m}$$

其中 $d_i (i = n, n-1, \cdots, 1, 0, -1, -2, \cdots -m)$ 可以是 0,1,2,3,4,5,6,7,8,9 这 10 个数字符号中任一个,10 称为基数(base),它代表每个数位上可以使用的不同数字符号个数。$10^i$ 称为第 $i$ 位上的权。在十进制数进行运算时,每位计满 10 之后就要向高位进一,即日常所说的逢十进一。

类似地,二进制数的基数是 2,只使用两个不同的数字符号 0 和 1,运算时采用逢二进一的规则,第 $i$ 位上的权是 $2^i$。例如,二进制数 $(100101.01)_2$ 代表的值如下。

$$(100101.01)_2 = 1 \times 2^5 + 0 \times 2^4 + 0 \times 2^3 + 1 \times 2^2 + 0 \times 2^1 + 1 \times 2^0 + 0 \times 2^{-1} + 1 \times 2^{-2} = (37.25)_{10}$$

一般地,任意一个二进制数

$$B = b_n b_{n-1} \cdots b_1 b_0 . b_{-1} b_{-2} \cdots b_{-m} \quad (m, n \text{ 为正整数})$$

其值可表示为如下形式

$$V(B) = b_n \times 2^n + b_{n-1} \times 2^{n-1} + \cdots + b_1 \times 2^1 + b_0 \times 2^0 + b_{-1} \times 2^{-1} + b_{-2} \times 2^{-2} + \cdots + b_{-m} \times 2^{-m}$$

其中 $b_i (i = n, n-1, \cdots, 1, 0, -1, -2, \cdots -m)$ 只可以是 0 和 1 两种不同的数字符号。

扩展到一般情况,在 $R$ 进制数字系统中,应采用 $R$ 个基本符号 $(0,1,2,\cdots,R-1)$ 表示各位上的数字,采用逢 $R$ 进一的运算规则,对于每一个数位 $i$,该位上的权为 $R^i$。$R$ 被称为该数字系统的基数。

在计算机系统中经常使用的进位计数制有下列几种。

二进制 $R=2$,基本符号为 0 和 1。

八进制 $R=8$,基本符号为 0,1,2,3,4,5,6,7。

十六进制 $R=16$,基本符号为 0,1,2,3,4,5,6,7,8,9,A,B,C,D,E,F。

十进制 $R=10$,基本符号为 0,1,2,3,4,5,6,7,8,9。

表 2-1 列出了二、八、十、十六进制 4 种进位计数制中各基本数之间的对应关系。

表 2-1　4 种进位制数之间的对应关系

| 二 进 制 数 | 八 进 制 数 | 十 进 制 数 | 十六进制数 |
|---|---|---|---|
| 0000 | 0 | 0 | 0 |
| 0001 | 1 | 1 | 1 |
| 0010 | 2 | 2 | 2 |
| 0011 | 3 | 3 | 3 |
| 0100 | 4 | 4 | 4 |
| 0101 | 5 | 5 | 5 |
| 0110 | 6 | 6 | 6 |
| 0111 | 7 | 7 | 7 |
| 1000 | 10 | 8 | 8 |
| 1001 | 11 | 9 | 9 |
| 1010 | 12 | 10 | A |
| 1011 | 13 | 11 | B |
| 1100 | 14 | 12 | C |
| 1101 | 15 | 13 | D |
| 1110 | 16 | 14 | E |
| 1111 | 17 | 15 | F |

从表 2-1 中可看出，十六进制的前 10 个数字与十进制中前 10 个数字相同，后 6 个基本符号 A,B,C,D,E,F 的值分别为十进制的 10,11,12,13,14,15。在书写时可使用下标方式或前后缀字母标识该数的进位计数制，一般用 B(binary)表示二进制，用 O(octal)表示八进制，用 D(decimal)表示十进制（后缀可省略），而 H(hexadecimal)则是十六进制数后缀，有时也用 0x 表示十六进制数前缀，如二进制数 10011B，十进制数 56D 或 56，十六进制数 308FH 或 0x308F。

计算机内部所有信息采用二进制编码表示。但是，为方便书写和阅读，在计算机外部大都采用十或十六进制表示形式。因此，计算机在数据输入后或输出前都必须实现这些进位制数和二进制数之间的转换。以下介绍各进位计数制之间数据的转换方法。

**1. R 进制数转换成十进制数**

任何一个 R 进制数转换成十进制数时，只要按权展开即可。

**例 2-1**　将 $(10101.01)_2$ 转换成十进制数。

**解**：$(10101.01)_2 = (1 \times 2^4 + 0 \times 2^3 + 1 \times 2^2 + 0 \times 2^1 + 1 \times 2^0 + 0 \times 2^{-1} + 1 \times 2^{-2})_{10} = (21.25)_{10}$

**例 2-2**　将 $(307.6)_8$ 转换成十进制数。

**解**：$(307.6)_8 = (3 \times 8^2 + 7 \times 8^0 + 6 \times 8^{-1})_{10} = (199.75)_{10}$

**例 2-3**　将 $(3A.C)_{16}$ 转换成十进制数。

**解**：$(3A.C)_{16} = (3 \times 16^1 + 10 \times 16^0 + 12 \times 16^{-1})_{10} = (58.75)_{10}$

**2. 十进制数转换成 R 进制数**

任何一个十进制数转换成 R 进制数时，要将整数和小数部分分别进行转换。

1）整数部分的转换

整数部分的转换方法是"除基取余，上右下左"。用要转换的十进制整数去除以基数 R，将得到的余数作为结果数据中各位数字，直到商为 0 为止。上面的余数（先得到的余数）作为右边低位，下面的余数作为左边高位。

**例 2-4**　将十进制整数 135 分别转换成八进制数和二进制数。

**解**：将 135 分别除以 8 和 2，将每次的余数按从低位到高位的顺序排列如下：

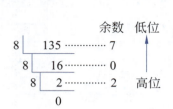
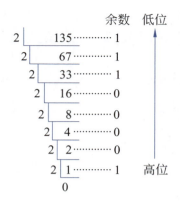

所以,$(135)_{10}=(207)_8=(1000\ 0111)_2$。

2) 小数部分的转换

小数部分的转换方法是"乘基取整,上左下右"。用要转换的十进制小数去乘以基数 R,将得到的乘积的整数部分作为结果数据中各位的数字,小数部分继续与基数 R 相乘。以此类推,直到某一步乘积的小数部分为 0 或已得到希望的位数为止。最后,将上面的整数部分作为左边高位,下面的整数部分作为右边低位。

**例 2-5** 将十进制小数 0.6875 分别转换成二进制数和八进制数。

解:$0.6875\times2=1.375$　　整数部分=1　（高位）
　　$0.375\times2=0.75$　　　整数部分=0　↓
　　$0.75\times2=1.5$　　　　整数部分=1　↓
　　$0.5\times2=1.0$　　　　 整数部分=1　（低位）

因此,$(0.6875)_{10}=(0.1011)_2$

　　$0.6875\times8=5.5$　　　整数部分=5　（高位）
　　$0.5\times8=4.0$　　　　 整数部分=4　（低位）

因此,$(0.6875)_{10}=(0.54)_8$

在转换过程中,可能乘积的小数部分总得不到 0,即转换得到希望的位数后还有余数,这种情况下得到的是近似值。

**例 2-6** 将十进制小数 0.63 转换成二进制数。

解:$0.63\times2=1.26$　　整数部分=1　（高位）
　　$0.26\times2=0.52$　　整数部分=0　↓
　　$0.52\times2=1.04$　　整数部分=1　↓
　　$0.04\times2=0.08$　　整数部分=0　（低位）

因此,$(0.63)_{10}=(0.1010\cdots)_2$

3) 含整数、小数部分数的转换

将整数部分和小数部分分别转换得到转换后相应的整数和小数部分,再将这两部分组合起来得到一个完整的数。

**例 2-7** 将十进制数 135.6875 分别转换成二进制数和八进制数。

解:只要将例 2-4 和例 2-5 的结果合起来即可,即$(135.6875)_{10}=(10000111.1011)_2=(207.54)_8$。

### 3. 二、八、十六进制数的相互转换

1) 八进制数转换为二进制数

只要按照表 2-1 所示的八进制数与二进制数的对应关系,把每个八进制数改写成等值的 3

位二进制数即可,且保持高低位次序不变。

**例 2-8** 将$(13.724)_8$转换为二进制数。

**解:** $(13.724)_8 = (001\ 011.111\ 010\ 100)_2 = (1011.1110101)_2$

2) 十六进制数转换成二进制数

只要按照表 2-1 所示的十六进制数与二进制数的对应关系,把每个十六进制数改写成等值的 4 位二进制数即可,且保持高低位次序不变。

**例 2-9** 将十六进制数$(2B.5E)_{16}$转换成二进制数。

**解:** $(2B.5E)_{16} = (0010\ 1011.0101\ 1110)_2 = (101011.0101111)_2$

3) 二进制数转换成八进制数

整数部分从低位向高位方向每 3 位用一个等值的八进制数替换,最后不足 3 位时在高位补 0 凑满 3 位;小数部分从高位向低位方向每 3 位用一个等值的八进制数替换,最后不足 3 位时在低位补 0 凑满 3 位。如$(1011.10101)_2 = (001\ 011.101\ 010)_2 = (13.52)_8$。

4) 二进制数转换成十六进制数

整数部分从低位向高位方向每 4 位用一个等值的十六进制数替换,最后不足 4 位时在高位补 0 凑满 4 位;小数部分从高位向低位方向每 4 位用一个等值的十六进制数替换,最后不足 4 位时在低位补 0 凑满 4 位。如$(11001.11)_2 = (0001\ 1001.1100)_2 = (19.C)_{16}$。

二进制数与八/十六进制数之间有很简单直观的对应关系。二进制数太长,书写、阅读均不方便;八进制数和十六进制数却像十进制数一样简练,易写易记。虽然计算机中使用二进制,但为了在开发和调试程序、查看机器代码时便于书写和阅读,人们经常使用八/十六进制等价表示二进制,因此必须熟练掌握八/十六进制数表示及其与二进制数之间的转换。

## 2.1.3 定点数与浮点数

日常生活中所使用的数有整数和实数之分,整数的小数点固定在数的最右边,可以省略不写,而实数的小数点则不固定。计算机中只能表示 0 和 1,无法表示小数点,因此,要使得计算机能够处理日常使用的数值数据,必须要解决小数点的表示问题。通常计算机中通过约定小数点的位置来实现。小数点位置约定在固定位置的数称为**定点数**,小数点位置约定为可浮动的数称为**浮点数**。

**1. 定点表示**

对于定点小数,其小数点总是固定在数的左边,一般用来表示浮点数的尾数部分。对于定点整数,其小数点总是固定在数的最右边,因此可用定点整数来表示整数。

**2. 浮点表示**

对于任意一个实数 $X$,可以表示成如下形式。

$$X = (-1)^S \times M \times R^E$$

其中 $S$ 取值为 0 或 1,用来决定数 $X$ 的符号;$M$ 是一个二进制定点小数,称为数 $X$ 的**尾数**(mantissa);$E$ 是一个二进制定点整数,称为数 $X$ 的**阶**或**指数**(exponent);$R$ 是**基数**,可以取值为 2,4,16 等。在基数 $R$ 一定的情况下,尾数 $M$ 的位数反映数 $X$ 的有效位数,它决定了数 $X$ 的表示精度,有效位数越多,表示精度就越高;阶 $E$ 的位数决定数 $X$ 的表示范围;阶 $E$ 的值确定了小数点的位置。

假定浮点数的尾数是纯小数,那么,从浮点数的形式来看,绝对值最小的非零数为 $0.0\cdots01 \times R^{-11\cdots1}$,绝对值最大的数为 $0.11\cdots1 \times R^{11\cdots1}$。假设 $m$ 和 $n$ 分别表示阶和尾数的位数,基数为

2,则浮点数 $X$ 的绝对值的范围如下。

$$2^{-(2^m-1)} \times 2^{-n} \leqslant |X| \leqslant (1-2^{-n}) \times 2^{2^m-1}$$

上述公式中,紧靠$|X|$左右两边的两个因子就是非零定点小数的绝对值表示范围,浮点数的最小数是定点小数的最小数 $2^{-n}$ 去除以一个很大的数 $2^{(2^m-1)}$,而浮点数的最大数则是定点小数的最大数$(1-2^{-n})$去乘以这个大数 $2^{2^m-1}$,由此可见,浮点数的表示范围比定点数范围要大得多。

### 2.1.4 定点数的编码表示

定/浮点表示解决了小数点的表示问题。但是,对于一个数值数据来说,还有一个正/负号的表示问题。计算机中只能表示 0 和 1,因此,正/负号也用 0 和 1 来表示。这种将数的符号用 0 和 1 表示的处理方式称为**符号数字化**。一般规定 0 表示正号,1 表示负号。

数字化了的符号能否和数值部分一起参加运算?为了解决这个问题,就产生了把符号位和数值部分一起进行编码的各种方法。因为任意一个浮点数都可以用一个定点小数和一个定点整数来表示,所以,只需要考虑定点数的编码表示,有原码(sign magnitude)、补码(complement)、反码和移码 4 种定点数编码表示方法。

通常将数值数据在计算机内部编码表示后的数称为**机器数**,而机器数真正的值(即现实世界中带有正负号的数)称为机器数的**真值**。例如,$-10$($-1010\text{B}$)用 8 位补码表示为 1111 0110,说明机器数 1111 0110B(F6H 或 0xF6)的真值是 $-10$,或者说,$-10$ 的机器数是 1111 0110B(F6H 或 0xF6)。根据定义可知,机器数一定是一个 0/1 序列,通常缩写成十六进制形式。

假设机器数 $X$ 的真值 $X_T$ 的二进制形式(即式中 $X'_i = 0$ 或 1)如下。

$$X_T = \pm X'_{n-2} \cdots X'_1 X'_0 \quad (\text{当 } X \text{ 为定点整数时})$$
$$X_T = \pm 0 . X'_{n-2} \cdots X'_1 X'_0 \quad (\text{当 } X \text{ 为定点小数时})$$

对 $X_T$ 用 $n$ 位二进制数编码后,机器数 $X$ 表示如下。

$$X = X_{n-1} X_{n-2} \cdots X_1 X_0$$

机器数 $X$ 有 $n$ 位,式中 $X_i = 0$ 或 1,其中,第一位 $X_{n-1}$ 是数的符号,后 $n-1$ 位 $X_{n-2} \cdots X_1 X_0$ 是数值部分。数值数据在计算机内部的编码问题,实际上就是机器数 $X$ 的各位 $X_i$ 的取值与真值 $X_T$ 的关系问题。

下面在上述对机器数 $X$ 及其真值 $X_T$ 的假设条件下,介绍各种带符号定点数的编码表示。

**1. 原码表示法**

一个数的原码表示由符号位和数值位构成。原码表示法中,正数和负数的编码表示仅符号位不同,数值部分完全相同。

原码编码规则如下:

(1) 当 $X_T$ 为正数时,$X_{n-1} = 0$,$X_i = X'_i$($0 \leqslant i \leqslant n-2$);

(2) 当 $X_T$ 为负数时,$X_{n-1} = 1$,$X_i = X'_i$($0 \leqslant i \leqslant n-2$)。

原码 0 有两种表示形式:$[+0]_原 = 0\ 00\cdots 0$

$$[-0]_原 = 1\ 00\cdots 0$$

根据原码定义可知,对于真值 $-10$($-1010\text{B}$),若用 8 位原码表示,则其机器数为 1000 1010B(8AH 或 0x8A);对于真值 $-0.625$($-0.101\text{B}$),若用 8 位原码表示,则其机器数为 1101

0000B(D0H 或 0xD0)。

可以看出,原码表示的优点是与真值的对应关系直观、方便,缺点是 0 的表示不唯一,给使用带来不便,并且以原码形式参与运算时,符号和数值部分必须分开处理。现代计算机中不用原码表示整数,只用定点原码小数表示浮点数的尾数部分。

**2. 补码表示法**

补码表示可以实现加减运算的统一,即用加法实现减法运算。在计算机中,补码用来表示带符号整数。补码表示法也称 2-补码(two's complement)表示法,由符号位后跟上真值的模 $2^n$ 补码构成,因此,在介绍补码概念之前,先讲一下有关模运算的概念。

1) 模运算

在模运算系统中,若 $A,B,M$ 满足下列关系: $A=B+K\times M$($K$ 为整数),则记为 $A\equiv B(\bmod M)$。即 $A,B$ 各除以 $M$ 后的余数相同,故称 $B$ 和 $A$ 为模 $M$ 同余。也就是说在一个模运算系统中,一个数与它除以模后得到的余数是等价的。

钟表是一个典型的模运算系统,其模数为 12。假定现在钟表时针指向 10 点,要将它拨向 6 点,则有以下两种拨法。

(1) 逆时针拨 4 格: $10-4=6$;
(2) 顺时针拨 8 格: $10+8=18\equiv 6(\bmod 12)$。

因此在模 12 系统中, $10-4\equiv 10+(12-4)\equiv 10+8(\bmod 12)$,即 $-4\equiv 8(\bmod 12)$,称 8 是 $-4$ 对模 12 的补码。同样有 $-3\equiv 9(\bmod 12)$, $-5\equiv 7(\bmod 12)$ 等。

由上述例子与同余的概念,可得出如下的结论:对于某一确定的模,某数 $A$ 减去小于模的另一数 $B$,可以用 $A$ 加上 $-B$ 的补码来代替。这就是补码可以借助加运算实现减法的原理。

**例 2-10** 假定在钟表上只能顺时针方向拨动时针,如何用顺拨的方式实现将 10 点倒拨 4 格?拨动后钟表上是几点?

**解:** 钟表是一个模运算系统,其模为 12。根据上述结论,可得
$$10-4\equiv 10+(12-4)\equiv 10+8\equiv 6(\bmod 12)$$

因此,可从 10 点顺时针拨 8($-4$ 的补码)格来实现倒拨 4 格,最后是 6 点。

**例 2-11** 假定算盘只有 4 挡,且只能做加法,则如何用该算盘计算 $9828-1928$ 的结果?

**解:** 这个算盘是一个"4 位十进制数"模运算系统,其模为 $10^4$。根据上述结论,可得
$$9828-1928\equiv 9828+(10^4-1928)\equiv 9828+8072\equiv 7900(\bmod 10^4)$$

因此,可用 $9828+8072$($-1928$ 的补码)来实现 $9828-1928$ 的功能。

显然,在只有 4 挡的算盘上运算时,如果运算结果超过 4 位,则高位无法在算盘上表示,只能用低 4 位表示结果,留在算盘上的值相当于是除以 $10^4$ 后的余数。

扩展到计算机内部, $n$ 位运算部件就相当于只有 $n$ 挡的二进制算盘,其模就是 $2^n$。

计算机中的存储、运算和传送部件的位数有限,相当于有限挡数的算盘,因此计算机中所表示的机器数的位数也有限。两个 $n$ 位二进制数运算过程中,可能会产生一个多于 $n$ 位的结果。此时,计算机和算盘一样,也只能舍弃高位而保留低 $n$ 位,这样做可能会产生两种结果。

(1) 剩下的低 $n$ 位数不能正确表示运算结果,即丢掉的高位是运算结果的一部分。例如,在两个同号数相加时,当相加得到的和超出了 $n$ 位数可表示的范围时会出现这种情况,称此时发生了**溢出**(overflow)现象。

(2) 剩下的低 $n$ 位数能正确表示运算结果,即高位的舍去并不影响其运算结果。在两个

同号数相减或两个异号数相加时,运算结果就是这种情况。舍去高位的操作相当于将一个多于 $n$ 位的数去除以 $2^n$,保留其余数作为结果的操作,也就是模运算操作。如例 2-11 中最后相加的结果为 17 900,但因为算盘只有 4 挡,最高位的 1 自然丢弃,得到正确的结果 7900。

2) 补码的定义

根据上述同余概念和数的互补关系,可引出补码的表示:正数的补码,其符号位为 0,数值部分是它本身;负数的补码等于模与该负数绝对值之差。因此,数 $X_T$ 的补码可用如下公式表示。

(1) 当 $X_T$ 为正数时,$[X_T]_\text{补} = X_T = M + X_T (\bmod M)$;

(2) 当 $X_T$ 为负数时,$[X_T]_\text{补} = M - |X_T| = M + X_T (\bmod M)$。

综合(1)和(2),得到以下结论:对于任意一个数 $X_T$,$[X_T]_\text{补} = M + X_T (\bmod M)$。

对于具有一位符号位和 $n-1$ 位数值位的 $n$ 位二进制整数的补码来说,其定义如下。

$$[X_T]_\text{补} = 2^n + X_T (-2^{n-1} \leqslant X_T < 2^{n-1}, \bmod 2^n)$$

3) 特殊数据的补码表示

通过以下例子说明几个特殊数据的补码表示。

**例 2-12** 分别求出补码位数为 $n$ 和 $n+1$ 时"$-2^{n-1}$"的补码表示。

**解**:当补码位数为 $n$ 时,其模为 $2^n$,因此

$$[-2^{n-1}]_\text{补} = 2^n - 2^{n-1} = 2^{n-1} (\bmod 2^n) = 1\,0\cdots0 (n-1 \text{ 个 } 0)$$

当补码位数为 $n+1$ 时,其模为 $2^{n+1}$,因此

$$[-2^{n-1}]_\text{补} = 2^{n+1} - 2^{n-1} = 2^n + 2^{n-1} (\bmod 2^{n+1}) = 1\,10\cdots0\ (n-1 \text{ 个 } 0)$$

从该例可看出,同一个真值在不同位数的补码表示中,其对应的机器数也不同。因此,在给定编码表示时,一定要明确编码的位数。在机器内部,编码的位数就是机器中运算部件的位数。

**例 2-13** 设补码位数为 $n$,求 $-1$ 的补码表示。

**解**:对于整数补码有:$[-1]_\text{补} = 2^n - 1 = 1\,1\cdots1 (n \text{ 个 } 1)$。

对于 $n$ 位补码表示来说,$2^{n-1}$ 的补码为多少? 根据补码定义,有

$$[2^{n-1}]_\text{补} = 2^n + 2^{n-1} (\bmod 2^n) = 2^{n-1} = 1\,0\cdots0 (n-1 \text{ 个 } 0)$$

最高位为 1,说明对应的真值是负数,而这与实际情况不符,显然 $n$ 位补码无法表示 $2^{n-1}$。由此可知,在 $n$ 位补码定义中,真值的取值范围包含了 $-2^{n-1}$,但不包含 $2^{n-1}$。

**例 2-14** 求 0 的补码表示。

**解**:根据补码的定义,有

$$[+0]_\text{补} = [-0]_\text{补} = 2^n \pm 0 = 1\,00\cdots0 (\bmod 2^n) = 0\,0\cdots0 (n \text{ 个 } 0)$$

从上述结果可知,补码 0 的表示是唯一的。这带来了以下两个方面的好处。

(1) 减少了 $+0$ 和 $-0$ 之间的转换。

(2) 少占用一个编码表示,使补码比原码能多表示一个最小负数。在 $n$ 位原码表示的定点数中,$1\,00\cdots0$ 用来表示 $-0$,但在 $n$ 位补码表示中,$-0$ 和 $+0$ 都用 $0\,0\cdots0$ 表示,因此,正如例 2-12 所示,$1\,00\cdots0$ 可用来表示最小负整数 $-2^{n-1}$。

4) 补码与真值之间的转换

原码与真值之间的对应关系简单,只要对符号转换,数值部分不需改变。但对于补码来说,正数和负数的转换不同。根据定义,求一个正数的补码时,只要将正号($+$)转换为 0,数值部分无须改变;求一个负数的补码时,需要做减法运算,因而不太方便和直观。

**例 2-15**  设补码的位数为 8,求 110 1100 和 −110 1100 的补码表示。

**解**:补码的位数为 8,说明补码数值部分有 7 位,根据补码定义可得

$$[110\ 1100]_{\text{补}} = 2^8 + 110\ 1100 = 1\ 0000\ 0000 + 110\ 1100 (\text{mod}\ 2^8) = 0110\ 1100$$

$$[-110\ 1100]_{\text{补}} = 2^8 - 110\ 1100 = 1\ 0000\ 0000 - 110\ 1100$$
$$= 1000\ 0000 + 1000\ 0000 - 110\ 1100$$
$$= 1000\ 0000 + (111\ 1111 - 110\ 1100) + 1$$
$$= 1000\ 0000 + 001\ 0011 + 1 (\text{mod}\ 2^8) = 1001\ 0100$$

例 2-15 中是两个绝对值相同、符号相反的数。其中,负数的补码计算过程中,第一个 1000 0000 用于产生最后的符号 1,而第二个 1000 0000 拆为 111 1111+1,而(111 1111− 110 1100)实际是将数值部分 110 1100 各位取反。模仿这个计算过程,不难从补码的定义推导出负数补码计算的一般步骤为:符号位为 1,数值部分"各位取反,末位加 1"。

因此,可以用以下简单方法求一个数的补码:对于正数,符号位取 0,其余同真值中相应各位;对于负数,符号位取 1,其余各位由数值部分"各位取反,末位加 1"得到。

**例 2-16**  假定补码位数为 8,用简便方法求 $X = -110\ 0011$ 的补码表示。

**解**:$[X]_{\text{补}} = 1\ 001\ 1100 + 0\ 000\ 0001 = 1\ 001\ 1101$。

对于由负数补码求真值的简便方法,可以通过以上由真值求负数补码的计算方法得到。可以直接想到的方法是,对补码数值部分先减 1 然后再取反。也就是说,通过计算 111 1111− (001 1101−1)得到,该计算可以变为(111 1111− 001 1101)+1,亦即进行"取反加 1"操作。因此,由补码求真值的简便方法为:若符号位为 0,则真值的符号为正,其数值部分不变;若符号位为 1,则真值的符号为负,其数值部分的各位由补码"各位取反,末位加 1"得到。

**例 2-17**  已知 $[X_T]_{\text{补}} = 1\ 011\ 0100$,求真值 $X_T$。

**解**:$X_T = -(100\ 1011 + 1) = -100\ 1100$。

根据上述有关补码和真值转换规则,不难发现,根据补码 $[X_T]_{\text{补}}$ 求 $[-X_T]_{\text{补}}$ 的方法是:对 $[X_T]_{\text{补}}$ 各位取反,末位加 1。这里要注意最小负数取负后会发生溢出。

**例 2-18**  已知 $[X_T]_{\text{补}} = 1\ 011\ 0100$,求 $[-X_T]_{\text{补}}$。

**解**:$[-X_T]_{\text{补}} = 0\ 100\ 1011 + 0\ 000\ 0001 = 0\ 100\ 1100$。

**例 2-19**  已知 $[X_T]_{\text{补}} = 1\ 000\ 0000$,求 $[-X_T]_{\text{补}}$。

**解**:$[-X_T]_{\text{补}} = 0\ 111\ 1111 + 0\ 000\ 0001 = 1\ 000\ 0000$(结果溢出)。

例 2-19 中出现了"两个正数相加,结果为负数"的情况,因此,结果是一个错误的值,发生结果溢出,该例中,8 位整数补码 1000 0000 对应的是最小负数 $-2^7$,对其取负后的值为 $2^7$(即 128),8 位整数补码能表示的最大正数为 $2^7-1=127$,而数 128 无法用 8 位补码表示,结果溢出。在结果溢出时,有的编译器不会做任何提示,因而可能会得到意想不到的结果。

5) 变形补码

为了便于判断运算结果是否溢出,某些计算机中还采用一种双符号位的补码表示方式,称为**变形补码**,也称**模 4 补码**。在双符号位中,左符是真正的符号位,右符用来判断溢出。

假定变形补码的位数为 $n+1$(其中符号占 2 位,数值部分占 $n-1$ 位),则变形补码表示如下:

$$[X_T]_{\text{变补}} = 2^{n+1} + X_T (-2^{n-1} \leqslant X_T < 2^{n-1}, \text{mod}\ 2^{n+1})$$

**例 2-20**  已知 $X_T = -1011$,分别求出变形补码取 6 位和 8 位时 $[X_T]_{\text{变补}}$ 的编码。

**解**:$[X_T]_{\text{变补}} = 2^6 - 1011 = 100\ 0000 - 00\ 1011 = 11\ 0101$。

$[X_T]_{\text{变补}} = 2^8 - 1011 = 1\ 0000\ 0000 - 0000\ 1011 = 1111\ 0101$。

**3. 反码表示法**

负数的补码可采用"各位取反,末位加1"的方法得到,如果仅各位取反而末位不加1,那么就可得到负数的反码表示,因此负数反码的定义就是在相应的补码表示中在末位减1。

反码表示存在以下几个方面的不足:0的表示不唯一;表数范围比补码少一个最小负数;运算时必须考虑循环进位。因此,反码在计算机中很少被使用,有时用作数码变换的中间表示形式或用于数据校验。

**4. 移码表示法**

浮点数用两个定点数表示,其中一个定点小数表示浮点数的尾数,一个定点整数表示浮点数的阶(即指数)。一般情况下,浮点数的阶都用移码表示。阶的编码表示称为**阶码**。

为什么要用移码表示阶呢?因为阶可以是正数,也可以是负数,当进行浮点数加减运算时,必须先对阶(即比较两个数阶的大小并使之相等)。为简化比较操作,使操作过程不涉及阶的符号,可以对每个阶都加上一个正的常数,称为**偏置常数**(bias),使所有阶都转换为正整数,这样,在对浮点数的阶进行比较时,就是对两个正整数进行比较,因而可以直观地将两个数按位从左到右进行比对,简化了对阶操作。

假设用来表示阶 $E$ 的移码的位数为 $n$,则 $[E]_{\text{移}}$ = 偏置常数 + $E$,通常,偏置常数取 $2^{n-1}$ 或 $2^{n-1}-1$。

## 2.2 整数的表示

整数的小数点隐含在数的最右边,故无须表示小数点,因而也称定点数。计算机中的整数分为**无符号整数**和**带符号整数**两种。

### 2.2.1 无符号整数和带符号整数的表示

当一个编码的所有二进制位都用来表示数值而没有符号位时,该编码表示的就是无符号整数,简称无符号数。此时,默认数的符号为正,所以无符号整数就是正整数或非负整数。

一般在全部是正数且不出现负值结果的场合下,使用无符号整数。例如,可用无符号整数进行地址运算,或用来表示指针、下标等。

由于无符号整数省略了一位符号位,所以在字长相同的情况下,它能表示的最大数比带符号整数所能表示的大,例如,8位无符号整数的形式为0000 0000~1111 1111,对应的数的取值范围为 $0\sim(2^8-1)$,即最大数为255,而8位带符号整数的最大数是127。

带符号整数也称**有符号整数**,它必须用一个二进制位表示符号,虽然原码、补码、反码和移码都可以用来表示带符号整数,但是,补码表示有突出的优点,因而,现代计算机中带符号整数都用补码表示。$n$ 位带符号整数表示范围为 $-2^{n-1}\sim(2^{n-1}-1)$。例如,8位带符号整数表示范围为 $-128\sim +127$。

### 2.2.2 C语言中的整数及其相互转换

C语言中支持多种整数类型。无符号整数在C语言中对应 unsigned short、unsigned int(unsigned)、unsigned long 等类型,常在数的后面加一个"u"或"U"表示无符号整型常量,例如,12345U,0x2B3Cu 等都属于无符号整型常量。带符号整数在C语言中对应 short、int、long 等类型。

C语言标准规定了每种数据类型的最小取值范围,例如,int型至少应为16位,取值范围为−32 768~32 767,int型数据具体的取值范围由ABI规范规定。通常,short型总是16位;int型在16位机器中为16位,在32位和64位机器中都为32位;long型在32位机器中为32位,在64位机器中为64位;long long型是在ISO C99中引入的,规定它必须是64位。

**小贴士**

C语言是由贝尔实验室的Dennis M. Ritchie最早设计并实现的。为了使UNIX操作系统得以推广,1977年Dennis M. Ritchie发表了不依赖于具体机器的C语言编译文本《可移植的C语言编译程序》。1978年Brian W. Kernighan和Dennis M. Ritchie合著出版了《The C Programming Language》,从而使C语言成为目前世界上流行最广泛的高级语言之一。

1988年,随着微型计算机的日益普及,出现了许多C语言版本。由于没有统一的标准,使得这些C语言之间出现了一些不一致的地方。为了改变这种情况,美国国家标准学会(American National Standard Institute,ANSI)为C语言制定了一套ANSI标准,对最初贝尔实验室的C语言作了重大修改。Brian W. Kernighan和Dennis M.Ritchie编写的《The C Programming Language》第2版对ANSI C作了全面的描述,该书被公认为是关于C语言最好的参考手册之一。

国际标准化组织(ISO)接管了对C语言标准化的工作,在1990年推出了几乎和ANSI C一样的版本,称为ISO C90。该组织1999年又对C语言做了一些更新,称为ISO C99,该版本引进了一些新的数据类型,对英语以外的字符串文本提供了支持。

C语言中允许无符号整数和带符号整数之间的转换,转换前、后的机器数不变,只是转换前、后对其的解释发生了变化。转换后数的真值是将原二进制机器数按转换后的数据类型重新解释得到。例如,对于以1开头的一个机器数,如果转换前是带符号整型,则其值为负数,若将其转换为无符号数类型,则被解释为一个无符号数,因而其值变成了一个大于或等于$2^{n-1}$的正数。也就是说,转换前的一个负数,转换后可能变成一个值很大的正数。由于上述原因,程序在某些情况下会得到意想不到的结果。例如,考虑以下C语言代码:

```
1    int x = -1;
2    unsigned u = 2147483648;
3
4    printf ( "x = %u = %d\n", x, x);
5    printf ( "u = %u = %d\n", u, u);
```

这里变量x为带符号整数,变量u为无符号整数,初值为2 147 483 648($2^{31}$)。printf()函数用来输出数值,指示符%u、%d分别用来以无符号整数和带符号整数的形式输出十进制数的值。当在一个32位机器上运行上述代码时,它的输出结果如下。

```
x = 4294967295 = -1
u = 2147483648 = -2147483648
```

变量x的输出结果说明如下:整数−1的补码表示为11⋯1,当作为32位无符号数解释(格式符为%u)时,其值为$2^{32}-1$=4 294 967 296−1=4 294 967 295。

变量u的输出结果说明如下:$2^{31}$的无符号数表示为100⋯0,当被解释为32位带符号整数(格式符为%d)时,其值为最小负数$-2^{32-1}=-2^{31}$=−2 147 483 648(参见例2-12,这里$n=32$)。

在C语言中,如果执行一个运算时,同时有无符号整数和带符号整数参加,那么,C语言标准规定按无符号整数进行运算,因而会生成一些意想不到的结果。

**例2-21** 在有些32位系统上,C语言表达式"−2147483648＜2147483647"的执行结果为

false，与事实不符；但如果定义一个变量"int i=－2147483648;"，表达式"i ＜ 2147483647"的执行结果却为 true。试分析产生上述结果的原因。如果将表达式写成"－2147483647－1 ＜ 2147483647"，则结果会怎样？

**解**：题目所描述的情况在 ISO C90 标准下会出现。在该标准下，编译器在处理常量时，如图 2-2(a)所示，会按 int32_t(int、long)、uint32_t(unsigned int、unsigned long)、int64_t(long long)、uint64_t(unsigned long long)的顺序确定数据类型，值在 $0 \sim 2^{31}-1$ 的常数为 32 位带符号整型，$2^{31} \sim 2^{32}-1$ 为 32 位无符号整型，$2^{32} \sim 2^{63}-1$ 为 64 位带符号整型，$2^{63} \sim 2^{64}-1$ 为 64 位无符号整型。

编译器对 C 语言表达式"－2147483648 ＜ 2147483647"编译时，将"－2147483648"分成两部分处理。对于 ISO C90 标准，首先将 $2\,147\,483\,648=2^{31}$ 看成无符号整型，其机器数为 0x8000 0000，然后，对其取负(按位取反，末位加 1)，结果仍为 0x8000 0000，还是将其看成一个无符号整型，其值仍为 2 147 483 648。因而在处理条件表达式"－2147483648 ＜ 2147483647"时，实际上是将 2 147 483 648 与 2 147 483 647 按照无符号整数进行比较，显然结果为 false。在计算机内部处理时，真正进行的是对机器数 0x8000 0000 和 0x7FFF FFFF 做减法，然后按照无符号整型比较其大小。

编译器在处理"int i=－2147483648;"时进行了类型转换，将－2 147 483 648 按带符号整数赋给变量 i，其机器数还是 0x8000 0000，但是值为－2 147 483 648，执行"i ＜ 2147483647"时，按照带符号整型比较，结果是 true。在计算机内部，实际上是对机器数 0x8000 0000 和 0x7FFF FFFF 按照带符号整型进行比较。

对于"－2147483647－1＜2147483647"，编译器首先将 $2\,147\,483\,647=2^{31}-1$(机器数为 0x7FFF FFFF)看成带符号整型，然后对其取负，得到－2 147 483 647(机器数为 0x8000 0001)，然后将其减 1，得到－2 147 483 648，与 2 147 483 647 比较，得到结果为 true。在计算机内部，实际上是对机器数 0x8000 0000 和 0x7FFF FFFF 按照带符号整型进行比较。

在 ISO C99 标准下，C 语言表达式"－2147483648 ＜ 2147483647"的执行结果为 true。因为该标准下，编译器在处理常量时，如图 2-2(b)所示，会按 int32_t(int、long)、int64_t(long long)、uint64_t(unsigned long long)的顺序确定数据类型，$0 \sim 2^{31}-1$ 为 32 位带符号整型，$2^{31} \sim 2^{63}-1$ 为 64 位带符号整型，$2^{63} \sim 2^{64}-1$ 为 64 位无符号整型。因此，处理"2147483648"时，因为其对应二进制数的值为 $2^{31}$，在 $2^{31} \sim 2^{63}-1$ 之间，因此被看成是 64 位带符号整数，因为 2 147 483 647 在 $0 \sim 2^{31}-1$ 之间，也被看成带符号整数，因此两个数按带符号整数类型进行比较，结果正确。

| 范围 | 类型 |
| --- | --- |
| $0 \sim 2^{31}-1$ | int |
| $2^{31} \sim 2^{32}-1$ | unsigned int |
| $2^{32} \sim 2^{63}-1$ | long long |
| $2^{63} \sim 2^{64}-1$ | unsigned long long |

(a)

| 范围 | 类型 |
| --- | --- |
| $0 \sim 2^{31}-1$ | int |
| $2^{31} \sim 2^{63}-1$ | long long |
| $2^{63} \sim 2^{64}-1$ | unsigned long long |

(b)

图 2-2 C 语言中整数常量的类型

(a) C90 标准下常整数类型；(b)C99 标准下常整数类型

## 2.3 浮点数的表示

计算机内部进行数据存储、运算和传送的部件位数有限，因而用定点数表示数值数据时，其表示范围很小。对于 $n$ 位带符号整数，其表示范围为 $-2^{n-1} \sim (2^{n-1}-1)$，运算结果很容易溢出,此外,用定点数也无法表示大量带有小数点的实数。因此,计算机中专门用浮点数来表示**实数**。

### 2.3.1 浮点数的表示范围

在 2.1.3 节中提到,任意一个浮点数可用两个定点数表示,其中一个定点小数表示浮点数的尾数,一个定点整数表示浮点数的阶。在 2.1.4 节中还提到,阶的编码称为阶码,为便于对阶,阶码通常采用移码形式。

因为表示浮点数的两个定点数的位数有限,因而,浮点数的表示范围有限。以下例子说明了可表示的浮点数位于数轴上的位置。

**例 2-22** 将十进制数 65 798 转换为下述 32 位浮点数格式。

| 0 | 1　　　　8 | 9　　　　　　　　　　　31 |
|---|---|---|
| 符号 | 阶码 | 尾数 |

其中,第 0 位为数符 $S$;第 1~8 位为 8 位移码表示的阶码 $E$(偏置常数为 128);第 9~31 位为 24 位二进制原码小数表示的尾数。基数为 2,规格化尾数形式为 $\pm 0.1bb\cdots b$,其中第一位 "1"不明显表示出来,这样可用 23 个数位表示 24 位尾数。

**解**:因为 $(65\ 798)_{10} = (1\ 0000\ 0001\ 0000\ 0110)_2 = (0.1000\ 0000\ 1000\ 0011\ 0)_2 \times 2^{17}$
所以数符 $S=0$,阶码 $E=(128+17)_{10}=(145)_{10}=(1001\ 0001)_2$
故 65 798 用浮点数形式表示如下:

| 0 | 100 1000 1 | 000 0000 1000 0011 0000 0000 |

用十六进制表示为 4880 8300H。
上述格式的规格化浮点数的表示范围如下。
正数最大值:$0.11\cdots1 \times 2^{11\cdots1} = (1-2^{-24}) \times 2^{127}$。
正数最小值:$0.10\cdots0 \times 2^{00\cdots0} = (1/2) \times 2^{-128} = 2^{-129}$。
因为原码是对称的,故该浮点格式的范围是关于原点对称的,如图 2-3 所示。

图 2-3　浮点数的表示范围

在图 2-3 中,数轴上有 4 个区间的数不能用浮点数表示。这些区间称为溢出区,接近 0 的区间为**下溢区**,向无穷方向延伸的区间为**上溢区**。

根据浮点数的表示格式,只要尾数为 0,阶码取任何值其值都为 0,这样的数称为**机器零**,因此机器零的表示不唯一。通常,用阶码和尾数同时为 0 来唯一表示机器零。即当结果出现尾数为 0 时,不管阶码为何值,都将阶码取为 0。机器零有 +0 和 -0 之分。

### 2.3.2 浮点数的规格化

浮点数尾数的位数决定浮点数的有效数位,有效数位越多,数据的精度越高。为了在浮点数运算过程中,尽可能多地保留有效数字的位数,使有效数字尽量占满尾数数位,必须在运算过程中对浮点数进行**规格化**操作。对浮点数的尾数进行规格化,除了能得到尽量多的有效数位以外,还可以使浮点数的表示具有唯一性。

从理论上来讲,规格化数的标志是真值的尾数部分中最高位具有非零数字。规格化操作有两种:**左规**和**右规**。当有效数位进到小数点前面时,需要进行右规,右规时,尾数每右移一位,阶码加1,直到尾数变成规格化形式为止,右规时阶码会增加,因此阶码有可能溢出;当尾数出现形如$\pm 0.0\cdots 0bb\cdots b$的运算结果时,需要进行左规,左规时,尾数每左移一位,阶码减1,直到尾数变成规格化形式为止。

### 2.3.3　IEEE 754 浮点数标准

直到20世纪80年代初,浮点数表示格式还没有统一标准,不同厂商的计算机内部,其浮点数表示格式不同,在不同结构的计算机之间进行数据传送或程序移植时,必须进行数据格式的转换,而且,数据格式转换还会带来运算结果的不一致。因而,20世纪70年代后期,IEEE成立委员会着手制定浮点数标准,1985年完成了浮点数标准 IEEE 754 的制定。其主要起草者是美国加州大学伯克利分校数学系教授 William Kahan,他帮助 Intel 公司设计 8087 浮点处理器(FPU),并以此为基础形成了 IEEE 754 标准,Kahan 教授也因此获得了1987年的图灵奖。

目前几乎所有计算机都采用 IEEE 754 标准表示浮点数。在这个标准中,提供了两种基本浮点格式:32位单精度和64位双精度格式,如图2-4所示。

图 2-4　IEEE 754 浮点数格式
(a)32 位单精度格式;(b)64 位双精度格式

32位单精度格式中包含1位符号 $s$、8位阶码 $e$ 和23位尾数 $f$;64位双精度格式包含1位符号 $s$、11位阶码 $e$ 和52位尾数 $f$。其基数隐含为2;尾数用原码表示,第一位总为1,因而可在尾数中省略,称为**隐藏位**,使得单精度格式的23位尾数实际上表示24位有效数字,双精度格式的52位尾数实际上表示53位有效数字。特别要注意的是,IEEE 754 规定隐藏位"1"的位置在小数点之前。

IEEE 754 标准中,阶码用移码形式,偏置常数并不是通常 $n$ 位移码所用的 $2^{n-1}$,而是 $(2^{n-1}-1)$,因此,单精度和双精度浮点数的偏置常数分别为127和1023。IEEE 754 的这种"尾数带一个隐藏位,偏置常数用 $2^{n-1}-1$"的做法,不仅没有改变传统做法的计算结果,还带来以下两个好处。

(1) 尾数可表示的位数多一位,因而使浮点数的精度更高。

(2) 阶码的可表示范围更大,因而使浮点数范围更大。

对于 IEEE 754 标准格式的数,一些特殊的位序列(如阶码为全0或全1)有其特别的解释。表2-2 给出了对各种形式数的解释。

表 2-2　IEEE 754 浮点数的解释

| 值的类型 | 单精度(32 位) | | | 双精度(64 位) | | |
| --- | --- | --- | --- | --- | --- | --- |
| | 阶码 | 尾数 | 值 | 阶码 | 尾数 | 值 |
| 零 | 0 | 0 | ±0 | 0 | 0 | ±0 |
| 无穷大 | 255(全 1) | 0 | ±∞ | 2047(全 1) | 0 | ±∞ |
| 无定义数 | 255(全 1) | ≠0 | NaN | 2047(全 1) | ≠0 | NaN |
| 规格化非零数 | $0<e<255$ | $f$ | $\pm(1.f)\times 2^{e-127}$ | $0<e<2047$ | $f$ | $\pm(1.f)\times 2^{e-1023}$ |
| 非规格化数 | 0 | $f\neq 0$ | $\pm(0.f)\times 2^{-126}$ | 0 | $f\neq 0$ | $\pm(0.f)\times 2^{-1022}$ |

在表 2-2 中，对 IEEE 754 中规定的数进行了以下分类。

**1. 全 0 阶码全 0 尾数：+0/-0**

IEEE 754 的零有两种：+0 和 -0。零的符号取决于数符 $s$。一般情况下 +0 和 -0 是等效的。

**2. 全 1 阶码全 0 尾数：+∞/-∞**

引入**无穷大数**使得在计算过程出现异常的情况下程序能继续进行下去，并且可为程序提供错误检测功能。+∞ 在数值上大于所有有限数，-∞ 则小于所有有限数，无穷大数既可作为操作数，也可能是运算的结果。当操作数为无穷大时，系统可以有两种处理方式。

(1) 产生不发信号的非数 NaN(not a number)。

如 $+\infty+(-\infty)$，$+\infty-(+\infty)$，$\infty/\infty$ 等。

(2) 产生明确的结果。

如 $5+(+\infty)=+\infty$，$(+\infty)+(+\infty)=+\infty$，$5-(+\infty)=-\infty$，$(-\infty)-(+\infty)=-\infty$ 等。

**3. 全 1 阶码非 0 尾数：NaN**

NaN 表示一个没有定义的数，称为**非数**。分为不发信号(quiet)和发信号(signaling)两种非数。有的书中把它们分别称为静止的 NaN 和通知的 NaN。表 2-3 给出了能产生不发信号(静止的)NaN 的计算操作。

表 2-3　产生不发信号(静止的)NaN 的计算操作

| 运算类型 | 产生不发信号 NaN 的计算操作 |
| --- | --- |
| 所有 | 对通知 NaN 的任何计算操作 |
| 加减 | 无穷加减：如 $(+\infty)+(-\infty)$，$(+\infty)-(+\infty)$，$(-\infty)+(+\infty)$ 等 |
| 乘 | $0\times\infty$ |
| 除 | $0/0$ 或 $\infty/\infty$ |
| 求余 | $x \bmod 0$ 或 $\infty \bmod y$ |
| 平方根 | $\sqrt{x}$ 且 $x<0$ |

可用尾数取值的不同来区分是不发信号 NaN 还是发信号 NaN。例如，当最高有效位为 1 时，为不发信号 NaN，当结果产生这种非数时，不发异常操作通知，即不进行异常处理；当最高有效位为 0 时为发信号 NaN，当结果产生这种非数时，则发一个异常操作通知，表示要进行异常处理。NaN 的尾数是非 0 数，除第一位有定义外其余位都没有定义，因此可用其余位来指定具体的异常条件。如表 2-3 所示，一些没有数学解释的计算(如 $0/0$，$0\times\infty$ 等)会产生一个非数 NaN。

**4. 阶码非全 0 且非全 1：规格化非 0 数**

阶码范围在 1~254(单精度)和 1~2046(双精度)的数，是一个正常的规格化非 0 数。根据 IEEE 754 的定义，规格化数指数(阶)的范围是 -126~+127(单精度)和 -1022~+1023

(双精度)，浮点数值的计算公式分别为：$(-1)^s \times 1.f \times 2^{e-127}$ 和 $(-1)^s \times 1.f \times 2^{e-1023}$。

**5. 全 0 阶码非 0 尾数：非规格化数**

非规格化数的特点是阶码为全 0，尾数高位有一个或几个连续的 0，但不全为 0。因此非规格化数的隐藏位为 0，并且单精度和双精度浮点数的阶分别为 $-126$ 或 $-1022$，故浮点数的值分别为 $(-1)^s \times 0.f \times 2^{-126}$ 和 $(-1)^s \times 0.f \times 2^{-1022}$。

非规格化数可用于处理阶码下溢，使得出现比最小规格化数还小的数时程序也能继续进行下去。当运算结果的阶太小（比最小能表示的阶还小，即小于 $-126$ 或小于 $-1022$）时，尾数右移 1 次，阶码加 1，如此循环直到尾数为 0 或阶达到可表示的最小值（$-126$ 或 $-1022$）。这个过程称为逐级下溢。因此，逐级下溢的结果就是使尾数变为非规格化形式，阶变为最小负数。例如，当一个十进制运算系统的最小阶为 $-99$ 时，以下情况需进行阶码逐级下溢。

$2.0000 \times 10^{-26} \times 5.2000 \times 10^{-84} = 1.04 \times 10^{-109} \to 0.1040 \times 10^{-108} \to 0.0104 \times 10^{-107} \to \cdots \to 0.0$

$2.0002 \times 10^{-98} - 2.0000 \times 10^{-98} = 2.0000 \times 10^{-102} \to 0.2000 \times 10^{-101} \to 0.0200 \times 10^{-100} \to 0.0020 \times 10^{-99}$

图 2-5 表示加入非规格化数后 IEEE 754 单精度的表数范围的变化。图中将可表示数以 $[2^n, 2^{n+1}]$ 的区间分组。区间 $[2^n, 2^{n+1}]$ 内所有数的阶相同，都为 $n$，而尾数部分的变化范围为 $1.00\cdots0 \sim 1.11\cdots1$，这里小数点前的 1 是隐藏位。对于 32 位单精度规格化数，因为尾数的位数有 23 位，故每个区间内数的个数相同，都是 $2^{23}$ 个。例如，在正数范围内最左边的区间为 $[2^{-126}, 2^{-125}]$，在该区间内，最小规格化数为 $1.00\cdots0 \times 2^{-126}$，最大规格化数为 $1.11\cdots1 \times 2^{-126}$。在该区间中的各个相邻数之间具有等距性，其距离为 $2^{-23} \times 2^{-126}$，该区间右边相邻的区间为 $[2^{-125}, 2^{-124}]$，区间内各相邻数间的距离为 $2^{-23} \times 2^{-125}$。由此可见，每个右边区间内相邻数间的距离总比左边一个区间的相邻数距离大一倍，因此，离原点越近，区间内的数间隙就越小。

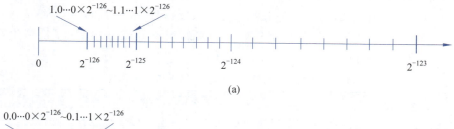

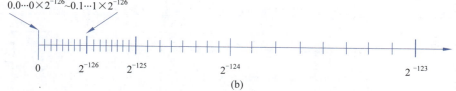

图 2-5 IEEE 754 中加入非规格化数后表数范围的变化
(a) 32 位规格化数的密度；(b) 32 位非规格化数的密度

图 2-5(a) 所示为未定义非规格化数时的情况，在 0 和最小规格化数 $2^{-126}$ 之间有一个间隙未被利用。图 2-5(b) 所示为定义了非规格化数的情况，非规格化数就是在 0 和 $2^{-126}$ 之间增加的 $2^{23}$ 个附加数，这些相邻附加数之间与区间 $[2^{-126}, 2^{-125}]$ 内的相邻数等距，所有非规格化数具有与区间 $[2^{-126}, 2^{-125}]$ 内的数相同的阶，即最小阶（$-126$）。尾数部分的变化范围为 $0.00\cdots0 \sim 0.11\cdots1$，这里隐含位为 0。

**例 2-23** 将十进制数 $-0.75$ 转换为 IEEE 754 的单精度浮点数格式表示。

**解**：$(-0.75)_{10} = (-0.11)_2 = (-1.1)_2 \times 2^{-1} = (-1)^s \times 1.f \times 2^{e-127}$，所以 $s=1$，$f=0.100\cdots$

0，$e=(127-1)_{10}=(126)_{10}=(0111\ 1110)_2$，单精度浮点数为 1 0111 1110 1000 0000…0000 000，用十六进制表示为 BF40 0000H。

**例 2-24** 求 IEEE 754 单精度浮点数 C0A0 0000H 的真值。

**解**：求一个机器数的真值，就是将该数转换为十进制数。首先将 C0A0 0000H 展开为一个 32 位单精度浮点数：1 10000001 010 0000…0000。据 IEEE 754 单精度浮点数格式可知，符号 $s=1$，$f=(0.01)_2=(0.25)_{10}$，阶码 $e=(10000001)_2=(129)_{10}$，其值为 $(-1)^s\times 1.f\times 2^{e-127}=(-1)^1\times 1.25\times 2^{129-127}=-1.25\times 2^2=-5.0$。

IEEE 754 标准的单精度和双精度规格化数的特征参数如表 2-4 所示。

表 2-4 IEEE 754 浮点数格式参数

| 参 数 | 单精度浮点数 | 双精度浮点数 |
| --- | --- | --- |
| 字宽（位数） | 32 | 64 |
| 阶码宽度（位数） | 8 | 11 |
| 阶码偏置常数 | 127 | 1023 |
| 最大阶 | 127 | 1023 |
| 最小阶 | $-126$ | $-1022$ |
| 尾数宽度 | 23 | 52 |
| 阶码个数 | 254 | 2046 |
| 尾数个数 | $2^{23}$ | $2^{52}$ |
| 值的个数 | $1.98\times 2^{31}$ | $1.99\times 2^{63}$ |
| 数的量级范围 | $10^{-38}\sim 10^{+38}$ | $10^{-308}\sim 10^{+308}$ |

IEEE 754 用全 0 阶码和全 1 阶码表示一些特殊值，如 0、∞ 和 NaN，因此，除去全 0 和全 1 阶码后，规格化单精度和双精度格式的阶码个数分别为 254 和 2046，最大阶也相应地变为 127 和 1023。单精度规格化数的个数约为 $2\times 254\times 2^{23}=1.98\times 2^{31}$，双精度规格化数的个数约为 $2\times 2046\times 2^{52}=1.99\times 2^{63}$。根据单精度和双精度格式的最大阶分别为 127 和 1023，可以得出数的量级范围分别为 $10^{-38}\sim 10^{+38}$ 和 $10^{-308}\sim 10^{+308}$。单精度和双精度格式规格化数中，最小阶分别为 $-126$ 和 $-1022$，而非规格化数的阶总是 $-126$ 和 $-1022$，因而单精度浮点格式的最小可表示数为 $0.0\cdots 01\times 2^{-126}=2^{-23}\times 2^{-126}=2^{-149}$，而双精度格式的最小可表示数为 $2^{-52}\times 2^{-1022}=2^{-1074}$。

IEEE 754 除了规定上述单精度和双精度浮点数格式以外，还规定了单精度扩展和双精度扩展两种格式的最小长度和最小精度。例如，IEEE 754 规定，双精度扩展格式必须至少具有 64 位有效数字，并总共占用至少 79 位，但没有规定其具体的格式，处理器厂商可以选择符合该规定的格式。

LoongArch、SPARC 和 PowerPC 处理器中采用 128 位扩展双精度浮点数格式，包含 1 位符号位 $s$、15 位阶码 $e$（偏置常数为 16 383）和 112 位尾数 $f$，采用隐藏位，所以有效位数为 113 位。Intel x87 FPU 采用 80 位双精度扩展格式，包含 4 个字段：1 位符号位 $s$、15 位阶码 $e$（偏置常数为 16 383）、1 位显式首位有效位（explicit leading significant bit）$j$ 和 63 位尾数 $f$。Intel 采用的这种扩展浮点数格式与 IEEE 754 规定的单精度和双精度浮点数格式的一个重要的区别是，它没有隐藏位，有效位数共 64 位。

### 2.3.4　C 语言中的浮点数类型

C 语言中 float 型和 double 型分别对应 IEEE 754 单精度浮点数格式和双精度浮点数格

式,相应的十进制有效数字分别为 7 位和 17 位左右。

C 语言对于扩展双精度的相应类型是 long double,但是 long double 型的长度和格式随编译器和处理器类型的不同而有所不同。例如,Microsoft Visual C++ 6.0 版本以下的编译器都不支持该类型,因此,用其编译出来的目标代码中 long double 型和 double 型一样,都是 64 位双精度;在 IA-32 上使用 gcc 编译器时,long double 型数据采用 2.3.3 节中所述的 Intel x87 FPU 的 80 位双精度扩展格式表示;在 LoongArch、SPARC 和 PowerPC 处理器上使用 gcc 编译器时,long double 型数据采用 2.3.3 节中所述的 128 位双精度扩展格式表示。

当在 int、float 和 double 等类型数据之间进行强制类型转换时,程序将得到以下数值转换结果(假定 int 为 32 位)。

(1) 从 int 型转换为 float 型时,不会发生溢出,但可能有数据被舍入。

(2) 从 int 型或 float 型转换为 double 型时,因为 double 型的有效位数更多,故能保留精确值。

(3) 从 double 型转换为 float 型时,因为 float 型表示范围更小,故可能发生溢出,此外,由于有效位数变少,故可能被舍入。

(4) 从 float 型或 double 型转换为 int 型时,因为 int 型没有小数部分,所以数据可能会向 0 方向被截断。例如,1.9999 被转换为 1,−1.9999 被转换为 −1。此外,因为 int 型的表示范围更小,故可能发生溢出。将大的浮点数转换为整数可能会导致程序错误,这在历史上曾经有过惨痛的教训。

1996 年 6 月 4 日,Ariana 5 火箭初次航行,在发射仅 37s 后,偏离了飞行路线,然后解体爆炸,火箭上载有价值 5 亿美元的通信卫星。根据调查发现,原因是控制惯性导航系统的计算机向控制引擎喷嘴的计算机发送了一个无效数据。它没有发送飞行控制信息,而是发送了一个异常诊断位模式数据,表明在将一个 64 位浮点数转换为 16 位带符号整数时,产生了溢出异常。溢出的值是火箭的水平速率,这比原来的 Ariana 4 火箭所能达到的速率高出了 5 倍。在设计 Ariana 4 火箭软件时,设计者确认水平速率决不会超出一个 16 位的整数,但在设计 Ariana 5 时,他们没有重新检查这部分,而是直接使用了原来的设计。

在不同数据类型之间转换时,通常隐藏着一些不容易被察觉的错误,这种错误有时会带来重大损失,因此,编程时要非常小心。

**例 2-25** 假定变量 i,f,d 的类型分别是 int、float 和 double,它们可以取除 +∞、−∞ 和 NaN 以外的任意值。请判断下列每个 C 语言关系表达式在 32 位机器上运行时是否永真。

① i == (int)(float) i
② f == (float)(int) f
③ i == (int)(double) i
④ f == (float)(double) f
⑤ d == (float) d
⑥ f == −(−f)
⑦ (d+f) − d == f

**解:** ① 不是,int 型有效位数比 float 型多,i 从 int 型转换为 float 型时有效位数可能丢失。

② 不是,float 型有小数部分,f 从 float 型转换为 int 型时小数部分可能会丢失。

③ 是,double 型比 int 型有更大的精度和范围,i 从 int 型转换为 double 型时数值不变。

④ 是,double 型比 float 型精度和范围都更大,f 从 float 型转换为 double 型时数值不变。

⑤ 不是，double 型比 float 型精度和范围更大，d 从 double 型转换为 float 型时可能丢失有效数字或发生溢出。

⑥ 是，浮点数取负就是简单将数符取反。

⑦ 不是，例如，当 d=1.79×10³⁰⁸、f=1.0 时，左边为 0（因为 d+f 时 f 需向 d 对阶，对阶后 f 的尾数有效数位被舍去而变为 0，故 d+f 仍然等于 d，再减去 d 后结果为 0），而右边为 1。

## 2.4 非数值数据的编码表示

逻辑值、字符等数据都是非数值数据，在机器内部它们用一个二进制位串表示。

### 2.4.1 逻辑值

正常情况下，每个字或其他可寻址单位（字节、半字等）是被作为一个整体数据单元看待的。但是，某些时候还需要将一个 $n$ 位数据看成是由 $n$ 个一位数据组成，每个取值为 0 或 1。例如，有时需要存储一个布尔型或二进制数据阵列，阵列中的每项只能取值为 1 或 0；有时可能需要提取一个数据项中的某位进行诸如"置 1"或"清 0"等操作。当数据以这种方式看待时，就被认为是逻辑数据。因此 $n$ 位二进制数可表示 $n$ 个逻辑值。逻辑数据只能参加逻辑运算，并且是按位进行的，如按位与、按位或、逻辑左移、逻辑右移等。

逻辑数据和数值数据都是一串 0/1 序列，在形式上无任何差异，需要通过指令的操作码类型来识别它们。例如，逻辑运算指令处理的是逻辑数据，算术运算指令处理的是数值数据。

### 2.4.2 西文字符

西文由拉丁字母、数字、标点符号及一些特殊符号所组成，它们统称为**字符**（character）。所有字符的集合称为**字符集**。字符不能直接在计算机内部进行处理，因而也必须对其进行数字化编码，字符集中每一个字符都有一个代码（即二进制编码的 0/1 序列），构成该字符集的代码表，简称**码表**。码表中的代码具有唯一性。

字符主要用于外部设备和计算机之间交换信息。一旦确定了所使用的字符集和编码方法后，计算机内部所表示的二进制代码和外部设备输入、打印和显示的字符之间就有唯一的对应关系。

字符集有多种，每一个字符集的编码方法也多种多样。目前计算机中使用最广泛的西文字符集及其编码是 **ASCII 码**，即美国标准信息交换码（American Standard Code for Information Interchange），ASCII 字符编码如表 2-5 所示。

表 2-5 ASCII 字符编码

| | $b_6b_5b_4$ =000 | $b_6b_5b_4$ =001 | $b_6b_5b_4$ =010 | $b_6b_5b_4$ =011 | $b_6b_5b_4$ =100 | $b_6b_5b_4$ =101 | $b_6b_5b_4$ =110 | $b_6b_5b_4$ =111 |
|---|---|---|---|---|---|---|---|---|
| $b_3b_2b_1b_0$=0000 | NUL | DLE | SP | 0 | @ | P | ` | p |
| $b_3b_2b_1b_0$=0001 | SOH | DC1 | ! | 1 | A | Q | a | q |
| $b_3b_2b_1b_0$=0010 | STX | DC2 | " | 2 | B | R | b | r |
| $b_3b_2b_1b_0$=0011 | ETX | DC3 | # | 3 | C | S | c | s |
| $b_3b_2b_1b_0$=0100 | EOT | DC4 | $ | 4 | D | T | d | t |
| $b_3b_2b_1b_0$=0101 | ENQ | NAK | % | 5 | E | U | e | u |

续表

| $b_3b_2b_1b_0$ | $b_6b_5b_4$ =000 | $b_6b_5b_4$ =001 | $b_6b_5b_4$ =010 | $b_6b_5b_4$ =011 | $b_6b_5b_4$ =100 | $b_6b_5b_4$ =101 | $b_6b_5b_4$ =110 | $b_6b_5b_4$ =111 |
|---|---|---|---|---|---|---|---|---|
| $b_3b_2b_1b_0$=0110 | ACK | SYN | & | 6 | F | V | f | v |
| $b_3b_2b_1b_0$=0111 | BEL | ETB | ' | 7 | G | W | g | w |
| $b_3b_2b_1b_0$=1000 | BS | CAN | ( | 8 | H | X | h | x |
| $b_3b_2b_1b_0$=1001 | HT | EM | ) | 9 | I | Y | i | y |
| $b_3b_2b_1b_0$=1010 | LF | SUB | * | : | J | Z | j | z |
| $b_3b_2b_1b_0$=1011 | VT | ESC | + | ; | K | [ | k | { |
| $b_3b_2b_1b_0$=1100 | FF | FS | , | < | L | \ | l | \| |
| $b_3b_2b_1b_0$=1101 | CR | GS | - | = | M | ] | m | } |
| $b_3b_2b_1b_0$=1110 | SO | RS | . | > | N | ^ | n | ~ |
| $b_3b_2b_1b_0$=1111 | SI | US | / | ? | O | _ | o | DEL |

从表 2-5 中可看出,每个字符都由 7 个二进位 $b_6b_5b_4b_3b_2b_1b_0$ 表示,其中 $b_6b_5b_4$ 是高位部分,$b_3b_2b_1b_0$ 是低位部分。一个字符在计算机中用 8 位表示,通常最高位 $b_7$ 为 0。在需要奇偶校验时,最高位可用于存放奇偶校验值,此时这一位称为**奇偶校验位**。从表 2-5 中可看出 ASCII 字符编码有两个规律。

(1) 字符 0~9 的高三位编码为 011,低 4 位分别为 0000~1001。低 4 位正好是 0~9 这 10 个数字的 8421 码。这样既满足了正常的排序关系,又有利于实现 ASCII 码与十进制数之间的转换。

(2) 英文字母的编码值满足正常的字母排序关系,而且大、小写字母的编码之间有简单的对应关系,差别仅在 $b_5$ 这一位上,若这一位为 0,则是大写字母;若为 1,则是小写字母。这使得大、小写字母之间的转换非常方便。

### 2.4.3 汉字字符

中文信息的基本组成单位是汉字,汉字也是字符。但汉字是表意文字,一个字就是一个方块图形。计算机要对汉字信息进行处理,就必须对汉字本身进行编码,但汉字的总数超过 6 万,数量巨大,给汉字在计算机内部的表示、汉字的传输与交换、汉字的输入和输出等带来一系列问题。为了适应汉字系统各组成部分对汉字信息处理的不同需要,汉字系统必须处理以下几种汉字代码:输入码、内码、字模点阵码。

**1. 汉字的输入码**

键盘是面向西文设计的,一个或两个西文字符对应一个按键,因此使用键盘输入西文字符非常方便。汉字是大字符集,专门的汉字输入键盘由于键多、查找不便、成本高等原因而几乎无法采用。由于汉字字数多,无法使每个汉字与西文键盘上的一个键相对应,因此必须使每个汉字用一个或几个键来表示,这种对每个汉字用相应的按键进行的编码表示就称为汉字的**输入码**,又称**外码**。因此汉字输入码的码元(即组成编码的基本元素)是西文键盘中的某个按键。

**2. 字符集与汉字内码**

汉字输入计算机后,就按照一种称为**内码**的编码形式在系统中存储、查找、传送。西文字符的内码可以是 ASCII 码。为适应计算机处理汉字信息的需要,1981 年我国颁布了《信息交换用汉字编码字符集·基本集》(GB 2312—1980)。该标准选出 6763 个常用汉字,为每个汉字规定了标准代码,以供汉字信息在不同计算机系统之间交换使用。这个标准称为**国标码**,又称**国标交换码**。

GB 2312 国标字符集由三部分组成：第一部分是字母、数字和各种符号，包括英文、俄文、日文平假名与片假名、罗马字母、汉语拼音等共 687 个；第二部分为一级常用汉字，共 3755 个，按汉语拼音排列；第三部分为二级常用字，共 3008 个，因为不太常用，所以按偏旁部首排列。

GB 2312 国标字符集中为任意一个字符（汉字或其他字符）规定了唯一的二进制代码。码表由 94 行、94 列组成，行号称为**区号**，列号称为**位号**。每一个汉字或符号在码表中都有各自的位置，因此各有唯一的位置编码，该编码用字符所在的区号及位号的二进制代码表示，7 位区号在左、7 位位号在右，共 14 位，这 14 位代码称为汉字的**区位码**，它指出了汉字在码表中的位置。

汉字的区位码并不是其国标码。由于信息传输的原因，每个汉字的区号和位号必须各自加上 32（即十六进制的 20H），这样得到的二进制代码才是国标码，因此国标码中区号和位号各自占 7 位。在计算机内部，为了处理与存储的方便，汉字国标码的前后各 7 位分别用一个字节表示，共需两个字节才能表示一个汉字。

计算机中汉字和西文信息混在一起处理，汉字信息如不予以特别标识，它与单字节的 ASCII 码就会混淆不清，无法识别。解决这一问题的方法之一，就是使表示汉字的两个字节的最高位($b_7$)总为 1。这种双字节汉字编码就是其中一种汉字**机内码**（即**汉字内码**）。例如，汉字"大"的区号是 20，位号是 83，因此区位码为 1453H（0001 0100 0101 0011B），国标码为 3473H（0011 0100 0111 0011B），前面的 34H 和字符"4"的 ACSII 码相同，后面的 73H 和字符"s"的 ACSII 码相同，将每个字节的最高位各设为 1 后，就得到其机内码 B4F3H（1011 0100 1111 0011B），这样就不会和 ASCII 码混淆了。应当注意，汉字的区位码和国标码是唯一的、标准的，而汉字内码可能随系统的不同而有差别。

汉字输入码与汉字内码、国标交换码完全是不同范畴的概念，不能把它们混淆起来。使用不同的输入编码方法输入同一个汉字时，在计算机内部得到的汉字内码是一样的。

**3. 汉字的字模点阵码和轮廓描述**

经过计算机处理后的汉字，如果需要在屏幕上显示或用打印机打印，则必须把汉字机内码转换成人们可以阅读的方块字形式。

每个汉字的字形都必须预先存放在计算机内，一套汉字（如 GB 2312 国标汉字字符集）的所有字符的形状描述信息集合在一起称为**字形信息库**，简称**字库**(font library)。不同字体（如宋体、仿宋、楷体、黑体等）对应不同字库。在输出每个汉字时，计算机都要先到字库中去找到其字形描述信息，然后把字形信息送到相应的设备输出。

汉字的字形主要有两种描述方法：字模点阵描述和轮廓描述。字模点阵描述是将字库中的各个汉字或其他字符的字形（即字模），用一个其元素由 0 和 1 组成的方阵（如 $16 \times 16$、$24 \times 24$、$32 \times 32$ 甚至更大）表示，有黑点的地方用 1 表示，空白处用 0 表示，称为**字模点阵码**。汉字的轮廓描述方法比较复杂，它把汉字笔画的轮廓用一组直线和曲线勾画，记下每一直线和曲线的数学描述公式。这种用轮廓线描述字形的方式精度高，字形大小可以任意变化。

## 2.5 数据的宽度和存储

### 2.5.1 数据的宽度和单位

计算机内部任何信息都被表示成二进制编码形式。二进制数据的每一位 0 或 1 是组成二进制信息的最小单位,称为比特(bit)。比特是计算机中存储、运算和传输信息的最小单位。每个西文字符需用 8 位表示,而每个汉字需用 16 位才能表示。在计算机内部,二进制信息的计量单位是**字节**(byte)。1 字节等于 8 位。通常,用 b 表示比特(位),用 B 表示字节。

计算机中运算和处理二进制信息时除比特和字节外,还使用**字**(word)作为单位。对于不同计算机,字的长度可能不同,有的由 2 个字节组成,有的由 4、8 甚至 16 字节组成。

在考察计算机性能时,一个很重要的指标就是机器的字长。"某种机器是 16 位机或是 32 位机"中的 16、32 就是指字长。所谓**字长**通常是指 CPU 内部用于整数运算的数据通路的宽度。CPU 内部数据通路是指 CPU 内部的数据流经的路径及路径上的部件,主要是 CPU 内部进行数据运算、存储和传送的部件,这些部件的宽度一致才能相互匹配。因此,字长等于 CPU 内部用于整数运算的运算器位数和通用寄存器宽度。例如,在 1.1.2 节图 1-1 给出的模型机中,组成数据通路的通用寄存器和 ALU 的位数都是 8 位,因此该模型机的字长为 8 位。

字和字长的概念不同,这一点请注意。字用来表示被处理信息的单位,用来度量各种数据类型的宽度。通常系统结构设计者必须考虑一台机器将提供哪些数据类型,每种数据类型提供哪几种宽度的数,这时就要给出一个基本的字的宽度。例如,Intel x86 微处理器中把一个字定义为 16 位。所提供的数据类型中,就有单字宽度的无符号数和带符号整数(16 位)、双字宽度的无符号数和带符号整数(32 位)等。而字长表示进行数据运算、存储和传送的部件的宽度,它反映了计算机处理信息的一种能力。字和字长的长度可以一样,也可不一样。例如,在 Intel 微处理器中,从 80386 开始就至少都是 32 位机器了,即字长至少为 32 位,但其字的宽度都定义为 16 位,32 位称为双字。

表示二进制信息存储容量时所用的单位要比字节或字大得多,主要有以下几种单位词头。

K(kilo):1KB=$2^{10}$B=1 024B

M(mega):1MB=$2^{20}$B=1 048 576B

G(giga):1GB=$2^{30}$B=1 073 741 824B

T(tera):1TB=$2^{40}$B=1 099 511 627 776B

P(peta):1PB=$2^{50}$B=1 125 899 906 842 624B

E(exa):1EB=$2^{60}$B=1 152 921 504 606 846 976B

Z(zetta):1ZB=$2^{70}$B=1 180 591 620 717 411 303 424B

Y(yotta):1YB=$2^{80}$B=1 208 925 819 614 629 174 706 176B

在描述距离、频率等数值时通常用 10 的幂表示,因而在由时钟频率计算得到的总线带宽或外设数据传输率中,度量单位表示的也是 10 的幂。为区分这种差别,通常用 K 表示 1024,用 k 表示 1000,而其他前缀字母均为大写,表示的大小由其上下文决定。

经常使用的带宽单位如下。

"比特/秒"(b/s),有时也写为 bps

"千比特/秒"(kb/s),1kb/s=$10^3$b/s =1000b/s

"兆比特/秒"(Mb/s),1Mb/s=$10^6$ b/s =1000kb/s

"吉比特/秒"(Gb/s),1Gb/s=$10^9$ b/s =1000Mb/s

"太比特/秒"(Tb/s),1Tb/s=$10^{12}$ b/s =1000Gb/s

在计算硬盘容量或文件大小时,不同的硬盘制造商和操作系统会用不同的度量方式,因而比较混乱。在历史上,甚至引发过一些硬盘买家的诉讼,他们原本预计 1MB 会有 $2^{20}$B,1GB 会有 $2^{30}$B,但实际容量却是按 1M=$10^6$、1G=$10^9$ 度量的,比自己预计的容量小。为了避免歧义,国际电工委员会(International Electrotechnical Commission,IEC)在 1998 年规定,在原前缀字母后跟 i 表示 2 的幂,不带 i 表示 10 的幂,例如,1MiB=$2^{20}$B,1MB=$10^6$B。

由于程序需要对不同类型、不同长度的数据进行处理,所以,计算机中底层机器级的数据表示必须能够提供相应的支持。比如,需要提供不同长度的整数和不同长度的浮点数表示,相应地需要有处理单字节、双字节、4 字节甚至是 8 字节整数的整数运算指令,以及能够处理 4 字节、8 字节浮点数的浮点数运算指令等。

C 语言支持多种格式的整数和浮点数表示。表 2-6 给出了在典型的 32 位机器和 64 位机器上 C 语言中数据类型的宽度。大多数 32 位机器使用"典型"方式。从表 2-6 可以看出,短整数为 2 字节,int 型整数为 4 字节,而长整数的宽度与机器字长的宽度相同。指针和长整数的宽度一样,也等于机器字长的宽度。float 型和 double 型的浮点数分别对应 IEEE 754 单精度和双精度格式。

表 2-6  C 语言中数据类型的宽度(单位:字节)

| 数据类型 | 典型的 32 位机器 | 64 位机器 |
| --- | --- | --- |
| char | 1 | 1 |
| short int | 2 | 2 |
| int | 4 | 4 |
| long int | 4 | 8 |
| long long | 8 | 8 |
| char * | 4 | 8 |
| float | 4 | 4 |
| double | 8 | 8 |

由此可见,对于同一类型的数据,并不是所有机器都采用相同的宽度,具体数据宽度由语言标准和相应的 ABI 规范定义。

## 2.5.2 数据的存储和排列顺序

任何信息在计算机中用二进制编码后,得到的都是一串 0/1 序列,每 8 位构成一个字节,不同的数据类型具有不同的字节宽度。在计算机存储空间中存放数据时,数据从低位到高位的排列可以从左到右,也可以从右到左,因而用"最左位"(leftmost)和"最右位"(rightmost)来表示数据中的数位时会发生歧义。一般用**最低有效位**(least significant bit,LSB)和**最高有效位**(most significant bit,MSB)分别表示数的最低位和最高位。对于带符号数,最高位是符号位,即 MSB 就是符号位。这样,不管数是从左往右排,还是从右往左排,只要明确 MSB 和 LSB 的位置,就可以明确数的符号和数值。例如,数"5"在 32 位机器上用 int 型表示时的 0/1 序列为"0000 0000 0000 0000 0000 0000 0000 0101",其中最前面的一位 0 是符号位,即 MSB=0,最后面的 1 是数的最低有效位,即 LSB=1。

如果以字节为一个排列基本单位,那么 LSB 表示**最低有效字节**(least significant byte),MSB 表示**最高有效字节**(most significant byte)。现代计算机基本上都采用字节编址方式,即对存储空间中的存储单元进行编号时,每个地址编号中存放一个字节。计算机中许多类型数据由多个字节组成,例如,int 型和 float 型数据占 4 字节,double 型数据占 8 字节等,而程序中对每个数据只给定一个地址。例如,在一个按字节编址的计算机中,假定 int 型变量 i 的地址为 0800H,i 的机器数为 1234 5678H,这 4 个字节 12H、34H、56H、78H 应各有一个地址,那么,地址 0800H 对应 4 个字节中哪个字节的地址? 这就是字节排列顺序问题。

在所有计算机中，多字节数据都被存放在连续地址中。根据数据各字节在连续地址中排列顺序的不同，可有两种排列方式：大端（big endian）和小端（little endian），如图 2-6 所示。

|  | | 0800H | 0801H | 0802H | 0803H | |
|---|---|---|---|---|---|---|
| 大端方式 | … | 12H | 34H | 56H | 78H | … |

|  | | 0800H | 0801H | 0802H | 0803H | |
|---|---|---|---|---|---|---|
| 小端方式 | … | 78H | 56H | 34H | 12H | … |

图 2-6 大端方式和小端方式

**大端方式** 将数据的 MSB 存放在小地址单元中，将 LSB 存放在大地址单元中，即数据的地址就是 MSB 所在的地址。如 IBM 360/370、Motorola 68k、MIPS、Sparc、HP PA 等机器都采用大端方式。

**小端方式** 将数据的 MSB 存放在大地址中，将 LSB 存放在小地址中，即数据的地址就是 LSB 所在的地址。如 LoongArch、Intel 80x86 和 DEC VAX 等都采用小端方式。

有些指令集架构可以配置为大端或小端方式，但一旦确定则不能动态改变，因此每个计算机系统内部的数据排列顺序总是一致的。在排列顺序不同的系统之间进行数据通信时，需要进行顺序转换。网络程序员必须遵守字节顺序的有关规则，以确保发送方机器将它的内部表示格式转换为网络标准，而接收方机器则将网络标准转换为自己的内部表示格式。

此外，像音频、视频和图像等文件格式或处理程序也都涉及字节顺序问题。如 GIF、PC Paintbrush、Microsoft RTF 等采用小端方式，Adobe Photoshop、JPEG、MacPaint 等采用大端方式。

**例 2-26** 以下是一段 C 语言程序，其中函数 show_int() 和 show_float() 分别用于显示 int 型和 float 型数据的位序列，函数 show_pointer() 用于显示指针型数据的位序列。显示的结果都用十六进制形式表示，并按照从低地址到高地址的方向显示。

```
1    int main() {
2        int x=65539;
3        float y=65539.0;
4        int * z=&x;
5        show_int(x);
6        show_float(y);
7        show_pointer(z);
8        return 0;
9    }
```

上述程序在不同架构上运行的结果如表 2-7 所示（注：表中 LA32 和 LA64 分别表示 32 位和 64 位 LoongArch 架构）。

表 2-7 程序在不同架构上运行结果

| 函数 | 类型 | 值 | 架构 | 字节（十六进制） |
|---|---|---|---|---|
| show_int(x) | int | 65 539 | LA32 | 03 00 01 00 |
|  |  |  | Sun | 00 01 00 03 |
|  |  |  | LA64 | 03 00 01 00 |
| show_float(y) | float | 65 539.0 | LA32 | 80 01 80 47 |
|  |  |  | Sun | 47 80 01 80 |
|  |  |  | LA64 | 80 01 80 47 |

| 函　　数 | 类型 | 值 | 架　　构 | 字节(十六进制) |
|---|---|---|---|---|
| show_pointer(z) | int * | &x | LA32<br>Sun<br>LA64 | 34 03 80 40<br>EF FF FC 00<br>CC 32 FF FF FF 00 00 00 |

请回答下列问题。

① 十进制数 65 539 用 32 位补码整数和 IEEE 754 单精度浮点表示的结果各是什么？

② 十进制数 65 539 的 int 型表示和 float 型表示中存在一段相同位序列，标记出这段位序列，并说明为什么会相同？对一个负数来说，其整数表示和浮点数表示中是否也一定会出现一段相同的位序列？为什么？给出十进制数 −65 539 的 int 型和 float 型机器数表示。

③ LA32 架构采用的是小端方式还是大端方式？

④ LA32 架构和 Sun 架构之间能否直接进行数据传送？为什么？

⑤ 在 LA64 架构中，变量 x 中的数据字节 01H 存放的地址是什么？

**解**：① 十进制数 65 539 用 32 位整数补码表示为 0000 0000 0000 0001 **0000 0000 0000 0011**，用 32 位浮点数表示为 0 100 0111 1 **000 0000 0000 0001 1**000 0000。用十六进制表示分别为 0001 0003H 和 4780 0180H。

② 十进制数 65 539 的 int 型表示和 float 型表示中相同位序列为 0000 0000 0000 0011（①中加粗部分）。因为对正数来说，原码和补码的编码相同，所以其整数（补码表示）和浮点数尾数（原码表示）的有效数位一样。65 539 的有效数位是 1 0000 0000 0000 0011。有效数位在定点整数中位于低位数值部分，在浮点数的尾数中位于高位部分。因为浮点数尾数中有一个隐含的 1，所以第一个有效数位 1 在浮点数中不表示出来，因此，相同的位序列就是后面的 16 位。

对某一个负数来说，其整数表示和浮点数表示中通常不会有相同的一段位序列。因为 IEEE 754 浮点数的尾数用原码表示，而整数用补码表示，负数的原码和补码表示不同。例如，十进制数 −65 539 的 int 型机器数表示为 1111 1101 1111 1111 1111 1110 1111 1111，float 型机器数表示为 1 100 0111 1 000 0000 0001 1000 0000。两者没有相同位序列。

③ LA32 架构下存放方式与书写习惯顺序相反，故采用的是小端方式。

④ LA32 架构和 Sun 架构两者间数据不能直接传送，Sun 是大端方式，而 LA32 是小端方式。

⑤ 在 LA64 架构中，变量 x 的数据字节 01H 存放在地址 0000 00FF FFFF 32CEH 中。因为从 LA64 输出的 int 型指针结果看，LA64 的主存地址占 64 位，01H 是 int 型数据 65 539 的次高有效字节，小端方式下数据地址取 LSB 所在地址，因此 01H 存放的地址应该是数据地址加 2 的那个地址（或 MSB 所在地址减 1）。根据小端方式下存放结果和书写习惯顺序相反的规律可知，数据 65 539 的所在地址是 0000 00FF FFFF 32CCH，因此 01H 所存放的地址是 0000 00FF FFFF 32CEH。

**例 2-27** 图 2-7 中两个程序用于判断执行程序的计算机采用小端还是大端方式。在 LA32 架构中执行这两个程序，结果程序 1 的结论是小端方式，而程序 2 的结论是大端方式，请问哪个程序的结论是错的？程序错在哪里？

**解**：程序 1 的结论是对的。程序 1 中 num.a 是 int 型，占 4 字节，最小的地址中存放的信息与 num.b 中存放的信息一致。若是小端方式，则 num.a 的最小地址中存放 0x78，与 num.b

```
1   #include <stdio.h>
2   int main() {
3       union NUM {
4           int a;
5           char b;
6       }num;
7       num.a=0x12345678;
8       if (num.b==0x78)
9           printf( "Little Endian\n" );
10      else
11          printf( "Big Endian\n" );
12      return 0;
13  }
```
(a)

```
1   #include <stdio.h>
2   int main() {
3       union {
4           int a;
5           char b;
6       }test;
7       test.a=0xff;
8       if (test.b==0xff)
9           printf( "Little Endian\n" );
10      else
11          printf( "Big Endian\n" );
12      return 0;
13  }
```
(b)

图 2-7 判断大端/小端方式的程序
(a) 程序 1；(b) 程序 2

中一致；否则就是大端方式。

程序 2 的结论是错误的。程序 2 中 test.a 赋值为 0xff，若是小端方式，则 test.a 的最小地址中存放 0xff，其他三个单元全为 0，而 test.b 中存放的信息和 test.a 的最小地址中信息一样，所以也是 0xff。因此，似乎程序 2 也没有错，不过，程序 2 执行时，图 2-7(b)第 8 行中的条件表达式"test.b==0xff"并不为"真"，因而程序打印结果是"Big Endian"。这里的问题出在条件表达式"test.b==0xff"。

该条件表达式中右边的常数(即 0xff=255)，按照图 2-2 中 C 语言整数常量类型的规定，应该是 int 型；左边的 test.b 是 char 型，按照 C 语言表达式中数据类型自动转换规则，应自动提升为 int 型。test.b 中存放的是 0xff，从 char 型提升为 int 型后，在 LA32 架构中得到 0xffff ffff，其真值为 −1。因而条件表达式"test.b==0xff"中，左边的值为 −1，右边的值为 255，两者不等。

实际上，若将程序 2 在小端方式的 RISC-V 架构中执行，则结论不同。C 语言标准并没有明确规定 char 是带符号整型还是无符号整型，具体由编译器选择。LA32 架构的 GCC 编译器将 char 视为带符号整型，而 RISC-V 的 GCC 编译器将 char 视为无符号整型，test.b 提升为 int 型后，得到 0x0000 00ff，其真值为 255，因而"test.b==0xff"的结果为"真"。

因为 C 语言标准并没有明确规定 char 为无符号还是带符号整型，所以上述两个程序都存在由实现而定义(implementation-defined)的行为。当程序从一个系统移植到另一个系统时，其行为可能会发生变化，从而造成难以理解的结果。为避免这种情况，程序员应该尽量编写行为确定的程序，比如，使用 1 字节宽度的数据类型进行计算时，将数据类型显式定义成 signed char 或 unsigned char，仅进行字符串处理时，则可以使用 char 型。

**小贴士**

在 C 语言表达式中如果混合使用不同类型变量和常量，则应使用一个规则集合来完成数据类型的自动转换。

以下是 C 语言程序数据类型转换的基本规则：①在表达式中，(unsigned)char 型和(unsigned)short 型都应自动提升为 int 型；②在包含两种数据类型的任何运算中，较低级别数据类型应提升为较高级别的数据类型；③数据类型级别从高到低的顺序是 long double、double、float、unsigned long long、long long、unsigned long、long、unsigned int、int；但是，当

long 型和 int 型具有相同位数时，unsigned int 型级别高于 long 型；④赋值语句中，计算结果被转换为要被赋值的那个变量的类型，这个过程可能导致级别提升（被赋值的类型级别高）或者降级（被赋值的类型级别低），提升是按等值转换到表数范围更大的类型，通常是扩展操作或整数转浮点数类型，一般情况下不会有溢出问题，而降级可能因为表数范围缩小而导致数据溢出问题。

## 2.6 数据的基本运算

在计算机内部由于运算部件的位数有限，很多情况下会出现意料之外的运算结果，有时两个正数相加会得到一个负数，有时关系表达式"x＜y"和"x－y＜0"会产生不同的结果。例如，在 2.2.2 节例 2-21 中提到，有的编译器对于"－2147483648 ＜ 2147483647"的执行结果为 false，但是，如果定义一个变量"int i＝－2147483648;"，那么，表达式"i ＜ 2147483647"的执行结果就为 true。如果不了解计算机底层的运算机制，则很难明白为什么会出现这些问题。因此，作为一个程序员，即使不需要进行硬件层的设计工作，也应该明白有关数据表示及其运算等方面的基本原理。

计算机硬件的设计目标来源于软件需求，高级语言中用到的各种运算，通过编译成底层的算术运算指令和逻辑运算指令实现，这些底层运算指令能在机器硬件上直接被执行。

### 2.6.1 按位运算和逻辑运算

C 语言中按位运算符："|"表示按位"OR"；"&"表示按位"AND"；"~"表示按位"NOT"；"^"表示按位"XOR"。按位运算的一个重要运用就是实现掩码（masking）操作，通过与给定的一个位模式进行按位与，可提取所需的位，然后对这些位进行"置 1"、"清 0"、"是否为 1 测试"或"是否为 0 测试"等，这里位模式称为**掩码**。例如，表达式"0x0F & 0x8C"的运算结果为 00001100，即 0x0C。这里通过掩码"0x0F"提取了 0x8C 中的低 4 位。

C 语言中逻辑运算符："||"表示"OR"；"&&"表示"AND"；"!"表示"NOT"。

逻辑运算容易和按位运算混淆，实际上其功能完全不同。逻辑运算是非数值计算，其操作数只有两个逻辑值：True 和 False，通常用非 0 表示 True，全 0 表示 False。而按位运算是一种数值运算，运算时将两个操作数中对应各位进行运算。例如，若变量 x＝FAH，y＝7BH，则 x^y＝81H，~(x^y)＝7EH，而!(x^y)＝00H。等价于表达式"x＝＝y"的是"!(x^y)"，而不是"~(x^y)"。

### 2.6.2 左移和右移运算

C 语言中提供了一组移位运算。移位操作有**逻辑移位**和**算术移位**两种。

逻辑移位不考虑符号位，左移时，高位移出，低位补 0；右移时，低位移出，高位补 0。对于无符号整数的逻辑左移，如果最高位移出的是 1，则发生溢出。

因为计算机内部的带符号整数用补码表示，所以对于带符号整数的移位操作应采用补码算术移位方式。左移时，高位移出，低位补 0，如果移出的高位不同于移位后的符号位，即左移前、后符号位不同，则发生溢出；右移时，低位移出，高位补符号。

C 语言编译器根据移位操作数类型选择逻辑移位还是算术移位，对无符号整型数进行逻辑移位，对带符号整型数进行算术移位。表达式"x＜＜k"表示对数 $x$ 左移 $k$ 位。对左移来说,逻辑移位和算术移位结果一样,都是丢弃 $k$ 个最高位,并在低位补 $k$ 个 0。表达式"x>>k"表示对数 $x$ 右移 $k$ 位。

每左移一位,相当于数值扩大一倍,因此左移可能发生溢出。左移 $k$ 位,相当于数值乘以 $2^k$。

每右移一位,若移出的是 0,则相当于数值缩小一半,右移 $k$ 位,相当于数值除以 $2^k$。若移出的是非 0,则说明不能整除 $2^k$。

### 2.6.3 位扩展和位截断运算

C 语言中没有明确的位扩展运算符,但是在数据类型转换时,如果遇到一个短数向长数转换,就需要位扩展运算。位扩展时,扩展后的数值应保持不变。有零扩展和符号扩展两种位扩展方式。**零扩展**用于无符号整数,只要在数前添加足够的 0 即可。**符号扩展**用于补码表示的带符号整数,在数前添加足够多的符号位即可。

考虑以下 C 语言程序代码。

```
1    short si = -32768;
2    unsigned short usi = si;
3    int i = si;
4    unsigned ui = usi;
```

执行上述程序段,并在 32 位大端方式机器上输出变量 si、usi、i、ui 的十进制和十六进制值,可得到各变量的输出结果如下。

```
si = -32768      80 00
usi = 32768      80 00
i = -32768       FF FF 80 00
ui = 32768       00 00 80 00
```

由此可见,-32 768 的补码表示和 32 768 的无符号数表示具有相同的 16 位 0/1 序列,分别将它们扩展为 32 位后,得到的 32 位位序列的高位不同。因为前者是符号扩展,高 16 位补符号 1,后者是零扩展,高 16 位补 0。

位截断发生在将长数转换为短数时,例如,对于下列代码。

```
1    int i = 32768;
2    short si = (short)i;
3    int j = si;
```

在一台 32 位机器上执行上述代码段时,第 2 行要求强行将一个 32 位带符号整数截断为 16 位带符号整数,32 768 的 32 位补码表示为 0000 8000H,截断为 16 位后变成 8000H,它是 -32 768 的 16 位补码表示。再将该 16 位带符号整数扩展为 32 位时,就变成了 FFFF 8000H,它是 -32 768 的 32 位补码表示,因此变量 j 的值为 -32 768。也就是说,原来的变量 i (值为 32 768)经过截断、再扩展后,其值变成了 -32 768,不等于原来的值了。

从上述例子可看出,截断一个数可能会因为溢出而改变它的值。因为长数的表示范围远远大于短数的表示范围,所以当一个长数足够大到短数无法表示的程度,截断就会发生溢出。上述例子中的 32 768 大于 16 位补码能表示的最大数 32 767,所以就发生了截断错误。C 语言标准规定,长数转换为短数的结果是未定义的,没有规定编译器必须报错。这里所说的截断溢出和截断错误只会导致程序出现意外的计算结果,并不导致任何异常或错误报告,因此,错误的隐蔽性很强，需要引起注意。

### 2.6.4 整数加减运算

在程序设计时通常把指针、地址等说明为无符号整数，因而在进行指针或地址运算时需要进行无符号整数的加减运算。而其他情况下，通常都是带符号整数运算。无符号整数和带符号整数的加减运算电路完全一样，都可在如图 2-8 所示的**整数加减运算器**中实现，图中 MUX 是一个**二路选择器**，其功能如下：若控制端（此处为 Sub 信号）为 0，选择 Y 作为输出端 Y'；若控制端为 1，选择 $\overline{Y}$ 作为输出端 Y'。这里 $\overline{Y}$ 表示对 Y 各位取反。

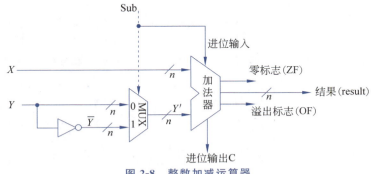

图 2-8 整数加减运算器

图 2-8 中，X 和 Y 是两个 0/1 序列，对于带符号整数 $x$ 和 $y$ 来说，X 和 Y 就是 $x$ 和 $y$ 的补码表示，对于无符号整数 $x$ 和 $y$ 来说，X 和 Y 就是 $x$ 和 $y$ 的无符号数表示。不管是补码减法还是无符号数减法，都是用被减数加上减数的负数的补码来实现。

根据求补公式，减数 $y$ 的负数的补码 $[-y]_\text{补} = \overline{Y} + 1$，因此，只要在加法器的 Y' 输入端，加 $n$ 个反向器以实现各位取反的功能，然后加一个 2 选 1 选择器 MUX，用一个控制端 Sub 来控制选择将原码 Y 输入到 Y' 端，还是将 Y 各位取反后输入到 Y' 端，并将控制端 Sub 同时作为低位进位送到加法器。当 Sub 为 1 时做减法，即实现 $x - y = X + \overline{Y} + 1$；当 Sub 为 0 时做加法，即实现 $x + y = X + Y$。

图 2-8 给出了两个输出标志信息：**零标志 ZF** 和**溢出标志 OF**。ZF=1 表示结果为 0，因此当结果（result）的所有位都为 0 时，使 ZF=1，否则 ZF=0；OF=1 表示带符号整数的加减运算发生溢出，因为两个同号数相加其结果的符号一定与两个加数的符号相同，所以，当 X 和 Y' 的最高位相同且不同于结果的最高位时，OF=1，否则 OF=0。

通常，在整数加减运算器的输出中，除 ZF 和 OF 外，还有**符号标志 SF** 和**进/借位标志 CF**。其中，SF 表示带符号整数加减运算结果的符号位，因此，可以直接取 result 的最高位作为 SF。CF 用来表示无符号整数加减运算时的进/借位。加法时，若 CF=1 表示最高位有进位，因而结果溢出；减法时若 CF=1 表示有借位，即 $x$ 小于 $y$。因此，加法时 CF 应等于进位输出 C；减法时应将进位输出 C 取反作为借位标志。综合可得 CF=Sub⊕C。

无符号整数加/减运算在图 2-8 所示电路中执行，运算结果取低 $n$ 位，相当于取模为 $2^n$，因此当两数相加结果大于 $2^n$，则大于 $2^n$ 的部分将被减掉。因此**无符号整数加法**计算公式如下。

$$\text{result} = \begin{cases} x + y, & x + y < 2^n, & \text{正常} \\ x + y - 2^n, & 2^n \leqslant x + y < 2^{n+1}, & \text{溢出} \end{cases} \quad (2\text{-}1)$$

在图 2-8 所示电路中做无符号整数减运算 $x-y$ 时,用 $x$ 加 $[-y]_{补}$ 实现,根据补码公式知,$[-y]_{补}=2^n-y$,因此,result$=x+(2^n-y)=x-y+2^n$,当 $x-y>0$ 时,$2^n$ 被减掉。因此,**无符号整数减法**计算公式如下。

$$\text{result} = \begin{cases} x-y, & x-y>0, \quad \text{正常} \\ x-y+2^n, & x-y<0, \quad \text{结果为负} \end{cases} \tag{2-2}$$

**例 2-28** 假设 8 位无符号整数变量 $x$ 和 $y$ 的机器数分别是 $X$ 和 $Y$,相应加减运算在图 2-8 所示电路中执行。若 $X=$A6H,$Y=$3FH,则 $x$、$y$、$x+y$ 和 $x-y$ 的值分别是多少?若 $X=$A6H,$Y=$FFH,则 $x$、$y$、$x+y$ 和 $x-y$ 的值又分别是多少?(说明:这里的 $x+y$ 和 $x-y$ 的值是指经过运算电路处理后得到的 result 对应的值)

**解**:若 $X=$A6H,$Y=$3FH,则 $x+y$ 的机器数 $X+Y=$1010 0110+0011 1111=1110 0101=E5H,$x-y$ 的机器数 $X-Y=$1010 0110+1100 0001=0110 0111=67H。因此,$x$、$y$、$x+y$ 的 result 和 $x-y$ 的 result 分别是 166、63、229 和 103,显然运算结果符合式(2-1)和式(2-2)。

验证如下:由于 $x+y=166+63<2^8=256$,因而 $x+y$ 的 result 应等于 $x+y=166+63=229$;由于 $x-y=166-63>0$,因而 $x-y$ 的 result 应等于 $x-y=166-63=103$,验证正确。

若 $X=$A6H,$Y=$FFH,则 $X+Y=$1010 0110+1111 1111=1010 0101=A5H,$X-Y=$1010 0110+0000 0001=1010 0111=A7H。因此,$x$、$y$、$x+y$ 的 result 和 $x-y$ 的 result 分别是 166、255、165 和 167,运算结果符合式(2-1)和式(2-2)。

验证如下:由于 $x+y=166+255>2^8=256$,因而 $x+y$ 的 result 应等于 $x+y-2^8=166+255-256=165$;由于 $x-y=166-255<0$,因而 $x-y$ 的 result 应等于 $x-y+2^8=166-255+256=167$,验证正确。

带符号整数加法运算也在图 2-8 所示电路中执行。如果两个 $n$ 位加数 $x$ 和 $y$ 的符号相反,则一定不会溢出,只有两个加数的符号相同才可能发生溢出。两个加数都是正数时发生的溢出称为**正溢出**;两个加数都是负数时发生的溢出称为**负溢出**。图 2-8 中实现的**带符号整数加法**计算公式如下。

$$\text{result} = \begin{cases} x+y-2^n, & 2^{n-1} \leqslant x+y, & \text{正溢出} \\ x+y, & -2^{n-1} \leqslant x+y < 2^{n-1}, & \text{正常} \\ x+y+2^n, & x+y < -2^{n-1}, & \text{负溢出} \end{cases} \tag{2-3}$$

与无符号整数减法运算类似,带符号整数减法也通过加法来实现,同样也是用被减数加上减数的负数的补码来实现。图 2-8 中实现的**带符号整数减法**计算公式如下。

$$\text{result} = \begin{cases} x-y-2^n, & 2^{n-1} \leqslant x-y, & \text{正溢出} \\ x-y, & -2^{n-1} \leqslant x-y < 2^{n-1}, & \text{正常} \\ x-y+2^n, & x-y < -2^{n-1}, & \text{负溢出} \end{cases} \tag{2-4}$$

**例 2-29** 假设 8 位带符号整数变量 $x$ 和 $y$ 的机器数分别是 $X$ 和 $Y$,相应加减运算在图 2-8 所示电路中执行。若 $X=$A6H,$Y=$3FH,则 $x$、$y$、$x+y$ 和 $x-y$ 的值分别是多少?若 $X=$A6H,$Y=$FFH,则 $x$、$y$、$x+y$ 和 $x-y$ 的值又分别是多少?(说明:这里的 $x+y$ 和 $x-y$ 的值是指经过运算电路处理后得到的 result 对应的值。)

**解**:若 $X=$A6H,$Y=$3FH,则 $x+y$ 的机器数 $X+Y=$1010 0110+0011 1111=1110 0101=E5H,$x-y$ 的机器数 $X-Y=$1010 0110+1100 0001=0110 0111=67H。因为带符号整数用

补码表示,所以,$x$、$y$、$x+y$ 的 result 和 $x-y$ 的 result 分别是 $-90$、$63$、$-27$ 和 $103$,经验证,运算结果符合式(2-3)和式(2-4)。

验证如下:由于 $-2^7 \leqslant x+y=-90+63 < 2^7$,因而,$x+y$ 的值(result)应等于 $x+y=-90+63=-27$;由于 $x-y=-90-63<-2^7$,即负溢出,因而 $x-y$ 的值(result)应等于 $x-y+2^8=-90-63+256=103$,验证正确。

若 $X$=A6H,$Y$=FFH,则 $X+Y$=1010 0110+1111 1111=1010 0101=A5H,$X-Y$=1010 0110+0000 0001=1010 0111=A7H。$x$、$y$、$x+y$ 的 result 和 $x-y$ 的 result 分别是 $-90$、$-1$、$-91$ 和 $-89$,经验证,运算结果符合式(2-3)和式(2-4)。

验证如下:由于 $-2^7 \leqslant x+y=-90+(-1)<2^7$,因而,$x+y$ 的 result 应等于 $x+y=-90+(-1)=-91$;由于 $-2^7 \leqslant x-y=-90-(-1)<2^7$,因而 $x-y$ 的 result 应等于 $x-y=-90-(-1)=-89$,验证正确。

例 2-28 和例 2-29 中给出的机器数 $X$ 和 $Y$ 完全相同,在同样的电路中计算,因而得到的和(差)的机器数完全相同。对于同一个机器数,作为无符号整数解释和作为带符号整数解释时的值不同,因而例 2-28 和例 2-29 中得到的和(差)的值完全不同。从这里可看出,在电路中执行运算时所有的数都只是一个 0/1 序列,在微架构层次上,并不区分操作数是什么类型,只是编译器根据高级语言程序中的类型定义对机器数进行不同的解释而已。

**例 2-30** 有以下 C 程序段。

```
1    unsigned char x=134;
2    unsigned char y=246;
3    signed char m=x;
4    signed char n=y;
5    unsigned char z1=x-y;
6    unsigned char z2=x+y;
7    signed char k1=m-n;
8    signed char k2=m+n;
```

请说明程序执行过程中,变量 m、n、z1、z2、k1、k2 在计算机中的机器数和真值各是什么?计算 z1、z2、k1、k2 时得到的标志 CF、SF、ZF 和 OF 各是什么?要求用式(2-1)~式(2-4)进行验证。

**解**:变量 x 和 y 是无符号整数,因此 x=134=1000 0110B,y=246=1111 0110B。变量 m 和 x 的机器数相同,都是 1000 0110,故 m 的真值为 $-111\ 1010$B$=-(127-5)=-122$;变量 n 和 y 的机器数相同,都是 1111 0110,故 n 的真值为 $-000\ 1010$B$=-10$。

因为无符号整数和带符号整数都在同一个整数加减运算器中执行,所以变量 z1 和 k1 的机器数相同,且生成的标志也相同;变量 z2 和 k2 的机器数相同,且生成的标志也相同。

对于变量 z1 和 k1 的计算,可通过 x 的机器数加 y 的机器数"各位取反、末位加 1"而得到,即 1000 0110+0000 1010=(0)1001 0000。此时,CF=Sub$\oplus$C=1$\oplus$0=1,SF=1,ZF=0,OF=0(加法器中进行的是两个异号数相加,一定不会溢出)。显然,z1 的真值为 $+1001\ 0000$B$=144$,因为 CF=1,说明相减时有借位,结果应为负数,属于式(2-2)中的非正常情况(负数),结果发生错误;k1 的真值为 $-111\ 0000$B$=-112$,因为 OF=0,说明结果没有溢出,属于式(2-4)中的正常情况。

验证如下:z1=134-246+256=144;k1=$-122-(-10)=-112$。验证结果正确。

对于变量 z2 和 k2 的计算,可通过变量 x 的机器数加变量 y 的机器数得到,即 1000 0110+1111 0110=(1) 0111 1100。此时,CF=Sub$\oplus$C=0$\oplus$1=1,SF=0,ZF=0,OF=1(加法器中

是两个负数相加,但结果为正数,故溢出)。显然,z2 的真值为+111 1100B=124,因为 CF=1,说明相加时有进位,属于式(2-1)中的溢出情况,结果发生溢出错误。k2 的真值为+111 1100B=124,因为 OF=1,说明结果溢出,属于式(2-3)中负溢出的情况。

验证如下:z2=134+246−256=124;k2=−122+(−10)+256=124。验证结果正确。

### 2.6.5 整数乘除运算

高级语言中两个 $n$ 位整数相乘得到的结果通常也是一个 $n$ 位整数,即结果只取 $2n$ 位乘积中的低 $n$ 位。例如,在 C 语言中,参加运算的两个操作数的类型和结果的类型必须一致,如果不一致则会先转换为一致的数据类型再进行计算。因此,乘运算结果可能会发生溢出,程序员在编写程序时或者编译器在生成相应的目标代码时,需要进行相应的溢出判断。

根据二进制运算规则,在计算机算术中存在以下结论:假定两个 $n$ 位无符号整数 $x_u$ 和 $y_u$ 对应的机器数为 $X_u$ 和 $Y_u$,$p_u = x_u \times y_u$,$p_u$ 为 $n$ 位无符号整数且对应的机器数为 $P_u$;两个 $n$ 位带符号整数 $x_s$ 和 $y_s$ 对应的机器数为 $X_s$ 和 $Y_s$,$p_s = x_s \times y_s$,$p_s$ 为 $n$ 位带符号整数且对应的机器数为 $P_s$。若 $X_u = X_s$ 且 $Y_u = Y_s$,则 $P_u = P_s$。表 2-8 给出了 4 位无符号整数和 4 位带符号整数乘法的例子,显然这些例子符合上述结论。

表 2-8 4 位无符号整数和 4 位带符号整数乘法示例

| 序号 | 运算 | $x$ | $X$ | $y$ | $Y$ | $x \times y$ | $X \times Y$ | $p$ | $P$ | 溢出否 |
| --- | --- | --- | --- | --- | --- | --- | --- | --- | --- | --- |
| 1 | 无符号乘 | 6 | 0110 | 10 | 1010 | 60 | 0011 1100 | 12 | **1100** | 溢出 |
| 2 | 带符号乘 | 6 | 0110 | −6 | 1010 | −36 | 1101 1100 | −4 | **1100** | 溢出 |
| 3 | 无符号乘 | 8 | 1000 | 2 | 0010 | 16 | 0001 0000 | 0 | **0000** | 溢出 |
| 4 | 带符号乘 | −8 | 1000 | 2 | 0010 | −16 | 1111 0000 | 0 | **0000** | 溢出 |
| 5 | 无符号乘 | 13 | 1101 | 14 | 1110 | 182 | 1011 0110 | 6 | **0110** | 溢出 |
| 6 | 带符号乘 | −3 | 1101 | −2 | 1110 | 6 | 0000 0110 | 6 | **0110** | 不溢出 |
| 7 | 无符号乘 | 2 | 0010 | 12 | 1100 | 24 | 0001 1000 | 8 | **1000** | 溢出 |
| 8 | 带符号乘 | 2 | 0010 | −4 | 1100 | −8 | 1111 1000 | −8 | **1000** | 不溢出 |

根据上述结论,无符号整数乘运算可以采用带符号整数乘法器实现,只要最终取 $2n$ 位乘积中的低 $n$ 位即可。对于无符号整数 $x$ 和 $y$ 来说,送到带符号整数乘法器中的两个乘数 $X$ 和 $Y$ 就是 $x$ 和 $y$ 的二进制表示。不过,因为按带符号整数相乘,因此得到的乘积高 $n$ 位不一定是高 $n$ 位乘积的无符号表示。例如,对于表 2-8 中序号 5 的例子,当 $x=13$,$y=14$ 时,可以把对应的机器数 1101 和 1110 送到带符号整数乘法器中运算,得到的 8 位乘积机器数为 0000 0110,虽然低 4 位与无符号整数相乘一样,但是,高 4 位不是真正的高 4 位乘积 1011。这样就无法根据高 4 位来判断结果是否溢出。

**1. 无符号整数乘运算的溢出判断**

对于 $n$ 位无符号整数 $x$ 和 $y$ 的乘法运算,若取 $2n$ 位乘积中的低 $n$ 位为乘积,则相当于取模 $2^n$。若丢弃的高 $n$ 位乘积为非 0,则发生溢出。例如,对于表 2-8 中序号 1 的情况,0110 与 1010 相乘得到的 8 位乘积为 0011 1100,高 4 位为非 0,因而发生了溢出,说明低 4 位 1100 不是正确的乘积。

无符号整数乘运算公式如下,式中 $p$ 是指取低 $n$ 位乘积时对应的值。

$$p = \begin{cases} x \times y, & x \times y < 2^n & \text{正常} \\ x \times y \bmod 2^n, & x \times y \geq 2^n & \text{溢出} \end{cases}$$

如果无符号整数乘法指令能够将高 $n$ 位保存到一个寄存器中,则编译器可以根据该寄存器的内容采用相应的比较指令来进行溢出判断。例如,在 MIPS 32 架构中,无符号整数乘指令 multu 会将两个 32 位无符号整数相乘得到的 64 位乘积置于两个 32 位内部寄存器 Hi 和 Lo 中,因此,编译器可以根据 Hi 寄存器的内容是否为全 0 来进行溢出判断。

**2. 带符号整数乘运算的溢出判断**

对于带符号整数乘法,大多数处理器中会使用专门的补码乘法器进行运算。一位补码乘法称为**布斯(Booth)乘法**,两位补码乘法称为**改进的布斯乘法**(modified Booth algorithm, MBA),也称**基 4 布斯乘法**。采用专门的补码乘法器实现带符号整数运算得到的结果是 $2n$ 位乘积的补码表示。例如,对于表 2-8 中序号 2 的情况,$x=6, y=-6$,若采用专门的补码乘法器,则得到乘积的 $2n$ 位补码表示 1101 1100,而不是无符号整数乘法器的结果 0011 1100。

采用专门的补码乘法器进行运算的情况下,可以通过乘积的高 $n$ 位和低 $n$ 位之间的关系判断溢出。判断规则是:若高 $n$ 位中每一位都与低 $n$ 位的最高位相同,则不溢出;否则溢出。例如,对于表 2-8 中序号 4 的情况,$x=-8, y=2$,得到 8 位乘积为 1111 0000,高 4 位全 1,与低 4 位的最高位不同,因而发生溢出,说明低 4 位 0000 不是正确的乘积。对于表 2-8 中序号 6 的情况,$x=-3, y=-2$,得到 8 位乘积为 0000 0110,高 4 位全 0,且与低 4 位的最高位相同,因而没有发生溢出,说明低 4 位 0110 是正确的乘积。

如果带符号整数乘法指令能够将高 $n$ 位保存到一个寄存器中,则编译器可以根据该寄存器的内容与低 $n$ 位乘积的关系进行溢出判断。例如,在 MIPS 32 架构中,带符号整数乘指令 mult 会将两个 32 位带符号整数相乘,得到的 64 位乘积置于两个 32 位内部寄存器 Hi 和 Lo 中,因此,编译器可以根据 Hi 寄存器中的每一位是否等于 Lo 寄存器中第一位判断溢出。

有些指令系统中乘法指令并不保留高 $n$ 位,也不生成溢出标志 OF,此时,编译器就无法判断溢出,甚至有些编译器根本不考虑溢出处理。这种情况下,程序就可能在发生溢出的情况下得到错误的结果。例如,在 C 语言程序中,若变量 x 和 y 为 int 型,$x=65\ 535$,机器数为 0000 FFFFH,则 $y=x*x=-131\ 071$,y 的机器数为 FFFE 0001H,因而出现 $x^2 < 0$ 的奇怪结论。

如果要保证程序不会因编译器没有处理溢出而发生错误,那么,程序员就需要在程序中加入判断溢出的语句。无论 x 和 y 是带符号整型还是无符号整型变量,都可以根据两个乘数 x、y 与结果 $p=x*y$ 的关系来判断是否溢出。判断规则如下:若满足 x!=0 且 p/x==y,则没有发生溢出;否则溢出。

例如,对于表 2-8 中序号 7 的情况,$x=2, y=12, p=8$,显然 $8/2!=12$,因此发生了溢出。对于表 2-8 中序号 8 的情况,$x=2, y=-4, p=-8$,显然 $-8/2==-4$,因此没有发生溢出。

**例 2-31** 以下程序段实现数组元素的复制,将一个具有 count 个元素的 int 型数组复制到堆中新申请的一块内存区域中,请说明该程序段存在什么漏洞,引起该漏洞的原因是什么。

```
1    /* 复制数组到堆中,count 为数组元素个数 */
2    int copy_array(int * array, int count) {
3        int i;
4        /* 在堆区申请一块内存 */
5        int * myarray = (int *) malloc(count * sizeof(int));
6        if (myarray == NULL)
7            return -1;
8        for (i = 0; i < count; i++)
9            myarray[i] = array[i];
10       return count;
11   }
```

解：该程序段存在整数溢出漏洞，当 count 值很大时，第 5 行 malloc() 函数的参数 count * sizeof(int) 会发生溢出，例如，在 32 位机器上实现时，sizeof(int)＝4，若 count＝$2^{30}$＋1，因为 ($2^{30}$＋1)×4＝$2^{32}$＋4（mod $2^{32}$）＝4，因此 malloc() 函数只会分配 4 字节的空间，而在后面的 for 循环执行时，复制到堆中的数组元素有($2^{32}$＋4)＝4 294 967 300 字节，远超过 4 字节的空间，从而会破坏在堆中的其他数据，导致程序崩溃或行为异常，更可怕的是，如果攻击者利用这种漏洞，以引起整数溢出的参数来调用函数，通过数组复制过程把自己的程序置入内存中并启动执行，就会造成极大的安全问题。

2002 年，Sun Microsystems 公司的 RPC XDR 库中所带的 xdr_array() 函数发生整数溢出漏洞，攻击者可利用这个漏洞从远程或本地获取 root 权限。xdr_array() 函数中需要计算 nodesize 变量的值，它采用的方法可能会由于乘积太大而导致整数溢出，使得攻击者可以构造一个特殊的参数来触发整数溢出事件，以一段事先预设好的信息覆盖一个已经分配的堆缓冲区，造成远程服务器崩溃或者改变内存数据并执行任意代码。由于很多厂商的操作系统都使用了 Sun Microsystems 公司的 XDR 库或者基于 XDR 库进行开发，因此很多厂商的程序也受到此问题影响。

**3. 整数除运算的溢出判断**

对于**带符号整数除法**，只有当最小负整数（如 32 位系统中的－2 147 483 648）除以－1 时才会发生溢出，其他情况下，商的绝对值不可能比被除数的绝对值更大，因而肯定不会发生溢出。但是，在不能整除时需要进行舍入，通常按照朝 0 方向舍入，即正数商取比自身小的最接近整数，负数商取比自身大的最接近整数。此外，除数不能为 0，根据 C 语言标准，除数为 0 与最小负整数除以－1 一样，都属于未定义行为。例如，在 x86 架构中，除法溢出和除数为 0 都会发生"整除异常"，此时，处理器会调出操作系统中的异常处理程序来处理。但是，有些架构中这两种情况并不会发生"整除异常"，例如，在 LA32 架构中，"－2147483648/－1"的运算结果规定为－2 147 483 648，而不触发异常；除数为 0 时规定结果为任意值，编译器可检查除数是否为 0，当除数为 0 时终止程序执行并报错。

## 2.6.6 常量的乘除运算

由于整数乘法运算比移位和加法等运算所用时间长得多，通常一次乘法运算需要多个时钟周期，而一次移位、加法和减法等运算只要一个或更少的时钟周期，因此，编译器在处理变量与常数相乘时，通常以移位、加法和减法的组合运算来代替乘运算。例如，对于表达式"x * 20"，编译器可以利用 20＝16＋4＝$2^4$＋$2^2$，将"x * 20"转换为(x<<4)＋(x<<2)，这样，一次乘法转换成了两次移位和一次加法。不管是无符号整数还是带符号整数的乘法，即使乘积溢出，利用移位和加减运算组合的方式得到的结果都是和直接相乘结果是一样的。

对于整数除法运算，由于计算机中除法运算比较复杂，而且不能用流水线方式实现，所以一次除法运算大致需要 30 多个时钟周期。为了缩短除法运算时间，编译器在处理一个变量与一个 2 的幂形式的整数相除时，常采用右移运算实现。无符号整数除法采用逻辑右移方式，带符号整数除法采用算术右移方式。两个整数相除，结果也一定是整数，在不能整除时，其商采用朝 0 方向舍入的方式，也就是截断方式，即将小数点后的数直接去掉，例如，7/3＝2，－7/3＝－2。

对于无符号整数来说，采用逻辑右移时，高位补 0，低位移出，因此，移位后得到的商只可能变小，即商朝 0 方向舍入。因此，不管是否能够整除，采用移位方式和直接相除得到的商完全一样,如表 2-9 给出的例子所示。表 2-9 中给出了无符号整数 32 760 除以 $2^k$($k$ 为正整数)的例子,无符号整数 32 760 的机器数为 0111 1111 1111 1000。

表 2-9 无符号整数 32 760 除以 $2^k$ 的示例

| $k$ | 32 760>>$k$ | | 32 760/$2^k$ | |
|---|---|---|---|---|
| 1 | 0 0111 1111 1111 100 | 16 380 | 16 380.0 | 16 380 |
| 3 | 000 0111 1111 1111 1 | 4095 | 4095.0 | 4095 |
| 6 | 00 0000 0111 1111 11 | 511 | 511.875 | 511 |
| 8 | 0000 0000 0111 1111 | 127 | 127.96 875 | 127 |

对于带符号整数来说,采用算术右移时,高位补符号,低位移出。因此,当符号为 0 时,与无符号整数相同,采用移位方式和直接相除得到的商完全一样。当符号为 1 时,若低位移出的是全 0,则说明能够整除,移位后得到的商与直接相除的完全一样;若低位移出的是非全 0,则说明不能整除,移出一个非 0 数相当于把商中小数点后面的值舍去。因为符号是 1,所以商是负数,一个补码表示的负数舍去小数部分的值后变得更小,因此移位后的结果是更小的负数商。例如,对于 $-3/2$,假定补码位数为 4,则进行算术右移操作 1101>>1=1110.1B(小数点后面部分移出)后得到的商为 $-2$,而精确商是 $-1.5$(整数商应为 $-1$)。算术右移后得到的商比精确商少了 0.5,显然朝 $-\infty$ 方向进行了舍入,而不是朝 0 方向舍入。因此,这种情况下,移位得到的商与直接相除得到的商不一样,需要进行校正。

校正的方法是,对于带符号整数 $x$,若 $x<0$,则在算术右移前,先将 $x$ 加上偏移量 $2^k-1$,然后再右移 $k$ 位。例如,上述例子中,在对 $-3$ 右移 1 位之前,先将 $-3$ 加上 1,即先得到 1101+0001=1110,然后再算术右移,即 1110>>1=1111,此时商为 $-1$。

表 2-10 给出了带符号整数 $-32\ 760$ 除以 $2^k$($k$ 为正整数)的例子,带符号整数 $-32\ 760$ 的补码表示为 1000 0000 0000 1000。

表 2-10 带符号整数 $-32\ 760$ 除以 $2^k$ 的示例

| $k$ | 偏移量 | $-32\ 760+$偏移量 | ($-32\ 760+$偏移量)>>$k$ | $-32\ 760/2^k$ | |
|---|---|---|---|---|---|
| 1 | 1 | 1000 0000 0000 1001 | 1 1000 0000 0000 100 | $-16\ 380$ | $-16\ 380.0$ | $-16\ 380$ |
| 3 | 7 | 1000 0000 0000 1111 | 111 1000 0000 0000 1 | $-4095$ | $-4095.0$ | $-4095$ |
| 6 | 63 | 1000 0000 0100 0111 | 11 1111 1000 0000 01 | $-511$ | $-511.875$ | $-511$ |
| 8 | 255 | 1000 0001 0000 0111 | 1111 1111 1000 0001 | $-127$ | $-127.96\ 875$ | $-127$ |

从表 2-10 看出,对带符号整数 $-32\ 760$ 先加一个偏移量后再进行算术右移,可避免商朝 $-\infty$ 方向舍入的问题。例如,对于表中 $k=6$ 的情况,若不进行偏移校正,则算术右移 6 位后商的补码表示为 11 1111 1000 0000 00,即商为 $-512$,而校正后得到的商等于 $-32\ 760/64$ 的整数商 $-511$。

### 2.6.7 浮点数运算

浮点数不像整数那样有移位、扩展和截断等运算,浮点数运算主要是加、减、乘、除运算。

**1. 浮点数加减运算**

先看一个十进制数加法运算的例子:$0.123\times10^5+0.456\times10^2$。显然,不可以把 0.123 和 0.456 直接相加,必须把阶调整为相等后才可实现两数相加。其计算过程如下。

$0.123\times10^5+0.456\times10^2=0.123\times10^5+0.000\ 456\times10^5=(0.123+0.000\ 456)\times10^5=0.123\ 456\times10^5$

从上面的例子不难理解实现浮点数加减法的运算规则。

设两个规格化浮点数 $x$ 和 $y$ 表示为 $x=M_x\times 2^{E_x}$,$y=M_y\times 2^{E_y}$,$M_x$、$M_y$ 分别是浮点数 $x$ 和 $y$ 的尾数,$E_x$、$E_y$ 分别是浮点数 $x$ 和 $y$ 的阶,不失一般性,设 $E_x\leqslant E_y$,那么

$$x+y=(M_x\times 2^{E_x-E_y}+M_y)\times 2^{E_y}$$
$$x-y=(M_x\times 2^{E_x-E_y}-M_y)\times 2^{E_y}$$

计算机中实现上述计算过程需要经过对阶、尾数加减、规格化和舍入 4 个步骤,此外,还必须考虑运算结果的溢出判断和处理问题。

1) 对阶

对阶的目的是使两数的阶相等,以便尾数可以相加减。对阶的原则是:小阶向大阶看齐,阶小的那个数的尾数右移,右移的位数等于两个阶的差的绝对值。大多数机器采用 IEEE 754 标准表示浮点数,因此,阶小的那个数的尾数右移时按原码小数方式右移,符号位不参加移位,数值位要将隐含的"1"右移到小数部分,前面空出的位补 0。为了保证运算的精度,尾数右移时,低位移出的位不能丢掉,应保留并参加尾数部分的运算。

可以通过计算两个阶的差的补码判断阶的大小。对于 IEEE 754 单精度格式来说,计算公式如下:

$$[E_x-E_y]_{补}=256+E_x-E_y=256+127+E_x-(127+E_y)$$
$$=256+[E_x]_{移}-[E_y]_{移}=[E_x]_{移}+[-[E_y]_{移}]_{补}(\bmod 256)$$

**例 2-32** 若 x 和 y 为 float 型变量,x=1.5,y=-125.25,请给出计算 x+y 过程中的对阶结果。

**解**:x=1.5=1.1B=1.1B×$2^0$,机器数为 0 0111 1111 100 0000 0000 0000 0000 0000。

y=-125.25=-111 1101.01B=-1.1111 0101B×$2^6$,机器数为 1 1000 0101 111 1010 1000 0000 0000 0000。

在计算 x+y 过程中,首先需要进行对阶,这里,$[E_x]_{移}$=0111 1111,$[E_y]_{移}$=1000 0101。因此,$[E_x-E_y]_{补}=[E_x]_{移}+[-[E_y]_{移}]_{补}$=0111 1111+0111 1011=1111 1010,即 $E_x-E_y$=-110B=-6。

应对 x 的尾数右移 6 位,对阶后 x 的阶码为 1000 0101,尾数为 0.00 000**1** 100 0000 ⋯0000。

2) 尾数加减

对阶后两个浮点数的阶码相等,此时,可以进行对阶后的尾数相加减。因为 IEEE 754 采用定点原码小数表示尾数,所以,尾数加减实际上是定点原码小数的加减运算。在进行尾数加减时,必须把隐藏位还原到尾数部分(如例 2-32 中对阶后的 x 尾数中粗体的 **1**),对阶过程中尾数右移时保留的附加位也要参加运算。

3) 尾数规格化

IEEE 754 的规格化尾数形式为 $\pm 1.bb\cdots b$。在进行尾数加减后可能会得到各种形式的结果,例如:

$$1.bb\cdots b+1.bb\cdots b=\pm 1b.bb\cdots b$$
$$1.bb\cdots b-1.bb\cdots b=\pm 0.00\cdots 01bb\cdots b$$

(1) 对于上述结果为 $\pm 1b.bb\cdots b$ 的情况,需要进行**右规**:尾数右移一位,阶码加 1。最后一位移出时,要考虑舍入。

(2) 对于上述结果为 $\pm 0.00\cdots 01bb\cdots b$ 的情况,需要进行**左规**:数值位逐次左移,阶码逐

次减 1，直到将第一位"1"移到小数点左边或遇到阶码为全 0。尾数左移时数值部分最左 $k$ 个 0 被移出，因此，相对来说，小数点右移了 $k$ 位。因为进行尾数相加时，默认小数点位置在第一个数值位（即隐藏位）之后，所以小数点右移 $k$ 位后被移到了第一位 1 后面，这个 1 就是隐藏位。

4）尾数的舍入处理

在对阶和尾数右规时，可能会对尾数进行右移，为保证运算精度，一般将低位移出的位保留下来，并让其参与中间过程的运算，最后再将运算结果进行舍入，还原成 IEEE 754 格式。

**2. 浮点数的附加位和舍入方式**

在对阶和右规过程中需要将低位移出的部分位保留下来，因此需要考虑以下两个问题。

(1) 保留多少附加位才能保证运算的精度？

(2) 最终如何对保留的附加位进行舍入？

对于问题(1)，可能无法给出准确答案。但是，保留附加位应该可以得到比不保留附加位更高的精度。IEEE 754 标准规定，所有浮点运算的中间结果右边都必须至少额外保留两位附加位。这两位附加位中，紧跟浮点数尾数右边那一位为**保护位**或**警戒位**（guard），紧跟保护位右边的是**舍入位**（round）。在 IEEE 754 标准中，为了进一步提高精度，在保护位和舍入位后还引入了额外的**粘位**（sticky），只要舍入位右边有任何非 0 数字，粘位就为 1；否则，粘位为 0。

对于问题(2)，IEEE 754 提供了 4 种可选模式：就近舍入（中间值舍入到偶数）、朝 $+\infty$ 方向舍入、朝 $-\infty$ 方向舍入、朝 0 方向舍入。

(1) 就近舍入。这种方式下，结果舍入为最近可表示数。当结果是两个可表示数的非中间值时，实际上是"0 舍 1 入"方式；当结果正好在两个可表示数中间时，根据就近舍入原则无法操作，此时结果强迫变为偶数，具体操作如下：若舍入后最低位为 1（奇数），则末位加 1；否则直接舍入。

使用粘位可减少运算结果正好在两个可表示数中间的情况。不失一般性，可用十进制数例子说明粘位的好处。假设计算 $1.24 \times 10^4 + 5.03 \times 10^1$（假定科学记数法的精度保留两位小数），若仅使用保护位和舍入位而不使用粘位，即仅保留两位附加位，则结果为 $1.240\ 0 \times 10^4 + 0.005\ 0 \times 10^4 = 1.245\ 0 \times 10^4$。这个结果位于两个相邻可表示数 $1.24 \times 10^4$ 和 $1.25 \times 10^4$ 的中间，采用就近舍入到偶数时，则结果为 $1.24 \times 10^4$。若同时使用保护位、舍入位和粘位，则结果为 $1.24\ 000 \times 10^4 + 0.005\ 03 \times 10^4 = 1.245\ 03 \times 10^4$。这个结果就不在 $1.24 \times 10^4$ 和 $1.25 \times 10^4$ 的中间，而更接近于 $1.25 \times 10^4$，采用就近舍入方式，结果为 $1.25 \times 10^4$。显然，后者更精确。

(2) 朝 $+\infty$ 方向舍入。总是取数轴上右边最近可表示数，也称**正向舍入**或**朝上舍入**。

(3) 朝 $-\infty$ 方向舍入。总是取数轴上左边最近可表示数，也称**负向舍入**或**朝下舍入**。

(4) 朝 0 方向舍入。直接截取所需位数，丢弃后面所有位，也称**截取**、**截断**或**恒舍法**。这种舍入处理最简单。对正数或负数来说，都是取数轴上更靠近原点的那个可表示数，是一种趋向原点的舍入，因此，又称**趋向零舍入**。

表 2-11 以十进制小数为例说明这 4 种舍入方式，表中假定结果保留小数点后面三位数，最后两位（加黑的数字）为附加位，需要舍去。

表 2-11　以十进制小数对 4 种舍入方式举例

| 方式 | 2.051 **40** | 2.051 **50** | 2.051 **60** | −2.051 **40** | −2.051 **50** | −2.051 **60** |
|---|---|---|---|---|---|---|
| 就近或偶数舍入 | 2.051 | 2.052 | 2.052 | −2.051 | −2.052 | −2.052 |
| 朝 $+\infty$ 方向舍入 | 2.052 | 2.052 | 2.052 | −2.051 | −2.051 | −2.051 |

续表

| | | | | | | |
|---|---|---|---|---|---|---|
| 朝 $-\infty$ 方向舍入 | 2.051 | 2.051 | 2.051 | $-2.052$ | $-2.052$ | $-2.052$ |
| 朝 **0** 方向舍入 | 2.051 | 2.051 | 2.051 | $-2.051$ | $-2.051$ | $-2.051$ |

**例 2-33** 将同一实数 123 456.789e4 分别赋值给单精度和双精度类型变量,然后打印输出,结果相差 46,为何打印结果不同? float 型相邻数之间的最小间隔和最大间隔各是多少?

```
#include <stdio.h>
int main() {
    float a;
    double b;
    a = 123456.789e4;
    b = 123456.789e4;
    printf("%f\n%f\n",a,b);
    return 0;
}
```

运行结果如下。

```
1234567936.000000
1234567890.000000
```

**解**:float 型和 double 型各自采用 IEEE 754 单精度和双精度格式,可分别精确表示 7 个和 17 个左右十进制有效数位。实数 123 456.789e4 一共有 10 个有效数位,对于 float 型来说,后面 3 位是舍入后的结果,因为是就近舍入到偶数,所以舍入后的值可能会更大,也可能更小。

如 2.3.3 节中图 2-5 所示,数值越大,越远离原点,相邻可表示数之间的间隔也越大,因此舍入误差随着数值的增大而变大。对于 float 型,最小规格化数间隔区间为 $[2^{-126}, 2^{-125}]$,因此,相邻可表示数之间的间隔最小是 $(2^{-125} - 2^{-126})/2^{23} = 2^{-149}$,而最大规格化数间隔区间为 $[2^{126}, 2^{127}]$,因此,相邻可表示数之间的间隔最大是 $(2^{127} - 2^{126})/2^{23} = 2^{103}$。

**3. 浮点数的阶溢出判断**

在进行尾数规格化和尾数舍入时,可能会对结果的阶码执行加 1 或减 1 运算。因此,必须考虑结果的阶溢出问题。

尾数右规或结果舍入时,阶码可能加 1。若加 1 后阶码变为全 1,说明结果的阶比最大允许值 127(单精度)或 1023(双精度)还大,发生**阶码上溢**,产生"阶上溢"异常。有的机器在发生阶上溢时,可能会把结果置为 $+\infty$(数符为 0 时)或 $-\infty$(数符为 1 时),而不产生阶上溢异常。

尾数左规时,先进行阶码减 1 操作。若减 1 后阶码变为全 0,说明结果的阶比最小允许值 $-126$(单精度)或 $-1023$(双精度)还小,结果应为非规格化形式,此时应使结果的尾数不变,阶码为全 0。

**例 2-34** 若 x1 和 y1 为 float 型变量,其真值分别为 x1=1.1B$\times 2^{-126}$,y1=1.0B$\times 2^{-126}$,则 x1 和 y1 的机器数各是什么? x1 $-$ y1 的机器数和真值各是多少? 若 float 型变量 x2 和 y2 的真值分别为 x2=1.1B$\times 2^{-125}$,y2=1.0B$\times 2^{-125}$,则 x2 和 y2 的机器数各是什么? x2 $-$ y2 的机器数和真值各是多少?

**解**:x1 的机器数为 0 0000 0001 100 0000 0000 0000 0000 0000,y1 的机器数为 0 0000 0001 000 0000 0000 0000 0000 0000。阶码都为 0000 0001,故尾数直接相减,得 0.1。需对尾数进行左规:先进行阶码减 1 操作,得阶码为全 0,故结果是非规格化数,尾数不变,x1$-$y1 的尾数为 0.100 0000 0000 0000 0000 0000,阶码为 0000 0000。即机器数为 0 0000 0000 100

0000 0000 0000 0000 0000(0040 0000H)，真值为 $0.1 \times 2^{-126} = 2^{-127}$。

x2 的机器数为 0 0000 0010 100 0000 0000 0000 0000 0000，y2 的机器数为 0 0000 0010 000 0000 0000 0000 0000 0000。阶码都为 0000 0010，故尾数直接相减，得 0.1。需对尾数进行左规：先进行阶码减 1 操作，得阶码为 0000 0001，再尾数左移一位，故结果的尾数为 1.0，x2−y2 的尾数为 1.000 0000 0000 0000 0000 0000，阶码为 0000 0001。即机器数为 0 0000 0001 000 0000 0000 0000 0000 0000(0080 0000H)，真值为 $1.0 \times 2^{-126} = 2^{-126}$。

从浮点数加、减运算过程可以看出，浮点数的溢出并不以尾数溢出来判断，尾数溢出可以通过右规操作得到纠正。因此结果是否溢出应通过判断阶码是否上溢来确定。

**4. 浮点数乘除运算**

在进行浮点数乘除运算前，首先应对参加运算的操作数进行判 0 处理、规格化操作和溢出判断，并确定参加运算的两个操作数是正常的规格化或非规格化浮点数。

浮点数乘、除运算步骤类似于浮点数加、减运算步骤，两者主要区别是，加、减运算需要对阶，而对乘、除运算来说，无须这一步。两者对结果的后处理步骤一样，都包括规格化、舍入和阶码溢出处理。

已知两个浮点数 $x = M_x \times 2^{E_x}$，$y = M_y \times 2^{E_y}$，则乘、除运算的结果如下。

$$x \times y = (M_x \times 2^{E_x}) \times (M_y \times 2^{E_y}) = (M_x \times M_y) \times 2^{E_x + E_y}$$

$$x / y = (M_x \times 2^{E_x}) / (M_y \times 2^{E_y}) = (M_x / M_y) \times 2^{E_x - E_y}$$

**5. 浮点运算时异常和精度等问题**

计算机中的浮点数运算比较复杂，从浮点数的表示来说，有规格化浮点数和非规格化浮点数，有 $+\infty$、$-\infty$ 和非数（NaN）等特殊数据的表示。利用这些特殊表示，程序可以实现诸如 $+\infty + (-\infty)$、$+\infty - (+\infty)$、$\infty / \infty$、$8.0/0$ 等运算。

此外，由于浮点加减运算中需要对阶并最终进行舍入，因而可能导致"大数吃小数"的问题，使得浮点数运算不能满足加法结合律和乘法结合律。

例如，在 $x$ 和 $y$ 是单精度浮点类型时，当 $x = -1.5 \times 10^{30}$，$y = 1.5 \times 10^{30}$，$z = 1.0$，则

$$(x + y) + z = (-1.5 \times 10^{30} + 1.5 \times 10^{30}) + 1.0 = 1.0$$

$$x + (y + z) = -1.5 \times 10^{30} + (1.5 \times 10^{30} + 1.0) = 0.0$$

根据上述计算可知，$(x+y)+z \neq x+(y+z)$，其原因是，当一个"大数"和一个"小数"相加时，因为对阶使得"小数"尾数中的有效数字右移后被丢弃，从而使"小数"变为 0。

例如，在 $x$ 和 $y$ 是单精度浮点类型时，当 $x = y = 1.0 \times 10^{30}$，$z = 1.0 \times 10^{-30}$，则

$$(x \times y) \times z = (1.0 \times 10^{30} \times 1.0 \times 10^{30}) \times 1.0 \times 10^{-30} = +\infty$$

$$x \times (y \times z) = 1.0 \times 10^{30} \times (1.0 \times 10^{30} \times 1.0 \times 10^{-30}) = 1.0 \times 10^{30}$$

显然，$(x \times y) \times z \neq x \times (y \times z)$，这主要是两个大数相乘后可能超出可表示范围造成的。补充说明一下，上述例子中的数在机器中可能无法精确表示，例如，$x \times (y \times z)$ 的实际输出值并不是 $10^{30}$，而是 1 000 000 015 047 466 219 876 688 855 040。

1991 年 2 月 25 日，海湾战争中，美国在沙特阿拉伯达摩地区设置的爱国者导弹拦截伊拉克的飞毛腿导弹失败，致使飞毛腿导弹击中了沙特阿拉伯载赫蓝的一个美军军营，杀死了美国陆军第十四军需分队的 28 名士兵。这是爱国者导弹系统时钟内的一个软件错误造成的，引起这个软件错误的原因是浮点数的精度问题。爱国者导弹系统中有一个内置时钟，用计数器实现，每隔 0.1s 计数一次。程序用 0.1 的一个 24 位定点二进制小数 $x$ 来乘以计数值作为以秒为单位的时间。0.1 的二进制表示是一个无限循环序列：0.00011[0011]…，$x = 0.000$ 1100 1100

1100 1100 1100B。显然,$x$ 只是 0.1 的近似表示,0.1－$x$＝0.000 1100 1100 1100 1100 1100 [1100]…－0.000 1100 1100 1100 1100 1100B,即误差为:

$$0.000\ 0000\ 0000\ 0000\ 0000\ 0000\ 1100\ [1100]\cdots B = 2^{-20} \times 0.1 \approx 9.54 \times 10^{-8}$$

在爱国者导弹系统准备拦截飞毛腿导弹之前,已经连续工作了 100h,相当于计数 $100 \times 60 \times 60 \times 10 = 36 \times 10^5$ 次,因而导弹的时钟已经偏差了 $9.54 \times 10^{-8} \times 36 \times 10^5 \approx 0.343s$。

爱国者导航系统根据飞毛腿导弹的速度乘以它被侦测到的时间来预测位置,飞毛腿导弹的速度大约为 2000m/s,因此,由系统时钟误差导致的距离误差相当于 $0.343 \times 2000 \approx 687m$。由于时钟误差,纵使雷达系统侦察到飞毛腿导弹并且预计了它的弹道,爱国者导弹却找不到实际上来袭的导弹。因此,这种情况下,起初的目标发现被视为一次假警报,侦测到的目标也在系统中被删除。

实际上,以色列方面已经发现了这个问题并于 1991 年 2 月 11 日知会了美国陆军及爱国者计划办公室(软件制造商)。以色列方面建议重新启动装有爱国者系统的计算机作为暂时解决方案,可是美国陆军方面却不知道需要间隔多少时间重新启动系统一次。1991 年 2 月 16 日,制造商向美国陆军提供了更新软件,但这个软件最终却在飞毛腿导弹击中军营后的一天才运抵部队。

**例 2-35** 对于上述爱国者导弹拦截飞毛腿导弹的例子,回答下列问题。

① 如果用精度更高一点的 24 位定点小数 x＝0.000 1100 1100 1100 1100 1101B 来表示 0.1,则 0.1 与 x 的偏差是多少?系统运行 100h 后的时钟偏差是多少?在飞毛腿导弹速度为 2000m/s 的情况下,预测的距离偏差为多少?

② 假定用一个 float 型的变量 x 来表示 0.1,则变量 x 的机器数是什么(要求写成十六进制形式)?0.1 与 x 的偏差是多少?系统运行 100h 后的时钟偏差是多少?在飞毛腿导弹速度为 2 000m/s 的情况下,预测的距离偏差为多少?

③ 如果将 0.1 用 32 位二进制定点小数 x＝0.000 1100 1100 1100 1100 1100 1100 1101B 表示,则其误差比用 32 位 float 型表示的误差更大还是更小?试分析这两种方案的优缺点。

**解**:① 0.1 与 x 的偏差计算如下:
|0.000 1100 1100 1100 1100 1100 [1100]…－0.000 1100 1100 1100 1100 1101B|＝
0.000 0000 0000 0000 0000 0000 00 1100 [1100]…B＝$2^{-22} \times 0.1 \approx 2.38 \times 10^{-8}$

100h 后的时钟偏差是 $2.38 \times 10^{-8} \times 36 \times 10^5 \approx 0.086s$。预测的距离偏差为 $0.086 \times 2000 \approx 171m$。比爱国者导弹系统精确约 4 倍。

② 0.1＝0.0 0011[0011]B＝＋1.1 0011 0011 0011 0011 0011 00 [1100]B$\times 2^{-4}$,float 型采用 IEEE 754 单精度浮点数格式。符号位 s 为 0,阶码 $e = 127 - 4 = 0111\ 1011B$,尾数的小数部分为 0.100 1100 1100 1100 1100 1101,因此,在机器中 float 型变量 x 表示为 0 0111 1011 100 1100 1100 1100 1100 1101,用十六进制形式表示为 3DCC CCCDH。

float 型的精度有限,只有 24 位有效位数,尾数从最前面的 1 开始一共只能表示 24 位,后面的有效数字全部被截断,故 x 与 0.1 之间的误差为:|x－0.1|＝0.000 0000 0000 0000 0000 0000 0000 00 1100 [1100]…B。这个值等于 $2^{-26} \times 0.1$。100h 后的时钟偏差是 $2^{-26} \times 0.1 \times 36 \times 10^5 \approx 0.0054s$。预测的距离偏差仅为 $0.0054 \times 2000 \approx 10.8m$。比爱国者导弹系统精确约 64 倍。

③ 当 x＝0.000 1100 1100 1100 1100 1100 1100 1101 B 时,与 0.1 之间的误差为|x－0.1|＝0.000 0000 0000 0000 0000 0000 0000 0000 00 1100 [1100]…B。这个值等于 $2^{-30} \times 0.1$,大约

为 $9.31×10^{-11}$。100h 后时钟偏差是 $9.31×10^{-11}×36×10^5≈0.000\,335$s。预测距离偏差仅为 $0.000\,335×2000≈0.67$m。比爱国者导弹系统精确约 1 024 倍。

从上述结果可以看出，如果爱国者导弹系统中的 0.1 采用 32 位二进制定点小数表示，那么将比采用 32 位 IEEE 754 浮点数标准（float 型）精度更高，精确度大约高 $2^4=16$ 倍。而且，采用 float 型表示在计算速度上也会有很大影响，因为必须先把计数值转换为 IEEE 754 格式浮点数，然后再对两个 IEEE 754 格式的数进行相乘，显然比直接将两个二进制数相乘要慢。

从上面这个例子可以看出，程序员在编写程序时，必须对底层机器级数据的表示和运算有深刻的理解，而且在计算机世界里，经常是"差之毫厘，失之千里"，需要细心再细心，精确再精确。同时，也不能遇到小数就用浮点数表示，有些情况下，例如，需要将一个整数变量乘以一个确定的小数常量时，可以先用一个确定的定点整数与整数变量相乘，然后再通过移位运算来确定小数点。

## 2.7 本章小结

对指令来说数据就是一串 0/1 序列。根据指令的类型，对应的 0/1 序列可能看成是一个无符号整数、带符号整数、浮点数或位串（如逻辑值、ASCII 码或汉字内码）。无符号整数是正整数，用来表示地址等；带符号整数用补码表示；浮点数表示实数，大多用 IEEE 754 标准表示。

对于计算机硬件来说，数据是没有类型的，所有数据就是一串 0/1 序列，称为机器数，机器数被送到特定的电路，按照指令规定的动作在计算机中进行运算、存储和传送。因此，机器数只能写成二进制形式，为了简化书写，在屏幕或纸上通常将二进制形式缩写成十六进制形式。

数据的宽度通常以字节为基本单位表示，数据长度单位（如 MB、GB、TB 等）在表示容量和带宽等不同量时所代表的大小不同。数据的排列有大端和小端两种方式。

对于数据的运算，在用高级语言编程时需要注意带符号整数和无符号整数之间的转换问题。例如，C 语言支持隐式强制类型转换，可能会因为强制类型转换而出现一些意想不到的问题，并导致程序运行的结果出错。此外，计算机中运算部件位数有限，导致计算机中算术运算的结果可能发生溢出，因而，在某些情况下，计算机世界里的算术运算不同于日常生活中的算术运算，不能用日常生活中算术运算的性质来判断计算机世界中的算术运算结果。例如，计算机世界中浮点运算不支持结合律，但可以给负数开根号。

## 习 题

1. 给出以下概念的解释说明。

| | | | | |
|---|---|---|---|---|
| 真值 | 机器数 | 数值数据 | 非数值数据 | BCD 码 |
| 无符号整数 | | | | |
| 带符号整数 | 定点数 | 原码 | 补码 | 变形补码 |
| 溢出 | | | | |
| 浮点数 | 尾数 | 阶 | 阶码 | 移码 |
| 阶码下溢 | | | | |
| 阶码上溢 | 规格化数 | 左规 | 右规 | 非规格化数 |
| 机器零 | | | | |
| 非数 | 逻辑数 | ASCII 码 | 汉字输入码 | 汉字内码 |
| 机器字长 | | | | |
| 大端方式 | 小端方式 | 最高有效位 | 最高有效字节 | 最低有效位 |
| 最低有效字节 | | | | |
| MSB | LSB | 掩码 | 算术移位 | 逻辑移位 |
| 零扩展 | | | | |
| 符号扩展 | 零标志 ZF | 溢出标志 OF | 符号标志 SF | 进/借位标志 CF |

2. 简单回答下列问题。

(1) 为什么计算机内部采用二进制表示信息？既然计算机内部所有信息都用二进制表示，为什么还要用到十六进制或八进制数？

(2) 常用的定点数编码方式有哪几种？通常它们各自用来表示什么信息？

(3) 为什么现代计算机中大多用补码表示带符号整数？

(4) 在浮点数的基数和总位数一定的情况下，浮点数的表示范围和精度分别由什么决定？两者如何相互制约？

(5) 为什么要对浮点数进行规格化？有哪两种规格化操作？

(6) 为什么计算机处理汉字时会涉及不同的编码（如输入码、内码、字模码）？说明这些编码中哪些用二进制编码，哪些不用二进制编码，为什么？

3. 实现下列各数的转换。

(1) $(28.125)_{10} = (?)_2 = (?)_8 = (?)_{16}$

(2) $(1001111.01)_2 = (?)_{10} = (?)_8 = (?)_{16} = (?)_{8421}$

(3) $(8A.B)_{16} = (?)_{10} = (?)_2$

4. 假定机器数为 8 位（1 位符号，7 位数值），写出下列各二进制数的原码表示。

$+0.10011, -0.10011, +1.0, -1.0, +0.01101, -0.01101, +0, -0$

5. 假定机器数为 8 位（1 位符号，7 位数值），写出下列各二进制数的补码和移码表示。

$+10011, -10011, +1, -1, +1101, -1101, +0, -0$

6. 已知 $[x]_{补}$，求 $x$。

(1) $[x]_{补} = 1100\ 0101$　(2) $[x]_{补} = 1000\ 0000$　(3) $[x]_{补} = 0111\ 0010$　(4) $[x]_{补} = 1111\ 0010$

7. 某 32 位字长的机器中带符号整数用补码表示，浮点数用 IEEE 754 标准表示，寄存器 R1 和 R2 的内容分别为 R1：0000 108BH，R2：8080 108BH。不同指令对寄存器进行不同的操作，因而不同指令执行时寄存器内容对应的真值不同。假定执行下列运算指令时，操作数为寄存器 R1 和 R2 的内容，则 R1 和 R2 中操作数的真值分别为多少？

(1) 无符号整数加法指令。

(2) 带符号整数乘法指令。

(3) 单精度浮点数减法指令。

8. 假定机器 M 的字长为 32 位，用补码表示带符号整数。表 2-12 中第一列给出了在机器 M 上执行的 C 语言程序中的关系表达式，请参照已有的表栏内容完成表中后三栏内容的填写。

表 2-12　题 8 表

| 关系表达式 | 运算类型 | 结果 | 说　　明 |
|---|---|---|---|
| $0 == 0U$ | | | |
| $-1 < 0$ | | | |
| $-1 < 0U$ | | | |
| $2147483647 > -2147483647 - 1$ | 无符号整数 | 0 | $11\cdots1B\ (2^{32}-1) > 00\cdots0B(0)$ |
| $2147483647U > -2147483647 - 1$ | 带符号整数 | 1 | $011\cdots1B\ (2^{31}-1) > 100\cdots0B(-2^{31})$ |
| $2147483647 > (int)\ 2147483648U$ | | | |
| $-1 > -2$ | | | |
| $(unsigned)\ -1 > -2$ | | | |

9. 在 32 位计算机中运行一个 C 语言程序，该程序中出现了以下变量的初值，请写出它们对应的机器数（用十六进制表示）。

(1) int x = −32768　　(2) short y = 522　　(3) unsigned z = 65530

(4) char c = '@'　　(5) float a = −1.1　　(6) double b = 10.5

10. 在 32 位计算机中运行一个 C 语言程序，该程序中出现了一些变量，已知这些变量在某一时刻的机器数（用十六进制表示）如下，请写出它们对应的真值。

(1) int x：FFFF 0006H  (2) short y：DFFCH  (3) unsigned z：FFFF FFFAH
(4) char c：2AH  (5) float a：C448 0000H  (6) double b：C024 8000 0000 0000H

11. 以下给出的是一些字符串变量的机器码，请根据 ASCII 码定义写出对应的字符串。
(1) char * mystring1：68H 65H 6CH 6CH 6FH 2CH 77H 6FH 72H 6CH 64H 0AH 00H
(2) char * mystring2：77H 65H 20H 61H 72H 65H 20H 68H 61H 70H 70H 79H 21H 00H

12. 以下给出的是一些字符串变量的初值，请写出对应的机器码。
(1) char * mystring1＝"./myfile"  (2) char * mystring2＝"OK，good!"

13. 已知 C 语言中的按位异或运算（XOR）用符号"^"表示。对于任意一个位序列 $a$，$a\^{}a=0$，C 语言程序可利用该特性实现两个数值交换的功能。以下是相应 C 语言函数。

```
1   void xor_swap(int * x, int * y)
2   {
3       * y= * x ^ * y;              /* 第一步 */
4       * x= * x ^ * y;              /* 第二步 */
5       * y= * x ^ * y;              /* 第三步 */
6   }
```

假定执行该函数时 * x 和 * y 的初始值分别为 $a$ 和 $b$，即 * x＝a 且 * y＝b，请给出每一步执行结束后，x 和 y 各自指向的存储单元中的内容分别是什么？

14. 假定某个实现数组元素倒置的函数 reverse_array() 调用了第 13 题中给出的 xor_swap() 函数。

```
1   void reverse_array(int a[], int len)
2   {
3       int left, right=len-1;
4       for (left=0; left<=right; left++, right--)
5           xor_swap(&a[left], &a[right]);
6   }
```

当 len 为偶数时，reverse_array() 函数执行没问题。但当 len 为奇数时，函数执行结果不正确。请问：当 len 为奇数时会出现什么问题？最后一次循环中 left 和 right 各取什么值？最后一次循环中调用 xor_swap() 函数后返回值是什么？对 reverse_array() 函数怎样改动就可消除该问题？

15. 假设表 2-13 中的 x 和 y 是某 C 语言程序中的 char 型变量，根据 C 语言中的按位运算和逻辑运算的定义，填写表 2-13，要求用十六进制形式填写。

表 2-13  题 15 表

| x | y | x^y | x&y | x\|y | ~x\|~y | x&!y | x&&y | x\|\|y | !x\|\|!y | x&&~y |
|---|---|-----|-----|------|--------|------|------|--------|----------|-------|
| 0x3E | 0xAB | | | | | | | | | |
| 0xC8 | 0xF0 | | | | | | | | | |
| 0x8F | 0x70 | | | | | | | | | |
| 0x09 | 0x55 | | | | | | | | | |

16. 对于一个 $n(n \geqslant 8)$ 位的变量 x，请根据 C 语言中按位运算的定义，写出满足下列要求的 C 语言表达式。
(1) 变量 x 的最高有效字节不变，其余各位全变为 0。
(2) 变量 x 的最低有效字节不变，其余各位全变为 0。
(3) 变量 x 的最低有效字节全变为 0，其余各位取反。
(4) 变量 x 的最低有效字节全变 1，其余各位不变。

17. 假设以下 C 语言函数 compare_str_len() 用来判断两个字符串的长度，当字符串 str1 的长度大于 str2 的长度时函数返回值为 1，否则为 0。

```
1   int compare_str_len(char * str1, char * str2)
2   {
3       return strlen(str1) - strlen(str2) > 0;
4   }
```

已知 C 语言标准库函数 strlen() 原型声明为"size_t strlen(const char * s);",其中,size_t 定义为 unsigned int 型。请问：函数 compare_str_len() 在什么情况下返回结果不正确？为什么？为使函数正确返回结果,应如何修改代码？

18. 考虑以下 C 语言程序代码。

```
1    int func1(unsigned word)
2    {
3        return (int) (( word <<24 ) >> 24);
4    }
5
6    int func2(unsigned word)
7    {
8        return ( (int) word <<24 ) >> 24;
9    }
```

假设在一个 32 位机器上执行这些函数,该机器使用二进制补码表示带符号整数。无符号整数采用逻辑移位,带符号整数采用算术移位。请填写表 2-14,并说明函数 func1() 和 func2() 的功能。

表 2-14  题 18 表

| w | | func1(w) | | func2(w) | |
|---|---|---|---|---|---|
| 机器数 | 值 | 机器数 | 值 | 机器数 | 值 |
| | 127 | | | | |
| | 128 | | | | |
| | 255 | | | | |
| | 256 | | | | |

19. 填写表 2-15,注意对比无符号整数和带符号整数的乘法结果及截断操作前后的结果。

表 2-15  题 19 表

| 模式 | x | | y | | x×y(截断前) | | x×y(截断后) | |
|---|---|---|---|---|---|---|---|---|
| | 机器数 | 值 | 机器数 | 值 | 机器数 | 值 | 机器数 | 值 |
| 无符号 | 1101 | | 0101 | | | | | |
| 带符号 | 1101 | | 0101 | | | | | |
| 无符号 | 0011 | | 1111 | | | | | |
| 带符号 | 0011 | | 1111 | | | | | |
| 无符号 | 1111 | | 1111 | | | | | |
| 带符号 | 1111 | | 1111 | | | | | |

20. 以下 C 语言函数 arith() 是直接用 C 语言写的,而函数 optarith() 是对 arith() 函数以确定的常量 M 和 N 编译生成的机器代码反编译生成的。根据函数 optarith() 可推断函数 arith() 中 M 和 N 的值各是多少？可以推断编译器对 arith() 函数做了哪些优化？

```
1    #define M
2    #define N
3    int arith(int x, int y)
4    {
5        int result = 0 ;
6        result = x * M + y/N;
7        return result;
8    }
9
10   int optarith ( int x, int y)
11   {
12       int t = x;
13       x << = 4;
14       x - = t;
15       if ( y < 0) y += 3;
```

```
16        y>>=2;
17      return x+y;
18    }
```

21. 下列几种情况所能表示的数的范围是什么？
(1) 16 位无符号整数。
(2) 16 位原码定点小数。
(3) 16 位移码定点整数(偏置常数为 32 768)。
(4) 16 位移码定点整数(偏置常数为 32 767)。
(5) 16 位补码定点整数。
(6) 下述格式的浮点数(基为 2,移码的偏置常数为 128)。

| 数符 | 阶码 | 尾数 |
|---|---|---|
| 1位 | 8位移码 | 7位原码小数数值部分 |

22. 以 IEEE 754 单精度浮点数格式表示下列十进制数。
$+1.75, +19, -1/8, 258$

23. 设一个变量的值为 4 098,要求分别用 32 位补码整数和 IEEE 754 单精度浮点格式表示该变量(结果用十六进制形式表示),并说明哪段二进制位序列在两种表示中完全相同,为什么会相同？

24. 设一个变量的值为 $-2\ 147\ 483\ 647$,要求分别用 32 位补码整数和 IEEE 754 单精度浮点格式表示该变量(结果用十六进制形式表示),并说明哪种表示其值完全精确,哪种表示是近似值(提示：$2\ 147\ 483\ 647 = 2^{31} - 1$)。

25. 表 2-16 给出了有关 IEEE 754 浮点格式表示中一些重要的非负数的取值,表中已经有最大规格化数的相应内容,要求填入其他浮点数格式的相应内容。

表 2-16  题 25 表

| 项　　目 | 阶码 | 尾数 | 单精度 | | 双精度 | |
|---|---|---|---|---|---|---|
| | | | 以 2 的幂次表示的值 | 以 10 的幂次表示的值 | 以 2 的幂次表示的值 | 以 10 的幂次表示的值 |
| 0 | | | | | | |
| 1 | | | | | | |
| 最大规格化数 | 11111110 | 1…11 | $(2-2^{-23}) \times 2^{127}$ | $3.4 \times 10^{38}$ | $(2-2^{-52}) \times 2^{1023}$ | $1.8 \times 10^{308}$ |
| 最小规格化数 | | | | | | |
| 最大非规格化数 | | | | | | |
| 最小非规格化数 | | | | | | |
| $+\infty$ | | | | | | |
| NaN | | | | | | |

26. 已知下列字符编码：A 为 100 0001,a 为 110 0001,0 为 011 0000,求 E,e,f,7,G,Z,5 的 7 位 ASCII 码和在第一位前加入奇校验位后的 8 位编码。

27. 假定在一个程序中定义了变量 x,y 和 i,其中,x 和 y 是 float 型变量,i 是 16 位 short 型变量(用补码表示)。程序执行到某一时刻,x=−251.25、y=130.125、i=1000,它们都被写到了主存(按字节编址),其地址分别是 100,108 和 112。分别画出在大端机器和小端机器上变量 x,y 和 i 中每个字节在主存的存放位置。

28. 对于图 2-8,假设 $n=8$,机器数 $X$ 和 $Y$ 的真值分别是 $x$ 和 $y$。请按照图 2-8 的功能填写表 2-17 并给出对每个结果的解释。要求机器数用十六进制形式填写,真值用十进制形式填写。

表 2-17  题 28 表

| 表示 | $X$ | $x$ | $Y$ | $y$ | $X+Y$ | $x+y$ | OF | SF | CF | $X-Y$ | $x-y$ | OF | SF | CF |
|---|---|---|---|---|---|---|---|---|---|---|---|---|---|---|
| 无符号 | 0x4F | | 0xAE | | | | | | | | | | | |
| 带符号 | 0x4F | | 0xAE | | | | | | | | | | | |
| 无符号 | 0x70 | | 0xC2 | | | | | | | | | | | |
| 带符号 | 0x70 | | 0xC2 | | | | | | | | | | | |

29. 在字长为32位的计算机上,有一个C语言函数原型声明为"int ch_mul_overflow(int x, int y);",该函数用于对两个 int 型变量 x 和 y 的乘积判断是否溢出,若溢出则返回1,否则返回0。请使用64位整型 long long 来编写该函数。

30. 对于 2.6.5 节中例 2-31 存在的整数溢出漏洞,如果将其中的第 5 行改为以下两个语句。

```
unsigned long long arraysize=count * (unsigned long long)sizeof(int);
int * myarray = (int *) malloc(arraysize);
```

已知C语言标准库函数 malloc() 的原型声明为"void * malloc(size_t size);",其中,size_t 定义为 unsigned int 型,则上述改动能否消除整数溢出漏洞?若能则说明理由;若不能则给出修改方案。

31. 已知一次整数加法、一次整数减法和一次移位操作都只需1个时钟周期,一次整数乘法操作需要10个时钟周期。若 x 为一个 int 型变量,现要计算 55 * x,请给出一种计算表达式,使得所用时钟周期数最少。

32. 假设 x 为一个 int 型变量,请给出一个用来计算 x/32 的值的函数 div32()。要求不能使用除法、乘法、模运算、比较运算、循环语句和条件语句,可以使用右移、加法及任何按位运算。

33. 无符号整数变量 ux 和 uy 的声明和初始化如下:

```
unsigned ux=x;
unsigned uy=y;
```

若 sizeof(int)=4,则对于任意 int 型变量 x 和 y,判断以下关系表达式是否永真。若永真则给出证明;若不永真则给出结果为假时 x 和 y 的取值。

(1) $(x*x) >= 0$  (2) $(x-1<0) || x>0$
(3) $x<0 || -x<=0$  (4) $x>0 || -x>=0$
(5) $x\&0xf!=15 || (x<<28)<0$  (6) $x>y == (-x<-y)$
(7) $\sim x + \sim y == \sim(x+y)$  (8) $(int)(ux-uy) == -(y-x)$
(9) $((x>>2)<<2) <= x$  (10) $x*4+y*8 == (x<<2)+(y<<3)$
(11) $x/4+y/8 == (x>>2)+(y>>3)$  (12) $x*y == ux*uy$
(13) $x+y == ux+uy$  (14) $x*\sim y+ux*uy == -x$

34. 变量 dx、dy 和 dz 的声明和初始化如下:

```
double dx = (double) x;
double dy = (double) y;
double dz = (double) z;
```

若 float 型和 double 型分别采用 IEEE 754 单精度和双精度浮点数格式,sizeof(int)=4,则对于任意 int 型变量 x,y 和 z,判断以下关系表达式是否永真。若永真则给出证明;若不永真则给出结果为假时 x,y 和 z 的取值。

(1) $dx*dx >= 0$  (2) $(double)(float) x == dx$
(3) $dx+dy == (double)(x+y)$  (4) $(dx+dy)+dz == dx+(dy+dz)$
(5) $dx*dy*dz == dz*dy*dx$  (6) $dx/dx == dy/dy$

35. 在 IEEE 754 浮点数运算中,当结果的尾数出现什么形式时需要进行左规,什么形式时需要进行右规?如何进行左规和右规?

36. 在 IEEE 754 浮点数运算中,如何判断浮点运算的结果是否溢出?

37. 分别给出不能精确用 IEEE 754 单精度和双精度格式表示的最小正整数。

38. 采用 IEEE 754 单精度浮点数格式计算下列表达式的值。

(1) $0.75+(-65.25)$  (2) $0.75-(-65.25)$

39. 以下是函数 fpower2() 的 C 语言程序,用于计算 $2^x$ 的浮点数表示,其中调用了函数 u2f()。u2f()用于将一个无符号整数表示的 0/1 序列作为 float 型返回。请填写 fpower2() 函数中的空白部分,以使其能正确计算结果。

```
1   float fpower2(int x)
2   {
3       unsigned exp, frac, u;
4
5       if (x< _____ ) {              /*值太小,返回 0.0*/
6           exp = _____ ;
7           frac = _____ ;
8       } else if (x< _____ ) {       /*返回非规格化结果*/
9           exp = _____ ;
10          frac = _____ ;
11      } else if (x< _____ ) {       /*返回规格化结果*/
12          exp = _____ ;
13          frac = _____ ;
14      } else {                         /*值太大,返回+∞*/
15          exp = _____ ;
16          frac = _____ ;
17      }
18      u = exp << 23 | frac;
19      return u2f(u);
20  }
```

40. 以下是一组关于浮点数按位级进行运算的编程题目,其中用到一个数据类型 float_bits,它被定义为 unsigned int 型。以下程序代码必须采用 IEEE 754 标准规定的运算规则,例如,舍入应采用就近舍入到偶数的方式。此外,代码中不能使用任何浮点数类型、浮点数运算和浮点常数,只能使用 float_bits 型;不能使用任何复合数据类型,如数组、结构体和联合等;可以使用无符号整数或带符号整数的数据类型、常数和运算。要求编程实现以下功能并进行正确性测试。

(1) 计算变量 f 的绝对值|f|。若 f 为 NaN,则返回 f,否则返回|f|。函数原型如下。

```
float_bits float_abs(float_bits f);
```

(2) 计算变量 f 的负数−f。若 f 为 NaN,则返回 f,否则返回−f。函数原型如下。

```
float_bits float_neg(float_bits f);
```

(3) 计算 0.5 * f。若 f 为 NaN,则返回 f,否则返回 0.5 * f。函数原型如下。

```
float_bits float_half(float_bits f);
```

(4) 计算 2.0 * f。若 f 为 NaN,则返回 f,否则返回 2.0 * f。函数原型如下。

```
float_bits float_twice(float_bits f);
```

(5) 将 int 型变量 i 的位序列转换为 float 型位序列。函数原型如下:

```
float_bits float_i2f(int i);
```

(6) 将变量 f 的位序列转换为 int 型位序列。若 f 为非规格化数,则返回值为 0;若 f 是 NaN 或±∞或超出 int 型数可表示范围,则返回值为 0x8000 0000;若 f 带小数部分,则考虑舍入。函数原型如下。

```
int float_f2i(float_bits f);
```

# 第 3 章 程序转换与指令系统

计算机硬件只能识别和理解机器语言程序，用高级语言编写的源程序要通过编译、汇编、链接等处理，生成以机器指令形式表示的机器语言，才能在计算机上直接执行。高级语言程序的编写必须遵循编程语言标准，机器语言程序也有相应的标准规范，这就是位于软件和硬件交界面的 ISA。ISA 是一台计算机的抽象模型和功能规范说明书，通常将其简称指令系统。

所有程序最终都必须转换为基于 ISA 规范的机器指令代码，机器指令用 0 和 1 表示，因而难以记忆和理解，通常用汇编指令表示机器指令的含义，机器指令和汇编指令统称机器级代码。

本章将介绍程序的转换及 ISA 相关的基本内容，主要包括程序转换概述、操作数类型及寻址方式、操作类型、LoongArch 架构指令系统 LA32 和 LA64。

本章所用机器级代码主要以汇编语言形式为主。本章中多处需要对指令功能进行描述，为简化对指令功能的说明，将采用寄存器传送语言（register transfer language，RTL）来说明。

本书 RTL 规定：R[r] 表示寄存器 r 的内容，R[r][n:m] 表示寄存器 r 中第 $n \sim m$ 位内容，GRLEN 表示通用寄存器的宽度，32 位架构下为 4B，64 位架构下为 8B。M[addr, len] 表示存储单元 addr 开始长度为 len 的内容，len 的取值有 BYTE、HALFWORD、WORD、DOUBLEWORD，分别表示字节（1B）、半字（2B）、字（4B）、双字（8B）。例如，M[PC, WORD] 表示 PC 所指存储单元开始的 4 字节内容；M[R[r], DOUBLEWORD] 表示寄存器 r 内容所指的存储单元开始的 8 字节内容。传送方向用 ← 表示，即传送源在右，传送目的在左。SignExtend 和 ZeroExtend 分别表示符号扩展和零扩展，如 SignExtend(0xfec, GRLEN) 表示将数据 0xfec 符号扩展到通用寄存器的宽度。例如，在 LA32 架构中，汇编指令"ld.w \$r12,\$r22,-20(0xfec)"的功能用 RTL 表示为 R[r12] ← M[R[r22] + SignExtend(0xfec, GRLEN), WORD]，含义如下：将寄存器 r22 的内容和 0xfec 符号扩展后的偏移量相加后，并将从得到的地址开始的 4 个连续存储单元中的内容送到寄存器 r12 中。

本书中寄存器名称的书写约定如下：汇编指令中寄存器名前带有 \$，但出现在寄存器传送语言 RTL 中或其他如正文段落中时，寄存器名前不加 \$。

本书对汇编指令或汇编指令名称的书写约定如下：在程序代码或汇编指令中指令名称用小写表示，在正文中泛指某一类指令的指令类别名称时用大写表示。

## 3.1 程序转换概述

采用编译执行方式时，通常应先将高级语言程序通过编译器转换为汇编语言程序，然后将汇编语言程序通过汇编程序（汇编器）转换为机器语言目标程序。

## 3.1.1 机器指令和汇编指令

在第 1 章中提到,冯·诺依曼结构计算机的功能通过执行机器语言程序实现,程序的执行过程就是所包含指令的执行过程。机器语言程序是一个由若干条机器指令组成的序列。每条机器指令由若干字段组成,例如,操作码字段用来指出指令的操作性质,立即数字段用来指出操作数或偏移量,寄存器编号字段给出操作数或其地址所在的寄存器编号。每个字段都是一串由 0 和 1 组成的二进制数字序列,例如,在 LoongArch 架构指令中,操作码字段为 00 0000 1010 时表示加法(addi.w)指令,操作码字段为 00 1010 0010 时表示字加载(ld.w)指令。因此,机器指令实际上就是一个 0/1 序列,即位串,人类很难记住这些位串的含义,因此机器指令的可读性很差。

为了能直观地表示机器语言程序,引入了一种与机器语言一一对应的符号化表示语言,称为**汇编语言**。在汇编语言中,通常用容易记忆的英文单词或缩写来表示指令操作码的含义,用标号、变量名称、寄存器名称、常数等表示操作数或地址码。这些英文单词或其缩写、标号、变量名称等都称为**汇编助记符**。用若干助记符表示的与机器指令一一对应的指令称为**汇编指令**,用汇编语言编写的程序称为**汇编语言程序**,因此,汇编语言程序主要是由汇编指令及一些汇编指示符构成。

对于如图 3-1 所示的 LoongArch 机器指令 29 bf 92 cc(将 0/1 序列用十六进制表示),其指令格式包含若干字段,每个字段对应不同的含义。其中,开始 10 位 00 1010 0110 表示是 st.w 指令;si12 字段给出 12 位的立即数,是计算目的操作数有效地址时用到的偏移量;rj 和 rd 分别是寄存器编号。

| st.w | si12 | rj | rd |
|---|---|---|---|
| 00 1010 0110 | 1111 1110 0100 | 10110 | 01100 |

图 3-1 机器指令举例

通过查阅龙芯架构参考手册,根据指令字段划分可知,该指令目的操作数的有效地址由 si12 和 rj 字段组合确定,值为 R[rj]+SignExtend(si12, GRLEN),根据 si12 字段为 1111 1110 0100B(即 0xfe4)可知,偏移量 si12 的值为 −11100B=−28,rj 字段为 10110,是通用寄存器 r22 的编号;rd 是源操作数寄存器编号,rd 字段为 01100,是通用寄存器 r12 的编号。因此,该机器指令对应的汇编指令表示为"st.w \$r12, \$r22, −28(0xfe4)",其功能为"M[R[r22]−28, WORD]←R[r12]",也就是将 r12 寄存器中低 4 字节内容送到存储单元中,该存储单元的有效地址为 r22 寄存器的内容减 28。这里,汇编指令中的 st.w、\$r12、\$r22 等都是汇编助记符。汇编指令描述的功能和对应机器指令的功能完全相同,而可读性比机器指令更好。

显然,对于人类来说,明白汇编指令的含义比弄懂机器指令中的一串二进制数字要容易得多。但是,对于计算机硬件来说,情况却相反,计算机硬件不能直接执行汇编指令而只能执行机器指令。用来将汇编语言程序中的汇编指令翻译成机器指令的程序称为**汇编程序**。而将机器指令反过来翻译成汇编指令的程序称为**反汇编程序**。

机器语言和汇编语言统称**机器级语言**;用机器指令表示的机器语言程序和用汇编指令表示的汇编语言程序统称**机器级程序**,是对应高级语言程序的**机器级表示**。任何一个高级语言程序一定存在一个与其对应的机器级程序,而且不是唯一的。如何将高级语言程序生成对应的机器级程序并在时间和空间上达到最优,是编译优化要解决的问题。

## 3.1.2 ISA 概述

第 1 章详细介绍了计算机系统的层次结构,说明了计算机系统是由多个不同的抽象层构成的,每个抽象层的引入,都是为了对其上层屏蔽或隐藏其下层的实现细节,从而为其上层提供简单的使用接口。在计算机系统的抽象层中,最重要的抽象层就是 ISA,它作为计算机硬件之上的抽象层,对使用硬件的软件屏蔽了底层硬件的实现细节,将物理上的计算机硬件抽象成一个逻辑上的虚拟计算机,称为**机器语言级虚拟机**。

ISA 定义了机器语言级虚拟机的属性和功能特性,主要包括如下信息。

(1) 可执行的指令的集合,包括指令格式、操作种类及每种操作对应的操作数的相应规定。

(2) 指令可以接受的操作数的类型。

(3) 操作数或其地址所能存放的通用寄存器组的结构,包括每个寄存器的名称、编号、长度和用途。

(4) 操作数或其地址所能存放的存储空间的大小和编址方式。

(5) 操作数在存储空间存放时按照大端还是小端方式存放。

(6) 指令获取操作数及下一条指令的方式,即寻址方式。

(7) 指令执行过程的控制方式,包括 PC、条件码定义。

除了上述与机器指令密切相关的内容外,ISA 还规定了控制状态寄存器的定义、I/O 空间的编址方式、异常/中断处理机制、机器特权模式和状态的定义与切换、I/O 组织和数据传送方式、存储保护方式等与操作系统密切相关的内容。

ISA 规定了机器级程序的格式和行为,也就是说,ISA 属于软件看得见(即能感觉到)的特性。用机器指令或汇编指令编写机器级程序的程序员必须对程序所运行机器的 ISA 非常熟悉。不过,在工作中大多数程序员不用汇编指令编写程序,更不会用机器指令编写程序,而是用抽象层更高的高级语言(如 C/C++、Java)编写程序,这样程序开发效率会更高,也更不容易出错。高级语言程序在机器硬件上执行之前,由编译器在将其转换为机器级程序的过程中进行语法检查、数据类型检查等工作,因而能帮助程序员发现许多错误。

程序员现在大多用高级语言编写程序而不再直接编写机器级程序,似乎程序员不需要了解 ISA 和底层硬件的执行机理。但是,由于高级语言抽象层太高,隐藏了许多机器级程序的行为细节,使得高级语言程序员不能很好地利用与机器结构相关的一些优化方法来提升程序的性能,也不能很好地预见和防止潜在的安全漏洞或发现他人程序中的安全漏洞。如果程序员对 ISA 和底层硬件实现细节有充分的了解,则可以更好地编制高性能程序,并避免程序的安全漏洞。有关这方面的情况,在第 2 章内容中已经有过一些论述,并将在后续章节中提供更多的例子来说明了解高级语言程序的机器级表示的重要性。

从硬件设计的角度来看,ISA 规定了一台计算机需要具备的基本功能,软件将使用这些功能来对计算机的行为进行控制;从软件编程的角度来看,ISA 定义了系统程序员为了对计算机硬件进行控制和编程而需要了解的所有内容。ISA 位于软件和硬件之间的交界面,定义了构成程序代码的指令的格式和功能,同时,ISA 也是硬件设计的依据,反映硬件对软件支持的程度。ISA 设计的好坏直接影响计算机的性能和成本,因而至关重要。

一条指令中必须明显包含或隐含以下信息。

(1) 操作码。指定操作类型,如移位、加、减、乘、除、传送、跳转等。

(2) 源操作数或其地址。指出一个或多个源操作数或其所在的地址,可以是主(虚)存地址、寄存器编号,也可以在指令中直接给出一个立即操作数。

(3) 结果的地址。结果所存放的地址,可以是主(虚)存地址、寄存器编号。

(4) 下条指令地址。下条指令所存放的主(虚)存地址。

通常，下条指令地址不在指令中明显给出，而是隐含在 PC 中。按顺序执行时，只要自动将 PC 加上指令长度就可得到下条指令的地址，遇到跳转指令而不按顺序执行时，需由指令给出跳转到的目标地址，跳转指令执行的结果就是将 PC 的内容变成跳转目标地址。

综上所述，一条指令由一个操作码和几个地址码构成。根据显式给出的地址码个数，指令可分为三地址指令、二地址指令、单地址指令和零地址指令。

### 3.1.3 指令系统设计风格

早期指令系统规定其中一个操作数隐含在累加器中，指令执行的结果也总是送到累加器中。这种累加器型指令系统的指令字短，但每次运算都要通过累加器，因而在进行复杂表达式运算时，程序中会多出许多移入/移出累加器的指令，从而使程序变长，影响程序执行的效率。

现代计算机都采用通用寄存器型指令系统，使用通用寄存器而不是累加器来存放运算过程中所用的临时数据，其指令的操作数可以是立即数(I)、来自通用寄存器(R)或来自存储单元(S)，相应的指令类型可以是 RR 型(两个操作数都来自寄存器)、RS 型(两个操作数分别来自寄存器和存储单元)、SI 型(两个操作数分别来自存储单元和立即数)、SS 型(两个操作数都来自存储单元)等。

通用寄存器型指令系统占主导地位的原因是：① 通用寄存器集成在 CPU 中，作为 ALU 的操作数来源，两者靠得很近，因而可缩短传输延迟；② 寄存器位于存储器层次结构的顶端，速度快且容易使用。寄存器个数不能太多，否则成本高且会延长存取时间而使得时钟周期变长。当然，寄存器个数也不能太少，否则编译器只能把许多变量分配到存储单元，每次都要到内存访问操作数，会影响程序的性能。因此，通用寄存器的设计和有效使用是程序性能好坏的关键之一。

Load/Store 型指令系统使用通用寄存器而不是累加器来存放运算过程中所用的临时数据。同时，它有一个显著的特点：只有 load 和 store 指令才可以访问存储器，运算类指令不能访存。load/store 型指令系统中的指令比较规整，体现在每条指令的指令字长度和指令执行时间等比较一致。

Java 虚拟机采用的是栈型指令系统，它规定指令的操作数总是来自栈顶和/或次栈顶。栈型指令系统中的指令都是零地址或一地址指令，因此指令字短。但因为指令所用操作数只能来自栈顶，所以在对表达式进行编译时，所生成的指令顺序及操作数在栈中的排列都有严格的顺序规定，因而不灵活，带来指令条数的增加。因此栈型指令系统很少被通用计算机使用。

按指令格式的复杂度来分，可分为 CISC 与 RISC 两种类型指令系统。

#### 1. CISC 风格指令系统

随着 VLSI 技术的迅速发展，计算机硬件成本不断下降，软件成本不断上升。为此，人们在设计指令系统时增加了越来越多功能强大的复杂指令，以使指令的功能接近高级语言语句的功能，给软件提供较好的支持。例如，VAX 11/780 指令系统包含了 16 种寻址方式、9 种数据格式、303 条指令，而且一条指令包含 1~2 个字节的操作码和下续 N 个操作数说明符，而一个操作数说明符的长度可达 1~10 个字节。人们把这类计算机称为复杂指令集计算机 (Complex Instruction Set Computer, CISC)。Intel x86 指令系统就是典型的 CISC 架构。

复杂的指令系统使得计算机的结构也越来越复杂，不仅增加了研制周期和成本，而且难以保证其正确性，甚至降低了系统性能。

对大量典型的 CISC 程序调查结果表明,占程序代码的 80% 以上的常用简单指令只占指令系统的 20%,而需要大量硬件支持的复杂指令在程序中的出现频率却很低,造成了硬件资源的大量浪费。因此,20 世纪 70 年代中期,一些高校和公司开始研究指令系统的合理性问题,提出了**精简指令集计算机**(Reduced Instruction Set Computer,**RISC**)的概念。本书介绍的 LoongArch 指令系统就是典型的 RISC 架构。

#### 2. RISC 风格指令系统

RISC 的着眼点不是简单地放在简化指令系统上,而是通过简化指令使计算机结构更加简单合理,从而提高机器的性能。与 CISC 相比,RISC 指令系统的主要特点如下。

(1) 指令数目少。只包含使用频度高的简单指令。

(2) 指令格式规整。采用定长指令字方式,操作码和操作数地址等字段的长度和位置固定,寻址方式少,指令格式少。

(3) 采用 load/store 型指令设计风格。

采用 RISC 技术后,由于指令系统简单,CPU 的控制逻辑大大简化,芯片上可设置更多的通用寄存器,指令系统也可以采用速度较快的硬连线逻辑实现,且更适合采用指令流水技术,这些都可使指令的执行速度进一步提高。指令数量少,固然使编译工作量加大,但由于指令系统中的指令都是精选的,编译时间少,反过来对编译程序的优化又是有利的。

20 世纪 70 年代中期,IBM 公司、斯坦福大学、加州大学伯克利分校等先后开始对 RISC 技术进行研究,如加州大学伯克利分校的 RISC Ⅰ、斯坦福大学的 MIPS、IBM 公司的 IBM 801 相继宣告完成,这些机器称为第一代 RISC 机。到 20 世纪 80 年代中期,RISC 技术蓬勃发展,广泛使用,并以每年翻番的速度发展,先后出现了 PowerPC、MIPS、Sun SPARC、Compaq Alpha 等高性能 RISC 芯片及相应的计算机。

虽然 RISC 技术在性能上有优势,但最终 RISC 机并没有在 PC 市场上占优势,反而 Intel x86 架构一直保持处理器市场的较大份额。不过,随着后 PC 时代的到来,个人移动设备的使用和嵌入式系统的应用越来越广泛,像 ARM 处理器等这些采用 RISC 技术的产品又迎来了新的机遇,在嵌入式系统中占有绝对优势,被更广泛使用。

### 3.1.4 机器代码的生成过程

在 1.2.2 节中曾描述了使用 GCC 工具将一个 C 语言程序转换为可执行目标代码的过程,图 1-8 给出了一个示例。通常,这个转换过程分为以下 4 个步骤。

(1) 预处理。在 C 语言源程序中有一些以 # 开头的语句,可以在预处理阶段对这些语句进行处理,在源程序中插入所有用 # include 命令指定的文件和用 # define 声明指定的宏。

(2) 编译。由编译器将预处理后的源程序文件编译生成相应的汇编语言程序文件。

(3) 汇编。由汇编程序将汇编语言程序文件转换为可重定位的机器语言目标文件。

(4) 链接。由链接器将多个可重定位的机器语言目标文件及库例程(如 printf()库函数)链接起来,生成最终的可执行文件。

#### 小贴士

GNU 是 GNU's Not Unix 的递归缩写。GNU 计划是由 Richard Stallman 在 1983 年 9 月 27 日公开发起的。它的目标是创建一套完全自由的类 Unix 操作系统,其源代码可以被自由地使用、复制、修改和发布。GNU 包含 3 个协议条款,如 GNU 通用公共许可证(GNU general public license,GPL)和 GNU 较宽松公共许可证(GNU lesser general public license,

LGPL)。

1985 年 Richard Stallman 又创立了自由软件基金会(Free Software Foundation, FSF)来为 GNU 计划提供技术、法律及财政支持。当 GNU 计划开始逐渐获得成功时，一些商业公司开始介入开发工作和提供技术支持。当中最著名的就是之后被 Red Hat 兼并的 Cygnus Solutions。到 1990 年 GNU 计划开发的软件包括了一个功能强大的文字编辑器 Emacs。1991 年，Linus Torvalds 编写了与 UNIX 兼容的 Linux 操作系统内核并在 GPL 条款下发布。Linux 之后在网上广泛流传，许多程序员参与了开发与修改。1992 年 Linux 与其他 GNU 软件结合，完全自由的操作系统正式诞生。该操作系统往往被称为 GNU/Linux 或简称 Linux。

GNU 编译器套件(GNU Compiler Collection, GCC)是一套由 GNU 项目开发的编程语言编译器。它是一套以 GPL 及 LGPL 许可证所发行的自由软件，也是 GNU 计划的关键部分，是自由的类 Unix 及苹果电脑 macOS 操作系统的标准编译器。GCC 原名为 GNU C 语言编译器，因为它原本只能处理 C 语言。后来 GCC 扩展很快，可处理 C++、Fortran、Pascal、Objective-C、Java 及 Ada 等其他语言。GCC 通常是跨平台软件的编译器首选。有别于一般局限于特定系统与执行环境的编译器，GCC 在所有平台上都使用同一个前端处理程序。

gcc 是 GCC 套件中的编译驱动程序名。C 语言编译器所遵循的部分约定规则为：源程序文件后缀名为.c；源程序所包含的头文件后缀名为.h；预处理过的源代码文件后缀名为.i；汇编语言源程序文件后缀名为.s；编译后的可重定位目标文件后缀名为.o；最终生成的可执行目标文件可以没有后缀。

使用 gcc 编译器时，必须给出一系列必要的编译选项和文件名称，其编译选项大约有 100 多个，但是多数根本用不到。最基本的用法是：gcc [-options] [filenames]，其中[-options]指定编译选项，[filenames]给出相关文件名。

gcc 可以基于不同的编译选项选择按照不同的 C 语言版本进行编译。因为 ANSI C 和 ISO C90 两者的 C 语言版本一样，所以，编译选项-ansi 和-std＝c89 的效果相同，目前是默认选项。C90 有时也称 C89，因为 C90 的标准化工作是从 1989 年开始的。若指定编译选项-std＝c99，则会使 gcc 按照 ISO C99 的 C 语言版本进行编译。

下面以 C 语言编译器 gcc 为例，来说明一个 C 语言程序转换为可执行文件的过程。假定一个 C 语言程序包含两个源程序文件 prog1.c 和 prog2.c，最终生成的可执行文件为 prog，则可用以下命令一步到位生成最终的可执行文件。

```
linux> gcc -O1 prog1.c prog2.c -o prog
```

该命令中的选项-o 指出输出文件名，选项-O1 表示采用最基本的第一级优化，通常，提高优化级别会得到更好的性能，但会使编译时间增长，而且使目标代码与源程序对应关系变得更复杂，从程序执行的性能来说，通常认为对应选项-O2 的第二级优化是更好的选择。为了较准确地建立高级语言源程序与机器级程序之间的对应关系，后面的例子都采用默认的优化选项-O0 或-O1(比-O0 更适合生成可调试的代码)。

也可以将上述完整的预处理、汇编、编译和链接过程，通过以下多个不同的编译选项命令分步骤进行。

(1) 使用命令"gcc -E prog1.c -o prog1.i"，对 prog1.c 进行预处理，生成预处理结果文件 prog1.i。

(2) 使用命令"gcc -S prog1.i -o prog1.s"或"gcc -S prog1.c -o prog1.s"，对 prog1.i 或

prog1.c 进行编译,生成汇编代码文件 prog1.s。

（3）使用命令"gcc -c prog1.s -o prog1.o",对 prog1.s 进行汇编,生成可重定位目标文件 prog1.o。

（4）使用命令"gcc prog1.o prog2.o -o prog",将可重定位目标文件 prog1.o 和 prog2.o 链接起来,生成可执行文件 prog。

gcc 编译选项具体的含义可使用命令 man gcc 进行查看。

**例 3-1**  在 LA32＋Linux 平台上,对下列源程序 test.c 使用 GCC 命令进行相应的处理,以分别得到预处理后的文件 test.i、汇编代码文件 test.s 和可重定位目标文件 test.o。这些输出文件中,哪些是可显示的文本文件？哪些是不能显示的二进制文件？请给出所有可显示文本文件的输出结果。

```
1   // test.c
2   int add(int i, int j) {
3       int x = i + j;
4       return x;
5   }
```

**解**：使用命令"gcc -E test.c -o test.i"可生成 test.i；使用命令"gcc -S test.i -o test.s"可生成 test.s；使用命令"gcc -c test.s -o test.o"可生成 test.o。其中,可显示的文本文件有 test.i 和 test.s,而 test.o 是不可显示的二进制文件。

对于预处理后的文件 test.i,不同版本的 gcc 输出结果可能不同,如 loongarch32r-linux-gnusf-gcc（GCC）8.3.0 版本输出的结果有上百行。篇幅有限,在此省略其内容。

汇编代码文件 test.s 是可显示文本文件,输出部分内容如下。

```
        .file    "test.c"
        .text
.Ltext0:
        .align   2
        .globl   add
        .type    add, @function
add:
.LFB0 = .
        addi.w   $r3, $r3, -48
.LCFI0 = .
        st.w     $r22, $r3, 44
.LCFI1 = .
        addi.w   $r22, $r3, 48
.LCFI2 = .
        st.w     $r4, $r22, -36
        st.w     $r5, $r22, -40
        ld.w     $r13, $r22, -36
        ld.w     $r12, $r22, -40
        add.w    $r12, $r13, $r12
        st.w     $r12, $r22, -20
        ld.w     $r12, $r22, -20
        or       $r4, $r12, $r0
        ld.w     $r22, $r3, 44
.LCFI3 = .
        addi.w   $r3, $r3, 48
.LCFI4 = .
```

```
            jr          $r1
.LFE0:
            .size       add, .-add
            .section    .debug_frame,"",@progbits
```

GCC 生成的可重定位目标文件(.o 文件)采用可执行可链接格式(executable and linkable format, ELF), 其中包含许多不同的节(section)。例如, .text 节中存储机器指令代码; .rodata 节中存储只读数据; .data 节中存储已初始化的全局静态数据。有关 ELF 文件格式和程序的链接等内容详见第 5 章。

汇编代码文件中除了汇编指令以外, 还会包含一些汇编指示符(assemble directives), 主要用于为汇编器和链接器提供一些处理指导信息。文件中以"."开头的行都属于汇编指示符。以下是对一些常用汇编指示符含义的说明。

.file: 给出对应的源程序文件名。

.text: 指示代码节(.text)从此处开始。

.globl add: 声明 add 是一个全局符号。

.type add, @function: 声明 add 是一个函数。

.data: 指示已初始化数据节(.data)从此处开始。

.bss: 指示未初始化数据节(.bss)从此处开始。

.section .rodata: 指示只读数据节(.rodata)从此处开始。

.align 2: 指示代码从此处开始按 $2^2=4$ 字节对齐。

.balign 4: 指示数据从此处开始按 4 字节对齐。

.string"Hello, %s! \n": 定义以 null 结尾的字符串"Hello, %s! \n"。

因为汇编指示符仅用于指示汇编器如何生成机器代码, 并不属于指令本身, 因而在考察程序对应的机器级表示时可以忽略这些以"."开头的行。本书后面给出的机器级代码中通常不包含这些行。

对于不可显示的二进制目标文件, 可用反汇编工具查看其内容。在 Linux 中可用带-d 或-S 选项的 objdump 命令对目标代码进行反汇编。若需进一步对机器级程序进行分析, 则可用 GNU 调试工具 GDB 跟踪和调试。

对于例 3-1 中的 test.o 程序, 使用反汇编命令"objdump -d test.o"的显示结果如下。

```
00000000 <add>:
   0:   02bf4063        addi.w      $r3, $r3, -48(0xfd0)
   4:   2980b076        st.w        $r22, $r3, 44(0x2c)
   8:   0280c076        addi.w      $r22, $r3, 48(0x30)
   c:   29bf72c4        st.w        $r4, $r22, -36(0xfdc)
  10:   29bf62c5        st.w        $r5, $r22, -40(0xfd8)
  14:   28bf72cd        ld.w        $r13, $r22, -36(0xfdc)
  18:   28bf62cc        ld.w        $r12, $r22, -40(0xfd8)
  1c:   001031ac        add.w       $r12, $r13, $r12
  20:   29bfb2cc        st.w        $r12, $r22, -20(0xfec)
  24:   28bfb2cc        ld.w        $r12, $r22, -20(0xfec)
  28:   00150184        move        $r4, $r12
  2c:   2880b076        ld.w        $r22, $r3, 44(0x2c)
  30:   0280c063        addi.w      $r3, $r3, 48(0x30)
  34:   4c000020        jirl        $r0, $r1, 0
```

test.o 是可重定位目标文件, 因而目标代码从相对地址 0 开始, 冒号前为每条指令相对于起始地址 0 的偏移量，冒号后紧接着的是用十六进制表示的机器指令，右边是对应的汇编指令。从该例可看出，每条机器指令长度相同，都是 4 字节。说明 LoongArch 指令系统采用的是等长指令字结构，有关 LoongArch 指令系统将在 3.2 节～3.4 节介绍。

将上述用 objdump 反汇编得到的汇编代码与直接由 gcc 汇编得到的汇编代码（test.s 输出结果）进行比较后可发现，它们几乎相同，两者中寄存器都以 $ 开头，在数值形式和指令助记符方面稍有不同。gcc 生成的汇编指令中用十进制形式表示数值，而 objdump 反汇编生成的汇编指令中则同时用十进制和十六进制形式表示数值，例如，−20(0xfec)。

假设调用 add() 函数的源程序文件 main.c 的内容如下，则可以用命令"gcc -o test main.c test.o"生成可执行文件 test。

```
1    //main.c
2    int main() {
3        return add(20,13);
4    }
```

若用反汇编命令"objdump -S test"对 test 进行反汇编，则得到与 add() 函数对应的一段输出结果如下（使用-S 选项时，会同时输出 C 程序源码）。

```
000106b0 <add>:
int add(int i, int j) {
 106b0:    02bf4063        addi.w    $r3, $r3, -48(0xfd0)
 106b4:    2980b076        st.w      $r22, $r3, 44(0x2c)
 106b8:    0280c076        addi.w    $r22, $r3, 48(0x30)
 106bc:    29bf72c4        st.w      $r4, $r22, -36(0xfdc)
 106c0:    29bf62c5        st.w      $r5, $r22, -40(0xfd8)
    int x = i + j;
 106c4:    28bf72cd        ld.w      $r13, $r22, -36(0xfdc)
 106c8:    28bf62cc        ld.w      $r12, $r22, -40(0xfd8)
 106cc:    001031ac        add.w     $r12, $r13, $r12
 106d0:    29bfb2cc        st.w      $r12, $r22, -20(0xfec)
    return x;
 106d4:    28bfb2cc        ld.w      $r12, $r22, -20(0xfec)
}
 106d8:    00150184        move      $r4, $r12
 106dc:    2880b076        ld.w      $r22, $r3, 44(0x2c)
 106e0:    0280c063        addi.w    $r3, $r3, 48(0x30)
 106e4:    4c000020        jirl      $r0, $r1, 0
```

上述输出结果与 test.o 反汇编后的输出结果差不多，只是左边的地址不是从 0 开始。链接器将代码定位在一个特定的存储区域，其中 add() 函数对应的指令序列存放在 0001 06b0H 开始的一个存储区。上述源程序中没有用到库函数调用，因而链接时无须考虑与静态库或动态库的链接。

**小贴士**

在程序设计时可以将汇编语言和 C 语言结合起来编程，发挥各自的优点。这样既能满足实时性要求又能实现所需的功能，同时兼顾程序的可读性和编程效率。一般有三种混合编程方法：①分别编写 C 语言程序和汇编语言程序，然后独立编译转换成目标代码模块，再进行链接；②在 C 语言程序中直接嵌入汇编语句；③对 C 语言程序编译转换后形成的汇编程序进行手工修改与优化。

第一种方法是混合编程常用的方式之一。在这种方式下，C 语言程序与汇编语言程序均可使用另一方定义的函数与变量。此时代码应遵守相应的调用约定，否则属于未定义行为，程序可能无法正确执行。

第二种方法适用于 C 语言与汇编语言之间编程效率差异较大的情况，通常操作系统内核程序采用这种方式。内核程序中有时需要直接对设备或特定寄存器进行读写操作，这些功能通过汇编指令实现更方便、更高效。这种方式下，一方面能尽可能地减少与机器相关的代码，另一方面又能高效实现与机器相关部分的代码。

第三种编程方式要求对汇编与 C 语言都极其熟悉，而且这种编程方式程序可读性较差，程序修改和维护困难，一般不建议使用。

在 C 语言程序中直接嵌入汇编语句，其方法是使用编译器的内联汇编（inline assembly）功能，用 asm 命令将一些简短的汇编代码插入到 C 语言程序中。不同编译器的 asm 命令格式有一些差异，嵌入的汇编语言格式也可能不同。

在 LoongArch+Linux 平台下，GCC 的内联汇编命令比较复杂，嵌入汇编代码的简单格式如下：

```
asm volatile(instruction list);
```

asm 用来声明一个内联汇编表达式，任何内联汇编表达式都以 asm 开头。volatile 是可选项，若选用 volatile，则是向 GCC 声明不应对该内联汇编优化，否则，当使用优化选项(-O)进行编译时，GCC 将会根据自己的判定决定是否将这个内联汇编表达式中的指令优化掉。

instruction list 是汇编指令序列，可以为空，例如，"asm volatile("");"或"asm("");"都是完全正当的内联汇编命令，只不过这两条语句没有什么意义。instruction list 的常用方法是：每一条汇编指令都用一对双引号括起来，每一条汇编指令后面加换行符(\r\n)，且每条汇编指令书写一行。例如，下面是包含 4 条指令的内联汇编命令。

```
asm volatile
(   "ld.w    $r13,$r22,-36(0xfdc)\r\n"
    "ld.w    $r12,$r22,-40(0xfd8)\r\n"
    "add.w   $r12,$r13,$r12\r\n"
    "st.w    $r12,$r22,-20(0xfec)\r\n"
);
```

## 3.2 LA32/LA64 指令系统

ISA 规定了机器语言程序的格式和行为，这里主要介绍 LoongArch 指令集体系结构。LoongArch 也称龙芯架构或龙架构，是龙芯中科开发的一种 RISC 风格指令集架构，2021 年 4 月正式发布。

### 3.2.1 LoongArch 指令系统概述

LoongArch 指令集由基础（base）和扩展两部分组成。基础部分包含非特权指令集和特权指令集。扩展部分包括二进制翻译（Loongson Binary Translation，LBT）、虚拟化（Loongson VirtualiZation，LVZ）、SIMD 扩展（Loongson SIMD eXtension，LSX）和高级 SIMD 扩展（Loongson Advanced SIMD eXtension，LASX）。

二进制翻译扩展指令集用于提升跨指令系统二进制翻译在龙芯架构平台上的执行效率，

基于基础部分进行扩展,同样包含非特权指令集和特权指令集。

虚拟化扩展指令集用于为操作系统虚拟化提供硬件加速以提升性能。这部分涉及的基本上都是特权资源,包括一些特权指令和控制状态寄存器(Control and Status Register,**CSR**),以及在异常和中断、存储管理等方面添加新的功能。

SIMD 扩展和高级 SIMD 扩展指令集采用**单指令多数据**(Single Instruction Multiple Data,**SIMD**)技术以加速计算密集型应用,单条 SIMD 指令可同时处理多个数据,是一种向量指令,因而 SIMD 扩展也称向量扩展。这两种扩展指令的区别在于前者各向量总位宽是 128 位,后者各向量总位宽是 256 位。

龙芯架构的兼容系统必须实现其基础部分,而扩展部分可选择实现,不过,当选择实现 LASX 时必须同时实现 LSX。软件可用 CPUCFG 指令读取的配置信息字来动态识别具体实现情况。

龙架构的后续演进可采用细粒度增量式方法,即基础部分或扩展部分的各功能子集可独立演进,对于任何一个可独立演进的部分,高版本总是向前二进制兼容低版本。LoongArch 指令集架构具有自主性、先进性和兼容性的特点。

(1) 自主性。LoongArch 从整个架构的顶层规划,到各部分的功能定义,再到细节上每条指令的编码、名称、含义,在架构上进行自主重新设计,具有充分的自主性。知识产权评估机构投入上百人月,将 LoongArch 与 ARM、MIPS、Power、RISC-V、x86 等国际上主要指令系统有关资料和几万件专利进行了深入的对比分析,确认 LoongArch 在指令集设计、指令格式、指令编码、寻址模式等方面进行了自主设计,与上述指令系统存在明显区别。龙芯架构手册及软件均使用 LoongArch 商标(简称 LArch)。

(2) 先进性。LoongArch 是典型的精简指令集(RISC),使用 32 位定长指令字格式,包含 32 个通用寄存器、32 个浮点/向量寄存器,支持 10 多种指令格式。新设计的指令格式可包含更多的指令槽,目前已有约 2 000 条指令,但仍预留下了大量的指令槽便于以后继续扩展。

全新设计的 LoongArch 可为 CPU 带来大幅的性能提升。LoongArch 在指令设计上更加优化,摒弃了传统指令系统中部分不适应当前软硬件设计技术发展趋势的陈旧内容,吸纳了近年来指令系统设计领域诸多先进的技术发展成果,在把源码编译为目标程序后的指令数量上甚至比 x86 略有优势。在 Coremark 的测试中,程序运行过程中执行的指令总数 LoongArch 为 MIPS 的 83%,相当于运行效率提高了 20%。在类型更加多样的测试中,综合测试结果,LoongArch 平均比 MIPS 快 12%。

LoongArch 指令集不仅在硬件方面易于高性能低功耗设计,而且在软件方面也易于编译优化和操作系统、虚拟机的开发。

(3) 兼容性。LoongArch 指令集在基础指令集上扩充了二进制翻译扩展,用于解决兼容性的问题。二进制翻译用于将一种指令集的程序翻译到另一种指令集的 CPU 上运行。例如,苹果公司曾两次更换指令集,从 Power 到 x86,再从 x86 到 ARM,都是通过二进制翻译继承以往的软件生态,实现软件生态的平滑过渡。基于 LoongArch 的 Linux 操作系统,能运行原生的 LoongArch 应用程序,还能通过二进制翻译的方式兼容 MIPS/RISC-V/ARM/x86 这几种指令集的 Linux 程序。LoongArch 的二进制翻译是以自主的 LoongArch 指令集为基础,采用软硬件结合的技术方案,通过提取主流指令集的主要特征,实现了高效的指令集"并集",既有接近硬件翻译的效率,又有软件翻译的灵活性,既不影响自主生态的建设和发展,又能吸收利用其他指令集的生态,实现全面兼容。

LoongArch 架构分为 32 位和 64 位两个版本,分别称为 LA32 架构和 LA64 架构。LA64 架构应用级向下二进制兼容 LA32 架构。所谓"应用级向下二进制兼容",一方面指采用 LA32 架构的应用软件的二进制可直接运行在兼容 LA64 架构的机器上并获得相同的运行结果,另一方面指仅限于应用软件兼容,架构规范并不保证在兼容 LA32 架构的机器上运行的系统软件(如操作系统内核)的二进制直接在兼容 LA64 架构的机器上运行时总是获得相同的运行结果。

LoongArch 有限借鉴了 MIPS 架构,进而推翻了大量 MIPS 设计,且不受其授权限制。为了 LoongArch 指令系统和龙芯投片的生态建设,龙芯将把 LoongArch 免费开放,并把部分处理器 IP 核源码开源,组建自主指令系统联盟。其次,持续改进二进制翻译的硬件支持和软件优化,逐渐消除指令系统间的壁垒。新流片的龙芯 CPU 均支持 LoongArch,不再支持 MIPS,但出于兼容性,可以通过 LAT 二进制翻译引擎 100% 翻译执行 MIPS 程序,从而兼容 MIPS 生态,同时重点发扬 LoongArch 原生生态。

## 3.2.2 机器指令格式

LoongArch 架构按字节编址,具有 RISC 指令架构的典型特征,采用 32 位固定长度,且指令的地址都要求 4 字节边界对齐,当指令地址不对齐时将触发"地址错"异常;绝大多数指令只有两个源操作数和一个目的操作数;采用 load/store 型风格,仅有 load/store 指令可访存,其他指令的源和目的操作数均是寄存器内容或指令中的立即数。

LoongArch 包含多种典型的指令格式,包含寄存器操作数格式 2R、3R、4R,以及含立即数格式 3RI2、1RI20、2RI8、2RI12、2RI14、2RI16、1RI21、I26 等。图 3-2 列举了几种典型指令格式。有些指令并不完全属于这些典型指令格式中的一种,而是在其基础上略有变化,这些指令不多且变化不大。

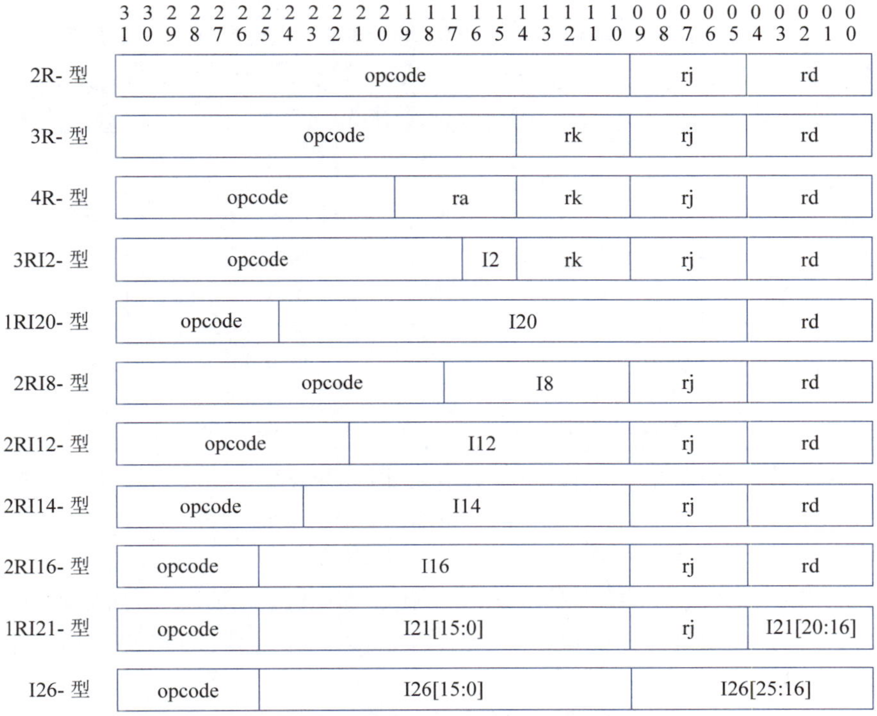

图 3-2 LoongArch 架构典型指令格式

如图 3-2 所示，opcode 为操作码字段，位数不等，从第 31 位开始由高到低位组成该字段；ra、rj、rk、rd 为寄存器编号，各占 5 位，分别位于 [19:15]/[14:10]/[9:5]/[4:0] 位。IN/IN[n:m] 是立即数域，其中 N 表示位数，n:m 表示 N 位中从 n 到 m 的连续位号。例如，在 2RI12-型格式中，I12 表示 12 位的立即数；I26-型格式中的 I26[15:0] 表示 26 位立即数中的低 16 位。

例如，图 3-1 中的机器指令 29 bf 92 cc 属于 2RI12-型指令格式，最高 10 位是操作码，接着 12 位是立即数，后面 10 位为两个通用寄存器编号。

寄存器操作数通过不同的首字母表明其属于哪个寄存器组。rN 表示通用寄存器，fN 表示浮点寄存器（floating-point register，FR），vN 表示 128 位向量寄存器，xN 表示 256 位向量寄存器，其中，N 是数字，表示寄存器组中的第 N 号寄存器。

### 3.2.3 操作数类型

高级语言中的表达式最终通过指令指定的运算来实现，表达式中出现的变量或常数就是指令中指定的操作数，因而高级语言所支持的数据类型与指令中指定的操作数类型之间有密切的关系。这一关系由 ABI 规范定义。在第 1 章中提到，ABI 与 ISA 有关。对于同一种高级语言数据类型，在不同的 ABI 定义中可能会对应不同的长度。例如，C 语言中的 int 类型在 IA-32+Linux 平台中的存储长度是 32 位，但在 8086+DOS 平台中则是 16 位；C 语言中的 long 类型在 LA32+Linux 平台中的存储长度是 32 位，但在 LA64+Linux 平台中则是 64 位。因此，同一个 C 语言源程序，使用遵循不同 ABI 规范的编译器进行编译，其执行结果可能不一样。程序员将程序从一个系统移植到另一个系统时，一定要仔细阅读目标系统的 ABI 规范。

表 3-1 给出了 LoongArch ABI 规范中 C 语言基本数据类型和 LA32/LA64 中操作数长度之间的对应关系。在 LoongArch ABI 规范中，char 型默认是带符号整型。

表 3-1　C 语言基本数据类型和 LA32/LA64 中操作数长度之间的对应关系

| C 语言声明 | LA32 中操作数 | | | LA64 中操作数 | | |
| --- | --- | --- | --- | --- | --- | --- |
| | 类型 | 位数 | 对齐（字节） | 类型 | 位数 | 对齐（字节） |
| (unsigned) char | 整数/字节 | 8 | 1 | 整数/字节 | 8 | 1 |
| (unsigned) short | 整数/半字 | 16 | 2 | 整数/半字 | 16 | 2 |
| (unsigned) int | 整数/字 | 32 | 4 | 整数/字 | 32 | 4 |
| (unsigned) long | 整数/字 | 32 | 4 | 整数/双字 | 64 | 8 |
| (unsigned) long long | — | — | — | 整数/双字 | 64 | 8 |
| char *（指针类型） | 整数/字 | 32 | 4 | 整数/双字 | 64 | 8 |
| float | 单精度浮点数 | 32 | 4 | 单精度浮点数 | 32 | 4 |
| double | 双精度浮点数 | 64 | 8 | 双精度浮点数 | 64 | 8 |
| long double | 扩展精度浮点数 | 128 | 16 | 扩展精度浮点数 | 128 | 16 |

基础整数指令操作的数据类型有 5 种，分别是比特（bit，简记 b）、字节（byte，简记 B，长度 8b）、半字（halfword，简记 H，长度 16b）、字（word，简记 W，长度 32b）、双字（doubleword，简记 D，长度 64b）。在 LA32 架构下，没有操作双字的整数指令。

浮点类型包括单精度、双精度和扩展精度浮点数，均遵循 IEEE 754 标准规范中的定义。基础浮点数指令编程模型只涉及单精度和双精度浮点数操作运算，long double 型浮点运算由编译器用软件模拟实现。

操作数是整数类型还是浮点数类型由操作码字段 opcode 区分，操作数的长度也由 opcode

区分。GCC 生成的汇编代码中的指令助记符格式主要包括指令名和操作数两部分。LoongArch 架构通过对指令名使用前缀字母和后缀字母来说明操作数的类型和操作数的长度。

可通过指令名的前缀字母区分非向量和向量指令、整数和浮点数指令。所有 128 位向量指令名以 V 开头；所有 256 位向量指令名以 XV 开头；所有非向量浮点数指令名以字母 F 开头；所有 128 位向量浮点指令名以 VF 开头；所有 256 位向量浮点指令名以 XVF 开头。

例如，在指令"ADD.D rd，rj，rk"中，指令名 ADD.D 前没有加任何前缀字母，因此是一条整数加法指令。在指令"FADD.S fd，fj，fk"中，指令名以 F 开头，因此是一条浮点加法指令。

绝大多数指令通过指令名中.XX 形式的后缀指示指令的操作对象，且这种形式的后缀仅用来表征指令操作对象的类型。指令名后缀为.B、.H、.W、.D、.BU、.HU、.WU、.DU，分别表示该指令操作数是带符号字节、带符号半字、带符号字、带符号双字、无符号字节、无符号半字、无符号字、无符号双字。当操作数是带符号或是无符号整数但不影响运算结果时，指令名中的后缀均不带 U，此时并不限制操作对象只能是带符号整数。

操作对象是浮点数类型时，指令名后缀.H、.S、.D、.W、.L、.WU、.LU 分别表示该指令操作数是半精度浮点数、单精度浮点数、双精度浮点数、带符号字、带符号双字、无符号字、无符号双字。此外，在向量指令中，后缀.V 表示该指令将整个向量数据作为一个整体操作。

需要指出的是，并不是所有指令都用".XX"形式的后缀指示指令操作对象。当指令操作数位宽由系统字长决定时不加指令名后缀，如 SLT 和 SLTU 指令。

若源操作数位宽与目的操作数位宽不同，则有两个后缀，前为目的操作数后缀，后为源操作数后缀。例如，在指令"MULW.D.WU rd，rj，rk"中，.D 对应目的操作数 rd，.WU 对应源操作数 rj 和 rk，表明该乘法指令实现两个无符号字相乘，得到的双字结果写入 rd 中。

若操作数情况更复杂，则从左往右依次列出目的操作数和每个源操作数的情况，其次序与其后操作数顺序一致。例如，在指令"CRC.W.B.W rd，rj，rk"中，左边第 1 个后缀.W 对应 rd，.B 对应 rj，第二个.W 对应 rk，表明这个 CRC 校验操作是将 rj 中的字节消息与 rk 中 32 位原校验码经某种处理生成新的 32 位校验码写入到 rd 中。

LoongArch 中大部分指令需区分操作数类型。例如，指令"FADD.S fd，fj，fk"的操作数为 float 型；指令"FADD.D fd，fj，fk"的操作数为 double 型；指令"MULW.D.W rd，rj，rk"的源操作数为 int 型，目的操作数为 long long 型；指令"MULW.D.WU rd，rj，rk"的源操作数为 unsigned int 型，目的操作数为 long long 型。

C 语言程序中的基本数据类型主要有以下几类。

(1) 指针或地址：用来表示字符串或其他数据区域的指针或存储地址，可声明为 char * 等类型，其宽度在 LA32 中为 32 位（单字），在 LA64 中为 64 位（双字）。

(2) 序数、位串等：用来表示序号、元素个数、元素总长度、位串等的无符号整数，可声明为 unsigned char、unsigned short、unsigned [int]、unsigned long、unsigned long long（括号中 int 可省略）类型。ISO C99 规定 long long 型数据至少是 64 位，而 LA32 中没有能处理 64 位数据的指令，因而对于 ISO C99 编译器来说，大多将 unsigned long long 型数据运算转换为多条 32 位运算指令来实现。

(3) 带符号整数：它是 C 语言中运用最广泛的基本数据类型，可声明为 char、short、int、long、long long 类型，用补码表示。与 unsigned long long 型数据一样，在 LA32 中的 C99 编译器可将 long long 型数据运算转换为多条 32 位运算指令来实现。

(4) 浮点数：用来表示实数,可声明为 float、double 和 long double 类型,分别采用 IEEE 754 的单精度、双精度和扩展精度标准表示。long double 类型是 ISO C99 中新引入的,对于许多处理器和编译器来说,它等价于 double 型。在 LoongArch 中,将 long double 数据类型定义为 128 位的扩展精度浮点格式,包含 1 位符号位 s、15 位阶码 e(偏置常数为 16 383)、112 位尾数 f,采用隐藏位,所以有效位数为 113 位。例如,3.0 的 long double 型的机器数为 4000 8000 0000 0000 0000 0000 0000 0000H。但 LoongArch 没有提供相关的扩展精度浮点运算指令,编译器将 long double 型的浮点数据运算通过软件模拟实现。

### 3.2.4 寄存器组织

不考虑 I/O 指令,LoongArch 指令中给出的操作数有三类:立即数、寄存器操作数和存储器操作数。立即数就在指令中,无须指定其存放位置。寄存器操作数需要指定操作数所在寄存器的编号,例如,图 3-1 中的指令指定了源操作数寄存器的编号为 01100B。当操作数为存储单元内容时,需要指定操作数所在存储单元的地址,例如,图 3-1 所示指令中的 si12 是一个 12 位的偏移地址,它和相应的 rj 寄存器内容进行指定的运算就可得到操作数所在的存储单元的地址。实际上,根据指令得到的地址是一个虚拟地址,实际访问的主存物理地址需要通过虚实地址转换得到,相关细节内容参见第 7 章。

LoongArch 基础整数指令涉及的寄存器主要分为通用寄存器、PC。基础浮点指令涉及的寄存器分为通用寄存器、PC 和浮点寄存器。

**1. 基础整数指令涉及的寄存器**

基础整数指令涉及的寄存器包括通用寄存器和 PC,如图 3-3 所示。

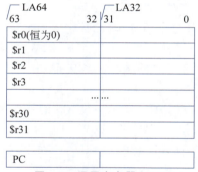

图 3-3 通用寄存器和 PC

通用寄存器有 32 个,汇编指令中记为 \$r0~\$r31,其中,0 号寄存器 r0 内容恒为 0。寄存器编号为 00000B~11111B。如图 3-1 中指令指定源操作数寄存器编号为 01100B,对应寄存器为 r12。在汇编指令中 GR 位宽记为 GRLEN。LA32 架构下 GRLEN = 32,LA64 架构下 GRLEN=64。

PC 没有编号,因而不能在指令中直接指定进行修改。顺序执行时,每执行一条指令,PC 加 4;执行到跳转和过程调用等非顺序执行指令时,将会把 PC 的内容修改为跳转目标地址。PC 位宽度等于 GRLEN。

**2. 基础浮点指令涉及的寄存器**

浮点数指令涉及的寄存器主要有浮点寄存器、条件标志寄存器(Condition Flag Register,CFR)和浮点控制状态寄存器(Floating-point Control and Status Register,FCSR)。

1) 浮点寄存器

浮点寄存器 FR 有 32 个,汇编指令中记为 \$f0~\$f31,其编号为 00000B~11111B。如图 3-4 所示,在 LA32 和 LA64 中,FR 位宽皆为 64,当指令实现单精度浮点数运算或整数字时,操作数位宽为 32,使用 FR 中低 32

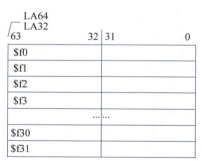

图 3-4 FR 组

位,此时 FR[63:32] 可以是任意值。

2) 条件标志寄存器

条件标志寄存器 CFR 有 8 个,汇编指令中记为 fcc0～fcc7。CFR 位宽为 1,若浮点比较指令的比较结果为真则置 1,否则置 0。浮点分支指令根据 CFR 的取值进行跳转。

3) 浮点控制状态寄存器

基础浮点指令支持 IEEE 754—2008 所定义的 5 种浮点异常:不精确 Inexact(I)、下溢 Underflow(U)、上溢 Overflow(O)、除零 Division by Zero(Z)、非法操作 Invalid Operation(V)。

浮点控制状态寄存器有 4 个,汇编指令中记为 fcsr0～fcsr3,位宽为 32。其中 fcsr1～fcsr3 是 fcsr0 中部分字段的别名,即访问 fcsr1～fcsr3 其实是访问 fcsr0 的某些字段。当软件写 fcsr1～fcsr3 时,fcsr0 中对应字段被修改而其余部分保持不变。fcsr0 各字段定义如表 3-2 所示。

表 3-2 寄存器 fcsr0 各字段定义

| 位 | 字段 | 读写 | 描述 |
| --- | --- | --- | --- |
| 4:0 | Enables | RW | 5 种浮点异常对应的陷入使能位。[4:0] 位分别对应 V、Z、O、U、I |
| 7:5 | 0 | R0 | 保留字段。只读,返回 0,不允许软件改变其值 |
| 9:8 | RM | RW | 舍入模式控制字段。含义如下:<br>0:RNE,对应 IEEE 754—2008 中的就近舍入到偶数;<br>1:RZ,对应 IEEE 754—2008 中的向零方向舍入;<br>2:RP,对应 IEEE 754—2008 中的向+∞方向舍入;<br>3:RM,对应 IEEE 754—2008 中的向-∞方向舍入 |
| 15:10 | 0 | R0 | 保留字段。只读,返回 0,不允许软件改变其值 |
| 20:16 | Flags | RW | 自该字段对应位被软件清空后所产生但未陷入的浮点异常情况。位 20:16 分别对应 V、Z、O、U、I |
| 23:21 | 0 | R0 | 保留字段。只读,返回 0,不允许软件改变其值 |
| 28:24 | Cause | RW | 最近一次浮点操作所产生的浮点异常。[28:24] 位分别对应 V、Z、O、U、I |
| 31:29 | 0 | R0 | 保留字段。只读,返回 0,不允许软件改变其值 |

fcsr1 是 fcsr0 中 Enables 字段的别名,fcsr2 是 fcsr0 中 Cause 和 Flags 字段的别名,fcsr3 是 fcsr0 中 RM 字段的别名。fcsr1～fcsr3 中各字段的位置与 fcsr0 中的一致。

### 3.2.5 寻址方式

根据指令给定信息得到操作数或操作数地址的方式称为**寻址方式**。通常把指令中给出的操作数所在存储单元的地址称为**有效地址**。

**1. 基本寻址方式**

常用的基本寻址方式有以下几种。

1) 立即寻址

在指令中直接给出操作数本身,这种操作数称为**立即数**。

2) 直接寻址

指令中给出的地址码是操作数的有效地址,这种地址称为**直接地址**或**绝对地址**。这种方式下的操作数在存储器中。

3) 间接寻址

指令中给出的地址码是存放操作数有效地址的存储单元的地址。这种方式下的操作数和操作数的地址都在存储器中。

4) 寄存器寻址

指令中给出的地址码是操作数所在的寄存器编号,操作数在寄存器中。这种方式下操作数已在 CPU 中,不用访存,因而指令执行速度快,也称为寄存器直接寻址方式。

5) 寄存器间接寻址

指令中给出的地址码是一个寄存器编号,该寄存器中存放的是操作数的有效地址,这种方式下操作数在存储器中。因为只要给出寄存器编号而不必给出有效地址,所以指令较短,但由于要访存,其取数时间比寄存器寻址方式下取数时间更长。

6) 变址寻址

变址寻址方式主要用于对线性表之类的数组元素进行的访问。指令中的地址码字段称为形式地址,这里的形式地址是基准地址 A,而变址寄存器中存放的是偏移量(或称位移量)。例如,数组的起始地址可以作为形式地址在指令地址码中明显给出,而数组元素的下标在指令中明显或隐含地由变址寄存器 I 给出,这样,每个数组元素的有效地址就是形式地址(基准地址)加变址寄存器的内容,即数据元素的有效地址 EA=A+(I)。通常用符号(x)表示寄存器编号 x 或存储单元地址 x 中的内容。

如果任何一个通用寄存器都可作为变址寄存器,则必须在指令中明确给出一个通用寄存器的编号,并标明作为变址寄存器使用;若处理器中有一个专门的变址寄存器,则无须在指令中明确给出变址寄存器。

图 3-5 为数组元素的变址寻址,指令中的地址码 A 为数组在存储器中的首地址,变址寄存器 I 中存放的是数组元素的下标。若存储器按字节编址,且每个数组元素占 1 字节,则 C 语句"for(i=0;i<N;i++){x=A[i];…}"对应的循环体中,A[i]的访问可按如下过程实现:第一次变址寄存器 I 的值为 0,执行取数指令取出 A[0]后,寄存器 I 的内容加 1,第二次执行循环体时,取数指令就能取出 A[1],如此循环以实现循环语句的功能。如果数组元素占 4 字节,则每次 I 的内容加 4。

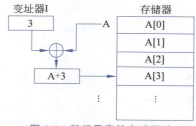

图 3-5 数组元素的变址寻址

7) 相对寻址

如果某指令操作数的有效地址或转移目标地址位于该指令所在位置的前、后某个位置上,则该操作数或转移目标可用相对寻址方式。采用相对寻址方式时,指令中的地址码字段 A 给出一个偏移量,基准地址隐含由 PC 给出。即操作数有效地址或转移目标地址 EA=(PC)+A。这里的偏移量 A 是形式地址,有效地址或目标地址可以在当前指令之前或之后,因而偏移量 A 是一个带符号整数。相对寻址方式可用来实现公共子程序(如共享库代码)的浮动或实现相对转移。

8) 基址寻址

基址寻址方式下,指令中的地址码字段 A 给出一个偏移量,基准地址可以明显或隐含地由基址寄存器 B 给出。操作数有效地址 EA=(B)+A。与变址方式一样,若任意一个通用寄存器都可用作基址寄存器,则指令中必须明确给出通用寄存器编号,并标明用作基址寄存器。

基址寻址过程如图 3-6 所示,其中,基址寄存

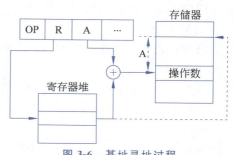

图 3-6 基址寻址过程

器 R 可以指定为任何一个通用寄存器。寄存器 R 的内容是基准地址，加上形式地址 A，形成操作数有效地址。

变址、基址和相对三种寻址方式非常类似，都是将某个寄存器的内容与一个形式地址相加来生成操作数的有效地址，通常统称**偏移寻址**。有些指令系统还将变址和基址两种寻址方式结合，形成基址加变址的寻址方式，如 Intel x86 架构。

为缩短指令字长度，有些指令采用隐含地址码方式，指令中不明显给出操作数地址或变址寄存器和基址寄存器编号，而是由操作码隐含指出。例如，单地址指令中只给出一个操作数地址，另一个操作数隐含规定为累加器的内容。

**2. LoongArch 中的寻址方式**

LoongArch 具有 RISC 指令集架构的典型特征，寻址方式比较简单。基本的寻址方式有：①立即寻址；②寄存器寻址；③基址寻址；④相对寻址。以下通过具体指令举例说明这几种寻址方式。

指令"addi.w $r12，$r13，−28(0xfe4)"采用图 3-2 所示 2RI12-型指令格式，功能为"R[r12]←R[r13]+(−28)"。其中，源操作数 R[r13]和目的操作数 R[r12]为寄存器寻址方式，寄存器编号 01101 和 01100 分别由 rj 和 rd 字段给出，另一个源操作数(−28)为立即寻址方式，立即数 0xfe4(1111 1110 0100)由 I12 字段给出。

指令"st.w $r12，$r22，−28(0xfe4)"也采用 2RI12-型指令格式，功能为"M[R[r22]−28,WORD]←R[r12]"。其中，目的操作数为基址寻址方式，基址寄存器编号 10110 由 rj 字段给出，偏移量 0xfe4 由 I12 字段给出，目的操作数为存储器操作数，其有效地址为 R[r22]+SignExtend(0xfe4, GRLEN)，即基地址为 r22 寄存器内容，偏移量为立即数字段，按符号扩展，说明偏移量的值可为负数。

指令"bge $r13，$r12，24(0x18)"是比较跳转指令(也称分支指令)，跳转目的地址＝PC+偏移量，即采用相对寻址方式。该指令机器代码 64 00 19 ac 按 2RI16-型格式指令划分为 011001 0000 0000 0000 0110 01101 01100，其中[25:10]位为立即数字段 offs16＝0000 0000 0000 0110B，偏移量＝SignExtend({offs16, 2'b0}, GRLEN)，若 GRLEN＝32，则偏移量＝00 0000 0000 0000 0000 0000 0110 00B＝0x18。

除立即寻址和寄存器寻址外，其他寻址方式下的操作数都在存储单元中，称为**存储器操作数**。存储器操作数的访问过程需要通过有效地址计算虚拟地址，并进行虚拟地址到主存物理地址的转换才能读写主存中的数据。有关内容参见第 7 章。

## 3.3　LA32/LA64 基础整数指令

### 3.3.1　基础整数指令概述

与大多数 ISA 一样，LoongArch 架构的基础指令系统提供了数据传送、算术和逻辑运算、程序流程控制等常用指令类型。表 3-3 给出了 LA64 架构基础整数指令卡，基础整数指令包括算术运算、移位、位操作、跳转、普通访存、边界检查访存、原子访存、栅障、CRC 校验和其他杂项等各类指令，每一类包含多条指令。

表 3-3 基础整数指令卡

| 算术运算指令 | | 移位指令 | | 普通访存指令 | | 跳转指令 | |
|---|---|---|---|---|---|---|---|
| ADD.W | rd, rj, rk | SLL.W | rd, rj, rk | LD.B | rd, rj, si12 | BEQ | rj, rd, offs16 |
| SUB.W | rd, rj, rk | SRL.W | rd, rj, rk | LD.H | rd, rj, si12 | BNE | rj, rd, offs16 |
| ADD.D | rd, rj, rk | SRA.W | rd, rj, rk | LD.W | rd, rj, si12 | BLT | rj, rd, offs16 |
| SUB.D | rd, rj, rk | ROTR.W | rd, rj, rk | LD.D | rd, rj, si12 | BGE | rj, rd, offs16 |
| ADDI.W | rd, rj, si12 | SLLI.W | rd, rj, ui5 | LD.BU | rd, rj, si12 | BLTU | rj, rd, offs16 |
| ADDI.D | rd, rj, si12 | SRLI.W | rd, rj, ui5 | LD.HU | rd, rj, si12 | BGEU | rj, rd, offs16 |
| ADDU16I.D | rd, rj, si16 | SRAI.W | rd, rj, ui5 | LD.WU | rd, rj, si12 | BEQZ | rj, offs21 |
| ALSL.W | rd, rj, rk, sa2 | ROTRI.W | rd, rj, ui5 | ST.B | rd, rj, si12 | BNEZ | rj, offs21 |
| ALSL.WU | rd, rj, rk, sa2 | SLL.D | rd, rj, rk | ST.H | rd, rj, si12 | B | offs26 |
| ALSL.D | rd, rj, rk, sa2 | SRL.D | rd, rj, rk | ST.W | rd, rj, si12 | BL | offs26 |
| LU12I.W | rd, si20 | SRA.D | rd, rj, rk | ST.D | rd, rj, si12 | JIRL | rd, rj, offs16 |
| LU32I.D | rd, si20 | ROTR.D | rd, rj, rk | LDX.B | rd, rj, rk | 原子访存指令 | |
| LU52I.D | rd, rj, si12 | SLLI.D | rd, rj, ui6 | LDX.H | rd, rj, rk | AMSWAP.W | rd, rk, rj |
| SLT | rd, rj, rk | SRLI.D | rd, rj, ui6 | LDX.D | rd, rj, rk | AMSWAP.D | rd, rk, rj |
| SLTU | rd, rj, rk | SRAI.D | rd, rj, ui6 | LDX.BU | rd, rj, rk | AMADD.W | rd, rk, rj |
| SLTI | rd, rj, si12 | ROTRI.D | rd, rj, ui6 | LDX.HU | rd, rj, rk | AMADD.D | rd, rk, rj |
| SLTUI | rd, rj, si12 | 位操作指令 | | LDX.WU | rd, rj, rk | AMAND.W | rd, rk, rj |
| PCADDI | rd, si20 | EXT.W.B | rd, rj | STX.B | rd, rj, rk | AMAND.D | rd, rk, rj |
| PCADDU12I | rd, si20 | EXT.W.H | rd, rj | STX.H | rd, rj, rk | AMOR.W | rd, rk, rj |
| PCADDU18I | rd, si20 | CLO.{W/D} | rd, rj | STX.W | rd, rj, rk | AMOR.D | rd, rk, rj |
| PCALAU12I | rd, si20 | CLZ.{W/D} | rd, rj | STX.D | rd, rj, rk | AMXOR.W | rd, rk, rj |
| AND | rd, rj, rk | CTO.{W/D} | rd, rj | LDPTR.W | rd, rj, si14 | AMXOR.D | rd, rk, rj |
| OR | rd, rj, rk | CTZ.{W/D} | rd, rj | LDPTR.D | rd, rj, si14 | AMMAX.W | rd, rk, rj |
| NOR | rd, rj, rk | BYTEPICK.W | rd, rj, rk, sa2 | STPTR.W | rd, rj, si14 | AMMAX.D | rd, rk, rj |
| XOR | rd, rj, rk | BYTEPICK.D | rd, rj, rk, sa3 | STPTR.D | rd, rj, si14 | AMMIN.W | rd, rk, rj |
| ANDN | rd, rj, rk | REVB.2H | rd, rj | PRELD | hint, rj, si12 | AMMIN.D | rd, rk, rj |
| ORN | rd, rj, rk | REVB.4H | rd, rj | PRELDX | hint, rj, rk | AMMAX.WU | rd, rk, rj |
| ANDI | rd, rj, ui12 | REVB.2W | rd, rj | 边界检查访存指令 | | AMMAX.DU | rd, rk, rj |
| ORI | rd, rj, ui12 | REVB.D | rd, rj | LDGT.B | rd, rj, rk | AMMIN.WU | rd, rk, rj |
| XORI | rd, rj, ui12 | REVH.2W | rd, rj | LDGT.H | rd, rj, rk | AMMIN.DU | rd, rk, rj |
| MUL.W | rd, rj, rk | REVH.D | rd, rj | LDGT.W | rd, rj, rk | AMSWAP_DB.W | rd, rk, rj |
| MULH.W | rd, rj, rk | BITREV.4B | rd, rj | LDGT.D | rd, rj, rk | AMSWAP_DB.D | rd, rk, rj |
| MULH.WU | rd, rj, rk | BITREV.8B | rd, rj | LDLE.B | rd, rj, rk | AMADD_DB.W | rd, rk, rj |
| MUL.D | rd, rj, rk | BITREV.W | rd, rj | LDLE.H | rd, rj, rk | AMADD_DB.D | rd, rk, rj |
| MULH.D | rd, rj, rk | BITREV.D | rd, rj | LDLE.W | rd, rj, rk | AMAND_DB.W | rd, rk, rj |
| MULH.DU | rd, rj, rk | BSTRINS.W | rd, rj, msbw, lsbw | LDLE.D | rd, rj, rk | AMAND_DB.D | rd, rk, rj |
| MULW.D.W | rd, rj, rk | BSTRINS.D | rd, rj, msbd, lsbd | STGT.B | rd, rj, rk | AMOR_DB.W | rd, rk, rj |
| MULW.D.WU | rd, rj, rk | BSTRPICK.W | rd, rj, msbw, lsbw | STGT.H | rd, rj, rk | AMOR_DB.D | rd, rk, rj |
| DIV.W | rd, rj, rk | BSTRPICK.D | rd, rj, msbd, lsbd | STGT.W | rd, rj, rk | AMXOR_DB.W | rd, rk, rj |
| MOD.W | rd, rj, rk | MASKEQZ | rd, rj, rk | STGT.D | rd, rj, rk | AMXOR_DB.D | rd, rk, rj |
| DIV.WU | rd, rj, rk | MASKNEZ | rd, rj, rk | STLE.B | rd, rj, rk | AMMAX_DB.W | rd, rk, rj |
| MOD.WU | rd, rj, rk | CRC 校验指令 | | STLE.H | rd, rj, rk | AMMAX_DB.D | rd, rk, rj |
| DIV.D | rd, rj, rk | CRC.W.B.W | rd, rk, rj | STLE.W | rd, rj, rk | AMMIN_DB.W | rd, rk, rj |
| MOD.D | rd, rj, rk | CRC.W.H.W | rd, rk, rj | STLE.D | rd, rj, rk | AMMIN_DB.D | rd, rk, rj |
| DIV.DU | rd, rj, rk | CRC.W.W.W | rd, rk, rj | 其他杂项指令 | | AMMAX_DB.WU | rd, rk, rj |
| MOD.DU | rd, rj, rk | CRC.W.D.W | rd, rk, rj | SYSCALL | code | AMMAX_DB.DU | rd, rk, rj |
| 栅障指令 | | CRCC.W.B.W | rd, rk, rj | BREAK | code | AMMIN_DB.WU | rd, rk, rj |
| DBAR | hint | CRCC.W.H.W | rd, rk, rj | ASRTLE.D | rj, rk | AMMIN_DB.DU | rd, rk, rj |
| IBAR | hint | CRCC.W.W.W | rd, rk, rj | ASRTGT.D | rj, rk | LL.W | rd, rj, si14 |
| | | CRCC.W.D.W | rd, rk, rj | RDTIMEL.W | rd, rj | LL.D | rd, rj, si14 |
| | | RDTIME.D | rd, rj | RDTIMEH.W | rd, rj | SC.W | rd, rj, si14 |
| | | CPUCFG | rd, rj | | | SC.D | rd, rj, si14 |

在 64 位系统中，既要能处理 64 位数据，还要能处理 4 字节的 int 型数据和 2 字节的 short 型数据等，因此其中包含了 32 位架构 LA32 的所有指令，即 LA32 是 LA64 的一个子集，该子集所含指令列表如表 3-4 所示。

表 3-4 LA32 应用级基础整数指令一览

| 算术运算指令 | ADD.W, SUB.W, ADDI.W, ALSL.W, ALSL.WU, LU12I.W, SLT, SLTU, SLTI, SLTUI; PCADDI, PCADDU12I, PCALAU12I; AND, OR, NOR, XOR, ANDN, ORN, ANDI, ORI, XORI; MUL.W, MULH.W, MULH.WU, DIV.W, MOD.W, DIV.WU, MOD.WU |
|---|---|
| 移位指令 | SLL.W, SRL.W, SRA.W, ROTR.W, SLLI.W, SRLI.W, SRAI.W, ROTRI.W |
| 位操作指令 | EXT.W.B, EXT.W.H, CLO.W, CLZ.W, CTO.W, CTZ.W, BYTEPICK.W; REVB.2H, BITREV.4B, BITREV.W, BSTRINS.W, BSTRPICK.W, MASKEQZ, MASKNEZ |
| 跳转指令 | BEQ, BNE, BLT, BGE, BLTU, BGEU, BEQZ, BNEZ, B, BL, JIRL |
| 普通访存指令 | LD.B, LD.H, LD.W, LD.BU, LD.HU, ST.B, ST.H, ST.W, PRELD |
| 原子访存指令 | LL.W, SC.W |
| 栅障指令 | DBAR, IBAR |
| 其他杂项指令 | SYSCALL, BREAK, RDTIMEL.W, RDTIMEH.W, CPUCFG |

由于 LA32 和 LA64 中通用寄存器位宽不同，因此，同一条指令在两种架构中的具体实现有一些差异，在 LA64 中，得到的 32 位结果还需要位扩展成 64 位后，才能送入 64 位目的寄存器，而在 LA32 中，直接将 32 位结果送入目的寄存器即可。

LoongArch 架构所定义的指令中，常出现一些指令，其运算模式相同或相似，仅操作对象存在些差异。为方便学习和查阅，本书将这些指令集中一起进行介绍。为了行文的简洁，本书采用了一种指令名缩写规则。该规则中，{A/B/C}表示此处分别使用 A、B、C 构成不同的指令名，A[B]表示此处分别使用 A 和 AB 构成不同的指令名。例如，ADD.{W/D}表示 ADD.W 和 ADD.D 是两个指令名，而 BLT[U]表示 BLT 和 BLTU 是两个指令名。更复杂一点的如 ADD[I].{W/D}，表示 ADD.W、ADD.D、ADDI.W 和 ADDI.D 这 4 个指令名。这种缩写规则仅是一种书写方式，并不意味着这些指令一定具有相近的指令格式或操作码编码。

### 3.3.2 整数运算类指令

LoongArch 中整数运算类指令包括算术运算、逻辑运算、比较运算等，执行这些指令时不对溢出进行处理，也不会生成标志位。

#### 1. 加/减法运算指令

加/减指令（ADD.{W/D}，SUB.{W/D}）用于对 32 位或 64 位长度的两个位串相加或相减，两个操作数来源于通用寄存器，不区分是无符号整数还是带符号整数，产生的和/差送到通用寄存器。指令功能描述如表 3-5 所示。

表 3-5 加/减运算指令功能描述

| 指令 | 功能 |
|---|---|
| add.w rd, rj, rk | tmp=R[rj][31:0]+R[rk][31:0]<br>R[rd]←SignExtend(tmp[31:0], GRLEN) |
| sub.w rd, rj, rk | tmp=R[rj][31:0]−R[rk][31:0]<br>R[rd]←SignExtend(tmp[31:0], GRLEN) |
| add.d rd, rj, rk | R[rd]←R[rj][63:0]+R[rk][63:0] |
| sub.d rd, rj, rk | R[rd]←R[rj][63:0]−R[rk][63:0] |

例如,指令"add.w $r12, $r13, $r14"将通用寄存器 r13 和 r14 两个寄存器中低 32 位数相加。在 LA32 中,通用寄存器位数只有 32 位,因此所得结果直接写入通用寄存器 r12,而不需要对相加结果进行符号扩展;在 LA64 中,通用寄存器位数有 64 位,因此所得结果需进行符号扩展 32 位后再写入通用寄存器 r12。

对于加法指令(ADDI.{W/D},ADDU16I.D),指令中的 si12 或 si16 分别表示 12 位或 16 位立即数,两个操作数分别来源于通用寄存器和立即数字段,产生的和送通用寄存器。指令的功能描述如表 3-6 所示。

表 3-6 ADDI.{W/D},ADDU16I.D 指令的功能描述

| 指令 | 功能 |
| --- | --- |
| addi.w    rd, rj, si12 | tmp=R[rj][31:0]+SignExtend(si12, 32)<br>R[rd]←SignExtend(tmp[31:0], GRLEN) |
| addi.d    rd, rj, si12 | R[rd]←R[rj][63:0]+SignExtend(si12, 64) |
| addu16i.d  rd, rj, si16 | R[rd]←R[rj][63:0]+SignExtend({si16, 16'b0}, 64) |

ADDI.W 将通用寄存器 rj 中低 32 位数加上 si12 符号扩展后的 32 位数,所得结果符号扩展 32 位后写入通用寄存器 rd。

ADDI.D 将通用寄存器 rj 内容加上 si12 符号扩展后的 64 位数,所得结果写入通用寄存器 rd。

ADDU16I.D 将立即数 si16 逻辑左移 16 位后再符号扩展,所得数据加上通用寄存器 rj 内容,相加结果写入通用寄存器 rd。

**例 3-2** 已知 R[r15][31:0] 为 0x8080 0350,在 LA32 和 LA64 中执行指令"addi.w $r13, $r15, −16(0xff0)"后,通用寄存器 r13 中的内容分别是什么?

**解:** 0xff0 符号扩展为 32 位后,得 0xffff fff0,因此 R[r15][31:0]+SignExtend(0xff0, 32)=0x8080 0350+0xffff fff0=0x8080 0340。在 LA32 中,该指令执行后,r13 中的内容为 0x8080 0340。在 LA64 中,通用寄存器 r13 有 64 位,求和的结果符号扩展 32 位后写入 r13,其内容为 0xffff ffff 8080 0340。

**例 3-3** 在 LA32 中若 R[r12]=0xffff fff0,R[r13]=0xffff fffa,则指令"sub.w $r14, $r12, $r13"执行后,r12、r13、r14 中的内容各是什么?要求分别将操作数作为无符号整数和带符号整数解释并验证指令执行结果。

**解:** 指令"sub.w $r14, $r12, $r13"的功能是 R[r14]←R[r12]−R[r13]。sub 指令的执行在 2.6.4 节图 2-8 所示的补码加减运算器中进行,执行后差存放在 r14 中,LA32 中 sub.w 指令不生成标志信息。

由于在补码加减运算器中做减法,因此 Sub=1,加法器的 Y′ 输入端为反相器的输出(各位取反),FFFF FFF0H−FFFF FFFAH=FFFF FFF0H+0000 0005H+1=FFFF FFF6H,即 R[r14]=0xffff fff6。r12 和 r13 中内容不变。

无符号整数减运算结果验证如下:R[r12]=0xffff fff0,值为 4 294 967 280,R[r13]=0xffff fffa,值为 4 294 967 290,显然被减数小于减数,结果负溢出,按照 2.6.4 节中式(2-2)(即 $F=x-y+2^n$),结果应等于 4 294 967 280−4 294 967 290+4 294 967 296=4 294 967 286,该无符号数对应的机器数为 FFFF FFF6H,因此作为无符号整数解释时,验证结果正确。

带符号整数减运算结果验证如下:R[r12] 中的真值为 −10000B=−16,R[r13] 中的真值为 −110B=−6,结果为 −16−(−6)=−10,该带符号整数对应的机器数为 FFFF FFF6H,因

此作为带符号整数解释时,验证结果正确。

### 2. 按位逻辑运算指令

按位逻辑运算指令(AND,OR,NOR,XOR,ANDN,ORN)提供了与、或、异或和取反相关的 6 条指令,&、|、^和~分别表示与、或、异或、取反运算,指令格式均为 3R-型,即两个操作数来源于通用寄存器,运算结果写入通用寄存器。指令的功能描述如表 3-7 所示。指令操作的数据位宽与所执行机器的通用寄存器的位宽一致。

表 3-7  AND、OR、NOR、XOR、ANDN 和 ORN 指令的功能描述

| 指 令 | 功 能 | 指 令 | 功 能 |
|---|---|---|---|
| and  rd, rj, rk | R[rd]←R[rj] & R[rk] | andn  rd, rj, rk | R[rd]←R[rj] & (~R[rk]) |
| or  rd, rj, rk | R[rd]←R[rj] \| R[rk] | nor  rd, rj, rk | R[rd]←~(R[rj] \| R[rk]) |
| xor  rd, rj, rk | R[rd]←R[rj] ^ R[rk] | orn  rd, rj, rk | R[rd]←R[rj] \| (~R[rk]) |

指令 AND、OR、XOR 和 NOR 分别将 rj 与 rk 两个通用寄存器内容进行按位逻辑与、或、异或、或非,结果写入通用寄存器 rd。指令 ANDN 将 rk 内容按位取反后再与 rj 内容按位逻辑与,结果写入通用寄存器 rd。指令 ORN 将 rk 内容按位取反后再与 rj 内容按位逻辑或,结果写入通用寄存器 rd。

按位逻辑运算指令(ANDI,ORI,XORI)属于 2RI12-型格式,si12 表示 12 位立即数,两个操作数分别来源于通用寄存器和立即数,结果写入通用寄存器。指令的功能描述如表 3-8 所示。

表 3-8  ANDI、ORI 和 XORI 指令的功能描述

| 指 令 | 功 能 |
|---|---|
| andi  rd, rj, ui12 | R[rd]←R[rj] & ZeroExtend(ui12, GRLEN) |
| ori   rd, rj, ui12 | R[rd]←R[rj] \| ZeroExtend(ui12, GRLEN) |
| xori  rd, rj, ui12 | R[rd]←R[rj] ^ ZeroExtend(ui12, GRLEN) |

指令 ANDI、ORI 和 XORI 分别将 rj 内容与立即数 si12 零扩展后的数据按位逻辑与、或、异或,结果写入通用寄存器 rd。

### 3. 立即数装载指令 LU12I.W、LU32I.D 和 LU52I.D

指令 LU12I.W、LU32I.D 和 LU52I.D 中的 si20、si12 分别表示 20 位和 12 位立即数,这三条指令与 ORI 指令配合使用,用于将超过 12 位的立即数装载到通用寄存器中。指令的功能描述如表 3-9 所示。

表 3-9  LU12I.W、LU32I.D 和 LU52I.D 指令的功能描述

| 指 令 | 功 能 |
|---|---|
| lu12i.w  rd, si20 | R[rd]←SignExtend({si20, 12'b0}, GRLEN) |
| lu32i.d  rd, si20 | R[rd]←{SignExtend(si20, 32), GR[rd][31:0]} |
| lu52i.d  rd, rj, si12 | R[rd]←{si12, GR[rj][51:0]} |

LU12I.W 将 si20 左移 12 位(即低位添 12 个 0),然后符号扩展后写入通用寄存器 rd。LU32I.D 将 si20 符号扩展至 32 位后,再在低位拼接 rd 中[31:0]位,结果写入通用寄存器 rd。LU52I.D 在 si12 的低位拼接 rj 中[51:0]位,结果写入通用寄存器 rd。

**例 3-4**  假定变量 x 分配在寄存器 r12 中,给出 C 语言语句"int x = -8191;"对应的 LA32 机器级代码。

**解**:-8191 对应的 32 位机器数为 1111 1111 1111 1111 1110 0000 0000 0001B,高 20 位

中有 0 也有 1,由于无法在 LA32 指令中直接给出一个 32 位立即数,因此,需要将常数 −8191 分解为两个立即数,先将其高 20 位 1111 1111 1111 1111 1110 装入 r12 的高 20 位(低 12 位清 0),再将 r12 内容与低 12 位零扩展结果 0000 0000 0001 按位与。C 语言语句"int x=−8191;"对应的 LA32 机器指令和汇编指令如下(指令码中加粗位为立即数字段):

```
0001010 1111 1111 1111 1111 1110 01100    lu12i.w  $r12,-2(0xfffffe)    #R[r12]←0xffff e000
0000001110 0000 0000 0001 01100 01100     ori      $r12,$r12,0x1        #R[r12]←R[r12]|0x0000 0001
```

指令 LU12I.W 属于 1RI20-型格式,"lu12i.w $r12,−2(0xfffffe)"指令码中[24:5]位是立即数 0xfffffe。指令 ORI 属于 2RI12-型格式,"ori $r12,$r12,0x1"指令码中[21:10]位是立即数 0x001。

**例 3-5** 假定变量 x 分配在寄存器 r12 中,给出 C 语言语句"int x=2048;"对应的 LA32 机器级代码。

**解**:2048 对应的 32 位机器数为 0000 0000 0000 0000 0000 1000 0000 0000B,其中高 20 位全为 0,低 12 位中高位为 1,此时,通过与 r0 中的 0 进行按位或,可直接将低 12 位 1000 0000 0000 写入 r12。C 语言语句"int x=2048;"对应的 LA32 机器指令和汇编指令如下(指令码中加粗位为立即数字段):

```
0000001110 1000 0000 0000 00000 01100    ori $r12,$r0,0x800
```

在 LA32(LA64)中,对于高 21 位(高 53 位)为全 0 或全 1 的常数,可利用 ADDI.W 指令进行符号扩展的特性完成立即数的装载。

**例 3-6** 假定变量 x 分配在寄存器 r12 中,分别给出 C 语言语句"long x=−500;"对应的 LA32 和 LA64 机器级代码。

**解**:−500 的 64 位机器数为 0xffff ffff ffff ffff ffff ffff ffff fe0c,变量 x 在 LA64 中占 64 位(高 53 位为全 1),在 LA32 中占 32 位(高 21 位为全 1),因此,在 LA32 和 LA64 中都可用指令 ADDI.W 将低 12 位 1110 0000 1100 写入 r12。C 语言语句"int x=−500;"在 LA32 和 LA64 下所用指令相同,其机器指令(用 16 进制表示)和汇编指令如下:

```
02b8300c  addi.w  $r12,$r0,-500(0xe0c)    #R[r12]←R[r0]+0xffff fe0c
```

在 LA32 中,指令执行后 r12 中为 32 位数 0xffff fe0c,而在 LA64 中,还需要将相加得到的 32 位数进行符号扩展,生成 64 位结果后写入 64 位寄存器 r12 中。由此可见,同样的指令在 LA32 和 LA64 中的具体实现会有一些差异。

**4. 比较指令**

LoongArch 提供了 4 条比较指令:带符号整数小于(SLT、SLTI)和无符号整数小于(SLTU、SLTUI)指令,指令功能描述如表 3-10 所示。

表 3-10 SLT、SLTU、SLTI 和 SLTUI 指令的功能描述

| 指令 | | 功能 |
|---|---|---|
| slt | rd, rj, rk | R[rd]←(signed(R[rj]) < signed(R[rk])) ? 1 : 0 |
| sltu | rd, rj, rk | R[rd]←(unsigned(R[rj]) < unsigned(R[rk])) ? 1 : 0 |
| slti | rd, rj, si12 | tmp=SignExtend(si12, GRLEN)<br>R[rd]←(signed(R[rj]) < signed(tmp)) ? 1 : 0 |
| sltui | rd, rj, si12 | tmp=SignExtend(si12, GRLEN)<br>R[rd]←(unsigned(R[rj]) < unsigned(tmp)) ? 1 : 0 |

SLT 将 rj 和 rk 中内容按带符号整数比较,若小于,则将 rd 置 1,否则置 0。SLTU 将 rj

和 rk 中内容按无符号整数比较,若小于,则将 rd 置 1,否则置 0。

SLTI 将 rj 内容与 si12 符号扩展后内容按带符号整数比较,若小于,则将 rd 置 1,否则置 0。SLTUI 将 rj 内容与 si12 符号扩展后内容按无符号整数比较,若小于,则将 rd 置 1,否则置 0。

**例 3-7** 假定变量 x、y 和 z 都是 long long 型,占 64 位,x 的高、低 32 位分别存放在寄存器 r15、r14 中;y 的高、低 32 位分别存放在寄存器 r17、r16 中;z 的高、低 32 位分别存放在寄存器 r13、r12 中。写出 C 语言语句"z=x+y;"对应的 LA32 机器级代码。

**解**:可通过 SLTU 指令将低 32 位的进位写入高 32 位中。"z=x+y;"对应的 LA32 机器级代码如下:

```
00000000000100000 10000 01110 01100    add.w   $r12,$r14,$r16   #R[r12]←R[r14]+R[r16]
00000000000100101 01110 01100 10010    sltu    $r18,$r12,$r14   #若 R[r12]<R[r14],则
                                                                  R[r18]←1
00000000000100000 10001 01111 01101    add.w   $r13,$r15,$r17   #R[r13]←R[r15]+R[r17]
00000000000100000 01101 10010 01101    add.w   $r13,$r18,$r13   #R[r13]←R[r18]+R[r13]
```

### 5. PC 增量指令 PCADDI、PCADDU12I、PCADDU18I、PCALAU12I

指令 PCADDI、PCADDU12I、PCADDU18I 和 PCALAU12I 将立即数符号扩展后与当前 PC 内容相加,结果写入寄存器 rd 中,属于 1RI20-型指令格式。指令功能描述如表 3-11 所示。

表 3-11  PCADDI、PCADDU12I、PCADDU18I 和 PCALAU12I 指令的功能描述

| 指令 | | 功能 |
|---|---|---|
| pcaddi     | rd, si20 | R[rd]←PC+SignExtend({si20, 2'b0}, GRLEN) |
| pcaddu12i  | rd, si20 | R[rd]←PC+SignExtend({si20, 12'b0}, GRLEN) |
| pcaddu18i  | rd, si20 | R[rd]←PC+SignExtend({si20, 18'b0}, GRLEN) |
| pcalau12i  | rd, si20 | tmp = PC+SignExtend({si20, 12'b0}, GRLEN)<br>R[rd]←{tmp[GRLEN-1:12], 12'b0} |

这类指令中都有一个 20 位立即数字段 si20,不同指令对 si20 进行不同的符号扩展处理,得到不同的增量值,与 PC 内容相加后送到目的寄存器 rd。因为这些增量值可能是负数,所以采用符号扩展。

这类指令可方便地计算相对于当前指令的跳转目的地址或某个常数所在的地址。假设在 si20 的低位添加 $n$ 个 0,则增量值为 $si20 * 2^n$,其中,$2^n$ 称为比例因子。例如,PCADDI 指令的增量值为 $si20 * 4$,即比例因子为 4。PCALAU12i 指令会将计算出的跳转目的地址最低 12 位置 0,即地址按 4K 字节对齐。

**例 3-8** 在 LA32 中,C 语言语句"float f=5.0;"对应的部分机器级代码如下,其中的 4 列分别为指令所在地址、机器指令、汇编指令和指令功能说明。

```
1068c:  1c000cac  pcaddu12i  $r12,101(0x65)       #R[r12]←PC+0x0006 5000
10690:  02a1318c  addi.w     $r12,$r12,-1972(0x84c) #R[r12]←R[r12]+0xffff f84c
```

已知这两条指令执行结束后,r12 中为常数 5.0 的存放地址,则地址 0x0007 4ed8 和 0x0007 4eda 中存放的内容各是什么?

**解**:指令 PCADDU12I 执行后,r12 的内容为 0x0001 068c+0x0006 5000=0x0007 568c;指令 ADDI.W 执行后,r12 的内容为 0x0007 568c+0xffff f84c=0x0007 4ed8,即常数 5.0 存放在地址为 0x0007 4ed8 的存储单元。5.0 的单精度浮点表示为 0x40a0 0000,LoongArch 是小

端方式,因此,在 0x0007 4ed8 单元中存放的是 0x00,在 0x0007 4eda 单元中存放的是 0xa0。

**例 3-9** 在 LA32 中,C 语言语句"char *s="efg";"对应的部分机器级代码如下,其中的 4 列分别为指令所在地址、机器指令、汇编指令和指令功能说明。

```
1069c:  1c000ca4   pcaddu12i   $r12,101(0x65)            #R[r12]←PC+0x0006 5000
106a0:  02a0e084   addi.w      $r12,$r12,-1976(0x848)    #R[r12]←R[r12]+0xffff f848
```

已知这两条指令执行结束后,r12 中为字符串常量"efg"的存放地址,则地址 0x0007 4ee4 和 0x0007 4ee7 中存放的内容各是什么?

**解**:指令 PCADDU12I 执行后,r12 的内容为 0x0001 069c + 0x0006 5000 = 0x0007 569c;指令 ADDI.W 执行后,r12 的内容为 0x0007 569c + 0xffff f848 = 0x0007 4ee4,即字符串常量"efg"存放在地址为 0x0007 4ee4 的存储单元。字符串常量用 ASCII 码按字符顺序存放,并以'\0'(用 8 位 0 表示)作为结束符,即字符串"efg"在存储空间中的信息为 0x65666700,因此,在 0x0007 4ee4 地址中存放的是 0x65,在 0x0007 4ee7 地址中存放的是 0x00。

程序中的浮点常数和字符串常量等,如例 3-8 中的 5.0 和例 3-9 中的"efg",通常存放在可执行文件的 .rodata 节,在程序代码中需要使用 PC 增量指令计算得到这些常数所在的位置。关于 .rodata 节的概念将在 5.2.2 节介绍。

**6. 乘运算指令**

基础整数指令集中有 8 条乘法指令,均属于 3R-型格式,指令功能描述如表 3-12 所示。

表 3-12 乘法指令的功能描述

| 指令 | | 功能 |
|---|---|---|
| mul.w | rd, rj, rk | product = signed(R[rj][31:0]) * signed(R[rk][31:0])<br>R[rd] ← SignExtend(product[31:0], GRLEN) |
| mulh.w | rd, rj, rk | product = signed(R[rj][31:0]) * signed(R[rk][31:0])<br>R[rd] ← SignExtend(product[63:32], GRLEN) |
| mulh.wu | rd, rj, rk | product = unsigned(R[rj][31:0]) * unsigned(R[rk][31:0])<br>R[rd] ← SignExtend(product[63:32], GRLEN) |
| mul.d | rd, rj, rk | product = signed(R[rj][63:0]) * signed(R[rk][63:0])<br>R[rd] ← product[63:0] |
| mulh.d | rd, rj, rk | product = signed(R[rj][63:0]) * signed(R[rk][63:0])<br>R[rd] ← product[127:64] |
| mulh.du | rd, rj, rk | product = unsigned(R[rj][63:0]) * unsigned(R[rk][63:0])<br>R[rd] ← product[127:64] |
| mulw.d.w | rd, rj, rk | product = signed(R[rj][31:0]) * signed(R[rk][31:0])<br>R[rd] ← product[63:0] |
| mulw.d.wu | rd, rj, rk | product = unsigned(R[rj][31:0]) * unsigned(R[rk][31:0])<br>R[rd] ← product[63:0] |

乘法指令分成无符号整数乘和带符号整数乘两类。指令 MUL.W 和 MUL.D 都是对两个 $n$ 位带符号整数相乘,将乘积的低 $n$ 位写入目的寄存器。因为带符号整数和无符号整数的低 $n$ 位乘积总是相同(参见 2.6.5 节),所以指令 MUL.W 和 MUL.D 也可用于无符号整数乘运算。带符号整数和无符号整数的高 $n$ 位乘积可能不同,因此,LoongArch 提供了指令 MULH.W 和 MULH.WU,分别用于获得带符号整数和无符号整数的 32 位乘运算的高 32 位乘积;同时,提供了乘法指令 MULH.D 和 MULH.DU,分别用于获得带符号整数和无符号整数的 64 位乘

运算的高 64 位乘积。

LoongArch 架构规定,乘法指令执行时 CPU 不对溢出做任何处理,因此,编译器或用户程序需要判断乘运算结果是否溢出。若 x、y 和 z 都是 int(unsigned int)型数据时,z＝x＊y 的结果是否有溢出,在 LA32 中,编译器可结合指令 MUL.W 和 MULH.W(MULH.WU)执行结果来判断;在 LA64 中,编译器可通过指令 MULW.D.W(MULW.D.WU)的执行结果来判断,例如,int 型数相乘时可检查 MULW.D.W 指令执行后 rd 中高 33 位是否为全 0 或全 1 来判断。

若 x、y 和 z 都是 long(unsigned long)型数据,z＝x＊y 的结果是否有溢出,编译器可结合指令 MUL.D 和 MULH.D(MULH.DU)的执行结果来判断。

**7. 除运算指令**

基础整数指令集中有 8 条除法指令,均属于 3R-型指令格式,指令功能描述如表 3-13 所示。

表 3-13 除法指令的功能描述

| 指 令 | | 功 能 |
|---|---|---|
| div.w | rd, rj, rk | quotient＝signed(R[rj][31:0]) / signed(R[rk][31:0])<br>R[rd]←SignExtend(quotient[31:0], GRLEN) |
| mod.w | rd, rj, rk | remainder＝signed(R[rj][31:0]) % signed(R[rk][31:0])<br>R[rd]←SignExtend(remainder[31:0], GRLEN) |
| div.wu | rd, rj, rk | quotient＝unsigned(R[rj][31:0]) / unsigned(R[rk][31:0])<br>R[rd]←SignExtend(quotient[31:0], GRLEN) |
| mod.wu | rd, rj, rk | remainder＝unsigned(R[rj][31:0]) % unsigned(R[rk][31:0])<br>R[rd]←SignExtend(remainder[31:0], GRLEN) |
| div.d | rd, rj, rk | R[rd]←signed(R[rj][63:0]) / signed(R[rk][63:0]) |
| mod.d | rd, rj, rk | R[rd]←signed(R[rj][63:0]) % signed(R[rk][63:0]) |
| div.du | rd, rj, rk | R[rd]←unsigned(R[rj][63:0]) / unsigned(R[rk][63:0]) |
| mod.du | rd, rj, rk | R[rd]←unsigned(R[rj][63:0]) % unsigned(R[rk][63:0]) |

DIV.W、MOD.W、DIV.D 和 MOD.D 进行除运算时,操作数均视作带符号整数。DIV.WU、MOD.WU、DIV.DU 和 MOD.DU 进行除运算时,操作数均视作无符号数。在 LA64 中执行 DIV.W[U](或 MOD.W[U])指令时,若 rj 或 rk 中的数值超过了 32 位带符号或无符号整数的数值范围,则指令执行结果无意义。

每一对求商/余数的指令对 DIV.W/MOD.W、DIV.WU/MOD.WU、DIV.D/MOD.D、DIV.DU/MOD.DU 运算的结果满足以下规定:余数与被除数的符号一致且余数的绝对值小于除数的绝对值。

LoongArch 架构规定,若除法指令的商超过目的寄存器能存放的最大值(即溢出)或除数为 0,CPU 不触发任何异常,除数为 0 时结果可为任意值。编译器可检查除数是否为 0,若是,则给出出错信息并终止程序执行。

**8. 基址加比例变址指令 ALSL.W、ALSL.WU 和 ALSL.D**

ALSL.W、ALSL.WU 和 ALSL.D 指令均属于 3RI2-型指令格式,指令功能描述如表 3-14 所示,sa2 是指令中一个两位的立即数字段,因此最大值为 3。

表 3-14 ALSL.W、ALSL.D 和 ALSL.WU 指令的功能描述

| 指令 | 功能 |
| --- | --- |
| alsl.w rd, rj, rk, sa2 | tmp=(R[rj][31:0]<<(sa2+1))+R[rk][31:0]<br>R[rd]←SignExtend(tmp[31:0], GRLEN) |
| alsl.wu rd, rj, rk, sa2 | tmp=(R[rj][31:0]<<(sa2+1))+R[rk][31:0]<br>R[rd]←ZeroExtend(tmp[31:0], GRLEN) |
| alsl.d rd, rj, rk, sa2 | R[rd]←(R[rj][63:0]<<(sa2+1))+R[rk][63:0] |

ALSL.W 将 rj 中[31:0]位逻辑左移 sa2+1 位后加上 rk 中[31:0]位,所得结果符号扩展后写入 rd。ALSL.WU 将 rj 中[31:0]位逻辑左移 sa2+1 位后加上 rk 中[31:0]位,所得结果零扩展后写入 rd。在 LA32 中,这两条指令的结果没有区别。ALSL.D 将 rj 中[63:0]位逻辑左移 sa2+1 位后加上 rk 中[63:0]位,所得结果写入 rd。

在高级语言程序中会出现对数组、结构、联合等复合型数据元素的访问,此时对应的机器级代码中需要有基址加比例变址等寻址方式。**比例变址**时,**变址值**等于变址寄存器内容乘以**比例系数** S(也称**比例因子**),S 的含义为操作数的字节数,取值可以是 1、2、4 或 8 等。例如,数组元素类型若为 short,则 S=2;若为 float,则 S=4;若为 char,则 S=1,即非比例变址方式。上述指令中,逻辑左移 sa2+1 位相当于乘以 $2^{sa2+1}$,sa2+1 的取值为 1、2、3、4,故比例因子分别为 2、4、8、16。

假设 C 语言程序有变量声明"int a[100];",若数组 a 的首地址在 r12 中,下标变量 i 在 r13 中,则可用指令"alsl.w $r14, $r13, $r12, 0x2"计算 a[i]的地址送 r14。这里 a[i]的每个数组元素长度为 4 字节,每个数组元素相对于数组首地址的位移为变址寄存器 r13 的内容乘以比例系数 4,因而 a[i]的有效地址通过将基址寄存器 r12 的内容和变址值(变址寄存器 r13 的内容乘以 4)相加得到。

需要注意的是,汇编指令中的立即数填入的是 sa2+1,即实际的移位值,而非指令机器码中的立即数的值。例如,上述汇编指令"alsl.w $r14, $r13, $r12, 0x2"的指令机器码为 000000000000010 01 01100 01101 01110,其中 sa2 为 01(粗体字),而汇编指令中填入的是 0x2。

### 3.3.3 移位指令

基础整数指令集提供了 16 条移位指令,将寄存器中的数据进行算术移位、逻辑移位或循环移位。移位位数可以是寄存器 rk 中低 m 位或立即数所确定的值。

**1. 移位位数由 rk 中低 m 位确定的移位指令**

表 3-15 所示的移位指令属于 3R-型格式,移位位数均由 rk 中[4:0]或[5:0]位所确定,且视作无符号数,rk 中高位被忽略,被移位的寄存器 rj 的位数为 32 或 64,移位结果写入 rd。

表 3-15 移位运算类指令的功能描述

| 指令 | 功能 |
| --- | --- |
| sll.w rd, rj, rk | tmp=SLL(R[rj][31:0], R[rk][4:0])<br>R[rd]←SignExtend(tmp[31:0], GRLEN) |
| srl.w rd, rj, rk | tmp=SRL(R[rj][31:0], R[rk][4:0])<br>R[rd]←SignExtend(tmp[31:0], GRLEN) |
| sra.w rd, rj, rk | tmp=SRA(R[rj][31:0], R[rk][4:0])<br>R[rd]←SignExtend(tmp[31:0], GRLEN) |

续表

| 指令 | 功能 |
|---|---|
| rotr.w  rd, rj, rk | tmp=ROTR(R[rj][31:0], R[rk][4:0])<br>R[rd]←SignExtend(tmp[31:0], GRLEN) |
| sll.d   rd, rj, rk | R[rd]←SLL(R[rj][63:0], R[rk][5:0]) |
| srl.d   rd, rj, rk | R[rd]←SRL(R[rj][63:0], R[rk][5:0]) |
| sra.d   rd, rj, rk | R[rd]←SRA(R[rj][63:0], R[rk][5:0]) |
| rotr.d  rd, rj, rk | R[rd]←ROTR(R[rj][63:0], R[rk][5:0]) |

SLL.W 和 SLL.D 是逻辑左移指令,移出的高位丢弃,并在空缺的低位补 0。逻辑左移与算术左移的结果一致,因此 SLL.W 和 SLL.D 也适用于算术左移。

SRL.W 和 SRL.D 是逻辑右移指令,移出的低位丢弃,高位补 0。

SRA.W 和 SRA.D 是算术右移指令,移出的低位丢弃,高位补符号位。

ROTR.W 和 ROTR.D 是循环右移指令,每右移 1 次,最低位移到最高位。

**例 3-10**  在 LA32 中,若 R[r12]=0xd123 4566, R[r13]=0x0123 4567,则指令"rotr.w $r14, $r12, $r13"执行后,r12、r13 和 r14 中的内容分别是什么?

**解**:ROTR.W 是循环右移指令,移位位数为 R[r13][4:0]=00111B=7,对 R[r12]=0xd123 4566 进行 7 次循环右移。0xd123 4566=1101 0001 0010 0011 0100 0101 0110 0110B,每右移 1 次,最低位移到最高位,7 次循环右移后的结果为 110 0110 1101 0001 0010 0011 0100 0101 0B = 1100 1101 1010 0010 0100 0110 1000 1010B=0xcda2 468a。因此,该指令执行后 r12、r13 和 r14 中的内容分别是 0xd123 4566、0x0123 4567 和 0xcda2 468a。

**2. 移位位数由立即数确定的移位指令**

表 3-16 所示的移位指令中,移位位数均由立即数 ui5 或 ui6 所确定,且视作无符号数,被移位的寄存器 rj 的位数为 32 或 64,移位结果写入 rd。

表 3-16  移位运算类指令的功能描述

| 指令 | 功能 |
|---|---|
| slli.w   rd, rj, ui5 | tmp=SLL(R[rj][31:0], ui5)<br>R[rd]←SignExtend(tmp[31:0], GRLEN) |
| srli.w   rd, rj, ui5 | tmp=SRL(R[rj][31:0], ui5)<br>R[rd]←SignExtend(tmp[31:0], GRLEN) |
| srai.w   rd, rj, ui5 | tmp=SRA(R[rj][31:0], ui5)<br>R[rd]←SignExtend(tmp[31:0], GRLEN) |
| rotri.w  rd, rj, ui5 | tmp=ROTR(R[rj][31:0], ui5)<br>R[rd]←SignExtend(tmp[31:0], GRLEN) |
| slli.d   rd, rj, ui6 | R[rd]←SLL(R[rj][63:0], ui6) |
| srli.d   rd, rj, ui6 | R[rd]←SRL(R[rj][63:0], ui6) |
| srai.d   rd, rj, ui6 | R[rd]←SRA(R[rj][63:0], ui6) |
| rotri.d  rd, rj, ui6 | R[rd]←ROTR(R[rj][63:0], ui6) |

SLLI.W 和 SLLI.D 是逻辑左移指令,SRLI.W 和 SRLI.D 是逻辑右移指令,SRAI.W 和 SRAI.D 是算术右移指令,ROTRI.W 和 ROTRI.D 是循环右移指令。

**例 3-11**  在 LA32 中,假设 int 型变量 x 被编译器分配在寄存器 r12 中,R[r12]=0xffff ff80,则以下汇编代码段执行后变量 x 的机器数和真值分别是多少?

```
1    slli.w      $r13,$r12,0x2
2    add.w       $r12,$r13,$r12
3    srai.w      $r12,$r12,0x1
```

**解**：上述代码段执行前，R[r12]=0xffff ff80=x，逻辑左移指令"slli.w $r13,$r12,0x2"也可用于算术左移，该指令的执行结果为 R[r13]=x<<2=0xffff fe00。

加法指令"add.w $r12,$r13,$r12"的执行结果是 R[r12]=(x<<2)+x=0xffff fd80。

算术右移指令"srai.w $r12,$r12,0x1"的执行结果是 R[r12]=((x<<2)+x)>>1=0xffff fec0。

汇编代码段执行后变量 x 的机器数是 0xffff fec0，真值为−320。

这段代码实现的功能为((x<<2)+x)>>1，即 5x/2。代码执行前 x 的机器数为 0xffff ff80，x 为 int 类型，0xffff ff80 看作补码表示，其真值为−128。代码执行后 5x/2=−320，结果验证正确。

若例 3-11 中变量 x 为 unsigned int 型，则实现 C 语言表达式"((x<<2)+x)>>1"的功能所用的移位指令应该是逻辑左移指令 SLLI.W 和逻辑右移指令 SRLI.W。刚开始逻辑左移时，R[r12]中最高位为 1，有效数位被移出，结果发生溢出。执行((x<<2)+x)>>1 后，最终结果为 0x7fff fec0，解释为 unsigned int 型整数时，其值为 2 147 483 328，因为刚开始左移时发生了溢出，所以最终是一个发生了溢出的错误结果。

**例 3-12** 在 LA64 系统中，假设执行下列 C 语言代码段前 long 型变量 x、y 和 n 已被编译器分配在寄存器 r12、r13 和 r14 中，并且执行完该段代码后变量 t1、t2 和 t3 的运算结果分别存放在 r12、r13 和 r14 中，给出下列 C 语言代码段对应的汇编指令序列。

```
long t1=x*80;
long t2=t1&y;
long t3=t2>>n;
```

**解**：由题意知，执行该段代码前变量 x、y 和 n 分别存放在 r12、r13 和 r14 中，在 LA64 系统中实现该段代码的汇编指令序列如下：

```
slli.d    $r15, $r12, 0x2      #x*4
add.d     $r12, $r15, $r12     #x*4+x=5*x
slli.d    $r12, $r12, 0x4      #5*x*16=80*x
and       $r13, $r12, $r13     #t1&y
sra.d     $r14, $r13, $r14     #t2>>n
```

### 3.3.4 普通访存指令

普通访存指令用于实现通用寄存器和存储单元之间传送信息。指令名以字母 LD 开头的都是取数指令，即从存储单元读取数据到寄存器；以字母 ST 开头的都是存数指令，即将寄存器中数据写入存储单元中。每次可读写单字节、半字、单字或双字，指令名后缀 B、H、W 和 D 分别表示字节、半字、字和双字。

**1. 基址加立即数访存指令 LD.{B[U]/H[U]/W[U]/D}，ST.{B/H/W/D}**

表 3-17 所示的 LD.{B[U]/H[U]/W[U]/D}和 ST.{B/H/W/D}访存指令中，LD.{B/H/W}从存储单元取出字节/半字/字，经符号扩展后送入目的寄存器 rd，LD.D 则从存储单元取出双字直接送入 rd，LD.{BU/HU/WU}从存储单元取出字节/半字/字，经零扩展后送入 rd。ST.{B/H/

W/D}指令分别将源寄存器 rd 中的[7:0]/[15:0]/[31:0]/[63:0]位写入存储单元中。

存储器操作数最基本的寻址方式是"基址+偏移量"方式，表 3-17 中指令的偏移量由立即数 si12 符号扩展得到。

表 3-17  LD.{B[U]/H[U]/W[U]/D}和 ST.{B/H/W/D}访存指令的功能描述

| 指令 | 功能 |
| --- | --- |
| ld.b   rd, rj, si12 | addr=R[rj]+SignExtend(si12, GRLEN)<br>byte=M[addr, BYTE]<br>R[rd]←SignExtend(byte, GRLEN) |
| ld.h   rd, rj, si12 | addr=R[rj]+SignExtend(si12, GRLEN)<br>halfword=M[addr, HALFWORD]<br>R[rd]←SignExtend(halfword, GRLEN) |
| ld.w   rd, rj, si12 | addr=R[rj]+SignExtend(si12, GRLEN)<br>word=M[addr, WORD]<br>R[rd]←SignExtend(word, GRLEN) |
| ld.d   rd, rj, si12 | addr=R[rj]+SignExtend(si12, GRLEN)<br>R[rd]←M[addr, DOUBLEWORD] |
| ld.bu  rd, rj, si12 | addr=R[rj]+SignExtend(si12, GRLEN)<br>byte=M[addr, BYTE]<br>R[rd]←ZeroExtend(byte, GRLEN) |
| ld.hu  rd, rj, si12 | addr=R[rj]+SignExtend(si12, GRLEN)<br>halfword=M[addr, HALFWORD]<br>R[rd]←ZeroExtend(halfword, GRLEN) |
| ld.wu  rd, rj, si12 | addr=R[rj]+SignExtend(si12, GRLEN)<br>word=M[addr, WORD]<br>R[rd]←ZeroExtend(word, GRLEN) |
| st.b   rd, rj, si12 | addr=R[rj]+SignExtend(si12, GRLEN)<br>M[addr, BYTE]←R[rd][7:0] |
| st.h   rd, rj, si12 | addr=R[rj]+SignExtend(si12, GRLEN)<br>M[addr, HALFWORD]←R[rd][15:0] |
| st.w   rd, rj, si12 | addr=R[rj]+SignExtend(si12, GRLEN)<br>M[addr, WORD]←R[rd][31:0] |
| st.d   rd, rj, si12 | addr=R[rj]+SignExtend(si12, GRLEN)<br>M[addr, DOUBLEWORD]←R[rd][63:0] |

对于 LD.{H[U]/W[U]/D}和 ST.{B/H/W/D}指令，无论在何种硬件实现及环境配置情况下，只要其访存地址自然对齐，都不会触发非对齐异常；当访存地址不是自然对齐时，若硬件实现支持非对齐访存且当前运算环境配置为允许非对齐访存，则不会触发非对齐异常，否则将触发非对齐异常。有关异常的概念将在第 8 章介绍。

**例 3-13**  C 语言语句"float f=5.0;"对应的 LA32 机器级代码如下，其中的 5 列分别为指令序号、指令地址、机器指令、汇编指令和指令功能说明。说明第 3、第 4 两条指令的功能和指令中 si12 字段的内容。

```
1 1068c: 1c000cac   pcaddu12i   $r12,101(0x65)      #R[r12]←PC+0x0006 5000
2 10690: 02a1318c   addi.w      $r12,$r12,-1972(0x84c)  #R[r12]←R[r12]+0xffff f84c
3 10694: 2880018c   ld.w        $r12,$r12,0         #R[r12]←M[R[r12],WORD]
4 10698: 29bfb2cc   st.w        $r12,$r22,-20(0xfec) #M[R[r22]-20,WORD]←R[r12]
```

**解**：在 LA32 中，浮点常数存放在.rodata 节，前两条语句计算出 5.0 的存储地址，并将地址保存在 r12 中，如例 3-8 所述。

第 3 条 LD.W 是一条取数指令，所读取的存储地址在 r12 中，指令中基址寄存器为 r12，偏移量为 0，因此，si12 字段为 0x000，该指令将浮点常数 5.0 从存储单元取出送到 r12 中。因为 f 是单精度浮点数，占 4 字节，所以取出数据宽度为单字。

第 4 条 ST.W 是一条存数指令，将 r12 中的 5.0 写入地址为 R[r22]－20 的存储单元中，指令中基址寄存器为 r22，偏移量为－20，因此，si12 字段为 0xfec。

**2. 基址加寄存器内容访存指令 LDX.{B[U]/H[U]/W[U]/D}，STX.{B/H/W/D}**

表 3-18 所示的 LDX.{B[U]/H[U]/W[U]/D} 和 STX.{B/H/W/D} 访存指令中，LDX.{B/H/W} 从存储单元取出字节/半字/字后，送入目的寄存器 rd 中，LDX.D 从存储单元取出双字后送入 rd。LDX.{BU/HU/WU} 从存储单元取出字节/半字/字，经零扩展后送入 rd。STX.{B/H/W/D} 指令将源寄存器 rd 中[7:0]/[15:0]/[31:0]/[63:0]位数据写入存储单元中。

存储器操作数最基本的寻址方式是"基址＋偏移量"方式，表 3-18 中指令的特点是偏移量由通用寄存器的内容给出。

表 3-18 LDX.{B[U]/H[U]/W[U]/D} 和 STX.{B/H/W/D} 访存指令的功能描述

| 指令 | 功能 |
| --- | --- |
| ldx.b rd, rj, rk | addr＝R[rj]＋R[rk]<br>byte＝M[addr, BYTE]<br>R[rd]←SignExtend(byte, GRLEN) |
| ldx.h rd, rj, rk | addr＝R[rj]＋R[rk]<br>halfword＝M[addr, HALFWORD]<br>R[rd]←SignExtend(halfword, GRLEN) |
| ldx.w rd, rj, rk | addr＝R[rj]＋R[rk]<br>word＝M[addr, WORD]<br>R[rd]←SignExtend(word, GRLEN) |
| ldx.d rd, rj, rk | addr＝R[rj]＋R[rk]<br>R[rd]←M[addr, DOUBLEWORD] |
| ldx.bu rd, rj, rk | addr＝R[rj]＋R[rk]<br>byte＝M[addr, BYTE]<br>R[rd]←ZeroExtend(byte, GRLEN) |
| ldx.hu rd, rj, rk | addr＝R[rj]＋R[rk]<br>halfword＝M[addr, HALFWORD]<br>R[rd]←ZeroExtend(halfword, GRLEN) |
| ldx.wu rd, rj, rk | addr＝R[rj]＋R[rk]<br>word＝M[addr, WORD]<br>R[rd]←ZeroExtend(word, GRLEN) |
| stx.b rd, rj, rk | addr＝R[rj]＋R[rk]<br>M[addr, BYTE]←R[rd][7:0] |
| stx.h rd, rj, rk | addr＝R[rj]＋R[rk]<br>M[addr, HALFWORD]←R[rd][15:0] |
| stx.w rd, rj, rk | addr＝R[rj]＋R[rk]<br>M[addr, WORD]←R[rd][31:0] |

| 指　令 | 功　能 |
|---|---|
| stx.d　rd，rj，rk | addr＝R[rj]＋R[rk]<br>M[addr, DOUBLEWORD]←R[rd][63:0] |

**3. 基址加 4 倍立即数访存指令 LDPTR.{W/D}，STPTR.{W/D}**

表 3-19 所示的 LDPTR.{W/D}、STPTR.{W/D}访存指令中，LDPTR.W 从存储单元取出一个字，经符号扩展后送入目的寄存器 rd，LDPTR.D 从存储单元取出双字后直接送入 rd。STPTR.{W/D}将源寄存器 rd 中[31:0]/[63:0]位直接写入存储单元。

存储器操作数最基本的寻址方式是"基址＋偏移量"方式，表 3-19 中指令的特点是偏移量由立即数 si14 左移 2 位（乘 4）后再符号扩展得到。

表 3-19　LDPTR.{W/D}、STPTR.{W/D}访存指令的功能描述

| 指　令 | 功　能 |
|---|---|
| ldptr.w　rd，rj，si14 | addr＝R[rj]＋SignExtend({si14, 2'b0}, GRLEN)<br>word＝M[addr, WORD]<br>R[rd]←SignExtend(word, GRLEN) |
| ldptr.d　rd，rj，si14 | addr＝R[rj]＋SignExtend({si14, 2'b0}, GRLEN)<br>R[rd]←M[addr, DOUBLEWORD] |
| stptr.w　rd，rj，si14 | addr＝R[rj]＋SignExtend({si14, 2'b0}, GRLEN)<br>M[addr, WORD]←R[rd][31:0] |
| stptr.d　rd，rj，si14 | addr＝R[rj]＋SignExtend({si14, 2'b0}, GRLEN)<br>M[addr, DOUBLEWORD]←R[rd][63:0] |

可以看出，指令 LDPTR.W 和 LD.W 功能相近。前者采用"基址＋比例位移"，后者采用"基址＋位移"方式，LDPTR.W 的立即数位数更多且偏移量是 4 的倍数，可得到更大的位移空间。

对于 LDPTR.{W/D}和 STPTR.{W/D}指令，无论在何种硬件实现及环境配置情况下，只要其访存地址是自然对齐，都不会触发非对齐异常，当访存地址不是自然对齐时，若硬件实现支持非对齐访存且当前运算环境配置为允许非对齐访存，则不会触发非对齐异常，否则将触发非对齐异常。

LDPTR.{W/D}、STPTR.{W/D}指令与 ADDU16I.D 指令配合使用，用于加速位置无关代码中基于 GOT 表的访问。有关位置无关代码和 GOT 等概念将在 5.5 节介绍。

**例 3-14**　以下是一个在 LA64 系统上的 C 语言函数，其功能是将类型为 source_type 的参数转换为 dest_type 类型的数据并返回。

```
dest_type convert(source_type x) {
    dest_type y = (dest_type) x;
    return y;
}
```

已知 x 和 y 的存储地址分别为 R[r22]−36 和 R[r22]−24，填写表 3-20 中的汇编指令，以实现函数中的赋值语句。

表 3-20　source_type 和 dest_type 不同组合对应的汇编指令

| source_type | dest_type | 汇编指令 |
|---|---|---|
| char | long | |
| int | long | |

续表

| source_type | dest_type | 汇编指令 |
| --- | --- | --- |
| long | long | |
| long | int | |
| unsigned int | unsigned long | |
| unsigned long | unsigned int | |
| unsigned char | unsigned long | |

**解**：根据 LA64 访存指令的功能，得到表 3-20 中各种组合对应的汇编指令，结果如表 3-21 所示。

表 3-21　例 3-14 的答案

| 序号 | source_type | dest_type | 汇编指令 |
| --- | --- | --- | --- |
| 1 | char | long | ld.b　$r12, $r22, −36(0xfdc)　#符号扩展<br>st.d　$r12, $r22, −24(0xfe8) |
| 2 | int | long | ld.w　$r12, $r22, −36(0xfdc) 或 ldptr.w　$r12, $r22, −36(0xffdc)<br>st.d　$r12, $r22, −24(0xfe8) |
| 3 | long | long | ld.d　$r12, $r22, −36(0xfdc)<br>st.d　$r12, $r22, −24(0xfe8) |
| 4 | long | int | ld.d　$r12, $r22, −36(0xfdc)<br>st.w　$r12, $r22, −24(0xfe8)　#截断 |
| 5 | unsigned int | unsigned long | ld.wu　$r12, $r22, −36(0xfdc)　#零扩展<br>st.d　$r12, $r22, −24(0xfe8) |
| 6 | unsigned long | unsigned int | ld.d　$r12, $r22, −36(0xfdc)<br>st.w　$r12, $r22, −24(0xfe8)　#截断 |
| 7 | unsigned char | unsigned long | ld.bu　$r12, $r22, −36(0xfdc)　#零扩展<br>st.d　$r12, $r22, −24(0xfe8) |

序号 1 中，存在"实现定义行为"代码，LA64 编译器将 char 型变量按带符号整数解释。在 64 位机器中（unsigned）long 型为 64 位，因此这里使用指令 LD.B 将从存储单元中读出的一字节数据符号扩展后写入 64 位寄存器。

序号 2 中，将 int 型数据转换为 long 型数据时，两种不同的指令 LD.W 或 LDPTR.W 都可完成读取一个字并符号扩展的功能。

序号 5 中，将 unsigned int 型数据转换为 unsigned long 型数据时，也可用 LDPTR.W 与 LU32I.D 两条指令来代替 LD.WU 指令，都可完成取出一个字并零扩展为 64 位数据的功能。

**例 3-15**　以下是 C 语言赋值语句"x=a*b+c*d;"对应的 LA64 汇编代码，变量 a、b、c、d 和 x 分别存放在地址为 R[r22]−20、R[r22]−21、R[r22]−24、R[r22]−28 和 R[r22]−32 的存储单元中。

```
1  1200007f4: 283faecc    ld.b    $r12, $r22, -21(0xfeb)
2  1200007f8: 28bfb2cd    ld.w    $r13, $r22, -20(0xfec)
3  1200007fc: 001c31ac    mul.w   $r12, $r13, $r12
4  120000800: 0015018d    or      $r13, $r12, $r0
5  120000804: 287fa2cc    ld.h    $r12, $r22, -24(0xfe8)
6  120000808: 28bf92ce    ld.w    $r14, $r22, -28(0xfe4)
7  12000080c: 001c31cc    mul.w   $r12, $r14, $r12
8  120000810: 001031ac    add.w   $r12, $r13, $r12
9  120000814: 29bf82cc    st.w    $r12, $r22, -32(0xfe0)
```

请问：

① 根据上述汇编代码，变量 x、a、b、c 和 d 各是什么数据类型？
② 根据上述汇编代码运算得到的 x 是否一定满足 x==a*b+c*d？
③ 第 4 行 or 指令的作用是什么？

解：① 第 1 行的 ld.b 指令从地址 R[r22]−21 处读取长度为一字节的变量 b 并符号扩展后送入 r12，可判断 b 为 signed char 型；第 2 行的 ld.w 指令从地址 R[r22]−20 处读取长度为一个字的变量 a 并符号扩展后送入 r13，可判断 a 为 int 型；第 5 行的 ld.h 指令从地址 R[r22]−24 处读取长度为半字的变量 c 并符号扩展后送入 r12，可判断 c 为 short 型；第 6 行的 ld.w 指令从地址 R[r22]−28 处读取长度为一个字的变量 d 并符号扩展后送入 r14，可判断 d 为 int 型；第 9 行的 st.w 指令将长度为一个字的数据写入变量 x 所在地址 R[r22]−32 处，可判断 x 为 int 型或 unsigned int 型。

② 上述汇编代码中第 3、7、8 条的乘法或加法指令执行时都可能发生溢出，LA64 中这些指令执行发生溢出时，CPU 不会抛出溢出异常，而是直接将发生溢出的结果写入目的寄存器，导致指令执行结果可能发生错误。同时，上述汇编代码中也没有增加其他用于溢出判断的指令。因而，根据上述汇编代码计算得到的 x 不一定满足 x==a*b+c*d。

③ 第 4 行的"or $r13, $r12, $r0"指令实现 R[r13]←R[r12]|R[r0]。LoongArch 架构中，寄存器 r0 的内容恒为 0，因此该指令实际执行的是 R[r13]←R[r12]，即寄存器之间的传送操作。

LoongArch 架构中，没有提供寄存器间传送指令，"or rd, rj, $r0"指令可实现将 rj 的内容写入 rd 的功能。因而，在汇编语言程序中，通常用一条可读性更好的"假"指令"move rd, rj"表示指令"or rd, rj, $r0"。

LoongArch 架构手册中，将这种能表示一条或多条指令功能的、具有更好可读性但实际不存在的"假"指令称为**宏指令**，有些架构中，这种假指令也称为**伪指令**（pseudo instruction）。在 LoongArch 架构中，常用的宏指令还有"jr $r1""nop"等。"jr $r1"对应的机器指令是"jirl $r0, $r1, 0"（参见 3.3.5 节表 3-22），其功能为 PC←R[r1]，用于过程调用的返回。"nop"对应的机器指令是"addi.W $r0, $r0, 0"或"addi.d $r0, $r0,0"，用于执行空操作。

## 3.3.5 程序执行流控制指令

指令执行的顺序由 PC 确定。正常情况下，指令按照其在存储空间中的存放顺序执行，但是，在有些情况下，程序需要跳转到另一段代码执行，此时可通过直接将指令指定的**跳转目标地址**送 PC 的方法实现。

有直接跳转和间接跳转两种方式。**直接跳转**指跳转目标地址由出现在指令机器码中的立即数作为偏移量而计算得到；**间接跳转**则是指跳转目标地址间接存储在某寄存器或存储单元中。

跳转目标地址的计算方法有两种。一种是通过将当前 PC 的值加偏移量计算得到，因为偏移量是带符号整数，所以跳转目标地址为 PC 内容增加或减少某一个数值得到，也就是采用相对寻址方式得到，可以看成是以当前 PC 内容为基准往前或往后跳转，称为**相对跳转**；另一种是直接将指令中设置的目标地址送入 PC 中，称为**绝对跳转**。

LoongArch 架构的基础指令集中，程序执行流控制指令包括 3 条无条件跳转指令和 8 条条件跳转指令。

**1. 无条件跳转指令**

**无条件跳转指令** B、BL 和 JIRL 的执行结果就是直接跳转到目标地址处执行，其中，B 和 BL 属于 I26-型格式，JIRL 属于 2RI16-型格式，指令的功能描述如表 3-22 所示。

表 3-22 无条件跳转指令的功能描述

| 指令 | 功能 |
| --- | --- |
| b      offs26 | PC=PC+SignExtend({offs26, 2'b0}, GRLEN) |
| bl     offs26 | R[r1]=PC+4<br>PC=PC+SignExtend({offs26, 2'b0}, GRLEN) |
| jirl   rd, rj, offs16 | R[rd]=PC+4<br>PC=R[rj]+SignExtend({offs16, 2'b0}, GRLEN) |

LoongArch 架构指令宽度总是 4 字节，并按 4 字节边界对齐，因此指令地址最低两位总是 00。从表 3-22 可看出，B 和 BL 指令都采用 PC 相对寻址方式计算跳转目标地址，其偏移量由立即数字段 offs26 左移 2 位后符号扩展得到，因而最后 2 位总是 0。指令 B 用于实现无条件跳转；指令 BL 通常用作过程调用，因此其在 B 指令功能基础上还增加了保存返回地址（PC+4）到寄存器 r1 中的功能，返回地址是 BL 指令的下一条指令的地址。LoongArch 的 ABI 规范规定，1 号通用寄存器 r1 用作返回地址寄存器 ra。

指令 JIRL 可实现过程调用的返回，也可实现绝对或相对跳转。跳转目标地址是将寄存器 rj 的内容与立即数 offs16 左移 2 位后符号扩展得到的偏移量相加所得，同时将下条指令地址（PC+4）写入寄存器 rd 中。当 rd 设为 0 号寄存器 r0 时，JIRL 的功能就是一条普通的间接跳转指令，可用于利用跳转表实现 switch-case 语句，有关内容详见 4.2.1 节。当 rd=r0、rj=r1 且 offs16=0 时，指令"jirl ＄r0,＄r1,0"用作过程调用的返回。

**2. 条件跳转指令**

**条件跳转指令** 以标志位或标志位组合作为跳转依据，也称**分支指令**。如果满足条件，则跳转到目标地址处执行；否则继续执行下一条指令。这类指令都采用相对寻址方式进行直接跳转。

LoongArch 基础指令集中包含 6 条 2RI16-型和 2 条 1RI21-型格式的条件跳转指令。对于 6 条 2RI16-型格式指令，若寄存器 rj 和 rd 的内容比较结果满足条件，则跳转到目标地址处执行，否则执行下一条指令。对于 2 条 1RI21-型格式指令，则以寄存器 rj 的内容是否为 0 作为判断条件。表 3-23 列出了条件跳转指令的功能描述。

表 3-23 条件跳转指令的功能描述

| 指令 | 功能 |
| --- | --- |
| beq   rj, rd, offs16 | if R[rj]==R[rd] PC=PC+SignExtend({offs16, 2'b0}, GRLEN) |
| bne   rj, rd, offs16 | if R[rj]!=R[rd] PC=PC+SignExtend({offs16, 2'b0}, GRLEN) |
| blt   rj, rd, offs16 | if signed(R[rj]) < signed(R[rd]) PC=PC+SignExtend({offs16, 2'b0}, GRLEN) |
| bge   rj, rd, offs16 | if signed(R[rj]) >= signed(R[rd]) PC=PC+SignExtend({offs16, 2'b0}, GRLEN) |
| bltu  rj, rd, offs16 | if unsigned(R[rj]) < unsigned(R[rd]) PC=PC+SignExtend({offs16, 2'b0}, GRLEN) |
| bgeu  rj, rd, offs16 | if unsigned(R[rj]) >= unsigned(R[rd]) PC=PC+SignExtend({offs16, 2'b0}, GRLEN) |
| beqz  rj, offs21 | if R[rj]==0 PC=PC+SignExtend({offs21, 2'b0}, GRLEN) |
| bnez  rj, offs21 | if R[rj]!=0 PC=PC+SignExtend({offs21, 2'b0}, GRLEN) |

寄存器 rj 和 rd 内容的大小比较通过减法运算实现,减运算可在补码加减运算器中生成标志位,根据标志位判定两个数的大小,从而确定跳转到何处执行指令。若执行 A 减 B 的操作,则可得进/借位标志 CF、符号标志 SF、溢出标志 OF 和零标志 ZF。标志位的含义及 A 和 B 的大小判断依据如表 3-24 所示。

表 3-24　标志位的含义以及 A 和 B 的大小判断依据

| 序　号 | 跳转条件 | 说　　明 |
| --- | --- | --- |
| 1 | CF=1 | 有进位/借位 |
| 2 | CF=0 | 无进位/借位 |
| 3 | ZF=1 | 相等/等于零 |
| 4 | ZF=0 | 不相等/不等于零 |
| 5 | SF=1 | 是负数 |
| 6 | SF=0 | 是非负数 |
| 7 | OF=1 | 有溢出 |
| 8 | OF=0 | 无溢出 |
| 9 | CF=0 且 ZF=0 | 无符号整数 A>B |
| 10 | CF=0 | 无符号整数 A≥B |
| 11 | CF=1 | 无符号整数 A<B |
| 12 | CF=1 或 ZF=1 | 无符号整数 A≤B |
| 13 | SF=OF 且 ZF=0 | 带符号整数 A>B |
| 14 | SF=OF | 带符号整数 A≥B |
| 15 | SF≠OF | 带符号整数 A<B |
| 16 | SF≠OF 或 ZF=1 | 带符号整数 A≤B |

对于无符号整数,判断大小时使用的是 CF 和 ZF 标志。ZF=1 说明两数相等,CF=1 说明有借位,是小于关系,通过 ZF 和 CF 的组合,得到表 3-24 中序号 9、10、11 和 12 这 4 种情况。

对于带符号整数,判断大小时使用 SF、OF 和 ZF 标志。ZF=1 说明两数相等,当 SF=OF 时,说明结果是以下两种情况之一:①两数之差为 0 或正数(SF=0)且结果未溢出(OF=0);②两数之差为负数(SF=1)且结果溢出(OF=1)。这两种情况反映的是大于或等于关系。若 SF≠OF,则反映小于关系。带符号整数比较时对应表 3-24 中序号 13、14、15 和 16 这 4 种情况。

现举两个例子说明上述无符号整数和带符号整数的大小判断规则。假设被减数的机器数为 $X$,减数的机器数为 $Y$,则在图 2-8 所示的补码加减运算器中计算两数差时,计算公式为 $X-Y=X+(-Y)_{补}=X+\overline{Y}+1$。

假定 $X=1001,Y=1100$,则 $Y'=\overline{Y}=0011$,Sub=1,在图 2-8 所示运算器中的运算为 $1001-1100=1001+0011+1=(0)1101$,因此 ZF=0,Cout=0。若是无符号整数比较,则是 9 和 12 相比,属于小于关系,此时 CF=Sub⊕Cout=1,满足表 3-24 中序号 11 对应的条件;若是带符号整数比较,则是 −7 和 −4 比较,显然也是小于关系,此时符号位为 1,即 SF=1,而根据两个加数符号相异一定不会溢出的原则,得知在加法器中对 1001 和 0100 相加一定不会溢出,故 OF=0,因而 SF≠OF,满足表 3-24 中序号 15 对应的条件。

假定 $X=1100,Y=1001$,则 $Y'=\overline{Y}=0110$,Sub=1,在图 2-8 所示运算器中的运算为 $1100-1001=1100+0110+1=(1)0011$,因此 ZF=0,Cout=1。若是无符号整数比较,则是 12 和 9 相比,属于大于关系,显然此时 CF=Sub⊕Cout=0,确实没有借位,满足表 3-24 中序号 9 对

应的条件;若是带符号整数,则是-4和-7比较,也是大于关系,显然此时 SF=0 且 OF=0,即 SF=OF,满足表 3-24 中序号 13 对应的条件。

LoongArch 架构中,条件跳转指令实现电路中有专门的电路实现上述减运算并产生标志位,按标志位判断跳转条件是否满足,但这些标志位并不保存在某个特定的寄存器中。这不同于 Intel x86 架构,在 x86 架构中,一些运算指令会生成标志位并保存在专门的标志寄存器中。

LoongArch 平台下,反汇编得到的汇编指令中的偏移量是指令机器码中的立即数经相应左移操作(如 offs26<<2、offs16<<2 或 offs21<<2)后得到的值,即汇编指令中给出的偏移量是以字节为单位的偏移值。

**例 3-16** 下列为 LA32 平台下 4 条反汇编代码,5 列分别对应指令序号、指令地址、机器代码、汇编指令和跳转目标地址。根据条件跳转指令(BGE、BLTU)和无条件跳转指令(B、BL)对应的指令格式和指令功能,分别给出下画线处的偏移量、指令地址和两个跳转目标地址。

| 1 | 106a4: | 640019ac | bge | $r13,$r12,_____ | #106bc |
| 2 | _____: | 680019ac | bltu | $r13,$r12,24(0x18) | #106ec |
| 3 | 106b8: | 50001400 | b | 20(0x14) | #_____ |
| 4 | 106d8: | 54ba9c00 | bl | 47772(0xba9c) | #_____ |

**解**:该题下画线处对应内容的计算方法有多种,以下选用其中一种方法进行说明。

第 1 条指令 BGE 属于 2RI16-型格式,将指令机器码 0x6400 19ac 展开为二进制表示形式并按 2RI16-型格式字段划分,得到 011001 0000 0000 0000 0110 01101 01100,其中[25:10]位为立即数,即 offs16=0000 0000 0000 0110B,汇编指令中的偏移量应填入以字节为单位的偏移值,即 offs16<<2=0000 0000 0000 0110 00B,在目前反汇编出的汇编指令中立即数字段对应的括号中不显示前面的 0,因此下画线处为 24(0x18),汇编指令为"bge $r13,$r12,24(0x18)"。

对于第 2 条指令,根据表 3-23 中指令 BLTU 的功能描述可知,跳转目标地址 0x106ec=PC+SignExtend(0x00018),故当前指令地址 PC=0x106ec-0x18=0x106d4,因此下画线处为 106d4。

对于第 3 条指令,根据表 3-22 中指令 B 的功能描述可知,跳转目标地址=PC+SignExtend(0x0000014)=0x106b8+0x14=0x106cc,因此下画线处为 106cc。

对于第 4 条指令,根据表 3-22 中指令 BL 的功能描述可知,跳转目标地址=PC+SignExtend(0x000ba9c)=0x106d8+0x000ba9c=0x1c174,因此下画线处为 1c174。

第 2、第 3、第 4 条指令也可将指令机器码按指令格式进行字段划分,根据立即数字段得到偏移量,用偏移量代入公式计算得到指令地址或跳转目标地址。例如,对于第 4 条指令,按照 BL 指令的 I26-型格式,将机器码 0x54ba9c00 划分为 010101 0010 1110 1010 0111 0000 0000 00,按指令格式分离出 offs26=0000 0000 00 0010 1110 1010 0111B,因而跳转目标地址的偏移量为 offs26<<2=0000 0000 0000 1011 1010 1001 1100=0x000ba9c。

因为目前反汇编出的汇编指令中立即数字段对应的括号中不显示前面的 0,所以有些情况下很容易发生计算错误,例如,对于第 4 条指令,如果直接将汇编指令中括号里的偏移量 0xba9c 进行符号扩展,就得到如下错误的 32 位偏移量:SignExtend(0xba9c)=0xffff ba9c。实际上,汇编指令中的偏移量部分"47772(0xba9c)"是一个正数,括号中的十六进制表示省略了高位的 0。

**例 3-17** 以下是一个 C 语言程序，用于计算数组 a 中每个元素的和。当参数 len 为 0 时，返回值应该是 0，但在 LA32 机器上执行时却发生了访存异常。这是什么原因造成的，程序应如何修改？

```
1   int sum_array(int a[], unsigned len) {
2       int i,sum = 0;
3       for (i = 0; i <= len-1; i++)
4           sum += a[i];
5       return sum;
6   }
```

**解**：在 LA32 机器上，实现"i≤len−1"的部分反汇编代码如下，变量 i 和 len 的存储单元地址分别为 R[r22]−20 和 R[r22]−40。

```
1   106c4:   28bf62cd   ld.w    $r12,$r22,-40(0xfd8)
2   106c8:   02bffd8d   addi.w  $r13,$r12,-1(0xfff)
3   106cc:   28bfb2cc   ld.w    $r12,$r22,-20(0xfec)
4   106d0:   6fffc9ac   bgeu    $r13,$r12,-56(0x3ffc8) #10698 <sum_array+0x24>
```

第 1 条 ld.w 指令用于读取 len 的值。

第 2 条 addi.w 指令用于计算 len−1。在 LA32 机器上，当 len 为 0 时，在图 2-8 所示电路中计算 len−1，此时 X 为 0000 0000H，Y 为 0000 0001H，Sub=1，计算结果是 32 个 1（即 FFFF FFFFH），即 addi.w 指令执行后 R[r13]=FFFF FFFFH。

第 3 条 ld.w 指令用于读取 i 的值，执行该指令后，R[r12]=i。

第 4 条 bgeu 指令用于判断"i≤len−1"是否成立，若"i≤len−1"为真，则跳转执行 for 循环体内语句"sum+=a[i];"。bgeu 指令具体实现的功能如下。

```
if unsigned(R[r13])>=unsigned(R[r12]) PC=PC+SignExtend({offs16,2'b0}, GRLEN)
```

因为 len 是 unsigned 型，所以对条件表达式"i≤len−1"按无符号整数比较判断，因为 len−1=FFFF FFFFH，是最大的 32 位无符号整数，任何无符号整数都比它小，所以执行 bgeu 指令时，条件"unsigned(R[r13])>=unsigned(R[r12])"永远为真，程序执行进入死循环，当循环变量 i 足够大时，最终导致数组元素 a[i] 的访问越界而发生访存异常。

正确的做法是将参数 len 声明为 int 型。在 LA32 机器中，实现"i≤len−1"的部分反汇编代码如下。

```
1   106c4:   28bf62cd   ld.w    $r13,$r22,-40(0xfd8)
2   106c8:   28bfb2cc   ld.w    $r12,$r22,-20(0xfec)
3   106cc:   63ffcd8d   blt     $r12,$r13,-52(0x3ffcc) #10698 <sum_array+0x24>
```

前两条 ld.w 指令分别读取变量 len 和 i，执行指令后，R[r13]=len，R[r12]=i。判断"i≤len−1"是否成立使用了 blt 指令，blt 指令具体实现的功能如下。

```
if signed(R[r12])<signed(R[r13]) PC=PC+SignExtend({offs16,2'b0}, GRLEN)
```

因为条件表达式"i≤len−1"中的 i 和 len 都是带符号整型，所以按带符号整数比较，这里将"i≤len−1"转换为"i<len"。若"i<len"为真，则跳转执行 for 循环体内语句"sum+=a[i];"。显然，当 i=0 和 len=0 时，"i<len"不成立，因而跳出 for 循环体，程序执行结束。

### 3. 陷阱指令

**陷阱**也称**自陷**或**陷入**,它是预先安排的一种"异常"事件,就像预先设定的"陷阱"一样。当执行到**陷阱指令**(也称**自陷指令**)时,CPU 就调出特定的程序进行相应处理,处理结束后返回到陷阱指令的下一条指令执行。

陷阱的重要作用之一是在用户程序和操作系统内核之间提供一个类似过程调用的接口,称为**系统调用**,用户程序通过系统调用可以方便地使用操作系统内核提供的服务。为了使用户程序能够向内核提出系统调用请求,指令集架构会定义若干条特殊的**系统调用指令**,如 IA-32 中的 int 指令和 sysenter 指令、RISC-V 中的 ecall 指令、MIPS 中的 syscall 指令等。这些系统调用指令属于陷阱指令,执行时 CPU 通过一系列步骤调出内核中对应的系统调用服务例程执行。此外,利用陷阱机制还可以实现程序调试功能,包括设置断点和单步跟踪。

陷阱是一种特殊的中断当前程序运行的"异常"事件,LoongArch 中提供了 SYSCALL 和 BREAK 指令,表 3-25 给出了其功能描述,指令码中 code 字段携带的信息作为参数可供相应异常处理程序使用。有关陷阱指令和异常/中断的详细内容请参看第 8 章相关内容。

表 3-25　LA 架构中陷阱指令的功能描述

| 指令 | 功能 |
| --- | --- |
| syscall　code | 系统调用指令,自动陷入内核态执行系统调用服务例程 |
| break　code | 断点调试指令,自动进入断点调试模式 |

## 3.4　LA32/LA64 基础浮点指令

### 3.4.1　基础浮点指令集概述

LoongArch 架构的基础浮点指令集提供了浮点运算类指令、浮点比较指令、浮点转换指令、浮点传送指令、浮点分支指令、浮点访存指令等常用类型。表 3-26 给出了 LA64 架构中基础浮点指令卡。指令卡中,除了 FLDX.{S/D}、FSTX.{S/D}、FLD{GT/LE}.{S/D} 和 FST{GT/LE}.{S/D} 这 12 条浮点访存指令仅属于 LA64 架构外,其余所有浮点指令同时适用于 LA32 和 LA64 架构。大部分浮点指令符合图 3-2 所示指令格式,其中的 rd、rj 和 rk 寄存器替换为浮点指令中的浮点寄存器 fd、fj 和 fk,部分浮点指令(如浮点转换指令)也会操作定点数。

### 3.4.2　浮点普通访存指令

浮点普通访存指令实现存储单元与浮点寄存器之间的数据传送,访存地址计算方式与 LD 和 ST 指令相同,将通用寄存器 rj 内容与 si12 符号扩展后的数相加得到。FLD.{S/D} 和 FST.{S/D} 指令的功能描述如表 3-27 所示。FLD.S 从指定存储单元取出 32 位送入浮点寄存器 fd 的低 32 位。若浮点寄存器位宽为 64 位,则 fd 的高 32 位不确定。FLD.D 从指定存储单元取出 64 位送入 fd。FST.S 将浮点寄存器 fd 中低 32 位写入指定存储单元。FST.D 将浮点寄存器 fd 的 64 位内容写入指定存储单元。

表 3-26 基础浮点指令卡

| 浮点运算类指令 | | 浮点比较指令 | | 浮点传送指令 | |
|---|---|---|---|---|---|
| FADD.S | fd, fj, fk | FCMP.COND.S | cc, fj, fk | FMOV.S | fd, fj |
| FADD.D | fd, fj, fk | FCMP.COND.D | cc, fj, fk | FMOV.D | fd, fj |
| FSUB.S | fd, fj, fk | 浮点转换指令 | | FSEL | fd, fj, fk, ca |
| FSUB.D | fd, fj, fk | FCVT.S.D | fd, fj | MOVGR2FR.W | fd, fj |
| FMUL.S | fd, fj, fk | FCVT.D.S | fd, fj | MOVGR2FRH.W | fd, fj |
| FMUL.D | fd, fj, fk | FFINT.S.W | fd, fj | MOVGR2FR.D | fd, fj |
| FDIV.S | fd, fj, fk | FFINT.S.L | fd, fj | MOVFR2GR.S | rd, fj |
| FDIV.D | fd, fj, fk | FFINT.D.W | fd, fj | MOVFRH2GR.S | rd, fj |
| FMADD.S | fd, fj, fk, fa | FFINT.D.L | fd, fj | MOVFR2GR.D | rd, fj |
| FMADD.D | fd, fj, fk, fa | FTINT.W.S | fd, fj | MOVGR2FCSR | fcsr, rj |
| FMSUB.S | fd, fj, fk, fa | FTINT.L.S | fd, fj | MOVFCSR2GR | rd, fcsr |
| FMSUB.D | fd, fj, fk, fa | FTINT.W.D | fd, fj | MOVFR2CF | cd, fj |
| FNMADD.S | fd, fj, fk, fa | FTINT.L.D | fd, fj | MOVCF2FR | fd, cj |
| FNMADD.D | fd, fj, fk, fa | FTINTRM.W.S | fd, fj | MOVGR2CF | cd, rj |
| FNMSUB.S | fd, fj, fk, fa | FTINTRM.W.D | fd, fj | MOVCF2GR | rd, cj |
| FNMSUB.D | fd, fj, fk, fa | FTINTRM.L.S | fd, fj | 浮点分支指令 | |
| FMAX.S | fd, fj, fk | FTINTRM.L.D | fd, fj | BCEQZ | cj, offs21 |
| FMAX.D | fd, fj, fk | FTINTRZ.W.S | fd, fj | BCNEZ | cj, offs21 |
| FMIN.S | fd, fj, fk | FTINTRZ.W.D | fd, fj | 浮点普通访存指令 | |
| FMIN.D | fd, fj, fk | FTINTRZ.L.S | fd, fj | FLD.S | fd, rj, si12 |
| FMAXA.S | fd, fj, fk | FTINTRZ.L.D | fd, fj | FST.S | fd, rj, si12 |
| FMAXA.D | fd, fj, fk | FTINTRP.W.S | fd, fj | FLD.D | fd, rj, si12 |
| FMINA.S | fd, fj, fk | FTINTRP.W.D | fd, fj | FST.D | fd, rj, si12 |
| FMINA.D | fd, fj, fk | FTINTRP.L.S | fd, fj | FLDX.S | fd, rj, rk |
| FABS.S | fd, fj | FTINTRP.L.D | fd, fj | FLDX.D | fd, rj, rk |
| FABS.D | fd, fj | FTINTRNE.W.S | fd, fj | FSTX.S | fd, rj, rk |
| FNEG.S | fd, fj | FTINTRNE.W.D | fd, fj | FSTX.D | fd, rj, rk |
| FNEG.D | fd, fj | FTINTRNE.L.S | fd, fj | FLDGT.S | fd, rj, rk |
| FSQRT.S | fd, fj | FTINTRNE.L.D | fd, fj | FLDGT.D | fd, rj, rk |
| FSQRT.D | fd, fj | FRINT.S | fd, fj | FLDLE.S | fd, rj, rk |
| FRECIP.S | fd, fj | FRINT.D | fd, fj | FLDLE.D | fd, rj, rk |
| FRECIP.D | fd, fj | FLOGB.S | fd, fj | FSTGT.S | fd, rj, rk |
| FRSQRT.S | fd, fj | FLOGB.D | fd, fj | FSTGT.D | fd, rj, rk |
| FRSQRT.D | fd, fj | FCOPYSIGN.S | fd, fj, fk | FSTLE.S | fd, rj, rk |
| FSCALEB.S | fd, fj, fk | FCOPYSIGN.D | fd, fj, fk | FSTLE.D | fd, rj, rk |
| FSCALEB.D | fd, fj, fk | FCLASS.S | fd, fj | | |
| | | FCLASS.D | fd, fj | | |

表 3-27 FLD.{S/D} 和 FST.{S/D} 指令的功能描述

| 指令 | | 功能 |
|---|---|---|
| fld.s | fd, rj, si12 | addr=R[rj]+SignExtend(si12, GRLEN)<br>R[fd][31:0]←M[addr, WORD] |
| fld.d | fd, rj, si12 | addr=R[rj]+SignExtend(si12, GRLEN)<br>R[fd]←M[addr, DOUBLEWORD] |
| fst.s | fd, rj, si12 | addr=R[rj]+SignExtend(si12, GRLEN)<br>M[addr, WORD]←R[fd][31:0] |
| fst.d | fd, rj, si12 | addr=R[rj]+SignExtend(si12, GRLEN)<br>M[addr, DOUBLEWORD]←R[fd] |

FLDX.{S/D} 和 FSTX.{S/D} 指令的功能描述如表 3-28 所示。FLDX.S 从存储器取出 32 位数送入 fd 的低 32 位。若 fd 位宽为 64 位,则其高 32 位不确定。FLDX.D 从存储器取出 64

位数送入 fd。FSTX.S 将 fd 中低 32 位写入存储器。FSTX.D 将 fd 中 64 位数据写入存储器。

表 3-28　FLDX.{S/D} 和 FSTX.{S/D} 指令的功能描述

| 指令 | 功能 |
| --- | --- |
| fldx.s　fd, rj, rk | addr=R[rj]+R[rk]<br>R[fd][31:0]←M[addr, WORD] |
| fldx.d　fd, rj, rk | addr=R[rj]+R[rk]<br>R[fd]←M[addr, DOUBLEWORD] |
| fstx.s　fd, rj, rk | addr=R[rj]+R[rk]<br>M[addr, WORD]←R[fd][31:0] |
| fstx.d　fd, rj, rk | addr=R[rj]+R[rk]<br>M[addr, DOUBLEWORD]←R[fd] |

### 3.4.3　浮点运算类指令

浮点运算类指令提供了包括加减乘除、求最大值/最小值、求绝对值/相反数、指数/对数等运算功能。这些运算都遵循 IEEE 754—2008 标准相关操作规范。下面介绍几种浮点运算类指令。

**1. 浮点加、减、乘和除运算指令**

浮点加、减、乘和除运算指令的功能描述如表 3-29 所示，将浮点寄存器 fj 中的单精度/双精度浮点数与浮点寄存器 fk 中的单精度/双精度浮点数进行加、减、乘和除法运算，得到的单精度/双精度浮点数结果送入浮点寄存器 fd。

表 3-29　浮点加、减、乘和除运算指令的功能描述

| 指令 | 功能 |
| --- | --- |
| fadd.s　fd, fj, fk | R[fd][31:0]←R[fj][31:0]+R[fk][31:0] |
| fadd.d　fd, fj, fk | R[fd]←R[fj]+R[fk] |
| fsub.s　fd, fj, fk | R[fd][31:0]←R[fj][31:0]−R[fk][31:0] |
| fsub.d　fd, fj, fk | R[fd]←R[fj]−R[fk] |
| fmul.s　fd, fj, fk | R[fd][31:0]←R[fj][31:0] * R[fk][31:0] |
| fmul.d　fd, fj, fk | R[fd]←R[fj] * R[fk] |
| fdiv.s　fd, fj, fk | R[fd][31:0]←R[fj][31:0] / R[fk][31:0] |
| fdiv.d　fd, fj, fk | R[fd]←R[fj] / R[fk] |

**例 3-18**　已知 float 型的变量 x1、x2 和 x3 被分配在地址为 R[r22]−20、R[r22]−24 和 R[r22]−28 的存储单元中，请给出实现 C 语言语句"x3=x1+x2;"的 LoongArch 汇编代码。

**解**：实现 C 语言语句"x3=x1+x2;"的 LoongArch 指令代码如下。

```
fld.s    $f0, $r22, -20(0xfec)      #读取 x1
fld.s    $f1, $r22, -24(0xfe8)      #读取 x2
fadd.s   $f0, $f1, $f0              #计算 x1+x2
fst.s    $f0, $r22, -28(0xfe4)      #写入 x3
```

**2. 浮点最大值/最小值指令**

F{MAX/MIN}.{S/D}、F{MAX/MIN}A.{S/D} 指令的功能描述如表 3-30 所示。F{MAX/MIN}.{S/D}、F{MAX/MIN}A.{S/D} 指令选择浮点寄存器 fj 中的单精度/双精度浮点数与浮点寄存器 fk 中的单精度/双精度浮点数中的较大者或较小者、绝对值较大者或较小者送入浮点寄存器 fd。

### 表 3-30   F{MAX/MIN}{A}.{S/D} 指令的功能描述

| 指令 | 功能 |
|---|---|
| fmax.s   fd, fj, fk | R[fd][31:0]←max(R[fj][31:0], R[fk][31:0]) |
| fmax.d   fd, fj, fk | R[fd]←max(R[fj], R[fk]) |
| fmin.s   fd, fj, fk | R[fd][31:0]←min(R[fj][31:0], R[fk][31:0]) |
| fmin.d   fd, fj, fk | R[fd]←min(R[fj], R[fk]) |
| fmaxa.s  fd, fj, fk | R[fd][31:0]←maxMag(R[fj][31:0], R[fk][31:0]) |
| fmaxa.d  fd, fj, fk | R[fd]←maxMag(R[fj], R[fk]) |
| fmina.s  fd, fj, fk | R[fd][31:0]←minMag(R[fj][31:0], R[fk][31:0]) |
| fmina.d  fd, fj, fk | R[fd]←minMag(R[fj], R[fk]) |

**3. 浮点绝对值/相反数指令**

F{ABS/NEG}.{S/D} 指令的功能描述如表 3-31 所示。F{ABS/NEG}.{S/D} 指令将浮点寄存器 fj 中的单精度/双精度浮点数的绝对值或相反数送入浮点寄存器 fd。取绝对值时将其符号位置 0，其他部分不变；取相反数时将符号位取反，其他部分不变。

### 表 3-31   F{ABS/NEG}.{S/D} 指令的功能描述

| 指令 | 功能 |
|---|---|
| fabs.s   fd, fj | R[fd][31:0]←abs(R[fj][31:0]) |
| fabs.d   fd, fj | R[fd]←abs(R[fj]) |
| fneg.s   fd, fj | R[fd][31:0]←negate(R[fj][31:0]) |
| fneg.d   fd, fj | R[fd]←negate(R[fj]) |

## 3.4.4 浮点转换指令

浮点转换指令能实现单精度浮点数与双精度浮点数之间的转换，也可实现单精度或双精度浮点数与整数之间的换算。所有浮点格式数据的转换都遵循 IEEE 754—2008 标准相关操作规范。

**1. 单精度浮点数与双精度浮点数之间的转换**

FCVT.S.D 指令将浮点寄存器 fj 中的双精度浮点数转换为单精度浮点数并送入浮点寄存器 fd。FCVT.D.S 指令将浮点寄存器 fj 中的单精度浮点数转换为双精度浮点数并送入浮点寄存器 fd 中。指令功能描述如表 3-32 所示。

### 表 3-32   FCVT.S.D 和 FCVT.D.S 指令的功能描述

| 指令 | 功能 |
|---|---|
| fcvt.s.d   fd, fj | R[fd][31:0]←FP32_convertFormat(R[fj], FP64) |
| fcvt.d.s   fd, fj | R[fd]←FP64_convertFormat(R[fj][31:0], FP32) |

**例 3-19**  已知 float 型变量 f 和 double 型变量 d 分别分配在地址 R[r22]−20 和 R[r22]−32 的存储单元中，实现 C 语言语句"f=d;"的 LoongArch 指令代码如下。

```
1  120000804: 2bbf82c0    fld.d     $f0, $r22, -32(0xfe0)
2  120000808: 01191800    fcvt.s.d  $f0, $f0
3  12000080c: 2b7fb2c0    fst.s     $f0, $r22, -20(0xfec)
```

根据表 3-33 给出的 d 的值（用十进制和十六进制表示），填写执行上述指令后表 3-33 中空缺部分内容（有"—"的空格不需填写）。上述哪条指令的执行可能导致 f 和 d 的值存在差异？

表 3-33　例 3-19 表

| d 的值 | | f 的值 | f 与 d 是否相等 | f 和 d 的值存在差异的原因 |
|---|---|---|---|---|
| 1e10 | 2 540B E400H | | | — |
| 1e11 | 17 4876 E800H | | | |
| 1e40 | 1D 6329 F1C3 5CA5 0000 0000 0000 0000 0000H | ∞ | | — |

解：执行 C 语言语句"f=d;"的 LoongArch 指令代码后，得到的结果如表 3-34 所示。

表 3-34　例 3-19 的结果

| d 的值 | | f 的值 | f 与 d 是否相等 | f 和 d 的值存在差异的原因 |
|---|---|---|---|---|
| 1e10 | 2 540B E400H | 10 000 000 000.0 | 相等 | |
| 1e11 | 17 4876 E800H | 99 999 997 952.0 | 不等 | d 的有效位数为 26，float 型有效位数为 24 |
| 1e40 | 1D 6329 F1C3 5CA5 0000 0000 0000 0000 0000H | +∞ | — | d 的值超出 f 可表示的最大数 |

当 d 的值为 1e10＝10 000 000 000.0 时，其二进制表示为 2 540B E400H＝**10 0101 0100 0000 1011 1110 01**00 0000 0000B，d 的二进制有效位数为 24 位，故从 d 转换为 f 时不会丢失有效数字，即 f 和 d 相等，即 f＝1e10＝10 000 000 000.0。

当 d＝1e11 时，其二进制表示为 17 4876 E800H＝**1 0111 0100 1000 0111 0110 1110 10**00 0000 0000B，d 的二进制有效位数为 26 位，而 f 能表示的有效位数只有 24 位，故从 d 转换为 f 时丢失最后两个有效数字，即两数之差为 0 1000 0000 0000B＝0800H＝2048，因此，f＝1e11－2048＝99 999 997 952.0。

当 d＝1e40 时，其二进制表示位数为 16×8＋5＝133，float 型浮点数最多只能表示 128 位二进制数，因而转换后 f 为＋∞，结果发生溢出。

上述第 2 条浮点数转换指令可能导致 f 和 d 的值存在差异。相比于 float 型，double 型数据有更大的表示范围和更高的表示精度，因此，将 double 型数转换为 float 型时，可能丢失精度或发生溢出。

**2. 单精度/双精度浮点数与整型/长整型定点数之间的转换**

FFINT.{S/D}.{W/L} 指令将浮点寄存器 fj 中的整型/长整型数转换为单精度/双精度浮点数并送入浮点寄存器 fd。相反，FTINT.{W/L}.{S/D} 指令将浮点寄存器 fj 中的单精度/双精度浮点数转换为整型/长整型数并送入浮点寄存器 fd。

FFINT.{S/D}.{W/L} 和 FTINT.{W/L}.{S/D} 指令功能描述如表 3-35 所示。在浮点数向整数转换过程中，存在小数部分的舍入和有效数位丢失等问题，因而需考虑舍入。根据 FCSR 寄存器中舍入模式字段 RM，有就近舍入到偶数、向零方向舍入、向正无穷方向舍入、向负无穷方向舍入 4 种方式。

表 3-35　FFINT.{S/D}.{W/L} 和 FTINT.{W/L}.{S/D} 指令的功能描述

| 指令 | | 功能 |
|---|---|---|
| ffint.s.w | fd, fj | R[fd][31:0]←FP32_convertFromInt(R[fj][31:0], SINT32) |
| ffint.s.l | fd, fj | R[fd][31:0]←FP32_convertFromInt(FR[fj], SINT64) |
| ffint.d.w | fd, fj | R[fd]←FP64_convertFromInt(R[fj][31:0], SINT32) |

续表

| 指 令 | 功 能 |
|---|---|
| ffint.d.l  fd, fj | R[fd]←FP64_convertFromInt(R[fj], SINT64) |
| ftint.w.s  fd, fj | R[fd][31:0]←FP32convertToSint32(R[fj][31:0], FCSR.RM) |
| ftint.l.s  fd, fj | R[fd]←FP32convertToSint64(R[fj][31:0], FCSR.RM) |
| ftint.w.d  fd, fj | R[fd][31:0]←FP64convertToSint32(R[fj], FCSR.RM) |
| ftint.l.d  fd, fj | R[fd]←FP64convertToSint64(R[fj], FCSR.RM) |

FTINTRM.{W/L}.{S/D}指令采用"向负无穷方向舍入"的方式,FTINTRP.{W/L}.{S/D}指令采用"向正无穷方向舍入"的方式,FTINTRZ.{W/L}.{S/D}指令采用"向零方向舍入"的方式,FTINTRNE.{W/L}.{S/D}采用"就近舍入到偶数"的方式。这4组指令功能类似FTINT.{W/L}.{S/D}指令,采用指定的舍入模式将浮点数转换为整数。

## 3.4.5 浮点传送指令

浮点传送指令可实现浮点寄存器之间的传送,也可以实现通用寄存器与浮点寄存器之间的传送。传送指令不进行数值转换。

**1. 浮点寄存器之间的传送**

FMOV.{S/D}将浮点寄存器 fj 的内容送入浮点寄存器 fd。指令功能描述如表 3-36 所示。

表 3-36　FMOV.{S/D}指令的功能描述

| 指 令 | 功 能 |
|---|---|
| fmov.s  fd, fj | R[fd][31:0]←R[fj][31:0] |
| fmov.d  fd, fj | R[fd]←R[fj] |

**2. 浮点寄存器与通用寄存器之间的传送**

MOVGR2FR.W 将通用寄存器 rj 的低 32 位送入浮点寄存器 fd 的低 32 位。若 fd 位宽为 64,则其高 32 位值不确定。MOVGR2FRH.W 将通用寄存器 rj 的低 32 位送入浮点寄存器 fd 的高 32 位,fd 的低 32 位不变。MOVGR2FR.D 将 64 位通用寄存器 rj 的内容送入浮点寄存器 fd。

MOVFR2GR.S/MOVFRH2GR.S 将浮点寄存器 fj 的低 32 位/高 32 位符号扩展后写入通用寄存器 rd。MOVFR2GR.D 将 64 位浮点寄存器 fj 的内容送入通用寄存器 rd。指令功能描述如表 3-37 所示。

表 3-37　浮点寄存器与通用寄存器间传送指令的功能描述

| 指 令 | 功 能 |
|---|---|
| movgr2fr.w  fd, rj | R[fd][31:0]←R[rj][31:0] |
| movgr2frh.w  fd, rj | R[fd][63:32]←R[rj][31:0],R[fd][31:0]←R[fd][31:0] |
| movgr2fr.d  fd, rj | R[fd]←R[rj] |
| movfr2gr.s  rd, fj | R[rd]←SignExtend(R[fj][31:0], GRLEN) |
| movfrh2gr.s  rd, fj | R[rd]←SignExtend(R[fj][63:32], GRLEN) |
| movfr2gr.d  rd, fj | R[rd]←R[fj] |

**例 3-20**　已知 float 型变量 f 和 int 型变量 i 分别在地址为 R[r22]−20 和 R[r22]−28 的存储单元中,实现 C 语言语句"i=f;"的 LA64 架构指令代码如下。

```
1    12000080c:   2b3fb2c0    fld.s       $f0, $r22, -20(0xfec)
2    120000810:   011a8400    ftintrz.w.s $f0, $f0
3    120000814:   0114b40c    movfr2gr.s  $r12, $f0
4    120000818:   29bf92cc    st.w        $r12, $r22, -28(0xfe4)
```

根据表 3-38 中变量 f 的值和机器数,写出执行上述指令过程中相关寄存器的内容和 i 的值。上述哪条指令的执行可能导致 f 和 i 的值之间存在差异?

表 3-38 例 3-20 表

| f 的值 | f 的机器数 | 第 2 条指令前 f0[31:0] | 第 2 条指令后 f0[31:0] | 第 3 条指令后 r12 | i 的值 |
|---|---|---|---|---|---|
| 5.9999 | 0x40bf ff2e | | | | |
| −5.9999 | 0xc0bf ff2e | | | | |
| 2147483648 | 0x4f00 0000 | | 0x7fff ffff | | |

解:执行 C 语言语句"i=f;"的 LoongArch 指令代码后,表 3-38 填写内容后得到表 3-39。

表 3-39 例 3-20 的答案

| f 的值 | f 的机器数 | 第 2 条指令前 f0[31:0] | 第 2 条指令后 f0[31:0] | 第 3 条指令后 r12 | i 的值 |
|---|---|---|---|---|---|
| 5.9999 | 0x40bf ff2e | 0x40bf ff2e | 0x0000 0005 | 0x0000 0000 0000 0005 | 5 |
| −5.9999 | 0xc0bf ff2e | 0xc0bf ff2e | 0xffff fffb | 0xffff ffff ffff fffb | −5 |
| 2147483648 | 0x4f00 0000 | 0x4f00 0000 | 0x7fff ffff | 0x0000 0000 7fff ffff | 2147483647 |

指令"ftintrz.w.s $f0, $f0"执行后,保存在目的寄存器 f0 中的是带符号整数,且采用向零方向舍入方式。当 f=±5.9999 时,直接丢弃小数部分,因此 i 的值为 ±5;当 f=2 147 483 648 时,超出了 i 能表示的最大数,该指令将可表示的最大数 2 147 483 647 送入目的寄存器。指令"movfr2gr.s $r12, $f0"执行时,将 f0[31:0] 的内容符号扩展后送入 r12。

执行第 2 条指令可能导致 f 和 i 的值之间存在差异。相比于 int 型,float 型数有更大的表示范围和精度,因此,将 float 型数转换为 int 型数时,存在精度丢失或数据溢出的可能。

在 LoongArch 中通常结合浮点转换和浮点传送指令实现浮点数与整数之间的转换。

例 3-21  以下是关于函数调用传递参数时进行类型转换的一个 C 语言程序。

```
1   #include <stdio.h>
2   int funct(int r) {
3       return 2 * 3.14 * r;
4   }
5
6   int main() {
7       float x = funct(5.6);
8       printf("%f\n", x);
9       return 0;
10  }
```

先将上述程序在 LA64 架构上进行编译、汇编生成可重定位目标文件,然后对可重定位目标文件进行反汇编,根据反汇编结果分析该程序执行过程中进行了哪些类型转换,并分析 main() 函数的两条 bl 指令的功能,给出其中立即数字段和被调用过程首地址之间的关系。

解:可重定位目标文件反汇编部分结果如下(省略了部分指令并加了注释)。

```
00000001200007c4 <funct>:
    #include <stdio.h>
    int funct(int r) {
        ...
    return 2 * 3.14 * r;
7   1200007dc:    28bfb2cc    ld.w          $r12, $r22, -20(0xfec)
8   1200007e0:    0114a580    movgr2fr.w    $f0, $r12          #R[f0]←r
9   1200007e4:    011d2001    ffint.d.w     $f1, $f0
    ...
12  1200007f0:    2b800180    fld.d         $f0, $r12, 0       #R[f0]←2*3.14
13  1200007f4:    01050020    fmul.d        $f0, $f1, $f0      #R[f0]←2*3.14*r
14  1200007f8:    011a8800    ftintrz.w.d   $f0, $f0
15  1200007fc:    0114b40c    movfr2gr.s    $r12, $f0
16  120000800:    00150184    move          $a0, $r12
    }
    ...

0000000120000810 <main>:
    ...
    int main() {
    ...
    float f = funct(5.6);
24  120000820:    02801404    addi.w        $a0, $zero, 5(0x5)
25  120000824:    57ffa3ff    bl            -96(0xffffffa0)  #1200007c4 <funct>
26  120000828:    0015008c    move          $r12, $a0         #R[r12]←funct(5.6)
27  12000082c:    0114a980    movgr2fr.d    $f0, $r12
28  120000830:    011d1000    ffint.s.w     $f0, $f0
29  120000834:    2b7fb2c0    fst.s         $f0, $r22, -20(0xfec)
    printf("%f\n", f);
30  120000838:    2b3fb2c0    fld.s         $f0, $r22, -20(0xfec)
31  12000083c:    01192400    fcvt.d.s      $f0, $f0
32  120000840:    0114b805    movfr2gr.d    $a1, $f0
    ...
35  12000084c:    54608800    bl            24712(0x6088)    #1200068d4 <_IO_printf>
    ...
```

从上述机器级代码看,在该程序执行过程中共进行了由加粗指令实现的以下 5 次类型转换。

① 在 main() 函数中调用 funct(5.6) 时,第 24 行指令"addi.w $a0,$zero,5(0x5)"将参数 5.6 存入参数寄存器 a0 中,这里将浮点常数 5.6 转换成了 int 型常数 5。

② 在 funct() 函数中计算 2 * 3.14 * r 时,第 8 行指令"movgr2fr.w $f0,$r12"将存放在通用寄存器 r12 中的入口参数 r 送入浮点寄存器 f0,第 9 行指令"ffint.d.w $f1,$f0"将 f0 中 int 型变量 r 转换成 float 型数据装入浮点寄存器 f1。

③ 在 funct() 函数中执行 return 语句返回结果时,第 14 行指令"ftintrz.w.d $f0,$f0"将 f0 中的浮点数转换为 int 型数据后写入浮点寄存器 f0,第 15 行指令"movfr2gr.s $r12,$f0"将 f0 的内容送入通用寄存器 r12 中,再通过第 16 条指令,将 r12 中的返回值送入 a0,这里的 move 指令是一条伪指令,对应的机器指令是"or $a0,$r12,$r0"。

④ 在 main() 函数中将 funct(5.6) 的返回值赋给 float 型变量 f 时,第 27 行指令"movgr2fr.d $f0,$r12"将从 funct() 返回的 int 型数据从通用寄存器 r12 送至浮点寄存器 f0 中,第 28 行指令"ffint.s.w $f0,$f0"将整数转换为浮点数并装入浮点寄存器 f0,第 29 行指

令"fst.s $f0, $r22, −20(0xfec)"将 f 存入存储器 R[r22]−20 处。

⑤ 在 main()函数中调用 printf()函数时,第 30 行指令"fld.s $f0, $r22, −20(0xfec)"将 R[r22]−20 处的 f 读取到 f0 中,第 31 行指令"fcvt.d.s $f0, $f0"将单精度浮点数 f 转换为双精度浮点格式存入 f0,第 32 行指令"movfr2gr.d $a1, $f0"将 f0 中的数据送入通用寄存器 a1,作为第 2 个参数(寄存器 a1 为参数寄存器)传递给 printf()函数。

main()函数中两条 bl 指令的功能及跳转目标地址计算过程分析如下。

① 第 25 行 bl 指令实现对 funct()函数的调用,具体功能为"R[r1]←PC+4,PC←PC+SignExtend({offs26, 2'b0}, GRLEN)"。funct 过程首地址 0x1200007c4 为 bl 指令的跳转目标地址。将 bl 机器指令 57ffa3ffH 展开为二进制如下:0101 0111 1111 1111 1010 0011 1111 1111B,由 I26-型指令格式可知,立即数 offs26=11 1111 1111 11 1111 1111 1010 00B,offs26<<2=11 1111 1111 11 1111 1111 1010 0000B=0xffffffa0,因此,该 bl 指令的跳转目标地址=0x120000824+0xffffffa0=0x1200007c4,与 funct 过程首地址一致。

② 第 35 行 bl 指令实现对 printf()函数的调用。将 bl 机器指令 54608800 展开为二进制如下:0101 0100 0110 0000 1000 1000 0000 0000B,由 I26-型指令格式知,offs26=00 0000 0000 00 0110 0000 1000 10B,offs26<<2=00 0000 0000 00 0110 0000 1000 1000B=0x06088,该指令地址为 0x12000084c,因而跳转目标地址=0x12000084c+0x06088=0x1200068d4,与 printf 过程首地址一致。

**例 3-22**  C 语言函数 fmovfun()定义如下。

```
1    float fmovfunc(float x, float * src, float * dst) {
2        float y = * src;
3        * dst = x;
4        return y;
5    }
```

已知在 LA64 系统中,浮点参数 x 存放在地址为 R[r22]−36 的存储单元中,指针型参数 src 和 dst 分别存放在地址为 R[r22]−48 和 R[r22]−56 的存储单元中,变量 y 存放在地址为 R[r22]−20 的存储单元中,返回的浮点值存放在浮点寄存器 f0 中,要求写出该函数第 2~4 行语句的汇编代码。

**解**:该函数第 2~4 行语句汇编代码如下:

```
2        float y = * src;
ld.d     $r12, $r22, -48(0xfd0)
fld.s    $f0, $r12, 0
fst.s    $f0, $r22, -20(0xfec)
3        * dst = x;
ld.d     $r12, $r22, -56(0xfc8)
fld.s    $f0, $r22, -36(0xfdc)
fst.s    $f0, $r12, 0
4        return y;
fld.s    $f0, $r22, -20(0xfec)
```

基础浮点指令除了上述浮点处理指令外,还有浮点比较指令、浮点分支指令等,详细内容可参考 LoongArch 相关指令系统手册。

## 3.5 本章小结

任何一个 C 语言程序都要转换为对应机器所采用的指令集体系结构规定的机器代码才能执行。本章主要介绍 LoongArch 指令集体系结构的基础内容，包括 LA32/LA64 支持的数据类型、寄存器组织、寻址方式、常用指令类型、指令格式和指令的功能，从而为下一章介绍 C 语言程序在 LA32/LA64 架构上的机器级表示打下基础。

## 习 题

1. 给出以下概念的解释说明。

| | | | |
|---|---|---|---|
| 机器语言程序 | 机器指令 | 汇编语言 | 汇编指令 |
| 汇编语言程序 | 汇编助记符 | 汇编程序 | 反汇编程序 |
| 机器级代码 | 累加器型指令系统 | 通用寄存器型指令系统 | load/store 型指令系统 |
| 复杂指令集计算机 | 精简指令集计算机 | 汇编指示符 | SIMD 技术 |
| 寻址方式 | 有效地址 | 直接地址 | 变址寄存器 |
| 基址寄存器 | 立即寻址 | 寄存器寻址 | 存储器操作数 |
| 相对寻址 | 基址寻址 | 变址寻址 | 比例变址 |
| 比例系数(因子) | 跳转目标地址 | 直接跳转 | 间接跳转 |
| 相对跳转 | 绝对跳转 | 分支指令 | 陷阱指令 |

2. 简单回答下列问题。
 (1) 一条机器指令通常由哪些字段组成？
 (2) 将一个高级语言源程序转换成计算机能直接执行的机器代码通常需要哪几个步骤？
 (3) LoongArch 中整数加、减、乘、除运算指令的执行结果是否一定正确？为什么？请举例说明。
 (4) 执行条件跳转指令时所用到的标志信息从何而来？请举例说明。
 (5) 无条件跳转指令 B 和 BL 的相同点和不同点是什么？
 (6) MOVGR2FR.W 指令实现两个寄存器低 32 位数据传送，该指令会改变寄存器中二进制位序列吗？

3. 对于以下 LoongArch 汇编指令，根据指令助记符确定操作数的长度，并说明每个操作数的寻址方式。
 (1) addi.w    $r3, $r4, −80(0xfb0)
 (2) slli.d    $r12, $r12, 0x2
 (3) st.h     $r12, $r22, −44(0xfd4)
 (4) pcaddu12i  $r12, 87(0x57)
 (5) alsl.d    $r14, $r13, $r12, 0x2

4. 使用汇编器处理下列 LoongArch 汇编指令时都会产生错误，请说明错误原因。
 (1) add.w    $r3, $r4, −20(0xfec)
 (2) or.w     $r15, $r14, $r13
 (3) ld.w     $r12, $r22, −20(−0xfec)
 (4) alsl.d    $r14, $r13, $r12, 0x5
 (5) fcvt.w.d   $f1, $f0
 (6) ftintrz.d.s  $f1, $f0

5. 假设变量 x 和 ptr 的类型声明如下：

```
src_type   x;
dst_type   *ptr;
```

这里，src_type 和 dst_type 是用 typedef 声明的数据类型。有以下 C 语言赋值语句：

*ptr=(dst_type) x;

在 LA64 中，已知 x 和 ptr 的存储地址分别为 R[r22]－20 和 R[r22]－28，填写表 3-40 中的汇编指令序列，以实现上述赋值语句。

表 3-40 题 5 表

| src_type | dst_type | 汇编指令序列 |
| --- | --- | --- |
| char | int | |
| int | char | |
| int | unsigned | |
| short | int | |
| unsigned char | unsigned | |
| char | unsigned | |
| int | int | |

6. 若 R[r12][31:0]＝0x8765 4320，R[r13][31:0]＝0x0123 4567，则在 LA32 和 LA64 中执行以下各指令后寄存器 r14 中的内容分别是什么？

(1) lu12i.w   $r14，－20(0xfffec)

(2) sub.w    $r14，$r12，$r13

(3) sltu     $r14，$r12，$r13

(4) sra.w    $r14，$r12，$r13

(5) alsl.w   $r14，$r13，$r12，0x2

7. 已知 LA32 采用小端方式，假设在 LA32 系统中地址或寄存器中存放的机器数如表 3-41 所示。

表 3-41 题 7 表

| 地　址 | 机　器　数 | 寄　存　器 | 机　器　数 |
| --- | --- | --- | --- |
| 0x0804 9300 | 0xffff fff0 | r22 | 0x0804 9300 |
| 0x0804 9400 | 0x8000 0008 | r12 | 0x0000 0010 |
| 0x0804 9304 | 0x80f7 ff00 | f13 | 0x0000 0080 |

执行以下指令后，哪些地址或寄存器中的内容会发生改变？改变后的内容是什么？

(1) ld.b    $r12，$r22，0x100

(2) st.w    $r12，$r22，0

(3) ldptr.w $r12，$r22，0x4

(4) fld.s   $f13，$r22，0x100

(5) fneg.s  $f13，$f13

8. 在 LA64 中，已知 R[r1]＝0x120000858，下列指令执行后 PC 的内容是什么？

(1) 120000934：4c000020    jirl  $r0，$r1，0

(2) 1200008f0：57fed7ff    bl    －300(0xfffed4)

(3) 120000960：40002300    beqz  $r1，32(0x20)

(4) 1200009b4：44003c80    bnez  $r1，60(0x3c)

9. 已知 float 型变量 f 和 int 型变量 x 分别存放在地址为 R[r22]－20 和 R[r22]－24 的存储单元中，实现 C 语言语句"f＝x;"的 LA64 架构指令代码如下：

| 1 | 120000684： | 28bfa2cc | ld.w       | $r12, $r22, -24(0xfe8) |
| --- | --- | --- | --- | --- |
| 2 | 120000688： | 0114a580 | movgr2fr.w | $f0, $r12 |
| 3 | 12000068c： | 011d1000 | ffint.s.w  | $f0, $f0 |
| 4 | 120000690： | 2b7fb2c0 | fst.s      | $f0, $r22, -20(0xfec) |

根据表 3-42 中变量 x 的值和机器数，写出执行上述指令过程中相关寄存器的内容和 f 的值。上述哪条

指令的执行可能导致 f 和 x 的值之间存在差异？在什么情况下会出现差异？

表 3-42 题 9 表

| x 的值 | x 的机器数 | 第 2 条指令执行前 r12[31:0] | 第 2 条指令执行后 f0[31:0] | 第 3 条指令执行后 f0[31:0] | f 的值 |
|---|---|---|---|---|---|
| 1 000 000 000 | 0x3B9A CA00 | | | | |
| 1 088 888 880 | 0x40E7 2030 | | | | |

10. 在 LA64 系统中，假设变量 val 和 ptr 的类型声明如下：

```
val_type val;
contofptr_type *ptr;
```

已知 val_type 和 contofptr_type 是用 typedef 声明的数据类型，且 val 和 ptr 分别分配在地址 R[r22]－20 和 R[r22]－28 的存储器空间中。现有以下两条 C 语言语句：

```
1   val=(val_type) *ptr;
2   *ptr=(contofptr_type) val;
```

当 val_type 和 contofptr_type 是表 3-43 中给出的组合类型时，可用什么指令序列实现这两条 C 语言语句？

表 3-43 题 10 表

| val_type | contofptr_type | 语句 1 对应的指令序列 | 语句 2 对应的指令序列 |
|---|---|---|---|
| char | int | | |
| int | char | | |
| unsigned | int | | |
| int | unsigned char | | |
| unsigned | unsigned char | | |
| unsigned short | int | | |

# 第 4 章
# 程序的机器级表示

用任何高级语言编写的源程序最终都必须转换成以指令形式表示的机器语言才能在计算机上运行,本章将介绍高级语言源程序对应的机器级代码,也就是程序转换前后高级语言程序与机器级代码之间的对应关系。为方便起见,本章选择具体语言进行说明,高级语言和机器级代码分别选用 C 语言和 LA32/LA64 指令系统。其他情况下,其基本原理不变。

本章主要介绍 C 语言程序与 LA32/LA64 机器级代码之间的对应关系。主要内容包括 C 语言中的过程调用和流程控制语句的机器级代码表示、复杂数据类型(数组、结构、联合等)的分配与访问、越界访问和缓冲区溢出等。本章所用的机器级表示主要以汇编语言形式为主,对机器级指令功能描述的 RTL 规定与第 3 章一致。

## 4.1 过程调用的机器级表示

为便于模块化程序设计,通常把程序中具有特定功能的部分编写成独立的程序模块,称为**子程序**。子程序的使用主要通过过程调用实现。程序员可使用参数将过程与其他程序及数据进行分离。调用过程只要将输入参数传送给被调用过程,最后再由被调用过程将结果参数返回给调用过程。

引入过程使得每个程序员只需要关注本模块过程的编写任务。本书主要介绍 C 语言程序的机器级表示,而 C 语言用函数来实现过程,因此,本书中的过程和函数是等价的。

### 4.1.1 LoongArch 的过程调用约定

将程序分成若干模块后,编译器对每个模块分别编译。为了彼此统一,编译的模块代码之间必须遵循一些调用接口约定,这些约定称为**调用约定**(calling convention),具体由 ABI 规范定义,由编译器强制执行,汇编语言程序员也必须按照这些约定执行,内容包括寄存器的使用、栈帧的建立和参数传递等。

#### 1. LoongArch 中用于过程调用的指令

不同的指令系统支持过程调用的方法有差异。例如,Intel x86 提供了专门的过程调用指令 CALL 和过程返回指令 RET,为支持嵌套和递归调用,利用栈来保存**返回地址**,CALL 指令在跳转到被调用过程执行前先把返回地址压栈,RET 指令在返回调用过程前从栈中取出返回地址。过程内部定义的**非静态局部变量**(auto 变量)也可分配在栈中,在 32 位架构 IA-32 中还通过栈来传递**入口参数**。

像 RISC-V、ARM 和 MIPS 等 RISC 风格指令系统多使用专门的跳转指令实现过程调用和过程返回，过程调用时将返回地址存入专门的返回地址寄存器，而不是存入栈中。在 LoongArch 架构中，指令 BL 和 JIRL 分别用于过程调用和过程返回，通用寄存器 r1 作为专门的返回地址寄存器。过程调用时指令 BL 将返回地址保存在 r1 中，可用指令"jirl $r0, $r1, 0"（对应伪指令 jr $r1）实现过程调用的返回。

### 2. 过程调用的执行步骤

假定过程 P 调用过程 Q，则 P 称为**调用者**（caller），Q 称为**被调用者**（callee）。**过程调用**的执行步骤如下。

(1) P 将入口参数（实参）放到 Q 能访问到的地方。
(2) P 将返回地址存到特定的地方，然后将控制转移到 Q。
(3) Q 保存 P 的现场，并为自己的非静态局部变量分配空间。
(4) 执行 Q 的过程体（函数体）。
(5) Q 将恢复 P 的现场，并释放所占栈空间。
(6) Q 取出返回地址，将控制转移到 P。

上述步骤中，第(1)和第(2)步在过程 P 中完成，其中第(2)步由 BL 指令实现，通过 BL 指令将返回地址保存到 r1 中，控制从过程 P 转移到 Q。第(3)～第(6)步都在被调用过程 Q 中完成。在执行 Q 过程体前的第(3)步称为**准备阶段**，用于保存 P 的**现场**并为 Q 的非静态局部变量分配空间；在执行 Q 过程体后的第(5)步称为**结束阶段**，用于恢复 P 的现场并释放 Q 所占栈空间；最后在第(6)步通过执行 JIRL 指令返回到过程 P。

每个过程的功能主要通过**过程体**的执行来完成。若过程 Q 有嵌套调用，则在 Q 的过程体和被 Q 调用的过程（函数）中又会有上述 6 步执行过程。

**小贴士**

因为每个处理器只有一套通用寄存器，所以通用寄存器是每个过程共享的资源，当从调用过程跳转到被调用过程执行时，原来在通用寄存器中存放的调用过程中的内容，不能因为被调用过程要使用这些寄存器而被破坏掉。因此，在被调用过程使用这些寄存器前，在准备阶段应先将寄存器内容保存到栈中，在结束阶段再从栈中将这些内容重新写回寄存器，这样，回到调用过程后，寄存器中存放的还是调用过程中的值。通常将通用寄存器内容称为**现场**。

并不是所有通用寄存器内容都由被调用过程保存，而是调用过程和被调用过程各保存一部分寄存器。通常由 ABI 规范给出**寄存器使用约定**，其中规定哪些寄存器由调用者保存，哪些由被调用者保存。

### 3. 过程调用所使用的栈

从过程调用的执行步骤看，在调用过程 P 和被调用过程 Q 中，需要为入口参数、返回地址、P 执行时用到的通用寄存器、Q 中的 auto 变量、过程返回结果等数据找到存放空间。如果有足够的寄存器，最好都保存在寄存器中，这样，CPU 执行指令时可快速从寄存器取得这些数据。但是，用户可见寄存器数量有限且被所有过程共享；此外，对于过程中使用的复杂类型非静态局部变量（如数组和结构等类型）也不可能保存在寄存器中。因此，除了通用寄存器外，还需要有一个专门的存储区来保存这些数据，这个存储区就是**栈**（stack），同时，实现过程的嵌套调用或递归调用也需要使用栈保存信息。那么，上述数据中哪些存放在寄存器，哪些存放在栈中呢？寄存器和栈的使用又有哪些规定呢？

尽管硬件对寄存器的用法几乎没有任何规定，但是，因为寄存器是所有过程共享的资源，若一个寄存器在调用过程中存放了特定的值 x,在被调用过程执行时,它又被写入了新的值 y,那么当从被调用过程返回到调用过程执行时,该寄存器中的值就不是当初的值 x,这样,调用过程的执行结果就会发生错误。所以使用寄存器需遵循一定的惯例,使机器级程序员、编译器和库函数等都按照统一的约定处理。

**4. LoongArch 寄存器使用约定**

根据 LoongArch 的 ABI 规范,表 4-1 和表 4-2 分别给出了通用寄存器和浮点寄存器的使用约定。每个寄存器有一个别名,在反汇编代码中通常使用的是寄存器别名,因为别名的字母含义更接近于寄存器的用途,方便记忆。

表 4-1 通用寄存器的使用约定

| 名 称 | 别 名 | 用 途 | 是否为被调用者保存寄存器 |
| --- | --- | --- | --- |
| $r0 | $zero | 常数 0 | (常数) |
| $r1 | $ra | 返回地址 | 否 |
| $r2 | $tp | 线程指针 | (不可分配) |
| $r3 | $sp | 栈指针 | 是 |
| $r4～$r5 | $a0～$a1 | 参数寄存器、返回值寄存器 | 否 |
| $r6～$r11 | $a2～$a7 | 参数寄存器 | 否 |
| $r12～$r20 | $t0～$t8 | 临时寄存器 | 否 |
| $r21 |  | 保留 | (不可分配) |
| $r22 | $fp/ $s9 | 栈帧指针/保存寄存器 | 是 |
| $r23～$r31 | $s0～$s8 | 保存寄存器 | 是 |

表 4-2 浮点寄存器的使用约定

| 名 称 | 别 名 | 用 途 | 是否为被调用者保存寄存器 |
| --- | --- | --- | --- |
| $f0～$f1 | $fa0～$fa1 | 参数寄存器、返回值寄存器 | 否 |
| $f2～$f7 | $fa2～$fa7 | 参数寄存器 | 否 |
| $f8～$f23 | $ft0～$ft15 | 临时寄存器 | 否 |
| $f24～$f31 | $fs0～$fs7 | 保存寄存器 | 是 |

假定过程 P 调用过程 Q,则 LoongArch 的 ABI 规范给出的寄存器使用约定如下。

(1) ra 为专门的返回地址寄存器,BL 指令执行时会将返回地址写入 ra(即 r1)。

(2) a0～a7 用于传送前 8 个非浮点数入口参数,在过程 P 中应先将入口参数依次传入寄存器 a0～a7,然后调用 Q。若入口参数超过 8 个,则其余参数保存在栈中。这些寄存器在 Q 中可能会被破坏,因此,若从 Q 返回 P 后还需要使用它们,则由调用过程 P 自己保存,而无须在被调用过程 Q 中保存。

(3) a0～a1 用于传送非浮点返回结果,在过程 Q 中应先将返回结果写入 a0～a1 后再返回 P。

(4) t0～t8 是**调用者保存寄存器**(caller saved register)。当过程 P 调用 Q 时,Q 可以直接使用这些寄存器,不用将它们保存到栈中,这意味着,若 P 在从 Q 返回后还要用这些寄存器,则 P 应在转到 Q 之前先保存它们,并在从 Q 返回后先恢复再使用,t0～t8 也称**临时寄存器**。

(5) s0～s8 是**被调用者保存寄存器**(callee saved register)。若在被调用过程 Q 中使用这些寄存器,则 Q 必须先将它们保存到栈中再使用它们,并在返回 P 之前先恢复。在 LoongArch 中 s0～s8 称为**静态寄存器**。

(6) fa0～fa7 用于传送前 8 个浮点入口参数；fa0～fa1 用于传送从 Q 返回的浮点结果；ft0～ft15 属于临时寄存器，与 fa0～fa7 一样，在过程 Q 中无须保存，可按需使用，其内容可能会被 Q 破坏。若从 Q 返回后，P 需要继续使用它们，则 P 在调用 Q 前需将它们先入栈保存，从 Q 返回后，P 再恢复它们；fs0～fs7 属于被调用者保存寄存器，也称静态寄存器，若 Q 需要使用它们，则应先入栈保存，在返回 P 前恢复它们。

(7) 另外两个寄存器 fp 和 sp 则是帧指针和栈指针寄存器，分别指向当前栈帧的底部和顶部。通过将 fp 或 sp 作为基址寄存器来访问非静态局部变量和入口参数。

**小贴士**

ABI 是为运行在特定 ISA 及特定操作系统之上的应用程序规定的一种机器级目标代码接口，开发编译器、操作系统和库等软件的程序员需要遵循 ABI 规范。

本书前 5 章大部分内容其实都是 ABI 手册定义的，包括 C 语言中数据类型的长度、对齐、栈帧结构、调用约定、ELF 格式、链接过程和系统调用的具体方式等。Linux 操作系统下一般使用 System V ABI，而 Windows 操作系统则使用另一套 ABI。

**5. LoongArch 的栈、栈帧及其结构**

LoongArch 使用栈支持过程的嵌套调用，可通过执行 LD.{B[U]/H[U]/W[U]/D}、ST.{B/H/W/D}、FLD.{S/D} 和 FST.{S/D} 等访存指令存取栈中元素，用 sp（即 r3）寄存器指示栈顶，栈从高地址向低地址增长。LoongArch 没有提供栈指针自动调整的指令，通常使用 ADDI.W 指令调整 sp 的值。

每个过程都有自己的栈区，称为栈帧（stack frame），因此，一个栈由若干栈帧组成，每个栈帧用专门的帧指针寄存器 fp（即 r22）指定起始位置。因而，当前栈帧的范围在帧指针 fp 和栈指针 sp 指向区域之间。过程执行时，因为不断有数据入栈，所以栈指针会动态移动，而帧指针则固定不变。对程序来说，用固定的帧指针访问变量要比用变化的栈指针方便，也不易出错，因此，在一个过程内对栈中信息的访问大多通过帧指针寄存器 fp 进行，即通常将 fp 作为基址寄存器使用。

图 4-1 给出了 LoongArch 在过程 Q 被调用前、过程 Q 执行中和从 Q 返回到过程 P 这三个时点栈中的状态变化。

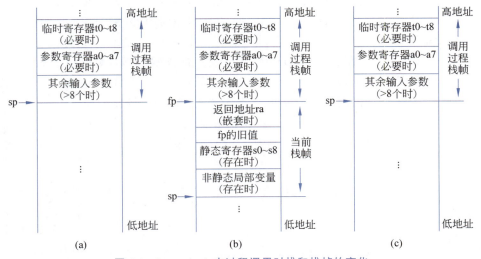

**图 4-1　LoongArch 中过程调用时栈和栈帧的变化**

(a) 过程 Q 被调用前；(b) 过程 Q 执行中；(c) 返回到过程 P 时

在 P 中遇到一个函数调用(被调用函数为 Q)时,在 P 的栈帧中保存的内容如图 4-1(a)所示。首先,P 确定是否需要将临时寄存器 t0~t8(或 ft0~ft15)和参数寄存器 a0~a7(或 fa0~fa7)保存到自己的栈帧中;其次,将非浮点入口参数按序保存到寄存器 a0~a7 中,将浮点入口参数保存到 fa0~fa7 中,若非浮点或浮点入口参数超过 8 个,则其余参数压入栈中,顺序是先右后左;最后执行 BL 指令,将返回地址保存到 ra 中,然后转去执行被调用过程 Q。

在被调用函数 Q 的准备阶段,Q 栈帧中保存的内容如图 4-1(b)所示。首先,Q 先分配栈帧,如果当前过程是非叶子过程(叶子过程是指不再调用其他过程的过程),则将返回地址(ra)入栈保存,需要时可设置帧指针 fp,fp 和 sp 所指区间是当前栈帧,将旧的 fp 内容(即调用者 P 的 fp 值)入栈保存,并设置 fp 指向当前栈帧底部;其次,根据需要确定是否将静态寄存器 s0~s8(被调用者保存寄存器)入栈保存;最后,在栈中为 Q 中的非静态局部变量分配空间。通常,如果非静态局部变量为简单变量且有空闲的通用寄存器,则编译器会将通用寄存器分配给局部变量使用,但是,对于非静态局部变量是数组或结构等复杂数据类型的情况,只能在栈中为其分配空间。

在 Q 过程的结束阶段,将恢复被调用者保存寄存器和 fp 寄存器的值,并释放占用的栈区,这样,在回到调用程序 P 后,栈中状态又和过程调用前一样,如图 4-1(c)所示。

LoongArch 的 ABI 规范中,要求栈帧按 16 字节对齐,每次 sp 指针大小增减量都是 16 字节的倍数。LA32/LA64 栈中参数分别按 4 字节和 8 字节对齐,因此,若参数类型为 char、unsigned char、short、unsigned short,在 LA32 中,其空间都占 4B,使得入口参数的地址总是 4 的倍数;在 LA64 中,其空间都占 8B,使得入口参数的地址总是 8 的倍数。

### 4.1.2 变量的作用域和生存期

从图 4-1 所示的过程调用前、后栈的变化过程可看出,在当前过程 Q 栈帧中保存的 Q 非静态局部变量只在 Q 执行过程中有效,当从 Q 返回 P 后,这些变量所占空间被全部释放,因此,在 Q 过程以外,这些变量无效。了解该过程能很好地理解 C 语言中关于变量的作用域和生存期的问题。C 语言中自动(auto)变量就是函数内的非静态局部变量,因为它是通过执行指令而动态、自动地在栈中分配并在函数执行结束时释放的,所以其作用域仅限于函数内部且具有的仅是"局部生存期"。此外,auto 变量可以和其他函数中的变量重名,因为其他函数中的同名变量实际占用的是自己栈帧中的空间(同名 auto 变量时)或静态数据区(同名静态局部变量时),也就是说,变量名虽相同但实际占用的存储单元不同,它们分别存放在不同的栈帧中,或者一个在栈中另一个在静态数据区中。C 语言中的外部(全局)变量和静态变量(包括全局静态变量和局部静态变量)都分配在静态数据区,而不是分配在栈中,因而这些变量在整个程序运行期间一直占据着固定的存储单元,它们具有"全局生存期"。

下面用一个简单的例子说明过程调用的机器级实现。假定有一个函数 add()实现两个数相加,另一个过程通过函数 caller()调用函数 add(),以计算 125+80 的值,对应的 C 语言程序如下。

```
1    int add(int x,int y) {
2        return x+y;
3    }
4
5    int caller() {
6        int temp1 = 125;
```

```
 7          int temp2 = 80;
 8          int sum = add(temp1,temp2);
 9          return sum;
10      }
```

经 GCC 编译(-O0)并链接后生成的可执行文件被反汇编后，caller 过程对应的 LA32 机器级代码(反汇编工具生成的代码中未使用寄存器别名)如下。

```
 1    addi.w    $r3, $r3, -32(0xfe0)      #R[sp]←R[sp]-32,生成一个新的栈帧
 2    st.w      $r1, $r3, 28(0x1c)        #M[R[sp]+28]←R[ra],保存返回地址
 3    st.w      $r22, $r3, 24(0x18)       #M[R[sp]+24]←R[fp],保存 fp 的旧值
 4    addi.w    $r22, $r3, 32(0x20)       #R[fp]←R[sp]+32,生成新的 fp 帧指针
 5    addi.w    $r12, $r0, 125(0x7d)      #R[r12]←125,temp1=125
 6    st.w      $r12, $r22, -20(0xfec)    #M[R[fp]-20]←R[r12],temp1 入栈
 7    addi.w    $r12, $r0, 80(0x50)       #R[r12]←80,temp2=80
 8    st.w      $r12, $r22, -24(0xfe8)    #M[R[fp]-24]←R[r12],temp2 入栈
 9    ld.w      $r5, $r22, -24(0xfe8)     #R[r5]←M[R[fp]-24],参数 temp2 传给 a1
10    ld.w      $r4, $r22, -20(0xfec)     #R[r4]←M[R[fp]-20],参数 temp1 传给 a0
11    bl        -88(0xffffffa8)           #调用 add,将返回地址保存在 ra 中
12    st.w      $r4, $r22, -28(0xfe4)     #M[R[fp]-28]←R[r4],add 返回值送 sum
13    ld.w      $r12, $r22, -28(0xfe4)    #R[r12]←M[R[fp]-28],读取 sum
14    move      $r4, $r12                 #R[r4]←R[r12],sum 作为返回值送 a0
15    ld.w      $r1, $r3, 28(0x1c)        #R[ra]←M[R[sp]+28],读取返回地址
16    ld.w      $r22, $r3, 24(0x18)       #恢复帧指针 fp 的旧值
17    addi.w    $r3, $r3, 32(0x20)        #释放栈帧空间
18    jirl      $r0, $r1, 0               #返回调用过程
```

图 4-2 给出了 caller 栈帧的状态，其中，假定 caller 被过程 P 调用。代码第 1 行的 addi.w 指令用来为 caller 分配 32B 的空间，图中 fp 的位置是执行了第 4 条指令后 fp 的值所指的位置。从汇编代码可看出，caller 是非叶子过程，因而将其返回地址 (ra)入栈保存，并使用 fp 作为帧指针，因而将调用者 P 中的 fp 内容入栈保存。在 caller 中没有使用任何静态寄存器，因而在 caller 栈帧中无须保存它们。caller 有三个非静态局部变量 temp1、temp2 和 sum，皆被分配在其栈帧中，地址依次是 R[fp]－20、R[fp]－24 和 R[fp]－28。因此，caller 栈帧中共有 4＋4＋4×3＝20B 有效空间，浪费了 12B 空间。这是因为 GCC 为保

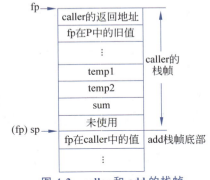

图 4-2  caller 和 add 的栈帧

证 LoongArch 架构中数据的严格对齐而规定每个过程的栈帧大小必须是 16B 的倍数。在用 bl 指令调用 add()函数前，caller 先将入口参数 temp2 和 temp1 的值(即 80 和 125)分别保存到寄存器 a1 和 a0 中，在执行 bl 指令时将返回地址送入寄存器 ra。

add()函数的返回结果存放在 r4(即 a0)中，第 12 行的 st.w 指令将 add 过程返回的结果存入 sum 变量的存储空间，其地址为 R[fp]－28，第 13、第 14 行的两条指令将 sum 变量的值送至返回值寄存器 r4 中。

由于 caller 为非叶子过程，返回地址被保存在栈中。因此，第 15 行的指令从栈帧中读取返回地址，并送寄存器 ra 中。

在执行过程返回指令 jirl 之前，应将当前过程的栈帧释放并恢复旧 fp 的值。第 16 行的

ld.w 指令用于恢复旧 fp 值,第 17 行的 addi.w 指令实现栈帧释放功能,使 sp 指向调用者 P 的栈顶。

LA32/LA64 没有像 x86 那样提供专门的入栈(push)和出栈(pop)指令,而是通过 ld.w/ld.d 和 st.w/st.d 指令来实现栈中内容的读取和写入,这种存储指令没有对栈顶指针 sp 的自增和自减功能,需要显式地用 addi.w 指令实现对 sp 的修改,addi.w 指令中立即数为正数时,可实现对栈帧空间的释放,当其中的立即数为负数时,可实现栈帧的生长。

由此可见,当执行完第 17 行的 addi.w 指令后,caller 栈帧所在空间被释放,局部变量 temp1、temp2 和 sum 的生存期结束。因此,这三个局部变量的作用域仅在 caller( )函数内,生存期仅在 caller 代码的执行过程中。

add 过程比较简单,经 GCC 编译(-O1)并链接而生成的可执行文件被反汇编后的对应代码如下:

```
1   addi.w    $r3, $r3, -16(0xff0)    #R[sp]←R[sp]-16,生成一个新的栈帧
2   st.w      $r22, $r3, 12(0xc)      #M[R[sp]+12]←R[fp],保存 fp 的旧值
3   addi.w    $r22, $r3, 16(0x10)     #R[fp]←R[sp]+16,生成新的 fp 帧指针
4   add.w     $r4, $r4, $r5           #R[r4]←x+y,返回结果存入 a0
5   ld.w      $r22, $r3, 12(0xc)      #恢复帧指针 fp 的旧值
6   addi.w    $r3, $r3, 16(0x10)      #释放栈帧空间
7   jirl      $r0, $r1, 0             #返回 caller 调用过程
```

一个过程对应的机器级代码包含三部分:准备阶段、过程体和结束阶段。上述第 1~3 行指令构成最简单的准备阶段代码。第 4 行指令是过程体代码段,这里 add 过程的入口参数 x 和 y 对应的值 125 和 80 分别保存在参数寄存器 r4 和 r5 中,add.w 指令将 r4 和 r5 中的 x 和 y 相加,结果写入返回值寄存器 r4(即 a0)中。第 5~7 行指令是结束阶段代码,最终通过 jirl 指令将程序的执行从 add 返回到 caller。

add 过程中没有用到任何被调用者保存寄存器,也没有非静态局部变量,此外,add 不再调用其他过程,即是**叶子过程**,因而也没有返回地址要保存,因此,add 过程可以没有栈帧,此时,其对应的反汇编代码如下:

```
1   add.w     $r4, $r4, $r5
2   jirl      $r0, $r1, 0
```

**小贴士**

GCC 编译器提供了-O0、-O1、-O2、-O3 优化编译选项,O 后面的数字越大优化程度越高。在 LoongArch 架构中,若使用-O0(未优化)选项,则在被调用过程 Q 中通常会将调用过程 P 通过参数寄存器 a0~a7 传递过来的入口参数存入栈中,并通过 LD.{B[U]/H[U]/W[U]/D} 指令访问栈中保存的入口参数;当使用-O1 等优化选项时,通常不会在 Q 中将 a0~a7 传递过来的入口参数存入栈中。

在 LoongArch 的 GCC 编译器中,使用-O1 选项时默认不使用帧指针寄存器 fp,但可用选项-fno-omit-frame-pointer 设置使用 fp。

### 4.1.3 按值传递参数和按地址传递参数

参数传递是 C 语言函数间数据传递的主要方式。C 语言中的数据类型分**基本数据类型**和**复杂数据类型**,而复杂数据类型中又分**构造类型**和**指针类型**。基本数据类型有 int 型、float 型等,构造类型包括数组、结构、联合等类型。

C 语言中函数的**形式参数**可以是基本类型变量名、构造类型变量名和指针类型变量名。对于不同类型的形式参数，其传递参数的方式不同，总体来说分为两种：**按值传递**和**按地址传递**。当形参是基本类型变量名时，采用按值传递方式；当形参是指针类型变量名或构造类型变量名时，采用按地址传递方式。显然，add 过程采用的是按值传递方式。

下面通过例子说明两种方式的差别。图 4-3 给出了两个相似的程序。

```
程序一
#include <stdio.h>
int main() {
    int a=15, b=22;
    printf("a=%d\tb=%d\n", a, b);
    swap(&a, &b);
    printf("a=%d\tb=%d\n", a, b);
    return 0;
}
void swap(int *x, int *y) {
    int t=*x;
    *x=*y;
    *y=t;
}
```

```
程序二
#include <stdio.h>
int main() {
    int a=15, b=22;
    printf("a=%d\tb=%d\n", a, b);
    swap(a, b);
    printf("a=%d\tb=%d\n", a, b);
    return 0;
}
void swap(int x, int y) {
    int t=x;
    x=y;
    y=t;
}
```

图 4-3　按值传递参数和按地址传送参数的程序示例

图 4-3 中两个程序的输出结果如图 4-4 所示。

```
程序一的输出：
    a=15     b=22
    a=22     b=15
```

```
程序二的输出：
    a=15     b=22
    a=15     b=22
```

图 4-4　图 4-3 中程序的输出结果

从图 4-4 可看出，程序一实现了 a 和 b 值的交换，而程序二并未实现。下面从这两个程序的机器级代码来分析为何它们之间有这种差别。

图 4-5 给出了 LA32 架构(-O0)两个程序对应的参数传递代码，不同之处用粗体字表示。a 和 b 分别存放在 main 栈帧的 R[r22]−20 和 R[r22]−24 处，传参时，程序一用 addi.w 指令，而程序二用的是 ld.w 指令，因而程序一传递的是 a 和 b 的地址，而程序二传递的是 a 和 b 的内容。

```
程序一汇编代码片段：
main:
    …
    addi.w   $r5, $r22, -24(0xfe8)
    addi.w   $r4, $r22, -20(0xfec)
    bl       -152(0xffffff68) # 10674 <swap>
    …
    jirl     $r0, $r1, 0
```

```
程序二汇编代码片段：
main:
    …
    ld.w     $r5, $r22, -24(0xfe8)
    ld.w     $r4, $r22, -20(0xfec)
    bl       -120(0xffffff88) # 10674 <swap>
    …
    jirl     $r0, $r1, 0
```

图 4-5　两个程序中传递 swap 过程参数的汇编代码片段

图 4-6 给出了两个程序中 swap() 函数对应的汇编代码。

从图 4-6 可看出，程序一和程序二对应的 swap() 函数的准备阶段都把参数寄存器 r4 和 r5 的内容存入 swap 栈中，虽然准备阶段的代码一样，但写入 swap 栈中的内容不一样，程序一写入

```
程序一汇编代码片段:
main:
       ...
swap:
# 以下是准备阶段
addi.w   $r3, $r3, -48(0xfd0)
st.w     $r22, $r3, 44(0x2c)
addi.w   $r22, $r3, 48(0x30)
st.w     $r4, $r22, -36(0xfdc)
st.w     $r5, $r22, -40(0xfd8)
# 以下是过程体
ld.w     $r12, $r22, -36(0xfdc)
ld.w     $r12, $r12, 0
st.w     $r12, $r22, -20(0xfec)
ld.w     $r12, $r22, -40(0xfd8)
ld.w     $r13, $r12, 0
ld.w     $r12, $r22, -36(0xfdc)
st.w     $r13, $r12, 0
ld.w     $r12, $r22, -40(0xfd8)
ld.w     $r13, $r22, -20(0xfec)
st.w     $r13, $r12, 0
# 以下是结束阶段
ld.w     $r22, $r3, 44(0x2c)
addi.w   $r3, $r3, 48(0x30)
jirl     $r0, $r1, 0
```

```
程序二汇编代码片段:
main:
       ...
swap:
# 以下是准备阶段
addi.w   $r3, $r3, -48(0xfd0)
st.w     $r22, $r3, 44(0x2c)
addi.w   $r22, $r3, 48(0x30)
st.w     $r4, $r22, -36(0xfdc)
st.w     $r5, $r22, -40(0xfd8)
# 以下是过程体
ld.w     $r12, $r22, -36(0xfdc)
st.w     $r12, $r22, -20(0xfec)
ld.w     $r12, $r22, -40(0xfd8)
st.w     $r12, $r22, -36(0xfdc)
ld.w     $r12, $r22, -20(0xfec)
st.w     $r12, $r22, -40(0xfd8)
# 以下是结束阶段
ld.w     $r22, $r3, 44(0x2c)
addi.w   $r3, $r3, 48(0x30)
jirl     $r0, $r1, 0
```

图 4-6　两个程序中 swap 过程的汇编代码片段

栈中的是 a 和 b 的地址,如图 4-7(a)所示,程序二写入栈中的是 a 和 b 的值,如图 4-8(a)所示。

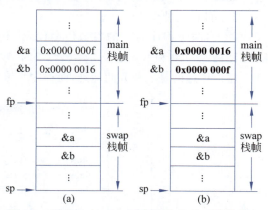

图 4-7　程序一中 swap 过程体执行前后栈帧状态
(a)swap 过程体执行前;(b)swap 过程体执行后

程序一和程序二对应的 swap 的过程体机器级代码不同。程序一的 swap 过程体比程序二的 swap 过程体多了 4 条指令。程序一中 swap() 函数的形式参数 x 和 y 是指针型变量,相当于间接寻址,需先取出地址,然后根据地址再存取 x 和 y 的值,因而改变了调用过程 main 的栈帧中局部变量 a 和 b 所在位置的内容,如图 4-7(b)中粗体字所示;而程序二中 swap() 函数的形参 x 和 y 是基本类型变量，直接存取 x 和 y 的内容，因而改变的是 swap() 函数入口参数 x 和 y 所在位置的值，如图 4-8(b) 中粗体字所示。

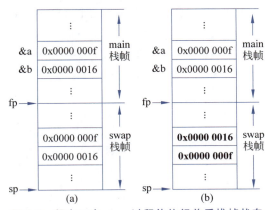

图 4-8　程序二中 swap 过程体执行前后栈帧状态
(a)swap 过程体执行前；(b)swap 过程体执行后

从图 4-7 可看出，程序一的 main 栈帧状态发生了变化，而 swap 栈帧的入口参数没变化；从图 4-8 可看出，程序二的 main 栈帧状态没变化，而 swap 栈帧状态发生了变化。因此，程序一调用 swap() 函数后回到 main() 函数执行时，a 和 b 的值已经交换过，而在程序二的执行中，swap 过程实际上交换的是其两个入口参数所在位置的内容，而没有真正交换 a 和 b 的值。由此不难理解为什么会出现如图 4-4 所示的程序执行结果。

从上述例子可看出，编译器并不为形式参数分配存储空间，而是给形式参数对应的实参分配空间，形式参数实际上只是被调用函数使用实参时的一个名称而已，通过形参名来引用实参。不管是按值传递参数还是按地址传递参数，在用 BL 指令调用被调用过程时，对应的实参都已有具体的值，并存入参数寄存器（大于 8 个时存入栈）中，以等待被调用过程中的指令使用。例如，在图 4-5 所示的程序一中，main() 函数调用 swap() 函数的实参是 &a 和 &b，在执行 BL 指令调用 swap() 函数前，把 &a 和 &b 的值（地址 R[fp]－20 和地址 R[fp]－24）分别写入寄存器 r4 和 r5。在程序二中，main() 函数调用 swap() 函数的实参是 a 和 b，在执行 BL 指令调用 swap() 函数前，把 a 和 b 的值（15 和 22）分别写入寄存器 r4 和 r5。

**例 4-1**　以下是两个 C 语言函数 test() 和 caller() 的定义。

```
1   void test(int x, int * ptr) {
2       if (x>0 && * ptr>0)
3           * ptr+=x;
4   }
5
6   void caller(int a, int y) {
7       int x = a>0 ? a : a+100;
8       test(x, &y);
9   }
```

假定调用 caller() 函数的过程为 main，在 main 中给出的对应 caller() 函数的形参 a 和 y 的实参分别是 100 和 200，对于上述两个 C 语言函数，画出相应的栈帧中的状态，并回答下列问题。

① test() 函数的形参是按值传递还是按地址传递？test() 函数的形参 ptr 对应的实参是

一个什么类型的值?

② test()函数中被改变的 *ptr 的结果如何返回给它的调用过程 caller?

③ caller()函数中被改变的 y 的结果能否返回给过程 main? 为什么?

**解**: 使用-O0 选项得到的过程 caller 和 test 对应的栈帧状态如图 4-9 所示。

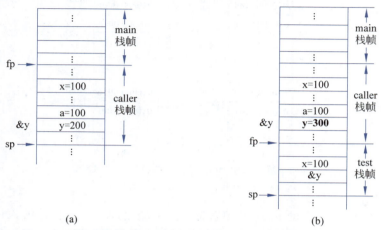

图 4-9 执行 test 过程之前和之后的栈帧状态

(a)执行 test()函数之前过程 caller 的栈帧状态; (b)test 过程返回前的栈帧状态

根据图 4-9 中所反映的栈帧状态,可给出以下答案。

① test()函数的两个形参中,前者是基本类型变量名,后者是指针型变量名,因此前者按值传递,后者按地址传递。形参 ptr 是指向 int 型的一个指针,因而对应的实参一定是一个地址。形参 ptr 对应实参的值反映了实参所指向的目标数据所在的存储地址。若是栈区某地址,则说明目标数据是非静态局部变量;若是静态数据区某地址,则说明目标数据是全局变量或静态变量。此例中,形参 ptr 对应实参所指目标数据就是 caller 栈帧中的入口参数 y 对应的实参 200,即 ptr 对应实参为 &y,在过程 caller 中用一条加法指令"addi.w"即可得到 &y。

② test()函数执行的结果反映对形参 ptr 对应实参所指向的目标单元进行的修改,即将 200 修改为 300。因为所修改的存储单元不在 test 的栈帧内,不会随 test 栈帧的释放而丢失,所以 y 的值可在 test 执行结束后继续在过程 caller 中使用。也即第 8 行语句执行后,y 的值为 300。

③ caller()函数执行过程中对 y 所在单元内容的改变不能返回给它的调用过程 main。caller()函数执行的结果就是调用 test()函数后由 test()函数留下的对地址 &y 处所做的修改,即 200 被修改为 300,这个修改结果会因为 caller 栈帧的释放而丢失。当从 caller()函数回到过程 main 后,过程 main 中无法对存储单元 &y 进行引用。因而 y 的值 300 不能在 caller()函数执行结束后继续传递到过程 main 中。

### 4.1.4 递归过程调用

过程调用中使用的栈机制和寄存器使用约定,使得可以进行过程的嵌套调用和递归调用。下面用一个简单的例子来说明递归调用过程的执行。

以下是一个计算自然数之和的递归函数(自然数求和可以直接用公式计算,这里的程序仅为了说明问题而给出)。

```
1   int nn_sum(int n) {
2       int result;
3       if (n<=0)
4           result=0;
5       else
6           result=n+nn_sum(n-1);
7       return result;
8   }
```

在 LA32 中，用 -O1 选项对上述递归函数生成对应的汇编代码如下。图 4-10 给出了第 3 次进入递归调用（即第 3 次执行完指令"bl -40(0xffffd8)"）时栈帧的状态，假定最初调用 nn_sum() 函数的是过程 P。

```
1   nn_sum:
2   blt      $r0, $r4, 12(0xc) #.L2
3   move     $r4, $r0
4   jirl     $r0, $r1, 0
5   .L2
6   addi.w   $r3, $r3, -16(0xff0)
7   st.w     $r1, $r3, 12(0xc)
8   st.w     $r22, $r3, 8(0x8)
9   st.w     $r23, $r3, 4(0x4)
10  addi.w   $r22, $r3, 16(0x10)
11  move     $r23, $r4
12  addi.w   $r4, $r4, -1(0xfff)
13  bl       -40(0xffffffd8) #nn_sum
14  add.w    $r4, $r4, $r23
15  ld.w     $r1, $r3, 12(0xc)
16  ld.w     $r22, $r3, 8(0x8)
17  ld.w     $r23, $r3, 4(0x4)
18  addi.w   $r3, $r3, 16(0x10)
19  jirl     $r0, $r1, 0
```

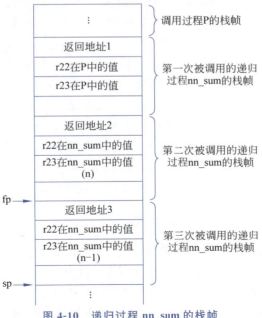

图 4-10　递归过程 nn_sum 的栈帧

递归过程 nn_sum 对应的汇编代码中,当 n 为 0 时,返回值为 0(第 3 行的指令),并返回调用过程(第 4 行的指令),没有增加新的栈帧。

当 n 不为 0 时,首先生成一个 16 字节栈帧(第 6 行的指令),并将返回地址保存在栈帧中(第 7 行的指令)。栈帧中除保存帧指针寄存器 r22 外,还要保存被调用者保存寄存器 r23(第 9 行的指令)。第 10 行的 addi.w 指令将当前帧指针 fp 设置为指向栈帧底部。

该过程只有一个入口参数 n,存放在参数寄存器 r4 中。为了在递归调用返回时还能使用 n,第 11 行的 move 伪指令将 n 传到保存寄存器 r23 中保存。第 12 行对应的 addi.w 指令实现 n-1(或 n-2,…,1,0),并作为下一次递归调用的参数存放在 r4 中。

递归过程直到参数为 0 时才第一次退出 nn_sum 过程,并回到调用指令"bl -40(0xfffffd8)"的下一条指令执行。递归调用过程中每次都回到同一条指令执行,因此,图 4-10 中的返回地址 2 和返回地址 3 是相同的,但不同于返回地址 1,因为返回地址 1 是过程 P 中调用指令"bl nn_sum"的下一条指令的地址。

图 4-11 给出了上述递归过程的执行流程。

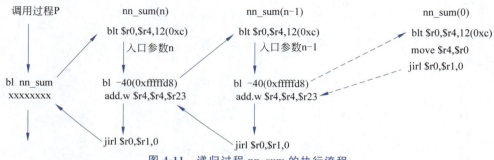

图 4-11 递归过程 nn_sum 的执行流程

从图 4-11 可看出,递归过程的执行一直要等到满足跳出过程的条件时才结束,这里跳出过程的条件是入口参数为 0,只要入参不为 0,就一直递归调用 nn_sum()函数自身。因此,在递归调用 nn_sum()函数的过程中,栈中最多会形成 $n$ 个 nn_sum 栈帧。每个 nn_sum 栈帧占用 16B 的空间,因而 nn_sum 过程在执行中会占用 $16n$B 的栈空间(入参为 0 调用 nn_sum()函数时未分配栈帧)。虽然占用的栈空间是临时的,过程执行结束后其所占的所有栈空间都会被释放,但是当递归深度非常大时,栈空间的开销会很大。操作系统为程序分配的栈会有默认的大小限制,若栈大小为 2MB,则在不考虑其他调用过程所用栈帧的情况下,当递归深度 $n$ 达到大约 2MB/16B=$2^{17}$=131 072 时,发生<u>栈溢出</u>(stack overflow)。

此外,过程调用的时间开销也不得不考虑,虽然过程的功能由过程体中的指令来实现,但是,为了支持过程调用,每个过程中还包含了准备阶段和结束阶段。因而每增加一次过程调用,就要增加许多条包含在准备阶段和结束阶段的额外指令,这些额外指令的执行时间开销对程序的性能影响很大,因而,应该尽量避免不必要的过程调用,特别是递归调用。

### 4.1.5 非静态局部变量的存储分配

对于非静态局部变量的分配顺序,C 标准规范中没有规定必须按顺序从大地址到小地址分配,或是从小地址到大地址分配,因而它属于<u>未定义行为</u>,不同的编译器有不同的处理方式。

编译器在给非静态局部变量分配空间时,通常将其占用的空间分配在本过程的栈帧中。有些编译器在编译优化的情况下,也可能会把属于基本数据类型的非静态局部变量分配在通用寄存器中，但是，对于复杂的数据类型变量，如数组、结构和联合等数据类型变量，一定会分配在栈帧中。

已知某 C 语言源程序如下。

```
1    #include <stdio.h>
2    void func(int param1, int param2, int param3) {
3        int var1 = param1;
4        int var2 = param2;
5        int var3 = param3;
6        printf("%p\n", &param1);
7        printf("%p\n", &param2);
8        printf("%p\n\n", &param3);
9        printf("%p\n", &var1);
10       printf("%p\n", &var2);
11       printf("%p\n\n", &var3);
12   }
13   int main() {
14       func(1, 3, 5);
15       return 0;
16   }
```

在 LA32＋Linux＋GCC 平台下处理该程序，其运行结果是，func()函数的参数 param1、param2、param3 的地址分别为 0x4080031C、0x40800318 和 0x40800314；func()函数的非静态局部变量 var1、var2、var3 的地址分别为 0x4080032C、0x40800328 和 0x40800324。可以看出，这里函数参数的地址小于局部变量的地址，因为栈从高地址向低地址方向增长，所以可以推断出以下结论：在 func()函数执行过程中，通过参数寄存器 a0～a2 传递过来的参数 param1、param2、param3 被动态地保存在了 func 栈帧中。此外，该例中局部变量是按顺序、连续进行大地址→小地址的分配。

但是，在 LoongArch＋Linux＋GCC 平台下，有些程序的局部变量按小地址→大地址方向分配。例如，在例 4-3 中的局部变量就是按小地址→大地址方向分配。也有些编译器为节省空间并不一定完全按变量声明的顺序分配空间，甚至在编译优化情况下会将局部变量分配在寄存器中，而不在栈中分配空间。

事实上，C 语言标准和 ABI 规范都没有定义按何种顺序分配变量的空间。相反，C 语言标准明确指出，对不同变量的地址进行除"＝＝"和"！＝"之外的关系运算都属于未定义行为。因此，不可依赖变量所分配的顺序来确定程序的行为，例如，对于上述程序中定义的自动变量 var1 和 var2，语句"if（&var1 ＜ &var2）{…};"属于未定义行为，程序员应注意不要编写此类代码。

例 4-2　某 C 语言程序 main.c 如下。

```
1    #include <stdio.h>
2    void main() {
3        unsigned int a=1;
4        unsigned short b=1;
5        char c=-1;
6        int d;
7        d= (a>c)?1:0;
8        printf("%d\n",d);
9        d= (b>c)?1:0;
10       printf("%d\n",d);
11   }
```

对应的可执行文件通过 objdump 命令反汇编得到结果如下。

```
1   10674:    02bf8063    addi.w    $r3,$r3,-32(0xfe0)
2   10678:    29807061    st.w      $r1,$r3,28(0x1c)
3   1067c:    29806076    st.w      $r22,$r3,24(0x18)
4   10680:    02808076    addi.w    $r22,$r3,32(0x20)
5   10684:    0280040c    addi.w    $r12,$r0,1(0x1)
6   10688:    29bfb2cc    st.w      $r12,$r22,-20(0xfec)
7   1068c:    0280040c    addi.w    $r12,$r0,1(0x1)
8   10690:    297faacc    st.h      $r12,$r22,-22(0xfea)
9   10694:    02bffc0c    addi.w    $r12,$r0,-1(0xfff)
10  10698:    293fa6cc    st.b      $r12,$r22,-23(0xfe9)
11  1069c:    283fa6cc    ld.b      $r12,$r22,-23(0xfe9)
12  106a0:    28bfb2cd    ld.w      $r13,$r22,-20(0xfec)
13  106a4:    0012b58c    sltu      $r12,$r12,$r13
14  106a8:    29bf92cc    st.w      $r12,$r22,-28(0xfe4)
15  106ac:    28bf92c5    ld.w      $r5,$r22,-28(0xfe4)
16  106b0:    1c000ca4    pcaddu12i $r4,101(0x65)
17  106b4:    02a1d084    addi.w    $r4,$r4,-1932(0x874)
18  106b8:    54bad400    bl        47828(0xbad4) #1c19c <_IO_printf>
19  106bc:    2a7faacd    ld.hu     $r13,$r22,-22(0xfea)
20  106c0:    283fa6cc    ld.b      $r12,$r22,-23(0xfe9)
21  106c4:    0012358c    slt       $r12,$r12,$r13
22  106c8:    29bf92cc    st.w      $r12,$r22,-28(0xfe4)
    ...
31  106ec:    4c000020    jirl      $r0,$r1,0
```

根据源程序代码和反汇编结果,回答下列问题。

① 局部变量 a、b、c、d 在栈中的存放位置各是什么?

② 在反汇编得到的机器级代码中,分别找出 C 语言程序第 7 行和第 9 行语句对应的指令序列并解释每条指令的功能。这两行语句执行后,d 的值分别为多少?为什么?

③ 第 15~17 行汇编指令的功能各是什么?

④ 画出局部变量在栈帧中的存放情况。

解: ① 局部变量 a、b、c、d 在栈中的存放位置各是 R[r22]−20、R[r22]−22、R[r22]−23、R[r22]−28。

② C 程序第 7 行语句对应的指令序列为第 11~14 行指令。第 11 行指令"ld.b $r12, $r22,−23(0xfe9)"将变量 c 符号扩展为 32 位后送到 r12 中;第 12 行指令"ld.w $r13, $r22,−20(0xfec)"将变量 a 取出送到 r13 中;第 13 行指令"sltu $r12,$r12,$r13"按无符号整数比较大小,若 c 小于 a,则 r12 中置 1,否则清 0。第 7 行语句执行后,d 的值为 0。这里,变量 c 是 char 型(LA32 中的 GCC 编译器将 char 视为带符号整型),故按符号扩展。因为 a 为 unsigned int 型,所以 c 和 a 按无符号整数比较大小。变量 c 为全 1,而变量 a 为 1,因此 c>a,因而 d=0。

C 语言程序第 9 行语句对应的指令序列为第 19~22 行指令。第 19 行指令"ld.hu $r13, $r22,−22(0xfea)"将变量 b 零扩展为 32 位后送到 r13 中;第 20 行指令"ld.b $r12, $r22,−23(0xfe9)"将变量 c 符号扩展为 32 位后送到 r12 中;第 21 行指令"slt $r12, $r12, $r13"按带符号整数比较,若 c 小于 b,则 r12 中置 1,否则清 0。第 9 行语句执行后,d 的值为 1。这里,char 型变量 c 符号扩展后结果为全 1,而变量 b 是 unsigned short 型,故按零扩展,结果为 1。在 b 和 c 比较时,根据 2.5.2 节给出的 C 语言表达式中数据类型自动转换规则可知,unsigned short 型和 char 型都应提升为 int 型,故按带符号整数比较大小,结果为 b>c,因而 d=1。

③ 第 15～17 行汇编指令用于将函数 printf() 的入口参数存到参数寄存器 r4、r5 中。第 15 行指令将存储单元 R[r22]−28 中变量 d 作为参数送 r5；第 16 行指令"pcaddu12i $r4,101 (0x65)"计算 PC+0x65000=0x106b0+0x65000=0x756b0,并将 0x756b0 送 r4；第 17 行指令"addi.w $r4,$r4,−1932(0x874)"计算 0x756b0+0x874=0x756b0−1932=0x74f24,该地址是字符串"%d\n"所在的地址,该地址作为参数送到 r4 中。

④ 局部变量在 main 栈帧中的存放情况如图 4-12 所示。

图 4-12 局部变量在 main 栈帧中的存放

## 4.1.6 入口参数的传递与分配

在 LoongArch 中,前 8 个 int 型或指针型入口参数通过参数寄存器传递,调用过程总是将参数依次存入 r4～r11(即 a0～a7)寄存器,第 8 个以后的入口参数通过栈传递。LoongArch 架构对应的 ABI 规范规定,在 LA32 和 LA64 架构中,栈中参数分别按 4 字节和 8 字节对齐。例如,在 LA64 架构中,若在栈中传递的参数不是 long 型或指针型,也都应分配 8B。

当入口参数少于 8 个或者入口参数已经被用过而不再需要时,存放对应参数的寄存器可作为临时寄存器使用。对于存放返回结果的 r4(a0) 和 r5(a1) 寄存器,在产生最终结果前,也可作为临时寄存器被重复使用。

**例 4-3** 写出以下 C 语言函数 caller() 对应的 LA64 汇编代码,并画出第 4 行语句执行结束时栈中信息存放情况。

```
1    long caller(long x){
2        long a=1000;
3        long b=test(&a,2000);
4        return x*32+b;
5    }
```

**解**：函数 caller() 对应的 LA64 汇编代码如下。

```
1   caller:
2       addi.d   $sp,$sp,-48(0xfd0)     #R[sp]←R[sp]-48,生成栈帧
3       st.d     $ra,$sp,40(0x28)       #M[R[sp]+40]←R[ra],返回地址入栈
4       st.d     $fp,$sp,32(0x20)       #M[R[sp]+32]←R[fp],fp 的旧值入栈
5       addi.d   $fp,$sp,48(0x30)       #R[fp]←R[sp]+48,生成栈帧指针
6       st.d     $a0,$fp,-40(0xfd8)     #入口参数 x 入栈
7       addi.w   $t0,$zero,1000(0x3e8)  #R[t0]←1000
8       st.d     $t0,$fp,-32(0xfe0)     #M[R[fp]-32]←1000,对变量 a 赋值
9       addi.d   $t0,$fp,-32(0xfe0)     #R[t0]←R[fp]-32,获取变量 a 的地址
10      addi.w   $a1,$zero,2000(0x7d0)  #R[a1]←2000,第二个参数送 a1 寄存器
11      move     $a0,$t0                #R[a0]←R[t0],第一个参数送 a0 寄存器
12      bl       0   #28                #调用 test(R[ra]←返回地址,PC←test)
13      st.d     $a0,$fp,-24(0xfe8)     #M[R[fp]-24]←R[a0],test 返回结果存入 b
14      ld.d     $t0,$fp,-40(0xfd8)     #R[t0]←M[R[fp]-40],取出 x
15      slli.d   $t1,$t0,0x5            #R[t1]←R[t0]<<5,计算 x*32
16      ld.d     $t0,$fp,-24(0xfe8)     #R[t0]←M[R[fp]-24],取出 b
17      add.d    $t0,$t1,$t0            #R[t0]←R[t0]+R[t1],计算 x*32+b
18      move     $a0,$t0                #R[a0]←R[t0],返回结果送 a0
```

```
19      ld.d    $ra,$sp,40(0x28)        #R[ra]←M[R[sp]+40],返回地址出栈
20      ld.d    $fp,$sp,32(0x20)        #R[fp]←M[R[sp]+32],fp旧值出栈
21      addi.d  $sp,$sp,48(0x30)        #R[sp]←R[sp]+48,释放栈帧
22      jirl    $zero,$ra,0             #返回调用者
```

第 3 行 C 语言语句执行结束相当于执行完上述第 13 行汇编指令。此时,栈中信息存放情况如图 4-13 所示。因为 caller 是非叶子过程,故将返回地址(ra)压栈; caller 还需将调用过程的 fp 值入栈;这里编译优化选项是-O0,故编译器将入口参数 x 入栈保存;局部变量 a 和 b 分别分配在 R[fp]−32 和 R[fp]−24 处,各占 8B,所有信息共占 40B,LoongArch ABI 规定栈帧按 16B 对齐,因此栈帧大小为 48B。

在执行调用指令 bl 前,应先准备好入口参数,这里的两个参数分别存放在 a0 和 a1 寄存器中,前者存放指针型参数 &a,后者存放 int 型常数 2000(如 2.2.2 节图 2-2 所示),常数 2000 在 ISO C90 和 C99 中都是 int 型)。在执行 test 过程中,sp 指针会随着 test 栈帧移动,从 test 过程返回后,sp 指针又回到指向图 4-13 所示位置。test 过程返回的结果在寄存器 a0 中。

图 4-13  例 4-3 栈中信息存放状态

**例 4-4**　以下是函数 caller() 和 test() 的 C 语言源程序。

```
1   void test(char a,char * ap,short b,short * bp,int c,int * cp,long d,long * dp,
    int e,int * ep){
2       * ap+=a; * bp+=b; * cp+=c; * dp+=d; * ep+=e;
3   }
4   long caller() {
5       char a=1; short b=2; int c=3; long d=4; int e=5;
6       test(a, &a, b, &b, c, &c, d, &d, e, &e);
7       return   a*b+c*d+e;
8   }
```

假定函数 caller() 对应的 LA64 汇编代码如下。

```
1    addi.d   $sp, $sp, -64(0xfc0)         #新的栈帧
2    st.d     $ra, $sp, 56(0x38)           #返回地址入栈
3    st.d     $fp, $sp, 48(0x30)           #fp旧值入栈
4    addi.d   $fp, $sp, 64(0x40)           #更新 fp 值
5    addi.w   $t0, $zero, 1(0x1)
6    st.b     $t0, $fp, -17(0xfef)         #变量 a=1
7    addi.w   $t0, $zero, 2(0x2)
8    st.h     $t0, $fp, -20(0xfec)         #变量 b=2
9    addi.w   $t0, $zero, 3(0x3)
10   st.w     $t0, $fp, -24(0xfe8)         #变量 c=3
11   addi.w   $t0, $zero, 4(0x4)
12   st.d     $t0, $fp, -32(0xfe0)         #变量 d=4
13   addi.w   $t0, $zero, 5(0x5)
14   st.w     $t0, $fp, -36(0xfdc)         #变量 e=5
15   ld.b     $a0, $fp, -17(0xfef)         #取出 a
16   addi.d   $a1, $fp, -17(0xfef)         #计算 &a
17   ld.h     $a2, $fp, -20(0xfec)         #取出 b
18   addi.d   $a3, $fp, -20(0xfec)         #计算 &b
19   ld.w     $a4, $fp, -24(0xfe8)         #取出 c
20   addi.d   $a5, $fp, -24(0xfe8)         #计算 &c
```

```
21  ld.d    $a6, $fp, -32(0xfe0)           #取出 d
22  addi.d  $a7, $fp, -32(0xfe0)           #计算 &d
23  ld.w    $t0, $fp, -36(0xffdc)          #取出 e
24  st.d    $t0, $sp, 0                    #e 入栈保存
25  addi.d  $t0, $fp, -36(0xfdc)           #计算 &e
26  st.d    $t0, $sp, 8(0x8)               #&e 入栈保存
27  bl      -372(0xffffe8c)  #<test>       #调用函数 test()
28  ld.b    $t1, $fp, -17(0xfef)           #取出 a
29  ld.h    $t0, $fp, -20(0xfec)           #取出 b
30  mul.w   $t1, $t1, $t0                  #计算 a*b
31  ld.w    $t2, $fp, -24(0xffe8)          #取出 c
32  ld.d    $t0, $fp, -32(0xfe0)           #取出 d
33  mul.d   $t0, $t2, $t0                  #计算 c*d
34  add.d   $t0, $t1, $t0                  #a*b+c*d
35  ld.w    $t1, $fp, -36(0xffdc)          #取出 e
36  add.d   $t0, $t0, $t1                  #a*b+c*d+e
37  move    $a0, $t0                       #返回结果送 a0
38  ld.d    $ra, $sp, 56(0x38)             #返回地址出栈
39  ld.d    $fp, $sp, 48(0x30)             #恢复 fp 旧值
40  addi.d  $sp, $sp, 64(0x40)             #释放栈帧
41  jirl    $zero, $ra, 0                  #返回调用程序
```

函数 test() 对应的 LA64 汇编代码如下。

```
1   ld.bu   $t0, $a1, 0                    #取出 *ap
2   add.w   $a0, $t0, $a0                  # *ap+a
3   st.b    $a0, $a1, 0                    # *ap+a 存入 ap 指向的地址单元
4   ld.hu   $t0, $a3, 0                    #取出 *bp
5   add.w   $a2, $t0, $a2                  # *bp+b
6   st.h    $a2, $a3, 0                    # *bp+b 存入 bp 指向的地址单元
7   ld.w    $t0, $a5, 0                    #取出 *cp
8   add.w   $a4, $t0, $a4                  # *cp+c
9   st.w    $a4, $a5, 0                    # *cp+c 存入 cp 指向的地址单元
10  ld.d    $t0, $a7, 0                    #取出 *dp
11  add.d   $t0, $t0, $a6                  # *dp+d
12  st.d    $t0, $a7, 0                    # *dp+d 存入 dp 指向的地址单元
13  ld      $t1, $sp, 8(0x8)               #从栈中取 ep
14  ld.w    $t0, $t1, 0                    #取出 *ep
15  ld.w    $t2, $sp, 0                    #从栈中取出 e
16  add.w   $t0, $t0, $t2                  # *ep+e
17  st.w    $t0, $t1, 0                    # *ep+e 存入 ep 指向的地址单元
18  jirl    $zero, $ra, 0                  #返回 caller
```

要求根据上述汇编代码,分别画出在执行到 caller() 函数的 bl 指令和 test() 函数的 jirl 指令时栈中信息的存放情况,并说明 caller() 函数是如何把实参传递给 test() 函数中的形参,而 test() 函数执行时其每个入口参数又是如何获得的。

**解**:从 caller() 函数汇编代码可看出,栈指针寄存器 sp 仅在第 1 行做了一次减法,申请了 64B 的空间,在最后第 40 行恢复 sp 之前一直没有变化,说明 caller 栈帧就是 64B。第 5~14 行用来在栈帧中分配局部变量 a、b、c、d 和 e,并将初值存入相应单元。这 5 个变量共占用了 20B。第 15~22 行用来将前 8 个实参存入参数寄存器 a0~a7 中,第 23~26 行用于在栈中存入第 9 和第 10 个参数。LA64 架构栈中参数按 8B 对齐,虽然最后两个参数分别是 int 型和指针型,但它们在栈中所占空间都是 8B,分别在 R[sp] 和 R[sp]+8 处。图 4-14(a) 给出了此时

caller 栈帧中信息的存放情况。

在过程 caller 中的 bl 指令执行后，将 bl 指令下一条指令的地址作为返回地址存入 ra 寄存器，然后跳转到过程 test 执行。在过程 test 执行过程中，没有新的栈帧，即 sp 指针没有改变，第 13 行和第 15 行指令用来从 caller 栈帧中取出第 10 和第 9 个参数，第 2、第 5、第 8、第 11 和第 16 行分别用于实现赋值语句 "*ap+=a;" "*bp+=b;" "*cp+=c;" "*dp+=d;" "*ep+=e;"。其中，指针类型变量 ap、bp、cp、dp 和 ep 的值各是 caller 中局部变量 a、b、c、d 和 e 在栈中的地址，即 *ap=a、*bp=b、*cp=c、*dp=d、*ep=e。执行完第 3、第 6、第 9、第 12、第 17 行指令后，栈中 a、b、c、d 和 e 处的内容为原来的两倍。综上所述，在执行到过程 test 的 jirl 指令时，栈中信息存放情况如图 4-14(b)所示。

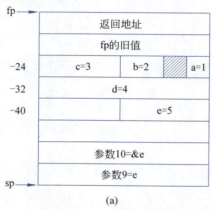 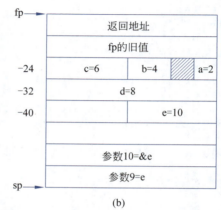

图 4-14  caller 和 test 执行时栈中信息存放情况
(a)执行到过程 caller 的 bl 指令时栈中情况；(b)执行到过程 test 的 jirl 指令时栈中情况

LA32 中寄存器位宽为 32，对于 long long 型或 double 型的 64 位数据，需保存在两个寄存器中，这两个寄存器的编号遵循偶-奇对（如 a0-a1、a2-a3 等）的原则，低 32 位在偶数号寄存器中，高 32 位在奇数号寄存器中。

**例 4-5**  以下是一段 C 语言代码。

```
1    #include <stdio.h>
2    void main(){
3        double a = 10;
4        printf("a = %d\n", a);
5    }
```

上述代码在 LA32 平台上运行时，打印出来的结果是 a=1082131396，但是在 LA64 平台上运行时，打印出来的却是 a=0，为什么？

**解**：本题代码的功能是，将一个 64 位双精度浮点数 10 转换为一个 32 位二进制数，然后以十进制数形式打印出来。IEEE 754 双精度浮点数由 64 位组成，最高位为符号位 $s$，随后的 11 位为阶码 $e$，其偏置常数为 1023，余下 52 位为尾数 $f$。因为 $10=1010B=1.01B\times 2^3$，因此 $s=0$，$e=1023+3=100\ 0000\ 0010B$，$f=0100\ 0\cdots 0B$。即 64 位机器数为 0 100 0000 0010 0100 0000 0000 0000 0000 0000 0000 0000 0000 0000 0000 0000 0000，因此，a 的机器数用十六进制形式表示的字节序列为 40H、24H、00H、00H、00H、00H、00H、00H。

图 4-15(a)和图 4-15(b)分别给出了在 LA32 和 LA64 中反汇编得到的部分汇编指令。

从图 4-15(a)可看出，在 LA32 中，第 3 和第 4 行指令实现将 printf 输出字符串的指针送

```
1    ld.w         $r6, $r22, -24(0xfe8)
2    ld.w         $r7, $r22, -20(0xfec)
3    pcaddu12i    $r4, 101(0x65)
4    addi.w       $r4, $r4, -1980(0x844)
5    bl           47776(0xbaa0)  # <_IO_printf>
```

(a)

```
1    ld.d         $a1, $fp, -24(0xfe8)
2    pcaddu12i    $a0, 87(0x57)
3    addi.d       $a0, $a0, -1136(0xb90)
4    bl           24716(0x608c)  # <_IO_printf>
```

(b)

图 4-15 调用 printf 过程前参数传递对应的汇编指令

(a)LA32 的反汇编代码；(b)LA64 的反汇编代码

r4(a0)。按 64 位参数偶-奇对原则，第 1 和第 2 行两条 ld.w 指令把参数 a 的 64 位机器数传送到 r6 和 r7，而不是 r5 和 r6 寄存器。当 printf() 函数将变量 a 的值使用 "%f" 格式输出时，会按 64 位参数偶-奇对原则从 r6 和 r7 寄存器中读取参数，但例 4-5 中 printf() 函数使用 "%d" 格式输出，对应数据类型是 int，因此，printf() 函数将从 r5（参数寄存器 a1）中读取 32 位 int 型数据，程序输出结果为 a=1082131396，说明此时 r5 寄存器的内容按 int 型解释得到的真值是 1 082 131 396。

从图 4-15(b) 可看出，在 LA64 中，第 1 行 ld.d 指令把 a 的 64 位机器数传送给 a1（即 r5），当 printf() 函数将变量 a 的值使用 "%d" 格式输出时，将读取 a1 中低 32 位的 0000 0000H，因此输出结果为 a=0。

从例 4-5 的 LA32 反汇编代码中可看到，在调用 printf() 函数前并没有对参数寄存器 r5 赋值，但每次输出结果却总是 a=1082131396，那么，寄存器 r5 中存放的是什么呢？其实，在任何一个 C 语言程序中都有一个主函数 main()，其函数原型如下：

```
int main (int argc, char * argv[], char * envp[]);
```

虽然例 4-5 中 main() 函数没有明显给出入口参数，但编译器会生成参数传递相应的机器级代码，r4 中存放 argc，r5 中存放指针变量 argv，argv 指向命令行字符串列表，r6 中存放指针变量 envp，envp 是存放环境变量的数组。程序输出 a 的值为 1082131396，对应的十六进制为 0x408003c4，这就是指针变量 argv 的内容。关于执行 main() 函数时栈中相关信息的内容将在 8.4.3 节详细介绍。

事实上，C 语言标准规定，当 printf() 函数的格式说明符和参数类型不匹配时，输出结果是未定义的。程序员编写正规程序时应该注意避免编写这种未定义行为的代码。

当过程入口参数列表中同时包含 int 型、float 型和指针型参数时，int 型和指针型参数通过通用寄存器传递，float 型参数通过浮点寄存器传递。每个入口参数与寄存器之间的映射关系取决于参数类型和排列顺序。

例 4-6 以下是 C 语言函数 funct() 的定义：

```
1    double funct(int i,double x,long j,double y,double * yptr) {
2        * yptr = y;
3        return i * x/j;
4    }
```

写出上述函数对应的 LA64 架构汇编指令序列。

解：根据 LoongArch 过程调用约定可知，funct() 函数的入口参数 i、j 和 yptr 分别存放在通用寄存器 a0、a1 和 a2 中，入口参数 x 和 y 分别存放在浮点寄存器 fa0 和 fa1 中，返回结果存放在 fa0 中。编译(-O1 选项)后得到的 LA64 架构汇编代码如下。

```
1    fst.d        $fa1, $a2, 0        #M[R[a2]]←y
2    movgr2fr.d   $fa1, $a0           #R[fa1]←i(i 传送到 fa1)
3    ffint.d.w    $fa1, $fa1          #R[fa1]←i(int 型等值转换为 double 型)
4    fmul.d       $fa1, $fa1, $fa0    #R[fa1]←i * x
5    movgr2fr.d   $fa0, $a1           #R[fa0]←j(j 传送到 fa0)
6    ffint.d.l    $fa0, $fa0          #R[fa0]←j(long 型等值转换为 double 型)
7    fdiv.d       $fa0, $fa1, $fa0    #R[fa0]←i * x/j
8    jirl         $zero, $ra, 0       #返回调用过程
```

## 4.2 流程控制语句的机器级表示

C 语言主要通过选择结构和循环结构语句来控制程序中语句的执行顺序，有 9 种流程控制语句，分成三类：选择语句、循环语句和辅助控制语句，如图 4-16 所示。

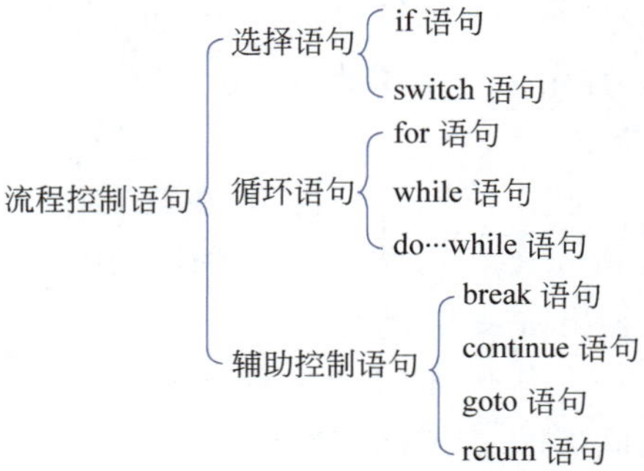

### 4.2.1 选择语句的机器级表示

如图 4-16 所示，选择语句主要有 if 语句和 switch 语句，此外，条件运算表达式也需要根据条件选择执行哪个表达式的计算功能，其对应的机器级表示与选择语句类似。

流程控制语句
- 选择语句
  - if 语句
  - switch 语句
- 循环语句
  - for 语句
  - while 语句
  - do…while 语句
- 辅助控制语句
  - break 语句
  - continue 语句
  - goto 语句
  - return 语句

图 4-16 C 语言中的流程控制语句

**1. 条件运算表达式的机器级表示**

C 语言中唯一的三目运算由符号"?"和":"组成，可构成一个条件运算表达式，其值可赋给一个变量。通用形式如下：

```
x=cond_expr ? then_expr : else_expr;
```

对应的机器级代码可使用比较指令或条件设置指令等，如例 4-2 中第 7 和第 9 行 C 语言语句对应的指令序列。

**2. if 语句的机器级表示**

if 选择结构语句根据判定条件来控制一些语句是否被执行。其通用形式如下。

```
if (cond_expr)
    then_statement
else
    else_statement
```

其中，cond_expr 是条件表达式，根据其值为非 0(真)或 0(假)，分别选择 then_statement 或 else_statement 执行。通常，编译后得到的对应汇编代码可以有两种不同的结构，如图 4-17 所示。

```
    if (!cond_expr)
        goto false_label;
    then_statement
    goto done;
false_label:
    else_statement
done:
```

```
    if (cond_expr)
        goto true_label;
    else_statement
    goto done;
true_label:
    true_statement
done:
```

图 4-17 if 语句对应的汇编代码结构

图 4-17 中的"if…goto"语句对应条件跳转指令,"goto"语句对应无条件跳转指令。编译器可以使用在底层 ISA 中提供的各种条件跳转指令、无条件跳转指令等相应的机器级代码支持机制(参见 3.3.5 节有关内容)来实现这类选择语句。

**例 4-7** 以下是一个 C 语言函数。

```
1   int get_lowaddr_content(int * p1,int * p2){
2       if (p1>p2)
3           return * p2;
4       else
5           return * p1;
6   }
```

写出上述函数对应的 LA64 汇编代码。

**解**:p1 和 p2 为指针型参数,占 64 位。根据 LA64 过程调用约定,参数 p1 和 p2 分别存放在通用寄存器 a0 和 a1 中,返回值存放在 a0 中。条件跳转指令 bge 执行时根据比较结果选择执行不同的指令,跳转目标地址用标号.L1 标识。上述函数对应的 LA64 汇编代码如下。

```
1       bge      $a1,$a0,12(0xc) #.L1     #若 p2>=p1,则转.L1 处执行
2       ldptr.w  $a0,$a1,0                #R[a0]←M[R[a1]],即 R[a0]= * p2
3       jirl     $zero,$ra,0              #返回调用过程
4   .L1:
5       ldptr.w  $a0,$a0,0                #R[a0]←M[R[a0]],即 R[a0]= * p1
6       jirl     $zero,$ra,0              #返回调用过程
```

**例 4-8** 以下是两个 C 语言函数。

```
1   void test(int x,int * ptr){
2       if (x>0 && * ptr>0)
3           * ptr+=x;
4   }
5
6   int caller(int a, int y) {
7       int x = a>0 ? a : a+100;
8       test(a, &y);
9       return x+y;
10  }
```

对于上述两个 C 语言函数,完成下列任务。

① 写出函数 test()的过程体对应的 LA64 汇编代码。
② 写出第 7 行中的语句对应的汇编代码(假定结果 x 存放在 r12 中)。

**解**:①根据 LA64 过程调用约定,函数 test()的入口参数 x 和 ptr 分别在 r4 和 r5 中,test 过程体对应的 LA64 汇编代码如下。

```
1       bge      $r0,$r4,20(0x14) #.L1      #若 x<=0,则转.L1 处执行
2       ld.w     $r12,$r5,0                 #R[r12]← * ptr
3       bge      $r0,$r12,12(0xc) #.L1      #若 * ptr <=0,则转.L1 处执行
4       add.w    $r4,$r12,$r4               #实现 * ptr+=x 的功能
5       stptr.w  $r4,$r5,0                  #保存 * ptr+=x 的结果
6   .L1
7       jirl     $r0,$r1,0                  #返回调用过程
```

这里有两条条件跳转指令,分别用来判断条件表达式"(x>0 && * ptr>0)"分解后的两个结果为假的条件"x<=0"和" * ptr<=0",在这两个条件下,都不会执行语句" * ptr+=x;"。

② 根据 LA64 过程调用约定，caller 的入口参数 a 和 y 分别在 r4 和 r5 中，第 7 行的 C 语言语句"x＝a＞0？a：a＋100;"对应的汇编代码如下。

```
1      blt      $r0,$r4,12(0xc) #.L1         #若 a＞0,则转.L1 处执行
2      addi.w   $r12,$r4,100(0x64)           #x=a+100
3      b        8(0x8) #.L2                  #转.L2 处执行
4    .L1
5      move     $r12,$r4                     #x=a
6    .L2
```

### 3. switch 语句的机器级表示

解决多分支选择问题可以用连续的 if…else…if 语句，不过，这种情况下，只能按顺序逐条测试条件，直到满足条件时才执行对应分支的语句。若用 switch 语句实现多分支选择功能，可以直接跳到某个条件处的语句执行，而不用逐条测试条件。那么，switch 语句对应的机器级代码如何实现直接跳转？下面用一个简单的例子来说明 switch 语句的机器级表示。

以下是一个含有 switch 语句的 C 语言函数 switch_test()。

```
1    int switch_test(int a, int b, int c) {
2       int result;
3       switch(a) {
4       case 15: c=b&0x0f;
5       case 10: result=c+50;
6              break;
7       case 12:
8       case 17: result=b+50;
9              break;
10      case 14: result=b;
11             break;
12      default: result=a;
13      }
14      return result;
15   }
```

图 4-18 是对应过程体在 LA32 中的汇编指令序列。

过程 switch_test 的 switch 语句中共有 6 个 case 分支，在图 4-18 的机器级代码中分别用标号.L1、.L2、.L3、.L3、.L4、.L5 标识，它们分别对应条件 a＝15、a＝10、a＝12、a＝17、a＝14、default（默认）情况，其中，a＝15 时所执行的语句（与.L1 分支对应）包含了 a＝10 时的语句（与.L2 分支对应）；a＝12 和 a＝17 所做的语句一样，都是对应.L3 分支。default 包含了 a＜10、a＝11、a＝13、a＝16 或 a＞17 几种情况，与.L5 分支对应。参数 a 存放在 r4 中，返回值 result 也在 r4 中，因此语句"result=a;"无须专门的指令，也即.L5 分支可直接返回调用过程。

可用一个跳转表实现 a 的取值与跳转标号之间的对应关系。在所有 case 条件中，最小的是 10，当 a＝10 时，a－10＝0，因此可以将 a－10 得到的值作为跳转表的索引，每个跳转表项中存放一个某分支对应的标号（4 字节地址），通过每个表项中的标号，可以分别跳转到对应 a＝10(.L2)、11(.L5)、12(.L3)、13(.L5)、14(.L4)、15(.L1)、16(.L5)、17(.L3)时的分支处。因为每个表项占 4B（.word 表示 32 位），所以每个表项相对于表的起始位置，其偏移量分别为 0、4、8、12、16、20、24 和 28，即偏移量＝索引值×4。偏移量与跳转表首地址（由标号.L6 指定，按 4 字节对齐）相加得到每个表项的地址。

从该例可看出，对 switch 语句进行编译转换的关键是构造跳转表，并正确设置索引值。

| | | | | | |
|---|---|---|---|---|---|
| 1 | addi.w | $r12, r4, 10(0xff6) | #R[r12]←a-10，跳转表的索引值 | | |
| 2 | addi.w | $r13, r0, (0x7) | #R[r13]←7 | | |
| 3 | bltu | $r13, r12, 2(0x34) | #若 a-10 >7，则跳转到.L5 | | |
| 4 | slli.w | $r12, $r12, 0x2 | #R[r12]←(a-10)*4，偏移量=索引值*4 | | |
| 5 | pcaddu12i | $r13, 101(0x65) | #R[r13]←PC+0x65000 | | |
| 6 | addi.w | $r13, $r13, -1936(0x870) | #R[r13]←R[r13]-1936，获取跳转表首地址.L6 | | |
| 7 | add.w | $r12, $r13, $r12 | #变量 a 对应的跳转表项地址=首地址+偏移量 | | |
| 8 | ld.w | $r12, $r12, 0 | #读取跳转表项中的地址 lable | | |
| 9 | jirl | $r0, $r12, 0 | #跳转到 lable 处执行 | | |
| 10 | .L1 | | | #以下是跳转表，属于只读数据节 | |
| 11 | andi | $r6, $r5, 0xf | #c=b&0xff | .section | .rodata |
| 12 | .L2 | | | .align | 2 |
| 13 | addi.w | $r4, $r6, 50(0x32) | #result=c+50 | .L6 | |
| 14 | jirl | $r0, $r1, 0 | # break | .word | .L2 |
| 15 | .L3 | | | .word | .L5 |
| 16 | addi.w | $r4, $r5, 50(0x32) | #result=b+50 | .word | .L3 |
| 17 | jirl | $r0, $r1, 0 | #break | .word | .L5 |
| 18 | .L4 | | | .word | .L4 |
| 19 | move | $r4, $r5 | #result=b | .word | .L1 |
| 20 | .L5 | | | .word | .L5 |
| 21 | jirl | $r0, $r1, 0 | #返回调用过程 | .word | .L3 |

图 4-18　switch…case 语句对应的汇编表示

一旦生成可执行文件，所有指令的地址就已经确定，因此跳转表项中标号对应的跳转地址就可确定，在程序执行过程中不可改写，属于只读数据节（.section .rodata），跳转表中每个表项都须在 $2^2=4$ 字节边界上（.align 2）。

在该例生成的可执行文件中，各跳转表项的地址和内容如下。

```
74ef4:   0001069c    #.L2
74ef8:   000106b0    #.L5
74efc:   000106a4    #.L3
74f00:   000106b0    #.L5
74f04:   000106ac    #.L4
74f08:   00010698    #.L1
74f0c:   000106b0    #.L5
74f10:   000106a4    #.L3
```

当然，当 case 的条件值相差较大时，如同时存在 case 10、case 100、case 1000 等，就很难构造一个有限表项个数的跳转表，这种情况下，编译器会生成分段跳转代码，而不会采用构造跳转表来进行跳转。

**例 4-9**　以下是 C 语言函数 switch_test() 的部分代码。

```
1    void switch_test(int x, int * ptr) {
2        switch(x) {
3            …
4            default:
5                …
6        }
7        * ptr+=x;
8    }
```

假定对上述函数编译后得到的部分 LA64 汇编代码如下。

```
1    addi.w      $t0,$a0,3(0x3)              #R[t0]←x+3
2    addi.w      $t1,$zero,6(0x6)            #R[t1]←6
3    bltu        $t1,$t0,52(0x34) #.L3       #if R[t1]< R[t0],则转.L3
4    pcaddu12i   $t1,87(0x57)                #R[t1]←PC+0x57000
5    addi.d      $t1,$t1,-1116(0xba4)        #R[t1]←R[t1]-1116(跳转表首地址.L7)
6    alsl.d      $t0,$t0,$t1,0x3             #R[t0]←R[t1]+(x+3)*8
7    ldptr.d     $t0,$t0,0
8    jirl        $zero,$t0,0
...
```

生成的跳转表如下。

```
1        .section    .rodata
2        .align 3
3    .L7:
4        .dword .L2
5        .dword .L3
6        .dword .L4
7        .dword .L5
8        .dword .L3
9        .dword .L5
10       .dword .L6
```

请问：switch_test()函数的 switch…case 语句中共有几个 case 分支？case 取值各是什么？各对应跳转表中哪个标号？

**解**：根据 LA64 过程调用约定，参数 x 存放在 a0 寄存器中，由汇编代码第 1~3 行指令可知，当 x+3>6 时为 default 情况，对应处理代码段的标号为.L3。这里 bltu 指令按无符号整数大于比较，因此，当 x+3 为负数(数的高位部分为 1)时，x+3>6 一定满足 bltu 指令条件，也属于其他取值情况。只有在 0<=x+3<=6(即 x 取值在-3~3 之间)时才不满足 bltu 指令条件，从而需要执行第 8 行 jirl 指令，通过跳转表进行指令跳转。

跳转表中每个表项占 8B(.dword 表示 64 位)，对应的索引值在 t0 寄存器中，其值为 x+3，因此，当 x+3 分别为 0、1、2、3、4、5、6 时各自跳转到.L2、.L3、.L4、.L5、.L3、.L5、.L6。由此可知，当 x=-2 和 x=1 时，对应标号为.L3，属于 default 情况；当 x=0 和 x=2 时，对应标号都是.L5。因此，switch 语句中共有 6 个分支，对应的 x 取值分别为-3(.L2)、-1(.L4)、0(.L5)、2(.L5)、3(.L6)和 default(.L3)。

### 4.2.2 循环语句的机器级表示

图 4-16 总结了 C 语言中所有程序控制语句，其中循环结构有三种：for 语句、while 语句和 do…while 语句。大多数编译器将这三种循环结构都转换为 do…while 形式来产生机器级代码，下面按照与 do…while 结构相似程度由近到远的顺序介绍三种循环语句的机器级表示。

**1. do…while 循环的机器级表示**

C 语言中的 do…while 语句形式如下。

```
do {
    loop_body_statement
} while (cond_expr);
```

该循环结构的执行过程可用以下更接近于机器级语言的低级行为描述结构来描述。

```
loop:
    loop_body_statement
    if (cond_expr) goto loop;
```

上述结构对应的机器级代码中,loop_body_statement 用一个指令序列来完成,最终用条件跳转指令来实现"if () goto loop;"的功能。

### 2. while 循环的机器级表示

C 语言中的 while 语句形式如下。

```
while (cond_expr)
    loop_body_statement
```

该循环结构的执行过程可用以下更接近于机器级语言的低级行为描述结构来描述。

```
    if (!cond_expr) goto done;
loop:
    loop_body_statement
    if (cond_expr) goto loop;
done:
```

从上述结构可看出,与 do…while 循环结构相比,while 循环仅在开头多了根据条件选择是否跳出循环体执行的指令或指令序列,其余地方与 do…while 语句一样。

### 3. for 循环的机器级表示

C 语言中的 for 语句形式如下。

```
for (begin_expr; cond_expr; update_expr)
    loop_body_statement
```

for 循环结构的执行过程可用图 4-19 所示的更接近于机器级语言的低级行为描述结构来描述。

```
        begin_expr;
        if (!cond_expr) goto done;
loop:
        loop_body_statement
        update_expr;
        if (cond_expr) goto loop;
done:
```

```
        begin_expr;
        goto .L1;
loop:
        loop_body_statement
        update_expr;
.L1:
        if (cond_expr) goto loop;
```

图 4-19 for 语句对应的汇编代码结构

从上述结构可看出,与 while 循环结构相比,for 循环仅在两个地方多了一段指令序列。一个是开头多了一段循环变量赋初值的指令序列(begin_expr),另一个是循环体中多了更新循环变量值的指令序列(update_expr),其余地方与 while 语句一样。

4.1.4 节中以计算自然数之和的递归函数为例,说明了递归过程调用的原理,该递归函数仅是为了说明原理而给出的,实际上可直接用公式计算。这里为了说明循环结构的机器级表示,用 for 语句来实现这个功能。

```
1   int nn_sum (int n) {
2       int i;
3       int result=0;
4       for (i=1; i<=n; i++)
```

```
5            result+=i;
6        return result;
7    }
```

根据图 4-19 对应 for 循环的低级行为描述结构，不难写出上述过程对应的汇编表示，以下是在 LA32 中其过程体的汇编代码。

```
1       addi.w    $r13, $r0, 0(0x0)        #R[r13]←result=0
2       addi.w    $r12, $r0, 1(0x1)        #R[r12]←i=1
3       b         .L1                      #goto .L1
4  .Loop
5       add.w     $r13, $r12, $r13         #result+=i
6       addi.w    $r12, $r12, 1(0x1)       #i+1
7  .L1
8       bge       $r4, $r12, -8(0x3fff8)   #if(n>=i) goto Loop
9       move      $r4, $r13                #返回值 result 送 r4
10      jirl      $r0, $r1, 0              #返回调用过程
```

从上述汇编代码可看出，过程 nn_sum 中的非静态局部变量 i 和 result 被分别分配在寄存器 r12 和 r13 中，r4 中存放入口参数 n，最终返回参数在 r4 中。该过程未用到被调用过程保存寄存器，因而可以不生成栈帧，即其栈帧为 0 字节，而 4.1.4 节给出的递归方式则占用了 $16n$ 字节栈空间。特别是前 $n$ 次递归调用每次都要执行 15 条指令，递归情况下共多 $n$ 次过程调用，而非递归情况下每次循环只要执行 3 条指令，因而递归方式比非递归方式大约多执行 $(15-3)n=12n$ 条指令。由此可看出，为提高程序性能，最好用非递归方式实现。

**例 4-10** 某 C 语言函数通过 GCC 编译后的 LA64 汇编代码如下。

```
1       move      $t1, $a0
2       move      $a0, $zero
3       addi.w    $t2, $zero, 11(0xb)
4  .L1
5       slli.d    $a0, $a0, 0x1
6       andi      $t0, $t1, 0xf
7       or        $a0, $t0, $a0
8       srai.w    $t1, $t1, 0x1
9       addi.w    $t2, $t2, -1(0xfff)
10      bnez      $t2, -20(0x7fffec) #.L1
11      jirl      $zero, $ra, 0
```

该 C 语言函数的整体框架结构如下。

```
long func_test(int x) {
    long result=0;
    int i;
    for (___①___;___②___;___③___) {
            ___④___
    }
    return result;
}
```

根据对应的汇编代码填写 C 语言函数中缺失的部分①、②、③和④。

**解：** 从对应汇编代码来看，因为 t2 初始为 11，在条件转移指令 bnez 之前 t2 做了一次加 −1 操作后，再与 0 比较，最后根据比较结果选择是否转到.L1 继续执行，因此循环变量 i 分配

在 t2 中,①处为 i=11,②处为 i!=0,③处为 i--。

第 5~8 行汇编指令对应④处的语句,入口参数 x 在 t1 中,返回参数 result 在 a0 中。第 5 条指令 slli.d 实现将 result 左移一位;第 6 条指令 andi 则实现"x & 0x0f";第 7 条指令实现 "result=(result<<1) | (x & 0x0f)",第 8 条指令实现"x>>=1"。综上所述,④处的两条语句是"result=(result<<1) | (x & 0x0f); x>>=1;"。

因为本例中循环终止条件是 i!=0,而循环变量 i 的初值为 11,可以确定第一次终止条件肯定不满足,所以可以省掉循环体前面一次条件判断。从本例中给出的汇编代码来看,它确实只有一条条件跳转指令,而不像前面给出的 for 循环对应低级行为描述结构那样有两条条件跳转指令。显然,本例结构更简洁。

## 4.3 复杂数据类型的分配和访问

本节以 C 语言为例,说明复杂类型数据处理的机器级代码,包括在寄存器和存储器中的存储与访问。在 LoongArch 机器级代码中,基本类型对应的数据通常通过单条指令就可以访问和处理,这些数据在指令中以立即数形式出现,或者以寄存器或存储器数据形式出现。而对于构造类型数据,由于其包含多个基本类型数据,因此不能直接用单条指令访问和运算,通常需要特定的代码结构和寻址方式对其进行处理。本节主要介绍构造类型和指针类型的数据在机器级程序中的访问和处理。

### 4.3.1 数组的分配和访问

数组可以将同一类型数据组合起来形成一个大的数据集合。因为数组是数据的集合,所以不可能存放在一个寄存器中或作为指令中的立即数,而是一定分配在存储器中。数组中每个元素在存储器中连续存放,可用一个索引值访问数组元素。对于数组的访问和处理,编译器最重要的是要找到一种简便的数组元素地址的计算方法。

**1. 数组元素在存储空间的存放**

在程序中使用数组,必须遵循定义在前、使用在后的原则。一维数组定义的一般形式如下:

| 存储类型 数据类型 数组名[元素个数]; |
| --- |

其中,存储类型可以省略。例如,定义一个具有 4 个元素的静态存储型 short 型数组 A,可写成"static short A[4];"。这 4 个数组元素为 A[0]、A[1]、A[2] 和 A[3],它们连续存放在静态数据存储区中,每个数组元素都为 short 型数据,故占 2B 空间,数组 A 共占 8B 空间,首地址是元素 A[0] 的地址,因而通常用 &A[0] 表示,也可简单用 A 表示数组 A 的首地址,第 i (0≤i≤3) 个元素的地址计算公式为 &A[0]+2*i。

假定数组 A 的首地址存放在 r12 中,i 存放在 r13 中,现需要将 A[i] 取到 r14 中,则对应汇编指令"alsl.w \$r14, \$r13, \$r12, 0x1"可计算出 A[i] 的地址,汇编指令"ld.h \$r14, \$r14, 0"可将 A[i] 取到 r14 中。

表 4-3 给出了在 LA64 中若干数组的定义及它们在内存中的存放情况说明。

表 4-3 给出的 4 个数组定义中,数组 SA 和 DA 中每个元素都是一个指针,LA64 中指针占 64 位,SA 中每个元素指向一个 char 型数据,DA 中每个元素指向一个 float 型数据。

表 4-3　数组定义及其内存存放情况示例

| 数组定义 | 数组元素类型 | 元素大小(B) | 数组大小(B) | 起始地址 | 元素 i 的地址 |
| --- | --- | --- | --- | --- | --- |
| int S[10] | int | 4 | 40 | &S[0] | &S[0]+4*i |
| char *SA[10] | char * | 8 | 80 | &SA[0] | &SA[0]+8*i |
| long D[10] | long | 8 | 80 | &D[0] | &D[0]+8*i |
| float *DA[10] | float * | 8 | 80 | &DA[0] | &DA[0]+8*i |

**2. 数组的存储分配和初始化**

数组可以定义为静态存储型(static)、外部存储型(extern)、自动存储型(auto),其中,只有 auto 型数组分配在栈中,其他存储型数组都分配在静态数据区。

数组的初始化就是在定义数组时给数组元素赋初值。例如,声明 "static short A[4]= {-3,80,90,-65};"可以对数组 A 的 4 个元素初始化。

在编译、链接时就可以确定在静态区中数组的首地址,因此在编译、链接阶段就可将数组首地址和数组变量建立关联。对于分配在静态区的已被初始化的数组,机器级指令中可通过数组首地址和数组元素的下标来访问相应的数组元素。以下为 LA32 系统中的例子。

```
int buf[2] = {10, 20};
int main(){
    int i, sum=0;
    for (i=0; i<2; i++)
        sum+=buf[i];
    ...
}
```

其中,buf 是一个在静态数据区分配的可被其他程序模块使用的全局数组型变量,编译、链接后 buf 在可执行目标文件的可读写数据段中分配相应的空间。假定 buf 首地址为 0xa8000,则在该地址开始的 8B 空间中存放数据的情况如下:

```
1   a8000<buf>:
2   a8000: 0a 00 00 00 14 00 00 00
```

编译器在处理语句"sum+=buf[i];"时的汇编指令序列如下。

```
1   pcaddu12i   $r13, 152(0x98)          #R[r13]←PC+0x98000
2   addi.w      $r13, $r13, -1680(0x970) #R[r13]←buf 首地址
3   ld.w        $r12, $r22, -20(0xfec)   #R[r12]←M[R[r22]-20]=i
4   slli.w      $r12, $r12, 0x2          #R[r12]←i*4
5   add.w       $r12, $r13, $r12         #R[r12]←&buf[i]
6   ld.w        $r12, $r12, 0            #R[r12]←buf[i]
7   ld.w        $r13, $r22, -24(0xfe8)   #R[r13]←M[R[r22]-24]=sum
8   add.w       $r12, $r13, $r12         #R[r12]←sum+buf[i]
9   st.w        $r12, $r22, -24(0xfe8)   #保存 sum
```

第 1~2 行指令计算 buf 首地址,其中 0x98 和 0x970 根据 buf 相对于当前指令(pcaddu12i 指令采用 PC 相对寻址方式)的位移量可重定位计算得到,buf 首地址存放在 r13 中;i 分配在 r12 中,第 3~5 行指令根据 i 计算 buf[i]的地址;第 6 行指令取出 buf[i]值,并保存在 r12 中; 第 7~9 行指令取出 sum,计算 sum=sum+buf[i]并保存结果。

对于 auto 型数组,因为被分配在栈中,所以数组首地址通过 sp 或 fp 来定位,机器级代码中数组元素地址由数组首地址与元素的下标值计算得到。以下为 LA32 系统中的例子。

```
int add() {
    int buf[2] = {10, 20};
    int i, sum=0;
    for (i=0; i<2; i++)
        sum+=buf[i];
    return sum;
}
```

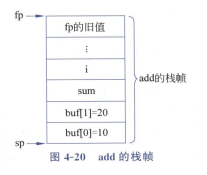

图 4-20  add 的栈帧

其中，buf 是一个在栈区分配的非静态局部数组，在栈中分配了相应的 8B 空间。假定在 add 过程中没有使用被调用者保存寄存器 s0～s8，局部变量 i 和 sum 分配在栈中，则 add 对应的栈帧状态如图 4-20 所示。

在处理 auto 型数组赋初值的语句"int buf[2]={10,20};"时，编译器可以生成以下指令序列。

```
1    addi.w    $r12, $r0, 10(0xa)        #R[r12]←10
2    st.w      $r12, $r22, -32(0xfe0)    #buf[0]的地址为 R[r22]-32,将 10 赋给 buf[0]
3    addi.w    $r12, $r0, 20(0x14)       #R[r12]←20
4    st.w      $r12, $r22, -28(0xfe4)    #buf[1]的地址为 R[r22]-28,将 20 赋给 buf[1]
```

在处理语句"sum+=buf[i];"时，编译器可将该语句转换为以下指令序列。

```
1    ld.w      $r12, $r22, -20(0xfec)    #R[r12]←M[R[r22]-20]=i
2    addi.w    $r13, $r22, -32(0xfe0)    #R[r13]←R[r22]-32,即数组 buf 首地址
3    alsl.w    $r12, $r12, $r13, 0x2     #R[r12]←R[r13]+i*4,即 buf[i]地址
4    ld.w      $r12, $r12, 0(0x0)        #R[r12]←M[R[r13]+i*4],即 buf[i]
5    ld.w      $r13, $r22, -24(0xfe8)    #R[r13]←M[R[r22]-24]=sum
6    add.w     $r12, $r13, $r12          #R[r12]←sum+ buf[i]
7    st.w      $r12, $r22, -24(0xfe8)    #保存 sum
```

在访问栈帧中变量时，编译器有时会使用一个**虚拟栈变量**(virtual stack vars)指向栈帧的中间位置，以其为基准地址来定位栈帧中的数据，从而可减小访存指令中的偏移量。例如，对于上述 add() 函数，如图 4-20 所示，add 栈帧共占 32B，虚拟栈变量指向栈帧的中间位置 R[r22]−16 处，其相对于 buf 的偏移量为 −16，编译器可将"sum+=buf[i];"语句转换为以下指令序列。

```
1    ld.w      $r12, $r22, -20(0xfec)    #R[r12]←i
2    slli.w    $r12, $r12, 0x2           #R[r12]←i*4
3    addi.w    $r13, $r22, -16(0xff0)    #R[r13]←R[r22]-16
4    add.w     $r12, $r13, $r12          #R[r12]←R[r22]-16+i*4
5    ld.w      $r12, $r12, -16(0xff0)    #R[r12]←M[R[r22]-16+i*4-16],即 R[r12]←
                                         # buf[i]
6    ld.w      $r13, $r22, -24(0xfe8)    #R[r13]←sum
7    add.w     $r12, $r13, $r12          #R[r12]←sum+buf[i]
8    st.w      $r12, $r22, -24(0xfe8)    #保存 sum
```

其中，第 3 行指令将栈帧中间位置的基准地址置于寄存器 r13 中，使得第 5 行访问 buf[i] 的 ld.w 指令中的偏移量从原来的"−32(0xfe0)"变为"−16(0xff0)"，偏移量对应的二进制位数从 6 减为 5。

使用虚拟栈变量的主要目的是减小访问栈帧数据的访存指令（如 ld 和 st 等）中的偏移量范围。对于 RISC-V、LA 等 RISC 架构的访存指令，基本上都用 12 位立即数表示偏移量，若某

栈帧较大，如 4096 字节，则可能无法用 12 位立即数表示偏移量。

**3. 数组与指针**

C 语言中指针与数组之间的关系十分密切，它们均用于处理存储器中连续存放的一组数据，因而在访问存储器时两者的地址计算方法是统一的，数组元素的引用可以用指针来实现。

在指针变量的目标数据类型与数组元素的数据类型相同的前提条件下，指针变量可以指向数组或者数组中的任意元素。例如，对于存储器中连续的 10 个 int 型数据，可以用数组 a 来说明，也可以用指针变量 ptr 来说明。以下两个程序段的功能完全相同，都是使指针 ptr 指向数组 a 的第 0 个元素 a[0]。

```
/*程序段1*/
int a[10];
int *ptr=&a[0];
/*程序段2*/
int a[10], *ptr;
ptr=&a[0];
```

数组变量 a 的值就是其首地址，即 a=&a[0]，因而 a=ptr，从而有 &a[i]=ptr+i=a+i 和 a[i]=ptr[i]=*(ptr+i)=*(a+i)。

假定 0x8048A00 处开始的存储区有 10 个 int 型数据，部分内容如图 4-21 所示，以小端方式存放。

图 4-21 给出了用数组和指针表示的存储器中连续存放的数据，以及指针和数组元素之间的关系。图中 a[0]=0xABCDEF00、a[1]=0x01234567、a[9]=0x1256FF00。数组首地址 0x8048A00 存放在指针变量 ptr 中，从图中可以看出，ptr+i 的值并不是用 0x8048A00 加 i 得到，而是等于 0x8048A00+4*i。

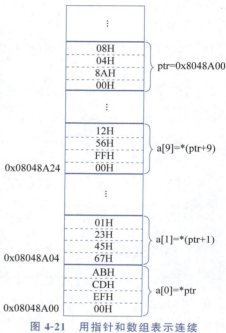

图 4-21 用指针和数组表示连续存放的一组数据

表 4-4 给出了在 LA32 中数组元素或指针变量的表达式及其计算方式。表中数组元素 A 为 int 型，其首地址 SA 在 r12 中；数组的下标变量 i 在 r13 中，表达式的结果在 r14 中。

表 4-4 数组元素或指针变量的表达式计算示例

| 序号 | 表达式 | 类型 | 值的计算方式 | 汇编代码 |
|---|---|---|---|---|
| 1 | A | int * | SA | addi.w $r14, $r12, 0(0x0) |
| 2 | A[0] | int | M[SA] | ld.w $r14, $r12, 0(0x0) |
| 3 | A[i] | int | M[SA+4*i] | alsl.w $r12, $r13, $r12, 0x2<br>ld.w $r14, $r12, 0(0x0) |
| 4 | &A[3] | int * | SA+12 | addi.w $r14, $r12, 12(0xc) |
| 5 | &A[i]−A | int | (SA+4*i−SA)/4=i | or $r14, $r13, $r0 |
| 6 | *(A+i) | int | M[SA+4*i] | alsl.w $r12, $r13, $r12, 0x2<br>ld.w $r14, $r12, 0(0x0) |
| 7 | *(&A[0]+i−1) | int | M[SA+4*i−4] | alsl.w $r12, $r13, $r12, 0x2<br>ld.w $r14, $r12, −4(0xffc) |
| 8 | A+i | int | SA+4*i | alsl.w $r12, $r13, $r12, 0x2 |

表 4-3 中序号为 2、3、6 和 7 的表达式都是引用数组元素，其中 3 和 6 等价。对应的汇编指令都需要有访存操作，指令中源操作数的寻址方式分别是"基址""基址＋比例变址""基址＋比例变址"和"基址＋比例变址＋位移"的方式，因为数组元素的类型都为 int 型，所以比例因子都为 4。

序号为 1、4 和 8 的表达式都关于数组元素地址的计算，都可以用指令 addi.w 或 alsl.w 来实现。对于序号为 1 的表达式，也可用伪指令"move \$r14，\$r12"表示。

序号为 5 的表达式则是计算两个数组元素之间相差的元素个数，也即是两个指针之间的运算，因此，表达式的值应该是 int 型，运算时应该是两个数组元素地址之差再除以 4，结果就是 i。对于序号 5 的表达式，也可用伪指令"move \$r14，\$r13"表示。

**4. 指针数组和多维数组**

由若干指向同类目标的指针变量组成的数组称为指针数组。C 语言程序中的指针数组定义形式如下：

存储类型 数据类型 ＊指针数组名[元素个数]；

指针数组中每个元素都是指针，每个元素指向的目标数据类型都相同，即为定义中的数据类型，存储类型通常可以省略。例如，"int ＊a[10];"定义了一个指针数组 a，它有 10 个元素，每个元素都是一个指向 int 型数据的指针。

一个指针数组可实现一个二维数组。以下用一个简单的例子说明指针数组和二维数组之间的关联，并说明如何在机器级程序中访问指针数组元素所指的目标数据和二维数组元素。

以下是一个 C 语言程序，用来计算一个 2 行 4 列整数矩阵中每一行数据的和。

```
1    #include <stdio.h>
2    int main () {
3       static short num[ ][4]={ {2, 9, -1, 5}, {3, 8, 2, -6}};
4       static short *pn[ ]={num[0], num[1]};
5       static short s[2]={0, 0};
6       int i, j;
7       for (i=0; i<2; i++) {
8          for (j=0; j<4; j++)
9             s[i]+= *pn[i]++;
10         printf ("sum of line %d:%d\n", i, s[i]);
11      }
12   }
```

该例中，num 是一个在静态数据区分配的静态数组，因而在可执行目标文件的可读写数据段中分配了相应的空间。假定在 LA32 系统中编译、运行，分配给 num 的地址为 0xa8000，则在该地址开始的一段存储区中存放数据的情况如下。

```
1    a8000 <num>:
2    a8000:   02 00 09 00 ff ff 05 00 03 00 08 00 02 00 fa ff
3    a8010 <pn>:
4    a8010:   00 80 0a 00 08 80 0a 00
```

因此，num＝num[0]＝＆num[0][0]＝0x000a8000，pn＝＆pn[0]＝0x000a8010，pn[0]＝num[0]＝0x000a8000，pn[1]＝num[1]＝0x000a8008。

编译器在处理第 9 行语句"s[i]＋=＊pn[i]＋＋;"时，假设 pn、i 和 s 分别保存在 r12、r13 和 r14 寄存器中，下列指令序列实现其功能。

```
1    alsl.w     $r15, $r13, $r12, 0x2      #R[r15]←&pn[i]=pn+i*4
2    ld.w       $r16, $r15, 0              #R[r16]←pn[i],M[pn+i*4]
3    addi.w     $r17, $r16, 2(0x2)         #R[r17]←pn[i]+2,实现 pn[i]++
4    st.w       $r17, $r15, 0              #保存 pn[i]的新值
5    alsl.w     $r18, $r13, $r14, 0x1      #R[r18]←&s[i]=s+i*2
6    ld.h       $r19, $r18, 0              #R[r19]←s[i],M[s+i*2]
7    ld.h       $r20, $r16, 0              #读取*pn[i]
8    add.w      $r19, $r19, $r20           #R[r19]←s[i]+*pn[i]
9    st.h       $r19, $r18, 0              #保存 s[i]的新值
```

第 1~2 行指令将 pn[i]送到 r16 中,因为 pn 为指针数组,所以在引用 pn 的元素时其比例因子为 4。例如,当 i=1 时,pn[i]= *(pn+i)=M[pn+4*i]=M[0x000a8010+4]=M[0x000a8014]=0x000a8008。

第 3~4 行指令用来实现"pn[i]+2→pn[i]"的功能,因为 pn[i]是指针,所以"pn[i]+2→pn[i]"是指针运算,因此,操作数长度为 4B,即助记符长度后缀为'w',而指针变量每次增量时应加目标数据的长度。因为目标数据类型为 short,即每个目标数据的长度为 2,因此指针变量增量时每次加 2。

第 5~6 行指令将 s[i]送到 r19 中,因为 s 为 short 型数组,所以在引用 s 的元素时其比例因子为 2。

第 7~9 行指令用来实现"s[i]+*pn[i]"的功能。因为第 2 行指令已将 pn[i]的值保存在 r16 中,这是一个指向 short 型数据的指针,所以需要用 ld.h 指令根据 r16 的内容读取*pn[i],即 num[i][j]。

### 4.3.2 结构体数据的分配和访问

C 语言的结构体(也称结构)可以将不同类型的数据结合在一个数据结构中。组成结构体的每个数据称为结构体的成员或字段。

**1. 结构体成员在存储空间的存放和访问**

结构体中的数据成员存放在存储器中一段连续的存储区中,指向结构的指针就是其第一个字节的地址。编译器在处理结构型数据时,根据每个成员的数据类型获得相应的字节偏移量,然后通过每个成员的字节偏移量来访问结构成员。

例如,以下是一个关于个人联系信息的结构体。

```
struct cont_info {
    char        id[8];
    char        name[12];
    unsigned    post;
    char        address[100];
    char        phone[20];
};
```

该结构体定义了关于个人联系信息的一个数据类型 struct cont_info,可以把一个变量 x 定义成这个类型,并赋初值,例如,在定义了上述数据类型 struct cont_info 后,可以对变量 x 进行如下声明。

```
struct cont_info x={"0000000", "ZhangS", 210022, "273 long street, High Building #3015", "12345678"};
```

与数组一样,分配在栈中的 auto 型结构类型变量的首地址由 sp 或 fp 来定位,分配在静态存储区的静态或全局结构类型变量首地址是一个确定的静态存储区地址。

结构体变量 x 的每个成员的首地址等于 x 加上一个固定的偏移量。假定上述变量 x 分配在地址 0xa8000 开始的区域,那么,x=&(x.id)=0xa8000,其他成员的地址计算如下。

```
&(x.name)=0xa8000+8=0xa8008
&(x.post)=0xa8000+8+12=0xa8014
&(x.address)=0xa8000+8+12+4=0xa8018
&(x.phone)=0xa8000+ 8+12+4+100=0xa807c
```

可以看出 x 初始化后,对于 name 字段,在地址 0xa8008~0xa800d 处存放的是字符串"ZhangS",0xa800e 处存放的是字符'\0',在地址 0xa800f~0xa8013 处存放的都是空字符。

访问结构体变量的成员时,对应的机器级代码可通过"基址+偏移量"的寻址方式来实现。例如,假定编译器在处理语句"unsigned xpost=x.post;"时,x 分配在 r12 中,xpost 分配在 r13 中,则转换得到的汇编指令为"ld.wu $r13, $r12, 20(0x14)"。这里基址为 0xa8000,存放在 r12 中,偏移量为 8+12=20。

### 2. 结构体数据作为入口参数

当结构体变量需要作为一个函数的形式参数时,形式参数和调用函数中的实参应该具有相同的结构。和普通变量传递参数的方式一样,结构体变量也有按值传递和按地址传递两种方式。如果采用按值传递方式,则结构的每个成员都要被复制到栈中参数区,这既增加时间开销,又增加空间开销,因而对于结构体变量通常采用按地址传递的方式。也就是说,对于结构型参数,通常不会直接作为参数,而是把指向结构的指针作为参数,这样,在执行 bl 指令前,就无须把结构成员复制到栈中的参数区,而只要把相应的结构体首地址送到参数寄存器,也即仅传递指向结构体的指针而不需复制每个成员。

例如,以下是处理学生电话信息的两个函数。

```
1   void stu_phone1(struct cont_info * stu_info_ptr) {
2     printf("%s phone number: %s", (* stu_info_ptr).name, (* stu_info_ptr).phone);
3   }
4
5   void stu_phone2(struct cont_info stu_info) {
6     printf("%s phone number: %s", stu_info.name, stu_info.phone);
7   }
```

函数 stu_phone1() 按地址传递参数,而函数 stu_phone2() 按值传递参数。对于上述结构体变量 x,若被调用函数为 stu_phone1(),则调用函数中使用的语句应为"stu_phone1(&x);";若被调用函数为 stu_phone2(),则调用函数中使用的语句应为"stu_phone2(x);"。这两种情况下对应的栈中状态如图 4-22 所示。

如图 4-22(a)所示,按地址传递方式下,调用函数将会把 x 的地址 0xa8000 作为实参传送给 r4 寄存器。在函数 stu_phone1()中,使用表达式(* stu_info_ptr).name 来引用结构体成员 name,也可以将(* stu_info_ptr).name 写成 stu_info_ptr—>name。实现将(* stu_info_ptr).name 所在地址送 r12 的指令如下。

```
addi.w $r12, $r4, 8(0x8)
```

执行完上述指令,r12 中存放的是字符串"ZhangS"在静态存储区内的首地址 0xa8008。

如图 4-22(b)所示,在按值传递方式下,调用函数将会把 x 的所有成员值作为实参存到参

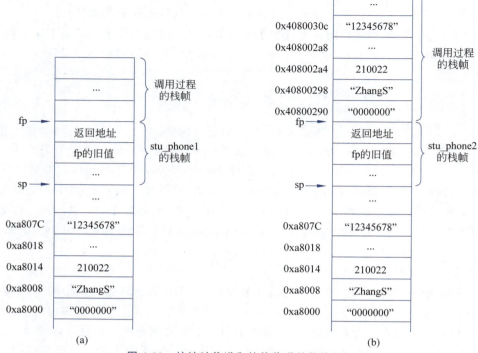

图 4-22 按地址传递和按值传递结构体数据
(a)按地址传递结构体；(b)按值传递结构体

数区,此时,形参 stu_info 的地址为 R[fp],同时会把参数区的首地址 0x40800290 作为参数传送给 r4 寄存器。在函数 stu_phone2() 中,使用表达式 stu_info.name 来引用结构体成员 name。实现将 stu_info.name 所在地址送 r12 的指令如下。

```
addi.w $r12, $r4, 8(0x8)
```

上述指令的功能实际上是将 R[fp]+8 的值送到 r12 中,r12 中存放的是字符串"ZhangS"在栈中参数区内的首地址 0x40800298。

从图 4-22 可看出,虽然调用函数 stu_phone1() 和 stu_phone2() 可以实现完全相同的功能,但是两种方式下的时间和空间开销都不一样。显然,后者的开销大,因为它需要对结构体成员整体从静态存储区复制到栈中。若对结构体信息进行修改,前者因为是在静态区进行修改,所以修改结果一直有效;而后者是对栈帧中作为参数的结构体进行修改,所以修改结果不能带回到调用过程。

### 4.3.3 联合体数据的分配和访问

与结构体类似的还有联合体(简称联合)数据类型,它也是不同数据类型的集合,不过它与结构体数据相比,在存储空间的使用方式上不同。结构体的每个成员占用各自的存储空间,而联合体的各个成员共享存储空间,在某一时刻联合体的存储空间中仅存有一个成员数据。因此,联合体也称共用体。

因为联合体的每个成员所占的存储空间大小可能不同,因而分配给它的存储空间总是按最大数据长度成员所需空间大小为目标。例如,联合数据结构如下。

```
union uarea {
    char    c_data;
    short   s_data;
    int     i_data;
    long    l_data;
};
```

在 LA32 上编译时，因为 long 型和 int 型长度一样，都是 32 位，所以数据类型 uarea 所占存储空间大小为 4B。而对于与 uarea 有相同成员的结构型数据来说，其占用存储空间至少有 1＋2＋4＋4＝11B，若考虑数据对齐的话，则占用空间更多。

联合体数据结构通常用在一些特殊的场合，例如，当事先知道某种数据结构中不同字段（成员）的使用时间互斥时，就可将这些字段声明为联合，以减少分配的存储空间。但有时这种做法可能会得不偿失，它可能只会减少少量的存储空间却极大地增加处理复杂性。

利用联合体数据结构，还可以实现对相同位序列进行不同数据类型的解释。例如，以下函数可将一个 float 型数据重新解释为一个无符号整数。

```
1   unsigned float2unsign(float f) {
2       union {
3           float f;
4           unsigned u;
5       } tmp_union;
6       tmp_union.f=f;
7       return tmp_union.u;
8   }
```

上述函数的形式参数是 float 型，按值传递参数，因而从调用过程传递过来的实参是 float 型数据，该数据被赋值给了一个非静态局部变量 tmp_union 中的成员 f，由于成员 u 和 f 共享同一个存储空间，因此在执行第 7 行的 return 语句后，32 位的浮点数直接作为 32 位无符号整数返回。在 LA64 上编译时，函数 float2unsign() 的过程体中主要指令序列如下：

```
1   fst.s   $fa0, $fp, -24(0xfe8)
2   ld.w    $a0, $fp, -24(0xfe8)
```

第 1 行指令将存在参数寄存器 fa0 中的入口参数 f 送到 tmp_union.f 存储空间，实现第 6 行 C 语言语句。第 2 行指令从 tmp_union.u 存储空间读取数据送到返回寄存器 a0，实现第 7 行 C 语言语句。可以看到 tmp_union.f 和 tmp_union.u 存储空间具有相同的栈地址 R[fp]－24。

从上述例子可看出，机器级代码在很多时候并不区分所处理对象的数据类型，不管高级语言中将其说明成 float 型、int 型还是 unsigned 型，都把它当成一个 0/1 序列来处理。明白这一点非常重要。

联合体数据结构可嵌套，以下是一个关于联合体数据结构 node 的定义。

```
union node {
    struct {
        int *ptr;
        int data1;
    } node1;
    struct {
        int data2;
        union node *next;
```

        } node2;
};

数据结构 node 是一个如图 4-23 所示的链表,在这个链表中除了最后一个节点采用 node1 结构类型外,前面节点的数据类型都是 node2 结构,其中有一个字段 next 又指向了一个 node 结构。

| data2 | next | → | data2 | next | → | ... | data2 | next | → | ptr | data1 |

图 4-23  node 数据结构示意图

假设有一个处理 node 数据结构的过程 node_proc 如下。

```
1    void node_proc(union node * np) {
2        np->node2.next->node1.data1= * (np->node2.next->node1.ptr)+np->node2.data2;
3    }
```

过程 node_proc 中形式参数是一个指向 node 联合体的指针,按地址传递参数,因此,调用过程中传递的实参是一个地址,这个地址是 node 型数据(链表)首地址。假定处理的链表被分配在某存储区(通常像链表这种动态生成的数据结构被分配在动态的堆区),在 LA32 上编译时,假设其首地址为 0xaaf40。根据过程 node_proc 中第 2 行语句可知,所处理的链表共有两个节点,其中第 1 个节点是 node2 型结构,第 2 个节点是 node1 型结构,图 4-24 给出了其存放情况示意。

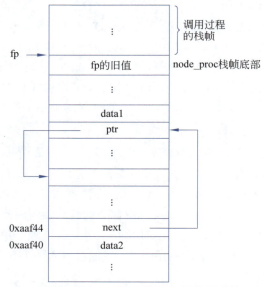

图 4-24  过程 node_proc 处理的 node 链表存放情况示意

过程 node_proc 的过程体对应的 LA32 汇编代码如下。

```
1    ld.w     $r13, $r4, 4(0x4)     #将地址 0xaaf44 中的 next 送 r13
2    ld.w     $r12, $r13, 0         #将 next 所指单元的内容 ptr 送 r12
3    ld.w     $r12, $r12, 0         #将 ptr 所指单元的内容送 r12
4    ld.w     $r14, $r4, 0          #将地址 0xaaf40 中的 data2 送 r14
5    add.w    $r12, $r12, $r14      #两数相加,结果送 r12
6    st.w     $r12, $r13, 4(0x4)    #将结果送 data1 所在单元
```

链表首地址 0xaaf40 作为第一个入口参数存放在 r4 中,执行第 1 行指令后,r13 中存放的

是指针 next。第 2～3 行指令执行后，r12 中存放的是 *（np－＞node2.next－＞node1.ptr）。
第 4 行指令执行后，r14 中存放的是 np－＞node2.data2。

## 4.3.4 数据的对齐

可以把存储器看作由连续的位构成，每 8 位为 1 字节，每字节有一个地址编号，称为**按字节编址**。假定每次访存最多只能读写 64 位，即 8B，那么，第 0～7 字节可同时读写，第 8～15 字节可同时读写，以此类推，这称为 **8 字节宽存储**。若指令访问的数据不在地址为 $8i$～$8i+7$（$i=0,1,2,\cdots$）之间的存储单元内，则需多次访存，因而会延长指令执行时间。例如，若访问数据在第 6、7、8、9 这 4 字节中，则需访存两次。因此，数据在存储器中对齐存放可避免多次访存而带来指令执行效率的降低。

对于机器级代码来说，应能支持按任意地址访问，因此，无论数据是否对齐都能正确工作，只是在对齐方式下程序执行效率更高。为此，操作系统通常按对齐方式分配管理内存，编译器也按对齐方式转换代码。

最简单的对齐策略是，要求各基本类型数据按照其长度对齐，例如，int 型长度是 4B，因此规定 int 型数据地址是 4 的倍数，称为 **4 字节边界对齐**，简称 **4 字节对齐**。同理，short 型数据地址是 2 的倍数，double 型和 long long 型数据地址是 8 的倍数，float 型数据地址是 4 的倍数，char 型数据则无须对齐。Windows 操作系统采用的就是这种对齐策略，具体对齐策略在 Windows 操作系统遵循的 ABI 规范中有明确定义。这种情况下，对于 8 字节宽存储机制来说，所有基本类型数据都仅需访存一次。

Linux 操作系统使用的对齐策略更为宽松，LA32 ABI 规范中定义的对齐策略规定：short 型数据地址是 2 的倍数，其他如 int、long、float 和指针等类型数据的地址都是 4 的倍数，long long 和 double 类型数据的地址都是 8 的倍数。这种情况下，对于 8 字节宽存储机制来说，double 型数据就只需要 1 次访存。对于扩展精度浮点数，LoongArch 规范定义 long double 型数据长度为 128 位，即 16B，因而 GCC 遵循该定义，数据的地址按 16 字节对齐。LA64 ABI 定义中 long 和指针类型数据都是 8B，因此地址都是 8 的倍数，其余的数据类型与 LA32 ABI 中定义一致。

例如，某个 C 语言程序如下。

```
#include <stdio.h>
int main() {
    int a;
    char b;
    int c;
    printf("0x%08x\n",&a);
    printf("0x%08x\n",&b);
    printf("0x%08x\n",&c);
}
```

在 LA32 中，运行结果为 0x4080033c、0x4080033b 和 0x40800334，在 IA-32 的 Visual Studio 编译器下运行结果为 0x0012ff7c、0x0012ff7b 和 0x0012ff80；在 IA-32 的 Dev-C++ 编译器下运行结果为 0x0022ff7c、0x0022ff7b 和 0x0022ff74。可以看出，这三种编译器下，变量 a 和 c 的地址都是 4 的倍数。Visual Studio 编译器下，调整了变量的分配顺序，并没有按照 a、b、c 的顺序按小地址→大地址（或大地址→小地址）进行分配，而是将无须对齐的变量 b 先分配一个字节，然后再依次分配 a 和 c 的空间。需要注意的是，ABI 规范只定义了变量的对齐方式,并没有定义变量的分配顺序,因此编译器可自由决定使用何种顺序分配变量。

对于由基本数据类型构造而成的 struct 结构体数据,为了保证其中每个字段都满足对齐要求,LoongArch ABI 规范对 struct 结构体数据有如下对齐规则:①整个结构体变量的对齐方式与其中对齐方式最严格的成员相同;②每个成员在满足其对齐方式的前提下,取最小的可用位置作为成员在结构体中的偏移量,这可能导致内部插空;③结构体大小应为对齐边界长度的整数倍,这可能会导致尾部插空。前两条规则是为了保证结构体中的任意成员都能以对齐的方式访问。

例如,考虑下面的结构定义。

```
struct SD {
    int     i;
    short   si;
    char    c;
    double  d;
};
```

如果不按对齐方式分配空间,那么,SD 所占存储空间为 4+2+1+8=15B,每个成员的首地址偏移如图 4-25(a)所示,成员 i、si、c 和 d 的偏移地址分别是 0,4,6,7,因此,即使 SD 的首地址按 4 字节边界对齐,成员 d 也不满足 4 字节或 8 字节对齐要求。

如果设定为按对齐方式分配空间,则根据上述第②条规则,需要在字段 c 后插入一个空字节,以使成员 d 的偏移从 8 开始,此时,每个成员的首地址偏移如图 4-25(b)所示;根据上述第①条规则,应保证 SD 首地址按 8 字节边界对齐,这样所有成员都能按要求对齐。而且,因为 SD 所占空间大小为 16B,因此,当定义元素为 SD 类型的结构数组时,每个数组元素也都能在 8 字节边界上对齐。

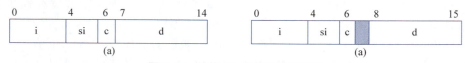

图 4-25 结构 SD 的存储分配情况
(a)不对齐的情况;(b)对齐的情况

上述第③条规则是为了保证结构体数组中的每个元素都能满足对齐要求,例如,对于下面的结构体数组定义。

```
struct SDT {
    int     i;
    short   si;
    double  d;
    char    c;
} sa[10];
```

如果按照图 4-26(a)的方式在字段中插空,那么对于第一个元素 sa[0]来说,能够保证每个成员的对齐要求,但是,因为 SDT 所占总长度为 17B,所以,对于 sa[1]来说,其首地址就不是按 4 字节对齐,因而导致 sa[1]中各成员不能满足对齐要求。若编译器遵循上述第③条规则,在 SDT 结构的最后成员后面插入 7B 空间,如图 4-26(b)所示,则 SDT 总长度变为 24B,即 sizeof(SDT)=24,从而保证结构体数组中所有元素的首地址都能满足对齐要求。

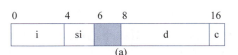
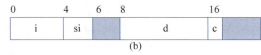

图 4-26 结构 SDT 的存储分配情况
(a)最末不插空的情况；(b)最末插空的情况

**例 4-11** 假定 C 语言程序中定义了以下结构体数组。

```
1  struct {
2      char    a;
3      int     b;
4      char    c;
5      short   d;
6  } record[100];
```

在对齐方式下该结构体数组 record 占用的存储空间为多少字节？每个成员的偏移量为多少？如何调整成员变量的顺序使得 record 占用空间最少？

**解**：数组 record 的每个元素都是结构类型，在对齐方式下，不管是在 Windows 操作系统还是 Linux 操作系统中，该结构占用的存储空间都是 12B，因此，数组 record 共占 1200B。为保证每个数组元素都能对齐存放，该数组的起始地址一定是 4 的倍数，并且成员 a，b，c，d 的偏移量分别为 0，4，8，10。

为使 record 占用空间最少，可按照短→长（或长→短）调整成员变量的声明顺序。按短→长调整后的声明如下。

```
1  struct {
2      char    a;
3      char    c;
4      short   d;
5      int     b;
6  } record[100];
```

调整后每个数组元素占 8B，数组共占 800B 空间，比原来节省 400B。

## 4.4 越界访问和缓冲区溢出

4.3.1 节介绍了 C 语言中数组的分配和访问，C 语言中的数组元素可以使用指针来访问，因而对数组的引用没有边界约束，即程序中对数组的访问可能会有意或无意地超越数组存储区范围而无法发现。C 语言标准规定，数组越界访问属于未定义行为。以下几种情况下访问结果是不可预知的：可能访问了一个空闲的内存位置；可能访问了某个不该访问的变量；也可能访问了非法地址而导致程序异常终止。这些未定义行为情况下，可能存在安全漏洞，导致被恶意攻击。

### 4.4.1 缓冲区溢出

4.1 节介绍了有关 C 语言过程调用的机器级代码表示的内容。在 C 语言程序执行过程中，当前正在执行的过程（即函数）在栈中会形成本过程的栈帧，一个过程的栈帧中除了保存 fp 和被调用者保存寄存器的值外，还会保存本过程的非静态局部变量和过程调用的返回地址。如果在非静态局部变量中定义了数组变量，那么有可能在对数组元素访问时发生超越数组存储区的越界访问。通常把这种数组存储区看成是一个缓冲区,这种超越数组存储区范围的访问称为缓冲区溢出。例如,对于一个有 10 个元素的 char 型数组,其定义的缓冲区占 10B。如果写一个字符串到这个缓冲区,只要写入的字符串多于 9 个字符(结束符'\0'占 1 字节),则这个缓冲区就会发生写溢出。缓冲区溢出会带来程序执行结果错误,甚至存在相当危险的安全漏洞。

以下就是由于缓冲区溢出而导致程序发生错误的一个例子。某 C 语言函数 fun() 的源程序如下。

```
double fun(int i) {
    volatile double d[1]={3.14};
    volatile long int a[2];
    a[i]=1073741824;    /* 1073741824=2^30 */
    return d[0];
}
```

在 LA64 平台上,函数 fun(i) 在 i=1,2,3,4 时的执行情况分别如下:fun(1)=3.14,fun(2)=0.00,fun(3)=3.14;fun(4)=3.14,然后发生存储保护错(segmentation fault)。

在 LA64 平台上对上述程序用 -O0 选项进行编译,得到对应的机器级代码如下。

```
1   addi.d    $sp, $sp, -64(0xfc0)      #新栈帧
2   st.d      $fp, $sp, 56(0x38)        #保存 fp 旧值
3   addi.d    $fp, $sp, 64(0x40)        #设置新的 fp 指针
4   pcaddu12i $t0, 87(0x57)             #将 PC+0x57000 送 t0
5   addi.d    $t0, $t0, -1044(0xbec)    #计算浮点常数 3.14 的地址
6   fld.d     $fa0, $t0, 0              #读取 3.14 送入 fa0
7   fst.d     $fa0, $fp, -24(0xfe8)     #写入 d[0]
8   addi.d    $t0, $fp, -40(0xfd8)      #计算 a 的首地址
9   alsl.d    $t0, $a0, $t0, 0x3        #计算 &a[i]
10  lu12i.w   $t1, 262144(0x40000)      #R[t1]←1073741824
11  st.d      $t1, $t0, 0(0x0)          #写入 a[i]
12  fld.d     $fa0, $fp, -24(0xfe8)     #返回值 d[0]写入 fa0
13  ld.d      $fp, $sp, 56(0x38)        #恢复 fp
14  addi.d    $sp, $sp, 64(0x40)        #释放栈帧
15  jirl      $zero, $ra, 0             #返回调用过程
```

编译器通常将 float 型常数(如程序中的 3.14)分配在 .rodata 节(即只读数据节),而只读数据节在链接时将被映射到虚拟地址空间的只读代码段中,从上述机器级代码可看出,第 4~5 行指令计算常数 3.14 的地址。只读数据节、虚拟地址空间划分等相关概念将在第 5 章详细介绍。

第 6 行 fld.d 指令将 3.14 装入浮点寄存器 fa0,第 7 行 fst.d 指令将 fa0 中数据存到地址为 R[fp]−24 开始的 8 个存储单元中。因此第 6、第 7 两行指令用于将 3.14 存入 R[fp]−24 处。

第 8~11 行指令用于将常数 1 073 741 824 ($2^{30}$=4000 0000H)存入 a[i]。数组 a 起始地址为 R[fp]−40,第 12 行指令用于将 R[fp]−24 开始处 8 个单元数据(即 64 位的 d[0])装入 fa0 作为返回值。

根据对机器级代码分析可知,fun 栈帧数据存放情况如图 4-27 所示。从图 4-27 可看出,当 i=1 时,程序将 0x0000 0000 4000 0000 存入 a[1]处,

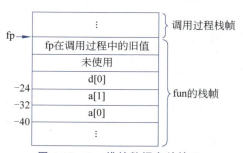

图 4-27　fun 栈帧数据存放情况

数组 a 未发生缓冲区溢出,函数 fun()返回 3.14,结果正确;当 i>1 时,数组 a 发生缓冲区溢出,程序执行发生错误,甚至出现存储保护错。

当 i=2 时,0x0000 0000 4000 0000 存入了 a[1]之上的 8 个单元,从而把 d[0]中 3.14 的机器数替换为 0x0000 0000 4000 0000,这是一个很小的非规格化浮点数,用函数 printf()打印出函数 fun()返回值为 0.00;当 i=3 时,将栈帧中 d[0]之上未使用的空白区设置为 0x0000 0000 4000 0000,因而并没有破坏 d[0]对应机器数 3.14,返回值为 3.14;当 i=4 时,将 fp 在调用过程中的旧值替换为 0x0000 0000 4000 0000,虽然函数 fun()能够返回 d[0]处(地址为 R[fp]−24)的 3.14,但是,返回到调用过程后,在调用过程使用 fp 作为基址寄存器访问数据时,访问的是地址 0x4000 0000 附近的单元,例中,在地址 0x4000 0000 附近的存储区应该属于没有内容的"空洞"区,对其访问会导致存储保护错。

### 4.4.2 缓冲区溢出攻击

缓冲区溢出是一种非常普遍、非常危险的漏洞,在各种操作系统、应用软件中广泛存在。**缓冲区溢出攻击**是利用缓冲区溢出漏洞所进行的攻击行为,可导致程序运行失败、系统关机、重新启动等后果。如果有人恶意利用在栈中分配的缓冲区的写溢出,悄悄地将一个恶意代码段的首地址作为返回地址覆盖写到原先正确的返回地址处,那么,程序就会在执行过程返回指令时悄悄地跳转到恶意代码段执行,从而可以轻易取得系统特权,进而进行各种非法操作。

缓冲区溢出的一个原因是程序没有对作为缓冲区的数组进行越界检查。下面用一个简单的例子说明攻击者如何利用缓冲区溢出跳转到自己设定的程序 hacker 去执行。

以下是在文件 test.c 中的三个函数,假定编译、链接后的可执行代码为 test。

```
1   #include <stdio.h>
2   #include "string.h"
3
4   void outputs(char * str) {
5       char buffer[16];
6       strcpy(buffer, str);
7       puts(buffer);
8   }
9
10  void hacker(void) {
11      printf("being hacked\n");
12  }
13
14  int main(int argc, char * argv[]) {
15      outputs(argv[1]);
16      return 0;
17  }
```

上述函数 outputs()是一个有漏洞的程序,当命令行中给定的字符串超过 16 个字符时,使用 strcpy()函数就会使缓冲 buffer 造成写溢出。首先来看在 LA64 系统中使用反汇编工具得到的 outputs 汇编代码。

```
1   addi.d    $sp, $sp, -32(0xfe0)      #生成新栈帧
2   st.d      $ra, $sp, 24(0x18)        #保存返回地址
3   move      $a1, $a0                  #将入口参数 str 存入 a1,作为 strcpy 的入口参数 2
```

```
4     move    $a0, $sp                   # 将 sp 所指 buffer 的首地址作为 strcpy 的入口参数 1
5     bl      -432(0xffffe50)            # 调用 strcpy() 函数
6     move    $a0, $sp                   # 将 sp 所指 buffer 的首地址作为 puts 的入口参数 1
7     bl      -424(0xffffe58)            # 调用 puts() 函数,以实现输出显示功能
8     ld.d    $ra, $sp, 24(0x18)         # 恢复返回地址
9     addi.d  $sp, $sp, 32(0x20)         # 释放栈帧
10    jirl    $zero, $ra, 0              # 返回主函数
```

第 1 行指令说明编译器在栈帧中分配了 32B 空间;第 2 行指令说明返回地址存放在 R[sp]+24 的位置;在第 5 行 bl 指令调用 strcpy() 函数之前,第 3~4 行指令先将入口参数 buffer 和 str 分别送入 a0 和 a1,由第 4 行指令可知,buffer 的首地址为 R[sp];第 7 行用 bl 指令调用 puts() 函数以输出字符串。图 4-28 给出了 outputs 的栈帧状态。

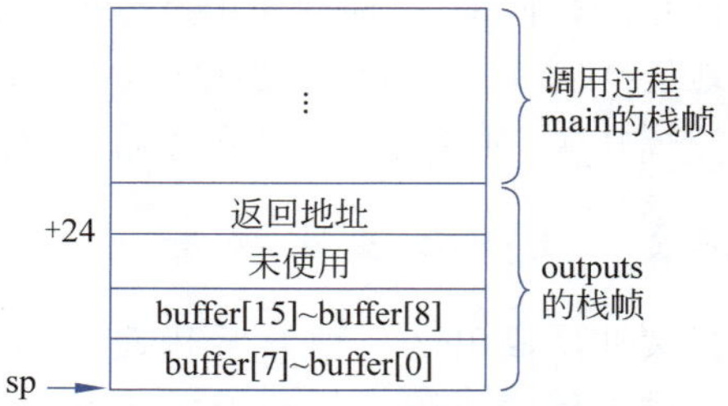

图 4-28  outputs 栈帧中的内容

传递给 strcpy() 函数的实参 str 实际上是在 main() 函数中指定的命令行参数首地址 argv[1],它是一个字符串的起始地址。此程序中函数 strcpy() 实现的功能是,将命令行中指定的字符串复制到缓冲区 buffer 中,如果攻击者在命令行中构造一个长度为 16+8+8+1=33 个字符的字符串,并将攻击代码 hacker() 函数的首地址置于字符串结束符'\0'前 8 字节,则在执行完 strcpy() 函数后,hacker 代码首地址将置于 main 栈帧下面的返回地址处。当执行完 outputs 代码的第 8 行指令后,返回地址寄存器 ra 中就存放了 hacker 代码首地址,当执行完第 10 行的 jirl 指令,便会跳转到 hacker() 函数执行。这里,33 个字符中的前 16 字符填满 buffer 区,随后 8 字符覆盖未使用的空白区,再后面的 8 字节 hacker 首地址覆盖返回地址,最后一个是字符串结束符。

假定 hacker 代码首地址为 0x1 2000 0738,outputs() 函数的返回地址为 0x1 2000 0768,则可编写如下的攻击代码实施攻击。

```
1   #include <stdio.h>
2   #include <string.h>
3   char code[]=
4   "0123456789ABCDEFXXXXXXXX"
5   "\x38\x07\x00\x20\x01\x00\x00\x00"
6   "\x00";
7   int main(void) {
8       char * argv[3];
9       argv[0]="./test";
10      argv[1]=code;
11      argv[2]=NULL;
12      execve(argv[0], argv, NULL);
13      return 0;
14  }
```

执行上述程序时,可通过 execve() 函数加载 test 可执行文件,并将 code 中的字符串作为命令行参数启动执行 test。因此,字符串中前 16 个字符'0','1','2','3','4','5','6','7','8','9','A','B','C','D','E','F'被复制到 buffer 中,随后 8 个字符'X'覆盖掉未使用的空白区,用 0x38 覆盖掉原来

返回地址中的最低有效字节 0x68，使得原先返回到 main() 函数执行的返回地址 0x1 2000 0768 被修改为返回到 hacker() 函数执行的返回地址 0x1 2000 0738。

执行上述攻击程序后的输出结果如下。

```
0123456789ABCDEFXXXXXXXX8
being hacked
being hacked
…
```

输出结果中第 1 行为执行 outputs() 函数后的显示结果。执行完 outputs() 函数后，程序跳转到 hacker() 函数执行，因此会显示第 2 行字符串。由于跳转到 hacker() 函数时，ra 寄存器内容为 0x1 2000 0738，在 hacker 过程的准备阶段，又把 ra 保存在 hacker 栈帧中，在 hacker 过程的结束阶段恢复 ra，即返回地址依旧为 0x1 2000 0738，程序进入死循环，反复调用 hacker() 函数输出"being hacked"。

上面的错误主要是 strcpy() 函数没有进行**缓冲区边界检查**而直接把 str 参数所指的内容复制到 buffer 造成的。存在像 strcpy() 函数这样问题的标准函数还有 strcat()、sprintf()、vsprintf()、gets()、scanf() 等。

缓冲区溢出攻击有多种英文名称：buffer overflow，buffer overrun，smash the stack，trash the stack，scribble the stack，mangle the stack，memory leak，overrun screw 等。第一个缓冲区溢出攻击是 Morris 蠕虫，发生在 1988 年 11 月，它造成全世界 6000 多台网络服务器瘫痪。

随意向缓冲区填内容造成溢出一般只会出现段错误，而不能达到攻击的目的。最常见的手段是通过制造缓冲区溢出使程序运行一个用户 shell，再通过 shell 执行其他命令。如果该程序属于 root 且有 suid 权限，攻击者就可获得一个有 root 权限的 shell，从而可对系统进行任意操作。

缓冲区溢出攻击成为一种常见安全攻击手段的原因在于缓冲区溢出漏洞太普遍，并且易于实现。缓冲区溢出成为远程攻击的主要手段的原因在于缓冲区溢出漏洞使攻击者能够植入并且执行攻击代码。被植入的攻击代码以一定的权限运行有缓冲区溢出漏洞的程序，从而得到被攻击主机的控制权。

### 4.4.3 缓冲区溢出攻击的防范

缓冲区溢出攻击的存在给计算机的安全带来了很大威胁。对于缓冲区溢出攻击，主要可以从两方面采取相应的防范措施：一方面从程序员角度防范，另一方面从编译器和操作系统角度防范。

对于程序员来说，应该尽量编写没有漏洞的正确代码。对于编写像 C 语言这种语法灵活、风格自由的高级语言程序，要编写出正确代码，通常需花费较多的时间精力。为了帮助经验不足的程序员编写安全、正确的程序，人们开发了一些辅助工具和技术。最简单的方法是用 grep 搜索源代码中易产生漏洞的库函数调用，如对函数 strcpy() 和 sprintf() 的调用，这两个函数都不会检查输入参数的长度；此外，人们还开发了一些高级的查错工具，如 fault injection 等，这些工具的目的在于通过人为随机地产生一些缓冲区溢出来寻找代码的安全漏洞；还有一些静态分析工具用于侦测缓冲区溢出的存在。虽然这些工具能帮助程序员开发更安全的程序，但是，由于 C 语言的特点，这些工具不一定能找出所有缓冲区溢出漏洞，只能用来减少缓冲区溢出的可能。

对于编译器和操作系统来说，应该尽量生成没有漏洞的安全代码。现代编译器和操作系统已经采取了多种机制来保护程序免受缓冲区溢出攻击，如地址空间随机化、栈破坏检测和可执行代码区域限制等。

### 1. 地址空间随机化

地址空间随机化(address space layout randomization，ASLR)是一种比较有效的防御缓冲区溢出攻击的技术，目前在 Linux、FreeBSD 和 Windows Vista 等操作系统中都使用了该技术。

基于缓冲区溢出漏洞的攻击者必须了解缓冲区的起始地址，以便将一个"溢出"的字符串及指向攻击代码的指针植入具有漏洞的程序的栈中。对于早先的系统，每个程序的栈帧位置是固定的，在不同机器上生成和运行同一个程序时，只要操作系统相同，则栈帧位置就完全一样。因而，程序中函数的栈帧首地址非常容易预测。如果攻击者可以确定一个有漏洞的常用程序所使用的栈地址空间，就可以设计一个针对性的攻击，在使用该程序的很多机器上实施攻击。

**地址空间随机化**的基本思路是，将加载程序时生成的代码段、静态数据段、堆区、动态库和栈区各部分的首地址进行随机化处理(起始位置在一定的范围内是随机的)，使得每次启动执行时，程序各段被加载到不同的起始地址处。由此可见，在不同机器上运行相同的程序时，程序加载的地址空间是不同的，显然，这种不同包括了栈地址空间的不同，因此，对于一个随机生成的栈起始地址，基于缓冲区溢出漏洞的攻击者不太容易确定。通常将这种使程序加载的栈空间的起始位置随机变化的技术称为**栈随机化**。下面的例子说明在 Linux 操作系统中采用了栈随机化机制。

某个 C 语言程序如下。

```
1   #include <stdio.h>
2   void main() {
3       int a=10;
4       double * p=(double * )&a;
5       printf("%e\n", * p);
6   }
```

在一个 LA64+Linux 平台中进行编译、汇编和链接后，生成了一个可执行文件。运行该可执行文件多次，每次都得到不同的结果。根据该可执行文件反汇编的结果发现，局部变量 a 和 p 在栈帧中分别分配在 R[fp]−28、R[fp]−24 的位置，显然，p 在高地址上，a 在低地址上，且存储位置相邻。因而 *p 对应的 double 型数据就是 &a 开始的 64 位数据，其中的高 32 位就是 p 值的低 32 位(即 &a 的低 32 位)，低 32 位就是 a 的值(即 10=0x0000 000a)。

如果采用栈随机化策略，每次 main 栈帧的栈顶指针 sp 随机变化，使得局部变量 a 和 p 所分配的地址也随机变化，&a 的变化使得 *p 的高 32 位每次都不同，因而打印结果每次不同。不过，因为随机变化的地址限定在一定的范围内，因而每次打印出来的 *p 的值仅在一定范围内变化。例如，其中的 3 次结果为：−3.343455e+288，−6.745968e+287，−9.124737e+286；对应的 &a 分别为 0xfbd5 f514，0xfbb1 b894，0xfb83 2d04。经验证结果如下：机器数为 FBD5 F514 0000 000AH 的 double 型数据真值为 −3.343455e+288；机器数 FBB1 B894 0000 000AH 的真值为 −6.745968e+287；机器数 FB83 2D04 0000 000AH 的真值为 −9.124737e+286。

这里需要补充说明的是，C 语言标准规定，对于一个变量，通过与其类型不兼容的另一种类型去访问属于未定义行为。因此，上述程序使用 double 型访问一个 int 型变量，其行为是未定义的。在此给出这个程序，只是为了对栈随机化机制进行说明，程序员编写正规程序时应避免这种未定义行为。

对于栈随机化策略，如果攻击者使用蛮力多次反复使用不同的栈地址进行试探性攻击，那随机化防范措施还是有可能被攻破。这时可采用下面介绍的栈破坏检测措施。

**2. 栈破坏检测**

如果在程序跳转到攻击代码执行之前，能够检测出程序的栈已被破坏，就可避免受到严重攻击。新的 GCC 版本在产生的代码中加入了一种**栈保护者**（stack protector）机制，用于检测缓冲区是否越界。主要思想是，在过程的准备阶段，在其栈帧中的缓冲区底部与保存的寄存器状态之间（如图 4-28 中 outputs 栈帧的 buffer[15] 与返回地址之间）加入一个随机生成的特定值，称为**金丝雀值**（哨兵）；在过程的结束阶段，在恢复寄存器并返回到调用过程前，先检查该值是否被改变。若值发生改变，则程序异常中止。因为插入在栈帧中的特定值是随机生成的，所以攻击者很难猜测出金丝雀值的内容。

在 GCC 新版本中，会自动检测某种代码特性，以确定一个函数是否容易遭受缓冲区溢出攻击，在确定有可能遭受攻击的情况下，自动插入**栈破坏检测代码**。如果不想让 GCC 插入栈破坏检测代码，则需要用命令行选项"-fno-stack-protector"进行编译。

在 LoongArch 开发环境中，可使用栈破坏检测技术。某个 C 语言程序如下。

```
#include <stdlib.h>
int main(){
   void * a=alloca(10);
   return 0;
}
```

在 LA64 平台上，该程序 main() 函数准备阶段的机器级代码如下。

```
1  120000740: 02ff8063 addi.d     $sp, $sp, -32(0xfe0)      #新的栈帧
2  120000744: 29c06061 st.d       $ra, $sp, 24(0x18)        #保存返回地址
3  120000748: 29c04076 st.d       $fp, $sp, 16(0x10)        #保存 fp 的旧值
4  12000074c: 02c08076 addi.d     $fp, $sp, 32(0x20)        #设置新的 fp 值
5  120000750: 1c00010c pcaddu12i  $t0, 8(0x8)               #R[t0]←0x120008750
6  120000754: 28e3c18c ld.d       $t0, $t0, -1808(0x8f0)    #R[t0]←M[0x120008040]
7  120000758: 2600018c ldptr.d    $t0, $t0, 0               #R[t0]←M[R[t0]]
8  12000075c: 29ffa2cc st.d       $t0, $fp, -24(0xfe8)      #M[R[fp]-24]←R[t0]
   ...
```

从上面的代码可看出，第 1~4 行指令用于生成栈帧并初始化；第 5~8 行指令在栈中写入一个金丝雀值。金丝雀值所在存储地址为 M[0x120008040]，第 7 行指令根据该地址读出金丝雀值，第 8 行指令将该值写入栈帧中 R[fp]-24 处，其上方 R[fp]-8 和 R[fp]-16 两处分别保存了返回地址和 fp 的旧值，其下方 R[fp]-32 处是局部变量 a 的空间，随后就是函数 alloca() 所分配的一块缓冲区，若发生缓冲区写溢出，则很有可能会改变写入的金丝雀值。

下面是上述 main() 函数结束阶段的机器级代码。

```
1  120000780: 1c00010c pcaddu12i  $t0, 8(0x8)              #R[t0]←0x120008780
2  120000784: 28e3018c ld.d       $t0, $t0, -1856(0x8c0)   #R[t0]←M[0x120008040]
3  120000788: 28ffa2cd ld.d       $t1, $fp, -24(0xfe8)     #R[t1]←M[R[fp]-24]
4  12000078c: 2600018c ldptr.d    $t0, $t0, 0              #R[t0]←M[R[t0]]
5  120000790: 580009ac beq        $t1, $t0, 8(0x8)   #if R[t0]=R[t1]转 0x120000798
6  120000794: 57fe1fff bl         -484(0xffffe1c)          #转检测失败处理
```

```
 7   120000798:  02ff82c3  addi.d    $sp, $fp, -32(0xfe0)   #使sp重新指向R[fp]-32处
 8   1200079c:   28c06061  ld.d      $ra, $sp, 24(0x18)     #读取返回地址
 9   1200007a0:  28c04076  ld.d      $fp, $sp, 16(0x10)     #恢复fp
10   1200007a4:  02c08063  addi.d    $sp, $sp, 32(0x20)     #释放栈帧
11   1200007a8:  4c000020  jirl      $zero, $ra, 0          #过程返回
```

第1、第2、第4行指令实现从M[0x120008040]所指向的存储单元中读取数据,这是原始金丝雀值。第3行指令从位于栈帧中R[fp]-24处读取金丝雀值。第5行指令比较两个值是否相等,若相等,则转第7行指令执行,第7~11行指令用于进行过程结束阶段的处理;否则,执行第6行无条件跳转指令,此时意味着金丝雀值被破坏,转检测失败异常处理代码执行。

### 3. 可执行代码区域限制

通过将程序的数据段地址空间设置为不可执行,从而使得攻击者不可能执行被植入在输入缓冲区的代码,这种技术称为**不可执行缓冲区技术**。早期UNIX系统只允许程序代码在代码段中执行,即只有代码段的访问属性是可执行,其他区域的访问属性是可读或可读可写。但是,近年来UNIX和Windows操作系统由于要实现更好的性能和功能,往往允许在数据段中动态地加入可执行代码,这是缓冲区溢出攻击的根源。当然,为了保持程序的兼容性,不可能使所有数据段都设置成不可执行。不过,可以将动态的栈段设置为不可执行,这样既能保证程序的兼容性,又能有效防止把代码植入自动变量缓冲所在的栈区。因为除了信息传递等少数情况下会使栈中存在可执行代码外,几乎没有任何合法的程序会在栈中存放可执行代码,因此这种做法几乎不产生任何兼容性问题。

不幸的是,栈的"不可执行"保护对于将攻击代码植入堆或静态数据段的攻击没有效果,通过引用一个驻留程序的指针,就可以跳过这种保护措施。

## 4.5 本章小结

本章对C语言中各类语句和各种复合数据类型及其运行在LA32/LA64上的机器级代码做了比较详细的介绍。虽然高级语言选用了C语言,机器级表示选用了LA32/LA64架构,但是,实际上从其他高级语言到其他指令集架构的对应关系也类似。

编译器在将高级语言源程序转换为机器级代码时,必须对目标代码对应的指令集体系结构有充分的了解。编译器需要决定高级语言程序中的变量和常量应该使用哪种数据表示格式;需要为高级语言程序中的常数和变量合理地分配寄存器或存储空间;需要确定哪些变量应分配在静态数据区,哪些变量分配在动态的栈区;需要选择合适的指令序列来实现选择结构和循环结构。对于过程调用,编译器需要按调用约定实现参数传递、保存和恢复寄存器的状态等。

由于C语言对数组边界没有约束检查,容易导致缓冲区溢出漏洞,因此,需要程序员、操作系统和编译器采取相应的防范措施。

如果一个应用程序员能够熟练掌握应用程序所运行的平台与环境,包括指令集体系结构、操作系统和编译工具,并且能够深刻理解高级语言程序与机器级代码之间的对应关系,那么,就能更容易理解程序的行为和执行结果,更容易编写出高效、安全、正确的程序,并能够在程序出现问题时较快地确定错误发生的根源。

## 习 题

1. 给出以下概念的解释说明。

| | | | |
|---|---|---|---|
| 过程调用 | 调用约定 | 非静态局部变量 | 现场信息 |
| 栈(stack) | ABI 规范 | 叶子过程 | 当前栈帧 |
| 调用者保存寄存器 | 被调用者保存寄存器 | 帧指针寄存器 | 按值传递参数 |
| 按地址传递参数 | 嵌套调用 | 递归调用 | 栈溢出 |
| 缓冲区溢出 | 缓冲区溢出攻击 | 栈随机化 | 金丝雀值 |

2. 简单回答下列问题。

(1) 按值传递参数和按地址传递参数两种方式有哪些不同点？

(2) 为什么在递归深度较深时递归调用的时间开销和空间开销都会较大？

(3) 对于 auto 型变量，编译器如何分配其空间？通常被分配在什么存储区？对于 auto 型变量地址进行大小比较，是否有意义？为什么？

(4) 为什么数据在存储器中最好按对齐方式存放？

(5) 有哪几种防止缓冲区溢出攻击的基本方法？

3. 假设某个 C 语言函数 func() 的原型声明如下。

```
void func(int * xptr, int * yptr, int * zptr);
```

函数 func() 的过程体对应的机器级代码用 LoongArch 汇编形式表示如下。

```
1    ldptr.w    $r14, $r4, 0
2    ldptr.w    $r13, $r5, 0
3    ldptr.w    $r12, $r6, 0
4    stptr.w    $r14, $r5, 0
5    stptr.w    $r13, $r6, 0
6    stptr.w    $r12, $r4, 0
```

回答下列问题或完成下列任务。

(1) 在过程体开始时三个入口参数对应实参分别存放在哪个寄存器中？

(2) 根据上述机器级代码写出函数 func() 的 C 语言代码。

4. 假设函数 operate() 的部分 C 语言代码如下。

```
1    long operate(long x, long y, long z, long k)
2    {
3        long v = _____;
4        return v;
5    }
```

在 LA32 架构下，上述 C 语言代码中第 3 行语句对应的汇编代码如下。

```
1    mul.w      $a0, $a0, $a3
2    lu12i.w    $t0, 15(0xf)
3    ori        $t0, $t0, 0xff0
4    and        $a2, $a2, $t0
5    slli.w     $a1, $a1, 0x8
6    add.w      $a2, $a2, $a1
7    sub.w      $a0, $a0, $a2
```

回答下列问题或完成下列任务。

(1) 写出每条汇编指令的注释，并填写函数 operate() 缺失的部分。

(2) 给出函数 operate() 对应的 LA64 汇编代码，并和 LA32 汇编代码进行比较。

5. 假设函数 product() 的 C 语言代码如下，其中 num_type 是用 typedef 声明的数据类型。

```
1    void product(num_type * d, unsigned x, num_type y ) {
2        * d = x * y;
3    }
```

函数 product() 的过程体对应的 LA32 汇编代码如下。

```
1    mul.w     $r7, $r7, $r5
2    mul.w     $r12, $r5, $r6
3    mulh.wu   $r5, $r5, $r6
4    add.w     $r5, $r7, $r5
5    st.w      $r12, $r4, 0
6    st.w      $r5, $r4, 4(0x4)
```

给出上述每条汇编指令的注释,并说明 num_type 是什么类型。

6. 已知函数 comp() 的 C 语言代码及其过程体对应的汇编代码如图 4-29 所示。

```
1    void comp(char x, int *p)
2    {
3        if (p && x<0)
4            *p += x;
5    }
```

```
1    beq    $r5, $r0, 20(0x14)    # 20 <.L1>
2    bge    $r4, $r0, 16(0x10)    # 16 <.L1>
3    ld.w   $r12, $r5, 0
4    add.w  $r4, $r12, $r4
5    st.w   $r4, $r5, 0
6    .L1:
7    jirl   $r0, $r1, 0
```

图 4-29 题 6 图

回答下列问题或完成下列任务。

(1) 图中给出的是 LA32 还是 LA64 对应的汇编代码?为什么?

(2) 给出每条汇编指令的注释,并说明为什么 C 语言代码只有一个 if 语句而汇编代码中有两条条件跳转指令。

7. 已知函数 func() 的 C 语言代码框架及其过程体对应的 LA32 汇编代码如图 4-30 所示,根据对应的汇编代码填写 C 语言代码中缺失的表达式。

```
1    int func(int x, int y)
2    {
3        int z = _____ ;
4        if (_____) {
5            if  (_____)
6                z = _____ ;
7            else
8                z = _____ ;
9        } else if (_____)
10           z = _____ ;
11       return z;
12   }
```

```
1    move    $r12, $r4
2    addi.w  $r13, $r0, -99(0xf9d)
3    bge     $r4, $r13, 20(0x14) # 1c <.L2>
4    sub.w   $r4, $r4, $r5
5    bge     $r12, $r5, 28(0x1c) # 2c <.L1>
6    add.w   $r4, $r12, $r5
7    jirl    $r0, $r1, 0
8    .L2:
9    addi.w  $r13, $r0, 15(0xf)
10   and     $r4, $r4, $r5
11   blt     $r13, $r12, 8(0x8) # 2c <.L1>
12   mul.w   $r4, $r12, $r5
13   .L1:
```

图 4-30 题 7 图

8. 已知函数 do_loop() 的 C 语言代码如下。

```
1    short do_loop(short x, short y, short k) {
2        do {
3            x * = (y%k) ;
4            k--;
```

```
5        } while ((k>0) && (y>k));
6        return x;
7   }
```

函数 do_loop() 的过程体对应的 LA32 汇编代码如下。

```
1      addi.w    $r3, $r3, -16(0xff0)
2   .L3:
3      mod.w     $r12, $r5, $r6
4      bne       $r6, $r0, 8(0x8) #10 <.L1>
5      break     0x7
6   .L1:
7      mul.w     $r4, $r12, $r4
8      st.w      $r4, $r3, 12(0xc)
9      ld.h      $r4, $r3, 12(0xc)
10     addi.w    $r6, $r6, -1(0xfff)
11     st.w      $r6, $r3, 12(0xc)
12     ld.h      $r6, $r3, 12(0xc)
13     bge       $r0, $r6, 8(0x8) #30 <.L2>
14     blt       $r6, $r5, -40(0x3ffd8) #4 <.L3>
15  .L2:
16     addi.w    $r3, $r3, 16(0x10)
17     jirl      $r0, $r1, 0
```

回答下列问题或完成下列任务。

（1）给每条汇编指令添加注释，并说明每条指令执行后目的寄存器中存放的是什么内容。

（2）上述函数过程体中用到了哪些被调用者保存寄存器和哪些调用者保存寄存器？

（3）说明第 8 和第 9 行指令的作用。举例说明 x, y, k 为何值时，第 9 行指令执行前、后寄存器 r4 的内容不一样。

（4）do…while 循环语句的判断条件与哪几行中的分支指令有关？为什么？

（5）若将参数 x, y, k 和函数返回值都改为 int 类型，则 do_loop() 函数对应的 LA32 汇编代码应如何修改？

9. 已知函数 f1() 的 C 语言代码框架及对应的 LA32 汇编代码如图 4-31 所示，根据汇编代码填写 C 语言代码中缺失部分，并说明函数 f1() 的功能。

```
1   int f1(unsigned x)
2   {
3      int y = 0 ;
4      while (_____) {
5         _____ ;
6      }
7      return _____ ;
8   }
```

```
1      move      $r12, $r0
2      beq       $r4, $r0, 16(0x10) # 14 <.L2>
3   .L3:
4      xor       $r12, $r12, $r4
5      srli.w    $r4, $r4, 0x1
6      bne       $r4, $r0, -8(0x3fff8) # 8 <.L3>
7   .L2:
8      andi      $r4, $r12, 0x1
9      jirl      $r0, $r1, 0
```

图 4-31 题 9 图

10. 已知函数 sw() 的 C 语言代码框架如下。

```
int sw(int x) {
    int v=0;
    switch (x) {
        /* switch 语句中的处理部分省略 */
    }
    return v;
}
```

函数 sw() 过程体中开始部分的 LA32 汇编代码以及跳转表如图 4-32 所示。

| | | |
|---|---|---|
| 1 | addi.w | $r4, $r4, 3 |
| 2 | addi.w | $r12, $r0, 7# 0x7 |
| 3 | bltu | $r12, $r4, .L2 |
| 4 | slli.w | $r4, $r4, 2 |
| 5 | la.local | $r12, .L4 |
| 6 | add.w | $r4, $r12, $r4 |
| 7 | ld.w | $r12, $r4, 0 |
| 8 | jr | $r12 |
| 9 | .L2: | |
| 10 | ... | |

| | | |
|---|---|---|
| 1 | .L4: | |
| 2 | .word | .L2 |
| 3 | .word | .L9 |
| 4 | .word | .L9 |
| 5 | .word | .L7 |
| 6 | .word | .L6 |
| 7 | .word | .L5 |
| 8 | .word | .L2 |
| 9 | .word | .L3 |

图 4-32 题 10 图

回答下列问题。

(1) 函数 sw() 中的 switch 语句处理部分标号的取值情况如何？

(2) 标号的取值在什么情况下执行 default 分支？哪些标号的取值会执行同一个 case 分支？

11. 已知函数 funct() 的 C 语言代码如下。

```
1   #include <stdio.h>
2   int funct(void) {
3       int x, y;
4       scanf("%d %d", &x, &y);
5       return x-y;
6   }
```

函数 funct() 对应的 LA64 汇编代码如下。

```
1    addi.d     $r3, $r3, -32(0xfe0)
2    st.d       $r1, $r3, 24(0x18)
3    addi.d     $r6, $r3, 8(0x8)
4    addi.d     $r5, $r3, 12(0xc)
5    la.local   $r4, .LC0              #将指向字符串"%d %d"的指针.LC0送 r4
6    bl         scanf                  #假定函数 scanf() 执行后 x=15, y=20
7    ldptr.w    $r4, $r3, 12(0xc)
8    ldptr.w    $r12, $r3, 8(0x8)
9    sub.w      $r4, $r4, $r12
10   ld.d       $r1, $r3, 24(0x18)
11   addi.d     $r3, $r3, 32(0x20)
12   jirl       $r0, $r1, 0
```

假设函数 funct() 开始执行时，R[r3]=0xff ffff 32c0，指向字符串"%d %d"的指针为 0x1 2000 0828。回答下列问题或完成下列任务。

(1) 给每条汇编指令添加注释，并说明每条指令执行后目的寄存器中存放的是什么内容。

(2) 局部变量 x 和 y 所在存储单元的地址分别是什么？

(3) 画出第 7 行指令执行后 funct 的栈帧，给出栈帧中的内容及其地址。

12. 已知递归函数 refunc() 的 C 语言代码框架如下。

```
1   int refunc(unsigned x) {
2       if (_____)
3           return _____;
4       unsigned nx = _____;
5       int rv = refunc(nx) ;
6       return _____;
7   }
```

上述递归函数过程体对应的 LA32 汇编代码如下。

```
1    bne      $r4, $r0, .L8
2    move     $r4, $r0
3    jirl     $r0, $r1, 0
4    .L8:
5    addi.w   $r3, $r3, -16(0xff0)
6    st.w     $r1, $r3, 12(0xc)
7    st.w     $r23, $r3, 8(0x8)
8    move     $r23, $r4
9    srli.w   $r4, $r4, 0x1
10   bl       refunc
11   andi     $r23, $r23, 0x1
12   add.w    $r4, $r23, $r4
13   ld.w     $r1, $r3, 12(0xc)
14   ld.w     $r23, $r3, 8(0x8)
15   addi.w   $r3, $r3, 16(0x10)
16   jirl     $r0, $r1, 0
```

根据对应的汇编代码填写 C 语言代码中缺失部分，并说明函数的功能。

13. 针对 LA32 和 LA64 两种系统，填写表 4-5，说明每个数组的元素大小、整个数组的大小及第 i 个元素的地址。

表 4-5  题 13 表

| 数组 | 元素大小（B） | 数组大小（B） | 起始地址 | 元素 i 的地址 |
| --- | --- | --- | --- | --- |
| int A[10] | | | &A[0] | |
| long B[100] | | | &B[0] | |
| short * C[5] | | | &C[0] | |
| short**D[6] | | | &D[0] | |
| long double E[10] | | | &E[0] | |
| long double * F[10] | | | &F[0] | |

14. 假设在 LA64 系统中，short 型数组 S 的首地址 AS 和数组下标（索引）变量 i 分别存放在寄存器 r12 和 r13 中，表 4-6 给出的表达式的结果存放在 r14 中，仿照例子填写表 4-6，说明表达式的类型、值和相应的汇编代码。

表 4-6  题 14 表

| 表达式 | 类型 | 值 | 汇编代码 |
| --- | --- | --- | --- |
| S | | | |
| S+i−3 | | | |
| S[i] | short | M[AS+2*i] | alsl.w  r15, r13, r12, 1<br>ld.w    r14, r15, 0 |
| &S[10] | | | |
| &S[i+2] | short * | AS+2*i+4 | addi.w  r13, r13, 2<br>alsl.w  r14, r13, r12, 1 |
| &S[i]−S | | | |
| S[4*i+4] | | | |
| *(S+i−2) | | | |

15. 假设函数 sumij() 的 C 语言代码如下，其中，M 和 N 是用 #define 声明的常数。

```
1    int a[M][N], b[N][M];
2
3    int sumij(int i, int j) {
4        return a[i][j] + b[j][i];
5    }
```

已知函数 sumij() 的 LA32 过程体对应的汇编代码如下。

```
 1    addi.w    $r12, $r0, 7(0x7)
 2    mul.w     $r12, $r4, $r12
 3    add.w     $r12, $r12, $r5
 4    slli.w    $r12, $r12, 0x2
 5    la.got    $r13, .LC0         #从 GOT 表中获取 a 的首地址.LC0,送 r13
 6    add.w     $r12, $r13, $r12
 7    addi.w    $r13, $r0, 5(0x5)
 8    mul.w     $r5, $r5, $r13
 9    add.w     $r5, $r5, $r4
10    slli.w    $r5, $r5, 0x2
11    la.got    $r4, .LC1          #从 GOT 表中获取 b 的首地址.LC1,送 r4
12    add.w     $r5, $r4, $r5
13    ld.w      $r4, $r12, 0
14    ld.w      $r12, $r5, 0
15    add.w     $r4, $r4, $r12
16    jirl      $r0, $r1, 0
```

根据上述汇编代码,确定 M 和 N 的值。

16. 假设函数 st_ele() 的 C 语言代码如下,其中,L、M 和 N 是用 #define 声明的常数。

```
1    int a[L][M][N];
2
3    int st_ele(int i, int j, int k, int * dst) {
4        * dst = a[i][j][k];
5        return sizeof(a);
6    }
```

已知函数 st_ele() 的过程体对应的 LA64 汇编代码如下。

```
 1    addi.w    $r12, $r0, 63(0x3f)
 2    mul.d     $r4, $r4, $r12
 3    addi.w    $r12, $r0, 7(0x7)
 4    mul.d     $r12, $r5, $r12
 5    add.d     $r4, $r4, $r12
 6    add.d     $r4, $r4, $r6
 7    la.got    $r6, .LC0          #从 GOT 表中获取 a 的首地址.LC0,送 r6
 8    alsl.d    $r4, $r4, $r6, 0x2
 9    ldptr.w   $r12, $r4, 0
10    stptr.w   $r12, $r7, 0
11    lu12i.w   $r4, 1(0x1)
12    ori       $r4, $r4, 0x1b8
13    jirl      $r0, $r1, 0
```

根据上述汇编代码确定 L、M 和 N 的值,并写出函数 st_ele() 对应的 LA32 汇编代码。

17. 假设结构类型 node 的定义、函数 np_init() 部分 C 语言代码及对应的 LA64 部分汇编代码如图 4-33 所示。

```
struct node {
    int *p;
    struct {
        int x;
        int y;
    } s;
    struct node *next;
};
```

```
void np_init(struct node *np)
{
    np->s.x =_____;
    np->p =_____;
    np->next=_____;
}
```

```
ldptr.w    $r12, $r4, 12(0xc)
st.w       $r12, $r4, 8(0x8)
addi.d     $r12, $r4, 8(0x8)
stptr.d    $r12, $r4, 0
st.d       $r4, $r4, 16(0x10)
jirl       $r0, $r1, 0
```

图 4-33 题 17 图

回答下列问题或完成下列任务。

(1) 结构 node 所需存储空间有多少字节?成员 p、s.x、s.y 和 next 的偏移地址分别为多少?

(2) 根据汇编代码填写函数 np_init() 中缺失的表达式。

(3) 写出图 4-33 中 LA64 汇编代码对应的 LA32 汇编代码。

18. 假设联合类型 utype 的定义如下。

```
typedef union {
    struct {
        int     x;
        short   y;
        short   z;
    } s1;
    struct {
        short   a[2];
        int     b;
        char    *p;
    } s2;
} utype;
```

已知存在具有如下形式的一组函数：

```
void getvalue(utype * uptr, TYPE * dst) {
    * dst = EXPR;
}
```

该组函数用于计算不同表达式 EXPR 的值，返回值的数据类型根据表达式的类型确定，函数 getvalue() 的入口参数 uptr 和 dst 分别被装入寄存器 r4 和 r5 中，仿照例子填写表 4-7，说明在不同的表达式下的 TYPE 类型及表达式对应的 LA64 汇编指令序列（要求尽量只用 r4 和 r5，不够用时再使用 r6）。

表 4-7 题 18 表

| 表达式 EXPR | TYPE 类型 | 汇编指令序列 |
| --- | --- | --- |
| uptr->s1.x | int | ldptr.w $r4, $r4, 0<br>stptr.w $r4, $r5, 0 |
| uptr->s1.y | | |
| &uptr->s1.z | | |
| uptr->s2.a | | |
| uptr->s2.a[uptr->s2.b] | | |
| *uptr->s2.p | | |

19. 分别给出在 LA32+Linux、LA64+Linux 平台下，下列各个结构类型中每个成员的偏移量、结构总大小及结构起始位置的对齐要求。

(1) struct S1 {short s; char c; int i; char d;};

(2) struct S2 {int i; short s; char c; char d;};

(3) struct S3 {char c; short s; int i; char d;};

(4) struct S4 {short s[3]; char c;};

(5) struct S5 {char c[3]; short * s; int i; char d; double e;};

(6) struct S6 {struct S1 c[3]; struct S2 * s; char d;};

20. 以下是结构体变量 test 的声明。

```
struct {
    char        c;
    double      d;
    int         i;
    short       s;
    char        *p;
    long        l;
    long long   g;
    void        *v;
} test;
```

假设在 LA64+Linux 平台上编译,则 test 结构中每个成员的偏移量是多少?结构总大小为多少字节?如何调整成员的先后顺序使得结构所占空间最小?

21. 图 4-34 给出了函数 getbuf()存在漏洞和问题的 C 语言代码实现,以及其对应的 LA64 反汇编部分结果。假定函数 getbuf()的调用过程为 P,执行完第 4 行的 st.d 指令后,其栈顶指针寄存器内容 R[r3]=0x000000ff ffff 32a0,并且当前栈帧中的内容如下。

```
0xff ffff 32a0:00 00 00 00 00 00 00 00
0xff ffff 32a8:00 00 00 00 00 00 00 00
0xff ffff 32b0:90 78 56 34 12 ef cd ab
0xff ffff 32b8:ec 07 00 20 01 00 00 00
```

```
char *getbuf() {
    char buf[8];
    char *result;
    gets(buf);
    result=malloc(strlen(buf));
    strcpy(result, buf);
    return result;
}
```

| | | | | |
|---|---|---|---|---|
| 1 | 1200007a0 <getbuf>: | | | |
| 2 | 1200007a0: | 02ff8063 | addi.d | $r3, $r3, -32(0xfe0) |
| 3 | 1200007a4: | 29c06061 | st.d | $r1, $r3, 24(0x18) |
| 4 | 1200007a8: | 29c04077 | st.d | $r23, $r3, 16(0x10) |
| 5 | 1200007ac: | 02c02064 | addi.d | $r4, $r3, 8(0x8) |
| 6 | 1200007b0: | 57fe43ff | bl | # 1200005f0 <gets@plt> |
| 7 | 1200007b4: | 02c02064 | addi.d | $r4, $r3, 8(0x8) |
| | ...... | | | |
| 14 | 1200007d0: | 28c06061 | ld.d | $r1, $r3, 24(0x18) |
| 15 | 1200007d4: | 28c04077 | ld.d | $r23, $r3, 16(0x10) |
| 16 | 1200007d8: | 02c08063 | addi.d | $r3, $r3, 32(0x20) |
| 17 | 1200007dc: | 4c000020 | jirl | $r0, $r1, 0 |

图 4-34 题 21 图

程序执行时若从标准输入读入的一行字符串为"0123456789ABCDEF0123456789\n",则程序会发生总线错误(Bus error),即程序输出信息为:Bus error(core dumped),经调试确认错误是在执行函数 getbuf()的第 17 行指令 jirl 时发生的。回答下列问题或完成下列任务。

(1) 在过程 P 中调用函数 getbuf()过程时,寄存器 r3、r1 和 r23 中的内容各是什么?在 getbuf 的栈帧中保存的返回过程 P 的返回地址是什么?

(2) 给出执行第 6 行指令调用 gets 过程后回到其下一条指令执行时栈帧中的内容。

(3) 当执行到函数 getbuf()的第 17 行指令 jirl 时,假如程序不发生总线错误,则正确的返回地址是什么?发生总线错误是因为执行 jirl 指令时得到了什么样的返回地址?

(4) 执行完 gets()函数后,哪些寄存器的内容已被破坏?

(5) 除了可能发生缓冲区溢出以外,函数 getbuf()的 C 语言代码还有哪些错误?

22. 假定函数 abc()的入口参数有 a、b、c,每个参数都可能是带符号整数或无符号整数类型,而且它们的长度也可能不同。该函数具有如下过程体。

```
*b += c;
*a += *b;
```

在 LA64 机器上编译后的汇编代码如下。

```
1   ldptr.w    $r12, $r6, 0
2   add.w      $r4, $r12, $r4
3   move       $r13, $r4
4   stptr.w    $r4, $r6, 0
5   ldptr.d    $r12, $r5, 0
6   add.d      $r12, $r12, $r13
7   stptr.d    $r12, $r5, 0
8   jirl       $r0, $r1, 0
```

分析上述汇编代码,以确定三个入口参数的顺序和可能的数据类型,写出函数 abc()可能的 4 种合理的函数原型。

23. 函数 lproc() 的过程体对应的 LA32 汇编代码如下。

```
1    lu12i.w   $r12, -524288(0x80000)
2    addi.w    $r13, $r0, 255(0xff)
3  .L2
4    and       $r14, $r4, $r12
5    xor       $r13, $r13, $r14
6    srl.w     $r12, $r12, $r5
7    bne       $r12, $r0, .L2
8    move      $r4, $r13
9    jirl      $r0, $r1, 0
```

上述代码根据以下 lproc() 函数的 C 语言代码编译生成：

```
1   int  lproc(int x, int k) {
2       int val = _____;
3       int i;
4       for (i=_____; i _____; i=_____ ) {
5           val ^= _____;
6       }
7       return val;
8   }
```

回答下列问题或完成下列任务。
（1）给每条汇编指令添加注释。
（2）参数 x 和 k 分别存放在哪个寄存器中？局部变量 val 和 i 分别存放在哪个寄存器中？
（3）局部变量 val 和 i 的初始值分别是什么？
（4）循环终止条件是什么？循环控制变量 i 是如何被修改的？
（5）填写 C 语言代码中缺失的部分。

24. 假设你需要维护一个大型 C 语言程序，其部分代码如下。

```
1   typedef struct {
2       unsigned      l_data;
3       line_struct   x[LEN];
4       unsigned      r_data;
5   } str_type;
6
7   void proc(int i, str_type * sptr) {
8       unsigned val = sptr->l_data + sptr->r_data;
9       line_struct * xptr = &sptr->x[i];
10      xptr->a[xptr->idx] = val;
11  }
```

编译时常量 LEN 及结构类型 line_struct 的声明都在一个你无权访问的文件中，但是，你有代码的 .o 版本（可重定位目标）文件，通过 OBJDUMP 反汇编该文件后，得到函数 proc() 对应的 LA64 反汇编结果如图 4-35 所示，根据反汇编结果推断常量 LEN 的值及结构类型 line_struct 的完整声明（假设其中只有成员 a 和 idx）。

25. 假设嵌套的联合数据类型 node 声明如下。

```
1   union node {
2       struct {
3           int * ptr;
4           int data1;
5       } n1;
6       struct {
7           int data2;
8           union node * next;
9       } n2;
10  };
```

```
0000000000000000 <proc>:
1    0:    0280700c    addi.w     $r12, $r0, 28(0x1c)
2    4:    001db08c    mul.d      $r12, $r4, $r12
3    8:    0010b0ac    add.d      $r12, $r5, $r12
4    c:    2400058c    ldptr.w    $r12, $r12, 4(0x4)
5   10:    02801c0d    addi.w     $r13, $r0, 7(0x7)
6   14:    001db484    mul.d      $r4, $r4, $r13
7   18:    0010b084    add.d      $r4, $r4, $r12
8   1c:    002c9484    alsl.d     $r4, $r4, $r5, 0x2
9   20:    240000ac    ldptr.w    $r12, $r5, 0
10  24:    2400c8ad    ldptr.w    $r13, $r5, 200(0xc8)
11  28:    0010358c    add.w      $r12, $r12, $r13
12  2c:    2980208c    st.w       $r12, $r4, 8(0x8)
13  30:    4c000020    jirl       $r0, $r1, 0
```

图 4-35 题 24 图

有一个进行链表处理的函数 chain_proc() 的部分 C 语言代码如下：

```
1    void chain_proc(union node * uptr) {
2        uptr->_____ = * (uptr->_____) - uptr->_____;
3    }
```

过程 chain_proc 的过程体对应的 LA64 汇编代码如下。

```
1    ld.d       $r13, $r4, 8(0x8)
2    ldptr.d    $r12, $r13, 0
3    ldptr.w    $r12, $r12, 0
4    ldptr.w    $r14, $r4, 0
5    sub.w      $r12, $r12, $r14
6    st.w       $r12, $r13, 8(0x8)
7    jirl       $r0, $r1, 0
```

回答下列问题或完成下列任务。
(1) node 类型中结构成员 n1.ptr、n1.data1、n2.data2、n2.next 的偏移量分别是多少？
(2) node 类型总大小占多少字节？
(3) 根据汇编代码写出函数 chain_proc() 的 C 语言代码中缺失的表达式。
(4) 写出函数 chain_proc() 对应的 LA32 汇编代码。

26. 构建一棵二叉树的声明如下。

```
1    typedef struct TREE * tree_ptr;
2    struct TREE {
3        tree_ptr    left;
4        tree_ptr    right;
5        long        val;
6    };
```

有一个进行二叉树处理的函数 trace() 的原型为 "long trace( tree_ptr tptr) ;"，其过程体对应的 LA64 汇编代码如下。

```
1    move       $r12, $r4
2    beqz       $r4, .L4
3 .L3:
4    ld.d       $r4, $r12, 16(0x10)
5    ldptr.d    $r12, $r12, 0
6    bnez       $r12, .L3
```

```
 7     jirl      $r0, $r1, 0
 8.L4
 9     move      $r4, $r0
10     jirl      $r0, $r1, 0
```

回答下列问题或完成下列任务。

（1）函数 trace() 的入口参数 tptr 通过哪个寄存器传递？

（2）写出函数 trace() 完整的 C 语言代码。

（3）说明函数 trace() 的功能。

27. 某个 C 语言程序如下。

```
1    #include <stdio.h>
2    int main(){
3        int a = 10;
4        double * p = (double * )&a;
5        printf("%f\n", * p);
6        printf("%f\n", (double)a);
7        return 0;
8    }
```

回答下列问题或完成下列任务。

（1）说明第 5、第 6 行中 printf() 函数调用语句的差别。

（2）在 LA32＋Linux、LA64＋Linux 平台中，该程序的执行结果是否一样？

（3）在 LA64＋Linux 平台中，每次执行得到的执行结果是否完全相同？

（4）在 LA32＋Linux 平台中，使用 -O0 和 -O1 不同的编译选项得到的可执行文件的执行结果是否完全相同？

（5）利用反汇编后的机器级代码解释所得到的结果。

（6）在对程序机器级代码分析过程中，发现了哪些预防缓冲区溢出攻击的措施？

# 第 5 章 程序的链接与加载执行

一个大的程序往往会分成多个源程序文件来编写,因而需要对不同源程序文件分别编译和汇编,生成多个可重定位目标文件,这些目标文件中包含指令、数据和其他说明信息。此外,在程序中还会调用一些标准库函数。为了生成可执行文件,需要将所有关联到的可重定位目标文件,包括用到的标准库函数目标文件,按照某种形式组合在一起,形成一个具有统一地址空间的可被加载到存储器直接执行的程序。这种将一个程序的所有关联模块对应的目标代码文件结合在一起,以形成一个可执行文件的过程称为**链接**。在早期计算机系统中,链接是手动完成的,而现在则由专门的**链接程序**(linker,也称**链接器**)实现。

了解链接器的工作原理和可执行文件的存储器映像,将有助于养成良好的程序设计习惯,增强程序调试能力,并能够深入理解进程的虚拟地址空间概念。本章主要内容包括静态链接的概念、目标文件格式、符号及符号表、符号解析、使用静态库链接、可执行文件的存储器映像、重定位信息及重定位过程、共享库动态链接和可执行文件的加载与执行等。

## 5.1 编译、汇编和静态链接

链接的概念早在高级编程语言出现前就已存在。例如,汇编语言代码中,可用标号表示某跳转目标指令的地址(即给定了一个标号的定义),而在另一条跳转指令中引用该标号;也可用一个标号表示某操作数的地址,而在某条使用该操作数的指令中引用该标号。因而,在对汇编语言源程序进行汇编的过程中,需要对每个标号的引用,找到该标号对应的定义,建立每个标号的引用和其定义之间的关联关系,从而在引用标号的指令中正确地填入对应的地址码字段,以保证能访问到所引用的符号定义处的信息。

在高级语言出现之后,程序功能越来越复杂,程序规模越来越大,需要多人开发不同的程序模块。在每个程序模块中,包含一些变量和子程序(函数)的定义。这些被定义的变量和子程序的起始地址属于符号定义,子程序的调用或者在表达式中使用变量进行计算就是符号引用。某模块中定义的符号可被另一个模块引用,因而最终必须通过链接将程序包含的所有模块合并起来,合并时须在符号引用处填入定义处的地址。

### 5.1.1 编译和汇编

在第 1 和第 3 章中都提到过,将高级语言源程序文件转换为可执行目标文件分为预处理、编译、汇编和链接等过程。前三步对各模块(即源程序文件)生成**可重定位目标文件**

(relocatable object file)。GCC 生成的可重定位目标文件后缀为.o，Visual Studio 输出的可重定位目标文件后缀为.obj。最后一步为链接，用来将若干可重定位目标文件（包括若干标准库函数目标模块）组合起来，生成一个**可执行目标文件**（executable object file）。本书将可重定位目标文件和可执行目标文件分别简称为**可重定位文件**和**可执行文件**。

下面以 GCC 处理 C 语言程序为例说明处理过程。可通过-v 选项查看 GCC 每一步的处理结果。如果想得到每个处理过程的结果，则可分别使用-E、-S 和-c 选项进行预处理、编译和汇编，对应的处理工具分别为 cpp、cc1 和 as，处理后得到的文件的文件名后缀分别是.i、.s 和.o。

### 1. 预处理

预处理是从源程序变成可执行程序的第一步，C 预处理程序为 cpp（即 C preprocessor），主要用于 C 语言编译器对各种预处理命令进行处理，包括对头文件的包含、宏定义的扩展、条件编译的选择等，例如，对于♯include 指示的处理结果，就是将相应.h 文件的内容插入源程序文件中。

GCC 中的预处理命令是"gcc -E"或"cpp"，例如，可用命令"gcc -E main.c -o main.i"或"cpp main.c -o main.i"将 main.c 转换为预处理后的文件 main.i。预处理后的文件是可显示的文本文件。

### 2. 编译

C 语言编译器在进行具体的程序翻译之前，会先对源程序进行词法分析、语法分析和语义分析，然后根据分析的结果进行代码优化和存储分配，最终把 C 语言源程序翻译成汇编语言程序。编译器通常采用对源程序进行多次扫描的方式进行处理，每次扫描集中完成一项或几项任务，也可以将一项任务分散到几次扫描完成。如可按以下四次扫描处理：词法分析、语法分析、代码优化及存储分配、代码生成。

GCC 可直接产生机器代码，也可先产生汇编代码，再通过汇编程序将汇编代码转换为机器代码。

GCC 中的编译命令是"gcc -S"或"cc1"，例如，可使用命令"gcc -S main.i -o main.s"或"cc1 main.i -o main.s"对 main.i 进行编译并生成汇编代码文件 main.s，也可以使用命令"gcc -S main.c -o main.s"或"gcc -S main.c"直接对 main.c 预处理并编译生成汇编代码文件 main.s。

### 3. 汇编

汇编的功能是将编译生成的汇编代码转换为机器代码。通常最终的可执行文件由多个不同模块对应的机器代码组合而成，在生成单个模块的机器目标代码时，不可能确定每条指令或每个数据最终的地址，需要重新定位，因此，通常把汇编生成的机器代码文件称为可重定位文件。

GCC 中的汇编命令是"gcc -c"或"as"命令。例如，可用命令"gcc -c main.s -o main.o"或"as main.s -o main.o"对汇编代码文件 main.s 进行汇编，以生成可重定位文件 main.o。也可以使用命令"gcc -c main.c -o main.o"或"gcc -c main.c"直接对 main.c 进行预处理并编译生成可重定位文件 main.o。

## 5.1.2 可执行文件的生成

链接的功能是将所有关联的可重定位文件合并生成可执行文件。例如，对于图 5-1 所示的两个模块 main.c 和 test.c，假定通过预处理、编译和汇编，分别生成了可重定位文件 main.o

和 test.o,则可用命令"gcc -o test main.o test.o"或"ld -o test main.o test.o"生成可执行文件 test。这里,ld 是**静态链接器**命令。

```
1   int add(int, int);
2   int main(){
3       return add(20, 13);
4   }
```
(a)

```
1   int add(int i, int j){
2       int x = i + j;
3       return x;
4   }
```
(b)

图 5-1  两个源程序文件组合成一个可执行文件示例
(a) main.c 文件;(b) test.c 文件

当然,也可用命令"gcc -o test main.c test.c"实现对源程序文件 main.c 和 test.c 的预处理、编译和汇编,并将两个可重定位文件 main.o 和 test.o 进行链接,最终生成可执行文件 test。命令"gcc -o test main.c test.c"的功能如图 5-2 所示。

可重定位文件和可执行文件都是机器语言目标文件,所不同的是前者由单个模块生成,后者由多个模块组合而成。对于前者,代码总是从 0 开始,对于后者,代码的地址是**虚拟地址空间**中的地址。有关虚拟地址空间的概念参见 5.2.4 节。

例如,在 LA64 中通过"objdump -d test.o"命令显示的可重定位文件 test.o 的结果如下。

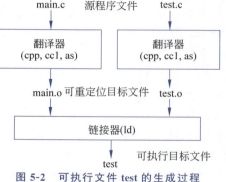

图 5-2  可执行文件 test 的生成过程

```
0000000000000000 <add>:
   0:   00101484        add.w   $a0,$a0,$a1
   4:   4c000020        jirl    $r0,$ra,0
```

通过"objdump -d test"命令显示的可执行文件 test 的结果如下。

```
0000000120000680 <add>:
   120000680:   00101484        add.w   $a0,$a0,$a1
   120000684:   4c000020        jirl    $r0,$ra,0
```

上述给出的通过 objdump 命令输出的结果包括指令的地址、指令机器代码和反汇编得到的汇编指令代码。可看出在可重定位文件 test.o 中 add 模块代码起始地址为 0;而在可执行文件 test 中 add 模块的起始地址为 0x1 2000 0680。

实际上,可重定位文件和可执行文件都不是可以直接显示的**文本文件**,而是不可显示的**二进制文件**,它们都按照一定的格式以二进制字节序列构成目标文件,其中包含二进制代码区、只读数据区、初始化数据区和未初始化数据区等。

链接器在将多个可重定位目标文件组合成一个可执行目标文件时,主要完成以下两个任务。

1) 符号解析

**符号解析**的目的是将每个**符号的引用**与一个确定的**符号定义**建立关联。符号包括**全局变量名**、**静态变量名**和**函数名**,而非静态局部变量名则不是符号。例如,对于图 5-1 所示的两个源程序文件 main.c 和 test.c,在 main.c 中定义了符号 main,并引用了符号 add;在 test.c 中则定义了符号 add,而 i、j 和 x 都不是符号。链接时需要将 main.o 中引用的符号 add 和 test.o 中定义的符号 add 建立关联。对于全局变量声明"int ＊xp＝＆x;",可看成通过引用变量 x 的地址对符号 xp 进行定义。汇编器将所有符号的相关信息存放在可重定位文件的**符号表**(symbol table)中。

2) 重定位

可重定位文件中的代码区和数据区都从地址 0 开始,链接器将不同模块中相同的节合并生成新的单独的节,并将合并后的代码区和数据区按照**虚拟地址空间划分**(也称**存储器映像**)重新确定位置。例如,对于 LA64 的 Linux 操作系统存储器映像,其**只读代码段**总是从地址 0x120000000 开始,而**可读可写数据段**通常在只读代码段后面的一个 16KB 对齐的地址处开始。因而链接器需要重新确定每条指令和每个数据的地址,并且在指令中明确给定所引用符号的地址,这种重新确定代码和数据的地址并更新指令中被引用符号地址的工作称为**重定位**(relocation)。

使用链接的第一个好处就是模块化,它能使一个程序被划分成多个模块,由不同的程序员进行编写,并且可以构建公共的函数库(如数学函数库、标准 I/O 函数库等)以提供给不同的程序进行**重用**。采用链接的第二个好处是效率高,各模块可分开编译,在程序修改时只需要重新编译修改过的源程序文件,然后重新链接,因而从时间上来说,能够提高程序开发的效率;同时,因为源程序文件不包含共享库的代码,只需直接调用,而且在可执行文件运行时,内存中也只包含所调用函数的代码而不包含整个共享库,因而链接也有效提高了空间利用率。

## 5.2 目标文件格式

**目标代码**(object code)指编译器或汇编器处理源代码后所生成的机器语言目标代码。**目标文件**(object file)指存放目标代码的文件。通常目标文件有三类:可重定位目标文件、可执行目标文件和共享库目标文件。**共享库目标文件**是特殊的可重定位目标文件,能在装入或运行时被加载到内存并自动被链接,也称**共享库文件**。

### 5.2.1 ELF 目标文件格式

目标文件中包含可直接被 CPU 执行的机器代码及代码在运行时使用的数据,还有如重定位信息和调试信息等其他数据,不过,目标文件中唯一与运行时相关的要素是机器代码及其使用数据,例如,用于嵌入式系统的目标文件可能仅含有机器代码及其使用数据。

目标文件格式有许多不同的种类。早期计算机都拥有自身独特的格式,随着 UNIX 和其他可移植操作系统的问世,人们定义了一些标准目标文件格式,并在不同的系统上使用它们。最简单的目标文件格式是 DOS 操作系统的 COM 文件格式,它是一种仅由代码和数据组成的文件,而且始终被加载到固定位置。其他的目标文件格式(如 COFF 和 ELF)都比较复杂,由一组严格定义的数据结构序列组成,这些复杂格式的规范说明书一般会有许多页。System V UNIX 的早期版本使用的是**通用目标文件格式**(Common Object File Format,**COFF**)。Windows 操作系统使用的是 COFF 的一个变种,称为**可移植可执行文件格式**(Portable Executable,**PE**)。现代 UNIX 操作系统,如 Linux、BSD Unix 等,主要使用**可执行可链接文件格式**(Executable and Linkable Format,**ELF**),本章采用 ELF 标准二进制文件格式进行说明。

目标文件既可用于程序的链接,也可用于程序的执行。图 5-3 说明了 ELF 目标文件格式的基本框架。图 5-3(a)是**链接视图**,主要由不同的**节**(section)组成,节是 ELF 文件中具有相同特征的最小可处理信息单位,不同的节描述了目标文件中不同类型的信息及其特征,例如,代码节(.text)、只读数据节(.rodata)、已初始化全局数据节(.data)、未初始化全局数据节(.bss)等。图 5-3(b)是执行视图,主要由不同的段(segment)组成,描述了目标文件中的节如何映射到存储空间的段中,可将多个节合并后映射到同一个段,例如,可合并节.data 和节.bss 的内容,并映射到一个可读写数据段中。

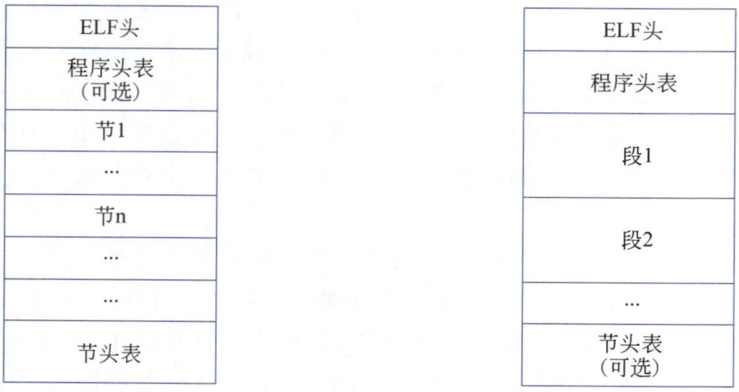

图 5-3 ELF 目标文件格式的两种基本框架
(a)链接视图;(b)执行视图

通过预处理、编译和汇编三个步骤可生成可重定位文件,多个关联的可重定位文件经链接后生成可执行文件。这两类目标文件对应的 ELF 视图不同,显然,可重定位文件对应链接视图,而可执行文件对应执行视图。

节头表包含文件中各节的说明信息,每个节在该表中都有一个与其对应的项,每一项都指定了节名和节大小等信息,用于链接的可重定位文件中须有节头表。程序头表用来指示系统如何创建进程的存储器映像,用于创建进程存储映像的可执行文件和共享库文件中须有程序头表。

## 5.2.2 可重定位文件格式

可重定位文件主要包含代码和数据等部分,可与其他可重定位文件链接,从而创建可执行文件或共享库文件。如图 5-4 所示,ELF 可重定位文件由 ELF 头、节头表和不同的节组成。

**1. ELF 头**

ELF 头位于目标文件的起始位置,包含文件结构说明信息。ELF 头的数据结构分 32 位系统对应结构和 64 位系统对应结构。以下是 64 位系统对应的数据结构,共占 64 字节。

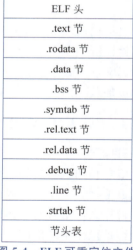

图 5-4 ELF 可重定位文件

```
#define EI_NIDENT      16
typedef struct {
    unsigned char    e_ident[EI_NIDENT];
    uint16_t         e_type;
    uint16_t         e_machine;
    uint32_t         e_version;
```

```
            Elf64_Addr              e_entry;
            Elf64_Off               e_phoff;
            Elf64_Off               e_shoff;
            uint32_t                e_flags;
            uint16_t                e_ehsize;
            uint16_t                e_phentsize;
            uint16_t                e_phnum;
            uint16_t                e_shentsize;
            uint16_t                e_shnum;
            uint16_t                e_shstrndx;
        } Elf64_Ehdr;
```

文件开头若干字节称为**魔数**,用来确定文件的类型或格式。在加载或读取文件时,可用魔数确认文件类型是否正确。在 64 位 ELF 头数据结构中,字段 e_ident 是长度为 16 的字节序列,最开始 4 字节为魔数,用于标识是否为 ELF 文件,其中第 1 字节为 0x7F,后 3 字节为'E'、'L'、'F'。随后 12 字节中,主要包含一些标识信息,如标识是 32 位还是 64 位格式、小端还是大端方式、ELF 头的版本号等。

字段 e_type 用于说明目标文件类型是可重定位文件、可执行文件还是共享库文件;e_machine 指定机器结构类型,如 LoongArch、IA-32、SPARC V9、AMD64 等;e_version 标识目标文件版本;e_entry 指定系统将控制权转移到的起始虚拟地址(入口点),可重定位文件中此字段为 0;e_ehsize 说明 ELF 头大小;e_shoff 指出节头表在文件中的偏移量;e_shentsize 表示节头表中一个表项的大小,所有表项大小相同;e_shnum 表示节头表中的项数。e_shentsize 和 e_shnum 共同指定节头表大小。偏移量和各字段大小都以字节为单位。

ELF 头在文件中总是在最开始的位置,其他部分的位置由 ELF 头和节头表指出,不具有固定顺序。

可以使用 readelf -h 命令对可重定位文件的 ELF 头进行解析。例如,以下是通过"readelf -h main.o"对某 main.o 文件进行解析的结果。

```
ELF Header:
  Magic:                             7f 45 4c 46 02 01 01 00 00 00 00 00 00 00 00 00
  Class:                             ELF64
  Data:                              2's complement, little endian
  Version:                           1 (current)
  OS/ABI:                            UNIX - System V
  ABI Version:                       0
  Type:                              REL (Relocatable file)
  Machine:                           LoongArch
  Version:                           0x1
  Entry point address:               0x0
  Start of program headers:          0 (bytes into file)
  Start of section headers:          664 (bytes into file)
  Flags:                             0x3, LP64
  Size of this header:               64 (bytes)
  Size of program headers:           0 (bytes)
  Number of program headers:         0
  Size of section headers:           64 (bytes)
  Number of section headers:         12
  Section header string table index: 11
```

从上述解析结果可以看出,该 main.o 文件运行在 64 位(由 e_ident 的第 5 字节说明)的

LoongArch 架构(e_Machine)上,ELF 头长度(e_ehsize)为 64B,因为是可重定位文件,故 e_entry(Entry point address)为 0,无程序头表(Size of program headers=0)。节头表的偏移量(e_shoff)为 664B,表项大小(e_shentsize)占 64B,表项数(e_shnum)为 12。字符串表(.strtab 节)在节头表中的索引(e_shstrndx)为 11。

### 2. 节

节是 ELF 文件中的主体信息,包含了链接过程所用目标代码信息,包括指令、数据、符号表和重定位信息等。在 ELF 可重定位文件中主要有下面几个典型的节。

.text:目标代码部分。

.rodata:只读数据,如 printf 语句中的格式串、浮点常数、switch 语句的跳转表等。

.data:已初始化且初值不为 0 的全局变量和静态变量。

.bss:所有未初始化或者初始化为 0 的全局变量和静态变量。C 语言标准规定,未初始化的全局变量和静态变量初值为 0。为节省存储空间,目标文件无须为上述变量分配用于保存值的空间,仅通过符号表记录其他信息,并由运行时环境在存储器中为上述变量分配空间,并设定初始值为 0,从而满足 C 语言标准的规定。目标文件中区分初始化和未初始化变量是为了节省盘空间。

auto 型变量分配在栈中,因此不会出现在.data 节和.bss 节。

.symtab:符号表(symbol table)。程序中定义的函数名和全局变量名、静态变量名都属于符号,与这些符号相关的信息保存在符号表中。

.rela.text:.text 节相关的可重定位信息。当链接器将某个目标文件和其他目标文件组合时,.text 节中的代码被合并后,一些指令中引用的操作数地址信息或跳转目标指令位置信息等都可能被修改。通常,调用外部函数或者引用全局变量的指令中的地址字段需要修改。

.rela.data:.data 节相关的可重定位信息。当链接器将某个目标文件和其他目标文件组合时,.data 节中的代码被合并后,一些全局变量的地址可能被修改。

.debug:调试用符号表,有些表项对定义的局部变量和类型定义进行说明,有些表项对定义和引用的全局静态变量进行说明。只有使用带-g 选项的 gcc 命令才会得到这张表。

.line:C 语言程序中行号和.text 节中机器指令之间的映射表。只有使用带-g 选项的 gcc 命令才会得到这张表。

.strtab:字符串表,包括.symtab 节和.debug 节中的符号及节头表中的节名。字符串表就是以 null 结尾的字符串序列。

### 3. 节头表

节头表由若干表项组成,每个表项描述某个节的节名、在文件中的偏移、大小、访问属性、对齐方式等信息,目标文件中每个节都有一个表项与之对应。以下是 64 位系统对应的数据结构,节头表中每个表项占 64 字节。

```
typedef struct {
    uint32_t      sh_name;      //节名字符串在.strtab 中的偏移
    uint32_t      sh_type;      //节类型:无效/代码或数据/符号/字符串/…
    uint64_t      sh_flags;     //该节在存储空间中的访问属性
    Elf64_Addr    sh_addr;      //若可被加载,则对应虚拟地址
    Elf64_Off     sh_offset;    //在文件中的偏移,.bss 节则无意义
    uint64_t      sh_size;      //节在文件中所占的长度
    uint32_t      sh_link;      //指定链接的节索引
```

```
            uint32_t         sh_info;          //指定附加信息
            uint64_t         sh_addralign;     //节的对齐要求
            uint64_t         sh_entsize;       //节中每个表项的长度
     } Elf64_Shdr;
```

32 位系统对应的数据结构为 Elf32_Shdr，占 40 字节，其中描述的成员与 Elf64_Shdr 类似。

可以使用 readelf -S 命令对某可重定位文件的节头表进行解析。例如，以下是通过 "readelf -S test.o"对某 test.o 文件进行解析的部分结果。

```
There are 13 section headers, starting at offset 0x7e0:
Section Headers:
  [Nr] Name              Type        Offset  Size    EntSize  Flags Link  Info  Align
  [ 0]                   NULL        00000   00000   00000          0     0     0
  [ 1] .text             PROGBITS    00040   00074   00000    AX    0     0     4
  [ 2] .rela.text        RELA        002e0   00480   00018    I     10    1     8
  [ 3] .data             PROGBITS    000b4   00008   00000    WA    0     0     4
  [ 4] .bss              NOBITS      000bc   00008   00000    WA    0     0     4
  [ 5] .rodata           PROGBITS    000bc   00004   00000    A     0     0     4
  [ 6] .comment          PROGBITS    000c0   00033   00001    MS    0     0     1
  [ 7] .note.GNU-stack   PROGBITS    000f3   00000   00000          0     0     1
  [ 8] .eh_frame         PROGBITS    000f8   00040   00000    A     0     0     8
  [ 9] .rela.eh_frame    RELA        00760   00018   00018    I     10    8     8
  [10] .symtab           SYMTAB      00138   00180   00018          11    11    8
  [11] .strtab           STRTAB      002b8   00023   00000          0     0     1
  [12] .shstrtab         STRTAB      00778   00061   00000          0     0     1
Key to Flags:
  W (write), A (alloc), X (execute), M (merge), S (strings), I (info),
  L (link order), O (extra OS processing required), G (group), T (TLS),
  C (compressed), x (unknown), o (OS specific), E (exclude),
  p (processor specific)
```

从上述解析结果可看出，该 test.o 文件共有 13 个节。第 0 节类型为 NULL，表示无效节，可忽略；有 6 个类型为 PROGBITS 的节，表示所含信息由程序定义，如.text 和.data 等节；.bss 节属于 NOBITS 类型，表示不占盘文件空间；RELA 类型的节为重定位信息；SYMTAB 类型的节为符号表；有两个节的类型为 STRTAB，表示节中存放的是字符串表，这些字符串可能是函数名、变量名、节名等。

test.o 文件的节头表从 0x7e0 字节处开始，节头表表项占 64B，所以节头表大小为 0x340 字节，文件大小为 0x7e0+0x340=0xb20 字节，即文件占 2848B 空间。其中，.text 节、.data 节、.bss 节和.rodata 节需在存储器中分配空间；.text 节可执行；.data 节和.bss 节可读写；.rodata 节只可读不可写。

根据每个节在文件中的偏移地址和长度，可画出 test.o 文件的结构，如图 5-5 所示，图中左边是对应节的偏移地址，右边是对应节的长度。例如，.text 节从文件的第 0x40=64B 开始，共占 0x74=116B。从节头表解析结果看，.bss 节和

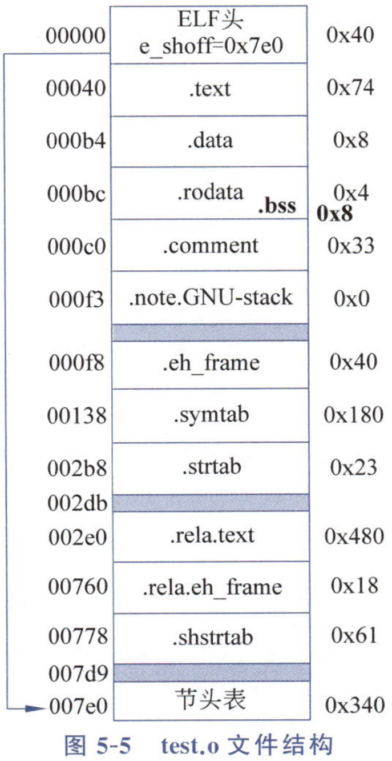

| 偏移 | 节 | 长度 |
|---|---|---|
| 00000 | ELF头 e_shoff=0x7e0 | 0x40 |
| 00040 | .text | 0x74 |
| 000b4 | .data | 0x8 |
| 000bc | .rodata  .bss | 0x4  0x8 |
| 000c0 | .comment | 0x33 |
| 000f3 | .note.GNU-stack | 0x0 |
| 000f8 | .eh_frame | 0x40 |
| 00138 | .symtab | 0x180 |
| 002b8 | .strtab | 0x23 |
| 002db |  |  |
| 002e0 | .rela.text | 0x480 |
| 00760 | .rela.eh_frame | 0x18 |
| 00778 | .shstrtab | 0x61 |
| 007d9 |  |  |
| 007e0 | 节头表 | 0x340 |

图 5-5  test.o 文件结构

.rodata 节的偏移地址都是 0x000bc，占用区域重叠，因此可推断出 .bss 节在盘文件中不占空间，但节头表中记录了 .bss 节的长度为 0x8，因而，需在主存中为 .bss 节分配 8B 空间。

### 5.2.3 可执行文件格式

链接器将相互关联的可重定位文件中相同的代码和数据节（如 .text 节、.rodata 节、.data 节和 .bss 节）合并，以形成可执行文件中对应的节。因为相同的代码和数据节合并后，在可执行文件中各指令和数据的位置就可确定，因而所定义的函数（过程）和变量的起始位置就可确定，即每个符号的定义（即符号所在的首地址）即可确定，从而在符号的引用处可根据确定的符号定义进行重定位。

ELF 可执行文件由 ELF 头、程序头表、节头表及各个不同的节组成，如图 5-6 所示。

可执行文件格式与可重定位文件格式类似。这两种格式中，ELF 头的数据结构一样，.text 节、.rodata 节和 .data 节中除了有些重定位地址不同外，大部分都相同。与可重定位文件格式相比，可执行文件的不同点主要有：

（1）ELF 头中字段 e_entry 给出**程序执行入口地址**，可重定位文件中此字段为 0。

（2）通常会有 .init 节和 .fini 节，其中，.init 节定义 _init() 函数，用于可执行文件开始执行时的初始化工作，当程序开始运行时，系统会在进程进入主函数 main() 之前，先执行这个节中的指令代码；.fini 节包含进程终止时要执行的指令代码，当程序退出时，系统会执行这个节中的指令代码。

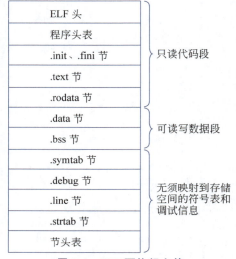

图 5-6 ELF 可执行文件

（3）少了 .rela.text 和 .rela.data 等重定位信息节。因为可执行文件中的指令和数据已被重定位，所以不需要用于重定位的节。

（4）多了一个**程序头表**，也称**段头表**（segment header table），它是一个结构数组。

可执行文件中所有代码位置连续，所有只读数据位置连续，所有可读可写数据位置连续。如图 5-6 所示，在可执行文件中，ELF 头、程序头表、.init 节、.fini 节、.text 节和 .rodata 节合起来可构成一个**只读代码段**（read-only code segment）；.data 节和 .bss 节合起来可构成一个**可读写数据段**（read/write data segment）。显然，在可执行文件启动运行时，这两个段必须装入内存并需要被分配存储空间，因而称为**可装入段**。

为了能够在可执行文件执行时在内存中访问到代码和数据，必须将可执行文件中的这些连续的具有相同访问属性的代码和数据段映射到存储空间（通常是虚拟地址空间）中。程序头表就用于描述这种映射关系，每个表项对应一个连续的**存储段**或**特殊节**。程序头表的表项大小和表项数分别由 ELF 头中字段 e_phentsize 和 e_phnum 指定。

64 位系统的程序头表中每个表项具有以下数据结构。

```
typedef struct {
    uint32_t      p_type;
    uint32_t      p_flags;
    Elf64_Off     p_offset;
```

```
            Elf64_Addr       p_vaddr;
            Elf64_Addr       p_paddr;
            uint64_t         p_filesz;
            uint64_t         p_memsz;
            uint64_t         p_align;
} Elf64_Phdr;
```

32 位系统对应的数据结构为 Elf32_Phdr，其中描述的成员与 Elf64_Phdr 类似，出于对齐考虑，Elf32_Phdr 将 p_flags 放在 p_align 之前。

p_type 描述存储段的类型或特殊节的类型，如是否为**可装入段**（PT_LOAD），是否是特殊的**动态节**（PT_DYNAMIC），是否是特殊的**解释程序节**（PT_INTERP）；p_flags 指出存取权限；p_offset 指出本段首字节在文件中的偏移地址；p_vaddr 指出本段首字节的虚拟地址；p_paddr 指出本段首字节的物理地址，因为物理地址由操作系统根据情况动态确定，所以该信息通常是无效的；p_filesz 指出本段在文件中所占字节数，可以为 0；p_memsz 指出本段在存储器中所占字节数，也可以为 0；p_align 指出对齐方式，为 2 的正整数幂，例如，若可分配段的页大小为 4KB，则为 $0\text{x}1000 = 2^{12}$。

图 5-7 是使用"readelf -l main"命令显示的可执行文件 main 的程序头表部分信息。

```
Elf file type is EXEC (Executable file)
Entry point 0x1200004e0
There are 9 program headers, starting at offset 64
Program Headers:
  Type            Offset      VirtAddr        PhysAddr        FileSiz     MemSiz      Flags    Align
  PHDR            0x00040     0x0120000040    0x0120000040    0x001f8     0x01f8      R        0x8
  INTERP          0x00238     0x0120000238    0x0120000238    0x0000f     0x0000f     R        0x1
      [Requesting program interpreter: /lib64/ld.so.1]
  LOAD            0x00000     0x120000000     0x120000000     0x0808      0x0808      R E      0x4000
  LOAD            0x03e80     0x120007e80     0x120007e80     0x01d0      0x01e0      RW       0x4000
  DYNAMIC         0x03e90     0x120007e90     0x120007e90     0x0170      0x0170      RW       0x8
  NOTE            0x00248     0x120000248     0x120000248     0x0044      0x0044      R        0x4
  GNU_EH_FRAME    0x00780     0x120000780     0x120000780     0x001c      0x001c      R        0x4
  GNU_STACK       0x00000     0x000000000     0x000000000     0x0000      0x0000      RW       0x10
  GNU_RELRO       0x03e80     0x120007e80     0x120007e80     0x0180      0x0180      R        0x1
```

**图 5-7   可执行文件 test 的程序头表中部分信息**

图 5-7 给出的程序头表中有 9 个表项，其中，有两个是可装入段（Type=LOAD）对应的表项信息。

第一个可装入段对应可执行文件中 0x00000 到 0x00807 字节的内容（包括 ELF 头、程序头表及.init、.text 和.rodata 节等），映射到虚拟地址 0x1 2000 0000 开始的长度为 0x0808 字节的区域，按 $0\text{x}4000 = 2^{14} = 16\text{KB}$ 对齐，具有只读/执行权限（Flags=RE），它是一个只读代码段。

第二个可装入段对应可执行文件中第 0x03e80 开始的长度为 0x01d0 字节的内容（包含.data 节等），映射到虚拟地址 0x1 2000 7e80 开始的长度为 0x01e0 字节的存储区域。在 0x01e0=480 字节的存储区中，前 0x001d0=464 字节包含.data 节等内容，而后面的 480−464=16 字节对应.bss 节，被初始化为 0。该段按 0x4000=16KB 对齐，具有可读可写权限（Flags=

RW),因此,它是一个可读写数据段。

从这个例子可看出,.data 节在可执行文件中占用盘空间,在存储器中需分配相同大小的空间;而.bss 节在文件中不占盘空间,但在存储器中需给它分配相应大小的空间。

### 5.2.4 可执行文件的存储器映像

对于特定系统,可执行文件与虚拟地址空间之间的**存储器映像**(memory mapping)由 ISA 架构、操作系统和链接器共同确定。例如,对于 LA64+Linux 平台,只读代码段映射到虚拟地址为 0x1 2000 0000 开始的一段区域;可读写数据段映射到只读代码段后面按 16KB 对齐的高地址上,其中.bss 节所在存储区在运行时被初始化为 0。**运行时堆**(run-time heap)则在可读写数据段后面 16KB 对齐的高地址处,通过调用 malloc() 库函数动态向高地址分配空间,而运行时**用户栈**(user stack)则从用户空间的最大地址往低地址方向增长。堆区和栈区中间有一块空间保留给共享库目标代码,用户栈区以上的高地址区是操作系统内核的虚拟存储区。

对于图 5-7 所示的可执行文件 test,对应的存储器映像如图 5-8 所示,其中,左边为可执行文件 test 中的存储信息,右边为虚拟地址空间中的存储信息。可以看出,可执行文件最开始长度为 0x00808 的可装入段映射到虚拟地址 0x1 2000 0000 开始的只读代码段。可装入段按 0x4000=16KB 对齐,只读代码段只有 0x808B,因此,读写数据段从 0x1 2000 4000 地址开始。为了存储访问性能的提升,可执行文件从 0x03e80 到 0x0404f 之间的可装入段映射到虚拟地址 0x1 2000 4000+0x0 3e80=0x1 2000 7e80 开始的位置,该装入段包含.data 节和.bss 节,在该虚拟地址空间中需要给.bss 节中定义的变量分配空间,并且初始值为 0。.bss 节的起始虚拟地址为 0x1 2000 4000+0x0 3e80+0x1d0=0x1 2000 8050。

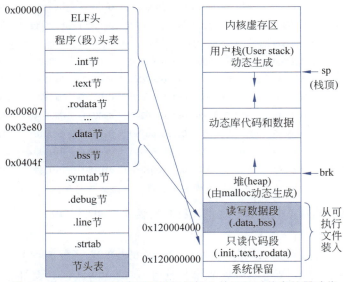

图 5-8 Linux 操作系统下可执行目标文件运行时的存储器映像

当启动可执行文件执行时,首先会通过某种方式调出常驻内存的一个称为**加载器**的操作系统程序进行处理。例如,任何 Linux 操作系统程序的加载执行都通过调用 execve 系统调用函数来启动加载器。加载器根据可执行文件中程序头表,将可执行文件中相关内容与虚拟地址空间中只读代码段和可读写数据段建立映射,然后启动可执行文件中的第一条指令执行。

特定系统平台中每个可执行文件都采用统一的存储器映像,映射到一个统一的**虚拟地址**

空间，使得链接器在重定位时可以按照一个统一的虚拟存储空间来确定每个符号的地址，而不用考虑其数据和代码将来存放在主存的何处。因此，引入统一的虚拟地址空间简化了链接器的设计和实现。

同样，引入虚拟地址空间也简化了程序加载过程。因为统一的虚拟地址空间映像使得每个可执行文件的只读代码段都映射到 0x1 2000 0000 开始的一块连续区域，而可读写数据段也映射到虚拟地址空间中的一块连续区域，因而加载器可以非常容易地对这些连续区域进行分页，并初始化相应页表项的内容。LA64 中页大小通常是 16KB，因而，这里的可装入段都按 $2^{14}=16\text{KB}$ 对齐。

程序加载过程中，实际上并没有真正从硬盘上加载代码和数据到主存，而是仅创建了只读代码段和可读写数据段对应的页表项。只有在执行代码过程中发生了缺页异常，才会真正从硬盘加载代码和数据到主存。有关虚拟存储管理、虚拟地址空间、页表和页表项、缺页异常等相关内容参见第 7 章。

## 5.3 符号表和符号解析

### 5.3.1 符号和符号表

链接器生成可执行文件时，必须完成符号解析，而符号解析需用到符号表。通常目标文件中都有一个符号表，表中包含了在程序模块中定义的所有符号的相关信息。对于模块 $m$ 来说，包含在其符号表中的符号有以下三种不同类型。

(1) 在 $m$ 中定义并被其他模块引用的**全局符号**(global symbol)。这类符号包括非静态的函数名和全局变量名。

(2) 由其他模块定义并被 $m$ 引用的全局符号，称为模块 $m$ 的**外部符号**(external symbol)，包括 $m$ 所引用的在其他模块定义的外部函数名和外部变量名。

(3) 在 $m$ 中定义并在 $m$ 中引用的**本地符号**(local symbol)。这类符号包括带 static 属性的函数名和静态变量名。虽然在一个过程(函数)内部定义的带 static 属性的静态局部变量的作用域局限在函数内部，但因为其生存期在整个程序运行过程中，因此这种变量并不分配在栈中，而是分配在**静态数据区**，即编译器为它们在节 .data 或 .bss 中分配空间。

如果在模块 m 内有两个不同的函数使用了同名 static 局部变量，则需要为这两个变量都分配空间，并作为两个不同的符号记录在符号表中。例如，对于以下同一个模块中的两个函数 func1() 和 func2()，假定它们都定义了 static 局部变量 x 且都被初始化，则编译器在该模块的 .data 节和 .bss 节中为这两个变量分配空间，并在符号表中构建两个符号 func1.x 和 func2.x 的关联信息。

```
1   int func1(){
2       static int x=0;
3       return x;
4   }
5
6   int func2(){
7       static int x=1;
8       return x;
9   }
```

上述三类符号不包括分配在栈中的非静态局部变量（auto 变量），链接器不需要这类变量的信息，因而它们不包含在由节.symtab 定义的符号表中。

例如，对于图 5-9 给出的两个源程序文件 main.c 和 swap.c，在 main.c 中的全局符号有 buf 和 main，外部符号有 swap；在 swap.c 中的全局符号有 bufp0、bufp1 和 swap，外部符号有 buf。swap.c 中的 temp 是 auto 变量，是在运行时动态分配的，因此它不是符号，不会记录在符号表中。

```
1  void swap(void);
2
3  int buf [2] = {1, 2};
4
5  int main() {
6      swap();
7      return 0;
8  }
```
(a)

```
1   extern int buf[];
2
3   int *bufp0 = &buf[0];
4   int *bufp1;
5
6   void swap(){
7       int temp;
8       bufp1 = &buf[1];
9       temp = *bufp0;
10      *bufp0 = *bufp1;
11      *bufp1 = temp;
12  }
```
(b)

图 5-9　两个源程序文件模块
(a) main.c 文件；(b) swap.c 文件

ELF 文件中包含的符号表中每个表项具有以下数据结构。

```
typedef struct {
        uint32_t         st_name;
        unsigned char    st_info;
        unsigned char    st_other;
        uint16_t         st_shndx;
        Elf64_Addr       st_value;
        uint64_t         st_size;
} Elf64_Sym;
```

32 位系统对应的数据结构为 Elf32_Sym，其中成员的描述与 Elf64_Sym 类似。

字段 st_name 给出符号在字符串表中的索引（字节偏移量），指向在**字符串表**（.strtab 节）中的一个以 null 结尾的字符串，即符号名。st_value 给出符号的值，在可重定位文件中，是指符号所在位置相对于所在节起始位置的字节偏移量。例如，图 5-9 中 main.c 的符号 buf 在 .data 节中，其偏移量为 0。在可执行目标文件和共享目标文件中，st_value 则是符号所在的虚拟地址。st_size 给出符号所表示对象的字节数。若是函数名，则指函数所占字节数；若是变量名，则指变量所占字节数；如果符号没有大小或大小未知，则值为 0。

字段 st_info 指出符号的类型（type）和绑定属性（bind），从以下定义的宏可看出，符号类型占低 4 位，符号绑定属性占高 4 位。

```
#define ELF64_ST_BIND(info)          ((info)>>4)
#define ELF64_ST_TYPE(info)          ((info)&0xf)
#define ELF64_ST_INFO(bind,type)     (((bind)<<4)+((type)&0xf))
```

符号类型可以是 NOTYPE（未指定）、OBJECT（变量）、FUNC（函数）、SECTION（节）等。当类型为 SECTION 时，其表项主要用于重定位。绑定属性可以是 LOCAL（本地）、GLOBAL（全局）、WEAK（弱）等。其中，本地符号指本模块内定义的带 static 属性的符号，外部模块不可见，名称相同的本地符号可存在于多个甚至一个文件中而不会相互干扰；全局符号对于所有被合并的目标文件都可见；**弱符号**是通过 GCC 扩展的属性指示符 __attribute__((weak)) 指定的符号,它与全局符号类似,对于所有被合并目标文件都可见,但在链接过程中的处理优先级低于全局符号。

字段 st_other 指出符号的可见性。通常在可重定位文件中指定可见性,它定义了当符号成为可执行文件或共享目标库的一部分后访问该符号的方式。

字段 st_shndx 指出符号所在节在节头表中的索引,有些符号属于三种特殊**伪节**(pseudosection)之一,伪节在节头表中没有相应的表项,无法表示其索引值,因而用以下特殊值表示:ABS 表示该符号不会被重定位;UNDEF 表示未定义符号,即在本模块引用而在其他模块定义的外部符号;COMMON 表示未被分配位置的未初始化全局变量,称为 **COMMON 符号**,对应 st_value 字段给出其对齐要求,st_size 字段给出其最小长度。

可通过 readelf -s 命令显示符号表。例如,对于图 5-9 中 main.c 和 swap.c,可使用命令 "readelf -s main.o"查看 main.o 中的符号表,最后三项显示结果如图 5-10 所示。

| Num: | Value | Size | Type | Bind | Vis | Ndx | Name |
|---|---|---|---|---|---|---|---|
| 9: | 0 | 8 | OBJECT | GLOBAL | DEFAULT | 3 | buf |
| 10: | 0 | 44 | FUNC | GLOBAL | DEFAULT | 1 | main |
| 11: | 0 | 0 | NOTYPE | GLOBAL | DEFAULT | UND | swap |

图 5-10 main.o 中部分符号表信息

由图 5-10 可见,main 模块的三个全局符号中,buf 是变量(Type=OBJECT),位于节头表中第 3 个表项(Ndx=3)对应的.data 节中偏移量为 0(Value=0)处,占 8 字节(Size=8);main 是函数(Type=FUNC),位于节头表中第 1 个表项对应的.text 节中偏移量为 0 处,占 44 字节;swap 是未指定(NOTYPE)且无定义(UND)的符号,说明 swap 是在 main 中被引用的由外部模块定义的符号。

swap.o 符号表中最后 4 项结果如图 5-11 所示。

| Num: | Value | Size | Type | Bind | Vis | Ndx | Name |
|---|---|---|---|---|---|---|---|
| 9: | 0 | 8 | OBJECT | GLOBAL | DEFAULT | 3 | bufp0 |
| 10: | 0 | 0 | NOTYPE | GLOBAL | DEFAULT | UND | buf |
| 11: | 8 | 8 | OBJECT | GLOBAL | DEFAULT | COM | bufp1 |
| 12: | 0 | 124 | FUNC | GLOBAL | DEFAULT | 1 | swap |

图 5-11 swap.o 中部分符号表信息

由图 5-11 可见,swap 模块的 4 个符号都是全局符号,其中,bufp0 位于节头表中第 3 个表项对应的.data 节中偏移量为 0 处,占 8 字节;buf 是未指定的且无定义的全局符号,说明 buf 是在 swap 中被引用的由外部模块定义的符号;bufp1 是未分配位置且未初始化(Ndx=COM)的全局变量,按 8 字节边界对齐,至少占 8 字节。swap()是函数,位于节头表中第 1 个表项对应的.text 节中偏移量为 0 处,占 124 字节。注意,swap 模块中的变量 temp 是自动变量,因而不在符号表中说明。

汇编器在对汇编代码文件进行处理时,是如何生成可重定位文件中的符号表的呢?首先,编译器在对源程序编译时,会把每个符号的属性信息记录在汇编代码文件中。例如,在 3.1.4 节例 3-1 中,汇编代码文件 test.s 中记录了符号 add 的信息如下。

```
        ...
2       .text
3       .Ltext0:
```

```
4       .align    2
5       .globl    add
6       .type     add, @function
7   add:
8       ...
```

上述几行表明 add 是一个函数(.type add，@function)类型的全局符号(.globl add)，定义在 .text 节中，"add："后面的内容即为 add 符号的定义。

当汇编器对汇编代码文件进一步处理时，汇编器根据其中的汇编指示符(以"."开头的行)对符号的属性进行解释，生成可重定位文件(如 test.o)中符号表中的一行，如下所示。

| Num: | Value | Size | Type | Bind | Vis | Ndx | Name |
|---|---|---|---|---|---|---|---|
| 25: | 0 | 56 | FUNC | GLOBAL | DEFAULT | 1 | add |

汇编器根据 test.s 中第 5、第 6 行中的汇编指示符，将符号 add 设定为全局变量(Bind=GLOBAL)和函数类型(Type=FUNC)，并根据第 2 行确定其定义的内容位于节头表中 .text 节对应表项的某处，如节头表第 1 表项为 .text 节时，设置 Ndx=1。符号表中 add 的 Value 设定为"add："后第 1 条指令的第 1 字节所在地址，Size 则设定为 add 过程中所有机器指令所占字节数。

### 5.3.2 符号解析

符号解析的目的是将每个模块中引用的符号与某个目标模块中的定义符号建立关联。每个定义符号在代码段或数据段中都被分配了存储空间，因此，将引用符号与对应的定义符号建立关联后，就可以在重定位时将引用符号的地址重定位为相关联的定义符号的地址。

对于在同一个模块中定义且被引用的本地符号的符号解析比较容易，因为编译器会检查每个模块中的本地符号是否具有唯一的定义，所以只要找到第一个本地定义符号与其关联即可。本地符号在可重定位文件的符号表中特指绑定属性为 LOCAL 的符号，包括所有在 .text 节中定义的带 static 属性的函数，以及在 .data 节和 .bss 节中定义的所有被初始化或未被初始化的带 static 属性的静态变量。

对于跨模块的全局符号，因为在多个模块中可能会出现对同名全局符号进行多重定义，所以链接器需要确认以哪个定义为准来进行符号解析。

#### 1. 全局符号的解析规则

编译器在对源程序编译时，会把每个全局符号的定义输出到汇编代码文件中，汇编器通过对汇编代码文件的处理，在可重定位文件的符号表中记录全局符号的特性，以供链接时全局符号的符号解析所用。

一个全局符号可能是函数，或者是 .data 节中具有特定初始值的全局变量，或者是 .bss 节中被初始化为 0 的全局变量，或者是说明为 COMMON 伪节的未初始化全局变量(即 COMMON 符号)，还可能是绑定属性为 WEAK 的**弱符号**。为便于说明全局符号的多重定义问题，本书将前三类全局符号(即函数、.data 节和 .bss 节中的全局变量)统称**强符号**。

在 Linux 操作系统中，GCC 链接器根据以下规则处理多重定义的同名全局符号。

规则 1：强符号不能多次定义，否则链接错误。

规则 2：若出现一次强符号定义和多次 COMMON 符号、弱符号定义，则按强符号定义为准。

规则 3：若同时出现 COMMON 符号定义和弱符号定义，则按 COMMON 符号定义为准。

规则 4：若一个 COMMON 符号出现多次定义，则以其中占空间最大的一个为准。因为符号表中仅记录 COMMON 符号的最小长度，而不会记录变量的类型，所以在链接器确定多重 COMMON 符号的唯一定义时，以最小长度（st_size 字段）中的最大值为准进行符号解析，能够保证满足所有同名 COMMON 符号的空间要求。

规则 5：若使用编译选项-fno-common，则将 COMMON 符号作为强符号处理。

例如，对于图 5-12 所示的两个模块 main.c 和 p1.c，强符号 x 被重复定义了两次。根据规则 1 可知，链接器将输出一条出错信息。

```
int x=10;
int p1(void);
int main() {
    x=p1();
    return x;
}
```
(a)

```
int x=20;
int p1() {
    return x;
}
```
(b)

图 5-12 两个强定义符号的例子
(a)main.c 文件；(b)p1.c 文件

考察图 5-13 所示例子中的符号 y 和符号 z 的情况。

```
#include <stdio.h>
int y=100;
int z;
void p1(void);
int main() {
    z=1000;
    p1();
    printf("y=%d, z=%d\n", y, z);
    return 0;
}
```
(a)

```
int y;
short z;
void p1() {
    y=200;
    z=2000;
}
```
(b)

图 5-13 COMMON 符号定义的例子
(a)main.c 文件；(b)p1.c 文件

图 5-13 中，假定未使用编译选项-fno-common，则符号 y 在 main.c 中是强符号，在 p1.c 中是 COMMON 符号，根据规则 2 可知，链接器将 main.o 符号表中的符号 y 作为其唯一定义符号，而在 p1 模块中的 y 作为引用符号，其地址等于 main 模块中定义符号 y 的地址，即这两个 y 是同一个变量。在 main()函数调用 p1()函数后，y 的值从初始化的 100 被修改为 200，因而在 main()函数中用 printf()函数打印出来后 y 的值为 200，而不是 100。

符号 z 在 main 和 p1 模块中都没有初始化，在两个模块中都是 COMMON 符号，根据规则 4 可知，链接器将其中占空间较大的符号作为唯一定义符号，因此，链接器将 main 模块中定义符号 z 作为唯一定义符号，而在 p1 模块中的 z 作为引用符号，符号 z 的地址为 main 模块中定义的地址。在 main()函数调用 p1 函数后，z 的值从 1000 被修改为 2000，因而，在 main()函数中用 printf()函数打印出来后 z 的值为 2000，而不是 1000。

上述例子说明，如果在两个不同模块定义相同变量名，那么很可能会发生程序员意想不到的结果。

特别当两个重复定义的变量具有不同类型时，更易出现难以理解的结果。例如，对于图 5-14 所示的例子，全局变量 d 在 main 模块中为 int 型强符号，在 p1 模块中是 double 型

COMMON 符号。根据规则 2 可知,链接器将 main.o 符号表中的符号 d 作为其唯一定义符号,因而其地址和长度等于 main 模块中定义符号 d 的地址和字节数,即符号长度为 4 字节,而不是 double 型变量的 8 字节。由于 p1.c 中的 d 为引用,因而其地址与 main 中变量 d 的地址相同,在 main()函数调用 p1 函数后,地址 &d 中存放的是 double 型浮点数 1.0 对应的低 32 位机器数 0000 0000H,地址 &x 中存放的是 double 型浮点数 1.0 对应的高 32 位机器数 3FF0 0000H(对应真值为 1 072 693 248),如图 5-14(c)所示。因而,在 main()函数中用 printf() 函数打印出来后 d 的值为 0,x 的值是 1 072 693 248。可见 x 的值被 p1.c 中的变量 d 给冲掉了。这里,double 型浮点数 1.0 对应的机器数为 3FF0 0000 0000 0000H。

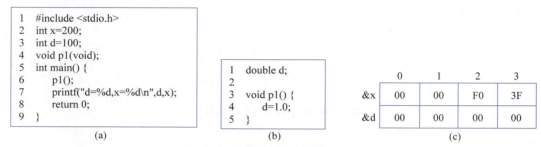

图 5-14 不同类型定义符号的例子

(a)main.c;(b)p1.c;(c)p1 执行后变量 d 和 x 中的内容

由于多重定义变量引起的值改变往往是在没有任何警告的情况下发生,而且通常是在程序执行了一段时间后才表现出来,并且远离错误发生源,甚至错误发生源在另一个模块。对于由成千上百个模块组成的大型程序的开发,这种问题将更难处理。若不对变量定义进行规范,将很难避免这类错误。

可从两方面解决这个问题。首先,可使用编译选项-fno-common 告知编译器将 COMMON 符号作为强符号处理,这样当链接器遇到多重定义的全局符号时能触发一个错误,或者使用 -Werror 选项命令将所有警告变为错误。其次,尽量避免使用全局变量,若必须使用,则尽量定义为 static 属性的静态变量;若无法定义为静态变量,则尽量给全局变量赋初值使其变成强符号;外部全局变量则尽量使用 extern。程序员最好能了解链接器如何工作,若不了解,则要养成良好的编程习惯。

**2. 符号解析过程**

编译系统通常会提供一种将多个目标模块打包成一个单独的库文件的机制,如**静态库** (static library)文件。在构建可执行文件时只需指定库文件名,链接器会自动到库文件中寻找应用程序用到的目标模块,并且只链接用到的模块。

为方便起见,本书将定义处的符号和引用处的符号分别称为**定义符号**和**引用符号**。例如,对于图 5-14 中的符号 d,在 main.c 第 3 行中是定义符号,其余地方都是引用符号,分别在 main.c 中第 7 行和 p1.c 中的第 4 行。

链接器按照所有重定位文件和静态库文件出现在命令行中的顺序从左至右依次扫描它们,在此期间它要维护多个集合。其中,集合 $E$ 是将被合并到一起组成可执行文件的所有目标文件集合;集合 $U$ 是未解析符号的集合,**未解析符号**是指还未与对应定义符号关联的引用符号;集合 $D$ 是 $E$ 中所有目标文件所定义符号的集合。

符号解析开始时,集合 $E$、$U$、$D$ 均为空。然后按照以下过程进行符号解析。

(1)通过链接器确定命令行中的每一个输入文件 $f$ 是目标文件还是库文件,若是目标文件，则把 $f$ 加入 $E$，根据 $f$ 中未解析符号和定义符号分别更新 $U$、$D$ 集合，然后处理下一个输入文件。例如，对于图 5-14 中的符号 d，在处理 main.o 文件时，因为 d 是定义符号，所以 d 加入 $D$ 中；因为 d 的引用可与 d 的定义关联，所以不将 d 加入 $U$ 中。然后处理目标文件 p1.o，因为 d 的引用可关联 $D$ 中已有的定义符号 d，因此，也不将 d 加入 $U$ 中。

(2) 若 $f$ 是一个库文件，链接器会尝试把 $U$ 中所有未解析符号与 $f$ 中各目标模块定义的符号进行匹配。若某目标模块 $m$ 定义了一个 $U$ 中的未解析符号 $x$，则把 $m$ 加到 $E$ 中，并把符号 $x$ 从 $U$ 移入 $D$。对 $f$ 中所有目标模块重复这个过程，直到 $U$ 和 $D$ 不再变化为止。链接器将忽略 $f$ 中未加入 $E$ 的目标模块，并继续处理下一个输入文件。

(3) 如果处理过程中向 $D$ 加入一个已存在的符号（出现双重定义符号），或扫描所有输入文件后 $U$ 非空，则链接器报错并停止。否则，链接器把 $E$ 中所有目标文件进行重定位，最后合并成可执行文件。

## 5.3.3 与静态库的链接

在类 UNIX 系统中，静态库文件采用一种称为**存档档案**（archive）的特殊文件格式，使用 .a 后缀。例如，标准 C 语言函数库文件名为 libc.a，其中包含一组广泛使用的标准 I/O 函数、字符串处理函数和整数处理函数，如 atoi()、printf()、scanf()、strcpy() 等，libc.a 是默认用于静态链接的库文件，无须在链接命令中显式指出。还有其他函数库，如浮点数运算库，文件名为 libm.a，其中包含 sin、cos 和 sqrt 函数等。

用户也可构建一个静态库文件。以下例子说明如何生成静态库文件。

假定有两个源文件 myproc1.c 和 myproc2.c，如图 5-15 所示。

```
#include <stdio.h>
void myfunc1() {
  printf("%s","This is myfunc1 from mylib!\n");
}
```

(a)

```
#include <stdio.h>
void myfunc2() {
  printf("%s","This is myfunc2 from mylib!\n");
}
```

(b)

图 5-15 静态库 mylib 中包含的函数的源文件

(a)myproc1.c 文件；(b)myproc2.c 文件

可使用 AR 工具生成静态库，在此之前需先用 "gcc -c" 命令将静态库中包含的目标模块生成可重定位文件。以下命令可生成静态库文件 mylib.a，其中包含两个目标模块 myproc1.o 和 myproc2.o。

```
linux> gcc -c myproc1.c
linux> gcc -c myproc2.c
linux> ar rcs mylib.a myproc1.o myproc2.o
```

假定有一个 main.c 程序，其中调用了静态库 mylib.a 中的函数 myfunc1()。

```
1   void myfunc1(void);
2   int main(){
3      myfunc1();
4      return 0;
5   }
```

为生成可执行文件 myproc，先将 main.c 编译并汇编为可重定位文件 main.o，再将 main.o 和 mylib.a 及标准 C 语言函数库 libc.a 进行链接。以下两条命令可完成上述功能。

```
linux> gcc -c main.c
linux> gcc -static -o myproc main.o ./mylib.a
```

命令行中使用-static选项指示链接器生成一个完全链接的可执行文件,即生成的可执行文件应能直接加载到存储器执行,无须在加载或运行时再动态链接其他目标模块。此外该命令行默认最终需链接C语言标准库libc.a。

命令"gcc -static -o myproc main.o ./mylib.a"中的符号解析过程如下。

一开始$E$、$U$、$D$均为空,链接器首先扫描到main.o,把它加入$E$,同时把其中未解析符号myfun1加入$U$,把定义符号main加入$D$。

处理完main.o,接着扫描到mylib.a,因为这是静态库文件,所以链接器会将当前$U$中所有符号(本例中仅有符号myfunc1)与mylib.a中所有目标模块(本例中有myproc1.o和myproc2.o)依次匹配,检查是否有哪个模块定义了$U$中的符号,结果发现在myproc1.o中定义了myfunc1,于是将myproc1.o加入$E$,myfunc1从$U$移入$D$。在myproc1.o中发现还有未解析符号printf,因而将其加入$U$。不断在静态库mylib.a的各模块上重复上述过程,直到$U$、$D$都不再变化。此时,$U$中只有一个未解析符号printf,而$D$中有main和myfunc1两个定义符号。因为模块myproc2.o未加入$E$,因而链接器将其忽略。

接着扫描下一个输入文件,即默认的静态库文件libc.a。链接器发现libc.a中的目标模块printf.o定义了符号printf,于是将printf从$U$移入$D$,同时将printf.o加入$E$,并把它定义的所有符号都加入$D$,而所有未解析符号加入$U$。链接器还会把每个程序都要用到的一些初始化操作所在的目标模块(如crt0.o等)及它们所引用的模块(如malloc.o、free.o等)自动加入$E$,并更新$U$和$D$。事实上,标准库中各目标模块里的未解析符号都可在标准库内其他模块中找到定义,因此当链接器处理完libc.a时,$U$一定为空。此时,链接器合并$E$中的目标模块并生成可执行目标文件。

图5-16概括了上述符号解析的全过程。

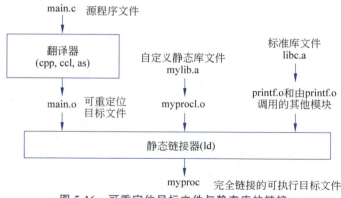

图5-16 可重定位目标文件与静态库的链接

从上述过程可知,符号解析结果与命令行中指定的输入文件的顺序相关。若上述链接命令改为以下形式,则会发生链接错误。

```
linux> gcc -static -o myproc ./mylib.a main.o
```

因为一开始先扫描到mylib.a,而mylib.a为静态库文件,因此,链接器会根据其中是否定义了$U$中的未解析符号来确定是否将相应的目标模块加入$E$,显然,开始时$U$为空,因而链接器将忽略 mylib.a 中所有目标模块。继续扫描到 main.o 时,其引用符号 myfunc1 因未被解析而加入 U,最终因为 U 非空而导致链接器输出错误信息并终止。解决上述静态库链接顺序问题的方法有两种。

第一种方法是显式地按照引用关系将静态库文件列在命令行的文件列表中,若有多个静态库文件,则根据其目标模块中符号的引用关系来确定顺序;若无引用关系,则可任意确定顺序。按照引用关系在命令行中排列静态库文件,使得对于每个静态库目标模块中的外部引用符号,在命令行中至少有一个包含其定义的静态库文件排在后面。例如,假设 func.o 调用了静态库 libx.a 和 liby.a 中的函数,而 libx.a 又调用了 libz.a 中的函数,且 libx.a 和 liby.a 之间、liby.a 和 libz.a 之间无引用关系,则命令行中 libx.a 必须在 libz.a 之前,而 libx.a 和 liby.a 之间、liby.a 和 libz.a 之间顺序可任意,因此,以下命令行均可成功链接。

```
linux> gcc -static -o myfunc func.o libx.a liby.a libz.a
linux> gcc -static -o myfunc func.o liby.a libx.a libz.a
linux> gcc -static -o myfunc func.o libx.a libz.a liby.a
```

若两个静态库的目标模块为相互引用关系,则在命令行中可以重复静态库文件名。例如,假设 func.o 调用了静态库 libx.a 中的函数,而 libx.a 又调用了 liby.a 中的函数,同时,liby.a 也调用了 libx.a 中的函数,则可用以下命令进行链接。

```
linux> gcc -static -o myfunc func.o libx.a liby.a libx.a
```

第二种方法是让链接器采用重复扫描的选项,通过在"-("和"-)"这两个链接选项之间给出若干文件,指示链接器重复扫描这些文件。不过,在文件数量较多时,重复扫描的过程可能会降低链接器的工作效率。例如,对于上述存在相互引用关系的情况,可用以下命令进行链接。

```
gcc -static -o myfunc func.o -Wl,-(libx.a liby.a -Wl,-)
```

其中,-Wl,option 表示将选项 option 传给链接器。使用上述命令链接时,链接器将重复扫描 libx.a 和 liby.a,直到 U 和 D 不再变化。

## 5.4 符号的重定位

**重定位**的目的是在符号解析的基础上合并所有关联的目标模块(即上述集合 E 中的模块),并确定运行时每个定义符号的虚拟地址,从而在符号引用处确定引用的地址。例如,对于图 5-16 中的例子,因为在编译 main.c 时,编译器还不知道函数 myproc1() 的地址,所以编译器只是将一个"临时地址"放到可重定位文件 main.o 的过程调用指令中,并在 main.o 文件中记录该引用位置。在链接过程的重定位阶段,链接器将这个"临时地址"修正为正确的引用地址。具体来说,重定位有以下两方面工作。

1) 节和定义符号的重定位

链接器合并所有可重定位文件中相同类型的节,生成一个相同类型的新节。例如,所有模块中的 .data 节合并为一个新的 .data 节,即生成的可执行文件中的 .data 节。然后链接器根据每个新节在虚拟地址空间中的位置及每个定义符号在原来节中的相对位置,确定新节中每个定义符号的地址。

2) 引用符号的重定位

链接器对合并后新节(如 .text 和 .data)中的引用符号进行重定位,使其指向对应的定义符号起始处。为实现该操作,链接器要知道目标文件中哪些引用符号需要重定位、所引用的是哪个定义符号等,这些称为**重定位信息**,存放在重定位节(如.rela.text 和.rela.data)中。

### 5.4.1 重定位信息

重定位节采用的数据类型是结构数组,每个数组元素是一个表项,每个表项对应一个需重定位的符号。表项的数据结构有两种,一种是不带加数的 Rel 类型,另一种是带加数的 Rela 类型。64 位系统中表项的数据结构如下。

```
typedef struct {
    Elf64_Addr   r_offset;
    uint64_t     r_info;
} Elf64_Rel;

typedef struct {
    Elf64_Addr   r_offset;
    uint64_t     r_info;
    int64_t      r_addend;
} Elf64_Rela;
```

Rela 类型中的 r_addend 字段给出一个加数,用于计算重定位后的符号引用地址。IA-32 只使用 Rel 类型;LoongArch、x86-64、SPARC、RISC-V 等只使用 Rela 类型。

32 位系统对应的数据结构为 Elf32_Rel 和 Elf32_Rela,其成员与 64 位系统的类似,具体细节参见相关手册。

字段 r_offset 指出当前需重定位的位置相对于所在节的字节偏移量。所在节可通过重定位节的节名确定,例如,若重定位节名为.rel.text 或.rela.text,则表示需重定位的符号位于.text 节;若重定位节名为.rel.data 或.rela.data,则表示需重定位的符号位于.data 节。

r_info 指出引用符号在符号表中的索引值及相应的重定位类型。从以下宏定义中可看出,符号索引(r_sym)是 r_info 的高 32 位,重定位类型(r_type)是其低 32 位。

```
#define ELF64_R_SYM(info)         ((info)>>32)
#define ELF64_R_TYPE(info)        ((info) & 0xffffffff)
#define ELF64_R_INFO(sym, type)   (((sym)<<32)+(type))
```

**重定位类型**与特定的处理器有关,具体由 ABI 规范定义。根据 LoongArch 处理器的相关的 ABI 规范,其重定位类型有 100 种左右,具体的重定位类型及其含义请参见对应的 ABI 手册。

### 5.4.2 重定位过程

在图 5-9 所示程序对应的可执行文件中,.text 节和.data 节分别由 main.o 和 swap.o 两个目标模块中的.text 节和.data 节合并而来,合并过程如图 5-17 所示。如图所示,在可执行文件的.text 节和.data 节中还分别包含系统代码(system code)和系统数据(system data)。

合并后的可执行文件中需要对引用符号进行重定位。例如,对于图 5-9 所示例子,在编译、汇编阶段生成 main.o 时无法获得符号 swap 的地址,因此只能在生成对应指令(即调用 swap 过程的 bl 指令,其中的跳转目的地址只是一个初始值)的同时,生成相应的重定位信息记录在 main.o 中,从而在链接阶段对 main.o 和 swap.o 进行合并时,根据 main.o 中 bl 指令的跳转目的地址初始值、重定位信息和合并后可执行文件中 main 和 swap 代码的地址来修改 bl 指令,使得能够跳转到 swap 过程执行。

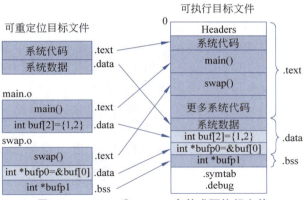

图 5-17　main.o 和 swap.o 合并成可执行文件

重定位过程依据可重定位文件中相应重定位节（如.rela.text 和.rela.data）包含的重定位表项按顺序进行。下面举例介绍在 LA64 架构下的重定位过程，其他指令集架构下重定位原理相同。

**1. 过程调用指令中立即数字段的重定位**

对于图 5-9 所示例子，模块 main.o 的.text 节中主要是 main() 函数的机器代码，图 5-18 给出了 main.o 中.text 节内容通过 OBJDUMP 工具反汇编出来的结果。

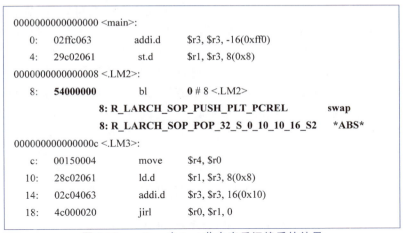

图 5-18　main.o 中.text 节内容反汇编后的结果

从图 5-18 可知，符号 main 的定义从.text 节中偏移量为 0 处开始，共占 28(0x1c) 字节，其中有一处需重定位，即与 main.c 中第 7 行 swap() 函数调用对应的调用指令 bl 中的目标地址。对应两个重定位表项，其 r_offset 都为 0x8，这两个表项用于实现地址为 0x8 处的 bl 指令中偏移量字段 offs26 的重定位。第一个表项表示引用的符号为 swap，说明重定位后 bl 指令的跳转目标应指向符号 swap 的定义处（即 swap 函数首地址），两个重定位类型分别为 R_LARCH_SOP_PUSH_PLT_PCREL 和 R_LARCH_SOP_POP_32 _S_0_10_10_16_S2，下面说明这两个重定位表项的重定位过程。

1）第 1 个表项的处理

假设可执行文件中 main 代码从 0x1 2000 06d8 开始，则 bl 指令的地址（即 PC 值）为 main 首地址＋r_offset＝0x1 2000 06d8＋0x8＝0x1 2000 06e0。假设紧跟在 main() 函数后面的是 swap() 函数对应的代码，即 swap 代码从 0x1 2000 06d8＋0x1c＝0x1 2000 06f4 开始，即符号

swap 定义处的首地址为 0x1 2000 06f4。

在动态链接生成的**位置无关代码**(Position Independent Code，**PIC**)中，若采用**延迟绑定**(lazy binding)技术，则每个外部函数(如 swap()函数就是在 main.c 中调用的外部函数)都对应一个**过程链接表**(Procedure Linkage Table，**PLT**)表项，其中存放该外部函数对应的一段引导代码，所有调用该外部函数的 bl 指令中的跳转目标都指向该 PLT 表项首地址，LA64 架构中称其为 **PLT 值**。有关 PIC、延迟绑定和 PLT 等概念的详细内容参见 5.5.4 节。

根据 LA64 架构 ABI 规范规定的 R_LARCH_SOP_PUSH_PLT_PCREL 重定位类型的语义，其执行操作为"push（PLT－PC）"。这里的 PLT 值为符号 swap 定义处的首地址 0x1 2000 06f4。因此，重定位处理结果为将 PLT－PC＝0x1 2000 06f4－0x1 2000 06e0＝0x14 按 8B 长度入栈保存。

2）第 2 个表项的处理

根据 LA64 架构 ABI 规范规定的 R_LARCH_SOP_POP_32_S_0_10_10_16_S2 重定位类型的语义，其执行操作为"opr1＝pop()，(＊(uint32_t＊)PC)[9:0]＝opr1[27:18]，(＊(uint32_t＊)PC)[25:10]＝opr1[17:2]"。

第 1 步：执行"opr1＝pop()"，因此 opr1＝0x0000 0000 0000 0014，故 opr1[17:2]＝0000 0000 0000 0101B，opr1[27:18]＝00 0000 0000B。

第 2 步：执行"(＊(uint32_t＊)PC)[9:0]＝opr1[27:18]"，表示当前 PC 值所指向的指令代码中[9:0]位重定位为 opr1[27:18]，由对第 1 个表项的处理可知，当前 PC 指向的指令为 main.o 中.text 节的 0x8 处的 bl 指令，其机器码为"0x54000000"。重定位后，当前 PC 值为 0x1 2000 06e0，其指向的 bl 指令机器码"0x54000000"中的[9:0]位改为 opr1[27:18]＝00 0000 0000B，因为修改前后都是全 0，所以得到的指令代码不变。

第 3 步：执行"(＊(uint32_t＊)PC)[25:10]＝opr1[17:2]"，表示用 opr1[17:2]＝0000 0000 0000 0101B 填入当前 PC 所指向的指令对应机器代码"0x54000000"中[25:10]位，得到结果为"0x54001400"。

上述重定位处理过程如图 5-19 所示。

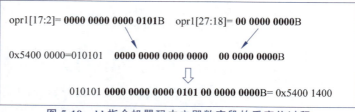

图 5-19　bl 指令机器码中立即数字段的重定位过程

在可执行文件的.text 节中，根据上述两个重定位表项处理得到的 main 模块中 bl 指令的机器码更新为"0x54001400"。bl 指令采用 I26 型格式，由图 3-2 给出的 I26 型格式可知，bl 指令高 6 位为操作码，随后 16 位为立即数字段 offs26 的[15:0]位，最低 10 位为 offs26 中的[25:16]位，因此该 bl 指令的立即数字段 offs26 为 00 0000 00000 0000 0000 0101B，bl 指令采用相对寻址方式，由表 3-22 中 bl 指令功能可知，其相对偏移量为 SignExtend({offs26, 2'b0}, GRLEN)＝0…00 0000 00000 0000 0000 0101 00B＝0x14。实际上就是上述第 1 个重定位表项对应操作中压栈的值。

即第 1 个重定位表项确定 swap 符号与当前 bl 指令之间的相对偏移量，第 2 个重定位表项根据 bl 指令格式，将偏移量填入 bl 指令中，以完成对 bl 指令中需重定位的立即数字段的更新。

### 2. .data 节中全局变量的重定位

对于图 5-9 所示例子,因为 main.c 中只有一个已初始化的全局变量 buf,并且 buf 的定义没有引用其他符号,因此 main.o 中的.data 节对应的重定位节.rela.data 中没有任何重定位表项。图 5-20(a)给出了 OBJDUMP 工具对 main.o 中.data 节的反汇编结果。

对于图 5-9 所示例子中的 swap.c,其中第 3 行对全局变量 bufp0 赋初值,所赋初值为外部变量 buf 的首地址。因而,在 swap.o 的.data 节中有相应的对 bufp0 的定义,在.rela.data 节中有重定位表项记录引用符号 buf 的信息。图 5-20(b)给出了通过 OBJDUMP 工具对 swap.o 中.data 节和.rela.data 节的反汇编结果。

```
Disassembly of section .data:
0000000000000000 <buf>:
   0:01 00 00 00 02 00 00 00
```
(a)

```
Disassembly of section .data:
0000000000000000 <bufp0>:
   ...
        0: R_LARCH_64        buf
```
(b)

图 5-20 main.o 和 swap.o 中数据节和重定位节内容
(a)main.o 中.data 节内容;(b)swap.o 中.data 节和.rela.data 节内容

从图 5-20(b)可看出,swap.o 中全局符号 bufp0 定义在.data 节中偏移量为 0 处开始。重定位节.rela.data 中有一个重定位表项,其中 r_offset=0x0,r_sym=0xa,r_type=0x2,r_addend=0,OBJDUMP 工具解析后显示为"0:R_LARCH_64 buf"。该重定位表项表示对 swap.o 文件的.data 节中地址为 0 处的内容进行重定位,即对 bufp0 的内容重定位,重定位类型为 R_LARCH_64,引用的是符号表中第 10 项的 buf 符号。

根据 LA64 架构 ABI 规范规定的 R_LARCH_64 重定位类型的语义,需执行的操作为"*(int64_t *)PC=RtAddr+A"。此处,*(int64_t *)PC 表示当前 PC 处重定位后的 64 位数据,RtAddr 表示可执行文件中引用符号 buf 的地址,A 表示重定位表项中的 r_addend。

假定合并 main.o 和 swap.o 中的.data 节后生成的可执行文件中.data 节从 0x1 2000 8000 开始,其中 buf 位于 0x1 2000 8000 处,bufp0 位于 0x1 2000 8008 处,则 *(int64_t *)PC=RtAddr+A=0x1 2000 8000,因此重定位后 0x1 2000 8008 地址处的内容为 0x1 2000 8000。LA64 中指针类型为 64 位并以小端方式存放,若按字节为单位显示内容,则 64 位地址 0x0000 0001 2000 8000 对应的内容为 00 80 00 20 01 00 00 00。图 5-21 中显示的是重定位后得到的可执行文件中.data 节的部分内容,图中按字(32 位)为单位显示。

```
Disassembly of section .data:
0000000120008000 <buf>:
   120008000:  00000001
   120008004:  00000002
0000000120008008 <bufp0>:
   120008008:  20008000
   12000800c:  00000001
```

图 5-21 可执行文件中的.data 节内容

由图 5-21 可见,链接器进行重定位后,确定了运行时.data 节在虚拟地址空间中的首地址为 0x1 2000 8000,即为 main.o 中定义的 buf 数组第 1 个元素的地址,buf 有两个 int 型元素,因而占用 8 字节。从 swap.o 的.data 节合并过来的 bufp0 从 0x1 2000 8008 开始,其内容为 buf 的首地址 0x1 2000 8000。

## 5.4.3 LoongArch 代码的重定位

如图 5-22 所示,在 LA64 中可将用户虚拟地址空间范围配置为 0x0~0xff ffff ffff,其中,用户栈(user stack)位于高地址区域,由 0xff ffff ffff 开始从高地址向低地址方向增长;**只读代码段**总是从虚拟地址 0x1 2000 0000 开始,向高地址方向增长;**静态数据段**也称**读写数据段**,总是从代码段后面的一个 16KB 对齐的地址处开始(图 5-22 中假设从虚拟地址 0x1 2000 4000 处开始),向高地址方向增长;随后是**动态数据区**,也称**堆**(heap)。0x0～0x1 1fff ffff 之间为**保留区**。动态库代码和数据位于栈和堆区之间。

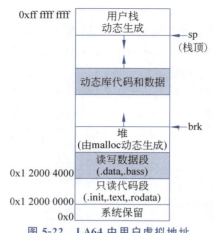

图 5-22  LA64 中用户虚拟地址空间的一种配置方案

对于以下 C 语言程序 hello.c:

```c
#include <stdio.h>
int main(){
    printf("Hello, %s\n", "world");
    return 0;
}
```

在 LA64 上,经过预处理和编译后,生成以下汇编语言程序 hello.s。

```
1     .file     "hello.c"                                   #汇编指示:源程序文件"hello.c"
2     .text                                                  #汇编指示:进入 text 节(程序代码部分)
3     .section  .rodata.str1.8,"aMS",@progbits,1             #汇编指示:进入只读数据区
4     .align    3                                            #汇编指示:按 2^3=8 字节对齐
5  .LC0:                                                     #标号 LC0 表明 LC0 符号的定义从此处开始
6     .ascii    "world\000"                                  #汇编指示:ASCII 码格式的 null 结尾的字符串 LC0
7     .align    3                                            #汇编指示:按 2^3=8 字节对齐
8  .LC1:                                                     #标号 LC1 表明 LC1 符号的定义从此处开始
9     .ascii    "Hello,%s\012\000"                           #汇编指示:ASCII 码格式的 null 结尾的字符串 LC1
10    .text                                                  #汇编指示:进入 text 节(程序代码部分)
11    .align    2                                            #汇编指示:按 2^2=4 字节对齐
12    .globl    main                                         #汇编指示:全局变量 main 符号的定义从此处开始
13    .type main, @function                                  #汇编指示:声明符号 main 为函数类型
14 main:                                                     #标号 main 表明 main 符号的定义从此处开始
15 .LFB11 = .                                                #汇编指示:函数开始
16    .cfi_startproc                                         #汇编指示:定义函数开始
17    addi.d    $sp,$sp,-16                                  #分配 main 的栈帧,大小为 16B
18    .cfi_def_cfa_offset 16                                 #汇编指示:sp 指针移动 16B
19    st.d      $ra,$sp,8                                    #将 ra 中的返回地址保存到栈中
20    .cfi_offset 1, -8                                      #汇编指示:ra 保存在偏移-8B 的位置
21    la.local  $a1,.LC0                                     #伪指令,R[a1]←LC0 的地址
22    la.local  $a0,.LC1                                     #伪指令,R[a0]←LC1 的地址
23    bl        %plt(printf)                                 #调用 printf()函数
24    or        $a0,$zero,$zero                              #R[a0]←返回值 0
25    ld.d      $ra,$sp,8                                    #恢复返回地址到 ra 中
26    .cfi_restore 1                                         #汇编指示:恢复 ra
27    addi.d    $sp,$sp,16                                   #释放 main 的栈帧空间
28    .cfi_def_cfa_offset 0                                  #汇编指示:恢复 sp 指针
29    jr        $ra                                          #从 main 函数返回
30    .cfi_endproc                                           #汇编指示:定义函数结束
31 .LFE11:                                                   #汇编指示:函数结束
32    .size     main, .-main                                 #汇编指示:设置符号 main 的大小
33    .ident    "GCC: (GNU) 8.3.0 20190222 (Loongson 8.3.0-31 vec)"
                                                             #汇编指示:备注编译器版本
34    .section .note.GNU-stack,"",@progbits                  #汇编指示:代码段
```

上述汇编语言程序中带冒号（:）的名字属于标号，标号也是一种符号，其值指所占空间的首地址，例如，LC1 的值就是字符串"Hello, %s\n"中第一个字符（H）所在的地址。la.local 是伪指令，其功能是装入本地符号，对应两条真实指令 pcaddu12i 和 addi.d。

从上述 hello.c 程序对应的汇编语言程序 hello.s 可见，main 的栈帧大小为 16 字节，因为 main 中无局部变量，也未使用任何保存寄存器，且传递给 printf() 函数的实参只有两个，分别通过参数寄存器 a0 和 a1 传送，无须占用栈帧中的空间，因此，在 main 的栈帧中只有返回地址（ra 中的内容）占用了 8B 空间，剩余 8B 空间未使用。main 栈帧的内容如图 5-23 所示。

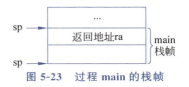

图 5-23 过程 main 的栈帧

汇编器对汇编语言程序 hello.s 进行处理，生成可重定位文件 hello.o。以下是对 hello.o 反汇编后得到的 main() 函数代码，共 11 条指令，代码长度为 11×4=44 字节。冒号前是指令相对于 .text 节的地址。

```
0000000000000000 <main>:
1    0:   02ffc063    addi.d      $sp,$sp,-16(0xff0)
2    4:   29c02061    st.d        $ra,$sp,8(0x8)
3    8:   1c000005    pcaddu12i   $a1,0
4    c:   02c000a5    addi.d      $a1,$a1,0
5   10:   1c000004    pcaddu12i   $a0,0
6   14:   02c00084    addi.d      $a0,$a0,0
7   18:   54000000    bl          0 #18 <main+0x18>
8   1c:   00150004    move        $a0,$zero
9   20:   28c02061    ld.d        $ra,$sp,8(0x8)
10  24:   02c04063    addi.d      $sp,$sp,16(0x10)
11  28:   4c000020    jirl        $zero,$ra,0
```

对照上述可重定位文件 hello.o 中的 main 代码与 hello.s 中 main() 函数的指令，可以看出以下两个不同之处，也即需要进行重定位的位置。

（1）hello.o 中相对地址为 8 和 c 的第 3、第 4 条指令中，将 0x0 作为 LC0 的地址。同样，第 5、第 6 条指令中，也将 0x0 作为 LC1 的地址。这 4 条指令中，前、后两条指令分别引用了符号 LC0 和 LC1，因而，在下一步链接时，需要对这 4 条指令中相应的字段（粗体字部分）进行重定位。其中，pcaddu12i 指令中的 0x0 应被重定位为符号 LC0 和 LC1 与 pcaddu12i 指令地址偏移量的高 20 位，addi.d 指令中的 0x0 应被重定位为符号 LC0 和 LC1 与 pcaddu12i 指令地址偏移量的低 12 位，使寄存器 a1、a0 中分别存放 LC0、LC1 的首地址。

（2）hello.s 中第 23 行的 bl 指令实现模块间过程调用。"bl %plt(printf)"的功能是 R[ra]←PC+4（返回地址）、PC←PC+offset。汇编器处理 hello.s 时，将"bl %plt(printf)"转换成 hello.o 中第 7 条指令"bl 0x0"。链接器必须对 hello.o 中第 7 条指令"bl 0x0"中[25:0]位的立即数字段（粗体字部分）进行重定位，使指令执行后，能跳转到 printf 过程执行。

生成可执行文件的最后一步，是对各个 .o 模块进行链接。链接过程首先进行符号解析。本例的符号解析结果如下：hello.o 中定义了 main、LC0 和 LC1 三个符号，引用了 LC0、LC1 和 printf 三个符号，其中，LC0 和 LC1 是同模块内的符号引用，而 printf 是模块间的符号引用。根据符号解析的结果，可确定哪些指令中的哪个字段需进行重定位，并且可确定引用哪个符号。重定位过程将合并 hello.o 和标准库函数模块 printf.o，生成可执行文件 a.out。

LA64 的代码段从虚拟地址 0x1 2000 0000 开始，静态数据段在代码段后面。以下是可执行文件 a.out 的反汇编结果中 main() 函数的指令。

```
00000001200006d0 <main>:
1   1200006d0:  02ffc063    addi.d      $sp,$sp,-16(0xff0)
2   1200006d4:  29c02061    st.d        $ra,$sp,8(0x8)
3   1200006d8:  1c000005    pcaddu12i   $a1,0
4   1200006dc:  02c340a5    addi.d      $a1,$a1,208(0x0d0)
5   1200006e0:  1c000004    pcaddu12i   $a0,0
6   1200006e4:  02c34084    addi.d      $a0,$a0,208(0x0d0)
7   1200006e8:  57fe5bff    bl          -424(0xffffe58)  #120000540 <printf@plt>
8   1200006ec:  00150004    move        $a0,$zero
9   1200006f0:  28c02061    ld.d        $ra,$sp,8(0x8)
10  1200006f4:  02c04063    addi.d      $sp,$sp,16(0x10)
11  1200006f8:  4c000020    jirl        $zero,$ra,0
```

将上述可执行文件中的 main 过程代码与 hello.o 中的 main 过程代码对照可知，重定位结果如下。

(1) 第 3 行和第 5 行两条 pcaddu12i 指令中的立即数被重定位为 0，即所引用符号 LC0 和 LC1 所占区域起始地址相对于 PC 的偏移量的高 20 位为 0。第 4 条 addi 指令机器码中 [21:10] 位为 0x0d0，即立即数字段被重定位为 0x0d0=208，它是符号 LC0 所占区域起始地址相对于 PC 的偏移量的低 12 位。因此，可知 LC0 所占区域首地址为 0x1 2000 07a8。同理可知，LC1 所占区域首地址为 0x1 2000 07b0。

(2) hello.o 中的指令"bl 0"转换成 a.out 中的第 7 条指令"bl -424(0xffffe58)"。bl 指令中有 26 位的立即数字段用于指定位移量，实际位移量还需添两位 0，因此 bl 指令的位移量范围为 $-2^{27} \sim 2^{27}-4$。

本例中，第 7 条 bl 指令机器码为 0x57fe 5bff，根据图 3-2 给出的 I26-型格式（bl 指令采用 I26-型格式）可知，其 [25:10] 位为 offs26[15:0]=1111 1111 1001 0110B，其 [9:0] 位为 offs26[25:16]=11 1111 1111B，因此 bl 指令中的 26 位偏移量 offs26=11 1111 1111 1111 1111 1001 0110B，printf() 函数的首地址相对 bl 指令的位移量 offset=offs26<<2=11 1111 1111 1111 1111 1001 0110 00B=1111 1111 1111 1111 1110 0101 1000B=0xfff fe58，其真值为 -424，过程调用的跳转目标地址为 bl 指令地址加偏移量，即 printf() 函数的首地址为 0x1 2000 06e8+0xfff fe58=0x1 2000 0540。

## *5.5 动态链接

前面介绍了可重定位和可执行两种目标文件，还有一类目标文件是**共享目标文件**（shared object file），也称**共享库文件**。它是一种特殊的可重定位目标文件，其中记录了相应的代码、数据、重定位和符号表信息，能在可执行文件加载或运行时被动态地装入内存并完成链接，这个过程称为**动态链接**（dynamic link），由一个称为**动态链接器**（dynamic linker）的程序来完成。类 UNIX 系统中共享库文件采用 .so 后缀，Windows 操作系统中称为**动态链接库**（Dynamic Link Libraries, DLL），采用 .dll 后缀。

### 5.5.1 动态链接的特性

对于 5.3.3 节介绍的静态链接方式，由于静态库函数代码被合并在可执行文件中，因此会造成盘空间和主存空间的浪费。例如，静态库 libc.a 中的 printf 模块会在静态链接时合并到每个引用 printf 的可执行文件中，其中的 printf 代码会各自占用不同的盘空间。通常硬盘上存放有数千个可执行文件，因而静态链接方式会造成盘空间的极大浪费。在引用 printf 的应用程序同时在系统中运行时，这些程序中的 printf 代码也会占用内存空间。现代系统通常并发运行成百上千个进程，这将极大浪费主存资源。

此外，静态链接方式下，程序员还需要定期维护和更新静态库，在出现新版本时需要重新对程序进行链接操作，以将静态库中最新的目标代码合并到可执行文件中。因此，静态链接方式更新困难、维护不易。

为解决这些问题，现代系统提供了一种共享库的动态链接方式。共享库以动态链接的方式被正在加载或执行中的多个应用程序共享，因而，共享库的动态链接具有共享性和动态性两个特点。

共享性指共享库中的代码在内存仅一个副本，当应用程序在其代码中引用共享库中符号时，在引用处通过某种方式确定指向共享库中对应定义符号的地址即可。例如，对于动态共享库 libc.so 中的 printf 模块，内存中只有一个 printf 副本，所有应用程序都可以通过动态链接 printf 模块来使用它。因为内存中只有一个副本，硬盘中也只有共享库中一份代码，所以能节省主存资源和盘空间。

动态性指共享库只在使用它的程序被加载或执行时才加载到内存，因而在共享库更新后并不需要重新对程序进行链接，每次加载或执行程序时所链接的共享库总是最新的。可以利用共享库的这个特性来实现软件分发或生成动态 Web 网页等。

动态链接有两种方式，一种是在程序加载过程中加载和链接共享库，另一种是在程序执行过程中加载并链接共享库。

### 5.5.2 程序加载时的动态链接

用户可自定义动态共享库文件。例如，对于图 5-15 所示的两个源程序文件 myproc1.c 和 myproc2.c，可使用以下 GCC 命令生成动态链接的共享库 mylib.so。

```
gcc -shared -fPIC -o mylib.so myproc1.c myproc2.c
```

其中，选项 -shared 告诉链接器生成一个共享库目标文件，选项 -fPIC 告诉编译器生成 **PIC**，使任何程序引用共享库时都无须修改其代码。这保证了共享库代码的存储位置可以不确定，而且即使共享库代码的长度发生改变也不会影响调用它的程序。

下列 main.c 程序中调用了 mylib.so 中的函数 myfunc1()。

```
void myfunc1(void);
int main() {
    myfunc1();
    return 0;
}
```

为生成可执行文件 myproc，可先将 main.c 编译并汇编为可重定位文件 main.o，然后再将 main.o 和 mylib.so 及标准 C 语言函数共享库 libc.so 进行链接。以下命令可以完成上述功能。

```
gcc -o myproc main.c ./mylib.so
```

通过上述命令可得到可执行目标文件 myproc。这个命令与 5.3.3 节中的静态链接命令 "gcc -static -o myproc main.o ./mylib.a" 的执行过程不同。静态链接生成的可执行文件包含了所有外部函数,因此加载后可直接运行,而动态链接生成的可执行文件在加载执行过程中需要和共享库进行动态链接,否则不能运行。这是因为在动态链接生成可执行文件时,其中对外部函数的引用地址是未知的。因此,在动态链接生成的可执行文件运行前,系统会首先将动态链接器及所使用的共享库文件加载到内存。动态链接器和共享库文件的路径都包含在可执行目标文件中,其中,动态链接器由加载器加载,而共享库由动态链接器加载。

图 5-24 给出了动态链接全过程。整个过程分成以下两步。

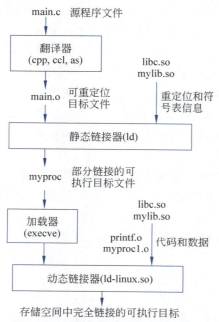

图 5-24 采用加载时动态链接的过程

(1) 进行静态链接以生成部分链接的可执行文件 myproc,该文件中仅包含共享库(包括指定的共享目标文件 mylib.so 和默认的标准共享库 libc.so)中的符号表和重定位表信息,而共享库中的代码和数据并没有被合并到 myproc 中。

(2) 在加载 myproc 时,由加载器将控制权转移到指定的动态链接器,由动态链接器对共享库目标文件 libc.so 和 mylib.so 及 myproc 中的相应模块内的代码和数据进行重定位并加载共享库,以生成最终的存储空间中完全链接的可执行目标。在完成重定位和加载共享库后,动态链接器把控制权转移到程序 myproc。在执行 myproc 的过程中,共享库中的代码和数据在存储空间的位置一直是固定的。

在上述过程中,应如何在加载过程中将控制权从加载器转移到动态链接器?参看图 5-7 可发现,在可执行文件的程序头表中有一个 Type=INTERP 的段。可通过在可执行文件 myproc 中加一个特殊的 .interp 节实现控制权转移。当加载 myproc 时,加载器会发现在 myproc 的程序头表中包含了 .interp 节构成的段,其 p_type 字段取值为 PT_INTERP,该节中包含了动态链接器的路径名,而动态链接器本身也是一个共享目标,在 Linux 操作系统中为 ld-linux.so 文件,.interp 节中有这个文件的路径信息,因而可以由加载器根据指定的路径来加载并启动动态链接器运行。动态链接器完成相应的重定位工作后再把控制权交给 myproc,跳转到其第一条指令执行。

### 5.5.3 程序运行时的动态链接

图 5-24 描述的是在程序被加载时对共享库进行动态链接的过程,实际上,共享库也可以在程序运行过程中进行动态链接。一些类 UNIX 系统提供了**动态链接器接口**,其中定义了若干函数,如 dlopen()、dlsym()、dlerror()、dlclose() 等,其头文件为 dlfcn.h。以下给出一个例子,说明如何在应用程序中使用动态链接器接口函数对共享库进行动态链接。

图 5-25 给出了一个运行时进行动态链接的应用程序示例 main.c。对于由图 5-15 所示的文件 myproc1.c 和 myproc2.c 生成的共享库 mylib.so,在 main.c 中调用了共享库 mylib.so 中的函数 myfunc1()。要编译该程序并生成可执行文件 myproc,通常用以下 GCC 命令。

```
linux> gcc -o myproc main.c -ldl
```

选项-ldl 说明采用动态链接器接口中的 dlopen( )、dlsym( )等函数进行运行时的动态链接。

```
1   #include <stdio.h>
2   #include <stdlib.h>
3   #include <dlfcn.h>
4   int main() {
5
6       void *handle;
7       void (*myfunc1)();
8       char *error;
9
10      /* 动态装入包含函数myfunc1()的共享库文件 */
11      handle = dlopen("./mylib.so", RTLD_LAZY);
12      if (!handle) {
13          fprintf(stderr, "%s\n", dlerror());
14          exit(1);
15      }
16
17      /* 获得一个指向函数myfunc1()的指针myfunc1*/
18      myfunc1 = dlsym(handle, "myfunc1");
19      if ((error = dlerror()) != NULL) {
20          fprintf(stderr, "%s\n", error);
21          exit(1);
22      }
23
24      /* 现在可以像调用其他函数一样调用函数myfunc1() */
25      myfunc1();
26
27      /* 关闭（卸载）共享库文件 */
28      if (dlclose(handle) < 0) {
29          fprintf(stderr, "%s\n", dlerror());
30          exit(1);
31      }
32      return 0;
33  }
```

图 5-25　采用运行时动态链接的应用程序 main.c

如图 5-25 所示,若应用程序要在运行时动态链接一个共享库并引用库中的函数或变量,则必须经过以下几个步骤。

(1) 通过 dlopen( )函数加载和链接共享库,如第 11 行所示。参数 RTLD_LAZY 指示链接器对共享库中外部符号的引用不在加载时进行重定位,而是延迟到第一次函数调用时进行,为**延迟绑定**。

(2) 在 dlopen( )函数正常返回的情况下,通过 dlsym( )函数获取共享库中所需函数,如第 18 行所示,dlsym( )函数返回指定共享库 mylib.so 中指定符号 myfunc1 的地址。

(3) 在 dlsym( )函数正常返回的情况下,可使用共享库中的函数,如第 25 行所示。

(4) 在使用完共享库内的函数或变量后,可使用 dlclose( )函数卸载该共享库,如第 28~31 行所示。

若在调用 dlopen( )函数、dlsym( )函数和 dlclose( )函数时出错,则出错信息可通过调用 dlerror( )函数获得。

## 5.5.4 位置无关代码

共享库代码在硬盘上和内存中都只有一个备份,在硬盘上就是一个共享库文件,如类 UNIX 系统中的.so 文件或 Windows 操作系统中的.dll 文件。为了让一份共享库代码可以和不同的应用程序进行链接,共享库代码必须与地址无关。编译器通常通过 PC 相对寻址方式实现位置无关代码,例如,对于 4.2.1 节中例 4-9 中 switch_test()函数,通过编译选项-fPIC 得到的对应 PIC 汇编代码如下。

```
1    addi.w      $t0,$a0,3(0x3)
2    addi.w      $t1,$zero,6(0x6)
3    bltu        $t1,$t0,56(0x38)        #.L3
4    pcaddu12i   $t1,0
5    addi.d      $t1,$t1,316(0x13c)      #跳转表首地址.L7
6    alsl.d      $t0,$t0,$t1,0x3         #R[t0]←.L7+(x+3)*8 跳转表地址
7    ldptr.d     $t0,$t0,0               #读取跳转表内容
8    add.d       $t1,$t1,$t0             #修正跳转地址
9    jirl        $zero,$t1,0             #转跳转地址
```

生成的跳转表如下。

```
1        .section    .rodata
2        .align 3
3        .align 2
4    .L7:
5        .dword  .L2-.L7
6        .dword  .L3-.L7
7        .dword  .L4-.L7
8        .dword  .L5-.L7
9        .dword  .L3-.L7
10       .dword  .L5-.L7
11       .dword  .L6-.L7
```

与例 4-9 中汇编代码相比,此处通过增加第 8 行指令,使得对跳转表的访问采用基于当前指令地址的 PC 相对寻址方式实现。因为同一模块内指令所在的代码节.text 和跳转表所在的.rodata 节的相对位置不会发生变化,所以不管其只读代码段被映射到地址空间何处,通过

```
static int a=0;
extern int b;
int c=0;
extern void ext();
static void bar(){
   a=1;
   b=c;
}
void foo(){
   bar();
   ext();
}
```

图 5-26 位置无关代码示例

第 8 行指令都能访问到相应跳转表项。此外,因为 PC 相对寻址方式采用"PC+相对偏移地址"方式计算目标地址,因此,这里跳转表中存放的是相对地址,而不是例 4-9 中的绝对地址。

符号之间的所有引用包含以下 4 种情况:①模块内过程调用和跳转;②模块内数据引用;③模块间数据引用;④模块间过程调用和跳转。

对于前 2 种情况,因为是在模块内进行函数调用和数据引用,所以采用 PC 相对寻址方式就可以方便地实现位置无关代码。对于后 2 种情况,由于涉及模块之间的访问,因此无法通过 PC 相对寻址来生成 PIC 代码,需要有专门的实现机制。

图 5-26 给出了一个位置无关代码源程序示例,以下通过该示例说明在上述 4 种情况下如何生成位置无关代码共享库。假设图 5-26

所示代码编译出的共享库文件为 mylib.so。

### 1. 模块内过程调用和跳转

图 5-26 给出的源程序中，函数 foo() 调用了模块内的静态函数 bar()，函数 bar() 仅在模块内可见，因此属于模块内的过程调用。函数 foo() 和 bar() 在同一模块，因而其代码都在 .text 节中，相对位置固定，通过实现过程调用的 bl 指令中的 PC 相对寻址方式，即可生成位置无关代码。显然，不管 .so 中的代码加载到哪里，bl 指令中的偏移量都不变。

以下是图 5-26 所示源程序经编译后得到的 LA64 部分汇编代码，其中主要给出如何在函数 foo() 中调用本地函数 bar()。

```
000000000000067c <bar>:
     …
 6bc:   4c000020      jirl    $zero,$ra,0

00000000000006c0 <foo>:
 6c0:   02ffc063      addi.d  $sp,$sp,-16(0xff0)
     …
 6d0:   57ffafff      bl      -84(0xffffffac) #67c <bar>
     …
```

编译器在生成 bl 指令时，只要根据被引用函数 bar() 的起始位置与 bl 指令地址之间的位移量就可算出偏移值，从而得到 bl 指令中的立即数字段 offs26，这里偏移值为 0x067c－0x06d0＝0xfff ffac＝－84。

假设动态链接器加载 mylib.so 时，将函数 bar() 和 foo() 分别加载到地址 0x1 2000 067c 和 0x1 2000 06c0 处。执行函数 foo() 中的 bl 指令时，当前 PC 为 0x1 2000 006d0，故执行 bl 指令后跳转到的地址为 0x1 2000 06d0＋0xfff ffac＝0x1 2000 067c，其与函数 bar() 的地址一致。显然，无论上述代码被加载到何处，函数 foo() 均可正确跳转到函数 bar() 执行。

### 2. 模块内数据引用

在图 5-26 给出的源程序中，函数 bar() 引用了模块内的静态变量 a，由于静态变量 a 只对模块内可见，因此属于模块内的数据访问。在加载共享库时，同一个模块内数据段总是紧跟在代码段后面，因而对于引用某数据的任意指令，其地址与该数据的地址间的偏移量可在静态链接时的重定位阶段确定。编译器可利用该特性生成 PIC。

以下是图 5-26 中源程序经编译后得到的 LA64 部分机器级代码示例，主要给出了赋值语句 "a＝1;" 的编译结果。为生成 PIC，编译器对语句 "a＝1;" 生成了多条指令。

```
 688:   1c00010c      pcaddu12i  $t0,8(0x8)
 68c:   02e7418c      addi.d     $t0,$t0,-1584(0x9d0)
 690:   0280040d      addi.w     $t1,$zero,1(0x1)
 694:   2500018d      stptr.w    $t1,$t0,0
```

上述机器级代码从 0x688 处开始的 4 条指令对应函数 bar() 中语句 "a＝1;"。根据指令 "pcaddu12i $t0,8(0x8)" 和 "addi.d $t0, $t0, -1584(0x9d0)" 中的寻址方式，可计算出存放在临时寄存器 t0 中的变量 a 的地址，其值为 0x0688＋0x8000＋0xf9d0＝0x8058，从而在指令 "stptr.w $t1, $t0, 0" 中通过对 R[t0] 所指向的存储单元的访问来实现对变量 a 的引用。这里，编译器通过 pcaddu12i 指令将当前 PC 作为变量 a 的地址计算过程中的基准地址来实现代码的浮动。

假设动态链接器加载 mylib.so 时，将函数 bar() 和变量 a 分别加载到地址 0x1 2000 067c

和 0x1 2000 8058 处，执行函数 bar() 中的 pcaddu12i 指令时，当前 PC 为 0x1 2000 0688，故执行 pcaddu12i 指令后，t0 寄存器中内容为 0x1 2000 0688＋0x8000＝0x1 2000 8688；执行 addi.d 指令后，t0 中的内容为 0x1 2000 8688＋0xf9d0＝0x1 2000 8058，其与变量 a 的地址一致。显然，无论上述代码被加载到何处，函数 bar() 均可正确访问变量 a。

### 3. 模块间数据引用

图 5-26 给出的源程序中，函数 bar() 中的赋值语句"b＝c;"引用了模块外的一个外部变量 b，因此属于模块间的数据访问。因为变量 b 是外部符号，所以在对赋值语句"b＝c;"进行编译转换时，无法事先计算出变量 b 到引用 b 的指令之间的相对距离。不过，在加载共享库时，同一个模块内数据段总是紧跟在代码段后面，使得引用变量 b 的指令与本模块数据段之间的位移量可在静态链接时的重定位阶段确定，因而可在数据段中设置一个表，只要事先将外部变量 b 的地址记录在该表中，则引用 b 的指令即可通过访问该表中记录的地址来引用 b。

以下是图 5-26 中源程序经编译后得到的 LA64 部分机器级代码示例，主要给出了赋值语句"b＝c;"的编译结果。可见，为生成 PIC，编译器为语句"b＝c;"生成了多条指令。

```
698:  1c00010c    pcaddu12i   $t0,8(0x8)
69c:  28e6618c    ld.d        $t0,$t0,-1640(0x998)
6a0:  2400018d    ldptr.w     $t1,$t0,0
6a4:  1c00010c    pcaddu12i   $t0,8(0x8)
6a8:  28e6118c    ld.d        $t0,$t0,-1660(0x984)
6ac:  2500018d    stptr.w     $t1,$t0,0
```

上述代码段中，首先通过 0x6a4 处的"pcaddu12i $t0,8(0x8)"指令计算出存放全局变量 b 的地址的表项的高 20 位地址，再通过 0x6a8 处的"ld.d $t0,$t0,－1660(0x984)"指令计算出该表项的地址为 0x06a4＋0x8000＋0xf984＝0x8028，并根据该表项的地址将其内容读入 t0 寄存器，从而得到变量 b 的地址。0x6ac 处的 stptr.w 指令通过 t0 寄存器引用变量 b。

这个设置在数据段的、用于存放全局变量地址的表称为**全局偏移量表**（Global Offset Table，**GOT**），其中每个表项对应一个全局变量，用于在动态链接时记录对应的全局变量的地址。

ABI 规范定义了 GOT 的具体结构与相应的处理过程。编译器为 GOT 中每一个表项生成一个重定位项，例如，图 5-26 所示函数 bar() 中"b＝c;"引用的外部变量 b 在 GOT 中的表项如下所示，其重定位类型为 R_LARCH_64。

```
DYNAMIC RELOCATION RECORDS
OFFSET              TYPE            VALUE
...
0000000000008028    R_LARCH_64      b@@Base
...
```

动态链接器在加载并进行动态链接时必须对这些 GOT 表项中的内容进行重定位，也即在动态链接时需要对这些表项绑定一个符号定义，并填入所引用的符号的地址。例如，对于上述例子，在加载并进行动态链接时，动态链接器应将符号 b 在其他模块中定义的地址，填入本模块 GOT 中变量 b 对应的表项中 b@@Base 字段。这样，在指令执行时，即可从 GOT 中读出变量 b 在外部模块中的地址，从而引用 b。

通过 PIC 访问模块间数据会带来额外开销，首先需要为 GOT 分配存储空间，其次还需要额外花费访问 GOT 的时间。

对于函数 bar() 中的赋值语句"b=c;",还引用了模块内定义的全局变量 c。但 ABI 规定,动态链接器在进行符号解析时,可执行文件中的动态链接符号表(.dynsym 节)具有最高优先级,即若可执行文件中也定义了全局变量 c,则 mylib.so 中对 c 的引用应解析为可执行文件中的 c,从而实现让可执行文件和共享库共享相同的全局变量。由于 GCC 在编译 mylib.so 时无法提前得知可执行文件中是否定义了同名的全局变量 c,为实现上述规定,即使函数 bar() 对全局变量 c 的引用属于模块内引用,GCC 仍生成读出 GOT 的代码来引用它,从而让动态链接器根据实际情况进行符号解析和重定位。具体的,在 0x698 和 0x69c 处的两条指令用于读出 GOT 表中变量 c 所在表项的地址,0x6a0 处指令读出变量 c 的内容。GOT 中变量 c 的表项如下所示:

```
0000000000008030 R_LARCH_64        c@@Base
```

动态链接器按照可执行文件的 .dynsym 节、共享库文件(.so)的 .dynsym 节的顺序(多个 .so 文件时按命令行给出的 .so 文件的顺序)选择最先遇到的对应全局符号进行符号解析和重定位。由此可见,动态链接情况下,可执行文件和共享库文件中允许出现同名全局符号而不会发生链接错误。

**4. 模块间过程调用和跳转**

图 5-26 给出的源程序中,函数 foo() 调用了一个外部函数 ext(),因此属于模块间过程调用。与模块间数据引用一样,模块间过程调用也可通过 GOT 生成 PIC,只需在 GOT 中增加外部函数 ext() 对应的表项即可。此外,编译器也要为该表项生成一个重定位项,动态链接器通过加载时动态链接,对该表项进行重定位,填入函数 ext() 的首地址。

对于图 5-26 中的源程序,GOT 中与外部函数 ext() 对应的表项如下所示,其重定位类型为 R_LARCH_JUMP_SLOT。

```
0000000000008010 R_LARCH_JUMP_SLOT   ext@@Base
```

若 GOT 中外部函数地址很多,则每次加载时都需对 GOT 中所有外部函数地址进行重定位。一般来说,程序的一次运行只会调用其中一部分外部函数,加载时对 GOT 中所有外部函数地址进行重定位会花费很多不必要的时间。为此,GCC 编译器采用延迟绑定技术,以节省不必要的重定位开销。

延迟绑定的基本思想是,对于模块间过程的引用,其重定位工作不在加载时进行,而是延迟到第一次函数调用时进行。延迟绑定技术除需要使用 GOT 外,还需要使用 **PLT**。其中,GOT 是 .data 节(包含在数据段中)的一部分,而 PLT 是 .text 节(包含在代码段中)的一部分。图 5-27 给出了图 5-26 中程序所对应的共享库文件中的 PLT 和 GOT。

采用延迟绑定技术时,GOT[0] 为动态链接器延迟绑定函数 _dl_runtime_resolve 的入口地址,所有被调用的外部函数在 GOT 中都有对应的表项,例如,图 5-27 中 GOT[2] 就是函数 ext() 对应的表项。

PLT 的第一个表项占 32B,其余每个表项占 16B,实际上包含 4 条指令。除 PLT[0] 外,其余表项各自对应一个共享库函数,例如,PLT[1] 对应函数 ext()。

图 5-27 可执行文件中的 PLT 和 GOT

```
0000000000000530 <.plt>:
  530: 1c00010e    pcaddu12i    $r14,8(0x8)             #R[r14]=0x8530
  534: 0011bdad    sub.d        $r13,$r13,$r15          #R[r13]=0x28
  538: 28eb41cf    ld.d         $r15,$r14,-1328(0xad0)  #R[r15]←M[0x8000],GOT[0]
  53c: 02ff61ad    addi.d       $r13,$r13,-40(0xfd8)    #R[r13]=0x28+0xfd8=0
  540: 02eb41cc    addi.d       $r12,$r14,-1328(0xad0)  #R[r12]=0x8530+0xad0=0x8000
  544: 004505ad    srli.d       $r13,$r13,0x1           #R[r13]=0
  548: 28c0218c    ld.d         $r12,$r12,8(0x8)        #R[r12]←M[0x8008],GOT[1]
  54c: 4c0001e0    jirl         $r0,$r15,0              #跳转到 GOT[0]所指处执行
0000000000000550 <ext@plt>:
  550: 1c00010f    pcaddu12i    $r15,8(0x8)             #R[r15]=0x8550
  554: 28eb01ef    ld.d         $r15,$r15,-1344(0xac0)  #R[r15]←M[0x8010],GOT[2]
  558: 1c00000d    pcaddu12i    $r13,0
  55c: 4c0001e0    jirl         $r0,$r15,0              #跳转到 GOT[2]所指处执行
```

编译器在处理外部过程 ext 的调用时,首先在 GOT 和 PLT 中填入相应信息,然后生成以下机器级代码。

```
00000000000006c0 <foo>:
  6c0: 02ffc063    addi.d       $r3,$r3,-16(0xff0)
  ...
  6d4: 57fe7fff    bl           -388(0xfffffe7c) #550 <ext@plt>
```

在可执行文件中第一次执行到上述 bl 指令时,将根据目标地址 0x550,转到 PLT[1]处执行。首先由 pcaddu12i 和 ld.d 两条指令计算出 ext 对应表项 GOT[2]的地址 0x8010,并根据地址 0x8010 取出对应表项 GOT[2]中的内容(初始为 PLT[0]的地址 0x530),然后通过 jirl 指令跳转到 0x530 处执行。因此,在第一次调用函数 ext()时,首先执行 PLT[0]处的代码,通过 0x8000 处的 GOT[0]的内容,跳转到动态链接器延迟绑定函数_dl_runtime_resolve 去执行。在延迟绑定函数中对外部符号 ext 进行重定位,通过解析被调用函数 ext()的 GOT 偏移量,在 GOT[2]中填入真正的外部过程 ext 的首地址,并转到过程 ext 执行。

这样,以后再调用外部过程 ext 时,即可通过 GOT[2]直接获取 ext()函数的实际地址。由此可见,使用延迟绑定技术可将符号解析过程推迟到第一次函数调用时,从而加速了程序加载过程。

### 5.5.5　位置无关可执行文件

上文介绍的可执行目标文件均有固定的地址空间,如图 5-8 所示。为防范恶意程序对已知地址进行攻击,现代操作系统通常采用**地址空间布局随机化**(Address Space Layout Randomization,**ASLR**)技术,使每次加载执行的位置不同,而这需要**位置无关可执行文件**(Position-Independent Executable,**PIE**)的支持。

PIE 和 PIC 类似,需保证可执行文件代码与地址无关,使得无论将其加载到何处都能正确执行,但 PIE 中的函数无须通过 GOT 和 PLT 进行调用,而是通过 PC 相对寻址方式进行。为提升安全性,2016 年 4 月发布的 GCC 6 及其后续版本默认生成 PIE;各种 Linux 操作系统的发行版在 2013 年到 2017 年间也陆续将 PIE 作为默认的构建目标;安卓系统在 2014 年支持PIE,在 2016 年移除了非 PIE 的链接器,此后仅支持 PIE。对于老版本 GCC,用户可通过编译选项-fPIE 和链接选项-pie,指示编辑器和链接器生成 PIE。其中,-fPIE 选项用于指示编译器编译出位置无关目标文件,-pie 选项则用于指示链接器把通过-fPIE 选项编译出的位置无关目

标文件链接成 PIE。对于新版本 GCC，用户无须使用-fPIE 或-pie 选项，即可默认生成 PIE。

目前 LA64 架构下 GCC 默认是-no-pie 选项，对于图 5-1 所示的源程序，将其用编译选项-fPIE 和链接选项-pie 得到的 PIE 进行反汇编后的 LA64 代码如下：

```
00000000000007f4 <add>:
 7f4:   00101484        add.w   $a0,$a0,$a1
 7f8:   4c000020        jirl    $zero,$ra,0
```

如图 5-8 所示，LA64 中可执行文件的只读代码段从 0x1 2000 0000 开始，因此，在 5.1.2 节给出的图 5-1 中源程序对应可执行文件 test（在-no-pie 选项下生成）的反汇编代码中，add 过程的起始地址为 0x1 2000 0680。但在上述 PIE 文件反汇编代码中，add 过程的起始地址为 0x7f4，这是因为在 Linux 操作系统上，PIE 中的虚拟地址只表示相对于 0 的字节偏移量，并非其实际加载运行的虚拟地址，而每次加载运行的虚拟地址均由操作系统决定。例如，在图 5-1 所示的 add() 函数中添加语句"printf("&add=%p, &x=%p\n", add, &x);"后重新编译，连续三次执行 test 的结果如下：

```
&add=0xaaaab58864, &x=0xfffbdb0efc
&add=0xaaaae214864, &x=0xfffba3ff7c
&add=0xaaaac8f4864, &x=0xfffbd5b35c
```

可见，每次运行 test 程序时，操作系统都将其加载到不同位置，可有效防止恶意程序的攻击。

## *5.6　库打桩机制

Linux 操作系统中的 GCC 支持一种称为**库打桩**（library interpositioning）的技术，通过某种打桩机制可截获对共享库函数的调用，转而替代调用程序员自己编写的函数。被截获的共享库函数称为**目标函数**（target function），程序员自己编写的替代函数称为**封装函数**（wrapper function），其函数原型与目标函数应该完全一致。

打桩机制有多种，程序在编译、链接或者加载运行时都可以进行打桩。库打桩技术提供了一种"欺骗"系统在特定的程序中调用自行编写的封装函数而不是目标函数的功能，因此，可以通过库打桩技术追踪某个共享库函数的调用次数及每次调用的入口参数值和返回值，也可以将目标函数替换成与其完全不同的功能实现，甚至可以将包含恶意代码的封装函数预先生成动态链接库，借助加载运行时打桩机制设置软件后门。

### 5.6.1　编译时打桩

可以按如下方式实现编译时打桩：①在当前目录中生成一个头文件，在该头文件中使用 #define 预处理命令将目标函数的调用替换为对封装函数的调用，并给出封装函数的原型声明；②编写封装函数对应的源程序文件，并用 #include 预处理命令将生成的头文件内容"嵌入"源程序中；③在生成可执行文件的 GCC 命令行中使用-I. 参数，以设定预处理程序最先查找并使用当前目录中的头文件，从而在程序编译过程中实现函数的替换调用。

下面用一个简单的例子说明如何进行编译时打桩处理。例子中目标函数是 C 语言标准库 libc 中求整数绝对值的函数 abs()。首先在当前目录中，编写生成以下头文件 myabs.h。

```
1   #define abs(x) myabs(x)
2   int myabs(int x);
```

在当前目录中,编写生成以下定义相应封装函数的源程序文件 myabs.c。

```
1   #ifdef COMPILE_INTERPOSITION
2   #include <stdio.h>
3   #include <stdlib.h>
4   #include <myabs.h>
5   /* abs wrapper function */
6   int myabs(int x){
7       int y=abs(x);
8       printf("abs(%d)=%d\n",x,y);
9       return 0;
10  }
11  #endif
```

调用上述封装函数的源程序文件 abs.c 如下。

```
1   #include <stdio.h>
2   #include <stdlib.h>
3   #include <myabs.h>
4   int main(){
5       int y=abs(-10);
6       return 0;
7   }
```

通过以下 GCC 命令实现编译时打桩功能,在对 abs.c 进行编译时,编译器将 main() 函数中对目标函数 abs() 的调用替换为对封装函数 myabs() 的调用。

```
linux> gcc -DCOMPILE_INTERPOSITION -c myabs.c
linux> gcc -I. -o myabs abs.c myabs.o
```

上述第 2 条 GCC 命令可生成可执行文件 myabs,其中,-I. 参数指明 C 语言预处理程序首先在当前目录中查找需要的头文件 myabs.h。运行可执行文件 myabs,程序得到的打印结果为"abs(−10)=10"。

如果改变 myabs.c 中封装函数的实现,则得到不同的执行结果。例如,若将 myabs.c 中第 8 行语句或者第 7、第 8 两行语句改为"printf("this is abs wrapper function.");",则程序打印结果为"this is abs wrapper function."。

### 5.6.2 链接时打桩

Linux 操作系统中的 GCC 链接器可以使用 -Wl,--wrap,func 或者 -Wl,--wrap=func 参数进行打桩,该参数指示链接器按如下方式对符号 func 进行符号解析:如果在当前模块中没有定义符号 func,就将符号 func 的引用解析成符号 __wrap_func;同时,如果在当前模块中没有定义符号 __real_func,就将符号 __real_func 的引用解析成符号 func。

以下为链接时打桩的例子。假设 main.c 文件内容如下。

```
1   #include <stdio.h>
2
3   void __wrap_test(){
4       printf("File: %s, Function: %s\n",__FILE__,__FUNCTION__);
5   }
6   void foo1(){
7       test();
8   }
```

```
9    int main(){
10       test();
11       foo1();
12       foo2();
13       return 0;
14   }
```

另一个 C 语言源程序文件 test.c 内容如下。

```
1    #include <stdio.h>
2    void __real_test();
3    /* test wrapper function */
4    void test(){
5        printf("File: %s, Function: %s\n",__FILE__,__FUNCTION__);
6    }
7    void foo2(){
8        __real_test();
9    }
```

通过以下 GCC 命令可实现链接时打桩,该命令对源程序文件 test.c 和 main.c 分别生成可重定位目标文件,并将这些目标文件模块与 C 语言标准库 libc.a 进行静态链接以生成可执行文件 test。

```
linux> gcc -Wl,--wrap=test -o test test.c main.c
```

由于在命令行中使用了-Wl,--wrap=test,因此,当模块 main.o 中引用符号 test 时,因该模块不存在 test 定义,所以解析为__wrap_test;而对于模块 test.o,因模块内定义了 test 符号,所以在引用该符号时,不会解析为__wrap_test,同时,当模块 test.o 引用符号__real_test 时,因模块内没有定义__real_test 符号,所以解析为符号 test。

执行上述可执行文件 test 后,程序输出结果如下。

```
File: main.c, Function: __wrap_test
File: main.c, Function: __wrap_test
File: test.c, Function: test
```

### 5.6.3 运行时打桩

运行时打桩通过设置 LD_PRELOAD 环境变量来实现。LD_PRELOAD 是类 UNIX 操作系统中动态链接器使用的一个环境变量,可以利用该环境变量设置共享目标库路径名的一个列表,列表项用空格或分号分隔。一旦设定该环境变量,则在加载运行一个可执行文件过程中,动态链接器在对未定义符号的引用进行符号解析时,将优先搜索在 LD_PRELOAD 中设置的共享目标库,然后才搜索其他共享目标库。因此,可以将目标函数对应的封装函数定义在使用 LD_PRELOAD 环境变量设置的共享库中,这样动态链接器在对程序中未定义的引用进行符号解析时,就会先解析成封装函数中定义的符号,而不会解析成 C 语言标准函数库中目标函数定义的符号。

以下通过一个例子来说明如何实现运行时打桩。例子中目标函数为 C 语言标准库 libc 中的 gets()函数,对应封装函数定义在以下 mygets.c 文件中。

```
1    #define _GNU_SOURCE
2    include <stdio.h>
```

```
3    #include <dlfcn.h>
4    /*gets wrapper function*/
5    char *gets(char *str) {
6        char *(*getsp)(char*);
7        char *error;
8        printf("wrapper function gets str: %s\n",str);
9        getsp=dlsym(RTLD_NEXT,"gets");    //获得标准库libc中gets函数指针
10       if ((error = dlerror()) != NULL) {
11           fprintf(stderr, "%s\n", error);
12           exit(1);
13       }
14       getsp(str);                        //调用目标函数gets
15       return ptr
16   }
```

假定调用函数gets()的主函数所在源程序文件main.c内容如下。

```
1    #include <stdio.h>
2    int main(){
3        char str[10]="\0";
4        printf("Input:\n",);
5        gets(str);
6        return 0;
7    }
```

首先,通过以下GCC命令生成包含封装函数的共享库文件mygets.so。

```
linux> gcc -shared -fPIC -ldl -o mygets.so mygets.c
```

其次,通过以下GCC命令生成可执行文件test。

```
linux> gcc -o test main.c
```

最后,设置LD_PRELOAD环境变量并运行可执行文件test。不同**命令行解释程序**(**shell**)下,命令格式可能不同。例如,在bash shell中的命令行如下。

```
linux> LD_PRELOAD="./mygets.so" ./test
```

在csh或tcsh中的命令行如下。

```
linux> (setenv LD_PRELOAD "./mygets.so"; ./test; unsetenv LD_PRELOAD)
```

上述shell命令行指定了在解析main.o中的未定义符号(如gets)的引用时,应先到当前目录中的共享库mygets.so中查找定义符号,因而gets引用的应是mygets.so中定义的符号。假定可执行文件test的执行过程中从键盘输入的字符串为"012345678",则输出结果如下。

```
Input:
wrapper function gets str:
(在键盘上输入)012345678
```

若在未设置环境变量LD_PRELOAD前提下执行test,则在函数main()中调用函数gets()时,会直接转到标准库libc中的函数gets()执行,因而输出结果中不会出现第2行字符串"wrapper function gets str:"。

## 5.7 可执行文件的加载和执行

经过预处理、编译、汇编和链接所生成的可执行文件可被直接加载执行。可执行文件中的主要组成部分是程序的机器指令代码及指令所要处理的数据,所有代码和数据都以二进制形式存放,在指令和数据被取到CPU处理之前,需要先将其从硬盘上的可执行文件加载到内存中。

### 5.7.1 可执行文件的加载

在Linux操作系统的**shell命令行提示符**下输入可执行文件名及相应的参数就可启动可执行文件的加载执行。例如,对于5.6.3节中可执行文件test,若不实现库打桩功能,则只要输入以下命令即可加载运行test。

```
linux> ./test
```

命令行解释程序shell接收到输入的"./test"命令后,首先检测test是否为内置shell命令,当检测到不是内置shell命令时,就通过执行execve()函数调用驻留在内存中的加载器(loader)执行,加载器是操作系统内核代码,它将可执行文件中的只读代码段和可读写数据段从硬盘复制到内存,然后跳转到可执行文件的第一条指令处执行,此处由ELF头中的入口点地址(entry point address)e_entry字段指定。通常把上述过程称为可执行文件的加载。

5.2.4节提到,加载过程中实际上并没有真正从硬盘上将代码和数据读到主存,而是仅仅创建了只读代码段和可读写数据段对应的初始页表项,以及对应进程的初始描述信息。只有在执行代码过程中发生了缺页异常,才会真正从硬盘加载代码和数据到主存。在生成可执行文件过程中,链接器会按照ABI规范规定的如图5-8所示的存储器映像来确定所有指令和数据的地址,在可执行文件的程序头表中,对只读代码段和可读写数据段在文件位置与虚拟地址空间区段之间建立映射关系。因此,加载器对可执行文件加载处理过程中,可以利用ELF文件程序头表中的映射关系构建可执行文件对应进程的初始描述信息(进程描述信息通常称为**进程控制块**PCB),并生成对应进程的初始页表,以完成将只读代码段和可读写数据段从硬盘复制到内存的工作。有关程序和进程的关系、进程描述信息、进程的页表等概念将在后续章节进行说明。

当加载器完成复制任务后,加载器跳转到程序入口点执行,该地址对应全局符号_start的取值,因此,函数_start()是可执行文件第一个调用的函数,在启动例程crtl.o中定义,符号_start的定义位于可执行文件的.text节,每个C语言程序都如此。

可执行文件_start处定义的启动代码主要通过一系列过程调用初始化**运行时环境**。在动态链接方式下首先调用**系统启动函数**__libc_start_main(),该函数在libc.so中定义,对应符号定义位于可执行文件的.plt节。在静态链接方式下会依次调用__libc_init_first和_init两个初始化过程;随后通过调用atexit过程登记注册程序正常结束时需要调用的函数,这些函数称为**终止处理函数**,由exit()函数自动调用执行;然后,再调用可执行目标中的主函数main();最后调用exit过程,结束进程的执行,返回到操作系统内核。因此,在静态链接方式下,启动代码的过程调用顺序为:__libc_init_first→_init→atexit→main(其中可能会调用exit()函数)→exit。由此可见,即使main()函数中没有调用exit()函数,程序从main()函数返回后也会自动调用exit()函数以结束进程的执行。

## 5.7.2 程序和指令的执行过程

可执行文件中指令按顺序存放在存储空间连续单元中,正常情况下,指令按其存放顺序执行,遇到需要改变程序执行流程的情况时,用相应的跳转类指令(包括无条件跳转、条件跳转、调用及返回等指令)改变程序执行流程。可以通过把即将执行的跳转目标指令的地址送 PC 来改变程序执行流程。CPU 取出并执行一条指令的时间称为**指令周期**。不同指令所要完成的功能不同,因而所用的时间可能不同,因此不同指令的指令周期可能不同。

例如,对于 5.3.1 节图 5-9 中的例子,其链接生成的可执行目标文件的 .text 节中的 main() 函数包含的指令序列如下。

```
1   00000001200006d8 <main>:
2   1200006d8:    02ffc063    addi.d    $sp,$sp,-16(0xff0)
3   1200006dc:    29c02061    st.d      $ra,$sp,8(0x8)
4   1200006e0:    54001400    bl        20(0x14) #1200006f4 <swap>
5   1200006e4:    00150004    move      $a0,$zero
6   1200006e8:    28c02061    ld.d      $ra,$sp,8(0x8)
7   1200006ec:    02c04063    addi.d    $sp,$sp,16(0x10)
8   1200006f0:    4c000020    jirl      $zero,$ra,0
```

可以看出,指令按顺序存放在地址 0x1 2000 06d8 开始的存储空间中,每条指令的长度相同,都占 4 字节。每条指令对应的 0/1 序列的含义有不同的规定,如"addi.d $sp,$sp,-16(0xff0)"指令机器码为 02ff c063H=0000 0010 1111 1111 1100 0000 0110 0011B,其中高 10 位 0000 0010 11 为 addi.d 指令操作码,随后 12 位 11 1111 1100 00 为立即数字段 si12,再后 5 位 00 011 为 rj 寄存器编号,最后 5 位 0 0011 为 rd 寄存器编号。

该段代码按第 2~4 行指令顺序执行,第 4 行指令执行后跳转到 swap() 函数执行,执行完 swap() 函数后回到第 5 行指令执行,然后按顺序执行到第 8 行指令,执行完第 8 行指令后,再转到另一处开始执行。

CPU 为了能完成指令序列的执行,必须解决以下一系列问题:如何判定指令操作类型、寄存器编号、立即数字段,如何确定操作数是在寄存器中还是在存储器中,一条指令执行结束后如何正确地从存储器取到下一条指令等。

CPU 执行一条指令的大致过程如图 5-28 所示,分成取指令、指令译码、计算源操作数地址并取操作数、执行数据操作、计算目的操作数地址并存结果、计算下条指令地址等步骤。

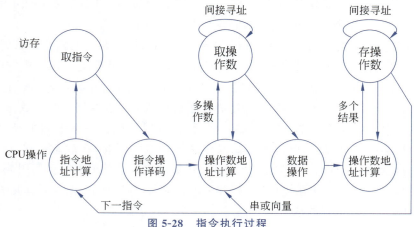

图 5-28 指令执行过程

(1) 取指令。马上将要执行指令的地址总是在 PC 中，因此，取指令操作就是从 PC 所指存储单元中取出指令送至 IR。例如，对于上述过程 main 的执行，开始时，PC 中存放的是首地址 0x1 2000 06d8，CPU 根据 PC 取 4 字节到 IR 中，即 IR 的宽度为 32 位。此时从 0x1 2000 06d8 中取出 02ff c063H 送 IR。

(2) 对 IR 中的指令操作码译码。不同指令的功能不同，即指令涉及操作过程不同，因而需要不同的操作控制信号。例如，上述第 2 行 "addi.d \$sp, \$sp, -16(0xff0)" 指令要求将立即数 0xff0 与寄存器 sp 中的内容相加，结果送入 sp 寄存器。CPU 应根据不同指令操作码译出不同的控制信号。例如，对取到 IR 中的 02ff c063H 进行译码时，可根据对高 10 位（0000 0010 11）的译码结果得到 addi.d 指令的控制信号。

(3) 计算源操作数地址并取操作数。根据寻址方式确定源操作数地址计算方式，若是存储器数据，则需要一次或多次访存（间接寻址时）来取数；若是寄存器数据，则直接从寄存器取数。对于像 LoongArch 这种 RISC 架构，只有 load/store 指令可访问存储器操作数，其他类型指令只对寄存器读写数据。

(4) 执行数据操作。在 ALU 或加法器等**运算部件**中对取出的操作数进行运算。

(5) 计算目的操作数地址并存结果。根据寻址方式确定目的操作数地址计算方式，若是存储器数据，则需要一次或多次访存；若是寄存器数据，则直接存结果到寄存器。

如果是**串操作**或**向量运算指令**，则可能会并行执行或多次循环执行第 3～5 步。

(6) 计算下条指令地址并将其送 PC。顺序执行时，下条指令地址的计算比较简单，只要将 PC 加上当前指令长度即可。例如，LoongArch 中指令长度均为 4 字节，因此，指令译码生成的控制信号会控制使 PC 加 4。若是跳转类指令，则需根据标志位、操作码和寻址方式等确定下条指令的地址。

对于上述过程的第 1～2 步，所有指令的操作都一样；而对于第 3～5 步，不同指令的操作可能不同，它们完全由第 2 步译码得到的控制信号控制。也即指令的功能由第 2 步译码得到的控制信号决定。对于第 6 步，若是定长指令字，处理器会在第 1 步取指令的同时计算出下条指令地址并送 PC，然后根据指令译码结果和标志位决定是否在第 6 步修改 PC 的值，因此，在顺序执行时，实际上是在取指令的同时计算下条指令地址，第 6 步什么也不做。

根据对上述指令执行过程的分析可知，每条指令的功能总是通过对以下 4 种基本操作进行组合实现，即每条指令的执行可以分解成若干以下基本操作。

(1) 读取指定存储地址中的内容（可能是指令或操作数或操作数地址），并将其装入某寄存器。

(2) 把一个数据从某寄存器存储到给定地址的存储单元中。

(3) 把一个数据从某寄存器传送到另一寄存器或者 ALU 中。

(4) 在 ALU 中进行某种算术或逻辑运算，并将结果送入某寄存器。

### 5.7.3 CPU 的基本功能和基本组成

CPU 的基本功能是周而复始地执行指令，指令执行过程中的全部操作由 CPU 中的控制器控制执行。随着超大规模集成电路技术的发展，更多的功能逻辑被集成到 CPU 芯片中，包括 cache、MMU、浮点运算逻辑、异常和中断处理逻辑等，因而 CPU 的内部组成越来越复杂，甚至可以在一个 CPU 芯片中集成许多处理器核。但是，不管 CPU 多复杂，其最基本部件还是**数据通路**(data path) 和**控制器**(control unit)。控制器根据每条指令功能的不同生成对数通路的控制信号,并正确控制指令的执行。

CPU 的基本功能决定了 CPU 的基本组成,图 5-29 是 CPU 基本组成原理图。

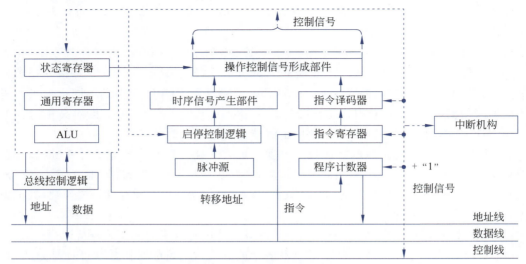

图 5-29　CPU 基本组成原理图

图 5-29 中的**地址线、数据线**和**控制线**并不属于 CPU,构成**系统总线**的这三组线主要用来使 CPU 与 CPU 外部的部件(如主存)交换信息,交换的信息包括地址、数据和控制三类,分别通过地址线、数据线和控制线进行传送。数据信息包含指令,即数据和指令都看成是**数据信息**,因为对总线和主存来说,指令和数据在形式上没有区别,而且数据和指令的访存过程也完全一样。除了地址和数据(包括指令)以外的所有信息都属于**控制信息**。地址线是单向的,由 CPU 送出地址,用于指定需要访问的指令或数据所在的存储单元地址。

图 5-29 所示的数据通路非常简单,只包括最基本的操作部件和状态部件,如 ALU、通用寄存器和状态寄存器等,其余都是控制逻辑或与其密切相关的逻辑,主要包括以下几部分。

(1) 程序计数器(PC)。PC 又称指令计数器或指令指针寄存器(IP),用来存放即将执行指令的地址。正常情况下,指令地址的形成有以下两种方式:

① 顺序执行时,PC+"1"形成下条指令地址(这里的"1"是指一条指令的字节数)。在有的机器中,PC 本身具有"+1"计数功能,也有的机器借用运算部件完成 PC+"1";

② 需要改变程序执行顺序时,通常会根据跳转类指令提供的信息生成跳转目标指令的地址,并将其作为下条指令地址送入 PC。每个程序开始执行前,总是把程序中第一条指令的地址送入 PC。

(2) 指令寄存器(IR)。IR 用以存放现行指令。每条指令总是先从存储器取出后才能在 CPU 中执行,指令取出后存放在 IR 中,以便送指令译码器进行译码。

(3) 指令译码器(ID)。ID 对 IR 中的操作码进行分析解释,产生相应的译码信号提供给操作控制信号形成部件,以产生控制信号。

(4) 启停控制逻辑。脉冲源产生一定频率的脉冲信号作为整个机器的时钟信号,是 CPU 时序的基准信号。启停控制逻辑在需要时能保证可靠地开放或封锁时钟脉冲,控制时序信号的发生与停止,并实现对机器的启动与停机。

(5) 时序信号产生部件。该部件以时钟脉冲为基础,产生不同指令对应的时序信号,实现机器指令执行过程的时序控制。

（6）操作控制信号形成部件。该部件综合时序信号、指令译码信号和执行部件反馈的标志（如 CF、SF、ZF 和 OF）等，形成不同指令的操作所需要的控制信号。

（7）总线控制逻辑。实现对总线传输的控制，包括对数据和地址信息的缓冲与控制。CPU 对于存储器的访问通过总线进行，CPU 将存储访问命令（即读写控制信号）送到控制线，将存储单元地址送到地址线，并通过数据线取指令或者与存储器交换数据信息。

（8）中断机构。实现对异常情况和外部中断请求的处理。

有关 CPU 中数据通路和控制器的设计细节已超出本书讨论的范围，请参考其他相关资料。

### 5.7.4 打断程序正常执行的事件

从开机后 CPU 被加电开始，到断电为止，CPU 自始至终就一直重复做一件事情：读出 PC 所指存储单元的指令并执行它。每条指令的执行都会改变 PC 中的值，因而 CPU 能够不断地执行新的指令。

正常情况下，CPU 按部就班地按照程序规定的顺序逐条执行，或者按顺序执行，或者跳转到目标指令执行，这两种情况都属于正常执行顺序。

当然，程序并不总是能按正常顺序执行，有时 CPU 会遇到一些特殊情况而无法继续执行当前程序。例如，以下事件可能会打断程序正常执行。

（1）对指令操作码进行译码时，发现是不存在的"非法操作码"，因此，CPU 不知道如何执行当前指令而无法继续执行。

（2）在访问指令或数据时，发现"段错误（segmentation fault）"或"缺页（page fault）"，因此，CPU 没有获得正确的指令或数据而无法继续执行当前指令。

（3）在 ALU 中运算的结果发生溢出，或者整数除法指令的除数为 0，因此，CPU 发现运算结果不正确而无法继续执行程序。

（4）在执行指令过程中，CPU 外部发生了采样计时时间到、网络数据包到达网络适配器、磁盘完成数据读写等外部事件，要求 CPU 中止当前程序的执行，转去执行专门的外部事件处理程序。

因此，CPU 除了能够正常地不断执行指令以外，还必须具有程序正常执行被打断时的处理机制，这种机制称为**异常处理机制**或**中断处理机制**，CPU 中相应的异常和中断处理逻辑称为**中断机构**，如图 5-29 所示。

计算机中很多事件的发生都会中断当前程序的正常执行，使 CPU 转到操作系统中预先设定的与所发生事件相关的处理程序执行，有些事件处理完后可回到被中断的程序继续执行，此时相当于执行了一次过程调用，有些事件处理完后则不能回到原被中断的程序继续执行。所有这些打断程序正常执行的事件被分成两大类：**内部异常**和**外部中断**。有关内部异常和外部中断更详细的内容参见第 7、第 8、第 9 章。

## 5.8 本章小结

链接器位于编译器、指令集体系结构和操作系统的交叉点上，涉及指令系统、代码生成、机器语言、程序转换和虚拟地址空间等诸多概念，因而它对于理解整个计算机系统来说非常重要。

链接涉及三种目标文件格式：可重定位目标文件、可执行目标文件和共享库目标文件。

共享库文件是一种特殊的可重定位文件。ELF文件格式有链接视图和执行视图两种,前者是可重定位目标格式,后者是可执行目标格式。链接视图中包含ELF头、各个节及节头表;执行视图中包含ELF头、程序头表(段头表)及各种节组成的段。

链接分静态链接和动态链接两种,静态链接处理将多个可重定位目标模块中相同的节合并,以生成完全链接的可执行目标文件,其中所有符号的引用都是在虚拟地址空间中确定的最终地址,因而可直接被加载执行。动态链接方式下的可执行目标文件是部分链接的,还有部分符号的引用地址没有确定,需要利用共享库中定义的符号进行重定位,因而需要由动态链接器来加载共享库并重定位部分符号的引用。动态链接有两种方式,一种是加载时的动态链接,另一种是运行时的动态链接。

链接过程需要完成符号解析和重定位工作,符号解析的目的是将符号的引用与符号的定义关联起来,重定位的目的是分别合并代码和数据,并根据代码和数据在虚拟地址空间中的位置,确定每个符号的最终存储地址,然后根据符号的确切地址修改符号引用处的地址。

在不同的目标模块中可能会定义相同的符号,链接器需要确定以哪个符号为准。编译器通过对定义符号标识其为强符号还是COMMON符号或弱符号来确定多重定义符号中哪个是唯一的定义符号。

加载器在加载可执行目标文件时,实际上只是把其中只读代码段和可读写数据段的映射信息记录在特定的数据结构中,而并没有把代码和数据从硬盘装入主存。在程序执行过程中,会因为从存储器中取指令或取数据发生缺失而引起缺页异常,操作系统通过对缺页异常的处理将代码或数据真正从硬盘装入主存。

# 习　　题

1. 给出以下概念的解释说明。

| 链接 | 可重定位目标文件 | 可执行目标文件 | 符号解析 |
| 重定位 | ELF目标文件格式 | ELF头 | 节头表 |
| 程序头表(段头表) | 只读代码段 | 可读写数据段 | 全局符号 |
| 外部符号 | 本地符号 | COMMON符号 | 弱符号 |
| 强符号 | 多重定义符号 | 静态库 | 符号的定义 |
| 符号的引用 | 未解析符号 | 重定位信息 | 运行时堆 |
| 用户栈 | 动态链接 | 共享库(目标)文件 | 位置无关代码(PIC) |
| 全局偏移量表(GOT) | 延迟绑定 | 过程链接表(PLT) | 库打桩 |
| 目标函数 | 封装函数 | 加载器 | 指令周期 |
| 数据通路 | 控制器 | 异常处理机制 | 中断处理机制 |

2. 简单回答下列问题。

(1) 如何将多个C语言程序模块组合起来生成一个可执行文件?简述从源程序到可执行代码的转换过程。

(2) 引入链接的好处是什么?

(3) 可重定位文件和可执行文件的主要差别是什么?

(4) 静态链接方式下,静态链接器主要完成哪两方面的工作?

(5) 可重定位文件的.text节、.rodata节、.data节和.bss节中分别主要包含什么信息?

(6) 可执行文件中的.text节、.rodata节、.data节和.bss节中分别主要包含什么信息?

(7) 可执行文件中有哪两种可装入段?哪些节组合成只读代码段?哪些节组合成可读写数据段?

(8) 加载可执行文件时,加载器根据其中的哪个表的信息对可装入段进行映射?
(9) 在可执行文件中,可装入段被映射到虚拟存储空间,这种做法有什么好处?
(10) 静态链接和动态链接的主要差别是什么?

3. 假设一个 C 语言程序有两个源文件:main.c 和 test.c,其内容如图 5-30 所示。

```
1   /* main.c */
2   int sum();
3
4   int a[4]={1, 2, 3, 4};
5   extern int val;
6   int main() {
7       val=sum();
8       return val;
9   }
```

```
1   /* test.c */
2   extern int a[];
3   int val=0;
4   int sum(){
5       int i;
6       for (i=0; i<4; i++)
7           val += a[i];
8       return val;
9   }
```

图 5-30 题 3 图

对于编译生成的可重定位目标文件 test.o,填写表 5-1 中各符号的情况,说明每个符号是否出现在 test.o 的符号表(.symtab 节)中,如果是的话,定义该符号的模块是 main.o 还是 test.o,该符号的类型是全局、外部还是本地符号,该符号出现在 test.o 中的哪个节(.text、.data 或 .bss)。

表 5-1 题 3 表

| 符号 | 是否在 test.o 的符号表中? | 定义模块 | 符号类型 | 节 |
|---|---|---|---|---|
| a | | | | |
| val | | | | |
| sum | | | | |
| i | | | | |

4. 假设一个 C 语言程序有两个源文件:main.c 和 swap.c,其中 main.c 内容如图 5-9(a)所示,swap.c 内容如下。

```
1    extern int buf[];
2    int * bufp0 = &buf[0];
3    static int * bufp1;
4
5    static void incr() {
6        static int count=0;
7        count++;
8    }
9    void swap() {
10       int temp;
11       incr();
12       bufp1=&bufp[1];
13       temp= * bufp0;
14       * bufp0= * bufp1;
15       * bufp1=temp;
16   }
```

对于编译生成的可重定位目标文件 swap.o,填写表 5-2,说明每个符号是否出现在 swap.o 的符号表(.symtab 节)中,如果是的话,定义该符号的模块是 main.o 还是 swap.o,该符号的类型是全局、外部还是本地符号,该符号出现在 swap.o 中的哪个节(.text、.data 或 .bss)。

表 5-2 题 4 表

| 符号 | 是否在 swap.o 的符号表中? | 定义模块 | 符号类型 | 节 |
|---|---|---|---|---|
| buf | | | | |
| bufp0 | | | | |

续表

| 符号 | 是否在 swap.o 的符号表中? | 定义模块 | 符号类型 | 节 |
|---|---|---|---|---|
| bufp1 | | | | |
| incr | | | | |
| count | | | | |
| swap | | | | |
| temp | | | | |

5. 假设一个 C 语言程序有两个源文件:main.c 和 proc1.c,它们的内容如图 5-31 所示。

```
1  #include <stdio.h>
2  unsigned x=257;
3  short y, z=2;
4  void proc1(void);
5  int main() {
6      proc1();
7      printf("x=%u,z=%d\n", x, z);
8      return 0;
9  }
```
(a)

```
1  double x;
2
3  void proc1() {
4
5      x=-1.5;
6  }
```
(b)

图 5-31 题 5 图
(a)main.c 文件;(b)proc1.c 文件

回答下列问题。

(1) 在上述两个文件中出现的符号哪些是强符号?哪些是 COMMON 符号?

(2) 程序执行后打印的结果是什么?请分别画出执行 main.c 文件第 6 行的 proc1()函数调用前、后,在地址 &x 和 &z 中存放的内容。若第 3 行改为"short y=1, z=2;",则打印结果是什么?

(3) 修改文件 proc1.c,使得 main.c 能输出正确的结果(即 x=257, z=2)。要求修改时不能改变任何变量的数据类型和名字。

6. 以下每一小题给出了两个源程序文件,它们被分别编译生成可重定位目标模块 m1.o 和 m2.o。在模块 $m_j$ 中对符号 $x$ 的任意引用与模块 $m_i$ 中定义的符号 $x$ 关联记为 REF($m_j.x$)→DEF($m_i.x$)。请在下列空格处填写模块名和符号名以说明给出的引用符号所关联的定义符号,若发生链接错误,则说明其原因;若从多个定义符号中任选,则给出全部可能的定义符号,若是局部变量,则说明不存在关联。

```
(1) /* m1.c */                    /* m2.c */
    int p1(void);                 static int main=1;
    int main()                    int p1()
    {                             {
      int p1= p1();                 main++;
      return p1;                    return main;
    }                             }
    ① REF(m1.main)→DEF(_____ . _____)
    ② REF(m2.main)→DEF(_____ . _____)
    ③ REF(m1.p1)→DEF(_____ . _____)
    ④ REF(m2.p1)→DEF(_____ . _____)

(2) /* m1.c */                    /* m2.c */
    int x=100;                    float x=100.0;
    int p1(void);                 int main=1;
    int main()                    int p1()
    {                             {
      x=p1();                       main++;
      return x;                     return main;
    }                             }
    ① REF(m1.main)→DEF(_____ . _____)
    ② REF(m2.main)→DEF(_____ . _____)
    ③ REF(m1.x)→DEF(_____ . _____)
```

(3) /*m1.c*/                /*m2.c*/
   int p1(void);               int x=10;
   int p1;                     int main;
   int main()                  int p1()
   {                           {
     int x=p1();                 main=1;
     return x;                   return x;
   }                           }
① REF(m1.main)→DEF(_____ . _____)
② REF(m2.main)→DEF(_____ . _____)
③ REF(m1.p1)→DEF(_____ . _____)
④ REF(m1.x)→DEF(_____ . _____)
⑤ REF(m2.x)→DEF(_____ . _____)

(4) /*m1.c*/                /*m2.c*/
   int p1(void);               double x=10;
   int x, y;                   int y;
   int main()                  int p1()
   {                           {
     x=p1();                     y=1;
     return x;                   return y;
   }                           }

① REF(m1.x)→DEF(_____ . _____)
② REF(m2.x)→DEF(_____ . _____)
③ REF(m1.y)→DEF(_____ . _____)
④ REF(m2.y)→DEF(_____ . _____)

7. 在 LA64＋Linux 平台中，以下由两个目标模块 m1 和 m2 组成的程序，经编译、链接后在计算机上执行，结果发现即使 m2.c 中没有对数组变量 main 进行初始化，最终也能打印出字符串"0x2ffc063\n"。为什么？要求解释原因。

```
1     /*m1.c*/                1     /*m2.c*/
2   void p1(void);             2   #include <stdio.h>;
3                              3   unsigned char main[4];
4   int main() {               4
5     p1();                    5   void p1() {
6     return 0;                6     printf("0x%x%x%x%x\n", main[3], main[2], main[1], main[0]);
7   }                          7   }
```

8. 图 5-32 中给出了用 OBJDUMP 显示的某个可执行文件的程序头表的部分信息，其中，可读写数据段（Read/write data segment）的信息表明，该数据段对应虚拟存储空间中起始地址为 0x0000 0001 2000 7e80、长度为 0x1f8 字节的存储区，其数据来自可执行文件中偏移地址 0x3e80 开始的 0x1e8 字节。这里，可执行目标文件中的数据长度和虚拟地址空间中的存储区大小之间相差了 16B。请解释可能的原因。

```
Read-only code segment
LOAD off    0x0000000000000000   vaddr  0x0000000120000000   paddr 0x0000000120000000
            filesiz 0x0000000000000878   memsiz 0x0000000000000878   flags R E   align 0x4000
Read/write data segment
LOAD off    0x0000000000003e80   vaddr  0x0000000120007e80   paddr 0x0000000120007e80
            filesiz 0x00000000000001e8   memsiz 0x00000000000001f8   flags RW    align 0x4000
```

图 5-32　某可执行文件程序头表的部分内容

9. 假定 a 和 b 是可重定位目标文件或静态库文件，a→b 表示 b 中定义了一个被 a 引用的符号。对以下每个可能出现的情况，各给出一个最短命令行（含有最少数量的可重定位文件或静态库文件参数），使链接器能够解析所有的符号引用。

(1) p.o→libx.a→liby.a。

(2) p.o→libx.a→liby.a 同时 liby.a→libx.a。

(3) p.o→libx.a→liby.a→libz.a 同时 liby.a→libx.a→libz.a。

10. 图 5-18 给出了图 5-9(a)中 main.c 对应的 main.o 中 .text 节和 .rel.text 节的内容，图中显示其 .text 节中有一处需重定位。假定链接后 main() 函数代码起始地址是 0x1 2000 06d8，紧跟在 main() 函数后是 swap() 函数的代码，且首地址按 4 字节边界对齐。要求根据对图 5-18 的分析，指出 main.o 的 .text 节中重定位符号的符号名、需重定位的指令相对于 .text 节起始位置的位移、重定位类型、重定位前的内容、重定位后的内容，并给出重定位值的计算过程。

11. 图 5-20(b)给出了图 5-9(b)中 swap.c 对应的 swap.o 中 .data 节和 .rel.data 节的内容，图中显示其 .data 节中有一处需重定位。假定链接后生成的可执行文件中 buf 和 bufp0 的存储地址分别是 0x0000 0001 2000 8058 和 0x0000 0001 2000 8060。要求根据对图 5-20(b)的分析，指出 swap.o 的 .data 节中重定位符号的符号名、重定位类型、重定位后的内容，并给出重定位值的计算过程。

12. 已知图 5-9(b)所示的 swap.c 对应的 swap.o 中机器级代码如下。

```
0000000000000000 <swap>:
    bufp1 = &buf[1];
 0: 1c00000c        pcaddu12i       $r12,0
 4: 28c0018c        ld.d            $r12,$r12,0
 8: 1c00000e        pcaddu12i       $r14,0
 c: 28c001ce        ld.d            $r14,$r14,0
10: 02c011cd        addi.d          $r13,$r14,4(0x4)
14: 2700018d        stptr.d         $r13,$r12,0
    temp = *bufp0;
18: 1c00000d        pcaddu12i       $r13,0
1c: 02c001ad        addi.d          $r13,$r13,0
20: 260001ad        ldptr.d         $r13,$r13,0
24: 240001af        ldptr.w         $r15,$r13,0
    *bufp0 = *bufp1;
28: 240005ce        ldptr.w         $r14,$r14,4(0x4)
2c: 250001ae        stptr.w         $r14,$r13,0
    *bufp1 = temp;
30: 2600018c        ldptr.d         $r12,$r12,0
34: 2500018f        stptr.w         $r15,$r12,0
38: 4c000020        jirl            $r0,$r1,0
```

假定链接后 swap() 函数代码起始地址是 0x0000 0001 2000 06f4，根据符号引用关系，说明 swap.o 的 .text 节中需要进行重定位的符号名，对应的需重定位指令相对于 .text 节起始位置的位移，以及需进行重定位的字段位于对应指令中何处。

# 第 6 章 存储器层次结构

计算机采用"存储程序"工作方式,意味着在程序执行时所有指令和数据都从存储器中取出并执行。存储器是计算机系统中重要组成部分,相当于计算机中的"仓库",用来存放各类程序及处理的数据。计算机中所用的存储元件有多种类型,如触发器构成的寄存器、半导体静态 RAM 和动态 RAM、闪存和固态硬盘、磁盘、磁带和光盘等,它们各自有不同的速度、容量和价格,各类存储器按照层次化方式构成计算机存储系统。

本章主要介绍构成层次化存储结构的几类存储器的基本工作原理和组织形式,主要包括半导体随机存取存储器、磁盘存储器、闪存和固态硬盘等不同类型存储器的基本读写策略和组织结构、程序访问的局部性特点和存储器层次结构、高速缓冲存储器的实现等。

## 6.1 存储器概述

### 6.1.1 存储器的分类

存储元件必须具有两个截然不同的物理状态,才能被用来表示二进制编码 0 和 1。目前使用的存储元件主要有半导体器件、磁性材料和光介质。用半导体器件构成的存储器称为半导体存储器;磁性材料存储器主要是磁表面存储器,如磁盘和磁带;光介质存储器称为光盘存储器。

**随机存取存储器**(random access memory,RAM)的特点是通过对地址译码来访问存储单元,因为每个地址译码时间相同,所以在不考虑芯片内部缓冲的前提下,访问任意单元的时间均相同。不过,现在动态 RAM(dynamic RAM,**DRAM**)芯片内都具有行缓冲,若待访问数据已经在行缓冲,则可缩短访问时间。半导体存储器属于随机存取存储器。

存储器按信息的可更改性分为**读写存储器**(read/write memory)和**只读存储器**(read-only memory,ROM)。读写存储器中的信息可以读出和写入,RAM 芯片是一种读写存储器;ROM 芯片中的信息一旦确定,通常情况下只读不写,但在某些情况下也可重新写入。RAM 芯片和 ROM 芯片都采用随机存取方式读写信息。

在 ISA 定义的编程模型中,指令访问的是主存,一般由 DRAM 芯片组成。**高速缓存**(cache)由静态 RAM(Static RAM,**SRAM**)组成,位于主存和 CPU 之间,存取速度接近 CPU 工作速度,用来存放 CPU 经常使用的指令和数据。

存储器按断电后信息的可保存性分为非易失性(不挥发)存储器(non-volatile memory)和易失性(挥发)存储器(volatile memory)。**非易失性存储器**中的信息可一直保留,无须电源维持,如 ROM、磁表面存储器、光存储器等。**易失性存储器**在电源关闭时信息自动丢失,如

DRAM 和 cache。

　　CPU 执行指令时给出的存储地址是主存地址(虚拟存储系统中,需要将指令给出的逻辑地址转换成主存地址)。因此,主存是存储器层次结构中的核心存储器,用来存放系统中运行的程序及其数据。系统运行时直接和主存交换信息的存储器称为**外部辅助存储器**,简称**辅存**或**外存**。磁盘相对于磁带和光盘速度更快,因此,目前大多用磁盘和固态硬盘作为辅存,辅存中的内容需要调入主存后才能被 CPU 访问。磁带和光盘容量大、速度慢,主要用于信息的备份和脱机存档,因此被用作**海量后备存储器**。

### 6.1.2 主存储器的组成和基本操作

　　图 6-1 中给出了主存储器(main memory,MM,简称主存或内存)的基本结构,由存储 0 或 1 的记忆单元(cell)构成的存储阵列是主存的核心部分。**记忆单元**也称**存储元**、**位元**,**存储阵列**(bank)也称**存储体**、**存储矩阵**。为了存取存储体中的信息,必须对存储单元编号,所编号码就是主存地址。对存储单元进行编号的方式称为**编址方式**(addressing mode)。**编址单位**(addressing unit)指具有相同地址的位元构成的一个单位,可以是一个字节(**按字节编址**)或一个字(**按字编址**)。大多数通用计算机都采用字节编址方式,即存储体内一个地址中有一个字节,图 6-1 所示的存储器每个单元中有 8 位数据,因此为字节编址方式。也有许多专用于科学计算的大型计算机采用 64 位编址,这是因为在科学计算中数据大多是 64 位浮点数。

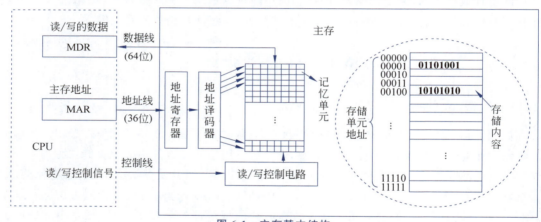

图 6-1　主存基本结构

　　图 6-1 中连接到主存的数据线有 64 位,在字节编址方式下,每次最多可存取 8 个主存单元。地址线位数决定了主存地址空间的最大可寻址范围,如 36 位地址的最大寻址范围为 $0 \sim 2^{36}-1$,地址从 0 开始编号。

　　图 6-1 为主存基本结构及其与 CPU 连接的示意图,图中的存储器数据寄存器(memory data register,**MDR**)和存储器地址寄存器(memory address register,**MAR**)属于 CPU 中的**总线接口部件**。实际上,CPU 并非与主存芯片直接交互,而是先与**主存控制器**(memory controller)交互,再由主存控制器来控制主存芯片进行读写。现代处理器一般采用 DRAM 作为主存,因此主存控制器也称 **DRAM 控制器**。

　　CPU 通过访存指令访问主存一般经历以下过程：①若 CPU 支持虚拟存储器,则需要将指令给出的虚拟(逻辑)地址转换成主存(物理)地址。②通过主存地址查询 cache,若主存地址的内容已在 cache 中,则直接访问 cache 中的内容;若主存地址的内容不在 cache,则通过系统总线向 DRAM 控制器发送访存请求事务,具体将通过地址线发送主存地址,通过控制线发送读/写信号及其他控制信息;若为写操作,则还需要通过数据线发送写入数据。③DRAM 控制器接收到访存请求事务后,根据控制线上的信号将该访存请求事务转换为与 DRAM 芯片通信的存储器总线请求,具体包括 DRAM 芯片内部地址和 DRAM 芯片的命令;若为写操作,则还包括写入数据。④DRAM 芯片通过地址译码器对 DRAM 芯片内部地址进行译码,并根据命令访问选中的存储单元;若为写操作,则将数据写入选中的存储单元;若为读操作,则读出选中存储单元的内容,并通过存储器总线返回给 DRAM 控制器。⑤DRAM 控制器向 cache 返回系统总线请求事务的回复;若为读操作,则同时返回从 DRAM 芯片读出的数据。⑥cache 根据系统总线请求事务的回复更新缓存内容;若为读操作,则向 CPU 返回读出的数据。

有关 DRAM 芯片的内容参见 6.2.2 节,有关主存控制器的内容参见 6.2.6 节,有关 cache 的内容参见 6.4 节,有关虚拟存储器的内容参见第 7 章,有关系统总线的内容参见 9.4.2 节。

## 6.1.3 层次化存储结构

**存储器容量**指存储器能存放的二进制位数或字节数。存储器的访问时间也称**存取时间**(access time),指访问一次数据所用时间。存储器容量和访问时间应能随处理器速度的提高而同步提高,以保持系统性能的平衡。然而,随着时间的推移,处理器和存储器的性能差异越来越大。为了弥补两者之间的性能差距,通常在计算机系统中采用层次化存储器结构。

一种元件制造的存储器很难同时满足大容量、高速度和低成本的要求。例如,半导体存储器的存取速度快,但是难以构成大容量存储器。而大容量、低成本的磁表面存储器的存取速度又远低于半导体存储器,并且难以实现随机存取。因此,计算机系统通常把不同容量和不同存取速度的各种存储器按一定的结构有机结合,形成层次化存储结构,使整个存储系统在速度、容量和价格等方面达到较好的综合指标。图 6-2 是层次化存储结构。

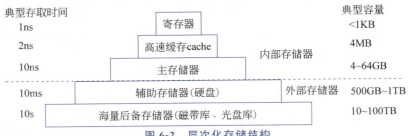

图 6-2 层次化存储结构

图 6-2 中给出的典型存取时间和典型容量会随存储技术迭代变化,但这些数据仍然能反映出速度和容量之间的关系,以及层次化存储结构的构成思想。速度越快则容量越小、位置越靠近 CPU。CPU 可以直接访问内部存储器,而外部存储器的信息则要先取到主存后才能被 CPU 访问。

在层次结构存储系统中,数据只在相邻两层之间传送,读数据时总是从慢速存储器按固定单位传送到快速存储器,且靠近 CPU 的相邻层之间传送单位小,远离 CPU 的相邻层之间传送单位更大。例如,在高速缓存和主存之间传送的**主存块**(block)大小通常为几十字节;而在主存与硬盘之间传送的**页**(page)大小通常为几千字节以上。

在层次化存储结构的模型中,CPU 需要访问存储器时,先访问 cache,若数据不在 cache,再访问主存,若数据不在主存,则访问硬盘。此时,硬盘读出数据送到主存,然后主存将数据送到 cache。

因为程序访问的局部性特点，使得当前访问单元所在的一块信息（如主存块）从慢速存储器装入快速存储器后的一段时间内，CPU 总能在快速存储器中访问到需要的信息，而无须访问慢速存储器，从而提升 CPU 执行程序的性能。因此，层次结构存储系统可以在速度、容量和价格方面达到较好的综合指标。

### 6.1.4　程序访问的局部性

对大量典型程序运行结果分析表明，在较短时间间隔内，程序产生的访存地址往往集中一个很小的范围，这种现象称为**程序访问的局部性**，包括时间局部性和空间局部性。**时间局部性**指被访问的存储单元在较短时间内很可能被重复访问，**空间局部性**指被访问的存储单元的邻近单元在较短时间内很可能被访问。

程序访问局部性的原因不难理解。因为程序由指令和数据组成，指令在主存连续存放，循环程序段或子程序段常被重复执行，因此，指令的访问具有明显的局部化特性；而数据在主存中也是连续存放的，如数组元素常被按顺序重复访问，因此，数据也具有明显的局部化特征。

例如，对于以下 C 语言程序段。

```
1    sum = 0;
2    for (i = 0; i < n; i++)
3        sum += a[i];
4    * v = sum;
```

对应的目标代码可由以下 10 条指令组成。

```
I0              sum ← 0
I1              ap ← A              ;A 是数组 a 的起始地址
I2              i ← 0
I3              if (i >= n) goto done
I4    loop:     t ← (ap)            ;数组元素 a[i]的值
I5              sum ← sum + t       ;累加值在 sum 中
I6              ap ← ap + 4         ;计算下一个数组元素的地址
I7              i ← i + 1
I8              if (i < n) goto loop
I9    done:     V ← sum             ;累加结果保存至地址 V
```

上述目标代码描述中的 sum、ap、i、n 和 t 均为通用寄存器，A 和 V 为主存地址。假定每条指令占 4B，每个数组元素占 4B，主存按字节编址，指令和数组首地址分别为 0x0FC 和 0x400，则指令和数组元素的存放情况如图 6-3 所示。

从图 6-3 可看出，在程序执行过程中，首先指令按 I0～I3 的顺序执行，然后，指令 I4～I8 按顺序被循环执行 $n$ 次。只要 $n$ 足够大，程序将在一段时间内一直在该局部区域内执行。对于指令访问来说，程序对主存的访问过程为 0x0FC(I0)→0x108(I3)→ 0x10C(I4) → 0x11C(I8)→0x120(I9)，体现了时间局部性和空间局部性。

上述程序在指令 I4 中访问数组，数组下标每次加 4，按每次 4 字节连续访问主存。因为数组在主存中连续存放，所以该程序对数据的访问过程为 0x400→0x404→0x408→

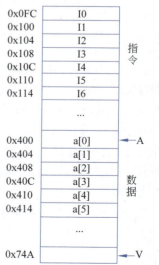

图 6-3　指令和数组在主存的存放

0x40C→…。由此可见,程序将在一段时间内连续访问该局部区域中的数据,体现了空间局部性。

为了更好地利用程序访问的局部性,通常把当前访问单元及邻近单元作为一个主存块一起调入 cache。主存块的大小及程序对数组元素的访问顺序等都对程序的性能有一定影响。

**例 6-1** 假定数组元素按行优先存放,以下两段伪代码程序段 A 和 B 中:①对于数组 a 的访问,哪一个空间局部性更好?哪一个时间局部性更好?②两个程序段中,变量 sum 的空间局部性和时间局部性各如何?③对于指令访问来说,for 循环体的空间局部性和时间局部性如何?

程序段 A

```
1    int sum_array_rows(int a[M][N])
2    {
3        int i, j, sum=0;
4        for (i= 0; i<M; i++)
5            for (j=0; j<N; j++)
6                sum+=a[i][j];
7        return sum;
8    }
```

程序段 B

```
1    int sum_array_cols(int a[M][N])
2    {
3        int i, j, sum=0;
4        for (j=0; j<N; j++)
5            for (i=0; i<M; i++)
6                sum+=a[i][j];
7        return sum;
8    }
```

**解**:假定 M、N 为 2048,主存按字节编址,指令和数据在主存的存放情况如图 6-4 所示。

① 对于数组 a,程序段 A 和 B 的空间局部性相差较大。A 对数组 a 的访问顺序为 a[0][0], a[0][1],…, a[0][2047]; a[1][0], a[1][1],…,a[1][2047];…,访问顺序与存放顺序一致,故空间局部性好。B 对数组 a 的访问顺序为 a[0][0], a[1][0],…, a[2047][0]; a[0][1], a[1][1],…,a[2047][1];…,访问顺序与存放顺序不一致,每次访问都要跳过 2048 个元素,即 8192 个主存单元,因而没有空间局部性。

时间局部性在程序 A 和 B 中都差,因为每个数组元素都只被访问一次。

② 对于变量 sum,在程序段 A 和 B 中的访问局部性一样。空间局部性对单个变量来说没有意义;而时间局部性在 A 和 B 中都较好,因为 sum 变量在 A 和 B 的每次循环中都要被访问。不过,通常编译器都将其分配在寄存器中,循环执行时只要取寄存器内容进行运算,最后再把寄存器的值写回到存储单元中。

③ 对于 for 循环体,程序段 A 和 B 中的访问局部性一样。

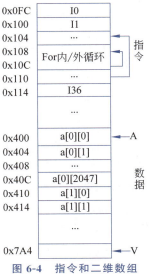

图 6-4 指令和二维数组在主存的存放

因为循环体内指令按序连续存放,所以空间局部性好;内循环体被连续重复执行 2048×2048 次,因此时间局部性也好。

从上述分析可看出,虽然程序 A 和 B 的功能相同,但因为内、外两重循环的顺序不同而导致两者访问数组 a 的空间局部性相差较大,从而导致执行时间也相差较大。在 2GHz Pentium 4 上执行这两个程序(M=N=2048),程序 A 只需要 59 393 288 个时钟周期,而 B 则需要 1 277 877 876 个时钟周期,程序 A 比程序 B 快约 21.5 倍。

## 6.2 半导体随机存取存储器

半导体读写存储器习惯上称为 RAM,具有体积小、存取速度快等优点,因而适合作为内部存储器。按工艺不同可将半导体 RAM 分为双极型 RAM 和 MOS 型 RAM 两大类,MOS 型 RAM 又分为**静态 RAM** 和**动态 RAM**。

### 6.2.1 基本存储元件

基本存储元件用来存储一位二进制信息,是存储器中最基本的记忆单元电路。下面介绍两种典型的分别用于 SRAM 芯片和 DRAM 芯片的存储元件。

#### 1. 六管静态 MOS 管存储元件

如图 6-5 所示,SRAM 芯片使用 6 个 MOS 管组成一个存储元件,其中一个反相器由两个 MOS 管构成。两个反相器反向连接构成 1 位锁存器,用于存储信息 Q,即,若 Q 点为高电平,则存储状态为 1,否则为 0。读写时需向门控管 $M_5$ 与 $M_6$ 加高电平使其导通,该元件的工作过程如下。

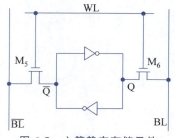

图 6-5 六管静态存储元件

(1) 信息的保持。字选择线 WL 加低电平时,$M_5$ 与 $M_6$ 截止,锁存器与外界隔离,保持原有信息不变。

(2) 读出。首先在两侧位线上加高电平,当字选择线 WL 上加高电平时,$M_5$ 与 $M_6$ 导通。由于锁存器两侧的电平相反,可通过在位线上检测电平变化来区分读出是 0 还是 1。

(3) 写入。当字选择线 WL 上加高电平时,$M_5$ 与 $M_6$ 导通。若要写 0,则在右侧位线 BL 上加低电平,使 Q 点电位下降,将 0 写入锁存器;同理,若要写 1,则在左侧位线上加低电平。

#### 2. 单管动态 MOS 管存储元件

DRAM 芯片中采用单管动态单元电路,动态 RAM 利用 MOS 管和电容 $C_s$ 保存信息,如图 6-6 所示。T 管为字选门控管,在信息保持状态下,T 管截止,存储元件中没有电流流动,因而可节省功耗。读写时需向 T 管栅极加高电平使其导通,具体读写过程如下。

(1) 读出。若原存 1,则 $C_s$ 上电荷通过 T 管在数据线上产生电流;若原存 0,则无电流,由此可区分读出是 0 还是 1。由于读出时 $C_s$ 上电荷放电,电位下降,因此是破坏性读出,读后应有重写操作,称为**再生**。

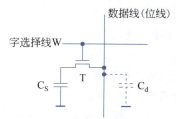

图 6-6 单管动态存储元件

(2) 写入。写 1 时,在数据线上加高电平,经 T 管对 $C_s$ 充电;写 0 则加低电平,使 $C_s$ 充分放电。

(3) 刷新(refresh)。由于电容 $C_S$ 上的电荷会缓慢放电,超过一定时间,就会丢失信息。因此必须定时给电容 $C_S$ 充电,这个过程称为**刷新**。

**3. 静态存储元件和动态存储元件的比较**

根据以上对 SRAM 元件和 DRAM 元件的介绍可看出:①SRAM 存储元件所用 MOS 管多,占硅片面积大,因而功耗大,集成度低;只要一直供电就能保持记忆状态不变,因此无须刷新;也不会因为读操作而改变状态,故无须读后再生;其存储原理可看作是对 SR 锁存器的读写过程,因而读写速度快。SRAM 价格较昂贵,适合做高速小容量的存储器,如 cache;②DRAM 存储元件所用 MOS 管少,占硅片面积小,因而功耗小,集成度很高;因为采用电容存储信息,会发生漏电,必须定时刷新;因为读操作会改变状态,所以需读后再生;其存储原理可看作是对电容充、放电的过程,读写速度相对 SRAM 元件要慢。相比于 SRAM,DRAM 价格较低,适合做慢速大容量的存储器,如主存。

## 6.2.2 DRAM 芯片

**1. 存储器芯片的内部结构**

如图 6-7 所示,存储器芯片由存储矩阵、I/O 电路、地址译码和控制电路等部分组成。

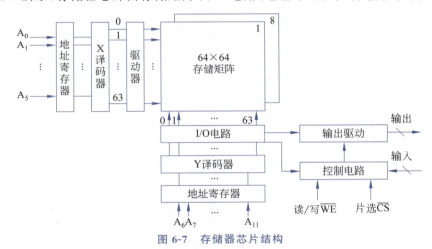

图 6-7 存储器芯片结构

(1) 存储矩阵(存储体)。存储矩阵是存储单元的集合。如图 6-7 所示,4096 个存储单元被排成 64×64 的存储阵列,称为**位平面**,8 个位平面可构成 4096 字节的存储体。

(2) 地址译码器。用来将地址转换为译码输出线上的高电平,以便驱动相应的读写电路。地址译码有一维译码和二维译码两种方式。**一维方式**也称**线选法**或**单译码法**,适用于小容量的**静态存储器**;**二维方式**也称**重合法**或**双译码法**,适用于容量较大的**动态存储器**。

在单译码方式下,只有一个行地址译码器,同一行中所有存储单元的字线连在一起,接到地址译码器的输出端,此时被选中行中的各单元构成一个字,可被同时读出或写入,这种结构的存储器芯片称为**字片式芯片**。地址位数 $n$ 较大时,地址译码器输出线较多。例如,$n=12$ 时需要 4096 根译码输出线(字选择线),因此此结构不适合在大容量的动态存储器芯片中采用。

动态存储器芯片大多采用**双译码结构**,分为行、列方向两个地址译码器。图 6-7 采用的就是二维双译码结构,X 译码器和 Y 译码器分别为行、列方向地址译码器,其存储阵列组织如图 6-8 所示。

图中存储阵列有 4096 个单元,需要 12 根地址线 $A_0 \sim A_{11}$,其中,$A_0 \sim A_5$ 送 X 地址译码

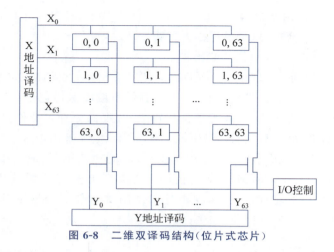

图 6-8 二维双译码结构(位片式芯片)

器,有 64 条译码输出线 $X_0 \sim X_{63}$,各连接存储矩阵中相应一行所有记忆单元的字选择线;$A_6 \sim A_{11}$ 送 Y 地址译码器,它也有 64 条译码输出线 $Y_0 \sim Y_{63}$,分别控制一列单元的位线控制门。假如 12 位地址为 $A_0A_1\cdots A_{11}=000001\ 000000$,则 X 地址译码器的译码输出线 $X_1$ 为高电平,与它相连的 64 个存储单元的字选择线为高电平。Y 地址译码器的译码输出线 $Y_0$ 为高电平。在 X、Y 译码的联合作用下,存储矩阵中坐标为(1,0)的单元被选中。

在选中的行和列交叉点上的单元只有一位,因此,采用二维双译码结构的存储器芯片称为**位片式芯片**。有些芯片的存储阵列采用三维结构,用多个位平面构成存储阵列,不同位平面在同一个坐标上的多位构成一个存储字,被同时读出或写入。

(3) 驱动器。在双译码结构中,一条 X 方向的选择线要控制在其上的各个存储单元的字选择线,负载较大,因此需要在译码器输出后加驱动器。

(4) I/O 控制电路。用于控制被选中单元的读出或写入,具有放大信息的作用。

(5) 片选控制信号。单个芯片容量太小,往往满足不了计算机对存储器容量的要求,因此需将一定数量的芯片按特定方式连接成一个完整的存储器。在访问某字时,必须选中该字所在芯片,而其他芯片不被选中。因而芯片上除地址线和数据线外,还应有**片选控制信号**。片选控制信号由 DRAM 控制器产生,选中要访问的存储字所在芯片。

(6) 读/写控制信号。根据读写命令,控制被选中存储单元进行读或写。

图 6-9 是典型的 $4M\times 4$ 位 DRAM 芯片示意图。DRAM 芯片容量较大,因而地址位数较多,为了减少芯片的地址引脚数,大多采用**地址引脚复用**技术,行地址和列地址通过相同的管脚分先后两次输入,这样地址引脚数可减少一半。

图 6-9(a)为芯片引脚图,共有 11 根地址引脚 $A_0 \sim A_{10}$,在行选通信号 $\overline{RAS}$ 和列选通信号 $\overline{CAS}$ 的控制下分时传送行、列地址,有 4 根数据引脚 $D_1 \sim D_4$,因此可同时读出 4 位,$\overline{WE}$ 为读写控制引脚,低电平时为写操作;$\overline{OE}$ 为输出使能驱动引脚,低电平有效,高电平时断开输出。

图 6-9(b)给出了芯片内部的逻辑结构图,存储阵列采用三维结构,容量为 $2048\times 2048\times 4$ 位,因此,行、列地址各 11 位,有 4 个位平面,坐标相同的 4 个位平面数据同时读写。

**2. DRAM 芯片的刷新**

为了避免 DRAM 存储元件中的电容漏电导致信息丢失,DRAM 芯片存储阵列中所有存储电容必须周期性地刷新。刷新按行进行,无须列寻址。由主存控制器给各芯片送行地址和

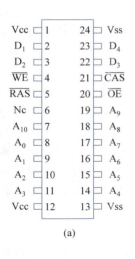
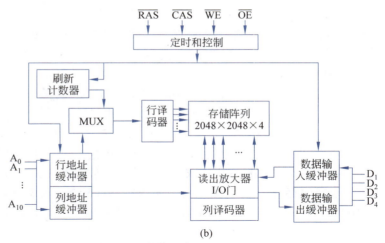

图 6-9  4M×4 位 DRAM 芯片示意图
(a)引脚图；(b)逻辑结构图

$\overline{\text{RAS}}$ 信号，选中芯片中一行的所有存储单元进行读后再生操作，即某单元读出是 0 则充分放电，读出是 1 则进行充电。一次可刷新一行的所有存储单元。例如，对于图 6-9 中芯片组成的存储器，其存储体为 2048×2048×4 结构，因此只要 2048 次刷新就可将整个存储器刷新一遍。

## 6.2.3  SDRAM 芯片技术

目前主存常用基于 **SDRAM**（synchronous DRAM）芯片技术的内存条，包括 DDR SDRAM、DDR2 SDRAM、DDR3 SDRAM、DDR4 SDRAM 和 DDR5 SDRAM 等。SDRAM 是一种与当年 Intel 推出的芯片组中北桥芯片的存储器总线同步运行的 DRAM 芯片，称为**同步 DRAM**。

### 1. SDRAM 芯片技术

SDRAM 芯片在 1992 年发售，其工作方式与之前的 DRAM 有很大不同。在 20 世纪 70 年代中期，DRAM 芯片与 DRAM 控制器之间采用异步通信方式交换数据，DRAM 控制器发出地址和控制信号后，经过一段延迟时间数据才读出或写入。DRAM 控制器发出的控制信号会直接驱动 DRAM 芯片内部的电路，但异步通信方式意味着这些信号可能会在任意时刻到达 DRAM 芯片的引脚，为了保证时序的正确性，DRAM 芯片的最高频率不宜过高。随着 CPU 主频的提升，异步 DRAM 的缺点越来越明显。SDRAM 芯片则不同，与 DRAM 控制器之间采用同步方式交换数据，其读写受存储器总线时钟控制，因此信号到达 DRAM 芯片引脚的时刻是可预测的，从而可以实现频率更高的 SDRAM 芯片。

SDRAM 芯片的每一步操作都在外部存储器总线时钟的控制下进行，支持以下**突发传输**（burst）方式：SDRAM 控制器只要在第一次存取时给出首地址，SDRAM 芯片内部的一个列地址计数器会在每次访问数据后自动递增，因而无须发送后续地址即可连续快速地访问存储体中的一连串数据。内部的模式寄存器可用于设置传送数据长度和从收到读命令（与 $\overline{\text{CAS}}$ 信号同时发出）到开始传送数据的延迟时间等，前者称为**突发长度**（Burst Lengths，BL），后者称为 **CAS 潜伏期**（CAS Latency，CL）。根据所设定的 BL 和 CL，SDRAM 控制器可以确定何时开始从存储器总线上取数以及连续取多少个数据。

在 SDRAM 芯片中，有一个由锁存器构成的**行缓冲**（row buffer），位于同一行的所有数据都被送到行缓冲中。如果存储器总线所需访问的数据已经在行缓冲中，则可以直接访问行缓冲,无须访问存储体,体现了程序访存的时间局部性。此外,由于行缓冲存放了同一行的数据,这些数据的主存地址连续,因此后续可从行缓冲快速读出主存地址相邻的数据,体现了程序访存的空间局部性。

**2. DDR SDRAM 芯片技术**

双倍数据速率(Double Data Rate,DDR)SDRAM 芯片在 1998 年发售,它改进了标准 SDRAM 的设计,通过芯片内部的预取缓冲区提供的双字预取功能,并利用存储器总线上时钟信号的上升沿与下降沿,实现一个时钟内传送两个存储字的功能。例如,采用 DDR SDRAM 技术的 PC3200(DDR400)存储器芯片内时钟频率为 200MHz,意味着存储器总线的时钟频率也为 200MHz,而存储器总线的数据线位宽为 64,即每次传送 64 位,因而 PC3200(DDR400)芯片所连接的存储器总线<u>最大数据传输率</u>(即<u>带宽</u>)为 200MHz×2×64b/8=3.2GB/s。PC2100(DDR266)芯片对应的带宽为 133MHz×2×64b/8=2.1GB/s。

**3. DDR2 SDRAM 芯片技术**

DDR2 SDRAM 芯片在 2003 年发售,它采用与 DDR 类似的技术,利用芯片内部的预取缓冲区可以进行 4 字预取,同时通过改进接口电气特性、简化存储器总线协议等技术,使存储器总线的时钟频率达到存储器芯片内部时钟频率的 2 倍。例如,采用 DDR2 SDRAM 技术的 PC2-3200(DDR2-400)存储器芯片内部时钟频率为 200MHz,意味着存储器总线的时钟频率为 400MHz,存储器总线在每个时钟周期内传送两次数据,若每次传送 64 位,则存储器总线的带宽为 200MHz×4×64b/8=400MHz×2×64b/8=6.4GB/s。

**4. DDR3 SDRAM 芯片技术**

DDR3 SDRAM 芯片在 2007 年发售,其内部的预取 I/O 缓冲区可以进行 8 字预取,同时进一步优化了存储器总线的时钟频率,达到存储器芯片内部时钟频率的 4 倍。如果存储器芯片内部时钟频率为 200MHz,意味着存储器总线的时钟频率为 800MHz,存储器总线在每个时钟周期内传送两次数据,若每次传送 64 位,则存储器总线的带宽为 200MHz×8×64b/8=800MHz×2×64b/8=12.8GB/s。

**5. DDR4 SDRAM 芯片技术**

DDR4 SDRAM 芯片在 2014 年发售,它没有进一步增加预取宽度,而是通过提升存储器芯片内部时钟频率来提升带宽。如果存储器芯片内部时钟频率为 400MHz,意味着存储器总线的时钟频率为 1600MHz,存储器总线在每个时钟内传送两次数据,若每次传送 64 位,则存储器总线的带宽为 400MHz×8×64b/8=1600MHz×2×64b/8=25.6GB/s。

**6. DDR5 SDRAM 芯片技术**

DDR5 SDRAM 芯片在 2020 年发售,它采用了判决反馈均衡技术提升了芯片接口的速度,使存储器总线的时钟频率达到存储器芯片内部时钟频率的 8 倍。如果存储器芯片内部时钟频率为 400MHz,意味着存储器总线的时钟频率为 3200MHz,存储器总线在每个时钟周期内传送两次数据,若每次传送 64 位,则存储器总线的带宽为 400MHz×16×64b/8=3200MHz×2×64b/8=51.2GB/s。

### 6.2.4 内存条及其与 CPU 的连接

主存芯片与 CPU 之间的连接如图 6-10 所示。CPU 通过总线接口部件与系统总线[*]相

---

[*] 国内教材中系统总线通常指连接 CPU、存储器和各种 I/O 模块等主要部件的总线统称,而 Intel 公司推出的芯片组中,对系统总线赋予了特定的含义,特指 CPU 连接到北桥芯片的总线,也称处理器总线或前端总线(front side bus,FSB)。

连,然后再通过主存控制器(包含在 I/O 桥接器中)和存储器总线连接到主存芯片。

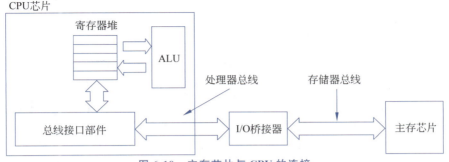

图 6-10 主存芯片与 CPU 的连接

**总线**是连接其上各部件的共享传输介质,通常系统总线由控制线、数据线和地址线构成。计算机中各部件之间通过总线相连,例如,主存控制器一方面通过处理器总线与 CPU 相连,另一方面通过存储器总线与主存芯片相连。在 CPU 和主存之间通信时,CPU 通过总线接口部件把地址信息和总线控制信息分别送到地址线和控制线,数据则通过数据线传输。

受集成度和功耗等因素的限制,单个芯片的容量不可能很大,往往通过存储器芯片扩展技术将多个芯片集成在**内存条**(也称**主存模块**,一种特殊的电路板)上,然后由多个内存条及主板或扩展板上的 RAM 芯片和 ROM 芯片组成一台计算机所需的主存空间,再通过系统总线和 CPU 相连,如图 6-11 所示。图 6-11(a)是内存条示意图,图 6-11(b)是内存条插槽(slot)示意图,图 6-11(c)是主存控制器、存储器总线、内存条和 DRAM 芯片之间的连接关系示意图。

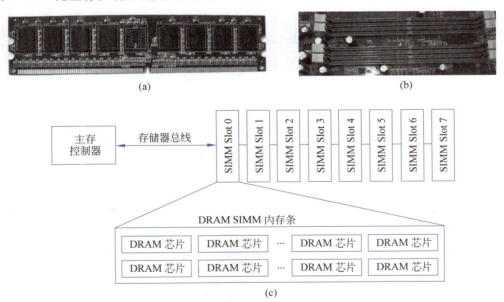

图 6-11 DRAM 芯片在系统中的位置及其连接关系
(a)内存条示意图;(b)内存条插槽示意图;(c) 主存控制器、存储器总线、内存条和 DRAM 芯片之间的连接

**内存条插槽**就是存储器总线,内存条中的信息通过内存条的引脚及插槽内的引线连接到主板上,再通过主板上的导线连接到位于北桥芯片内或 CPU 芯片内的主存控制器。现在的计算机支持多条存储器总线同时传输数据,支持两条总线同时传输的内存条插槽为**双通道内存插槽**,还有三通道、四通道内存插槽,其总线传输带宽可以分别提高到单通道的 2 倍、3 倍和

4倍。例如,图 6-11(b)所示为双通道内存插槽,相同颜色的插槽可以并行传输,如果只有两个内存条,则应该插在两个相同颜色的插槽上,其传输带宽可以增大一倍。

### 6.2.5 存储器芯片的扩展

若干存储器芯片构成一个容量更大的存储器时,需要在字方向和位方向上进行扩展。

(1) 位扩展。用若干片字长较短的存储器芯片构成给定字长的存储器时,需要进行**位扩展**。例如,用 8 片 4096×1 位的芯片构成 4K×8 位的存储器,需要在位方向上扩展 8 倍,而字方向上无须扩展。位扩展时,存储器总线上的地址线及读写控制线连接到各存储器芯片。

(2) 字扩展。**字扩展**是容量的扩充,字长不变。例如,用 16K×8 位的存储器芯片在字方向上扩展 4 倍,可构成一个 64K×8 位的存储器。字扩展时,地址需要分两部分处理,高位部分用于通过地址译码器生成存储芯片的片选信号,低位部分则连同读写控制线和数据线通过存储器总线连接到各存储器芯片。

(3) 字、位同时扩展。当芯片在容量和字长都不满足存储器要求的情况下,需要对字和位同时扩展。例如,用 16K×4 位的存储器芯片在字方向上扩展 4 倍、位方向上扩展 2 倍,可构成一个 64K×8 位的存储器。

图 6-12 为 8 个 16M×8 位的 DRAM 芯片扩展构成的 128MB 内存条。每片 DRAM 芯片中有一个 4096×4096×8 位的存储阵列,其行、列地址各 12 位,有 8 个位平面。

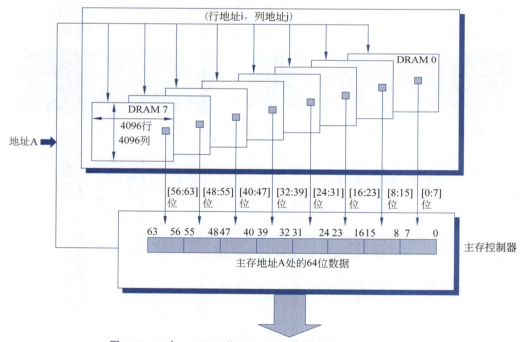

图 6-12 8 个 16M×8 位 DRAM 芯片构成的 128MB 内存条

内存条通过存储器总线连接到主存控制器,CPU 通过主存控制器对内存条中的 DRAM 芯片进行读写,CPU 读写的存储单元地址通过系统总线送到主存控制器,然后由主存控制器将存储单元地址转换为 DRAM 芯片的行地址 $i$ 和列地址 $j$,分别在行地址选通信号和列地址选通信号的控制下,通过 DRAM 芯片的地址引脚,分时送到 DRAM 芯片内部的行地址译码器和列地址译码器,以选择坐标 $(i,j)$ 处的 8 位数据同时读写,8 个芯片可同时读取 64 位,通过存储器总线将 64 位数据返回给主存控制器，再由主存控制器通过系统总线将该数据返回给 CPU。

在图 6-12 所示的存储器结构中，同时读出的 64 位数据在所有存储器芯片中具有相同的行地址和列地址。因此，若程序访问的数据不对齐，则会降低 CPU 访问存储器的性能。例如，假设程序访问的一个 int 型数据起始地址为 6，则 4 个字节分别在第 6、第 7、第 8、第 9 这 4 个主存单元中，若系统总线或主存控制器不支持不对齐访问，则 CPU 需要分两次访问存储器；即使系统总线和主存控制器都支持不对齐访问，但由于后两个存储单元的列地址比前两个存储单元的列地址大 1，因此主存控制器也需要分两次访问存储器芯片。若 int 型数据地址对齐，即起始地址是 4 的倍数，则 CPU 只要访问一次主存控制器，主存控制器也只要访问一次存储器芯片。

若一个 $2^n \times b$ 位 DRAM 芯片的存储阵列是 $r$ 行 $\times c$ 列，则该芯片容量为 $2^n \times b$ 位且 $2^n = r \times c$，芯片内的地址位数为 $n$，其中行地址位数为 $\log_2 r$，列地址位数为 $\log_2 c$，$n$ 位地址中高位部分为行地址，低位部分为列地址。为提高 DRAM 芯片的性价比，通常设置的 $r$ 和 $c$ 满足 $r \leq c$ 且 $|r-c|$ 最小。例如，对于 $2^{13} \times 8$ 位 DRAM 芯片，其存储阵列设置为 $2^6$ 行 $\times 2^7$ 列，因此行地址和列地址的位数分别为 6 位和 7 位，13 位芯片内地址 $A_{12}A_{11}\cdots A_1 A_0$ 中，行地址为 $A_{12}A_{11}\cdots A_7$，列地址为 $A_6 \cdots A_1 A_0$。

图 6-13 是 DRAM 芯片内部结构示意图。假定芯片容量为 $16 \times 8$ 位，按字节编址，则存储阵列为 4 行 $\times$ 4 列，芯片地址引脚采用复用方式，故仅需 2 根地址引脚，在 RAS 和 CAS 的控制下分时传送 2 位行地址和 2 位列地址。每个地址中有 8 位数据同时读写，故需 8 根数据引脚。每个芯片内部有一个**行缓冲**（row buffer），用来缓存当前选中行中每一列数据。

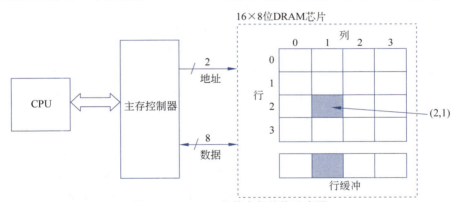

图 6-13 DRAM 芯片内部结构示意图

在如图 6-13 所示的 DRAM 芯片中，读取芯片内地址为 9（1001B）处数据的过程如下：首先，主存控制器根据 CPU 送来的主存地址生成片选信号，以选中该芯片；然后，在行选通信号 RAS 有效时，将行地址 2（10B）送到行译码器，以选中第 2 行，此时，第 2 行数据被送到芯片内的行缓冲中；最后，主存控制器在列选通信号 CAS 有效时，将列地址 1（01B）送到列译码器以选中第 1 列，此时，将行缓冲中第 1 列的 8 位数据送到数据线，再由主存控制器将这 8 位数据继续向 CPU 传送。

## 6.2.6 主存控制器

主存控制器是一个数字电路部件，一侧连接系统总线，接收来自 CPU 的访存请求，另一侧连接存储器总线，向存储器芯片发送命令进行读写和刷新。主存控制器的主要工作如下。

（1）事务调度。主存控制器可能会通过系统总线收到来自多个 CPU 甚至是外设的访存请求，通常根据优先级决定先处理哪些请求。

（2）地址转换。从系统总线上收到的访存请求中，其地址是物理地址，主存控制器需要根据存储器芯片的组织结构将物理地址划分成对应的行地址、列地址等字段，并根据地址高位生成片选信号，用于控制采用字扩展方案组织的多个存储器芯片。

（3）命令调度。将系统总线中控制线的信号转换为发往存储器芯片的命令序列，并将其放入命令队列中。一些复杂的主存控制器为了提升性能，会对命令队列中的命令进行调度，例如，可以通过对命令重排序让访问相同行的命令依次执行，借助存储器芯片中的 I/O 控制电路快速读出同一行中不同列的数据；也可以将访问同一行相邻列的若干命令合并成一个突发传输命令，进一步降低访问的延迟。

（4）访问存储器芯片。根据存储器总线协议，将命令队列中的命令转换为相应的信号，并通过状态机将这些信号通过存储器总线输出到存储器芯片的引脚，从而控制存储器芯片访问目标存储单元的数据。

（5）定时刷新。主存控制器还会根据存储器芯片的电气参数计算出刷新间隔，并根据刷新间隔维护一个刷新计数器。当刷新计数器计数完毕时，主存控制器将会向存储器芯片发送刷新命令，以保证存储体中存放的数据不会因电容漏电而丢失。

因此，主存控制器为 CPU 屏蔽了存储器芯片的实现细节，包括组织方式、命令格式、电气特性等。无论计算机采用何种型号的内存条，内存条存储器芯片采用何种芯片技术，CPU 只需向主存控制器发送正确的总线事务请求，即可访问目标存储单元的数据。

## 6.3 外部存储器

**外部存储器**不能和 CPU 直接交换信息。所有外部存储器都是非易失性的，保存的信息不会在电源掉电时丢失。目前常用的外部存储器主要包括磁盘存储器、U 盘和固态硬盘。

### 6.3.1 磁盘存储器的结构

磁盘存储器主要由磁记录介质、磁盘驱动器、磁盘控制器三大部分组成。

图 6-14 是磁盘驱动器的物理组成。**磁盘驱动器**主要由多张磁盘片、主轴、主轴电机、移动臂、磁头和控制电路等部分组成，通过在接口插座上的电缆与**磁盘控制器**连接。每个盘片的两个面各有一个磁头，因此，**磁头号**就是**盘面号**。磁头和盘片相对运动形成的圆，构成一个**磁道**（track），磁头位于不同的半径上，则得到不同的磁道。多个盘面上半径相同的磁道形成一个**柱面**（cylinder），所以，**磁道号**就是**柱面号**。信息存储在每个盘面的磁道上，每个磁道被分成若干**扇区**（sector），磁盘以扇区为单位进行读写。

磁记录介质上的数据记录格式分定长记录格式和不定长记录格式两种。最早的磁盘由 IBM 公司开发，称为**温切斯特磁盘**，简称**温盘**，它是几乎所有现代磁盘产品的原型。图 6-15 是温切斯特磁盘的磁道格式，它采用定长记录格式。

在温彻斯特磁盘中，每个磁道由若干扇区（扇段）组成，每个扇区记录一个数据块，由头空（间隙 1）、ID 域、间隙 2、数据域和尾空（间隙 3）组成。头空占 17B，用全 1 表示，磁盘转过该区域的时间用于留给磁盘控制器作准备；ID 域由同步字节、磁道号、磁头号、扇段号和 CRC 码组

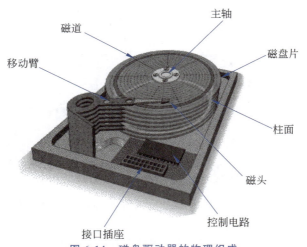

图 6-14 磁盘驱动器的物理组成

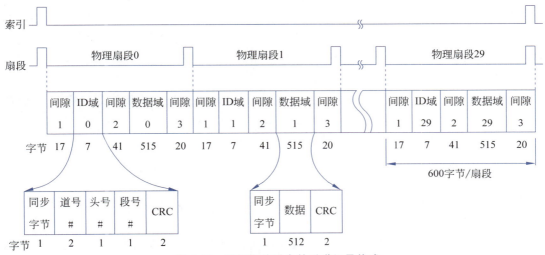

图 6-15 温切斯特磁盘的磁道记录格式

成,同步字节用于标识 ID 域的开始;数据域占 515B,由同步字节、数据和 CRC 码组成,其中真正的数据区占 512B;尾空位于数据域的 CRC 码后,占 20B,用全 1 表示。

图 6-16 所示是磁盘驱动器的内部逻辑结构。磁盘驱动器根据磁盘地址(柱面号、磁头号、扇区号)读写目标磁道中的指定扇区。

磁盘驱动器的操作可分为寻道、旋转等待和读写三个步骤。

(1) 寻道。磁盘控制器把磁盘地址送到磁盘驱动器的磁盘地址寄存器后,便生成寻道命令启动磁头定位伺服系统,该系统根据磁盘地址中的柱面号和磁头号,将磁头移动到指定的磁道,并选择相应的读写磁头。此操作完成后,向磁盘控制器发送"寻道结束"信号,并转入旋转等待步骤。

(2) 旋转等待。扇区计数器在盘片旋转开始前清零,并在收到一个扇区标志脉冲时加 1。磁盘驱动器检查计数值与磁盘地址寄存器中的扇区号是否一致,若是,则向磁盘控制器发送"扇区符合"信号,说明目标扇区已经转到磁头下方。

(3) 读写。收到"扇区符合"信号后,磁盘控制器将启动读写控制电路。若是写操作,则将

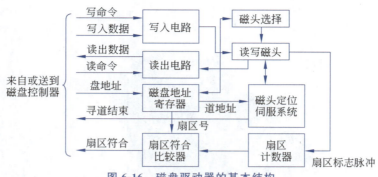

图 6-16 磁盘驱动器的基本结构

数据送到写入电路,写入电路根据记录方式生成相应的写电流脉冲;若是读操作,则由读出放大电路读出内容送磁盘控制器。

磁盘控制器是 CPU 与磁盘驱动器之间的接口,其中的内置固件能将 CPU 送来的请求**逻辑块号**转换为**磁盘地址**(柱面号、磁头号、扇区号),并控制磁盘驱动器工作。

通常磁盘控制器位于主板上的芯片中,因而磁盘控制器直接和主板上的 I/O 总线相连,I/O 总线与其他系统总线(如处理器总线、存储器总线)之间用桥接器连接。磁盘驱动器与磁盘控制器之间有多种接口,一般文件服务器使用 SCSI 接口,而早期的 PC 多使用并行 ATA(IDE)接口,目前大多使用串行 ATA(SATA)接口。

磁盘与 CPU 交换数据的最小单位是一个扇区,因此磁盘总是按**成批数据交换**方式访问,这种高速成批数据交换设备采用**直接存储器存取**(Direct Memory Access,**DMA**)方式传输数据。有关 DMA 方式的实现参见 9.3.2 节。

### 6.3.2 磁盘存储器的性能指标

磁盘存储器的性能指标包括记录密度、存储容量、数据传输速率和平均存取时间等。

**1. 记录密度**

记录密度可用道密度和位密度表示。**道密度**指在沿磁道分布方向上单位长度内的磁道数。**位密度**指在沿磁道方向上单位长度内存放的二进制信息量。采用低密度存储方式时,所有磁道的扇区数、位数相同,因而内道的位密度比外道高;采用高密度存储方式时,每个磁道的位密度相同,因而外道的扇区数比内道多。高密度磁盘的容量比低密度磁盘高得多。

**2. 存储容量**

存储容量指整个存储器存放的二进制信息量,它与磁表面大小和记录密度密切相关。磁盘的未格式化容量指按道密度和位密度计算出来的容量,它包括头空、ID 域、CRC 码等信息,是可使用的所有磁化单元总数。格式化后的实际容量只包含数据区,故小于未格式化容量。通常,记录面数为盘片数的两倍。若按每扇区 512B 大小算,则磁盘实际数据容量(格式化容量)的计算公式如下:

$$磁盘实际数据容量 = 2 \times 盘片数 \times 磁道数/面 \times 扇区数/磁道 \times 512B/扇区$$

早期扇区大小一直是 512B,目前通常使用更大、更高效的 4096B 扇区。注意,关于磁盘容量和文件大小的计量单位,不同的磁盘制造商和操作系统所指的含义不同。

**3. 数据传输速率**

**数据传输速率**(data transfer rate)指磁盘存储器完成磁头定位和旋转等待后,单位时间内读写存储介质的二进制信息量。为区别外部数据传输率,通常称为**内部传输速率**(internal transfer rate),也称**持续传输速率**(sustained transfer rate)。**外部传输速率**(external transfer rate)指 CPU 中的外设控制接口读写外存储器缓存的速度,由外设采用的接口类型决定,也称**突发数据传输速率**(burst data transfer rate)或**接口传输速率**。

### 4. 平均存取时间

磁盘响应读写请求的过程如下:首先将读写请求放入队列中排队,出队列后由磁盘控制器解析请求命令,然后进行寻道、旋转等待和读写数据三个步骤。因此,总响应时间的计算公式如下。

$$响应时间 = 排队延迟 + 控制器时间 + 寻道时间 + 旋转等待时间 + 数据传输时间 \tag{6-1}$$

磁盘上的信息以扇区为单位进行读写,式(6-1)中后三个时间之和称为存取时间,存取时间的计算公式如下。

$$存取时间 = 寻道时间 + 旋转等待时间 + 数据传输时间 \tag{6-2}$$

**寻道时间**为磁头移动到指定磁道所需时间;**旋转等待时间**指指定扇区旋转到磁头下方所需时间;**数据传输时间**(transfer time)指传输一个扇区的时间(大约 0.01ms/扇区)。由于磁头原有位置与目标位置之间远近不一,故寻道时间和旋转等待时间只能取平均值。磁盘的平均寻道时间一般为 5~10ms,平均旋转等待时间取磁盘旋转一周所需时间的一半,为 4~6ms。假如磁盘转速为 6000r/min,则平均等待时间约为 5ms。因为数据传输时间相对于寻道时间和旋转等待时间来说非常短,所以磁盘的平均存取时间通常近似等于平均寻道时间和平均旋转等待时间之和。而且,磁盘读写第一位数据的延时非常长,相当于平均存取时间,而以后各位数据的读写则几乎没有延迟。

### *6.3.3 闪速存储器和 U 盘

计算机中有一些相对固定的信息,需要存放在 ROM 中,如系统启动时用到的基本输入输出系统(basic input/output system,BIOS)。早期的 BIOS 芯片通过烧录器写入,一旦安装在计算机主板中,便不能更改,除非更换芯片;而现在主板都用 Flash 存储器芯片来存储 BIOS,可在计算机中运行主板厂商提供的擦写程序进行擦除,再重新写入。

早期使用烧录器写入方式的只读存储器有掩膜 ROM(mask ROM,MROM)、可编程 ROM(programmable ROM,PROM)、可擦除可编程 ROM(erasable programmable ROM,EPROM)和电擦除可编程 ROM(electrically erasable programmable ROM,EEPROM)等类型。**MROM** 在芯片生产过程中制造,生产后不可编程,因此可靠性高,但生产周期长、不灵活;**PROM** 只能编程一次,不灵活;**EPROM** 可擦除可编程多次,但采用 MOS 工艺,且擦除时只能抹除所有信息,不灵活且速度慢;**EEPROM** 可以字为单位擦除,擦除次数可达数千次,且数据可保持 10~20 年。

**闪速存储器**也称**闪存**或 **Flash 存储器**,是一种非易失性读写存储器,兼有 RAM 和 ROM 的优点,且功耗低、集成度高,无须后备电源。这种器件沿用了 EPROM 的简单结构和浮栅/热电子注入的编程写入方式,又兼备 EEPROM 的可擦除特点,且可在计算机内进行擦除和编程写入,因此又称快擦型 EEPROM。目前广泛使用的 U 盘和存储卡等都属于闪存。

### 1. 闪存存储元

如图 6-17 所示是一个**闪存存储元**，每个存储元由单个 MOS 管组成，包括漏极 D、源极 S、控制栅和浮空栅。当控制栅加上足够的正电压时，浮空栅将储存大量电子，即带有许多负电荷，可将存储元的这种状态定义为 0；当控制栅不加正电压，则浮空栅少带或不带负电荷，将这种状态定义为 1。

### 2. 闪存的基本操作

闪存有 3 种基本操作：编程（充电）、擦除（放电）、读取。

**编程操作**：最初所有存储元都是 1 状态，编程指在需要改写为 0 的存储元的控制栅加正电压 $V_P$，如图 6-18(a) 所示。一旦某存储元被编程，则数据可保持上百年且不需要外电源。

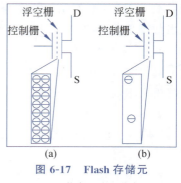

图 6-17  Flash 存储元
(a) 0 状态；(b) 1 状态

**擦除操作**：采用电擦除。在所有存储元的源极 S 加正电压 $V_E$，吸收浮空栅中的电子，从而使所有存储元都变成 1 状态，如图 6-18(b) 所示。

因此，写入过程实际上是先通过放电擦除一个存储块，使其存储元都变成 1 状态，后再对需要写 0 的存储元充电进行编程。

**读取操作**：在控制栅加上正电压 $V_R$，若存储元为 0，则读出电路检测不到电流，如图 6-19(a) 所示；若存储元为 1，则浮空栅不带负电荷，控制栅上的正电压足以导通晶体管，电源 $V_d$ 提供从漏极 D 到源极 S 的电流，读出电路检测到电流，如图 6-19(b) 所示。

从上述基本原理可看出，闪存读操作速度和写操作速度相差很大，其读取速度与半导体 RAM 芯片相当，而写数据（快擦-编程）的速度则比 RAM 芯片慢。

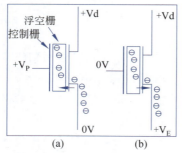

图 6-18  Flash 存储元的写入
(a) 编程：写 0；(b) 擦除：写 1

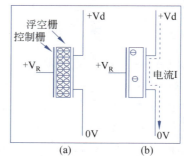

图 6-19  Flash 存储元的读出
(a) 读 0；(b) 读 1

### *6.3.4  固态硬盘

近年来**固态硬盘**（solid state disk，**SSD**）越来越流行，也称**电子硬盘**。它并不是一种磁表面存储器，而是使用 **NAND 闪存**组成的外存，与 U 盘没有本质差别，只是容量更大，存取性能更好。它用闪存颗粒代替了磁盘作为存储介质，以区块写入和擦除的方式进行数据的读取和写入。

固态硬盘的接口规范和定义、功能及使用方法与传统磁盘完全相同，在产品外形和尺寸上也与普通磁盘一致。接口标准有 USB、SATA 等，因此 SSD 可通过标准磁盘接口与 I/O 总线互连，也有 SDD 使用 PCI-e 接口标准来提供更高的性能。在 SSD 中有一个**闪存翻译层**，它将来自 CPU 的逻辑磁盘块读写请求翻译成对底层 SSD 物理设备的读写控制信号。因此，闪存翻译层的功能相当于磁盘控制器。

SSD 中一个闪存芯片由若干区块（block）组成，每个区块由若干页（page）组成，通常，页大小为 512B～4KB，每个区块由 32～128 页组成，因而区块大小为 16～512KB，数据按页为单位进行读写。SSD 有三个限制：①写某一页信息之前，必须先擦除该页所在的整个区块；②擦除后区块内的页必须按顺序写入信息；③擦除/编程次数有限。某一区块进行了几千到几万次重复写之后将发生磨损，擦除操作所残留的电子积累过多，将会使存储元永久处于 1 状态而无法编程，此时该存储元将失效，不能继续使用。因此，闪存翻译层中的软件实现了**磨损均衡**（wear leveling）算法，试图将擦除操作平均分布在所有区块上，从而尽可能延长 SSD 的使用寿命。

SSD 随机读取时间约为几十微秒，而随机写入时间约为几百微秒。磁盘的寻道和旋转等待属于机械操作，其访问时间约为几毫秒到几十毫秒，因此 SSD 随机读写延时比磁盘低两个数量级。除性能高外，固态硬盘还具有抗震动好、安全性高、无噪声、能耗低和发热量低的特点。此外，固态硬盘的工作温度范围很大（－40～85℃），因此，其适应性也远高于常规磁盘。

## 6.4　cache

通过提高存储器芯片本身的速度或采用并行存储器结构可以弥补 CPU 和主存之间的性能差距。除此以外，在 CPU 和主存之间添加 cache 也可以提高 CPU 访存的速度。

### 6.4.1　cache 的基本工作原理

cache 是一种小容量高速缓冲存储器，由快速的 SRAM 存储元组成，直接集成在 CPU 芯片内，速度几乎与 CPU 一样快。在 CPU 和主存之间添加 cache，可把程序频繁访问的活跃主存块装入 cache 中。由于程序访问的局部性特点，大多数情况下，CPU 能直接从 cache 中取得指令和数据，而不必访问慢速的主存。

为便于 cache 和主存交换信息，一般将 cache 和主存空间划分为大小相等的区域。主存中的区域称为块（block），也称**主存块**，它是 cache 和主存之间的信息交换单位；cache 中存放一个主存块的区域称为**行**（line）或**槽**（slot）。

**1. cache 的有效位**

在系统启动或复位时，每个 cache 行都为空，其中的信息无效，只有装入了主存块后信息才有效。为了标识 cache 行中的信息是否有效，每个 cache 行都关联一个**有效位**（valid bit）。

有了有效位，就可通过将有效位清 0 来淘汰某 cache 行中的主存块，称为**冲刷**（flush），装入一个新主存块时，再将有效位置 1。

**2. CPU 在 cache 中的访问过程**

CPU 执行程序时需要从主存取指令或读写数据，此时先检查 cache 中是否有要访问的信息。图 6-20 给出了带 cache 的 CPU 执行一次访存操作过程。

如图 6-20 所示，整个访存过程如下：判断信息是否在 cache，若是，则直接从 cache 取信息；若否，则从主存取一个主存块到 cache，如果对应 cache 行已满，则需要替换 cache 中的信息，因此，cache 中的内容是主存中部分内容的副本。这些工作要求在一条指令的执行过程中完成，因而只能由硬件实现，因此程序员无须了解 cache 结构及其处理过程即可编写出正确的

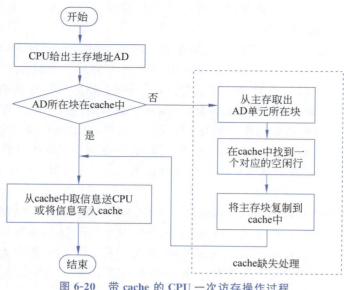

图 6-20 带 cache 的 CPU 一次访存操作过程

程序。但为了编写出高效的程序,程序员也需要了解 cache 的工作原理和过程,具体参见 6.4.6 节。

**3. cache一主存层次的平均访问时间**

根据图 6-20 可知,在访存过程中需要判断所访问信息是否在 cache 中。若 CPU 访问单元所在的块在 cache 中,则称 **cache 命中**(hit),命中概率称为**命中率** $p$(hit rate),它等于命中次数与访问总次数之比;若不在 cache 中,则为**不命中**或**缺失**(miss)*,其概率称为**缺失率**(miss rate),它等于不命中次数与访问总次数之比。命中时,CPU 在 cache 中直接存取信息,所用时间即为 cache 访问时间 $T_c$,称为**命中时间**(hit time);缺失时,需要从主存读取一个主存块送 cache,并同时将所需信息送 CPU,因此,所用时间为主存访问时间 $T_m$ 和 cache 访问时间 $T_c$ 之和。通常把 $T_m$ 称为**缺失损失**(miss penalty)。

CPU 在 cache-主存层次的**平均访问时间**为 $T_a = p \times T_c + (1-p) \times (T_m + T_c) = T_c + (1-p) \times T_m$。

由于程序访问的局部性特点,cache 的命中率可以很高,接近于 1。因此,虽然 $T_m \gg T_c$,但最终的平均访问时间仍可接近 $T_c$。

**例 6-2** 假定处理器时钟周期为 2ns,某程序由 3000 条指令组成,每条指令执行一次,其中 4 条指令在取指令时发生 cache 缺失,其余指令都在 cache 中命中。在执行指令过程中,该程序需要 1000 次主存数据访问,其中 6 次发生 cache 缺失。问:

① 执行该程序的 cache 命中率是多少?

② 若 cache 命中时间为 1 个时钟周期,缺失损失为 10 个时钟周期,则 CPU 在 cache-主存层次的平均访问时间为多少?

**解**:①执行该程序时的总访问次数为 3000+1000=4000,未命中次数为 4+6=10,故 cache 命中率为(4000-10)/4000=99.75%。

② cache-主存层次的平均访问时间为 1+(1-99.75%)×10=1.025 个时钟周期,即 1.025×

---

\* 国内教材对"不命中"的说法有多种,如"失效""失靶""缺失"等,其含义一样,本书使用"缺失"一词。

2ns＝2.05ns，与 cache 命中时间相近。

## 6.4.2 cache 的映射方式

cache 行中的信息取自主存中的某块。在将主存块装入 cache 行时，主存块和 cache 行之间必须遵循一定的映射规则，这样，CPU 要访问某个主存单元时，可以依据映射规则，直接到 cache 对应行中查找要访问的信息，而不用在整个 cache 中查找。

根据不同的映射规则，主存块和 cache 行之间有以下三种映射方式。

（1）直接映射（direct mapping）：每个主存块映射到 cache 的固定行中。

（2）全相联映射（fully associative mapping）：每个主存块映射到 cache 的任意行中。

（3）组相联映射（set-associative mapping）：每个主存块映射到 cache 的固定组的任意行中。

以下分别介绍三种映射方式。

**1. 直接映射方式**

**直接映射**的基本思想是将主存块映射到固定的 cache 行中，也称**模映射**，映射关系如下。

$$\text{cache 行号} = \text{主存块号} \bmod \text{cache 行数}$$

例如，若 cache 有 16 行，则主存第 100 块映射到 cache 第 100 mod 16＝4 行。

通常 cache 行数是 2 的幂，如图 6-21(a)所示，cache 有 $2^c$ 行，主存有 $2^m$ 块，以 $2^c$ 为模映射到 cache 固定行中。由映射函数可看出，主存块号低 $c$ 位正好是它要装入的 cache 行号，且主存块号低 $c$ 位相同的主存块都会映射到同一个 cache 行。为了让 cache 记录每行装入了哪个主存块，需要给每行分配一个 $t$ 位长的标记（tag），此处 $t=m-c$，主存某块调入 cache 后，则将其块号的高 $t$ 位填入对应 cache 行的标记中。

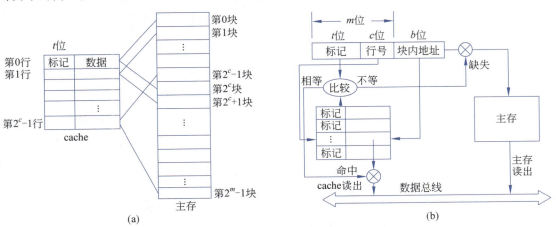

图 6-21 cache 和主存之间的直接映射方式

(a)cache 和主存间的映射关系；(b)CPU 访存过程

根据以上分析可知，主存地址被分成三个字段，其中，高 $t$ 位为**标记**，中间 $c$ 位为 **cache 行号**（也称**行索引**），剩下的低位地址为**块内地址**。若主存块占 $2^b$ 字节，则块内地址占 $b$ 位。

CPU 访存过程如图 6-21(b)所示。首先根据访存地址中间 $c$ 位，直接找到对应的 cache 行，比较该 cache 行中的标记和主存地址高 $t$ 位，若相等并有效位为 1，则访问 cache 命中，此时，根据主存地址中最低 $b$ 位的块内地址，在该 cache 行中存取信息；若不相等或有效位为 0，则缺失，此时，CPU 从主存中读出该地址所在主存块，根据块内地址存取信息后写入该 cache

行,将有效位置 1,并将地址高 $t$ 位填入该 cache 行的标记中。因此,若该 cache 行中已经存放了其他主存块的数据,将会造成 cache 行的替换,新的主存块数据将覆盖原有数据。

访问 cache 行时,读操作比写操作简单。针对写操作,由于 cache 行中的信息是主存某块的副本,因此需要考虑如何使 cache 行中的数据和主存中数据保持一致,具体在第 6.4.4 节中介绍。

下面通过若干例子进一步展示 cache 设计中的细节。

**例 6-3** 假定 cache 采用直接映射方式,块大小为 512B,按字节编址。cache 数据区大小为 8KB,主存空间大小为 1MB。问:主存地址如何划分?要求用图表示主存块和 cache 行之间的映射关系,假定 cache 当前为空,说明 CPU 对主存单元 0240CH 的访问过程。

**解**:cache 数据区大小为 8KB=$2^{13}$B=$2^4$ 行×512B/行=16 行×512B/行。因为主存每 16 块和 cache 的 16 行一一对应,所以可将主存每 16 块看成一个块群,故有 1MB=$2^{20}$B=$2^{11}$ 块×512B/块=$2^7$ 块群×$2^4$ 块/块群×$2^9$B/块。因此主存地址位数 $n$ 为 20,其中,标记位数 $t$ 为 7,行号位数 $c$ 为 4,块内地址位数 $b$ 为 9。

主存地址划分及主存块和 cache 行的对应关系如图 6-22 所示。

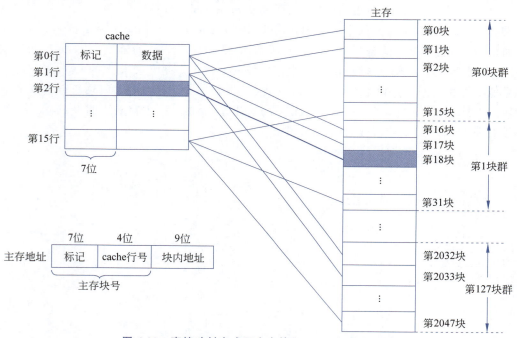

图 6-22 直接映射方式下主存块和 cache 行对应关系

主存地址 0240CH 展开为二进制数为 0000 0010 0100 0000 1100,分为以下三部分。

| 0000 001 | 0010 | 0 0000 1100 |

根据主存地址划分可知,该地址所在块号是 0000 001 0010(第 18 块),所属块群号为 0000 001(第 1 块群),映射到的 cache 行号为 0010(第 2 行)。

假定 cache 为空,访问 0240CH 单元的过程:首先根据地址中间 4 位 0010,找到 cache 第 2 行,因为 cache 开始为空,所以每个 cache 行的有效位都为 0,因此不管第 2 行的标记是否等于 0000 001 都不命中。此时,将 0240CH 单元所在的主存第 18 块装入 cache 第 2 行,并置有效位为 1,置标记为 0000 001(表示信息取自主存第 1 块群)。

**例 6-4**　假定 cache 采用直接映射方式,块大小为 1B。cache 数据区大小为 4B,主存地址为 32 位,按字节编址。问:主存地址如何划分?根据程序访问的局部性原理说明块大小设置为 1B 时的缺陷。

**解**:块大小为 1B,故块内无须寻址,即块内地址位数为 0。cache 容量为 4B,共有 4 行。因此,32 位主存地址划分为两个字段:标记位数 $t$ 为 30,行号位数 $c$ 为 2。

块大小设置为 1B 会产生两方面的问题:①根据程序访问的空间局部性,邻近单元很可能被访问,但由于未随该字节调入 cache,因此访问邻近单元会发生缺失;②在 cache 行数不变的情况下,块太小使得映射到同一 cache 行的主存块数增加,发生冲突的概率增大,引起频繁信息交换。

**例 6-5**　假定 cache 采用直接映射方式,块大小为 16B。cache 数据区大小为 64KB,主存地址为 32 位,按字节编址。问:主存地址如何划分?说明访存过程,并计算 cache 总容量为多少?

**解**:cache 数据区大小为 64KB=$2^{16}$B=$2^{12}$行×$2^4$B/行。

主存每 $2^{12}$ 块和 cache 的 $2^{12}$ 行一一对应,故可将主存每 $2^{12}$ 块看成一个块群,故有 $2^{32}$B=$2^{28}$块×$2^4$B/块=$2^{16}$块群×$2^{12}$块/块群×$2^4$B/块。因此主存地址位数 $n$ 为 32,其中,标记位数 $t$ 为 16,行号位数 $c$ 为 12,块内地址位数 $b$ 为 4。

主存地址划分及访存实现如图 6-23 所示。图中 tag 表示标记字段;index 表示 cache 行索引,即行号。块内地址分两部分:高 2 位(word 字段)为字偏移量,低 2 位(byte 字段)为字节偏移量。hit 表示命中。

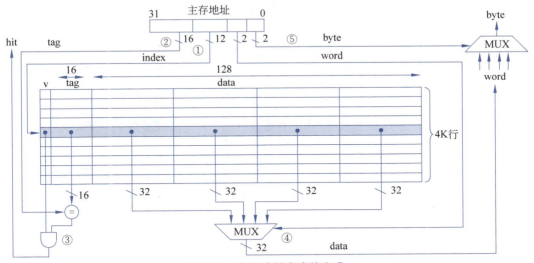

图 6-23　直接映射方式的实现

整个访存由硬件实现,分为 5 步:①根据 12 位 cache 行索引找到对应行;②比较 16 位标记与对应行中的标记信息;③比较相等并有效位为 1 时,hit 为 1,表示命中;④由 2 位字偏移量从 4 个 32 位字中选择一个字输出;⑤由 2 位字节偏移量从 32 位字中选择一字节输出。由此可知,在 hit 为 1 时,CPU 根据要访问的是字还是字节选择从第④步还是第⑤步得到结果。若 hit 不为 1,则 CPU 通过总线向主存发送读请求,读出相应主存块到 cache 行中。

从图 6-23 可看出,每个 cache 行由一位有效位 V、16 位标记(tag)和 4 个 32 位数据(data)

组成,共有 $2^{12}=4K$ 行,因此,cache 总容量为 $2^{12}×(4×32+16+1)b=4K×145b=580Kb=72.5KB$。其中,数据占总容量的 $64KB/72.5KB=88.3\%$。

直接映射的优点是容易实现,判断命中的电路简单,但由于 cache 行号相同的多个主存块会映射到同一个 cache 行,当访问集中在这些主存块时,就会因 cache 行的替换而引起频繁的主存访问,即使其他 cache 行都空闲,也无法充分利用。例如,在例 6-3 中若需将主存第 0、第 16 块都调入 cache,由于它们都对应 cache 第 0 行,即使其他行空闲,也总有一块不能调入 cache。显然,直接映射方式不够灵活,无法充分利用 cache 空间,在某些访存模式下命中率较低。

如果一个主存块并非映射到固定的 cache 行,而是可以映射到任意 cache 行,那么就能避免上述问题。

**2. 全相联映射方式**

**全相联映射**的基本思想是主存块可装入到任意 cache 行。因此,全相联 cache 需比较所有 cache 行标记才能判断是否命中,同时不需要 cache 行索引,即主存地址中只有标记和块内地址两个字段。全相联方式下,只要有空闲 cache 行,就不会发生冲突,因而块冲突概率低。

**例 6-6** 假定 cache 采用全相联方式,块大小为 512B,按字节编址。cache 数据区大小为 8KB,主存地址空间为 1MB。问:主存地址如何划分?要求用图表示主存块和 cache 行之间的映射关系,并说明 CPU 对主存单元 0240CH 的访问过程。

**解**:cache 数据区大小为 $8KB=2^{13}B=2^4$ 行×512B/行。

主存地址空间为 $1MB=2^{20}B=2^{11}$ 块×512B/块$=2^{11}$ 块×$2^9$B/块。

20 位的主存地址划分为两个字段:标记位数 $t$ 为 11,块内地址位数 $b$ 为 9。

主存地址划分及主存块和 cache 行之间的对应关系如图 6-24 所示。

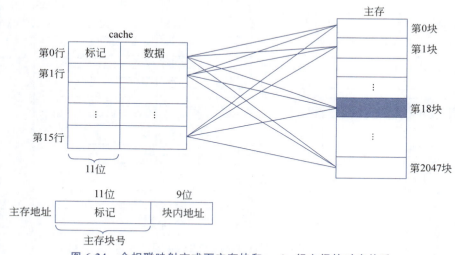

图 6-24 全相联映射方式下主存块和 cache 行之间的对应关系

主存地址 0240CH 展开成二进制数为 0000 0010 0100 0000 1100,因此主存地址划分如下。

| 0000 0010 010 | 0 0000 1100 |

访问 0240CH 单元的过程:首先将高 11 位标记 0000 0010 010 与所有 cache 行的标记进行比较,若其中一行标记相等且对应有效位为 1,则命中,此时 CPU 根据块内地址 0 0000 1100

在该行中存取信息;若不存在这样的行,则不命中,此时将 0240CH 单元所在的主存第 0000 0010 010 块(第 18 块)装入任意 cache 行中,并置有效位为 1,置标记为 0000 0010 010(表示信息取自主存第 18 块)。

为了判断是否命中,通常为每个 cache 行分别添加一个比较器,其位数等于标记字段的位数。全相联 cache 访存时根据标记字段的内容来查找相应的 cache 行,是一种按内容访问方式,因此,相应的电路是一种**相联存储器**。当比较器数量较多时,相联存储器的电路延迟和所用元件开销都较大,因此全相联方式不适合容量较大的 cache。

### 3. 组相联映射方式

直接映射和全相联的优缺点正好相反,二者结合可取长补短,从而形成组相联方式。

**组相联映射**的主要思想是,将 cache 所有行分成 $2^q$ 个大小相等的组,每组有 $2^s$ 行。每个主存块映射到 cache 固定组中的任意一行,也即组相联采用组间模映射、组内全相联的方式,映射关系如下。

$$\text{cache 组号} = \text{主存块号 mod cache 组数}$$

例如,若 $2^{13}$ 字的 cache 划分为 $2^3$ 组 $\times 2^1$ 行/组 $\times 512$ 字/行,则主存第 100 块应映射到 cache 第 4 组的任意一行中,因为 100 mod $2^3 = 4$。

上述 $2^q$ 组 $\times 2^s$ 行/组 的 cache 映射方式称为 $2^s$ 路组相联,即 $s=1$ 为 2 路组相联;$s=2$ 为 4 路组相联;以此类推。通过对主存块号取模,使得每 $2^q$ 个主存块与 $2^q$ 个 cache 组一一对应,主存地址空间实际上分成了若干组群,每个组群中有 $2^q$ 个主存块对应于 cache 的 $2^q$ 个组。假设主存地址有 $m$ 位,块内地址占 $b$ 位,有 $2^t$ 个组群,则 $m=t+q+b$,主存地址划分为以下三个字段。

| 标记 | cache 组号 | 块内地址 |
| --- | --- | --- |

其中,高 $t$ 位为标记,中间 $q$ 位为组号(也称**组索引**),剩下的 $b$ 位为块内地址。标记字段的含义表示当前 cache 行存放的主存块位于主存哪个组群。

例如,假定 cache 数据区大小为 8KB,每个主存块大小为 32B,按字节编址,则块内地址的位数 $b=5$;若采用 2 路组相联,即每组有 2 行,则 cache 有 8KB/(32B×2)=128 组,即 $q=7$,$s=1$。假定主存地址为 32 位,则标记位数 $t=32-7-5=20$,即主存共有 $2^{20}$ 个组群,每个组群有 $2^7=128$ 块,每块有 $2^5=32$ 字节,主存地址划分为标记 20 位,组号 7 位,块内地址 5 位。

$s$ 的选取决定块冲突的概率和相联比较的复杂性。$s$ 越大,则 cache 发生块冲突的概率越低,相联比较电路越复杂。选取适当的 $s$,可使组相联的成本比全相联的成本低得多,而性能上仍可接近全相联方式。早期 cache 容量不大,通常选取 $s=1$ 或 2,即 2 路或 4 路组相联较常用;随着技术的发展,cache 容量不断增加,$s$ 的值有增大趋势,目前有许多处理器的 cache 采用 8 路或 16 路组相联方式。

**例 6-7** 假定 cache 采用 2 路组相联方式,块大小为 512B,按字节编址。cache 数据区大小为 8KB,主存地址空间为 1MB。问:主存地址如何划分?要求用图表示主存块和 cache 行之间的映射关系,并说明 CPU 对主存单元 0240CH 的访问过程。

**解**:cache 数据区大小为 8KB=$2^{13}$B=$2^3$ 组 $\times 2^1$ 行/组 $\times 512$B/行。

主存地址空间为 1MB=$2^{20}$B=$2^{11}$ 块 $\times 512$B/块=$2^8$ 组群 $\times 2^3$ 块/组群 $\times 2^9$B/块。

因此主存地址位数 $m$ 为 20,其中,标记位数 $t$ 为 8,组号位数 $q$ 为 3,块内地址位数 $b$ 为 9。

主存地址划分及主存块和 cache 行之间的对应关系如图 6-25 所示。

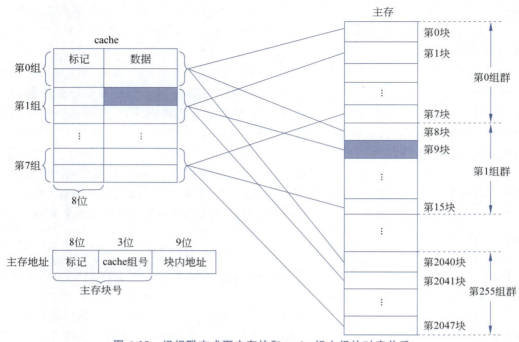

图 6-25 组相联方式下主存块和 cache 行之间的对应关系

主存地址 0240CH 展开是二进制数是 0000 0010 0100 0000 1100，所以主存地址划分如下。

| 0000 0010 | 010 | 0 0000 1100 |
| --- | --- | --- |

访问 0240CH 单元的过程如下：首先根据地址中间 3 位 010，找到 cache 第 2 组，将标记 0000 0010 与第 2 组中两个 cache 行的标记同时比较。若其中一行标记相等且有效位为 1，则命中，此时 CPU 根据块内地址 0 0000 1100 在该行中存取信息；若不存在这样的行，则不命中，此时将 0240CH 单元所在的主存 0000 0010 010 块（即第 18 块）装入 cache 第 010 组（即第 2 组）的任意行中，并置有效位为 1，置标记为 0000 0010（表示信息取自主存第 2 组群中对应主存块）。

组相联结合了直接映射和全相联的优点。当 cache 组数为 1 时，则为全相联；当每组只有一个 cache 行时，则为直接映射。组相联的冲突概率比直接映射低，由于只有组内各行采用全相联，因此比较器的位数和个数都比全相联少，相联存储器的电路延迟和所用元件开销都较低。

**4. 三种映射方式比较**

对于一个主存块来说，三种映射方式下所能映射到 cache 行的数量不同，这种特性可用**关联度**来度量。直接映射是唯一映射，每个主存块只能映射到一个固定行，关联度最低，为 1；全相联是任意映射，可以映射到任意行，关联度最高，为 cache 总行数；N 路组相联可以映射到 N 行，关联度居中，为 N。

当 cache 大小、主存块大小一定时，关联度和命中率、命中时间、标记所占额外开销等有如下关系。

（1）关联度越低，命中率越低。直接映射命中率最低，全相联命中率最高。

(2) 关联度越低，判断是否命中的电路开销越小，电路延迟越短。直接映射的比较电路延迟最短，全相联的比较电路延迟最长。

(3) 关联度越低，每个 cache 行中的标记所占额外空间越少。直接映射额外空间最少，全相联额外空间最大。

假定主存地址为 32 位，按字节编址，主存块大小为 16 字节，则关联度为 1（即直接映射）时，每组 1 行，共 $2^{12}$ 组，标记占 $32-4-12=16b$，总位数为 $2^{12} \times 16 = 64Kb$；关联度为 2（即 2 路组相联）时，每组 2 行，共 $2^{11}$ 组，标记占 $32-4-11=17b$，总位数为 $2^{12} \times 17 = 68Kb$；关联度为 4（即 4 路组相联）时，每组 4 行，共 $2^{10}$ 组，标记占 $32-4-10=18b$，总位数为 $2^{12} \times 18 = 72Kb$；全相联时，整个为 1 组，每组 $2^{12}$ 行，标记占 $32-4=28$ 位，总位数为 $2^{12} \times 28 = 112K$ 位。

## 6.4.3 cache 的替换算法

cache 行数比主存块数少很多，多个主存块会映射到同一个 cache 行中。当一个新主存块装入 cache 时，可能 cache 中对应行全部占满，此时，必须选择淘汰其中一个 cache 行中的主存块，使该行中能存放新主存块。例如，对于例 6-7 中 2 路组相联 cache，假定第 0 组的两个行分别存放了主存第 0 块和第 8 块，此时若需装入主存第 16 块，根据映射关系，它只能存放到 cache 第 0 组，因此，必须在第 0 和第 8 两个主存块中选择淘汰其中一块。具体如何选择称为**淘汰策略**问题，也称**替换算法**或**替换策略**。

常用的替换算法有先进先出（first in first out，FIFO）、最近最少用（least recently used，LRU）、最不经常用（least frequently used，LFU）和随机替换算法等。可以根据实现的难易程度及是否能获得较高的命中率两方面来决定采用哪种算法。

**1. FIFO 算法**

**FIFO 算法**的基本思想是：总是替换最早进入 cache 的主存块。FIFO 算法容易实现，但不能正确反映程序访问局部性，因为最先进入的主存块也可能是当前经常访问的，从而造成较大的缺失率。

**2. LRU 算法**

**LRU 算法**的基本思想是：总是替换近期最少使用的主存块。这种算法能比较正确地反映程序访问局部性，因为当前最少使用的主存块将来被访问的概率通常很低，但实现比 FIFO 算法复杂。

以下例子说明 LRU 算法的具体实现。假定有 5 个主存块{1,2,3,4,5}映射到 cache 同一组，对于主存块访问地址流{1,2,3,4,1,2,5,1,2,3,4,5}，在 3 路、4 路和 5 路组相联的情况下，采用 LRU 算法的替换过程如图 6-26 所示。这里用 3 路和 5 路组相联只是为了解释实现原理，实际中较少采用，因为 3 和 5 都不是 2 的幂。

图 6-26 LRU 算法示例

在图 6-26 中，每一列的排列反映了访问相应主存块后组内每个主存块被访问的相对时间，靠近上方表示主存块最近被访问，靠近下方表示此刻距离主存块上次被访问时间较久。图中的对勾符号表示访问相应主存块时命中。以 4 路组相联为例，前 4 次分别访问主存块{1,2,3,4}，由于一开始 cache 为空，因此 4 次访问均缺失，需要从主存读出相应主存块并装入 cache 组内的空闲行，同时 LRU 算法会记录访问情况。第 5 次访问的是 1 号主存块，访问命中，同时

LRU 算法将 1 号主存块更新为最近被访问。第 7 次访问的是 5 号主存块,由于之前未访问过此块,因此缺失,但因为组内没有空闲块,需要根据替换算法选择一块进行替换,根据 LRU 算法的记录,此时最近最少用的是 3 号主存块,故用新的 5 号主存块替换组内的 3 号主存块,同时 LRU 算法将 5 号主存块更新为最近被访问。第 10 次访问的是 3 号主存块,但由于 3 号主存块在第 7 次访问时被替换,此时不在 cache 中,因此缺失,需要根据替换算法选择一块进行替换,根据 LRU 算法的记录,此时最近最少用的是 4 号主存块,故用新的 3 号主存块替换组内的 4 号主存块,同时 LRU 算法将 3 号主存块更新为最近被访问。其他访问过程同理。

从图 6-26 可看出,对于 LRU 算法,同一组中小关联度的块集合必然是大关联度的块集合的子集。因此,在小关联度的情况下命中时,在大关联度的情况下必定命中,故 5 路组相联的命中率一定大于 4 路,4 路组相联的命中率一定大于 3 路。满足这种特性的算法称为**栈算法**。因此,LRU 算法是栈算法。当然,如前文所述,关联度并非越大越好。

当程序的工作集(即程序中某段时间集中访问的存储区)超过 cache 组的大小时,命中率可能变得很低。例如,假设上述例子中的工作集为{1,2,3,4},访存地址流是 1,2,3,4,1,2,3,4,1,2,3,4,…,而 cache 每组只有 3 行,则命中率为 0。这种现象称为**颠簸**或**抖动**(thrashing)。

在硬件中,LRU 算法并不像图 6-26 所示那样通过移动块来实现。实际上,每个 cache 行有一个计数器,用计数值来记录主存块的使用情况。这个计数值称为 **LRU 位**,其位数与 cache 组大小有关,2 路时有一位,4 路时有两位。LRU 算法负责更新计数值并根据计数值选择替换某 cache 行中的主存块。替换时,只要将被替换行的有效位清 0 即可。

图 6-27 是图 6-26 中 4 路组相联示例。图中每一列左边的数字是对应 cache 行的计数值,右边的数字是存放在该行中的主存块号。

| 1 | 2 | 3 | 4 | 1 | 2 | 5 | 1 | 2 | 3 | 4 | 5 |
|---|---|---|---|---|---|---|---|---|---|---|---|
| 0 1 | 1 1 | 2 1 | 3 1 | 0 1 | 1 1 | 2 1 | 0 1 | 1 1 | 2 1 | 3 1 | 0 5 |
|  | 0 2 | 1 2 | 2 2 | 2 3 | 3 2 | 0 2 | 1 2 | 2 2 | 2 0 | 2 1 | 2 2 | 2 3 | 3 4 |
|  |  | 0 3 | 1 3 | 2 3 | 3 3 | 0 5 | 1 5 | 2 5 | 3 5 | 0 4 | 2 3 |
|  |  |  | 0 4 | 1 4 | 2 4 | 3 4 | 3 4 | 3 4 | 0 3 | 1 3 | 1 2 |

**图 6-27 用计数器实现 LRU 算法**

计数值变化规则如下。

(1) 命中时,被访问行的计数器清 0,比其低的计数器加 1,其余不变。

(2) 缺失且该组还有空行时,新装入行的计数器设为 0,其余全加 1。

(3) 缺失且该组无空行时,替换计数值为 3 的行中主存块,新装入行的计数值设为 0,其余加 1。

从计数值变化规则可看出,计数值越大,行中主存块在最近越最少用。随着 cache 关联度的增加,LRU 计数器的总容量也明显增加。以下例子反映了 LRU 算法的实现成本。

**例 6-8** AMD 某型号处理器采用先进工艺制造,集成了一个所有处理器核共享的 cache,数据区大小为 384MB,采用 16 路组相联,主存块大小为 64B。若该 cache 采用 LRU 算法,问 LRU 计数器的总容量为多少?如果采用 32 路组相联,此时 LRU 计数器的总容量又为多少?

**解**:cache 采用 16 路组相联,大小为 384MB=$6×2^{20}$ 行×64B/行,故 cache 共有 $6×2^{20}$ 行。每组有 16 行,即 LRU 位为 4,故 LRU 计数器的总容量为 $6×2^{20}$ 行×4b/行=24Mb=3MB。

采用 32 路组相联时,LRU 位为 5,故 LRU 计数器的总容量为 $6×2^{20}$ 行×5b/行=30Mb=3.75MB。

为降低上述 LRU 位计数器的硬件实现成本,通常采用**伪 LRU**(pseodu-LRU,**PLRU**)算法。伪 LRU 算法的思想是,仅记录 cache 组内每个主存块的近似使用情况,以区分哪些是新装入的主存块,哪些是较长时间未用的主存块,替换时在那些较长时间未用的主存块中选择一个换出。伪 LRU 算法通常有两种实现方式:计数器型伪 LRU 和树型伪 LRU。**计数器型伪 LRU** 只需为每个 cache 行维护 1 位计数器,而**树型伪 LRU** 只需为每个 cache 组维护(关联度 − 1)位的状态位。因此,伪 LRU 是一种近似 LRU 算法,但其实现成本较低,总体性能仍接近 LRU 算法。

**例 6-9** 对于例 6-8 中的 cache,若采用树型伪 LRU 算法,则两种情况下 LRU 计数器的总容量各为多少?

**解:** 采用 16 路组相联时,cache 数据区大小为 384MB = 384 × $2^{10}$ 组 × 16 行/组 × 64B/行,故 cache 共有 384 × $2^{10}$ 组。关联度为 16,故每个 cache 组需要维护 15b 的状态位,因此 LRU 计数器的总容量为 384 × $2^{10}$ 组 × 15b/组 = 5760Kb = 720KB。

采用 32 路组相联时,cache 共有 192 × $2^{10}$ 组,每组需要维护 31b 的状态位,故 LRU 计数器的总容量为 192 × $2^{10}$ 组 × 31b/组 = 5952Kb = 744KB。

### 3. LFU 算法

**LFU 算法**的基本思想是,替换 cache 中访问次数最少的块。LFU 算法与 LRU 算法类似,也用计数器实现,但不完全相同。

### 4. 随机替换算法

随机替换算法的基本思想是,随机替换组内的一个主存块,与使用情况无关。统计数据表明,**随机替换算法**在性能上只稍逊于基于使用情况的算法,而且实现简单。

**例 6-10** 假定主存空间为 $2^{15}$ × 16b,按字编址,每字 16b。cache 采用 4 路组相联,数据区占 $2^{12}$ 字,主存块大小为 64 字。假定 cache 开始为空,CPU 按顺序访问主存单元 0,1,…,4351,共重复访问 10 次。假设 cache 比主存快 10 倍,采用 LRU 替换算法。试分析采用 cache 后速度提高了多少?

**解:** 主存空间大小为 $2^{15}$ 字 = 512 块 × 64 字/块。cache 采用 4 路组相联,数据区为 $2^{12}$ 字 = 16 组 × 4 行/组 × 64 字/行,故 cache 共有 64 行,分成 16 组,每组 4 行。

每块为 64 字,4352/64 = 68,故主存单元 0~4351 对应前 68 块(第 0~67 块),即 CPU 对主存前 68 块连续访问 10 次。

图 6-28 给出了前两次循环的主存块替换情况,图中列方向是 cache 的 16 个组,行方向是每组的 4 个 cache 行。根据组相联的特点,cache 行和主存块之间的映射关系如下:主存第 0~15 块分别对应 cache 第 0~15 组,可以放在对应组的任一行中,此处假定均存放在第 0 行;主存第 16~31 块也分别对应 cache 第 0~15 组,假定放在第 1 行;同理,主存第 32~47 块分别放在 cache 第 0~15 组的第 2 行;第 48~63 块分别放在 cache 第 0~15 组的第 3 行。这样,第 0~63 块都没有冲突,访问每块时,都是第一个字在 cache 中缺失,相应块装入 cache 后,其余各字都能在 cache 中命中。

主存的第 64~67 块分别对应 cache 的第 0~3 组,此时,这 4 组均无空闲行,每组都要选择一个 cache 行中的主存块替换。因为采用 LRU 算法,所以分别将最近最少用的第 0~3 块从第 0~3 组的第 0 行中替换出来,再把第 64~67 块分别存到对应 cache 行中。访问每块时,也是第一字在 cache 中缺失,装入后其余 63 字都能在 cache 中命中。

对于 cache 的第 0~3 组,每组都只有 4 个 cache 行,但都要依次访问 5 个主存块,此时使

|  | 第0行 | 第1行 | 第2行 | 第3行 |
|---|---|---|---|---|
| 第0组 | 0/64/48 | 16/0/64 | 32/16 | 48/32 |
| 第1组 | 1/65/49 | 17/1/65 | 33/17 | 49/33 |
| 第2组 | 2/66/50 | 18/2/66 | 34/18 | 50/34 |
| 第3组 | 3/67/51 | 19/3/67 | 35/19 | 51/35 |
| 第4组 | 4 | 20 | 36 | 52 |
| ... | ... | ... | ... | ... |
| ... | ... | ... | ... | ... |
| 第15组 | 15 | 31 | 47 | 63 |

图 6-28 主存块替换情况

用 LRU 算法会造成颠簸现象,每次访问主存块的第一字时都会缺失,装入后其余 63 字都能在 cache 中命中。

综上所述,第一次循环时,对于所有 68 块都只有第一字缺失,其余 63 字都命中。以后 9 次循环中,因为 cache 第 4~15 组中的 $4 \times 12 = 48$ 个 cache 行内的主存块一直未被替换,所以只有 $68 - 48 = 20$ 个主存块的第一字未命中,其余都命中。

访问总次数为 $4352 \times 10 = 43\,520$,缺失次数为 $68 + 9 \times 20 = 248$,命中率 $p = (43\,520 - 248)/43\,520 = 99.43\%$。

假定 cache 和主存的访问时间分别为 $T_c$ 和 $T_m$,根据题意可知 $T_m = 10 T_c$。采用 cache 后,cache-主存层次的平均访问时间为 $T_a = T_c + (1 - p) \times T_m = T_c + (1 - p) \times 10 T_c$。

因此,采用 cache 后速度提高的倍数为 $T_m / T_a = 10 T_c / (T_c + (1 - p) \times 10 T_c) = 10 / (1 + (1 - p) \times 10) \approx 9.5$。

### 6.4.4 cache 的写策略

因为 cache 中的内容是主存块副本,当更新 cache 中的内容时,就要考虑何时更新主存中的相应内容,使两者保持一致,称为**写策略**(write policy)问题。写策略有以下两种。

**1. 通写法**

**通写法**(write through)也称**全写法**、**直写法**或**写直达法**,其基本做法是,若写命中,则同时写 cache 和主存,以保持两者一致;若写缺失,则先写主存,并有以下两种处理方式。

(1) **写分配法**(write allocate)。分配一个 cache 行并装入更新后的主存块。这种方式可以充分利用空间局部性,但每次写缺失时都要装入主存块,因此增加了写缺失的处理开销。

(2) **非写分配法**(not write allocate)。不将主存块装入 cache。这种方式可以减少写缺失的处理时间,但没有充分利用空间局部性。

显然,采用通写法能充分保证 cache 和主存内容一致。但是,这种方法会极大地增加写操作的开销。例如,假定一次写主存需要 100 个 CPU 时钟周期,那么 10% 的存数指令就使得 CPI 增加 $100 \times 10\% = 10$ 个时钟周期。

为了减少写主存的开销,通常在 cache 和主存之间加一个**写缓冲**(write buffer)。在 CPU 写 cache 的同时,也将内容写入写缓冲,此时 CPU 可继续工作,不必等待内容真正写入主存,而是由写缓冲将其内容写入主存。写缓冲是一个 FIFO 队列,一般有 4 项,在写操作频率不高的情况下效果较好;若写操作频繁,则会使写缓冲饱和而阻塞,此时 CPU 需要等待。

**2. 回写法**

**回写法**(write back)也称**一次性写**、**写回法**。其基本做法是,若写命中,则只将内容写入

cache 而不写入主存；若写缺失，则分配一个 cache 行并装入主存块，然后更新该行的内容。因此，回写法通常与写分配法组合使用。

CPU 执行写操作时，回写法不会更新主存单元，只有在替换 cache 行中的主存块时，才将该块内容一次性写回主存。回写法的好处是减少了写主存的次数，因而可极大地降低主存带宽需求。此外，若 cache 行的主存块未被写过，替换时则无须将其写回主存。为记录该信息，每个 cache 行会关联一个**修改位**（dirty bit，也称**脏位**）。向 cache 行装入新主存块时，将该位清 0；CPU 写入 cache 行时，将该位置 1。替换 cache 行时检查其修改位，若为 1，则需要将该主存块写回主存；若为 0，则无须写回主存。

由于回写法未及时将内容写回主存，此时，若系统中的其他模块（如外设、其他 CPU 等）访问该主存块，则将读出过时的内容，进而影响程序的正确性。通常需要其他同步机制来解决该问题。

## *6.4.5 cache 的设计

决定系统访存性能的重要因素包括 cache 命中率和缺失损失，它们与 cache 设计的许多方面有关。前文提到，cache 命中率与关联度（即映射方式）和替换策略有关，同时和 cache 容量也有关。显然，cache 容量越大，命中率越高。此外，cache 命中率还与主存块大小有关。采用大的交换单位能更好地利用空间局部性，但是，较大的主存块需花费较多时间存取，因此，缺失损失会增大。由此可见，主存块的大小必须适中，不能太大，也不能太小。当然，缺失损失还与写策略和写分配法有关。

除了上述问题外，设计 cache 时，还要考虑数据 cache 和指令 cache 是联合还是分离、采用单级还是多级 cache、总线事务的传送方式、DRAM 芯片的内部结构等，都会影响 cache 的总体性能。这些问题的选择构成了 cache 的设计空间，架构师需要在设计空间中选取合适的方案，在系统总体性能、芯片面积、电路功耗等方面做出权衡。下面对这些设计选择进行简单分析说明。

### 1. 联合/分离 cache 的选择

早期计算机采用单级片外 cache，近年来，多级片内 cache 系统已成为主流。目前 cache 基本上都集成在 CPU 芯片内，且使用 L1、L2 和 L3 cache，少数 CPU 甚至有 L4 cache。通常 L1 cache 采用**分离 cache**，即**数据 cache**（data cache）和**指令 cache**（instruction cache）独立工作。L2 cache 和 L3 cache 通常为**联合 cache**，即数据和指令存放在一个 cache 中。

L1 cache 采用分离 cache 时，会带来指令 cache 和数据 cache 之间的一致性问题。具体地，程序有时需要往主存写入若干内容，然后将其解释成指令来执行。一个例子是操作系统中的加载器，它首先将一个用户程序从外存读入并存储到主存某位置，然后跳转到该主存位置开始取指令执行。在这个过程中，将程序存到该主存位置时采用存数指令，因此程序内容可能位于数据 cache 中。当从该主存位置开始取指令执行时，可能无法访问到位于数据 cache 中的程序内容，从而会取到错误的指令。即使数据 cache 的写策略采用通写法将程序内容及时写入主存，也无法完全解决上述问题，因为指令 cache 中可能已经存放了该主存位置的主存块，使得 CPU 查找指令 cache 时能命中，所以取到的仍然不是主存中的最新指令。

出现上述问题的原因与冯·诺依曼结构有关。如 1.1.2 节所述，冯·诺依曼结构的一个特点是"存储器不仅能存放数据，也能存放指令，形式上数据和指令没有区别"。因此，同一主存块可能同时存放在指令 cache 和数据 cache，且硬件无法区分该主存块存放的是数据还是指令。为了解决该问题,需要通过额外的同步机制来保证指令 cache 可以取到最新写入的程序内容。例如,RISC-V 提供了一条特殊的屏障指令 fence.i,用于保证在该指令之后的取指操作可以取到该指令之前的存数指令写入的内容。

### 2. 单级/多级 cache 的选择

在一个采用两级 cache 的系统中,CPU 总是先访问 L1 cache,若访问缺失,再访问 L2 cache。若访问 L2 cache 命中,则缺失损失为 L2 cache 的访问时间,比访问主存快得多;若访问 L2 cache 缺失,则需访问主存,此时缺失损失较大。

根据一个主存块是否同时出现在多级 cache 中,可将多级 cache 分为**包含式**(inclusive)和**互斥式**(exclusive)两类。例如,在包含式两级 cache 的系统中,若某块在 L1 cache 中,则该块也必定在 L2 cache 中;而在互斥式两级 cache 的系统中,若某块在某一级 cache 中,则该块必定不在另一级 cache 中。

包含式两级 cache 有以下两点好处。

(1) 当 L1 cache 缺失而 L2 cache 命中时,只需将主存块从 L2 cache 复制到 L1 cache;而在互斥式两级 cache 中,需要将 L2 cache 命中的主存块与 L1 cache 被替换的主存块进行交换,从而维护互斥性质,因而操作比包含式更复杂。

(2) L2 cache 行可以比 L1 cache 行更大,从而节省存储标记的空间,当 L2 cache 很大时,节省的存储空间甚至与 L1 cache 大小相近;但在互斥式两级 cache 中,为了实现上述的交换操作,L2 cache 行的大小必须与 L1 cache 行保持一致。

互斥式两级 cache 则有以下两点好处。

(1) 整个 cache 系统可以存储更多主存块。假设 L1 cache 容量为 $C_1$,L2 cache 容量为 $C_2$,则互斥式两级 cache 系统的有效容量为 $C_1+C_2$;而对于包含式两级 cache 系统,其有效容量为 $C_2$,因为 L1 cache 中的主存块必定也在 L2 cache 中。

(2) 冲刷 L2 cache 中某块时,无须通知 L1 cache,该场景在多 CPU 访问共享变量时频繁出现;而对于包含式两级 cache 系统,为了维护包含性质,若该块在 L1 cache 中,则 L1 cache 也要冲刷该块。

Intel 有些处理器并不要求 L1 cache 中的主存块必须在 L2 cache 中,即 L1 cache 中的块可在也可不在 L2 cache 中,这种方式称为**部分包含式**(partially-inclusive),它结合了包含式和互斥式的部分优点。

在多级 cache 中,**全局缺失率**指在所有级 cache 中都缺失的访问次数占总访问次数的比率;**局部缺失率**指在某级 cache 中缺失的访问次数占该级 cache 总访问次数的比率。例如,对于两级 cache,若 CPU 总访存次数为 100,在 L1 cache 命中的次数为 94,剩下的 6 次中在 L2 cache 命中的次数为 5,只有 1 次需要访问主存,则全局缺失率为 1%,L1 cache 和 L2 cache 的局部缺失率分别为 6% 和 16.7%。

由于多级 cache 中各级 cache 所处位置不同,它们的设计目标也有所不同。例如,L1 cache 通常更关注命中时间而不要求有很高的命中率,一方面是因为 L1 cache 靠近 CPU 流水线,对 IPC 影响很大,另一方面即使 L1 cache 不命中,也可以访问 L2 cache,其命中时间仍然比主存快得多,故即使命中率并非很高,也不会大幅影响总体性能;而 L2 cache 则更关注命中率,因为若缺失,则必须访问慢速的主存,从而大幅影响总体性能。

### 3. 总线事务的传送方式

在主存和 cache 之间通过系统总线传送主存块,故总线事务的传送方式会影响缺失损失。

为了降低缺失损失,必须采用合适的总线事务传送方式,从而在主存和 cache 之间构建快速的传送通道。

为了计算主存块传送到 cache 所用的时间,必须先了解 CPU 从主存取一块数据到 cache 的过程。该过程一般包含以下三个阶段。

(1) 发送地址和读命令到主存控制器,假定用 1 个时钟周期。
(2) 主存控制器从主存芯片读出一个数据,假定用 10 个时钟周期。
(3) 主存控制器通过总线传送该数据到 cache,假定用 1 个时钟周期。

总线事务可以有三种传送方式:①窄形结构,每次传送一个字;②宽形结构,每次传送多个字;③突发传输,每次传送一个字,但一次总线事务中包含多次传送。假定主存块大小为 4 个字,那么对于这三种结构,其延迟各是多少呢?

图 6-29 给出了三种方式下的主存块传送过程。图 6-29(a)对应于窄形结构,连续进行4次"送地址-读出-传送"操作,每次一个字,其延迟为 4×(1+10+1)=48 个时钟周期。图 6-29(b)对应于宽度为两个字的宽形结构,连续进行两次"送地址-读出-传送"操作,每次两个字,其延迟 2×(1+10+1)=24 个时钟周期;假定宽形结构的宽度为 4 个字,则只要进行 1 次"送地址-读出-传送"操作,其延迟为 1×(1+10+1)=12 个时钟周期;但是,宽度越大,总线的数据位宽越大,电路的面积越大。图 6-29(c)对应采用突发传输方式,主存控制器收到首地址和突发传输方式的控制信号后,用 10 个时钟周期读出相邻的 4 个字,并每隔一个时钟周期通过总线传送一个字。因此,其延迟为 1+1×10+4×1=15 个时钟周期。通过以上分析可看出,突发传输的性价比最好。

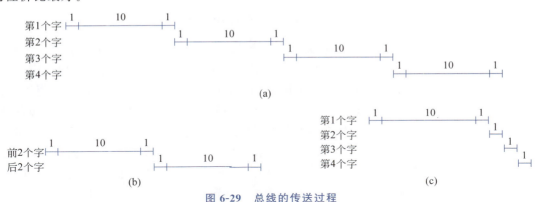

图 6-29  总线的传送过程
(a)窄形结构对应的块传送过程;(b)宽形结构对应的块传送过程;(c)突发传输对应的块传送过程

在现代处理器中,cache 通常采用突发传输方式装入主存块或将主存块写回主存。在多级 cache 系统中,不同层级的 cache 之间也采用突发传输方式。高性能的总线协议通常支持突发传输方式,例如,AXI 总线协议中可通过 ARBURST 或 AWBURST 控制信号指定当前总线事务采用突发传输方式。突发传输也可以和宽形结构同时使用,进一步降低缺失损失,但宽形结构会增加电路的面积,需要做出权衡。

**4. DRAM 存储单元的组织结构**

指令执行过程中,若 cache 缺失,则需要到主存取数据或指令,而主存由 DRAM 芯片实现,并且每次缺失时,要从 DRAM 中读取一块信息到 cache。因此,合理设计 DRAM 结构,可以使 DRAM 控制器通过存储器总线在一次总线事务中高效地传送一个主存块,从而更好地支持系统总线的突发传输事务,降低 cache 的缺失损失。

图 6-30 所示的存储器总线宽度为 128 位，连接在其上的内存条一次最多能读出 128 位数据，每个内存条上包含多个 DRAM 芯片。可用 16 个 2Mb 的 DRAM 芯片集成一个 4 MB 的内存条，每个芯片内有一个 $512×8$ 位的**行缓冲**，16 个芯片共 8KB 行缓冲。每个芯片内的存储矩阵有 512 行×512 列，并有 8 个位平面，每次读写各芯片内同行同列的 8 位，共 $16×8=128$ 位。当 DRAM 控制器访问一块连续的主存区域（即行地址相同的区域）时，可直接从行缓冲读取。当 DRAM 存储器处理来自系统总线的突发传输事务时，行缓冲结构可以帮助 DRAM 控制器快速从 DRAM 芯片中读出主存地址连续的数据，从而实现图 6-29(c)所示的快速传送过程。

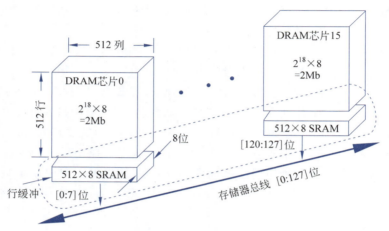

图 6-30　内存条中芯片排列示意图

此外，也可以通过交叉存储结构的组织方式来快速从 DRAM 中读出主存地址连续的数据。交叉存储结构的思想是，将主存地址连续的数据存放在不同的 DRAM 存储模块中，需要读出数据时，每隔一个时钟周期启动一个 DRAM 存储模块。经过一段时间后，第 1 模块准备好第 1 个数据并传送给 DRAM 控制器，然后 DRAM 控制器在系统总线上传送第 1 个数据；同时，第 2 模块也已经准备好第 2 个数据，DRAM 控制器在系统总线上传送第 2 个数据的同时，第 3 模块也已经准备好第 3 个数据，以此类推。在 DRAM 控制器看来，每个时钟周期分别从不同模块中读出不同数据并依次传送给 cache，因此也可以很好地支持突发传输事务的处理。

Intel 公司的 Pentium 微处理器在芯片内集成了一个指令 cache 和一个数据 cache。片内 cache 采用 2 路组相联结构，共 128 组，每组两行。片内 cache 采用 LRU 算法，每组有一个 LRU 位，用来表示替换该组哪一路中的 cache 行。Pentium 处理器有两条专门的指令来清除或回写 cache。Pentium 处理器采用片外二级 cache，可配置为 256KB 或 512KB，也采用 2 路组相联方式，主存块大小有 32B、64B 或 128B。

Pentium 4 微处理器芯片内集成了一个 L2 cache 和两个 L1 cache。L2 cache 是联合 cache，数据和指令共同存放，所有从主存读取的指令和数据都先送到 L2 cache 中。它有三个端口，一个对外，两个对内。对外的端口通过预取控制逻辑和总线接口部件，与处理器总线相连，用来和主存交换信息；对内的端口中，一个以 256 位位宽与 L1 数据 cache 相连；另一个以 64 位位宽与指令预取部件相连，由指令预取部件取出指令送指令译码器，指令译码器再将指令转换为微操作序列送到 cache 中，Intel 公司称该 cache 为踪迹高速缓存（trace cache），其中存放的并不是指令，而是指令译码后的微操作序列。

早期的 Intel Core i7 CPU 采用的 cache 结构如图 6-31 所示，每个核（core）内有各自私有的 L1 cache 和 L2 cache。其中，L1 指令 cache 和 L1 数据 cache 都是 32KB，皆为 8 路组相联，命中时间都是 4 个时钟周期；L2 cache 是联合 cache，共有 256KB，8 路组相联，存取时间是 11 个时钟周期。该多核处理器中还有一个供所有核共享的 L3 cache，大小为 8MB，16 路组相联，存取时间是 30～40 个时钟周期。上述所有 cache 的主存块大小都是 64B。

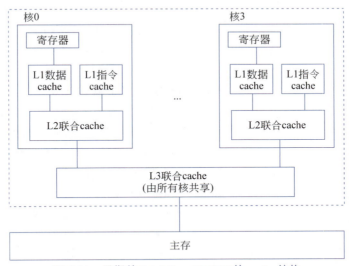

图 6-31　早期的 Intel Core i7 CPU 的 cache 结构

## *6.4.6　cache 和程序性能

计算机性能最直接的度量方式是 CPU 时间。执行一个程序所用的 CPU 时间等于 CPU 执行时间和等待主存访问时间之和。当 cache 缺失时，需要等待主存访问，对于顺序流水线 CPU 来说，此时 CPU 处于阻塞状态。因此 CPU 时间的计算公式如下。

　　CPU 时间＝（CPU 执行时钟周期数＋cache 缺失引起阻塞的时钟周期数）×时钟周期

若写回阻塞、写缓冲阻塞忽略不计，则综合考虑读和写操作后得到如下公式。

　　　　cache 缺失引起阻塞的时钟周期数＝程序中访存次数×缺失率×缺失损失

**例 6-11**　某顺序流水线 CPU 只有一级 cache，并将指令和数据分别存放在指令 cache 和数据 cache 中。指令 cache 和数据 cache 的缺失率分别为 1% 和 4%。假定在没有任何访存阻塞时 CPI 为 1，缺失损失为 200 个时钟周期，CPU 执行访存指令占比为 36%，每条访存指令存取一次数据，若 cache 缺失率为 0，CPU 速度会快多少？

**解**：假设程序共执行 $I$ 条指令，每条指令的取指令操作访存一次，则取指令缺失引起阻塞的时钟周期数为 $I\times 1\% \times 200 = 2.0\times I$。

访存指令占比为 36%，故访问数据缺失引起阻塞的时钟周期数为 $I\times 36\% \times 4\% \times 200 = 2.88\times I$。

在一条指令执行过程中取指令和访问数据串行进行，因此两者的总阻塞时钟周期数应相加，为 $2.0\times I + 2.88\times I = 4.88\times I$，即平均每条指令有 4.88 个时钟周期处在访存阻塞状态，因此，由于访存阻塞而使得 CPI 从 1 增大到 $1+4.88=5.88$。故若 cache 缺失率为 0，则 CPU 速度会快 5.88/1＝5.88 倍。访存阻塞时间占指令执行时间的比例为 4.88/5.88≈83%。

进一步分析可以得到处理器性能与 cache 性能之间的关系，分以下两方面来考虑。

(1) 假设上例中没有任何访存阻塞时 CPI 为 2,时钟频率不变,则访存阻塞使得 CPI 从 2 增加到 2+4.88=6.88。若 cache 不发生缺失,则 CPU 速度会快 6.88/2=3.44 倍。访存阻塞时间占执行时间的比例为 4.88/6.88≈71%,小于 83%。由此可得出结论:CPI 越小,cache 缺失引起的阻塞对系统总体性能的影响越大。

(2) 假设上例中时钟频率加倍,CPI 不变,则缺失损失变为 400 个时钟周期。此时总阻塞时钟周期数为(1‰×400)+36‰×(4‰×400)=9.76。因此,访存阻塞使得 CPI 从 1 增大到 1+9.76=10.76。由于时钟频率加倍,加倍后两个时钟周期的时间与原机器一个时钟周期相等,因此,前者性能是后者的 5.88/(10.76/2)≈1.1 倍。若 cache 缺失率为 0,性能应为原机器的 2 倍。由此可得出结论:CPU 时钟频率越高,cache 缺失损失越大。

上述两个方面共同说明:CPU 性能越高,cache 的性能就越重要。

程序性能通常指执行程序所用时间的长短,显然,它与程序执行时访问指令和数据所用时间有很大关系,而指令和数据的访问时间与相应的 cache 命中率、命中时间和缺失损失有关。对于给定的计算机系统而言,命中时间和缺失损失是确定的,因此,指令和数据的访问时间主要由 cache 命中率决定,而 cache 命中率则主要由程序的空间局部性和时间局部性决定。因此,为了提高程序的性能,程序员应编写出访问局部性良好的程序。

指令的访问模式通常比数据更规整,因此提升数据访问局部性对程序性能的影响更大,而这通常涉及通过循环语句访问数组、结构体等类型的数据元素,因此如何合理处理循环,特别是内循环,是提升数据访问局部性的关键。下面通过例子说明不同的循环处理对程序性能的影响。

**例 6-12** 某计算机主存地址空间大小为 256MB,按字节编址。指令 cache 和数据 cache 分离,均有 8 行,主存块大小为 64B,数据 cache 采用直接映射和通写法。现有两个功能相同的程序 A 和 B,其伪代码如图 6-32 所示。

```
程序 A:
    int a[256][256];
    ……
    int sum_array1 ( )
    {
        int i, j, sum = 0;
        for ( i = 0; i < 256; i++)
            for (j = 0; j < 256; j++)
                sum += a[i][j];
        return sum;
    }
```

```
程序 B:
    int a[256][256];
    ……
    int sum_array2 ( )
    {
        int i, j, sum = 0;
        for ( j = 0; j < 256; j++)
            for ( i = 0; i < 256; i++)
                sum += a[i][j];
        return sum;
    }
```

图 6-32 例 6-12 的程序伪代码

假设 i,j,sum 均分配在寄存器中,数组 a 按行优先方式存放,其首地址为 320(十进制数)。请回答下列问题,要求说明理由或给出计算过程。

(1) 数据 cache 的总容量(包含标记和有效位等)为多少?

(2) 数组元素 a[0][31] 和 a[1][1] 各自所在主存块对应的 cache 行号分别是多少(行号从 0 开始)?

(3) 程序 A 和 B 的数据访问命中率各是多少?哪个程序的执行时间更短?

**解**:(1) 由于数据 cache 采用直接映射,因此无须实现替换算法及其使用位(如 LRU 位)。

此外,由于数据 cache 采用通写法,因此无须修改位(dirty bit)。因此,数据 cache 每行信息除用于存放主存块的数据区外,还包含有效位和标记。主存地址空间大小为 256MB,按字节编址,故主存地址为 28 位;块大小为 64B,故块内地址占 6 位;数据 cache 共 8 行,故 cache 行号(行索引)为 3 位。因此,标记有 28-6-3=19 位。故数据 cache 总容量为 $8×(19+1+64×8)$ b= 4 256b=532B。

(2) 对于某数组元素所在主存块对应的 cache 行号,其计算方法主要有以下两种。

① 先计算数组元素地址,然后由地址求主存块号,最后用主存块号对行数取模。a[0][31] 地址为 $320+4×31=444$,所在主存块号为 $\lfloor 444/64 \rfloor=6$。因为 6 mod 8=6,所以对应行号为 6。

② 将地址转换为 28 位二进制数,然后取出其中的行索引(即行号)字段,得到对应行号。地址 444 转换为二进制表示为 0000 0000 0000 0000 000 110 111100,中间 3 位 110 为对应行号 6。

同理,可得数组元素 a[1][1] 对应 cache 行号为 $\lfloor (320+4×(1×256+1))/64 \rfloor \bmod 8=5$。

(3) i,j,sum 均分配在寄存器中,故数据访问命中率仅需要考虑数组 a 的访问情况。

程序 A 中数组访问顺序与存放顺序相同,故依次访问的数组元素位于相邻单元;程序共访问 $256×256$ 次=$2^{16}$ 次,占 $2^{16}×4B/64B=2^{12}$ 个主存块;因为数组首地址正好位于一个主存块的开始处,故访问每个主存块时,总是第一个数组元素在 cache 中缺失,相应块装入 cache 后,其余各元素都能在 cache 中命中。因此共缺失 $2^{12}$ 次,数据访问命中率为 $(2^{16}-2^{12})/2^{16}=$ 93.75%。(因为每个主存块的命中情况都一样,因此整体命中率与每个主存块的命中率相同。主存块大小为 64B,包含有 16 个数组元素,因此,共访存 16 次,其中第一次缺失,以后 15 次全命中,因而命中率为 15/16=93.75%)。

由于程序 B 中的数组访问顺序与存放顺序不同,依次访问的数组元素分布在地址相隔 $256×4=1024$ 的单元处,例如,a[i][0] 和 a[i+1][0] 之间相差 1024B,即 16 块,因为 16 mod 8=0,所以它们均映射到同一个 cache 行。访问后面数组元素时,总是替换上一次装入 cache 中的主存块。由此可知,所有访问都缺失,命中率为 0。

由于程序 A 的命中率更高,因此,程序 A 的执行时间更短。

**例 6-13** 通过对方格中每个点设置相应的 CMYK 值就可以将方格涂上相应的颜色。图 6-33 中的三个程序段都可实现对一个 8×8 的方格中涂上黄颜色的功能。

假设主存地址占 32 位,按字节编址,cache 数据区大小为 512B,采用直接映射方式,块大小为 32B;sizeof(int)=4,变量 i 和 j 分配在寄存器中,数组 sq 按行优先方式存放在 0000 0C80H 开始的主存连续区域中。要求如下:

① 对三个程序段 A、B、C 中数组访问的时间局部性和空间局部性进行分析比较。

② 画出主存中的数组元素和 cache 行的对应关系。

③ 计算三个程序段 A、B、C 中数组访问的写操作次数、写不命中次数和写缺失率。

**解:** ①程序段 A、B 和 C 中,都是每个数组元素只被访问一次,所以都没有时间局部性;程序段 A 中数组元素的访问顺序和存放顺序一致,所以空间局部性好;程序段 B 中数组元素的访问顺序和存放顺序不一致,所以空间局部性不好;程序段 C 中数组元素的访问顺序和存放顺序部分一致,所以空间局部性的优劣介于程序 A 和 B 之间。

② cache 行数为 512B/32B=16;数组首地址为 0000 0C80H,因为 0000 0C80H 正好是主存第 110 0100B(100)块的起始地址,所以数组从主存第 100 块开始存放,一个数组元素占 4×

```
struct pt_color {
    int c;
    int m;
    int y;
    int k;
};
struct pt_color sq[8][8];
int i, j;
for (i=0; i<8; i++) {
    for (j=0; j<8; j++) {
        sq[i][j].c = 0;
        sq[i][j].m = 0;
        sq[i][j].y = 1;
        sq[i][j].k = 0;
    }
}
             (a)
```

```
struct pt_color {
    int c;
    int m;
    int y;
    int k;
};
struct pt_color sq[8][8];
int i, j;
for (i=0; i<8; i++) {
    for (j=0; j<8; j++) {
        sq[j][i].c = 0;
        sq[j][i].m = 0;
        sq[j][i].y = 1;
        sq[j][i].k = 0;
    }
}
             (b)
```

```
struct pt_color {
    int c;
    int m;
    int y;
    int k;
};
struct pt_color sq[8][8];
int i, j;
for (i=0; i<8; i++)
    for (j=0; j<8; j++)
        sq[i][j].y = 1;
for (i=0; i<8; i++)
    for (j=0; j<8; j++) {
        sq[i][j].c = 0;
        sq[i][j].m = 0;
        sq[i][j].k = 0;
    }
             (c)
```

图 6-33　例 6-13 中的伪代码程序

(a)程序段 A；(b)程序段 B；(c)程序段 C

4B＝16B，所以每 2 个数组元素占用一个主存块。8×8 的数组共占 32 个主存块，正好是 cache 数据区大小的 2 倍。因为 100 mod 16 ＝4，所以主存第 100 块映射的 cache 行号为 4。主存中的数组元素与 cache 行的映射关系如图 6-34 所示。

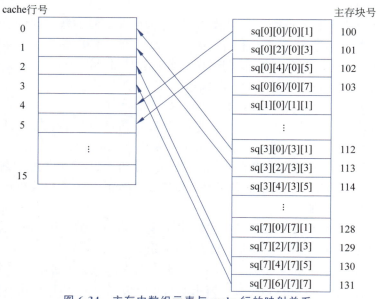

图 6-34　主存中数组元素与 cache 行的映射关系

③ 对于程序段 A：每两个数组元素（8 次写操作）装入一个 cache 行中，总是第一次访问时未命中，后面 7 次都命中，因而写缺失率为 $1/8=12.5\%$。

对于程序段 B：每两个数组元素（8 次写操作）装入一个 cache 行中，总是只有一个数组元素（4 次写操作）在淘汰之前被访问，并且总是第一次不命中，后面 3 次命中，因而写缺失率为

$1/4 = 25\%$。

对于程序段 C：第一个循环共访问 64 次，每次装入两个数组元素，第一次不命中，第二次命中；第二个循环共访问 64×3 次，每两个数组元素(6 次写操作)装入一个 cache 行中，并且总是第一次不命中，后面 5 次命中。因此总写缺失次数为 $32+(3\times64)\times1/6=64$ 次，总的写缺失率为 $64/(64\times4)=25\%$。

## 6.5 本章小结

存储器按存取方式分为随机、顺序、直接和相联存储器；按存储介质分为半导体、磁表面、光盘存储器；按信息可更改性分为可读可写和只读存储器；按断电后信息可否保存分为易失和非易失存储器。

每一类单独的存储器都不可能又快、又大、又便宜，为了构建有效存储系统，计算机内部采用层次化存储器体系结构。按照速度从快到慢、容量从小到大、价格从贵到便宜、与 CPU 连接的距离由近到远的顺序，将不同类型的存储器设置在计算机中，其设置的顺序为寄存器→cache→主存→硬盘→光盘和磁带。

利用程序访问的局部性特点，通常把离 CPU 较远的存储器中一块数据装入更靠近 CPU 的缓存中，例如，cache 就是主存的缓存。cache 和主存间有直接映射、全相联和组相联三种映射方式；替换算法主要 FIFO、LRU、PLRU 和随机等；写策略有回写法和通写法。

虽然 cache 由硬件实现，程序员不了解 cache 结构及其处理过程也可编写出正确的程序，但为了编写出访问局部性好的高效程序，程序员也需了解 cache 的工作原理和处理过程。

## 习 题

1. 给出以下概念的解释说明。

| | | | |
|---|---|---|---|
| 随机存取存储器 | 只读存储器 | 易失性存储器 | 记忆单元 |
| 存储阵列 | 编址单位 | 编址方式 | 最大可寻址范围 |
| 主存控制器 | 地址译码器 | 存取时间 | 程序访问局部性 |
| 时间局部性 | 空间局部性 | 静态 RAM | 动态 RAM |
| 字片式芯片 | 位片式芯片 | 片选控制信号 | 地址引脚复用 |
| 同步 DRAM | 突发传输方式 | 行缓冲 | 总线带宽 |
| 磁盘驱动器 | 磁盘控制器 | 未格式化容量 | 格式化容量 |
| 寻道时间 | 旋转(等待)时间 | 数据传输时间 | 磁盘平均存取时间 |
| 闪存 | 固态硬盘 | 磨损均衡 | 高速缓存 |
| 主存块 | cache 行(槽) | cache 冲刷 | 命中率 |
| 命中时间 | 缺失率 | 缺失损失 | 直接映射 |
| 全相联映射 | 组相联映射 | cache 关联度 | 替换策略 |
| FIFO 算法 | LRU 算法 | LRU 位 | 通写法 |
| 写缓冲 | 回写法 | 全局缺失率 | 局部缺失率 |

2. 简单回答下列问题。

(1) 计算机内部为何要采用层次化存储体系结构？层次化存储体系结构如何构成？

(2) SRAM 芯片和 DRAM 芯片各有哪些特点？分别用在哪些场合？

(3) CPU 和主存之间有哪两种通信定时方式？SDRAM 芯片采用什么方式和 CPU 交换信息？

（4）为什么在 CPU 和主存之间引入 cache 能提高 CPU 访存效率？

（5）为什么 cache 只能由硬件实现？

（6）什么是 cache 映射的关联度？关联度与命中率、命中时间的关系各是什么？

（7）为什么直接映射方式不需要考虑替换策略？

（8）为什么要考虑 cache 的一致性问题？读操作时是否要考虑 cache 的一致性问题？为什么？

（9）为什么程序员需要了解 cache 的结构和工作原理？

3. 某计算机主存最大寻址空间为 4GB，按字节编址，假定用 $2^{26} \times 8b$ 的具有 8 个位平面的 DRAM 芯片组成容量为 512MB、传输宽度为 64b 的内存条（主存模块）。回答下列问题。

（1）每个内存条需要多少个 DRAM 芯片？

（2）构建容量为 2GB 的主存时，需要几个内存条？

（3）主存地址共有多少位？其中哪几位用作 DRAM 芯片内地址？哪几位为 DRAM 芯片内的行地址？哪几位为 DRAM 芯片内的列地址？哪几位用于选择芯片？

4. 某计算机按字节编址，已配有 0000H～7FFFH 的 ROM 区域，现在再用 16K×4 位的 RAM 芯片形成 $2^{15} \times 8b$ 的存储区域，CPU 地址线为 $A_{15} \sim A_0$。回答下列问题。

（1）RAM 区地址范围是什么？共需多少 RAM 芯片？地址线中哪一位用来区分 ROM 区和 RAM 区？

（2）假定 CPU 地址线改为 24 根，地址范围 00 0000H～00 7FFFH 为 ROM 区，剩下的所有地址空间都用 $2^{14} \times 4b$ 的 RAM 芯片配置，则需要多少个这样的 RAM 芯片？

5. 假设一个程序重复完成将磁盘上一个 4KB 的数据块读出，进行相应处理后，写回到磁盘的另外一个数据区。各数据块内信息在磁盘上连续存放，并随机地位于磁盘的一个磁道上。磁盘转速为 7200r/min，平均寻道时间为 10ms，磁盘最大内部数据传输速率为 40MB/s，磁盘控制器的开销为 2ms，没有其他程序使用磁盘和处理器，并且磁盘读写操作和磁盘数据的处理时间不重叠。若程序对磁盘数据的处理需要 20 000 个时钟周期，处理器时钟频率为 500MHz，则该程序完成一次数据块"读出—处理—写回"操作所需的时间为多长？每秒可以完成多少次这样的数据块操作？

6. 现代计算机中，SRAM 一般用于实现快速小容量的 cache，而 DRAM 用于实现慢速大容量的主存。早期超级计算机通常不提供 cache，而是用 SRAM 来实现主存（如 Cray 巨型机），请问：如果不考虑成本，你还这样设计高性能计算机吗？为什么？

7. 对于数据的访问，分别给出符合下列要求的程序或程序段的示例。

（1）几乎没有时间局部性和空间局部性。

（2）有很好的时间局部性，但几乎没有空间局部性。

（3）有很好的空间局部性，但几乎没有时间局部性。

（4）空间局部性和时间局部性都很好。

8. 假设某计算机主存地址空间大小为 1GB，按字节编址，cache 数据区大小为 64KB，块大小为 128B，采用直接映射和通写方式。回答下列问题。

（1）主存地址如何划分？要求说明每个字段的含义、位数和在主存地址中的位置。

（2）cache 的总容量为多少位？

9. 假设某计算机的 cache 共 16 行，开始为空，块大小为 1 个字，采用直接映射方式，按字编址。CPU 执行某程序时，依次访问以下地址序列：2,3,11,16,21,13,64,48,19,11,3,22,4,27,6 和 11。回答下列问题。

（1）访问上述地址序列得到的命中率是多少？

（2）若 cache 行数不变，而块大小改为 4 个字，则上述地址序列的命中情况又如何？

10. 假设数组元素在主存按从左到右的下标顺序存放，N 是用 #define 定义的常量。试改变下列函数中循环的顺序，使其数组元素的访问与排列顺序一致，并说明为什么在 N 较大的情况下修改后的程序比原来的程序执行时间更短。

```
int sum_array ( int a[N][N][N]) {
    int i, j, k, sum=0;
    for (i=0; i < N; i++)
        for (j=0; j < N; j++)
            for (k=0; k < N; k++)   sum+=a[k][i][j];
    return sum;
}
```

11. 分析比较图 6-35 所示三个函数中数组访问的空间局部性，并指出哪个最好，哪个最差？

```
# define N 1000
typedef struct {
        int vel[3];
        int acc[3];
} point;
point p[N];
void clear1(point *p, int n)
{
    int i, j;
    for (i = 0; i < n; i++) {
        for (j = 0; j<3; j++)
            p[i].vel[j] = 0;
        for (j = 0; j<3; j++)
            p[i].acc[j] = 0;
    }
}
```

```
# define N 1000
typedef struct {
        int vel[3];
        int acc[3];
} point;
point p[N];
void clear2(point *p, int n)
{
    int i, j;
    for (i=0; i<n; i++) {
        for (j=0; j<3; j++) {
            p[i].vel[j] = 0;
            p[i].acc[j] = 0;
        }
    }
}
```

```
# define N 1000
typedef struct {
        int vel[3];
        int acc[3];
} point;
point p[N];
void clear3(point *p, int n)
{
    int i, j;
    for (j=0; j<3; j++) {
        for (i=0; i<n; i++)
            p[i].vel[j] = 0;
        for (i=0; i<n; i++)
            p[i].acc[j] = 0;
    }
}
```

图 6-35　题 11 图

12. 以下是计算两个向量点积的程序段：

```
float dotproduct (float x[8], float y[8]) {
    float sum = 0.0;
    int i,;
    for (i = 0; i < 8; i++)   sum += x[i] * y[i];
    return sum;
}
```

回答下列问题或完成下列任务。

（1）试分析该段代码中访问数组 x 和 y 的时间局部性和空间局部性，并推断命中率的高低。

（2）假设该段程序运行的计算机中的数据 cache 采用直接映射方式，数据区大小为 32B，主存块大小为 16B；变量 sum 和 i 分配在寄存器中，数组 x 存放在 0000 0040H 开始的主存区域，数组 y 紧跟在 x 后。试计算该程序中数据访问的命中率，要求说明每次访问时 cache 的命中情况。

（3）将问题（2）中的数据 cache 改用 2 路组相联映射方式，块大小改为 8B，其他条件不变，则该程序数据访问的命中率是多少？

（4）在问题（2）中条件不变的情况下，将数组 x 定义为 float x[12]，则数据访问的命中率又是多少？

13. 对矩阵进行转置的程序段如下。

```
typedef int array[4][4];
void transpose(array dst, array src) {
    int  i, j;
    for (i = 0; i < 4; i++)
        for (j = 0; j < 4; j++)   dst[j][i] = src[i][j];
}
```

假设该段程序运行的计算机中 sizeof(int)＝4，且只有一级 cache，其中 L1 data cache 的数据区大小为

32B，采用直接映射、回写方式，块大小为 16B，初始为空。数组 dst 从主存地址 0000 C000H 开始存放，数组 src 从主存地址 0000 C040H 开始存放。填写表 6-1，说明数组元素 src[row][col] 和 dst[row][col] 各自映射到 cache 哪一行，访问是命中还是缺失。若 L1 data cache 的数据区大小改为 128B，重新填写表中内容。

表 6-1 题 13 表

| | src 数组 | | | | dst 数组 | | | |
|---|---|---|---|---|---|---|---|---|
| | col=0 | col=1 | col=2 | col=3 | col=0 | col=1 | col=2 | col=3 |
| row=0 | 0/miss | | | | | | | |
| row=1 | | | | | | | | |
| row=2 | | | | | | | | |
| row=3 | | | | | | | | |

14. 假设某计算机的主存地址空间大小为 64MB，按字节编址，cache 数据区大小为 4KB，采用 4 路组相联映射、LRU 算法和回写策略，块大小为 64B。请回答下列问题。

(1) 主存地址字段如何划分？要求说明每个字段的含义、位数和在主存地址中的位置。

(2) 该 cache 的总容量有多少位？

(3) 假设 cache 初始为空，CPU 依次从 0 号地址单元顺序访问到 4344 号单元，重复按此序列共访问 16 次。若 cache 命中时间为 1 个时钟周期，缺失损失为 10 个时钟周期，则 CPU 访存的平均时间为多少个时钟周期？

15. 假定某处理器可通过软件对 cache 设置不同的写策略，那么在下列两种情况下，应分别设置成什么写策略？为什么？

(1) 处理器主要运行包含大量存储器写操作的数据访问密集型应用。

(2) 处理器运行程序的性质与问题(1)相同，但安全性要求很高，不允许有任何数据不一致的情况发生。

16. 已知 cache 1 采用直接映射方式，共 16 行，块大小为 1 个字，缺失损失为 8 个时钟周期；cache 2 也采用直接映射方式，共 4 行，块大小为 4 个字，缺失损失为 11 个时钟周期。假定开始时 cache 为空，采用字编址方式。要求找出一个访问地址序列，使 cache 2 的缺失率更低，但总的缺失损失比 cache 1 大。

17. 提高关联度通常会降低缺失率，但并不总是这样。请给出一个地址访问序列，使得采用 LRU 算法的 2 路组相联 cache 比具有同样大小的直接映射 cache 的缺失率更高。

18. 假定有三个处理器，分别带有以下不同的 cache。

cache 1：采用直接映射方式，块大小为 1 个字，指令和数据的缺失率分别为 4% 和 6%；

cache 2：采用直接映射方式，块大小为 4 个字，指令和数据的缺失率分别为 2% 和 4%；

cache 3：采用 2 路组相联方式，块大小为 4 个字，指令和数据的缺失率分别为 2% 和 3%。

在这些处理器上运行同一个程序，其中有一半是访存指令，在三个处理器上测得该程序的 CPI 都为 2.0。已知处理器 1 和 2 的时钟周期都为 420ps，处理器 3 的时钟周期为 450ps。若缺失损失为(块大小+6)个时钟周期，请问：哪个处理器因 cache 缺失而引起的额外开销最大？哪个处理器执行速度最快？

19. 假定某处理器带有一个数据区大小为 256B 的 cache，其主存块大小为 32B。以下 C 语言程序段运行在该处理器上，设 sizeof(int)=4，变量 i, j, c, s 都分配在通用寄存器中，因此，只要考虑数组元素的访存情况。为简化问题，假定数组 a 从一个主存块开始处存放。若 cache 采用直接映射方式，则当 s=64 和 s=63 时，缺失率分别为多少？若 cache 采用 2 路组相联映射方式，则当 s=64 和 s=63 时，缺失率又分别为多少？

```
int  i, j, c, s, a[128];
…
for ( i = 0; i < 10000; i++ )
    for ( j = 0; j < 128; j=j+s )
        c = a[j];
```

# 第 7 章

# 虚拟存储器

由于技术和成本等原因,早期计算机的主存容量受限,而程序设计时人们不希望受特定计算机物理内存大小的制约,因此,如何解决这两者之间的矛盾是一个重要问题;此外,现代操作系统都支持多任务,如何让多个程序有效而安全地共享主存是另一个重要问题。为了解决上述两个问题,计算机中采用了虚拟存储技术。其基本思想是,程序员在一个不受物理内存空间限制且比物理内存空间大得多的虚拟的逻辑地址空间中编写程序,就好像每个程序都独立拥有一个巨大的存储空间一样。程序执行过程中,把当前执行到的一部分程序和相应的数据调入主存,其他未用到的部分暂时存放在硬盘上。

本章主要介绍虚拟存储器相关的基本概念及技术。主要内容包括进程的虚拟地址空间、虚拟存储器的基本类型、页表和页表项的结构、页式虚拟存储管理及其地址转换、快表、存储保护机制、LoongArch+Linux 平台中的虚拟存储系统等。

## 7.1 虚拟存储器概述

### 7.1.1 虚拟存储器的基本概念

在不采用虚拟存储机制的计算机系统中,CPU 执行指令时,取指令和存取操作数所用的地址都是主存物理地址,无须进行地址转换,因而计算机硬件结构比较简单,指令执行速度较快。实时性要求较高的嵌入式微控制器大多不采用虚拟存储机制。

目前,在服务器、台式机和笔记本等各类通用计算机系统中都采用虚拟存储器技术。在采用虚拟存储技术的计算机中执行指令时,CPU 通过**存储管理单元**(Memory Management Unit,**MMU**)将指令给出的**虚拟地址** VA(Virtual Address,也称**逻辑地址**或**虚地址**)转换为主存的**物理地址** PA(Physical Address,也称**主存地址**或**实地址**)。在地址转换过程中,MMU 还会检查访问的信息是否在主存、地址是否越界,以及访问是否越权等情况。若信息不在主存,则通知操作系统将数据从外存读到主存。若地址越界或访问越权,则通知操作系统进行相应的异常处理。由此可见,虚拟存储技术既解决了编程空间受限的问题,又解决了多个程序共享主存带来的安全等问题。

图 7-1 是具有虚拟存储器机制的 CPU 与主存的连接示意图。如图 7-1 所示,CPU 执行指令时所给出的是指令或操作数的虚拟地址,需要通过 MMU 转换为物理地址才能访问主存,MMU 包含在 CPU 芯片中。图中显示 MMU 将一个虚拟地址 5600 转换为物理地址 4,从而将第 4~7 这 4 个主存单元组成 4 字节数据送到 CPU。该图仅是简单示意,并未考虑 cache 访

问等情况。

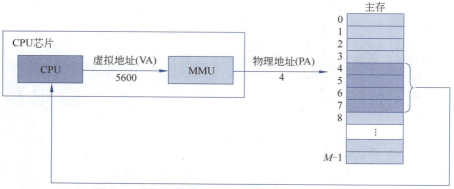

图 7-1 具有虚拟存储器机制的 CPU 和主存的连接

虚拟存储器机制(简称虚存机制)由硬件与操作系统共同协作实现,涉及计算机系统许多层面,包括操作系统中的许多概念,如进程、存储管理、虚拟地址空间、缺页处理等。

### 7.1.2 进程的虚拟地址空间

在 5.2.4 节中提到,每个高级语言源程序经编译、汇编、链接等处理生成可执行的二进制机器目标代码时,都会被映射到一个统一的**虚拟地址空间**(参见图 5-8)。所谓统一是指不同的可执行文件所映射的虚拟地址空间大小和区域划分结构相同。**进程**是操作系统对 CPU 中程序运行过程的一种抽象,简单来说,进程是程序的一次运行过程。因此,一个进程对应一个用户程序(即应用程序),后者以可执行文件方式存放在外存。可执行文件所映射的虚拟地址空间,即为进程的虚拟地址空间映像。

软件约定了统一的虚拟地址空间大小和布局,从而简化程序链接和加载过程。虚存机制给进程带来一个假象,使得其认为自己独占主存,并且主存空间极大。这有三个好处:①每个进程的虚拟地址空间一致,从而简化存储管理;②虚存机制把主存看成外部存储器的缓存,在主存中仅保存当前活动的程序段和数据区,并根据需要在外存和主存之间交换信息,通过这种方式可有效利用有限的主存空间;③每个进程的虚拟地址空间是私有的、独立的,因此,可以保护各进程的存储空间不被其他进程破坏。

**1. Linux 操作系统中进程的虚拟地址空间**

图 7-2 给出了在 LoongArch 架构下 Linux 操作系统中的一个进程对应的虚拟地址空间,进程的虚拟地址空间由内核空间和用户空间组成,低半部分为用户空间,高半部分为内核空间。

**内核空间**映射到操作系统内核代码和数据、物理存储区,包括与每个进程相关的系统级上下文数据结构(如进程标识信息、进程现场信息、页表等进程控制信息,以及内核栈等),内核空间大小在每个进程的地址空间中都相同,用户程序无权访问。

**用户空间**映射到用户进程的代码、数据、堆和栈等用户级上下文信息。每个区域都有相应的起始位置,堆区和栈区相向生长,其中,栈从高地址往低地址生长。

对于 LA32 架构,内核空间在 0x8000 0000 以上的高端地址上,用户栈区从起始位置 0x7fff ffff 开始向低地址增长,只读代码段从 0x0001 0000 开始向高地址增长,只读代码段后是可读写数据段,其起始地址要求按 4KB 对齐。对于 LA64 架构,只读代码段从 0x1 2000 0000 开始

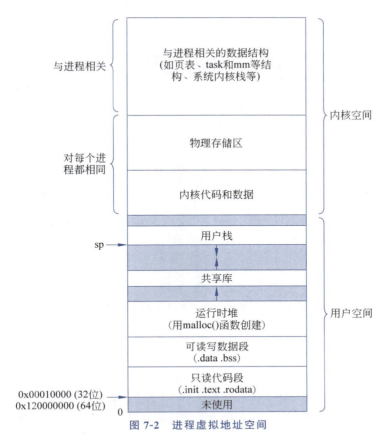

图 7-2　进程虚拟地址空间

向高地址增长。

**2. Linux 操作系统虚拟地址空间中区域的描述**

Linux 操作系统将进程对应的虚拟地址空间组织成若干区域（area）的集合，这些区域指虚拟地址空间中已分配的连续区块，如图 7-2 中的只读代码段、可读写数据段、运行时堆、用户栈、共享库等区域。

Linux 操作系统内核为每个进程维护了一个**进程描述符**，数据类型为 task_struct 结构。task_struct 结构中记录了内核运行该进程所需要的所有信息，例如，进程的 PID、指向用户栈的指针、可执行目标文件的文件名等。如图 7-3 所示，task_struct 结构可对进程虚拟地址空间中的区域进行描述。

task_struct 结构中的指针 mm 指向一个 mm_struct 结构，后者描述了对应进程虚拟存储空间的当前状态，其中，字段 mmap 指向一个由 vm_area_struct 结构构成的链表表头。

每个 vm_area_struct 结构描述了对应进程虚拟地址空间中的一个区域，可通过系统调用函数 mmap() 添加一个区域。vm_area_struct 中部分字段如下。

（1）vm_start：指向区域的开始处。

（2）vm_end：指向区域的结束处。

（3）vm_prot：描述区域的访问权限。

（4）vm_flags：描述区域的属性，如是否与其他进程共享等。

（5）vm_next：指向链表下一个 vm_area_struct。

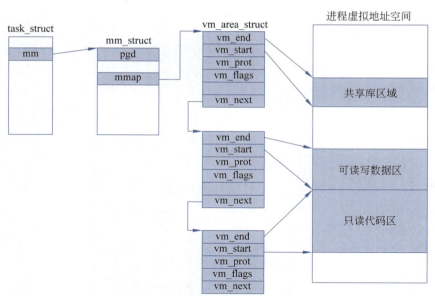

图 7-3 Linux 操作系统进程虚拟地址空间中区域的描述

### 7.1.3 虚拟存储器的基本类型

在 cache-主存层次中 cache 是主存的缓存，类似地，在虚拟存储器机制中，主存可看成是外存的缓存。因此，实现虚拟存储器机制与实现 cache 一样，也必须考虑交换块大小、映射、替换和写策略等问题。根据方案的不同，虚拟存储器分成三种不同类型：段式虚拟存储器、页式虚拟存储器和段页式虚拟存储器。

**1. 段式虚拟存储器**

根据程序的模块化特性，可按程序的逻辑结构将其划分成多个相对独立的部分，这些相对独立的部分称为段(segment)。分段方式下，将主存空间按实际程序中的段来划分，并通过段表中的段表项记录每个段在主存中的基址、段长、访问权限、使用和装入情况等。每个进程有一个段表，指令给出的虚拟地址即为段内偏移，可将其加上对应段的基址得到实际访问的物理地址。

段式虚拟存储器实现机制较简单，硬件实现成本低，适合简单的嵌入式系统和实时系统。由于段的粒度较大，不易管理，且易产生主存碎片，因此现代操作系统通常不使用段式虚拟存储管理方式。

**2. 页式虚拟存储器**

现代操作系统主要采用页式虚拟存储管理方式。在页式虚拟存储系统中，虚拟地址空间被划分成大小相等的页，外存和主存之间按页(page)为单位交换信息。虚拟地址空间中的页称为虚拟页(Virtual Page,VP)，也称逻辑页或虚页；主存空间也被划分成同样大小的页框或页帧(Page Frame,PF)，也称物理页或实页(Physical Page,PP)。

虚拟存储管理采用请求分页思想，仅将当前程序需要的页从外存调入主存，而其他不活跃的页保留在外存。当访问信息所在页不在主存时，CPU 抛出缺页异常，此时操作系统从外存将缺失页装入主存。

虚拟地址空间中有一些没有内容的"空洞"。如图 7-2 所示，堆和栈动态生长，在栈和共享库映射区之间、堆和共享库映射区之间均无内容，这些没有和任何内容关联的页称为未分配页；对于代码和数据等有内容区域所关联的页，称为已分配页。已分配页中又有两类：已被缓存在主存中的页称为缓存页；未调入主存而存储在外存的页称为未缓存页。因此，任何时刻一个进程中所有页都被划分成三个不相交的集合：未分配页集合、缓存页集合和未缓存页集合。

在主存和 cache 之间的交换单位为主存块，而在主存和外存之间的交换单位为页。通常页比主存块大得多。因为用作主存的 DRAM 比用作 cache 的 SRAM 慢 10～100 倍，而磁盘等外存比 DRAM 大约慢 1 000 000 倍，故缺页的代价比 cache 缺失损失大得多。因此，为了降低主存和外存之间交换数据的频率，通常采用较大的页大小，典型的有 4KB、8KB 和 1MB 等，且有越来越大的趋势。此外，由于外存访问速度低，故在写策略方面通常采用回写方式，而不用通写方式。

降低主存和外存之间交换数据频率的另一个关键是提高命中率，因此，在主存页框和虚拟页之间采用全相联映射方式，即每个虚拟页可以映射到任意主存页框。因此，与 cache 一样，必须要有一种方法来维护各虚拟页与所存放的主存页框或外存位置的映射关系。通常用页表（page table）这种数据结构来维护这种映射关系。

**3. 段页式虚拟存储器**

段页式虚拟存储器结合分段和分页的特点，将程序按模块分段，段内再分页，用段表和页表（每段一个页表）进行两级定位管理。段页式虚拟存储器实现机制复杂，地址转换需查段表和页表，因此时间开销和空间开销都较大，现代操作系统通常很少使用段页式虚拟存储管理方式。

## 7.2 页式虚拟存储器的实现

### 7.2.1 页表和页表项的结构

在采用页式虚拟存储器的系统中，每个进程有一个页表，进程中每个虚拟页在页表中都有一个对应的表项，称为页表项。页表项包括该虚拟页的存放位置、装入位（valid）、修改位、使用位、访问权限位和禁止缓存位等内容，如图 7-4 所示。

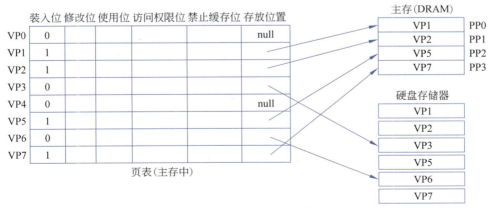

图 7-4 页表和页表项示例

页表项中的存放位置字段用来建立虚拟页和物理页框之间的映射，用于进行虚拟地址到物理地址的转换；装入位也称有效位或存在位，用来表示对应页是否在主存，若为 1，表示该虚拟页已从外存调入主存,是一个缓存页,此时,存放位置字段指向主存物理页号(即页框号或实页号);若为 0,则表示没有被调入主存,此时,若存放位置字段为 null,则说明是一个未分配页,否则是一个未缓存页,其存放位置字段给出该虚拟页在外存的起始地址；**修改位**(即**脏位**)用来说明页面是否被修改过,虚存机制中采用回写策略,利用修改位可判断替换时是否需写回外存；**使用位**用来说明页面的使用情况,通常由页面替换算法读取,因此也称**替换控制位**,例如,是否最先调入(FIFO 位)、是否最近最少用(LRU 位)等；**访问权限位**用来说明页面的访问权限,通常包括读、写和执行位,用于存储保护；**禁止缓存位**用来说明页面是否可以装入 cache,通常与存储器映射 I/O 编址方式配合使用,具体可参见 9.4.4 节。

图 7-4 给出的页表示例中,有 4 个缓存页：VP1、VP2、VP5 和 VP7；两个未分配页：VP0 和 VP4；两个未缓存页：VP3 和 VP6。

对于图 7-4 所示页表,假如 CPU 执行指令访问某个数据,若该数据正好在虚拟页 VP1 中,则根据页表得知,VP1 对应的装入位为 1,该页的信息存放在物理页 PP0 中,因此,可通过 MMU 将虚拟地址转换为物理地址,然后在 PP0 中访问该数据；若该数据在 VP6 中,则根据页表得知,VP6 对应的装入位为 0,表示**页缺失**,抛出**缺页异常**,需要调出操作系统的**缺页异常处理程序**进行处理。缺页异常处理程序首先找一个空闲的物理页框,用于存放缺失页的内容。若主存中没有空闲页框,则还要根据页面替换算法选择一页替换出去。因为采用回写策略,所以替换某页时,需根据修改位确定是否要将该页写回外存。找到空闲页框后,缺页异常处理程序根据 VP6 对应页表项的存放位置字段,从外存将缺失页读入该页框,并将页表项的装入位设为 1,将存放位置设为该页框的页框号。缺页异常处理结束后,程序回到原来发生缺页的指令继续执行,此时可通过 MMU 将虚拟地址转换为物理地址,然后在该页框中访问该数据。

对于图 7-4 所示页表,虚拟页 VP0 和 VP4 是未分配页,随着进程的动态执行,这些未分配页可能会转变为已分配页。例如,调用 malloc() 函数会使堆区增长,若新增的堆区正好与 VP4 对应,则操作系统为 VP4 分配一个空闲页框,用于存放新增堆区中的内容,同时将 VP4 对应页表项的存放位置字段设为该页框的页框号,使 VP4 从未分配页转变为已缓存页。

页表属于进程控制信息,位于虚拟地址空间中的内核空间,页表在主存的首地址记录在 CPU 的**页表基址寄存器**中,供 MMU 在进行地址转换时使用。图 7-3 所示的 mm_struct 结构中,其中的 pgd 字段记录了对应进程的页表在主存的首地址。因此,当 CPU 运行对应进程时,操作系统会将 pgd 字段的内容传送到页表基址寄存器中。

页表的项数由虚拟地址空间大小决定,由于虚拟地址空间容量足够大,使得用户编程不受其限制。因此,页表项数通常很多,造成页表过大的问题。例如,在 LA64 架构中,若有效虚拟地址设为 48 位,页大小设为 16KB,则一个进程有 $2^{48}/2^{14}=2^{34}$ 个页面,即每个进程的页表可达 $2^{34}$ 个表项。每个页表项占 64b,一个页表的大小为 $2^{34}\times 64b=128GB$。显然,将页表全部放在主存中并不适合。

解决页表过大的方法有很多,可以采用限制大小的一级页表、两级页表或多级页表,也可以采用哈希方式的倒置页表等方案。具体实现方案需要指令系统和操作系统协同考虑,读者可查阅指令集手册或操作系统相关书籍。

## 7.2.2 页式存储管理总体结构

在虚拟存储管理系统中,每个用户程序都有各自独立的虚拟地址空间,用户程序以可执行文件方式存储在外存。假定某一时刻用户程序 1、2 和 $k$ 都已经被加载到系统中运行,那么,此时主存中就会同时存放这些用户程序的代码和数据。因为可执行文件中的机器代码和数据所在的地址是在虚拟地址空间中的地址，因此 CPU 在执行某个用户程序时，只知道指令和数据的虚拟地址，那么，CPU 怎么知道到哪个主存单元去取指令或访问数据？如何建立外存（如磁盘）中的可执行文件与主存物理地址之间的关联呢？为了回答上述问题，需要了解图 7-5 给出的页式存储管理的总体结构。

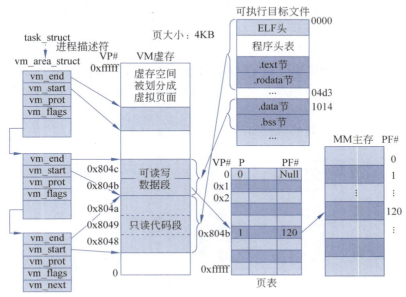

图 7-5　页式存储管理的总体结构

如图 7-5 所示，存储管理需要计算机系统各层次相互协调完成，它与链接器、操作系统等系统软件层和 CPU、主存等硬件层都有关系。

首先，生成可执行文件时，链接器会将目标文件中具有相同访问属性的代码节和数据节各自合并形成特定的段，如只读代码段、可读写数据段，将不同段映射到虚拟地址空间的不同区域中，并将段属性、虚拟地址空间区域等信息记录在可执行文件的程序头表中，供加载器加载程序时使用。

然后，加载可执行文件时，操作系统的加载器根据可执行文件的程序头表，通过调用 mmap() 系统调用函数（函数功能参见 7.7 节），建立相应进程的虚拟地址空间映像（用图 7-3 中的 vm_area_struct 链表表示），以确定每个可分配段（如只读代码段、可读写数据段）在虚拟地址空间中的区域位置及其访问权限等信息，并初始化页表项，装入位 P 设为 0，存放位置指向外存中页面所在处，访问权限位可由 vm_area_struct 链表中 vm_prot 字段决定，不属于任何 vm_area_struct 链表所描述区间的页面都是未分配页。

在进程执行过程中，CPU 第一次访问进程中的代码和数据时，因为代码和数据不在主存，故抛出缺页异常；操作系统在处理缺页异常的过程中，将外存中的代码或数据所在页装入所分配的主存页框中，并修改相应页表项。例如，对于图 7-5 中虚页号 VP# 为 0x804b 的页表项，操作系统将存放位置（即页框号 PF#）改为所分配的页框号 120，将装入位 P 设为 1。这样，以后 CPU 再次访问该页时，MMU 就可以根据页表将指令给出的虚拟地址转换为物理地址，然后到主存页框中访问信息。

分页方式下，每个区域的长度应为页大小的整数倍，而可执行文件中的只读数据段和可读写数据段的长度并非正好是页大小的整数倍,因而,剩余部分将补足 0,以使其正好占用一个主存页框。

### 7.2.3 页式虚拟存储地址转换

对于采用虚存机制的系统,指令中给出的地址是虚拟地址,因此,CPU 执行指令时,首先要将虚拟地址转换为物理地址,才能到主存取指令和数据。**地址转换**(address translation)工作由 CPU 中的 MMU 完成。

由于页大小是 2 的幂,所以,每一页的起点都落在低位字段为零的地址上。虚拟地址分为以下两个字段:高位字段为**虚拟页号**,低位字段为**页内偏移地址**(简称**页内地址**)。物理地址也分为两个字段:高位字段为**物理页号**,低位字段为**页内偏移地址**。由于虚拟页和物理页的大小一样,所以两者的页内偏移地址相等。

页式虚拟存储器的地址转换过程如图 7-6 所示。

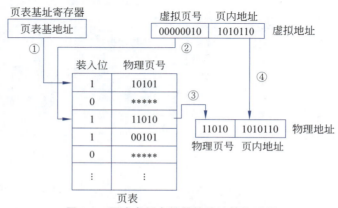

图 7-6 页式虚拟存储器的地址转换过程

页式虚拟存储管理方式下地址转换过程说明如下。

① MMU 根据页表基地址寄存器的内容,找到主存中对应的**页表起始位置**(即**页表基地址**)。

② 将虚拟地址高位字段的虚拟页号作为页表的索引,找到对应的页表项。

③ 若装入位为 1,则取出物理页号(即页框号)。

④ 将物理页号和虚拟地址中的页内地址拼接,形成用于访问主存的物理地址。

若对应页表项中的装入位为 0,则 MMU 会抛出缺页异常,需要操作系统进行缺页异常处理。实际上,页表项中除装入位和物理页号(存放位置)外,还有访问权限等其他字段,因此,在地址转换过程中,MMU 还会判断是否发生访问越权,例如,若访问权限字段指出当前页表项对应的是只读页,但执行的是存数指令,要求对该页进行写操作,此时发生访问越权,MMU 抛出页故障异常。

### 7.2.4 快表(TLB)

从地址转换过程可看出,访存时 MMU 首先到主存查页表,然后才能根据转换得到的物理地址再访问主存。如果缺页,则还要进行页面替换和页表项更新等操作。因此,采用虚拟存储器机制后,CPU 执行一条指令的访存次数反而增加了。为了减少访存次数,MMU 通常利用程序访问的局部性,把页表中最活跃的几个页表项装入一个特殊的 cache 中,此 cache 中的页表项组成了一个页表,称为**转换旁查缓冲器**(Translation Lookaside Buffer,**TLB**)或**快表**,相应地称主存中的页表为**慢表**。

这样,MMU 进行地址转换时,首先查询快表,若命中,则直接取出快表中的页表项进行地址转换;若缺失,则访问主存中的慢表,这一过程称为**页表遍历**(page table walk,也称 page walk)。因此,快表是加速地址转换过程的有效方法。TLB 设计需要考虑以下问题。

**1. TLB 基本组织结构**

TLB 通常由 SRAM 或触发器实现,容量比慢表小得多。为提高命中率,TLB 通常具有较高的关联度,大多采用全相联或组相联方式。每个表项的内容由页表项内容加上 TLB 标记字段组成,**TLB 标记**用来表示该表项对应哪个虚拟页,因此,全相联 TLB 的标记即为该页表项对应的虚页号;组相联 TLB 的标记则是对应虚页号的高位部分,而虚页号的低位部分作为 **TLB 组索引**用于选择 TLB 组。

查找 TLB 时,先通过虚页号的 TLB 组索引字段选出 TLB 组,然后将虚页号的标记字段与该组中每个标记字段同时进行比较,若其中一行标记相等且有效位为 1,则 **TLB 命中**,此时可直接取出 TLB 中的相应页表项进行地址转换;否则 **TLB 缺失**,此时需要访问主存查找慢表。

与 cache 不同,存数指令不会将数据写入 TLB,因此 TLB 的设计无须考虑写策略。

目前 TLB 的一些典型指标如下:TLB 大小为 16~512 项,命中时间为 0.5~1 个时钟周期,缺失损失为 10~100 个时钟周期,命中率为 99%~99.99%。

**2. TLB 的缺失处理**

TLB 缺失时,根据指令集体系结构的设计,通常有两种处理方式。

第一种是硬件处理方式。首先由 MMU 在 TLB 中寻找一个空闲的 TLB 表项,若 TLB 已满,则根据替换算法进行 TLB 替换。然后由 MMU 中的**页表遍历器**(page table walker,**PTW**)模块自动进行页表遍历,在主存中寻找当前访问页对应的页表项。若该页表项的装入位为 1,则将其装入上述 TLB 表项中,并在 TLB 表项的标记字段填入虚页号的高位部分,接着继续地址转换过程;若该页表项的装入位为 0,则抛出缺页异常,由操作系统处理。采用硬件处理方式时,TLB 的内部结构和缺失处理过程对软件透明,对软件的兼容性更好;但由于需要进行 TLB 替换,故不宜使用复杂的替换算法,通常采用随机替换策略。

使用硬件处理方式的典型指令集架构是 IA-32,操作系统无须关心 TLB 的内部结构和缺失处理过程,也无须为 IA-32 设计专门的 TLB 缺失异常处理程序。此外,根据 RISC-V 指令集手册的介绍,RISC-V 架构师认为软件处理 TLB 缺失在高性能系统中会成为性能瓶颈,故 RISC-V 采用硬件处理方式。

第二种是软件处理方式。MMU 抛出 TLB 缺失异常,由操作系统的 **TLB 缺失异常处理程序**进行 TLB 替换、页表遍历和页表项装入等一系列操作。为了让操作系统管理 TLB,指令集架构需要提供若干特殊寄存器和 TLB 管理指令,前者用于存放造成 TLB 缺失的虚拟地址、待装入 TLB 的表项内容等,后者用于让软件对 TLB 进行装入、清除和查找等操作。显然,软件必须了解 TLB 的内部结构,才能按照正确的格式将页表项装入 TLB。这种方式下 TLB 表项的替换由软件决定,因此可采用较复杂的替换算法来提升 TLB 的命中率。此外,由于异常处理会打断处理器流水线,因此软件处理方式的缺失损失比硬件处理方式大,而对于乱序超标量处理器,前者对 IPC 带来的损失更大。

使用软件处理方式的典型指令集架构是 MIPS。MIPS 架构提供了 Index、Random、

EntryLo0、EntryLo1、Context、PageMask、Wired、EntryHi 共计 8 个特殊的控制寄存器用于 TLB 的读取和更新，以及 tlbp、tlbr、tlbwi、tlbwr 共计 4 条 TLB 管理指令，TLB 重填异常用于 TLB 缺失处理。LoongArch 架构也可采用软件处理方式，TLB 缺失时会触发 TLB 重填异常。有关 LoongArch 架构中 TLB 相关内容将在 7.5 节详细介绍。

### 3. 联合/分离 TLB 和多级 TLB

与 cache 设计类似，TLB 设计也可以考虑指令和数据 TLB 分离和多级 TLB 等方案。现代处理器通常包含 L1 和 L2 TLB，且 L1 TLB 采用**分离 TLB**，即**数据 TLB** 和**指令 TLB** 独立工作。L2 TLB 通常为**联合 TLB**，即数据和指令两种页面的页表项存放在一个 TLB 中。与 cache 不同，存数指令不会将数据写入 TLB，因此不会产生数据 TLB 和指令 TLB 之间的一致性问题。

### 4. TLB 和慢表之间的一致性问题

当操作系统更新慢表中的页表项时，会带来 TLB 和慢表之间的一致性问题。例如，在某程序的堆区中，虚拟页 VP1 映射到物理页 PP1，且相应页表项在 TLB 中。随着程序的运行，堆区经历了多次分配和释放操作，操作系统对慢表进行了多次更新，此时 VP1 映射到物理页 PP2。此后，若程序访问 VP1，则会由于 TLB 命中而仍然访问 PP1，从而导致读写错误的主存地址。

为了解决上述问题，需要通过额外的同步机制来保证地址翻译过程使用的是最新的页表项。一种简单的实现方案是冲刷系统中所有 TLB，使得后续 TLB 访问一定发生缺失，因而需从慢表中装入最新的页表项。这种简单方案对性能的影响较大，可在硬件中通过更复杂的控制逻辑来实现仅冲刷 TLB 中指定页表项或指定地址空间的效果。

### 5. TLB 和地址空间切换

由于每个进程的虚拟地址空间一致，故相同的虚拟地址在不同进程中将映射到不同的物理地址，因此在切换到新进程的地址空间后，TLB 中页表项所指示的映射关系与新进程的不一致。例如，系统中运行进程 1，其地址空间中的某虚拟页 VP 映射到物理页 PP1，且相应页表项在 TLB 中。某时刻系统切换到进程 2 运行，其地址空间中的虚拟页 VP 映射到物理页 PP2，若此时进程 2 访问 VP，则会由于 TLB 命中而仍然访问 PP1，导致访问错误的物理页。关于进程的上下文切换，请参见 8.1 节。

出现上述问题的原因是，仅靠虚拟地址无法区分 TLB 中某个页表项属于哪个进程。为了解决该问题，一种方法是在进程上下文切换时冲刷 TLB，使得后续 TLB 访问一定发生缺失，因而需要从慢表中装入进程 2 的页表项。另一种方法是为页表基地址寄存器和 TLB 中的每个页表项添加**地址空间标识**（address space identifier，**ASID**）字段，前者用于标识当前运行的是哪个进程，后者用于标识该页表项属于哪个进程，并在比较 TLB 标记的同时，额外比较页表基地址寄存器的 ASID 与页表项的 ASID 是否一致。此时需要由操作系统保证不同的进程使用不同的 ASID，这样，进程 2 访问 VP 时就不会匹配到进程 1 的页表项，而需要从慢表中装入进程 2 的页表项。LoongArch 架构采用了后一种方法，为每一个进程添加了 ASID 信息，记录在控制状态寄存器（Control and Status Register，CSR）ASID 的 ASID 字段中。

## 7.3 具有 TLB 和 cache 的存储系统

现代计算机系统中，缓存技术无处不在，仅在 CPU 芯片中就包含了用于缓存指令和数据的 cache，以及用于缓存页表项的 TLB，因此在 CPU 执行指令进行存储访问的过程中，首先要查找 TLB 或主存慢表,进行地址转换;然后根据主存物理地址查找 cache,在 cache 缺失时要访问主存,在缺页时还要访问外存。

## 7.3.1 层次化存储系统结构

图 7-7 是一个具有 TLB 和 cache 的多级层次化存储系统结构示意图,图中 TLB 和 cache 都采用组相联映射方式。

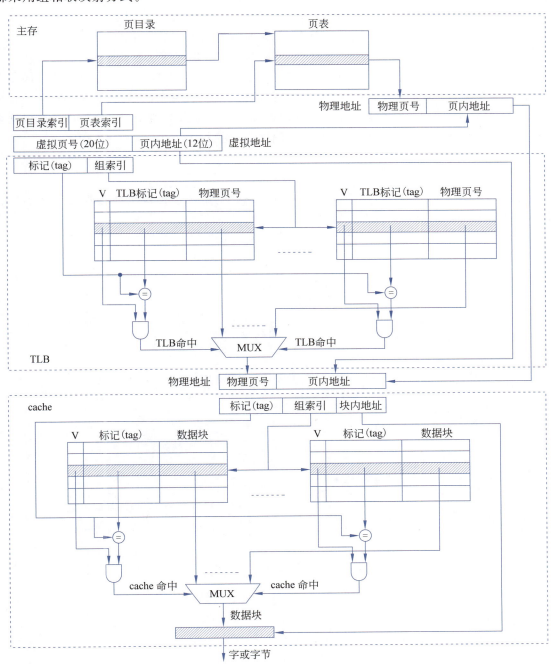

图 7-7 带有 TLB 和 cache 的多级层次化存储系统结构

在图 7-7 中，指令给出一个 32 位虚拟地址，由 CPU 中的 MMU 进行虚拟地址到物理地址的转换，然后根据物理地址访问 cache。

MMU 查找 TLB 时，将 20 位的虚页号分成标记（tag）和组索引两部分，首先由组索引确定查找 TLB 的哪一组。若 TLB 缺失，则需要访问主存查找慢表。假设 TLB 缺失使用硬件处理方式，采用两级页表，其中第一级页表也称页目录，此时页表基地址寄存器的内容为页目录基址，同时虚页号被分成页目录索引和页表索引两部分。MMU 进行地址转换的过程如下：首先根据虚页号中的页目录索引，在页目录基地址所指的页目录中找到一个页目录项，其结构与页表项相同，但页框号指示的是页表基地址；MMU 再根据虚页号中的页表索引，在页表基地址所指的页表中找到一个页表项，其页框号即为物理页号，并继续地址转换过程。

在 MMU 完成地址转换后，cache 根据映射方式将转换得到的主存物理地址划分成多个字段，然后根据 cache 索引找到对应的 cache 行或 cache 组，将对应各 cache 行中的标记与物理地址中的高位地址进行比较，若其中一行标记相等且有效位为 1，则 cache 命中，此时，根据块内地址取出对应的字，需要的话，再根据字节偏移量从字中取出相应字节送 CPU。

## 7.3.2 CPU 访存过程

在一个具有 cache 和虚拟存储器的系统中，CPU 的一次访存操作可能涉及 TLB、页表、cache、主存和外存的访问，其访问过程如图 7-8 所示。

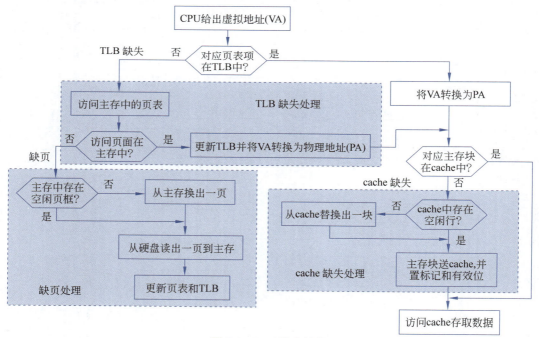

图 7-8 CPU 访存过程

从图 7-8 可看出，CPU 访存过程中存在以下三种缺失情况。

（1）TLB 缺失（TLB miss）：要访问的虚拟页对应的页表项不在 TLB 中。

（2）cache 缺失（cache miss）：要访问的主存块不在 cache 中。

（3）缺页（page miss）：要访问的虚拟页不在主存中。

表 7-1 给出了三种缺失的几种组合情况。

表 7-1  TLB、page、cache 三种缺失组合

| 序号 | TLB | page | cache | 说明 |
| --- | --- | --- | --- | --- |
| 1 | hit | hit | hit | 可能,TLB 命中则页一定命中,信息在主存,就可能在 cache 中 |
| 2 | hit | hit | miss | 可能,TLB 命中则页一定命中,信息在主存,但可能不在 cache 中 |
| 3 | miss | hit | hit | 可能,TLB 缺失但页可能命中,信息在主存,就可能在 cache 中 |
| 4 | miss | hit | miss | 可能,TLB 缺失但页可能命中,信息在主存,但可能不在 cache 中 |
| 5 | miss | miss | miss | 可能,TLB 缺失,则页也可能缺失,信息不在主存,一定也不在 cache 中 |
| 6 | hit | miss | miss | 不可能,页缺失,说明信息不在主存,TLB 中一定没有该页表项 |
| 7 | hit | miss | hit | 不可能,页缺失,说明信息不在主存,TLB 中一定没有该页表项 |
| 8 | miss | miss | hit | 不可能,页缺失,说明信息不在主存,cache 中一定也没有该信息 |

很显然,最好的情况是第 1 种组合,此时无须访问主存;第 2 和第 3 两种组合都需要访问一次主存;第 4 种组合要访问两次主存;第 5 种组合会抛出缺页异常,需访问外存,并至少访问主存两次。

cache 缺失由硬件处理;缺页由软件处理,操作系统通过缺页异常处理程序来实现;而对于 TLB 缺失,根据指令集架构设计的不同,可由硬件处理,也可由软件处理。

### 7.3.3  cache 的 4 种查找方式

在虚拟存储系统中,可选择用物理地址或虚拟地址查找 cache 行。根据标记字段和索引字段使用的地址类型的不同,共有以下 4 种不同的查找方式。

(1) 实索引实标记(Physically Indexed,Physically Tagged,PIPT)。索引和标记都使用物理地址。其优点是容易实现,但每次访问前都需要先由 MMU 进行地址转换,若 TLB 缺失,则还需要等待页表项装入 TLB。图 7-7 和图 7-8 中所示的 cache 即采用 **PIPT 方式**。通常 L2 cache 和 L3 cache 都采用 PIPT 方式。

(2) 虚索引虚标记(Virtually Indexed,Virtually Tagged,VIVT)。索引和标记都使用虚拟地址。其优点是查找速度快,无须经 MMU 进行地址转换即可访问,只有 cache 缺失时,才需要进行地址转换。但由于虚拟页与物理页之间的映射关系灵活且可变,**VIVT 方式**需额外解决以下三个问题。

① 别名(alias)问题。若两个不同的虚拟地址映射到相同的物理地址,则该物理地址对应的主存块可能会以两个虚拟地址分别装入 cache,故需要正确维护两个 cache 行之间的数据一致性,即在写入其中一个 cache 行时,更新或无效另一个 cache 行。但为了判断两个由虚拟地址标记的 cache 行是否为别名关系,需要在 cache 中添加额外的逻辑。

② 同名(homonyms)问题。该问题与 7.2.4 节介绍的 TLB 和地址空间切换问题类似,VIVT 方式仅靠虚拟地址无法区分该 cache 行属于哪个进程。可在进程上下文切换时冲刷 cache,或为每个 cache 行添加 ASID,并在比较标记时同时比较 ASID。

③ 页表项更新问题。该问题与 7.2.4 节介绍的 TLB 和慢表之间的一致性问题类似,可能会通过虚拟地址在 VIVT 方式中访问到错误的数据,故在页表项的映射关系更新时,还需要额外写回相应的 cache 行。

(3) 虚索引实标记(Virtually Indexed,Physically Tagged,VIPT)。索引使用虚拟地址,但标记使用物理地址。与 PIPT 方式相比,**VIPT 方式**可在进行地址转换的同时,用虚拟地址索引查找 cache 行或组,但仍需等待地址转换得出物理地址后才能比较标记。在实际使用中,通常还会让索引字段完全落在页内地址字段中,使得索引字段在地址转换前后结果一致。利

用此特征，VIPT 方式可完全避免 VIVT 方式的别名问题、同名问题和页表项更新问题。但该特征也限制了 cache 大小，例如，当页大小为 4KB 时，索引字段和块内地址字段的总长度不能超过 12 位，即一路 cache 行的总大小不能超过页大小。因为该限制，VIPT 方式通常只在 L1 cache 中采用，容量更大的 L2 cache 和 L3 cache 一般采用 PIPT 方式。

（4）实索引虚标记（Physically Indexed，Virtually Tagged，PIVT）。索引使用物理地址，但标记使用虚拟地址。这类方式无明显优点，但包含了 PIPT 方式和 VIVT 方式的缺点，故实际中很少使用。

## 7.4 存储保护机制

为避免主存中多个程序相互干扰，防止某进程出错而破坏其他进程，或某进程非法访问其他进程的代码或数据区，应对每个进程进行存储保护。

为支持操作系统实现存储保护，硬件必须具有以下三种基本功能。

1）只能由操作系统内核程序访问 CPU 状态

例如，对于页表基地址寄存器、TLB 内容等，只有操作系统内核程序才能通过特权指令（也称管态指令）访问。常用的特权指令有刷新 TLB、退出异常/中断处理、停止处理器执行等，若用户进程执行这些指令，CPU 将抛出非法指令异常或保护错异常。

2）支持至少两种特权模式

操作系统内核程序需要具有比用户程序更多的特权，例如，内核程序可以执行用户程序不能执行的特权指令，内核程序可以访问用户程序不能访问的存储空间等。为此，需要让内核程序和用户程序运行在不同的特权级别或特权模式。

运行内核程序时 CPU 所处的模式称为监管模式（supervisor mode）、内核模式（kernel mode）、超级用户模式或管理程序状态，简称管态、管理态、内核态或者核心态；运行用户程序时 CPU 所处的模式称为用户模式（user mode）、用户状态或目标程序状态，简称为目态或用户态。用户模式特权级比其他特权级更低。

需要说明的是，这里的特权模式与 x86 架构的工作模式不一样，但是两者之间具有非常密切的关系，在实地址模式下并不区分特权级，只有在保护模式下才区分特权级。x86 架构支持 4 个特权级，但操作系统通常只使用 0 级（内核模式）和 3 级（用户模式）。RISC-V 架构支持三个特权模式：U 模式为用户模式；S 模式为监管模式；M 模式为机器模式。LoongArch 架构支持 4 个特权级 PLV0~PLV3，取值为 0~3，PLV0（0 级）为最高权限特权级，也是唯一可以使用特权指令并访问所有特权资源的特权级，属于内核态，PLV3（3 级）是具有最低权限的特权级，应用软件运行在 PLV1~PLV3 三个特权级，从而与运行在 PLV0 的操作系统等系统软件隔离开，不过，应用软件通常运行在 PLV3 级，在 Linux 操作系统中，PLV0 对应核心态，PLV3 对应用户态。

3）提供在不同特权模式之间相互切换的机制

通常，用户模式下可通过系统调用（执行自陷/陷阱指令）转入更高特权模式执行。同样，异常/中断的响应过程也可使 CPU 从用户模式转到更高特权模式执行。异常/中断处理程序中最后的异常/中断返回指令（return from exception）可使 CPU 从更高特权模式转到用户模式。

例如，x86+Linux 平台中可通过执行指令 int 0x80 从用户态转到内核态，而在内核态可通过执行中断返回指令 iret 转到用户态。LoongArch 架构中可通过执行指令 SYSCALL 触发系统调用，从用户态进入内核态，在内核态通过执行异常返回指令 ERTN（exception return）返回到用户态（LoongArch 架构参考手册中提到的*例外*（exception）即是异常）。ERTN 属于特权指令，只能在内核态使用。

硬件通过提供相应的 **CSR**、专门的自陷指令及各种特权指令等，和操作系统协同实现上述三种功能。操作系统把页表存放在内核空间，禁止用户进程访问和修改页表，从而确保用户进程只能访问由操作系统分配的存储空间。

存储保护主要包括以下两种情况：访问权限保护和存储区域保护。

1) 访问权限保护

访问权限保护检测是否发生*访问越权*。若实际访问操作与访问权限不符，则发生存储保护错。可在页表或段表中设置访问权限位实现这种保护。通常，各程序对本程序所在的存储区可读可写；对共享区或已获授权的其他用户信息可读不可写；而对未获授权的信息（如操作系统内核、页表等）不可访问。可读写数据段指定为可读可写；只读代码段指定为只可执行或只读。

2) 存储区域保护

存储区域保护检测是否发生*地址越界*或*访问越级*，即是否访问了不该访问的区域。通常有以下几种常用的存储区域保护方式。

（1）**加界重定位**。有些系统用专门的一对上界寄存器和下界寄存器来记录上界和下界，在段式虚拟存储器中，通过段表记录段的上界和下界。对虚拟地址加界（即加基准地址）生成物理地址后，若物理地址超过上界和下界规定的范围，则地址越界。

（2）**键保护**。操作系统为主存的每个页框分配一个存储键，为每个用户进程设置一个程序键。进程运行时，将程序状态字寄存器中的键（程序键）和所访问页的键（存储键）进行核对，相符时才可访问，如同"锁"与"钥匙"的关系。为使某个页框能被所有进程访问，或某个进程可访问任何一个页框，可规定键标志为 0，此时不进行核对工作。如操作系统有权访问所有页框，可让内核进程的程序键为 0。

（3）**环保护**。x86 架构采用该方案，操作系统内核工作在 0 环（内核态），操作系统其他部分工作在 1 环，用户进程工作在 3 环（用户态）。Linux 操作系统只用了 0 环和 3 环。

## *7.5 实例：LoongArch 架构的虚拟存储系统

LoongArch 架构具有 RISC 架构的典型特征，存储访问操作除了取指令操作之外，主要是 load/store 指令中的取数和存数操作。

### 7.5.1 与虚拟存储管理相关的 CSR

LoongArch 架构定义了一系列 CSR，每个 CSR 包含若干字段。本书用 CSR.%%.♯♯ 的形式来表示 %% 中的字段 ♯♯。例如，CSR.CRMD.PLV 表示 CRMD 中的 PLV 字段。LoongArch 架构提供的 CSR 具有独立的地址空间，地址从 0 开始，占 14 位。以下主要介绍与虚拟存储管理相关的几个 CSR。

**1. 当前模式 CSR**

CRMD 寄存器为当前模式 CSR，用于保存处理器核当前的模式信息（即程序状态字

PSW),位宽为 32,包括当前特权级、当前全局中断使能、监视点使能和地址翻译模式等字段,如图 7-9 所示。

```
31          10 9 8   7 6   5 4   3   2   1   0
            [   ][WE][DATM][DATF][PG][DA][IE][PLV]
```

图 7-9 CRMD 寄存器

其中,[31:10]位为保留字段。其他字段的含义说明如下。

PLV(Privilege LeVel):当前特权级(或当前特权模式)。CPU 在异常/中断响应过程中,先将该位保存到相关 CSR 中,然后将其设为 0,以确保异常/中断响应后进入内核态(PLV0 级)。执行 ERTN 指令从异常/中断处理返回时,再将相关 CSR 中保存的 PLV 值恢复到 CSR.CRMD.PLV 中。

IE(Interrupt Enable):当前**全局中断使能位**。该位为 1,表示允许中断。CPU 在异常/中断响应过程中,将该位设为 0,以禁止响应新的中断(即关中断)。异常/中断处理程序决定重新开启中断响应时,需显式地将该位置 1。

DA:该位为 1,表示当前为**直接地址翻译模式**。

PG:该位为 1,表示当前为**映射地址翻译模式**。

DATF:该字段记录在直接地址翻译模式下取指令操作的存储访问类型。

DATM:该字段记录在直接地址翻译模式下 load/store 操作的存储访问类型。

WE:所有指令和数据监视点的全局使能位,该位为 1 时有效。CPU 在异常/中断响应过程中,将该位设为 0。

LoongArch 架构的 MMU 支持两种虚实地址翻译模式:直接地址翻译模式和映射地址翻译模式。当 DA=1 且 PG=0 时,处于直接地址翻译模式;当 DA=0 且 PG=1 时,处于映射地址翻译模式。DA 和 PG 只能组合为 0,1 或 1,0,即两种地址翻译模式是互斥的。

计算机加电或复位时处于直接地址翻译模式,类似于 x86 架构的实地址模式。直接地址翻译模式下,物理地址默认直接等于虚拟地址的 PALEN-1:0 位(不足补 0)。**PALEN** 为系统支持的物理地址位数,具体值可通过配置设定。LA32 架构下,理论上 PALEN 的值不超过 36,具体由实现决定,通常为 32。LA64 架构下,PALEN 理论值不超过 60,具体值由实现决定。相应的 **VALEN** 为系统支持的虚拟地址位数。

系统加电启动时先进入直接地址翻译模式,对系统进行初始化后,转入映射地址翻译模式。映射地址翻译模式可实现多任务系统中不同任务所使用的虚拟存储空间之间的完全隔离,以保证不同任务之间不会相互破坏各自的代码和数据。映射地址翻译模式分为**直接映射地址翻译模式**(简称**直接映射模式**)和**页表映射地址翻译模式**(简称**页表映射模式**)两种。

LoongArch 架构支持三种存储访问类型:00 表示**强序非缓存**(Strongly-ordered UnCached,SUC),01 表示**一致可缓存**(Coherent Cached,CC),10 表示**弱序非缓存**(Weakly-ordered UnCached,WUC)。11 作为保留值。当处理器核 MMU 处于直接地址翻译模式时,所有取指令操作的存储访问类型由 CSR.CRMD.DATF 的值确定,所有 load/store 操作的存储访问类型由 CSR.CRMD.DATM 的值确定。

**2. 与映射地址翻译相关的 CSR**

与映射地址翻译相关的 CSR 大致可分为 5 类,表 7-2 给出了相应 CSR 的名称和功能描述等信息,部分 CSR 的具体结构及其各字段含义在 8.3 节中给出。

表 7-2 与映射地址翻译相关的 CSR

| 信息类型 | 寄存器名称 | 功能描述 | 备注 |
|---|---|---|---|
| 直接映射地址翻译模式 | DMW0~DMW3 | 用于设定直接映射地址翻译时使用的参数 | LA32 架构下寄存器为 32 位，LA64 架构下为 64 位 |
| 常规信息 | ASID | 当前进程对应的 ASID。可通过 TLBRD 指令将读出的 TLB 表项中 ASID 字段记录在此；也可通过执行 TLBWR、TLBFILL 指令从此处取出 ASID 写入 TLB 表项的 ASID 字段 | ASID 的位宽（ASIDBITS）为只读信息，它可能随架构规范的演进而增加 |
| 常规信息 | TLBIDX | 记录 TLB 表项的索引值（Index）、页大小（PS）、有效/无效 TLB 表项（NE） | TLB 中各项的索引值计算规则：从 0 开始依次递增编号，先 STLB 后 MTLB，STLB 中从第 0 路的第 0 行至最后一行，然后是第 1 路第 0 行至最后一行，直至最后一路的最后一行，MTLB 从第 0 行至最后一行 |
| 常规信息 | STLBPS | 配置 STLB 的页大小，用 6 位 PS 字段表示 | 用页大小中 2 的幂（即页内地址位数）表示，如 16KB 页大小时，PS 字段为 00 1110B(14) |
| 常规信息 | BADV | 记录引起地址错相关异常的虚拟地址，检测到相关异常时，CPU 将发生异常的虚拟地址记录在此 | 地址错相关异常包括取指令地址错、load/store 地址错、地址对齐错、边界约束检查错、load 操作页无效、store 操作页无效、取指操作页无效、页修改、页不可读、页不可执行、页特权级不合规等 |
| 非 TLB 重填异常 | TLBEHI | 执行 TLBRD 指令时，将读出的 TLB 表项中的高位部分（VPPN 字段）记录在此；执行 TLBWR、TLBFILL 指令时，将此处的 VPPN 写入 TLB 表项的高位部分（VPPN 字段） | 检测到 load 操作页无效、store 操作页无效、取指令操作页无效、页修改、页不可读、页不可执行和页特权级不合规等异常时，CPU 将发生异常的虚拟地址的 VALEN−1:13 位记录到该处。非 TLB 重填异常（即 CSR.TLBRERA.IsTLBR=0）时，写入 TLB 表项的 VPPN 字段的值来自于此。LA32 和 LA64 架构下，寄存器位数分别为 32 和 64 |
| 非 TLB 重填异常 | TLBELO0/TLBELO1 | 执行 TLBRD 指令时，将读出的 TLB 表项中的信息（如 RPLV、NX、NR、PPN、G、MAT、PLV、D、V 等字段）记录在此；执行 TLBWR、TLBFILL 指令时，将此处的信息写入 TLB 表项中 | 非 TLB 重填异常（即 CSR.TLBRERA.IsTLBR=0）时，写入 TLB 表项的 PLV、D、PLV、MAT、G、PPN 等字段的值来自于此。LoongArch 架构下 TLB 采用双页结构，TLB 表项的低位信息对应奇偶两个物理页表项，TLBELO0、TLBELO1 分别对应偶数页、奇数页的相关信息，LA32 和 LA64 架构下，寄存器位数分别为 32 和 64 |
| TLB 重填异常 | TLBRPRMD | 记录引起 TLB 重填异常时断点处的处理器核的模式信息（包括 PLV、IE、WE 等字段） | 检测到发生 TLB 重填异常时，CPU 将 CSR.CRMD 中记录的处理器核当前模式信息保存至该寄存器中，异常返回（执行 ERTN 指令）时可通过读取该寄存器来恢复处理器核原来的模式 |
| TLB 重填异常 | TLBRBADV | 记录引起 TLB 重填异常的虚拟地址 | 检测到发生 TLB 重填异常时，CPU 将发生异常的虚拟地址记录在此寄存器中 |

续表

| 信息类型 | 寄存器名称 | 功能描述 | 备注 |
|---|---|---|---|
| TLB重填异常 | TLBRENTRY | 记录 TLB 重填异常处理程序的入口地址 | 检测到发生 TLB 重填异常时,处理器核将进入直接地址翻译模式,因此此处所填入口地址应是物理地址 |
| | TLBRERA | 标识当前异常是否为 TLB 重填异常(IsTLBR=1 表示 TLB 重填异常),并记录 TLB 重填异常处理结束后的返回地址(断点) | 检测到发生 TLB 重填异常时,CPU 将 IsTLBR 位置 1,并将发生 TLB 重填异常的指令的地址中 GRLEN−1:2 位存入该寄存器(即返回地址为发生异常的指令处) |
| | TLBRSAVE | 为 TLB 重填异常处理程序提供的一个保存寄存器,可用于存放一个通用寄存器的数据 | 在非 TLB 重填异常的处理过程中,若发生 TLB 重填异常,则可能需要使用该保存寄存器,为此设置了该寄存器 |
| | TLBREHI | 记录引起 TLB 重填异常的虚拟地址高位部分(VPPN)和页大小(PS) | 在 TLB 重填异常处理过程中,可通过特权指令获取相应信息,并写入 TLB 表项中。LA32 和 LA64 架构下,寄存器位数分别为 32 和 64 |
| | TLBRELO0/TLBRELO1 | 记录 TLB 重填异常处理过程中进行页表遍历时命中页表项中的信息 | 页表遍历命中时偶数页表项写入 TLBRELO0,奇数页表项写入 TLBRELO1。LA32 和 LA64 架构下,寄存器位数分别为 32 和 64 |
| 页表遍历 | PGDL | 配置低半地址空间全局目录基址 | 低半空间指虚地址的第 VALEN−1 位等于 0 时的空间 |
| | PGDH | 配置高半地址空间全局目录基址 | 高半空间指虚地址的第 VALEN−1 位等于 1 时的空间 |
| | PGD | 记录的是在当前上下文中发生异常的虚拟地址对应的全局目录基址 | 为只读寄存器,可通过 CSR 类指令读取其值,亦为执行 LDDIR 指令提供所需的基址信息 |
| | PWCL/PWCH | 这两个寄存器中的信息定义了操作系统中所采用的页表结构,用于软件或硬件进行页表遍历 | LA32 架构下,仅实现 CSR.PWCL;LA64 架构下,需要实现 CSR.PWCL 和 CSR.PWCH 两个寄存器 |

### 7.5.2 LoongArch 架构的虚拟地址空间

LoongArch 架构中,主存物理地址空间的范围是 $0 \sim 2^{PALEN}-1$。LoongArch 架构中虚拟地址空间是按字节寻址的线性连续地址空间,未采用分段方式。

LA32 架构下,虚拟地址空间最大为 4GB,虚拟地址空间中的低半地址部分为用户可访问区,高半地址部分为内核可访问区,图 7-10 给出了 LA32 架构下虚拟地址空间的划分。

LA64 架构下,最大虚拟地址空间理论上为 $2^{64}$ 字节,虚拟地址空间的可访问范围为 $0 \sim 2^{VALEN}-1$。这里,VALEN 为系统所支持的虚拟地址的位数,理论上是一个小于或等于 64 的整数,具体取值通过配置设定,常见的 VALEN 在[40,48]范围内。虚拟地址空间与地址翻译模式紧密相关。LA64 架构下,采用页表映射模式时,虚拟地址空间的合法性判断规则如下:合法虚拟地址的[63:VALEN]位中每一位必须与 VALEN−1 位相同,即采用符号扩展,否则发生地址错异常。采用直接映射模式时,则无须进行地址合法性判断。

VALEN 和 PALEN 等指令系统实现的功能特性记录在一系列配置信息字中,可通过执

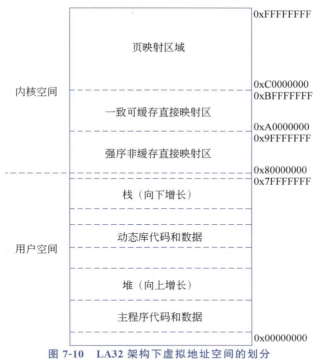

图 7-10　LA32 架构下虚拟地址空间的划分

行 CPUCFG 指令读取一个配置信息字。每个配置信息字中包含若干配置信息字段，其表示形式为 CPUCFG.＜配置字号＞.＜配置信息助记名＞[位下标]。例如，CPUCFG.1.PALEN[11:4] 和 CPUCFG.1.VALEN[19:12] 中的配置信息分别为 PALEN－1 和 VALEN－1 的值。

在指令 "CPUCFG rd，rj" 中，源操作数寄存器 rj 中存放的是要访问的配置字号，若执行如下两条指令后，

```
addi.w  $r13, $r0, 1
cpucfg  $r12, $r13
```

寄存器 r12 中存放的是 0x3f2f2fe，则说明 CPUCFG.1.PALEN[11:4] 和 CPUCFG.1.VALEN[19:12] 均为 0010 1111B＝47，由此可知，PALEN 和 VALEN 值为 48，即物理地址和虚拟地址均配置为 48b。关于配置信息字的更多内容可参见 LoongArch 架构参考手册。

### 7.5.3　直接映射地址翻译模式

直接映射地址翻译模式常用于内核程序，如图 7-10 所示，在 LA32 架构中的内核空间中有一个一致可缓存直接映射区和一个强序非缓存直接映射区。

表 7-2 中的直接映射配置窗口寄存器 CSR.DMW0～CSR.DMW3 用于设定直接映射地址翻译时使用的参数。其中，前两个窗口寄存器可用于取指令操作和 load/store 操作，后两个仅用于 load/store 操作，说明 CSR.DMW2～CSR.DMW3 中设定的参数仅用于操作数地址的翻译转换，而不能用于指令地址的翻译转换。图 7-11（a）和图 7-11（b）分别显示了 LA32 和 LA64 架构下寄存器各字段的定义。

各字段含义说明如下：PLV0～PLV3 表示可用的特权级。PLV$n$（$n＝0～3$）为 1 时表示在特权级 PLV$n$ 下可以使用对应窗口的配置信息进行直接映射地址翻译；MAT 表示存储访

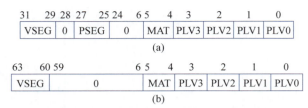

图 7-11　LoongArch 架构中直接映射配置窗口寄存器的定义

(a)LA32 架构下 DMW0～DMW3 寄存器定义；(b)LA64 架构下 DMW0～DMW3 寄存器定义

问类型；PSEG 在 LA32 架构中对应物理地址的[31:29]位；VSEG 在 LA32 架构中对应虚拟地址的[31:29]位，在 LA64 架构中对应虚拟地址的[63:60]位。

在 LA32 架构下，每个配置窗口可以设置一个 $2^{29}$ 字节的虚拟地址空间。若访存操作的虚拟地址高 3 位([31:29]位)与某个配置窗口中设定的 VSEG 字段相等，且在该配置窗口中当前特权级对应的 PLV$n$ 为 1，则其物理地址等于虚拟地址的[28:0]位与该配置窗口所设定的物理地址高 3 位进行拼接。例如，若 CSR.DMW0 配置为 0x8000 0001，则在当前特权级为 PLV0 时执行某个取指令操作或 load/store 操作，只要其虚拟地址在 0x8000 0000～0x9FFF FFFF 之间，就将其直接映射到物理地址空间 0x0～0x1FFF FFFF，其存储访问类型为强序非缓存，这段区域正好对应图 7-10 中内核空间的强序非缓存直接映射区。

在 LA64 架构下，每个配置窗口可以设置一个 $2^{PALEN}$ 字节的虚拟地址空间。当访存操作的虚拟地址高 4 位([63:60]位)与某个配置窗口中设定的 VSEG 字段相等，且在该配置窗口中当前特权级对应的 PLV$n$ 为 1，则其物理地址等于虚拟地址的[PALEN−1:0]位。例如，若 PALEN=48 且 CSR.DMW0 配置为 0x9000 0000 0000 0011，则在当前特权级为 PLV0 时执行某个取指令操作或 load/store 操作，只要其虚拟地址在 0x9000 0000 0000 0000～0x9000 FFFF FFFF FFFF 之间，就将其直接映射到物理地址空间 0x0～0xFFFF FFFF FFFF，其存储访问类型为一致可缓存。

### 7.5.4　页表映射模式下的 TLB 访问

映射地址翻译模式下，所有在直接映射配置窗口中设置范围之外的虚拟地址都必须通过页表映射完成虚实地址转换。使用 TLB 可加速页表映射地址翻译模式下的虚实地址转换过程。

**1. 基于 TLB 的虚拟地址划分**

LoongArch 架构下，TLB 分为两类，一类是采用单一固定页大小的 TLB(Singular page-size TLB，STLB)，另一类是支持不同页大小的 TLB(Multiple page-size TLB，MTLB)。MTLB 采用全相联方式，STLB 采用组相联方式。

两种 TLB 表项中都存放一对相邻页表的页表项，即每个 TLB 表项中总是包含相邻偶数页(页号最低位为 0)和奇数页(页号最低位为 1)的两个页表项，这两个相邻虚拟号除最低位不同外，其余高位部分(LoongArch 架构手册中称为**虚双页号，VPPN**)完全相同。例如，对于 4 路组相联的 STLB，一个 TLB 组中有 4 个 TLB 表项，总共包含 8 个页表项。

图 7-12 给出了用于 TLB 表项访问时虚拟地址的划分，图中 PS 表示页内地址的位数，如页大小为 16KB 时，PS=14。

如图 7-12 所示，虚拟地址的位数由 VALAN 决定，低位部分是页内地址，其余高位部分都是虚页号。对于虚页号部分，针对 MTLB 和 STLB 中 TLB 表项的访问有不同的划分方式。

图 7-12(a)所示为基于 MTLB 的虚拟地址划分，虚页号部分含 VPPN 字段(相当于 TLB

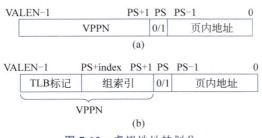

图 7-12 虚拟地址的划分

(a) 基于 MTLB 的虚拟地址划分；(b) 基于 STLB 的虚拟地址划分

标记)和虚页号的最低位。

图 7-12(b)所示为基于 STLB 的虚拟地址划分,虚页号部分的 VPPN 字段包含 TLB 标记和 TLB 组索引字段,若 TLB 组索引字段有 index 位,则虚页号中第[PS+index:PS+1]位为 TLB 组索引,第[VALEN−1:PS+index+1]位为 TLB 标记。

例如,在 LA64 架构中,若 VALEN 为 48,页大小为 16KB,则 PS=14,虚页号有 34b,其中的高 33 位为 VPPN,对于具有 256 组的 4 路组相联 STLB,在查找 TLB 表项时,首先根据虚页号中第[22:15]位的 TLB 组索引定位到对应的 TLB 组,然后根据虚页号中第 14 位为 0 或 1,来选择其中的偶数页或奇数页对应的页表项进行处理。

#### 2. TLB 表项的结构

STLB 和 MTLB 的表项结构基本一致,区别仅在于 MTLB 每个表项需包含页大小信息,而 STLB 中的页大小固定,由系统软件配置在 CSR.STLBPS.PS 字段中,因而无须在其 TLB 表项中记录页大小信息。

TLB 表项的结构如图 7-13 所示,其中包含高位比较部分和对应偶数页及奇数页的低位物理地址转换部分。

| VPPN | PS | G | ASID | | | E |
|---|---|---|---|---|---|---|
| $PPN_0$ | $RPLV_0$ | $PLV_0$ | $MAT_0$ | $NX_0$ | $NR_0$ | $D_0$ | $V_0$ |
| $PPN_1$ | $RPLV_1$ | $PLV_1$ | $MAT_1$ | $NX_1$ | $NR_1$ | $D_1$ | $V_1$ |

图 7-13 TLB 表项的结构

TLB 表项的高位比较部分主要用于查找匹配,以确定是否 TLB 命中,各字段具体含义说明如下。

VPPN:虚双页号,指示所在 TLB 表项中的两个页表项对应哪个偶-奇对虚拟页。在 MTLB 中表示 TLB 标记字段,在 STLB 中表示 TLB 标记和 TLB 组索引。

PS:指示页大小,用页大小中 2 的幂(即页内地址位数)表示,占 6b。如页大小为 16KB 时,PS 字段为 00 1110B(14),仅在 MTLB 中使用。

G:全局标志位。当操作系统需要在所有进程间共享同一个虚拟页时,可设置 G=1,此时无须对 ASID 进行匹配检测。

ASID:地址空间标识,占 10b。操作系统为每个进程分配唯一的 ASID,在进行 TLB 表项查找时除了进行 TLB 标记的比较外,还需要比较 ASID 信息,以减少因进程切换而清空整个 TLB 所带来的性能损失。

E:存在位。E=1 表示所在 TLB 表项非空,可以进行查找匹配。

TLB 表项的低位物理转换部分存放一对偶-奇相邻页的页表项,在图 7-13 中用下标 0 标识的页表项对应偶数页,用下标 1 标识的页表项对应奇数页。页表项中各字段的具体含义说明如下。

PPN：物理页号。

RPLV：受限特权级使能位。当 RPLV＝0 时，该页表项可以被任何特权级不低于 PLV 的程序访问；当 RPLV＝1 时，该页表项仅可被特权级等于 PLV 的程序访问。该控制位仅在 LA64 架构中有效。

PLV：该页表项对应的特权级，占 2b。

MAT：在该页表项对应地址空间中进行访存操作时的存储访问类型，占 2b。

NX：不可执行位。NX＝1 表示不允许在该页表项所在地址空间中执行取指令操作。该控制位仅在 LA64 架构中有效。

NR：不可读位。NR＝1 表示不允许在该页表项所在地址空间中执行 load 操作。该控制位仅在 LA64 架构中有效。

D：脏位。D＝1 表示该页表项所对应的地址范围内已有脏数据。

V：有效位。V＝1 表示该页表项是有效的且被访问过。

### 3. 基于 TLB 的虚拟地址到物理地址的转换

通过 TLB 进行虚拟地址到物理地址的转换过程由 CPU 中的 MMU 自动完成，可同时实现对 STLB 和 MTLB 的匹配查找，软件需保证不会出现 MTLB 和 STLB 同时命中的情况，否则 CPU 行为将不可知。图 7-14 显示了在 STLB 中命中时虚拟地址到物理地址转换过程。

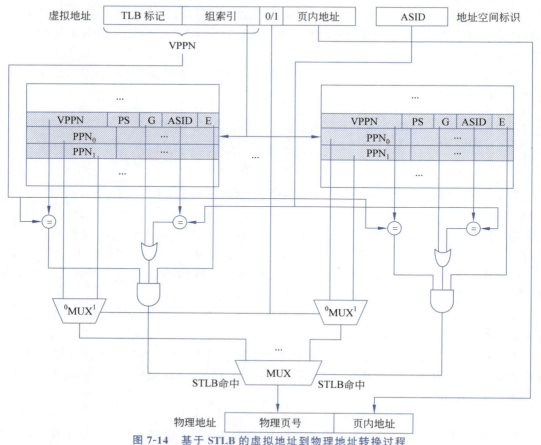

图 7-14　基于 STLB 的虚拟地址到物理地址转换过程

如图 7-14 所示，执行取指令操作或 load/store 操作时，MMU 根据访存操作提供的虚拟地址 VA 和当前进程的地址空间标识（记录在 CSR.ASID.ASID 字段）在 TLB 中进行查找匹配，从而实现地址转换。STLB 采用多路组相联方式，根据 VA 中的组索引字段定位到 STLB 中的某一组，对组内的每一路进行逐项比较。STLB 命中的条件是：STLB 表项的 E 位为 1，VA 中的 VPPN 等于 STLB 表项的 VPPN（具体电路实现时可将 VA 中的 TLB 标记和 STLB 表项的 VPPN 字段中高位的 TLB 标记部分进行比较，这样比较器的位数可以更少，减少的位数等于组索引所占位数），且 STLB 表项的 G 位为 1 或者 STLB 表项的 ASID 等于 CSR.ASID.ASID。在 STLB 命中时，根据 VA 中虚页号的最后一位（记为 $VPN_0$，即 VA 中第 PS 位），从 TLB 表项中选择奇、偶页表项，将其中的物理地址 PPN 与 VA 中的页内地址拼接形成物理地址。若 $VPN_0$ 为 0，则选择偶数页号对应页表项，否则选择奇数页号对应页表项。

在进行地址转换的同时，还要检查所选择页表项中的有效位 V、不可读位 NR、不可执行位 NX、存储访问类型 MAT、特权级 PLV 和受限特权级使能位 RPLV 等，若这些位满足某种条件，则会触发相应的异常，CPU 响应异常后，跳转到操作系统内核或其他监管程序进行相应的异常处理。在 SLTB 命中、MTLB 未命中并且未发生异常的情况下，CPU 将得到的物理地址作为访存操作的主存地址，并且将页表项中的 MAT 字段作为当前存储访问类型进行存储访问。

基于 MTLB 的虚拟地址到物理地址的转换过程如图 7-15 所示。MTLB 采用全相联方式，在 MTLB 中查找匹配时需比对所有 TLB 表项。MTLB 命中的条件与 STLB 命中的条件相同，触发的异常类型也与 STLB 一样。若在 STLB 和 MTLB 中都未命中，则触发 TLB 重填异常。LoongArch 架构默认采用软件完成 TLB 重填异常，由异常处理程序进行页表遍历并进行 TLB 填入。

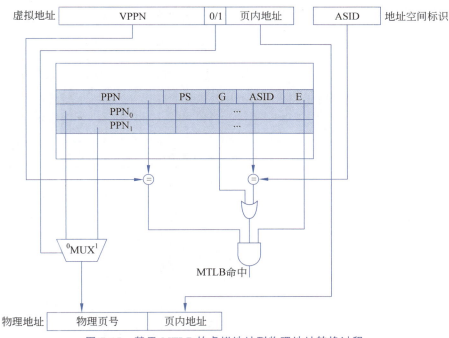

图 7-15 基于 MTLB 的虚拟地址到物理地址转换过程

**4. 基于 TLB 的虚实地址转换过程中的异常事件**

LoongArch 架构中，在 MMU 通过 TLB 进行虚实地址转换的过程中，若没有找到匹配的

TLB 表项，或者尽管有匹配的 TLB 表项，但其中的页表项无效（V=0）或访问权限和特权级等不相符，则会触发异常，从而转到操作系统内核或其他监管程序进行异常处理。

当 MTLB 和 STLB 都不命中时，触发 **TLB 重填**（TLBR）异常，通知系统软件进行 TLB 重填工作。如表 7-2 所示，TLB 重填异常有独立的异常处理程序入口地址、独立的用于维护异常处理现场的 CSR，以及一套独立的 TLB 访问接口 CSR，因而在其他异常处理过程中允许触发 TLB 重填异常。

当取指令操作、load 操作和 store 操作的虚拟地址在 TLB 中找到匹配的表项（即 TLB 命中）但对应页表项中的 V=0 时，分别触发**取指令操作页无效**（PIF）、**load 操作页无效**（PIL）和 **store 操作页无效**（PIS）三种异常。

当访存操作的虚拟地址在 TLB 中找到匹配的表项且对应页表项中的 V=1，但其特权级不合规时，将触发**页特权级不合规**（PPI）异常。以下情况属于页特权级不合规：页表项中的 RPLV=0 且当前特权级（CSR.CRMD.PLV 的值）大于页表项中的 PLV 值，或者页表项中的 RPLV=1 且当前特权级不等于页表项中的 PLV 值。

若 store 操作的虚拟地址在 TLB 中能找到匹配的表项，且对应页表项中的 V=1、特权级合规，但是，在当前特权级为 PLV3 或当前特权级不是 PLV3 且对应特权级的 CSR.MISC.DWPL=0（未开启禁止写允许检查功能）的前提条件下，对应页表项中的 D=0，则触发**页修改**（PME）异常。

当 load 操作的虚拟地址在 TLB 中找到匹配的表项，且对应页表项中的 V=1、特权级合规，但该页表项中的 NR=1，将触发**页不可读**（PNR）异常。

当取指令操作的虚拟地址在 TLB 中找到匹配的表项，且对应页表项中的 V=1、特权级合规，但该页表项中的 NX=1，将触发**页不可执行**（PNX）异常。

### 7.5.5 页表映射模式下的多级页表结构

LoongArch 架构中，无论是使用 LDDIR 和 LDPTE 指令实现的软件页表遍历还是硬件页表遍历，其所支持的多级页表的结构都相同，基本页表结构如图 7-16 所示。

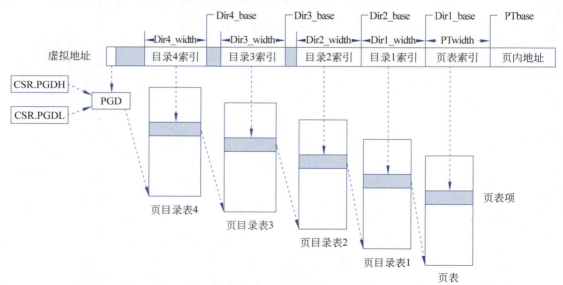

图 7-16  LoongArch 架构中的多级页表结构

表 7-2 中提到，CSR.PGD 寄存器中记录在当前上下文中发生异常的虚拟地址对应的全局目录基址，一旦在 TLB 访问过程中检测到异常，则由硬件将发生异常的虚拟地址对应的全局目录地址记录于此。如图 7-16 所示，若虚拟地址第 VALEN$-$1 位为 0，则将 CSR.PGDL 的内容存入 CSR.PGD；若为 1，则 CSR.PGDH 的内容存入 CSR.PGD。在处理 TLB 访问异常的过程中需进行页表遍历，被遍历页表最顶层目录就是全局目录（global directory），其基地址 PGD 来自 CSR.PGD 寄存器。

LA64 架构最多可采用 4 级页目录表索引的 5 级页表结构，这种情况下，虚拟地址中的页表索引起始位 PTbase 和页表索引位数 PTwidth、每一级页目录索引的起始位 Dir$n\_$base 和页目录索引的位数 Dir$n\_$width（$n=1,2,3,4$），都由操作系统在 CSR.PWCL 和 CSR.PWCH 中进行配置。

寄存器 CSR.PWCL 和 CSR.PWCH 的结构如图 7-17 所示，PTEWidth 表示每个页表项的位宽。虚拟地址中的各索引位之间不一定连续，因此需定义索引的起始位，但实现中各级索引位之间通常是连续的。

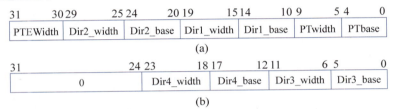

图 7-17　CSR.PWCL 和 CSR.PWCH 寄存器的结构

(a)CSR.PWCL 寄存器的结构；(b)CSR.PWCH 寄存器的结构

如图 7-17(a) 所示，页表项的位宽 PTEWidth 由操作系统在 CSR.PWCL 寄存器中进行配置，占 2b，共有 4 种不同的页表项位宽，PTEWidth 为 00、01、10、11 时，分别表示位宽为 64、128、256、512。

64b 页表项的格式分为基本页页表项格式和大页页表项格式，如图 7-18 所示。

| 63 | 62 | 61 | PALEN$-$1　　　　　　12 | 8 | 7 | 6 | 5　4　3 | 2　1 | 0 |
|---|---|---|---|---|---|---|---|---|---|
| RPLV | NX | NR | PA[PALEN$-$1:12] | W | P | G | MAT | PLV　D | V |

(a)

| 63 | 62 | 61 | PALEN$-$1　　　PS | 12 | 8 | 7 | 6 | 5　4　3 | 2　1 | 0 |
|---|---|---|---|---|---|---|---|---|---|---|
| RPLV | NX | NR | PA[PALEN$-$1:PS] | G | W | P | H | MAT | PLV　D | V |

(b)

图 7-18　64 位页表项的格式

(a)基本页页表项格式；(b)大页页表项格式

页表项中的 P（存在位）和 W（可写位）分别表示是否在主存有对应物理页、是否是可写页，这两位不填入 TLB 表项中，仅用于页表遍历。其他字段的含义与 TLB 表项中的相同，其中，基本页页表项中的 PA[PALEN$-$1:12] 和大页页表项中的 PA[PALEN$-$1:PS] 就是 TLB 表项中的 PPN（物理页号），即基本页的物理页号从物理地址的第 12 位开始，由此可见，基本页的页大小为 4KB。对于两种格式中未明确定义的那些位，在页表遍历过程中被自动忽略。

大页页表项和基本页页表项格式的主要区别如下：大页页表项的第 6 位是标志位 H，H=1 表示这是一个大页的页表项信息；基本页页表项的第 6 位是 G 位，大页页表项的 G 位在第 12

位。这说明基本页表项的 G 位一定等于 0,即这种基本页表项格式肯定不用于共享的全局页,而大页页表项格式可用于全局页也可用于非全局页。

### 7.5.6 页表映射模式下的多级页表遍历

TLB 未命中时会触发 TLB 重填异常,在 TLB 重填异常处理中,需要基于 CSR.TLBRBADV 中的虚拟地址进行多级页表的遍历。

以下用一个具体的例子说明多级页表遍历过程。假设某 LA64 架构处理器,虚拟地址(VA)的位宽 VALEN 配置为 48,页大小为 16KB(即 PS 配置为 14),因此虚页号(VPN)为 34b,页内地址为 14b,对应的页表为如图 7-19 所示的三级结构。

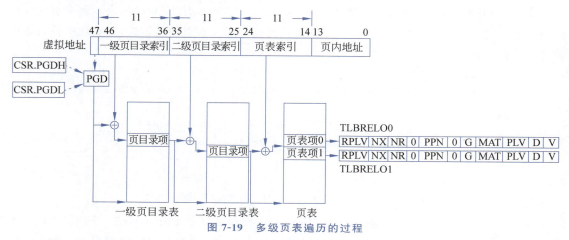

图 7-19 多级页表遍历的过程

VA 中第 47 位用于确定全局目录基址 PGD,随后的 33 位分为三部分,其中[46:36]位、[35:25]位和[24:14]位分别为一级页目录索引、二级页目录索引和页表索引,最低的[13:0]位为页内地址。

PGD 指向一级页目录表的基地址,一级页目录表中包含 $2^{11}=2048$ 个页目录项,其中每个页目录项中有一个字段用于记录对应的二级页目录表的基地址,共有 2048 个二级页目录表;每个二级页目录表中包含 $2^{11}=2048$ 个页目录项,其中每个页目录项中有一个字段用于记录对应页表的基地址,共有 $2048 \times 2048 = 4M$ 个页表;每个页表包含 $2^{11}=2048$ 个页表项,共有 $4M \times 2048 = 8G$ 个页表项,每一对相邻偶-奇页的页表项对应一个 TLB 表项。这里,PGD 和页目录项中给出的基地址都是指主存中的起始物理地址。

如图 7-19 所示,页表遍历时首先根据 PGD 定位主存中的一级页目录表,由 VA 中的一级页目录索引找到一级页目录表中的页目录项;然后根据该页目录项定位主存中的二级页目录表,由 VA 中的二级页目录索引找到二级页目录表中的页目录项;随后根据该页目录表定位主存中的页表,由 VA 中的页表索引找到页表中的页表项;最后检测页表项中的 P 和 W 位。若 P=1,则说明在主存中存在对应的物理页,否则发生缺页异常;若 W=1,则说明是可写页;否则可能发生访问越权(如执行 store 指令时发生对不可写页的写操作)。

当对 P 和 W 位的检测都没有问题时,将包含当前页表项在内的相邻偶数页、奇数页的页表项内容分别写入 CSR.TLBRELO0 和 CSR.TLBRELO1 寄存器。

多级页表的遍历可通过 LDDIR 和 LDPTE 指令实现软件页表遍历,也可采用硬件页表遍历方式。例如,龙芯的 3A6000 系列处理器及其更新版本支持硬件页表遍历。

## *7.6 实例：Intel Core i7＋Linux 平台

本节主要介绍 64 位 Intel 处理器 Core i7 的层次化存储器结构、Core i7 的地址转换机制，以及 Linux 系统的虚拟存储管理机制。本实例中的 Core i7 采用 Nehalem 微架构，型号为 Core i7-965/975 Extreme Edition。虽然底层 Nehalem 微架构允许使用 64 位虚拟地址和物理地址空间，但 Core i7 采用 IA-32e 分页模式，支持 256TB（48 位）虚拟地址空间和 4PB（52 位）物理地址空间。

### 7.6.1 Core i7 的层次化存储器结构

图 7-20 给出了型号为 Core i7-965/975 Extreme Edition 的 Intel CPU 的存储器层次结构。该型号 CPU 芯片中包含 4 个核（core），每个核内各自有一套寄存器、L1 数据 cache 和 L1 指令 cache、L1 数据 TLB 和 L1 指令 TLB，以及 L2 联合 cache 和 L2 联合 TLB。所有核共享同一个 L3 联合 cache 和同一个 DDR3 主存控制器。所有 L1 和 L2 的 cache 都是 8 路组相联，L3 的 cache 为 16 路组相联，L1、L2 和 L3 三类高速缓存大小分别为 32KB、256KB 和 8MB，主存块大小为 64B；所有 L1 和 L2 快表（TLB）都是 4 路组相联，L1 数据 TLB、L1 指令 TLB 和 L2 联合 TLB 的大小分别为 64 项、128 项和 512 项。系统启动时页大小可被配置为 4KB、2MB 或 1GB，Linux 系统采用 4KB 的页大小，故页内偏移量占 12b。

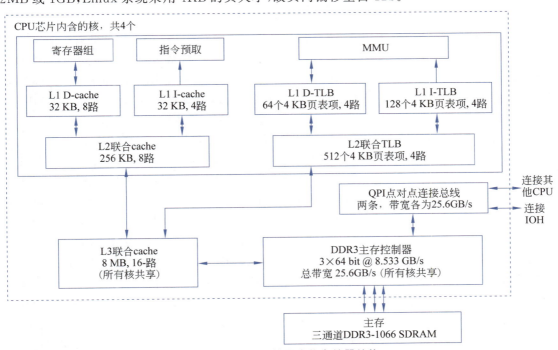

图 7-20 Core i7 的层次化存储器结构

### 7.6.2 Core i7 的地址转换机制

Core i7 的每个核内都有各自的 MMU 用于实现虚拟地址向物理地址的转换。CPU 通过分段方式得到线性地址，这里线性地址就是虚拟地址。图 7-21 给出了 Core i7 中根据虚拟地址进行存储访问的过程。

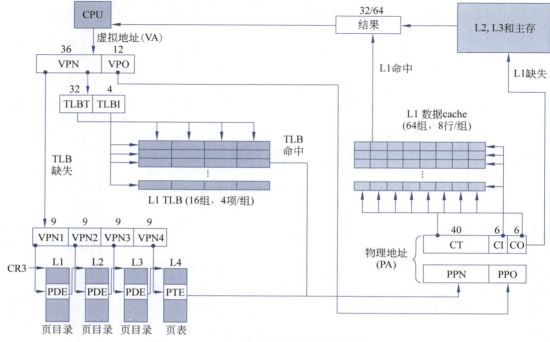

图 7-21 Core i7 中根据虚拟地址进行访存的过程

如图 7-21 所示，Core i7 采用 VIPT cache 查找方式。L1 cache 的数据区共有 32KB，主存块大小为 64B，8 路组相联，因此，共有 32KB/64B＝512 行，分成 512 行/8 路＝64 组，因而 cache 组索引（CI）占 6b，块内偏移量（CO）占 6b，CI 和 CO 共占 12b，正好与物理页内偏移量（PPO）和虚页内偏移量（VPO）位数相同。在地址转换时，只要将高 36 位 VPN 送 MMU，而将低 12 位 VPO 直接作为 CI 和 CO 送到 L1 cache。当 MMU 查询 TLB 中页表项的同时，L1 cache 可根据 CI 查找对应的 cache 组，并读出该组中的 8 个标志。当 MMU 从 TLB 得到 PPN 时，L1 cache 正好准备进行标志信息的比较，此时，L1 cache 只要把 PPN 作为 CT，与已经读出的 8 个标志进行比较，并将标志相等的那一行中由 CO 指定的信息作为结果即可，若 8 个标志都与 CT 不等，则再根据物理地址访问 L2、L3 或主存。由此可见，访存过程中，查找 TLB 和 L1 cache 的部分操作是并行的。

若地址转换过程中发生 TLB 缺失，则 CPU 就需要访问主存中的页表。Core i7 所用的 IA-32e 分页模式采用四级页表结构。如图 7-21 所示，MMU 将 36 位 VPN 分解成 4 个字段：VPN1、VPN2、VPN3 和 VPN4，每个字段占 9b。四级页表结构分别由全局页目录表（一级页表 L1）、上层页目录表（二级页表 L2）、中层页目录表（三级页表 L3）和最后一级页表（四级页表 L4）组成。CR3 中存放的是全局页目录表在主存的物理地址，每个进程有各自的四级页表，因而 CR3 的内容是进程上下文的一部分。每次上下文切换时，CR3 中的内容被保存到进程的上下文中，并将 CR3 重置为新进程中相应的内容。

四级页表中前三级为页目录表，页目录表项（PDE）结构如图 7-22 所示。P＝1 时指出下级页表起始处对应的主存物理基址高 40 位（即页框号）。P＝0 时，硬件将忽略 PDE 中其他位的信息，由操作系统在其他位中保存下级页表在硬盘上的位置信息，该信息由操作系统使用。

| 63 | 62 | 52 51 | | 12 11 | 9 | 8 | 7 | 6 | 5 | 4 | 3 | 2 | 1 | 0 |
|---|---|---|---|---|---|---|---|---|---|---|---|---|---|---|
| XD | 未使用 | 下级页表的主存物理基址 | | 未使用 | | G | PS | | A | CD | WT | U/S | R/W | P=1 |
| 操作系统可用(下级页表在硬盘上的位置) | | | | | | | | | | | | | | P=0 |

图 7-22　Core i7 中前三级页目录项 PDE 的结构

图 7-22 中页目录项中的信息说明如下。

P：存在位，P=1 表示对应的下级页表在主存中。

R/W：所表示范围内所有信息的读/写访问权限。若页大小为 4KB，则一级页表每个表项的表示范围为 512×512×512×4KB=512GB；二级页表每个表项的表示范围为 512×512×4KB=1GB；三级页表每个表项的表示范围为 512×4KB=2MB。

U/S：所表示范围内所有信息是否可被用户进程访问，为 0 表示用户进程不能访问；为 1 允许用户进程访问。该位可保护操作系统所使用的页表不受用户进程的破坏。

WT：指示下级页表对应的 cache 写策略是通写还是回写。

CD：指示下级页表能否缓存到 cache 中。

A：A=1 表示下级页表被访问过，初始化时操作系统将其清 0。利用该标志，操作系统可清楚地了解哪些页表正被使用，一般选择长期未用或近来最少使用的页表调出主存。由 MMU 在进行地址转换时将该位置 1，由软件清 0。

PS：设置页大小为 4 KB，2MB 或 1GB，仅在二级页表或三级页表的表项中有定义。

G：设置是否为全局页面。全局页面在进程切换时不会从 TLB 中替换出去。

页目录项[51:12]位：用来表示下级页表在主存中的页框号，即主存地址的高 40 位，因此，这里默认每一级页表在主存中的起始地址低 12 位为全 0，即各级页表在主存都按 4KB 对齐。

四级页表中最后一级为真正的页表，页表项(PTE)结构如图 7-23 所示。P=1 时指出对应虚拟页在主存的物理基址高 40 位(即页框号)。P=0 时硬件将忽略 PTE 中其他位的信息，由操作系统在其他位中保存对应虚拟页在硬盘上的位置信息，该信息由操作系统使用。

图 7-23　Core i7 中最后一级页表项 PTE 的结构

图 7-23 中页表项的信息的含义说明如下。

P：存在位，P=1 表示对应的虚拟页在主存中。

R/W：所表示范围内所有信息的读/写访问权限。对于页大小为 4KB 的情况，所表示范围为对应虚拟页，大小为 4KB。

U/S：所表示范围内所有信息是否可被用户进程访问，为 0 表示不能访问；为 1 允许访问。该位可以保护操作系统所使用的页不被用户进程破坏。若用户进程欲访问操作系统页面，则会发生访问越级。

WT：指定对应页的 cache 写策略是通写还是回写。

CD：指定对应页能否缓存到 cache 中。

A：A=1 表示对应页面被访问过，初始化时操作系统将其清 0。利用该标志，操作系统可清楚地了解哪些页面正被使用，一般选择长期未用的页或近来最少使用的页调出主存。由 MMU 在进行地址转换时将该位置 1，由软件清 0。

D：**脏位**（或称**修改位**），进行写操作时由 MMU 将该位置 1，由软件清 0。

G：设置是否为全局页面。全局页面在进程切换时不会从 TLB 中替换出去。

页表项[51:12]位：用来表示对应页在主存中的页框号，即主存地址的高 40 位，因此，所有页面在主存中的起始地址低 12 位为全 0，即所有页面在主存都按 4KB 对齐。

每次访存 MMU 都要进行地址转换，地址转换过程中，首先应在对应页表项中设置 A 位，也称**使用位**或**引用位**（referrence bit）。在页面中进行写操作时，都要设置 D 位。内核可以根据 A 位实现替换算法，在选择某页替换出主存时，若对应页表项中 D 为 1，则必须把该页写回外存，否则，可以不写外存。内核可使用一个特殊的特权指令使 A 和 D 位清 0。在地址转换过程中，MMU 还会根据 R/W 位和 U/S 位，判断当前指令是否发生访问违例，包括访问越权和访问越级等。

## *7.7 Linux 操作系统的虚拟存储管理

"进程"的引入除了为应用程序提供一个独立的逻辑控制流，还为应用程序提供一个私有的地址空间，使得程序员以为自己的程序在执行过程中独占存储器，这个私有地址空间就是虚拟地址空间。7.1.2 节中图 7-3 给出了 Linux 操作系统进程的进程控制块结构 task_struct 描述的虚拟地址空间存储区域结构。

task_struct 结构中指针 mm 指向 mm_struct 结构，后者描述了对应进程虚拟存储空间的当前状态，其中，有一个字段是 pgd，它指向对应进程的第一级页表（页目录表）的首地址，因此，当 CPU 换上对应的进程运行时，内核会将它传送到页表基址寄存器（如 Intel CPU 中的 CR3 控制寄存器）。mm_struct 结构中还有一个字段 mmap，它指向一个由 vm_area_struct 构成的链表表头。

进程的**存储器映射**（memory mapping）是指将进程的虚拟地址空间中一个区域与外存上的一个对象建立关联，以初始化 vm_area_struct 结构中的信息。用户程序可以使用 mmap() 函数实现存储器映射。通常把虚拟地址空间中一个区域称为**虚存区域**（Virtual Memory Area，**VMA**），所映射到的外存上的一个对象称为**映射对象**，映射对象所在的文件称为**映射对象文件**。

### 7.7.1 mmap() 函数的功能

在 Linux 操作系统中，可使用 mmap() 函数创建虚拟地址空间中的区域，并生成一个 vm_area_struct 结构。mmap() 函数原型如下。

```
void * mmap(void * start, size_t length, int prot, int flags, int fd, off_t offset);
```

若返回值为 -1（MAP_FAILED），则表示出错；否则，返回值为指向映射区域的指针。该函数的功能是，将指定文件 fd 中偏移量 offset 开始的长度为 length 字节的一块信息，映射到虚拟地址空间中起始地址为 start、长度为 length 字节的一块区域。对应的头文件为 unistd.h 和 sys/mman.h。

参数 prot 指定该区域内页面的访问权限，对应 vm_area_struct 结构中的 vm_prot 字段，可能的取值包括以下几种。

PROT_EXEC：区域内页面可执行。
PROT_READ：区域内页面可读。
PROT_WRITE：区域内页面可写。
PROT_NONE：区域内页面不能被访问。

参数 flags 指定该区域所映射对象的属性，对应 vm_area_struct 结构中的 vm_flags 字段，映射对象文件一般需要在以下两种类型中选择一种。

(1) 普通文件。最典型的是可执行文件和共享库文件，可将文件中的数据或代码节 (section) 划分成页大小的片，每一片就是一个虚拟页在内存页框中的初始内容。通常，映射到只读代码区域 (.init、.text、.rodata) 和已初始化数据区域 (.data) 的对象存在于可执行文件中，这些对象都属于私有对象，程序对这些对象的更新不应反映到文件中，因此，采用称为**写时拷贝** (copy-on-write) 的技术映射到虚拟地址空间，所映射的区域称为**私有区域**，对应对象称为**私有的写时拷贝对象**，此时参数 flags 设置为 MAP_PRIVATE；若希望程序对对象的更新反映到文件中，则这些对象属于**共享对象**，所映射的对应区域称为**共享区域**，此时，flags 设置为 MAP_SHARED。用户程序第一次访问对应虚拟页时，CPU 将会抛出缺页异常，内核将在主存中找到一个空闲页框（没有空闲页框时，选择淘汰一个已存在页），然后从硬盘上的文件中装入所映射的对象信息，如果文件中的对象并非正好为页大小的整数倍，内核将用零来填充余下部分。

(2) 匿名文件。由内核创建，全部由 0 组成，对应区域中的每个虚拟页称为**请求零页** (demand-zero page)。用户程序第一次读取对应虚拟页时，CPU 将会抛出缺页异常，内核会将该虚拟页映射到其专门维护的一个内容全为 0 的页框，并将该虚拟页标记为写时拷贝；用户程序第一次写入对应虚拟页时，内核会在主存中找到一个空闲页框（没有空闲页框时，选择淘汰一个已存在页），用 0 覆盖页框内所有内容并更新页表。显然，这种情况下，并没有在硬盘和主存之间进行实际的数据传送。若参数 flags 设置 MAP_ANON 位，则说明被映射的对象为匿名文件。通常，未初始化数据区 (.bss)、运行时堆和用户栈等区域中都为私有的请求零页，此时，flags 设置为 MAP_PRIVATE | MAP_ANON。例如，有下列语句：

```
bufp=mmap(-1,size, PROT_READ, MAP_PRIVATE | MAP_ANON,0,0);
```

将使 Linux 操作系统的内核创建一个长度为 size 字节的私有的、请求零的只读虚拟存储区域，若该 mmap() 函数被系统调用并执行成功，则指针变量 bufp 将指向该新建区域。

在一个虚拟页第一次被装入内存页框后，不管是由普通文件还是由匿名文件对其进行初始化，以后都在主存页框和硬盘中的**交换文件** (swap file) 之间进行调进调出。交换文件由内核管理和维护，也称**交换区间** (swap area) 或**交换空间** (swap space)。因为主存页框被系统中所有进程共享，因此，当系统中存在许多进程时，主存中很可能不存在空闲页框，此时，若一个进程需装入新的页，则内核会根据相应的替换策略，选择淘汰某进程的一页，若该淘汰页被修改过 (dirty 位为 1)，则将其从所在的主存页框写到交换文件中；若以后再次访问该淘汰页，则会触发缺页异常，内核再从交换文件中将该淘汰页调入内存。

可使用 munmap() 函数删除一个虚拟存储区域，munmap() 函数原型如下。

```
int munmap(void * start, size_t length);
```

参数 start 指出所删除区域的首地址，length 指出删除区域的字节数。对应的头文件为 unistd.h 和 sys/mman.h。对一个已删除区域的引用将会导致段故障（segmentation fault）。

## 7.7.2 共享库的映射

共享库的动态链接具有"共享性"特点，虽然很多进程都调用共享库中的代码，但是共享库代码段在内存和硬盘中都只有一个副本。如何实现多个进程共享一个共享库副本？这实际上是通过存储器映射机制来实现的。

共享库文件中的对象可以映射到不同进程的用户空间区域中。如图 7-24(a) 所示，假设进程 1 先将一个对象映射到自己的 VM 用户空间区域中，在进程 1 运行过程中，内核为该对象在主存分配了若干页框，这些页框在主存不一定连续，为简化示意图，图中所示页框是连续的。假定后来进程 2 也将该对象映射到自己的 VM 用户空间区域中，如图 7-24(b) 所示。显然，该对象映射到两个进程的 VM 区域起始地址可能不同。

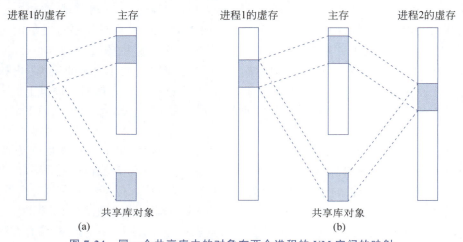

图 7-24 同一个共享库中的对象在两个进程的 VM 空间的映射
(a) 共享库对象在进程 1 的 VM 空间的映射；(b) 同一个对象在进程 2 的 VM 空间的映射

因为共享库中的对象在硬盘上只有一个副本，即对应的共享库文件名是唯一的，内核可以判断出进程 1 已经在主存给该对象分配了页框，因而在进程 2 的加载运行过程中，内核只要将该页框号填入进程 2 对应区域内页表项中即可。在多个进程共享同一个对象时，在主存中仅保存一个副本，每个进程在访问各自区域时，实际上都在同一个页框中存取信息。若该对象采用 MAP_SHARED 方式映射，则一个进程对共享区域进行的写操作结果，对于所有共享该对象的进程都是可见的，而且结果也会反映在硬盘上对应的共享对象中。

## 7.7.3 私有的写时拷贝对象

介绍进程概念时提到，一个可执行文件可被多次加载执行以形成不同进程，因而系统中多个进程可能有相同的只读代码区域和可读可写数据区域，即不同进程的区域可能会映射到同一个对象。可执行文件中的私有对象，映射到进程的私有区域。因此，在这种私有区域中的写操作结果，对其他进程是不可见的，也不会反映在对应的硬盘对象中。要实现上述功能，内核可以为不同进程中对应区域的虚拟页在主存中分配各自独立的页框。但是，这样会浪费很多主存空间。

有一种技术既能节省主存空间、又能实现不同进程私有区域的独立性。这种技术就是私有对象的写时拷贝技术,以下通过一个例子来说明该技术的基本思想。

假设可执行文件 a.out 对应的两个进程在系统中并发执行,先启动的进程 1 会将 a.out 中的私有对象映射到进程 1 的 VM 用户空间区域中,内核将这些区域中的页面标记为私有的写时拷贝页,并将对应页表项中的访问权限标记为只读。在进程 1 运行过程中,内核为这个私有对象在主存分配若干页框,同样,后启动的进程 2 也会将 a.out 中的私有对象映射到进程 2 的 VM 用户空间区域中,标记对应页为私有的写时拷贝页和只读访问权限,并在页表项中填写与进程 1 相同的页框号,如图 7-25(a)所示。若两个进程对该区域没有进行写操作,如只读代码区域就不会发生写操作,那么,该区域中的虚拟页在主存就只有一个副本,可以节省主存空间。

若进程 2 对私有的写时拷贝页(如可读可写数据区域所在页)执行写操作,将与只读访问权限不相符,从而发生存储保护异常,内核将进行页故障处理。在处理过程中,内核判断出该异常是由于进程试图对私有的写时拷贝页进行写操作造成的,此时,内核就会在主存中为该页分配新页框,把页面内容拷贝到新页框中,并修改进程 2 中相应的页表项,填入新分配的页框号,将访问权限修改成可读可写,如图 7-25(b)所示。

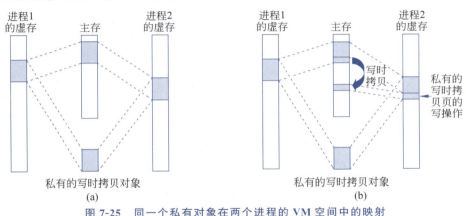

图 7-25 同一个私有对象在两个进程的 VM 空间中的映射

(a)私有对象在两个进程 VM 空间的映射;(b)进程 2 在私有对象映射空间中执行写操作

页故障处理结束后,回到发生故障的指令重新执行,此时,进程 2 就可以正常执行写操作了。写时拷贝技术通过延迟拷贝私有对象中写操作所在的页面,从而节省不必要的主存物理空间。

当 MMU 对虚拟地址 VA 进行地址转换时,若检测到页故障,则转入操作系统内核进行页故障处理。Linux 操作系统的内核可根据 vm_area_struct 链表结构中对虚拟地址空间各区域的描述,将 VA 与 vm_area_struct 链表中每个 vm_start 和 vm_end 进行比较,以判断 VA 是否属于"空洞"页面。若是,则发生段故障;若不是,则再判断所进行的操作是否和所在区域的访问权限(由 vm_prot 描述)相符。通常有以下几种不相符的情况:①对只读代码区进行写操作。若执行对只读代码区(vm_prot 描述的访问权限为只可执行 PROT_EXE 或只读 PROT_READ)页面的写操作,则发生访问越权。②对不可访问的区域进行读写操作。若在用户态下访问属于内核的区域(vm_prot 描述的访问权限为不可访问 PROT_NONE),则发生访问越级。段故障、访问越权和访问越级都会导致当前进程的终止。

若不是上述几种情况,则内核判断是否发生正常的缺页异常,若是,操作系统只要在主存中找到一个空闲的页框,从外存将缺失的页面装入主存页框中,若主存中没有空闲页框,则根据页面替换算法,选择某个页框中的页面交换出去,然后从外存装入缺失的页面到该页框中。从页故障处理程序返回后,将回到发生缺页的指令重新执行。

以下用 LA64 架构机器中的一个例子来说明在 Linux 操作系统下一个进程的虚拟地址空间布局。图 7-26 给出了在某台 LA64 架构机器上一个简单 C 语言程序(pid.c)生成的可执行文件 pid 运行时对应进程虚拟地址空间布局情况,虚拟地址空间中所有区域的起始地址按 16KB 对齐。

```
120000000-120004000      r-xp    00000000   fe:05   131896    /home/loongson/bao/7/pid
120004000-120008000      r--p    00000000   fe:05   131896    /home/loongson/bao/7/pid
120008000-12000c000      rw-p    00004000   fe:05   131896    /home/loongson/bao/7/pid
12053c000-120560000      rw-p    00000000   00:00   0         [heap]
fff5818000-fff5968000    r-xp    00000000   fe:04   1320855   /usr/lib64/libc-2.28.so
fff5968000-fff597c000    r--p    0014c000   fe:04   1320855   /usr/lib64/libc-2.28.so
fff597c000-fff5980000    rw-p    00160000   fe:04   1320855   /usr/lib64/libc-2.28.so
fff5980000-fff5984000    rw-p    00000000   00:00   0
fff5994000-fff59b4000    r-xp    00000000   fe:04   1320714   /usr/lib64/ld-2.28.so
fff59b4000-fff59b8000    r--p    0001c000   fe:04   1320714   /usr/lib64/ld-2.28.so
fff59b8000-fff59bc000    rw-p    00020000   fe:04   1320714   /usr/lib64/ld-2.28.so
fffbcc4000-fffbce8000    rw-p    00000000   00:00   0         [stack]
fffbff4000-fffbff8000    r-xp    00000000   00:00   0
fffe104000-fffe108000    r--p    00000000   00:00   0         [vvar]
fffe108000-fffe10c000    r-xp    00000000   00:00   0         [vdso]
```

图 7-26  LA64 架构机器上某可执行文件运行时虚拟地址空间布局情况

图 7-26 中所示每个虚存区域(VMA)包含的信息中,第一列为其虚拟地址范围;第 2 列为其访问权限,其中 r、w、x 和 p 分别表示可读、可写、可执行和私有对象,例如,r-xp 表示该 VMA 可读、不可写、可执行且是私有区域;第 3 列为其所对应的映射对象文件中起始位置;第 4 列为映射对象文件对应的主设备号和次设备号;第 5 列表示映射对象文件的节点号;最后一列是映射对象文件路径。

图 7-26 所示某进程用户空间的起始虚拟地址为 0x1 2000 0000,共有 15 个 VMA。前 3 个 VMA 的虚拟地址范围分别为 0x1 2000 0000～0x1 2000 4000、0x1 2000 4000～x1 2000 8000、0x1 2000 8000～0x1 2000 c000,映射到 ELF 可执行文件的只读代码段和可读写数据段,分别对应只读代码段中的代码部分(访问权限为 r-xp)、只读代码段的只读数据部分(访问权限为 r--p)和可读写数据段(访问权限为 rw-p);虚拟地址范围为 0x1 2053 c000～0x1 2056 0000 的 VMA 是堆区,可通过 malloc()函数申请使用;动态库文件 libc-2.28.so 中的对象对应 3 个 VMA;动态库文件 ld-2.28.so 中的对象也对应 3 个 VMA,共享库区域介于堆区和栈区之间;虚拟地址范围为 0xff fbcc 4000～0xff fbce 8000 的 VMA 是栈区;在栈区之上,虚拟地址范围为 0xff fe10 4000～0xff fe10 8000 和 0xff fe10 8000～0xff fe10 c000 的两个 VMA 分别被 vvar 和 vdso 模块占用,vdso 模块的访问权限为 r-xp,为一些函数代码,vvar 模块的访问权限为 r--p,对应一些只读数据,这是和操作系统内核进行映射的两个 VMA,用于程序绕过系统调用而直接和内核快速通信的一些接口,如 gettimeofday 功能通常通过 vdso 模块直接快速实现,而无须通过系统调用实现。

## 7.8 本章小结

虚拟存储器机制的引入，使得每个进程具有一个一致的、极大的、私有的虚拟地址空间。虚拟地址空间按等长的页来划分，主存也按等长的页框划分。进程执行时将当前用到的页面装入主存，其他暂时不用的部分放在硬盘上，通过页表建立虚拟页和主存页框之间的对应关系，不在主存中的页面会在页表中记录其在磁盘上的地址。

在指令执行过程中，由 MMU 和操作系统协同实现存储访问，其中，MMU 完成虚拟地址向物理地址转换的过程。虚拟存储器有段式、页式和段页式三类，现代操作系统主要采用页式存储管理。页式虚拟存储器方式下，每个进程有一个页表，每个页表项由有效（装入）位、使用位、修改位、访问权限位、禁止缓存位、存放位置（主存页框号或磁盘地址）等字段等组成。为减少访问内存中页表的次数，通常将活跃页的页表项放到一个特殊的高速缓存 TLB 中。虚拟存储器机制能实现存储保护，通常有地址越界、访问越权和访问越级等内存保护错。

计算机系统中通过将虚拟存储空间中的存储区与磁盘文件中的区域进行映射，以初始化虚拟地址空间，这个过程称为存储器映射。它为创建进程、共享数据，以及加载程序等提供了一种高效机制，应用程序可以使用 mmap( )/munmap( ) 函数创建和删除虚拟地址空间中的区域，也可以用 malloc( )/free( ) 函数动态请求分配或释放一个堆块。

## 习　题

1. 给出以下概念的解释说明。

| | | | |
|---|---|---|---|
| 虚拟页号 | 物理地址 | 页框（页帧） | 物理页号 |
| MMU | 页表 | 页表基址寄存器 | 有效位（装入位） |
| 修改位 | 页故障 | 请求分页 | 未分配页 |
| 已分配页 | 未缓存页 | 快表 | 管理模式（内核态） |
| 用户模式（用户态） | 存储保护 | 地址越界 | 访问越权 |
| 存储器映射 | 私有对象 | 写时拷贝 | 私有的写时拷贝对象 |
| 共享对象 | 请求零页 | 交换文件 | 虚拟内存区域 |

2. 简单回答下列问题。

(1) 什么是物理地址？什么是逻辑地址？地址转换由硬件还是软件实现？为什么？

(2) 什么是页表？什么是快表？

(3) 在存储器层次化结构中，"cache-主存""主存-磁盘"这两个层次有哪些不同？

(4) cache 的 4 种查找方式各有什么特点？

(5) 在 Linux 中如何保证共享库代码在内存只有一个副本？

(6) 有哪些与存储访问相关的常见错误？要求举例说明。

3. 假定一个虚拟存储系统的虚拟地址为 40b，物理地址为 36b，页大小为 16KB。若页表中有有效位、访问权限位、修改位、使用位，共占 4b，磁盘地址不记录在页表中，则该存储系统中每个进程的页表大小为多少？如果按计算出来的实际大小构建页表，则会出现什么问题？

4. 假定一个计算机系统中有一个 TLB 和一个 L1 Data Cache。该系统按字节编址，虚拟地址 16b，物理地址 12b，页大小为 128B；TLB 采用 4 路组相联方式，共有 16 个页表项；L1 Data Cache 采用直接映射方式，块大小为 4B，共 16 行。在系统运行到某一时刻时，TLB、页表和 L1 Data Cache 中的部分内容如图 7-27 所示。

请回答下列问题（假定图 7-27 中数据都为十六进制形式）。

(1) 虚拟地址中哪几位表示虚页号？哪几位表示页内偏移量？虚页号中哪几位表示 TLB 标记？哪几位表示 TLB 组索引？

(2) 物理地址中哪几位表示物理页号？哪几位表示页内偏移量？

(3) 物理地址如何划分成标记字段、行索引字段和块内地址字段？

(4) 若从虚拟地址 067AH 中读取一个 short 型变量，则这个变量的值为多少？说明 CPU 读取虚拟地址 067AH 中内容的过程。

| 组号 | 标记 | 页框号 | 有效位 | 标记 | 页框号 | 有效位 | 标记 | 页框号 | 有效位 | 标记 | 页框号 | 有效位 |
|---|---|---|---|---|---|---|---|---|---|---|---|---|
| 0 | 03 | — | 0 | 09 | 0D | 1 | 00 | — | 0 | 07 | 02 | 1 |
| 1 | 13 | 2D | 1 | 02 | — | 0 | 04 | — | 0 | 0A | — | 0 |
| 2 | 02 | — | 0 | 08 | — | 0 | 06 | — | 0 | 03 | — | 0 |
| 3 | 07 | — | 0 | 63 | 0D | 1 | 0A | 34 | 1 | 72 | — | 0 |

(a)

| 虚页号 | 页框号 | 有效位 |
|---|---|---|
| 00 | 08 | 1 |
| 01 | 03 | 1 |
| 02 | 14 | 1 |
| 03 | 02 | 1 |
| 04 | — | 0 |
| 05 | 16 | 1 |
| 06 | — | 0 |
| 07 | 07 | 1 |
| 08 | 13 | 1 |
| 09 | 17 | 1 |
| 0A | 09 | 1 |
| 0B | — | 0 |
| 0C | 19 | 1 |
| 0D | — | 0 |
| 0E | 11 | 1 |
| 0F | 0D | 1 |

(b)

| 行索引 | 标记 | 有效位 | 字节3 | 字节2 | 字节1 | 字节0 |
|---|---|---|---|---|---|---|
| 0 | 19 | 1 | 12 | 56 | C9 | AC |
| 1 | — | 0 | — | — | — | — |
| 2 | 1B | 1 | 03 | 45 | 12 | CD |
| 3 | — | 0 | — | — | — | — |
| 4 | 32 | 1 | 23 | 34 | C2 | 2A |
| 5 | 0D | 1 | 46 | 67 | 23 | 3D |
| 6 | — | 0 | — | — | — | — |
| 7 | 16 | 1 | 12 | 54 | 65 | DC |
| 8 | 24 | 1 | 23 | 62 | 12 | 3A |
| 9 | — | 0 | — | — | — | — |
| A | 2D | 1 | 43 | 62 | 23 | C3 |
| B | — | 0 | — | — | — | — |
| C | 12 | 1 | 76 | 83 | 21 | 35 |
| D | 16 | 1 | A3 | F4 | 23 | 11 |
| E | 33 | 1 | 2D | 4A | 45 | 55 |
| F | — | 0 | — | — | — | — |

(c)

图 7-27　TLB、页表和 L1 Data Cache 中的部分内容

(a)TLB(4 路组相联)：4 组、16 个页表项；(b)部分页表：(开始 16 项)；
(c) L1 Data Cache：直接映射，共 16 行，块大小为 4B

5. 对于 4.4 节介绍的缓冲区溢出漏洞，可以采用本章提到的什么技术来防止。

6. 假设在 LA64+Linux 平台上运行一个 C 语言源程序对应的用户进程 P，其中有一条循环语句 S 如下。

```
for (i=0; i<N; i++) sum+=a[i];
```

已知变量 sum 和数组 a 都是 long 型，链接后确定 a 的首地址为 0x1 2000 8070。编译器将 a[i] 的地址存放在 r12 中，sum 的值存放在 r4 中，a[N] 的地址存放在 r14 中，语句 S 对应的部分机器级代码段 M 如下。

```
1  1200073c: 2600018d    ldptr.d   $r13,$r12,0
2  12000740: 0010b484    add.d     $r4,$r4,$r13
3  12000744: 02c0218c    addi.d    $r12,$r12,8(0x8)
4  12000748: 5ffff58e    bne       $r12,$r14,-12(0x3fff4)#1200073c
```

已知 LA64+Linux 平台采用图 7-19 所示的三级页表虚拟存储管理方式，虚拟地址位数 VALEN 和物理

地址位数 PALEN 皆为 48，页大小为 16KB，指令 TLB 采用单一固定页大小的 4 路组相联 STLB，共有 256 组。假定系统中没有其他用户进程，常数 N 定义为 10，回答下列问题或完成下列任务。

（1）语句 S 所在代码段的虚页号为多少？该代码段在进程 P 的虚拟地址空间中属于低半地址空间还是高半地址空间？该代码段所在页的一级页目录索引、二级页目录索引和页表索引分别是什么？

（2）机器级代码段 M 共循环执行几次？第 1 次执行到 M 中第 1 行指令 ldptr.d 时，寄存器 r12 和 r14 中的内容各是什么？数组 a 占几个页面？对应的虚页号各为多少？

（3）在用户进程 P 执行时，控制寄存器 CSR.CRMD 中的 PLV、IE、DA 和 PG 字段的内容各是什么？控制寄存器 CSR.STLBPS 中的 PS 字段的内容是什么？

（4）第 1 次执行 M 中第 1 行指令 ldptr.d 时，取指令操作过程中是否会发生 TLB 重填异常？为什么？该指令所在页属于偶数页还是奇数页？取指令操作过程中进行 TLB 访问时，该指令的虚拟地址如何划分（即 VPPN、TLB 标记、组索引、页内地址等各字段的内容是什么）？

（5）第 1 次执行 M 中第 1 行指令 ldptr.d 时，取操作数过程中是否会发生 TLB 重填异常和缺页异常？简要说明第 1 次执行该指令的取操作数的过程。

7. 假设有一个文件 test.txt，其内容包含字符串"This is a test file!\n"，编写一个 C 语言程序，要求用 mmap() 函数将 test.txt 文件的内容改为"That is a test file!\n"。

# 第 8 章

# 进程与异常控制流

一个程序的正常执行流程有两种顺序,一种是按指令存放顺序执行,即新的 PC 值为当前指令地址加当前指令长度;另一种是转到由跳转类指令指定的目标地址处执行,即新的 PC 值为跳转目标地址。CPU 所执行的指令地址序列称为 **CPU 控制流**,通过上述两种方式得到的控制流为**正常控制流**。

在程序正常执行过程中,CPU 会因为遇到内部异常事件或外部中断事件而打断原来程序的执行,转去执行操作系统提供的处理程序处理这些特殊事件。这种情况下形成的意外控制流称为**异常控制流**(Exceptional Control of Flow,ECF)。显然,计算机系统必须提供一种机制来实现异常控制流。

计算机系统各层都有实现异常控制流的机制。例如,在最底层的硬件层,CPU 可检测异常和中断事件并将控制转移到操作系统内核执行;在中间的操作系统层,内核能通过进程的上下文切换将控制流从一个进程切换到另一个进程;在上层的应用软件层,一个进程可直接向另一个进程发送信号,接收信号的进程将控制转移到它注册的**信号处理程序**。

本章主要介绍操作系统层、硬件层和应用软件层涉及的异常控制流实现机制。主要内容包括进程上下文切换、进程的控制、异常和中断的基本概念、LoongArch+Linux 平台中的异常和中断机制、系统调用实现机制、信号处理与非本地跳转等。

## 8.1 进程与进程的上下文切换

### 8.1.1 程序和进程的概念

利用计算机求解一个应用问题而设计算法后,都要用某种编程语言描述出来,一般都采用高级语言编写源程序。而高级语言源程序需要通过编译、链接转换为目标程序,链接之前的目标程序是可重定位目标形式,链接之后是可执行目标形式,其代码部分是机器指令序列,可被 CPU 直接执行。

对计算机来说,**程序**(program)就是代码和数据的集合,因而程序的概念是静态的。它可以作为目标模块存放在硬盘中,或者作为存储段存在于一个地址空间中。每个应用程序在系统中运行时均有各自的存储空间,用来存储其程序代码和数据,包括只读代码区(代码和只读数据)、可读写数据区(初始化数据和未初始化数据)、动态的堆区和栈区等。

简单来说,**进程**(process)是程序的一次运行过程。进程是一个程序给定某个数据集合作为输入的一次运行活动,是操作系统对处理器中程序运行过程的一种抽象,因而进程具有动态的含义。进程有自己的生命周期，它由于任务的启动而创建，随着任务的完成（或终止）而消亡，它所占用的资源也随着进程的终止而释放。一个可执行目标文件可以被多次加载执行，即一个程序可能对应多个不同的进程。例如，在 Windows 操作系统中用 word 程序编辑文档时，相应的进程是 winword.exe，如果多次启动同一个 word 程序，就得到多个 winword.exe 进程。

计算机系统中的**任务**通常指进程。例如，Linux 操作系统的内核中把进程称为任务，每个进程通过一个称为**进程描述符**（process descriptor）的结构来描述，其结构类型定义为 task_struct，包含了一个进程的所有信息。Linux 操作系统的内核通过双向循环链表实现的**任务列表**（task list）来管理所有进程，任务列表中每个元素是一个进程描述符。

进程的引入为应用程序提供了两方面的抽象：一个独立的逻辑控制流和一个私有的虚拟地址空间。每个进程拥有独立的逻辑控制流，使得其在执行过程中认为自己独占处理器；每个进程拥有其私有的虚拟地址空间，使得其在执行过程中认为自己独占存储器。实际上，在现代多任务操作系统中，通常一段时间内会有多个不同的进程运行，这些进程轮流使用处理器并共享同一个主存储器。

上述两方面的抽象给进程造成一种"错觉"。这种"错觉"极大简化了程序员的编程及语言处理系统的处理，包含编程、编译、链接、共享和加载等过程。程序员编写程序时，或者语言处理系统编译并链接生成可执行目标文件时，不需要考虑如何与其他程序共享处理器和存储器资源，只需考虑如何在一个独立的虚拟存储空间中组织其程序代码和所用数据。

为了实现上述两方面的抽象，操作系统必须提供一整套管理机制，包括处理器调度、进程上下文切换、虚拟存储管理等。

## 8.1.2 进程的逻辑控制流

一个可执行目标文件被加载并启动执行后，就成为一个进程。不管是静态链接生成的完全链接可执行文件，还是动态链接后在存储器中形成的完全链接可执行目标，在一次运行过程中，其代码段中每条指令的 PC 值都是确定的。在执行这些指令的过程中，其 PC 值会形成一个序列，对于给定的输入数据，该序列是确定的。这个确定的 PC 序列称为进程的**逻辑控制流**。

对于一个仅有单处理器核的系统，若一段时间内有多个进程在其上运行，那么这些进程会轮流使用处理器，即处理器的**物理控制流**由多个逻辑控制流交织组成。例如，假定在某段时间内，**单处理器系统**中有三个进程 $p_1$、$p_2$ 和 $p_3$ 在运行，其运行轨迹如图 8-1 所示。图中水平方向为时间，垂直方向为指令的虚拟地址，不同进程的虚拟地址空间是独立的。

在图 8-1 中，进程 $p_1$ 的执行过程如下：从 $t_0 \sim t_1$ 时刻按序执行地址 $A_{11} \sim A_{13}$ 处的指令，然后再跳转到 $A_{11}$ 开始按序执行，直到 $t_2$ 时刻执行到 $A_{12}$ 处指令时被换下处理器，一直等到 $t_4$ 时刻，又被换上处理器从上次被中断的 $A_{12}$ 处开始执行，直到 $t_6$ 时刻执行结束。一个进程的逻辑控制流总是确定的，不管中间是否被其他进程打断，也不管被打断几次或在哪里被打断，因此无论多个进程如何共享处理器，其行为总是一致的。可以看出，进程 $p_1$ 的逻辑控制流为 $A_{11} \sim A_{13}$、$A_{11} \sim A_{14}$、$A_{15} \sim A_{16}$。即其执行轨迹总是先按序从 $A_{11}$ 执行到 $A_{13}$；然后从 $A_{13}$ 跳到 $A_{11}$，按序从 $A_{11}$ 执行到 $A_{14}$；再从 $A_{14}$ 跳到 $A_{15}$，按序从 $A_{15}$ 执行到 $A_{16}$。$p_1$ 整个逻辑控制流在 $A_{12}$ 处被 $p_2$ 打断了一次。

进程 $p_2$ 在 $t_2$ 时刻被换上执行，在 $t_4$ 时刻被换下处理器，然后在 $t_7$ 时刻再次被换上处理

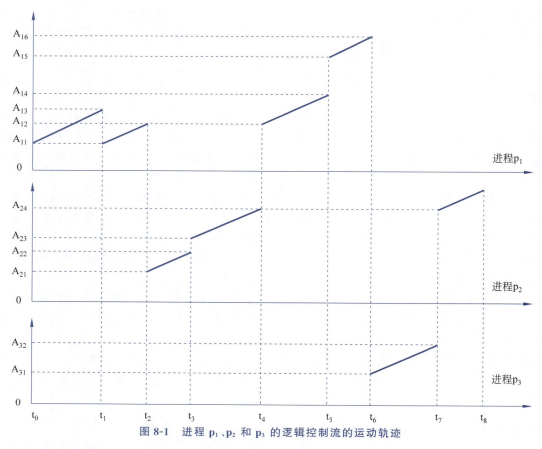

图 8-1 进程 $p_1$、$p_2$ 和 $p_3$ 的逻辑控制流的运动轨迹

器执行,直到 $t_8$ 时刻执行结束。$p_2$ 整个逻辑控制流在 $A_{24}$ 处被 $p_1$ 打断了一次。

进程 $p_3$ 则在 $t_6$ 时刻被换上处理器执行,到 $t_7$ 时刻执行结束。$p_3$ 整个逻辑控制流未被打断。

从图 8-1 可以看出,不同进程的逻辑控制流在时间上交错,这种情况通常称为**并发执行**。例如,进程 $p_1$ 和 $p_2$ 的逻辑控制流在时间上交错,因此,进程 $p_1$ 和 $p_2$ 是并发执行的,同样,$p_2$ 和 $p_3$ 也是并发的,但 $p_1$ 和 $p_3$ 不是。并发执行的概念与处理器核数无关,只要两个逻辑控制流在时间上交错或重叠都称为**并发**(concurrency)。在时间上同时执行的两个逻辑控制流称为**并行**(parallelism),并行是并发执行的特例,并行执行的两个进程一定是并发的。显然,并行执行的两个进程必定同时使用不同的处理器或处理器核。

### 8.1.3 进程的上下文切换

从图 8-1 可以看出,三个进程的逻辑控制流在同一个时间轴上串行,也即进程轮流在一个单处理器上执行。连续执行同一个进程的时间段称为**时间片**(time slice)。例如,在图 8-1 中,$t_0 \sim t_1$、$t_2 \sim t_4$、$t_4 \sim t_6$ 各为一个时间片。一个进程的逻辑控制流不会因为中间被其他进程打断而改变,因为被打断后还能回到被打断的"断点"处继续执行,这种实现不同进程中指令交替执行的机制称为进程的**上下文切换**(context switching)。时间片结束时,操作系统通过进程的上下文切换,换一个新的进程到处理器上执行,并开始一个新的时间片,这个过程称为**时间片轮转处理器调度**。

进程的代码、数据和支撑进程运行的环境合称为**进程的上下文**。由用户进程的代码、数据、运行时的堆和用户栈（统称为**用户栈**）等组成的**用户空间信息**称为**用户级上下文**；由进程标识信息、进程现场信息、进程控制信息和系统内核栈等组成的**内核空间信息**称为**系统级上下文**。进程的上下文包括了用户级上下文和系统级上下文。其中，用户级上下文地址空间和系统级上下文地址空间一起构成了进程的整个存储器映像，即进程的虚拟地址空间，如图 8-2 所示。**进程控制信息**包含各种内核数据结构，例如，记录进程相关信息的进程表（process table）、页表、打开文件列表等。

处理器中各个寄存器的内容称为**寄存器上下文**（也称**硬件上下文**）。操作系统需要通过上下文切换调度一个新进程到处理器上运行，具体过程如下：①将当前寄存器上下文保存到当前进程系统级上下文的现场信息中；②根据新进程系统级上下文中的现场信息恢复寄存器上下文；③将控制转移到新进程执行。这里，一个重要的上下文信息是 PC 值，操作系统将当前进程被打断的断点处的 PC 作为寄存器上下文的一部分保存在进程现场信息中，这样，下次该进程再次被调度时，就可以从其现场信息中获得断点处的 PC，操作系统将控制转移到该 PC，从而使该进程能从断点处继续执行。

图 8-2 进程的上下文

下面以 hello.c 为例，介绍典型的进程上下文切换场景。

```
1   #include <stdio.h>
2
3   int main() {
4       printf("hello, world\n");
5       return 0;
6   }
```

假定生成的可执行目标文件名为 hello，在 Linux 操作系统上启动 hello 程序，其 shell 命令行和 hello 程序运行的结果如下。

```
linux> ./hello [Enter]
hello, world
linux>
```

图 8-3 给出了上述 shell 命令行执行过程中 shell 进程和 hello 进程的上下文切换过程。首先运行 shell 进程，从 shell 命令行中读入字符串"./hello"到主存；当 shell 进程读到字符"[Enter]"后，shell 进程将发起"创建进程"系统调用，从用户态转到内核态执行，由操作系统内核程序进行上下文切换，以保存 shell 进程的上下文并创建 hello 进程的上下文；hello 进程执行结束时将发起"终止进程"系统调用再次转到操作系统，最后将控制权从 hello 进程转移回 shell 进程。

从该过程可以看出，在一个进程的生命周期中，可能会有其他进程在处理器中交替运行。例如，对于图 8-3 中的 hello 进程，用户感觉到的时间除 hello 进程本身的执行时间外，还包括操作系统

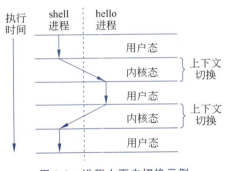

图 8-3 进程上下文切换示例

进行上下文切换的时间(hello 进程加载执行的具体过程参见 9.5 节)。对于图 8-1 所示的 $p_1$ 进程,用户感觉到的时间不仅包括操作系统执行上下文切换的时间,还包括用户进程 $p_2$ 的一段执行时间。为了准确统计每个进程运行的时间,操作系统将进程在用户态运行的时间称为**用户时间**(user time),将进程在内核态运行的时间称为**系统时间**(system time),两者的总时间称为**实际时间**(real time)或**挂钟时间**(wall clock time)。

当系统中有多个进程并发执行时,操作系统内核通常通过某种算法策略决定在哪个时间点进行进程的换上换下操作,称为**处理器调度**(scheduling),由内核中的**调度程序**(scheduler)进行处理。显然,处理器调度会打断用户进程的正常执行,形成异常控制流,并通过进程的上下文切换机制实现从一个进程安全切换到另一个进程。

## 8.2 异常和中断

一个进程在正常执行过程中,其逻辑控制流会因为处理器调度而被打断,内核中的调度程序会通过进程的上下文切换机制对进程进行换下换上操作。例如,8.1.3 节提到的时间片轮转处理器调度,在每个时间片结束时,当前进程的执行被新进程打断。除此之外,打断进程正常执行的还有其他一些特殊事件,如用户按 Ctrl+C 组合键、当前指令执行时发生了无法继续执行的意外事件、I/O 设备完成任务后需要系统进一步处理等。这些特殊事件统称为**异常**(exception)或**中断**(interrupt)。当发生异常或中断时,当前进程的逻辑控制流被打断,CPU 转去执行具体的内核程序来处理这些特殊事件。显然,这与上一节介绍的上下文切换一样,都会造成异常控制流的现象。

### 8.2.1 异常和中断的基本概念

不同指令集架构和教科书对异常和中断这两个概念的定义不尽相同。例如,在 PowerPC 架构中,"异常"表示各种来自 CPU 内部和外部的意外事件,而"中断"表示正常程序执行控制流被打断。在兰德尔·E. 布赖恩特(Randal E. Bryant)等编著的 *Computer System: A Programmer's Perspective* 一书中,"异常"是对所有来自 CPU 内部和外部的意外事件的总称,同时"异常"也表示程序正常执行控制流被打断。

本书主要讲解 LoongArch 架构相关内容,在 LoongArch 中异常和中断的概念内涵与 IA-32 指令架构中的相同(注:LoongArch 架构参考手册中所述的"例外"即是异常)。在早期的 Intel 8086/8088 微处理器中,并不区分异常和中断,两者统称为中断,由 CPU 内部产生的意外事件称为**内中断**,从 CPU 外部通过中断请求引脚 INTR 和 NMI 向 CPU 发出的中断请求为**外中断**。但从 80286 开始,Intel 公司统一把内中断称为异常,而把外中断称为中断。在 IA-32 架构说明文档中,Intel 公司对异常和中断进行了如下描述:处理器提供了异常和中断这两种打断程序正常执行的机制。中断是一种由 I/O 设备触发的、与当前正在执行的指令无关的典型**异步事件**;而异常是处理器执行一条指令时,由处理器在其内部检测到的、与正在执行的指令相关的**同步事件**。

**1. 异常**

异常是指由 CPU 内部的异常引起的意外事件。根据其发生的原因分为**硬故障中断**和**程序性异常**。硬故障中断是由于硬连线路出现异常而引起的,如主存校验线路错等;程序性异常由 CPU 执行某指令引起,如除数为 0、溢出、寻址错、访问超时、非法操作码、栈溢出、缺页、地址越界等。此外,还有一种异常称为**陷阱**,它是预先安排的一种异常事件,如系统调用、单步跟踪调试、调试断点设置等都可以通过陷阱机制实现。

### 2. 中断

程序执行过程中,若外设完成任务或发生某些特殊事件,例如,打印机缺纸、定时采样计数时间到、键盘缓冲区已满、从网络中接收到一个信息包、从磁盘读入一块数据等,设备控制器会向 CPU 发中断请求,要求 CPU 对这些情况进行处理。通常,每条指令执行完后,CPU 都会主动去查询有没有中断请求,若有,则将下条指令地址作为断点保存,然后转到相应中断服务程序执行,结束后回到断点继续执行。这类事件与执行的指令无关,由 CPU 外部的 I/O 设备等发出,通过外部中断请求线通知 CPU,因此也称**外部中断**。关于中断的详细内容将在第 9 章介绍。

异常和中断两者的处理过程基本上相同,这是为什么在有些指令架构或教材中将两者统称为"中断"或"异常"的原因。

异常和中断引起的异常控制流如图 8-4 所示,反映了从 CPU 检测到用户进程发生异常或中断事件,到 CPU 改变指令执行控制流而转到操作系统进行异常或中断处理,再到从异常或中断处理程序返回用户进程执行的过程。

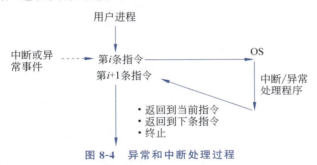

图 8-4 异常和中断处理过程

异常和中断处理的大致过程是,若 CPU 在执行用户进程的第 $i$ 条指令时检测到一个异常事件,或在执行第 $i$ 条指令后发现有一个中断请求信号,则 CPU 会中断当前用户进程的执行,转到相应的异常或中断处理程序去执行。若异常或中断处理程序能够解决相应问题,则在异常或中断处理程序的最后,CPU 通过执行"异常/中断返回指令"回到被中断的用户进程的第 $i$ 条或第 $i+1$ 条指令继续执行;若异常或中断处理程序发现是不可恢复的致命错误,则终止用户进程。异常和中断事件的具体处理过程通常由操作系统程序完成。

通常把处理异常事件的程序称为**异常处理程序**,把处理中断事件的程序称为**中断服务程序**,合在一起时本书称其为**异常/中断处理程序**。

## 8.2.2 异常的分类

通常,将内部异常分为三类:故障(fault)、陷阱(trap)和终止(abort)。

### 1. 故障

**故障**是 CPU 在执行指令过程中检测到的一类与指令执行相关的意外事件。这种意外事件有些可以恢复,有些则不能恢复。例如,指令译码时出现"非法操作码";执行访存指令时发现"地址未对齐";取指令或执行访存指令时发生"页故障"等。

对于像非法操作码这类故障,因为无法通过异常处理程序恢复,所以不能回到被中断的程序继续执行,通常异常处理程序通过某种机制(如 Linux 操作系统中的信号机制)在屏幕上告知发生了某种故障,然后调用内核中的 abort 例程,以终止发生故障的当前进程。

对于**页故障**(page fault),对应的页故障处理程序会根据不同情况进行不同处理。根据第 7 章相关内容可知,CPU 在执行取指令操作或 load/store 操作时需要进行地址转换。在通过页表遍历进行地址转换的过程中判断相应页表项中的装入位是否为 1 或是否发生地址越界或访问越权。如果检测到装入位不为 1、地址越界或访问越权,都会产生页故障,从而调出内核中相应的页故障异常处理程序执行。由此可知,CPU 产生的页故障异常中可能包含多种不同情况,需要页故障处理程序根据具体情况进行相应处理。若发生地址越界或访问越权,则故障不可恢复;若发生的是缺页异常,则可通过从硬盘读入所缺失的页面来恢复故障。在 Linux 操作系统中,不可恢复的访存故障(如地址越界和访问越权)都称为**段故障**。

**例 8-1** 假设在 LA64+Linux 平台中一个 C 语言源程序如下。

```
1    int a[1000];
2    int x;
3    int main() {
4        a[10]=1;
5        a[1000]=3;
6        a[10000]=4;
7        return 0;
8    }
```

假设经过编译、汇编和链接后,第 4~6 行源代码对应的指令序列如下。

```
        a[10]=1;
1   1200006a4:   1c00010c    pcaddu12i   $r12, 8(0x8)
2   1200006a8:   28e6318c    ld.d        $r12, $r12, -1652(0x98c)
3   1200006ac:   0280040d    addi.w      $r13, $r0, 1(0x1)
4   1200006b0:   2980a18d    st.w        $r13, $r12, 40(0x28)
        a[1000]=3;
5   1200006b4:   1c00010c    pcaddu12i   $r12, 8(0x8)
6   1200006b8:   28e5f18c    ld.d        $r12, $r12, -1668(0x97c)
7   1200006bc:   02800c0d    addi.w      $r13, $r0, 3(0x3)
8   1200006c0:   250fa18d    stptr.w     $r13, $r12, 4000(0xfa0)
        a[10000]=4;
9   1200006c4:   1c00010d    pcaddu12i   $r13, 8(0x8)
10  1200006c8:   28e5b1ad    ld.d        $r13, $r13, -1684(0x96c)
11  1200006cc:   1400014c    lu12i.w     $r12, 10(0xa)
12  1200006d0:   0010b1ac    add.d       $r12, $r13, $r12
13  1200006d4:   0280100d    addi.w      $r13, $r0, 4(0x4)
14  1200006d8:   29b1018d    st.w        $r13, $r12, -960(0xc40)
```

已知系统采用分页虚拟存储管理方式,页大小为 16KB。若在运行该程序对应的进程 P 时,系统中没有其他进程在运行,则上述 14 条指令的取指令操作是否会发生缺页异常?若进程 P 运行时在虚拟地址 0x1 2000 8030 开始的 8 个单元中存放的是 0x0000 0001 2000 8060(即数组 a 的起始虚拟地址 0x0000 0001 2000 8060 存放在 0x1 2000 8030 开始的 8 字节中),则在执行上述 14 条指令中的 load/store 操作对应的页表遍历过程中,哪些指令会发生页故障?哪些页故障是可恢复的?哪些是不可恢复的?

**解:** 在上述 14 条指令的执行过程中,所有取指令操作都不会发生缺页异常。因为在执行这 14 条指令之前,一定执行过其前面的一些指令,它们都位于其起始地址为 0x1 2000 0000 的同一页中,所以这 14 条指令在被执行前已经随着前面某条指令一起被装入了主存。因为同时没有其他进程在系统中运行,所以不会因为执行其他进程而使得调入主存的页面被调出到硬盘。综上所述,这 14 条指令的取指令操作过程中不会发生缺页异常。

对于第 2 行 load 指令的执行,在 load 操作的页表遍历过程中会发生页故障,具体故障类型是缺页,因此是可恢复的故障。因为对于地址为 0x0000 0001 2000 06a4＋0x0000 0000 0000 8000＋0xffff ffff ffff f98c＝0x0000 0001 2000 8030 的访问,是对所在页(起始地址为 0x1 2000 8000 的 16KB 大小的页)的第一次访问,所以发生缺页异常。此时,CPU 暂停进程 P 的执行,将控制转移到操作系统内核,调出内核中的页故障处理程序执行。在页故障处理程序中,将地址 0x1 2000 8030 所在页从硬盘调入内存,处理结束后,再回到这条指令重新执行,此时,再访问数据就没有问题了。处理过程如图 8-5 所示,该指令执行的结果是从 0x1 2000 8030 地址开始读出数据 0x0000 0001 2000 8060(数组 a 的首地址)并写入寄存器 r12 中。

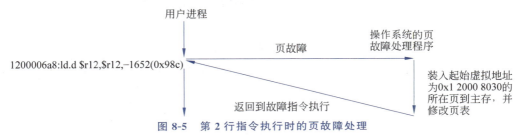

图 8-5　第 2 行指令执行时的页故障处理

对于第 4 行 store 指令的执行,store 操作的遍历过程中不会发生页故障。因为第 2 行 ld.d 指令执行后 r12 的内容为 0x0000 00001 2000 8060,第 4 行 st.t 指令的访问地址为 0x1 2000 8060＋0x28＝0x1 2000 8088,与第 2 行指令的访问地址 x1 2000 8030 位于同一页,所以在这条指令执行前,该页已被装入主存。

对于第 6 行 load 指令的执行,在 load 操作的页表遍历过程中不会发生页故障,因为该操作访问的地址为 0x0000 0001 2000 06b4＋0x0000 0000 0000 8000＋0xffff ffff ffff f97c＝x10000 0001 2000 8030,该地址已经在执行第 2 行指令时被访问过,所以不会发生页故障。该指令从主存读出数据 0x0000 0001 2000 8060 并写入 r12 中。

对于第 8 行 store 指令的执行,store 操作的地址为 0x0000 0001 2000 8060＋0x0000 0000 0000 0fa0＝0x1 2000 9000,该地址位于起始地址为 0x1 2000 8000 的页面中(因为当前地址相对于起始地址的偏移量＝0x9000-0x8000＝0x1000＜2),该页面在前面多条指令中都被访问过,因此不会发生页故障。但是,因为数组 a 只有 1000 个元素,即 a[0]～a[999],所以 a[1000]并不存在。不过,C 语言编译器通常不会检查数组边界,因而生成了第 5～8 行对应的指令,其中的地址 0x1 2000 9000 有可能是 x 的地址,即在该指令执行前地址 0x1 2000 9000 中可能存放的是 0(x 初始化为 0),该指令执行后就将地址 0x1 2000 9000 中原来的 0 换成了 3。

对于第 10 行 load 指令的执行,load 操作的地址为 0x0000 0001 2000 06c4＋0x0000 0000 0000 8000＋0xffff ffff ffff f96c＝0x10000 0001 2000 8030,该地址已被访问过,因而不会发生页故障。该指令从主存读出数据 0x0000 0001 2000 8060 并写入 r13 中。

对于第 14 行 store 指令的执行,store 操作过程中很可能发生页故障,而且是不可恢复的故障。显然,a[10000]并不存在,不过,C 语言编译器会生成对应的第 9～14 行指令,其中第 14 行 st.w 指令的 store 操作地址为 0x0000 0001 2000 8060＋0x0000 0000 0000 a000＋0xffff ffff ffff fc40＝0x1 2001 1ca0,该地址偏离数组 a 所在页首地址 0x0001 2000 8000 达 0x1 2001 1ca0－0x0001 2000 8000＝0x9ca0 个单元,即偏离了 2 个页面,很可能超出了可读写数据区范围,因而很可能发生地址越界或访问越权，导致 CPU 通过异常响应机制转到操作系统内核中的页故障异常处理程序执行。在页故障处理程序中，检测到发生地址越界或访问越权，因而页故障处理程序发送一个"段错误"信号（SIGSEGV）给用户进程，用户进程接收到该信号后就调出对应的信号处理程序执行。处理过程如图 8-6 所示。

图 8-6　第 14 行指令执行时的页故障处理过程

#### 2. 陷阱

**陷阱**也称**自陷**或**陷入**，与故障等其他异常事件不同，是预先安排的一种"异常"事件，就像预先设定的"陷阱"一样。当执行到**陷阱指令**（也称为**自陷指令**）时，CPU 就调出特定的程序进行相应的处理，处理结束后返回到陷阱指令的下一条指令执行。其处理过程如图 8-7 所示。

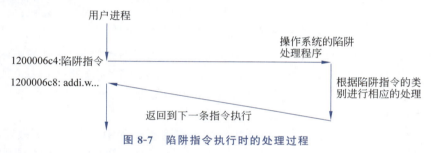

图 8-7　陷阱指令执行时的处理过程

陷阱的重要作用之一是在用户程序和内核之间提供一个类似过程的接口，这个接口称为**系统调用**，用户程序通过系统调用可以方便地使用操作系统内核提供的服务。操作系统给每个服务编号，称为**系统调用号**，每个服务功能通过一个对应的**系统调用服务例程**提供。例如，在 Linux 操作系统中提供了创建子进程（clone）、读文件（read）、加载并运行新程序（execve）、存储器映射（mmap）等服务功能。

为了使用户程序能够向内核提出系统调用请求，指令集架构会定义若干条特殊的系统调用指令，如 x86 中的 int 指令和 sysenter 指令、LoongArch 中的 syscall 指令、RISC-V 中的 ecall 指令等。这些系统调用指令属于陷阱指令，执行它们时，CPU 通过一系列步骤调出内核中对应的系统调用服务例程执行。

此外，利用陷阱机制还可实现程序调试功能，包括设置断点和单步跟踪。在 LoongArch 架构中，用于程序调试的**断点设置**陷阱指令为 break 指令，若调试程序在被调试程序某处设置了断点，则调试程序在该处设置一条 break 指令。当 CPU 执行到该指令时，就会暂停当前被调试程序的运行，并抛出断点异常（BRK），最终调出调试程序执行，调试工作结束后再回到被设定断点的被调试程序执行。

#### 3. 终止

如果在执行指令过程中发生了严重错误，如控制器出现问题、访问 DRAM 时发生无法纠正的校验错等，则只能终止当前程序，在有些严重的情况下，甚至要重启系统。显然，无法提前预知哪条指令会发生这种异常。其处理过程如图 8-8 所示。

图 8-8  终止异常执行时的处理过程

### 8.2.3 中断的分类

**中断请求**是由 I/O 设备在需要 CPU 进行某种处理时发出的一种请求信号，I/O 设备通过特定的**中断请求信号线**向 CPU 提出中断申请，因此它和当前执行的指令无关。CPU 在执行指令的过程中，每执行完一条指令都会检查中断请求信号，如果中断请求信号有效，则进入中断响应周期。通常，在**中断响应周期**中，CPU 先将当前 PC 值（称为**断点**）和当前的机器状态保存到栈或特定的寄存器中，并切换至**关中断**状态，然后跳转到统一中断服务程序执行。中断响应过程由硬件完成，具体的中断处理工作由 CPU 执行统一的中断服务程序完成，包括读取**中断类型号**并根据中断类型号跳转到具体的中断服务程序执行。中断处理完成后，再回到被打断程序的断点处继续执行。中断的整个处理过程如图 8-9 所示。

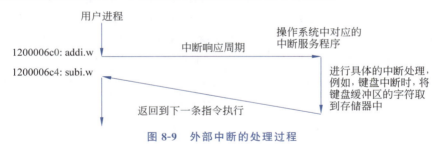

图 8-9  外部中断的处理过程

一般将外部中断分成**可屏蔽中断**（maskable interrupt）和**不可屏蔽中断**（nonmaskable interrupt，NMI）。

**1. 可屏蔽中断**

可屏蔽中断是指通过**可屏蔽中断请求线**向 CPU 进行请求的中断，主要来自 I/O 设备的中断请求，CPU 可以通过在机器状态或中断控制器中设置相应的屏蔽字来决定是否响应相应中断。若一个中断请求被屏蔽，则 CPU 不会响应该中断请求。

**2. 不可屏蔽中断**

不可屏蔽中断通常由非常紧急的硬件故障引起，通过专门的**不可屏蔽中断请求线**向 CPU 发出中断请求。如电源掉电、硬件线路故障等，这类中断请求信号一旦产生，任何情况下它都不能被屏蔽，从而让 CPU 能快速处理这类紧急事件。通常，这种情况下，中断服务程序会尽快保存系统重要信息，然后在屏幕上显示相应的消息或直接重启系统。

### 8.2.4 异常和中断的响应

每种指令集架构都会各自定义它所处理的异常和中断类型，而且不同的操作系统处理异常和中断的方式也可能不同，不过其基本原理相同。

在 CPU 执行指令过程中，如果发生了异常事件或外部中断请求，则 CPU 必须进行相应处理。CPU 从检测到异常或中断事件，到调出相应的异常/中断处理程序准备执行，其过程称为异常和中断的响应。CPU 对异常和中断的响应过程可分为三个步骤：保护断点和程序状态、关中断、识别异常和中断事件并转相应处理程序。

**1. 保护断点和程序状态**

为了 CPU 在异常和中断处理后能正确返回原被中断的程序继续执行，在异常/中断响应时 CPU 必须能正确保存回到被中断程序执行的返回地址（即断点），可以将断点送栈中或特定的寄存器保存。不同异常事件对应的断点不同，如页故障异常的断点是发生页故障的指令的地址；陷阱异常的断点则是陷阱指令下一条指令的地址。显然，断点与异常类型有关。对于中断，因为 CPU 总是在每条指令执行结束时查询中断请求，所以所有中断的断点都是中断响应时的 PC 值。

为了支持异常/中断的嵌套处理，CISC 处理器将断点保存在栈中，如 IA-32 处理器；如果硬件不支持嵌套处理，则可以将断点保存在特定寄存器中，而无须送栈中保存，如 MIPS 中用 EPC 寄存器专门存放断点。显然，后者 CPU 用于中断响应的开销较小，因为栈在存储器中，访问栈比访问寄存器所用开销更大。

异常/中断处理后可能要回到被中断程序继续执行，因此必须保存并恢复被中断时原程序的状态（如产生的各种标志信息、允许中断标志等）。每个正在运行程序的状态信息称为**程序状态字**(Program Status Word，**PSW**)，通常存放在**程序状态字寄存器**(PSWR)中。与断点一样，PSW 也要被保存到栈或特定寄存器中，在异常/中断返回时，将保存的 PSW 恢复到 PSWR 中。例如，在 Intel x86 中程序状态字寄存器就是**标志寄存器**(EFLAGS)，在异常/中断响应过程中，硬件将其保存到内核栈中；LoongArch 架构中提供了 CSR.CRMD 寄存器，用于记录当前程序状态（LoongArch 架构中称为**模式信息**)，包括特权级、全局中断使能、监视点使能等信息，在异常/中断响应过程中，硬件将这些程序状态信息保存到专门的 CSR.PRMD 寄存器中。有关 LoongArch 相关内容参见 8.3 节。

**2. 关中断**

如果中断处理程序在保存原被打断程序现场的过程中又发生了新的中断，那么，就会因为要处理新的中断，而破坏被打断原程序的现场及已保存的断点和程序状态等，因此，需要有一种机制来禁止在处理中断时再响应新的中断。通常通过设置**中断使能位**来实现。当中断使能位置 1，则为**开中断**，表示允许响应中断；若中断使能位被清 0，则为**关中断**，表示不允许响应中断。例如，LoongArch 架构中，CSR.CRMD 寄存器中的 IE 位表示全局中断使能，CPU 在异常/中断响应过程中，对该位清 0 以禁止响应新的可屏蔽中断。

**3. 识别异常和中断事件并转相应的处理程序**

内部异常事件的识别很简单。CPU 在执行指令时把检测到的事件对应的异常类型号或标识异常类型的信息记录到特定的内部寄存器中即可。外部中断源的识别需要查询中断控制器，相关内容参见 9.4.5 节。

异常和中断源的识别可以采用软件识别或硬件识别两种方式。

**软件识别**通常是在 CPU 中设置一个原因寄存器，该寄存器存放了标识异常原因或中断类型的标志信息。操作系统使用一个统一的**异常/中断查询程序**，该程序按一定的优先级顺序查询原因寄存器，根据查询结果跳转到具体的异常/中断处理程序执行。如 MIPS 就采用软件识别方式，有一个 cause 寄存器，位于 0x8000 0180 处有专门的异常/中断查询程序，它通过查询 cause 寄存器来跳转到内核中具体的处理程序去执行。

硬件识别称为**向量中断方式**。这种方式下，通常将不同异常/中断处理程序的首地址称为**中断向量**，所有中断向量存放在一个表中，称为**中断向量表**。每个异常和中断都被设定一个**中断类型号**，中断向量存放的位置与对应的中断类型号相关，例如，类型 0 对应的中断向量存放在第 0 表项，类型 1 对应的中断向量存放在第 1 表项，以此类推，因而可以根据中断类型号快速跳转到对应的异常/中断处理程序去执行。Intel x86 中的异常和中断源的识别采用此方式。

LoongArch 架构中，可采用软件识别方式，也可采用硬件识别方式，相应内容详见 8.3.5 节。

## *8.3 LoongArch＋Linux 平台的异常和中断机制

以下简要介绍 LoongArch 架构支持的异常（LoongArch 架构中称为**例外**）和中断处理机制，包括用于所支持的异常和中断类型、异常/中断处理相关的 CSR、异常和中断的响应和处理过程等。

### 8.3.1 支持的异常/中断类型

LoongArch 架构定义了一组异常事件，这些异常可能是 7.5.4 节提到的在 TLB 查找匹配过程中发生的与 TLB 相关的异常（其中包括 **TLB 重填异常**），可能是使用 ECC 等硬件校验方式的存储器发生校验错时触发的异常（这类属于**机器错误异常**），还可能是系统调用等引起的陷阱类异常和浮点指令触发的一些浮点指令异常等。

因为 TLB 重填（TLBR）异常和机器错误（MERR）异常都可能在其他异常的处理过程中被触发，所以 LoongArch 架构将异常分为 TLB 重填异常、机器错误异常和普通异常三类。除 TLB 重填异常和机器错误异常之外的其他所有异常都被称为**普通异常**。普通异常包括 load 操作页无效（PIL）、store 操作页无效（PIS）、取指令操作页无效（PIF）、取指令地址错（ADEF）、load/store 操作地址错（ADEM）、地址非对齐（ALE）、边界检查错（BCE）、系统调用（SYS）、断点（BRK）、指令不存在（INE）、指令特权级错（IPE）等 20 多个异常类型，每个普通异常都有一级编号（Ecode），具有相同一级编号的不同异常还有二级编号（EsubCode）。例如，ADEF 和 ADEM 两种异常的一级编号都是 0x8，二级编号分别为 0 和 1。

LoongArch 架构支持的中断有**线中断**和**消息中断**两种，其中，线中断必须实现，而消息中断可选择实现，它是在线中断基础上的扩展。线中断可来自处理器核内部，也可来自处理器核外部其他模块的请求信号。

每个处理器核可记录 13 个线中断，分别为 2 个软中断（SWI0～SWI1）、8 个硬中断（HWI0～HWI7）、1 个性能监测计数溢出中断（PMI）、1 个定时器中断（TI）和 1 个核间中断（IPI）。线中断请求信号可被不间断地采样并记录到 CSR 中对应的中断请求状态位中。SWI0～SWI1 的中断源来自处理器核内部；HWI0～HWI7 的中断源来自处理器核外部，其直接来源通常是核外的中断控制器；PMI 的中断源来自核内的性能计数器，当开启中断使能的性能计数器计数值第 63 位为 1 时，该中断被触发，清除性能计数器溢出中断需要将引起中断的那个性能计数器第 63 位清 0，或者关闭该性能计数器的中断使能；TI 的中断源来自核内的恒定频率定时器，当恒定频率定时器倒计时至全 0 时，该中断被触发，CSR.TICLR 是与定时器相关的 CSR，清除定时器中断需要通过软件将 CSR.TICLR.CLR 写 1 来完成；IPI 的中断源来自核外的中断控制器。每个线中断的中断号为其在请求状态字段 CSR.ESTAT.IS 中对应的索引值，因此 SWI0 的中断号为 0，SWI1 的中断号为 1，HWI0 的中断号为 2，…，IPI 的中断号为 12。

消息中断包括处理器核外部输入的消息型核间中断和消息型硬中断。每个逻辑处理器核可记录 256 个消息中断。

### 8.3.2 异常/中断相关的 CSR

异常/中断事件触发后,在硬件响应及软件处理的过程中,需要将各种与异常/中断相关的信息记录在 CSR 中,表 8-1 给出了与异常/中断相关的部分 CSR。因为机器错误异常和 TLB 重填异常都可能在其他异常的处理过程中被触发,为了在触发机器错误异常和 TLB 重填异常时不破坏其他异常处理时的机器状态和现场信息,LoongArch 架构特别为机器错误异常和 TLB 重填异常各自定义了一组独立的 CSR。与 TLB 重填异常相关的 CSR 内容在 7.5.1 节中已有介绍,在表 7-2 中已经给出了这些 CSR 的寄存器名及其功能描述等信息,因此这些 CSR 不包含在表 8-1 中。

表 8-1 与异常/中断相关的部分 CSR

| 场景 | 寄存器名称 | 功能描述 |
| --- | --- | --- |
| 机器错误异常 | MERRCTL | 记录处于机器错误异常处理上下文中的模式信息。包括 IsMERR 位(当发生机器错误异常时硬件将该位置1)、Repairable 位(该位为1说明硬件可自动修复,对应异常处理程序直接返回)、Cause 字段(错误类型码,占 8 位),此外,还包括 PPLV、PIE、PWE、PDA、PPC、PDATF、PDATM 字段,在机器错误异常响应过程中,硬件会将在 CSR.CRMD 中记录的断点处模式信息保存到这些字段中。在执行 ERTN 指令时,再将这些信息恢复到 CSR.CRMD 中相应字段 |
| | MERRINFO1/2 | 在触发机器错误异常时,硬件将相关信息存入这两个寄存器,以供系统软件查询。其格式及各字段的含义由实现定义 |
| | MERRENTRY | 用于配置机器错误异常处理程序的入口地址。触发机器错误异常之后,处理器核将进入直接地址翻译模式,所以此处所填入口地址是物理地址 |
| | MERRERA | 记录机器错误异常处理结束后的返回地址。在执行 ERTN 指令时,若 CSR.MERRCTL.isMERR=1,则取此处的地址作为返回地址 |
| | MERRSAVE | 为机器错误异常处理程序提供的一个保存寄存器,可存放一个通用寄存器的数据。在其他异常处理过程中,若发生机器错误异常,则可能需要使用该寄存器 |
| 普通异常和中断 | PRMD | 记录普通异常/中断触发时在 CSR.CRMD 中保存的处理器核特权级 PLV、全局中断使能位 IE 和监视点全局使能位 WE 等模式信息。在对应异常/中断响应过程中,硬件会将在 CSR.CRMD 中记录的在断点处的相应字段信息保存至此。在执行 ERTN 指令时,再将这些信息恢复到 CSR.CRMD 中相应字段 |
| | ESTAT | 记录中断请求状态、普通异常编码、是否有消息中断请求。包括 13 个线中断的请求状态位 IS[12:0](1 表示有对应中断请求,0 表示清中断)、普通异常一级编号 Ecode(占 6 位)和二级编号 EsubCode(占 9 位)、消息中断请求状态位 MsgInt(1 表示有消息中断请求) |
| | ECFG | 配置各线中断的局部使能位和普通异常/中断处理程序入口地址间距。包括与 CSR.ESTAT.IS[12:0]对应的局部中断使能位 LIE[12:0](即中断屏蔽位)、普通异常/中断处理程序入口地址间距模式字段 VS(占 3 位,当 VS≠0 时各普通异常/中断处理程序入口地址间距为 $2^{VS}$ 条指令,否则为同一个入口地址) |
| | EENTRY | 配置普通异常/中断处理程序的入口地址(实际上只需设置其虚页号 VPN) |
| | ERA | 记录普通异常/中断处理程序执行结束时的返回地址(即断点)。触发普通异常/中断时,硬件将当前的 PC 值记录在该寄存器中 |

续表

| 场景 | 寄存器名称 | 功能描述 |
| --- | --- | --- |
| 消息中断 | MSGIS0～MSGIS3 | 记录消息中断请求状态,每个寄存器64位,4个共256位,每一位对应一个消息中断(1表示有对应的消息中断请求被路由至本处理器核) |
| | MSGIR | 将选中进行中断响应的消息中断号记录在字段IntNum中。该寄存器最高位(Null)为1,表示当前没有有效的消息中断请求 |
| | MSGIE | 设置消息中断使能优先级门限值。消息中断采用固定优先级,中断号越大优先级越高,255号的优先级最高,0号的优先级最低。处理器核中只有存在高于或等于该优先级门限的消息中断请求(即MSGIS对应位为1)时,才会响应消息中断,此时选择优先级最高的进行响应,并将其中断号记录在CSR.MSGIR.IntNum中 |

如表 8-1 所示,为机器错误异常而设置的 CSR 包括用于保存断点处模式信息的寄存器 MERRCTL、配置对应处理程序入口地址的寄存器 MERRENTRY、记录返回地址(断点信息)的寄存器 MERRERA 等;为所有普通异常和中断所设置的 CSR 包括用于记录断点处模式信息的寄存器 PRMD、记录所触发的异常类型编码和中断请求状态的寄存器 ESTAT、记录配置信息的寄存器 ECFG、记录入口地址的寄存器 EENTRY 和记录返回地址的寄存器 ERA;为消息中断所设置的 CSR 包括记录消息中断请求状态的寄存器 MSGIS0～MSGIS3、记录被响应消息中断号的寄存器 MSGIR、设置消息中断使能优先级门限的寄存器 MSGIE。

### 8.3.3 异常/中断的响应优先级

在执行指令过程中,处理器核会根据检测到的不同的异常和中断事件,将对应状态记录在不同的 CSR 状态位或字段中来标识发生了什么异常和中断。例如,当检测到 TLB 缺失时,将 CSR.TLBRERA.IsTLBR 置 1 来标识发生了 TLB 重填异常;当检测到 cache 校验错等机器错误事件时,将 CSR.MERRCTL.IsMERR 置 1 来标识发生了机器错误异常;当检测到某个普通异常事件时,将对应的异常一级编号和二级编号分别设置到 CSR.ESTAT.Ecode 和 CSR.ESTAT.EsubCode 字段中来标识发生的异常;当检测到某个线中断请求信号有效时,将 CSR.ESTAT.IS 对应位置 1 来标识发生的线中断类型;当检测到某个消息中断请求被路由到指定处理器核时,该处理器核会根据消息中断号将核内的 MSGIS0～MSGIS3 中对应位置 1 来标识消息中断类型。

所有异常事件和中断请求的检测及响应都是处理器在执行指令过程中进行的,若处理器的实现方式需要从多个异常事件和中断请求源中选择一个被响应(如用流水线方式实现处理器或采用软件方式识别普通异常事件和线中断源时),则需要考虑异常/中断响应的优先级。

异常/中断响应优先级通常遵循以下基本原则:①中断的响应优先级高于异常;②同时有消息中断和线中断的请求时,消息中断请求的优先级更高;③对于消息中断和线中断,中断号越大,其中断响应优先级越高;④对于异常响应,取指令阶段检测到的异常的优先级最高,译码阶段检测到的异常的优先级次之,执行阶段检测到的异常的优先级再次之。

对于异常响应优先级,因为同一个指令阶段还可能检测到多种异常类型,所以指令阶段内的异常之间还需要考虑响应优先级。

取指阶段检测出的异常中,其优先级从高到低依次为:取指令监视点异常、取指令地址错异常、取指令操作中与 TLB 相关的异常、取指令时发生的机器错误异常。

译码阶段检测出的异常彼此互斥,因此无须考虑这些异常之间的优先级。

执行阶段只有 load/store 访存指令会同时触发多种异常,其优先级从高到低依次为:地址错异常(ADE)、要求地址对齐的访存指令因地址不对齐而产生的地址对齐错异常(ALE)、边界约束检查(Bound)类指令发生的边界约束检查错异常(BCE)、TLB 相关异常(对于 AM*类原子访存指令,可能同时检测出页不可读异常和页修改异常,此时页不可读异常优先级高于页修改异常,其他情况下的所有访存指令只会产生某一种 TLB 相关异常)、允许地址不对齐的访存指令因地址跨越了具有不同存储访问类型的两个页时而产生的地址对齐错异常(ALE)。

因为所有普通异常共享同一个编码字段 CSR.ESTAT.Ecode 和 CSR.ESTAT.EsubCode 来标识发生的异常,所以该编码字段中将记录被触发的优先级最高的普通异常编号。

### 8.3.4 异常/中断的响应过程和处理

异常和中断的处理由处理器和操作系统协同完成。处理器在执行指令过程中检测到异常或中断事件后,通过对异常和中断的响应,使处理器进入内核态并调出异常/中断处理程序执行。其中,处理器负责对异常和中断的检测与响应,而操作系统则负责编制好异常/中断处理程序。

每条指令执行过程中,处理器会根据执行情况判定是否发生了某种内部异常事件,在每条指令执行结束时判定是否发生了外部中断请求,因此,在 CPU 根据 PC 取下一条指令执行之前,会根据检测的结果判断是否进入异常/中断响应阶段。若检测到有异常事件或中断请求发生,则进入异常/中断响应阶段。

为了能够正确地跳转到对应的异常/中断处理程序执行,并在异常/中断处理程序完成后能正确回到断点处执行,在异常/中断响应阶段,处理器需要保存返回地址(断点)和上下文模式信息(程序状态)、记录具体的错误信息(如发生 TLB 缺失的虚拟地址、数据校验错信息等)并跳转到异常/中断处理程序的入口地址处执行。

开机后系统首先在直接地址翻译模式下工作,在进行一系列的硬件部件检测、引导程序加载并系统初始化后,进入映射地址翻译模式。因此,这里所描述的异常/中断相关内容都是指在映射地址翻译模式下执行指令时发生的情况。

**1. TLB 重填异常的响应和处理**

当触发 TLB 重填异常时,硬件响应过程主要完成以下操作。

(1) 保存上下文模式信息,并转入内核态。具体过程:将 CSR.CRMD 的 PLV、IE 分别存到 CSR.TLBRPRMD 的 PPLV、PIE 中,再将 CSR.CRMD 的 PLV 清 0,以转入内核态,并将 IE 清 0,以禁止全局中断使能,设置 DA=1 且 PG=0,以转为直接地址翻译模式。若处理器的实现支持监视点(watch)功能,则还要将 CSR.CRMD 的 WE 存到 CSR.TLBRPRMD 的 PWE 中,再将 CSR.CRMD 的 WE 清 0,以禁止监视点功能。

(2) 保存断点,并置 TLB 重填异常状态。具体过程:将触发异常的指令地址(即 PC)的[GRLEN−1:2]位存入 CSR.TLBRERA 的 ERA,以保存异常处理结束时的返回地址(即断点),同时将 CSR.TLBRERA 的 IsTLBR 置 1。

(3) 记录触发异常的具体错误信息。具体过程:将触发该异常的访存虚拟地址记录在 CSR.TLBRBADV 中,并将虚拟地址中的 VPPN 和 PS 记录到 CSR.TLBREHI 中的 VPPN(双虚页号)和 PS(页内地址位数)中。

(4) 转异常处理程序入口处执行。具体过程:将 CSR.TLBRENTRY 所配置的 TLB 重填异常处理程序入口地址送 PC。

在 TLB 重填异常处理程序中对主存中的页表进行遍历,若在主存页表的对应页表项中 P=1(表示对应虚拟页已装入主存页框中)且未发生访问越权,则进行 TLB 重填操作。在异常处理程序的最后通过调用 ERTN 指令返回到所设置的断点处继续执行。

**2. 机器错误异常的响应和处理**

当触发机器错误异常时,硬件响应过程主要完成的操作:①将 CSR.CRMD 的 PLV、IE、DA、PG、DATF、DATM 分别存到 CSR.MERRCTL 的 PPLV、PIE、PDA、PPG、PDATF、PDATM 中,再将 CSR.CRMD 中的 PLV 清 0、IE 清 0、设置 DA=1 且 PG=0,并将 DATF 和 DATM 都设为 00(将取指令操作和 load/store 操作的存储访问类型都设为强序非缓存),若处理器的实现支持监视点功能,则还要将 CSR.CRMD 的 WE 存到 CSR.MERRCTL 的 PWE 中,再将 CSR.CRMD 的 WE 清 0;②将触发异常的指令地址(即 PC)存入 CSR.MERRERA 中(保存断点),同时将 CSR.MERRCTL 的 IsMERR 置 1;③将触发该异常的数据校验具体错误信息记录在 CSR.MERRINFO1 和 CSR.MERRINFO2 中;④跳转到 CSR.MERRENTRY 所配置的机器错误异常处理程序入口处执行。

在该异常处理程序中根据记录在 CSR.MERRINFO1 和 CSR.MERRINFO2 中的具体错误信息进行相应的处理,处理结束后通过调用 ERTN 指令返回到所设置的断点处继续执行。

**3. 普通异常的响应和处理**

当触发某个普通异常时,由于不同的异常所对应的事件不同,在硬件进行不同异常的响应过程中可能有一些细微差异。所有普通异常的响应过程中共有的通用操作包括:①将 CSR.CRMD 的 PLV、IE 分别存到 CSR.PRMD 的 PPLV、PIE 中,再将 CSR.CRMD 中的 PLV 清 0、IE 清 0,若处理器的实现支持监视点功能,则还要将 CSR.CRMD 的 WE 存到 CSR.PRMD 的 PWE 中,再将 CSR.CRMD 的 WE 清 0;②将触发异常的指令地址(PC)存入 CSR.ERA 中;③跳转到 CSR.EENTRY 所配置的异常处理程序入口地址处执行。

在某些普通异常的处理过程中,若通过执行特权指令将 CSR.CRMD.IE 置 1 来开启全局中断使能,则需要保存 CSR.PRMD 中的 PPLV、PIE 等信息,并在异常处理返回前将所保存信息恢复到 CSR.PRMD 中。

**4. 线中断的响应和处理**

所有线中断都是可屏蔽中断,各个线中断的局部使能位(即中断屏蔽位)配置在 CSR.ECFG.LIE[12:0]中。处理器根据对各个线中断源的中断请求信号的采样结果,将中断请求状态信息记录在 CSR.ESTAT.IS 位中,然后将 CSR.ESTAT.IS[12:0]与 CSR.ECFG.LIE[12:0]进行按位与操作,当 13 位结果不全为 0,且 CSR.CRMD.IE=1 时,说明在全局中断允许的情况下有未被屏蔽的中断请求,从而进入线中断响应阶段。随后的线中断响应过程与普通异常的响应过程相同。

**5. 消息中断的响应和处理**

当 CSR.MSGIS0~CSR.MSGIS3 中的 256 个消息中断请求状态位为 1 的消息中断号中,存在高于或等于 CSR.MSGIE 所设置的消息中断使能优先级门限值的消息中断请求,且 CSR.CRMD.IE=1 时,处理器选择优先级最高的消息中断请求进行响应,将该消息中断号记录在 CSR.MSGIR.IntNum 中,同时将 CSR.MSGIR.Null 清 0,并将消息中断请求状态位 CSR.ESTAT.MsgInt 置 1。

选中响应的消息中断请求后,需要清除其请求状态信息。硬件自动根据 CSR.MSGIR.IntNum 中的消息中断号,将 CSR.MSGIS0~CSR.MSGIS3 寄存器中对应状态位清 0。该消息中断请求状态位清 0 后，若 CSR.MSGIS0～CSR.MSGIS3 中所有位为 0，或者虽存在状态为 1 的位，但其优先级低于消息中断使能优先级门限值（由 CSR.MSGIE.PT 设置），则说明再没有可响应的消息中断请求，此时，在下一个时钟周期将 CSR.ESTAT.MsgInt 清 0，同时将 CSR.MSGIR.Null 置 1。响应过程中随后的其他操作与普通异常和线中断的响应过程相同。

**6. 异常/中断处理结束后的返回过程**

在异常/中断处理程序中完成相应的异常/中断处理后，最终会通过执行 ERTN 指令返回到原来被打断的程序断点处执行。在 ERTN 指令执行过程中的具体操作如下。

（1）恢复程序状态（模式信息）。对于 TLB 重填异常，将 CSR.TLBRPRMD 中的 PPLV、PIE 恢复到 CSR.CRMD 的 PLV、IE 字段中；对于机器错误异常，将 CSR.MERRCTL 中的 PPLV、PIE、PDA、PPG、PDATF、PDATM 恢复到 CSR.CRMD 的 PLV、IE、DA、PG、DATF、DATM 字段中；对于普通异常/中断，将 CSR.PRMD 中的 PPLV、PIE 恢复到 CSR.CRMD 的 PLV、IE 字段中。若支持监测点功能的实现，还要分别将 CSR.TLBRPRMD、CSR.MERRCTL 和 CSR.PRMD 中的 PWE 恢复到 CSR.CRMD.WE 字段中。

（2）对于 TLB 重填异常，将 CSR.CRMD 的 DA 清 0、PG 置 1（回到映射地址翻译模式）。

（3）对于 TLB 重填异常和机器错误异常，分别将 CSR.TLBRERA 中的 IsTLBR 位和 CSR.MERRCTL 中的 IsMERR 位清 0。

（4）返回到断点处执行。对于 TLB 重填异常、机器错误异常和普通异常/中断，分别将记录在 CSR.TLBRERA、CSR.MERRERA 和 CSR.ERA 中的返回地址（即断点）送入 PC。

显然，执行完 ERTN 指令后，下个时钟周期处理器回到发生异常/中断的进程断点处继续执行。

### 8.3.5　异常/中断处理程序的入口地址

在异常/中断响应的最后都需要跳转到对应异常/中断处理程序的入口地址处执行。如 8.3.4 节中所述，TLB 重填和机器错误这两种非普通异常对应的异常处理程序入口地址分别被配置在 CSR.TLBRENTRY 和 CSR.MERRENTRY 中，因而，只要在异常响应的最后将配置在相应 CSR 中的入口地址送入 PC 即可。

对于普通异常和中断，对应异常/中断处理程序入口地址由入口地址虚页号与入口地址页内偏移通过计算得到。所有普通异常、线中断和消息中断的处理程序入口地址虚页号都相同，被配置在 CSR.EENTRY 的 VPN 中，而入口地址页内偏移则可以配置为相同，也可以配置为各不相同。

当 CSR.ECFG.VS=0 时，所有普通异常/线中断入口地址页内偏移相同，因此所有普通异常处理程序和所有线中断处理程序都共用同一个入口地址，即系统中有一个统一的普通异常/线中断查询程序。每个普通异常/线中断响应结束时都转到这个统一的普通异常/线中断查询程序执行。在该程序中，按照异常/中断响应优先级的顺序，通过判断 CSR.ESTAT 中 IS、Ecode 和 EsubCode 字段的信息，依次确定发生了哪个线中断或普通异常，从而跳转到具体的普通异常/线中断处理程序执行。显然，这种配置方式由统一的普通异常/线中断查询程序来识别异常事件和中断请求源，因此属于软件识别异常/中断方式。

当 CSR.ECFG.VS≠0 时，普通异常/线中断处理程序的入口地址页内偏移计算公式为

$$2^{(CSR.ECFG.VS+2)} \times Ecode$$

其中，Ecode 的取值取决于普通异常的异常类型编号和线中断的中断号。对于普通异常，

Ecode 为记录在 CSR.ESTAT.Ecode 字段中的 6 位一级编号（最大编号为 63）；对于线中断，Ecode 为中断号加 64，即 SWI0 中断的 Ecode 为 64，SWI1 中断的 Ecode 为 65，以此类推。线中断中最大的 Ecode 为 12+64=76。显然，这种配置方式由硬件根据不同的异常/中断类型号（即 Ecode）直接跳转到对应的异常/中断处理程序执行，因此属于硬件识别异常/中断方式，这是 LoongArch 架构默认支持的一种实现方式。

消息中断的 Ecode 为 78(0x4E)，不管 CSR.ECFG.VS 是否为 0，消息中断处理程序的入口地址页内偏移计算公式都是 $2^{(CSR.ECFG.VS+2)} \times 78$，因此，所有消息中断处理程序入口地址相同，即有一个统一的消息中断处理程序。该程序根据记录在 CSR.MSGIR.IntNum 中的消息中断号进行相应的处理。

对于普通异常和中断，对应异常/中断处理程序入口地址的计算公式为

$$\{CSR.EENTRY.VPN, 12'b00\ 0000\ 0000\} | 2^{(CSR.ECFG.VS+2)} \times Ecode$$

其中的运算符"|"表示按位或。

考虑最大 Ecode 值（为 78）时的情况，若 CSR.ECFG.VS=4，则入口地址页内偏移为 $2^6 \times 78=0x1380$（占 13 位），此时配置在 CSR.EENTRY.VPN 中的入口地址虚页号最低 1 位通常应为 0；若 CSR.ECFG.VS=6，则入口地址页内偏移为 $2^8 \times 78=0x4E00$（占 15 位），CSR.EENTRY.VPN 低 3 位通常应为 0；若 CSR.ECFG.VS 为最大值 7，则入口地址页内偏移为 0x9C00（占 16 位），CSR.EENTRY.VPN 低 4 位通常应为 0。

## 8.3.6 LoongArch+Linux 平台中的异常处理

指令集架构中定义的大部分异常，Linux 操作系统都解释为一种出错条件。处理器检测到异常事件后，通过异常响应机制调出对应的异常处理程序。所有异常处理程序的结构是一致的，都可以划分成以下三个阶段。

(1) 准备阶段。在内核栈中保存通用寄存器内容，这部分大多用汇编语言程序实现。

(2) 处理阶段。采用 C 语言函数进行具体的异常处理。执行异常处理的 C 语言函数名总是由 do_前缀和处理程序名组成，其中的大部分异常处理函数会把硬件出错码和类型号保存在发生异常的当前进程的描述符中，然后向当前进程发送一个对应的信号。异常处理结束时，内核将检查是否发送过某种信号给当前进程。若没有发送，则继续第(3)步；若发送过信号，则强制当前进程接收信号并且结束异常处理。当前进程接收到一个信号后，如果有对应的信号处理程序，则转到信号处理程序执行，执行结束后，返回到当前进程的断点处继续执行；如果没有对应的信号处理程序，则调用内核的 abort 例程终止当前进程。

(3) 恢复阶段。恢复在内核栈中保存的各个通用寄存器的内容，切换到用户态并且返回当前进程的断点处继续执行。

例如，在 IA-32/x86-64+Linux 平台中，若某进程执行了一条非法操作码指令，则 CPU 将产生 6 号异常(♯UD)，在对应的异常处理程序中，向当前进程发送 SIGILL 信号，以通知当前进程执行相应的信号处理程序或终止当前进程；对存储器的非法引用所对应的信号是 SIGSEGV；与协处理器和浮点运算相关的异常对应信号是 SIGFPE，Linux 操作系统中通常把整数除运算错（结果溢出或除数为 0）也归为浮点错，对应信号也是 SIGFPE；单步跟踪和设置断点等调试事件对应的信号都是 SIGTRAP，因而都转到专门用于程序调试的信号处理程序执行。

并非所有异常处理都只是向当前进程发送一个信号。例如，对于页故障异常，在页故障处理程序中，需要判断是否是访问越级（如用户态下访问内核空间）、访问越权（如修改只读区的

信息)或访问越界(如访问了无效存储区)等,如果发生了这些无法恢复的故障,则页故障处理程序向当前进程发送 SIGSEGV 信号,表示在指令中存在对存储器的非法引用。如果没有发生上述错误而只是所需内容不在主存,则页故障处理程序负责把所缺失页面从硬盘装入主存,然后返回发生缺页故障的指令继续执行。

在 LoongArch+Linux 平台中,当执行到指令"break code"时将无条件触发断点(BRK)异常(Ecode=0xC),对应的异常处理函数名为 do_bp()。该指令中的 code 为传递给异常处理函数的参数,不同 code 值的具体含义可从 break.h 文件中获知,如 code 为 0x5 用于单步调试。当执行到"break 0x5"指令时,当前进程会收到一个 SIGTRAP 信号,对应信号处理程序在屏幕上输出提示信息"Trace/breakpoint trap",同时会停在当前指令位置,从而进入调试状态。在 GDB 调试工具中,软件断点功能就是通过"break 0x5"指令来实现的。

在 LoongArch 架构中,整数除运算指令(DIV)执行结果发生溢出(在最小负数除以-1 时发生)或除数为 0 时,并不会像在 Intel x86 架构中那样由硬件自动触发异常。如果在 LoongArch 系统中需要对整数除运算指令发生的特殊情况(如除数为 0)进行处理,就需要在系统软件层面提供一套处理机制。

在 LoongArch+Linux 平台中,将整除指令 DIV 中除数为 0 的特殊事件与 BREAK 指令建立关联,将"break code"指令中 code=0x7 时对应的事件定义为整除 0 异常(在 break.h 中定义为 BRK_DIVZERO)。在执行"break 0x7"指令触发断点异常后,将陷入内核态并最终调用对应的断点异常处理函数 do_bp()。该函数中主要处理框架是一个 switch 语句,该语句根据"break code"指令中的 code(对应函数 do_bp()中变量 bcode 的值)进行处理。具体代码片段如下。

```
switch (bcode) {
case BRK_BUG:
    bug_handler(regs);
    break;
case BRK_DIVZERO:
    die_if_kernel("Break instruction in kernel code", regs);
    force_sig_fault(SIGFPE, FPE_INTDIV, (void __user *) regs->csr_era);
    break;
case BRK_OVERFLOW:
    die_if_kernel("Break instruction in kernel code", regs);
    force_sig_fault(SIGFPE, FPE_INTOVF,(void __user *) regs->csr_era);
    break;
default:
    die_if_kernel("Break instruction in kernel code", regs);
    force_sig_fault(SIGTRAP, TRAP_BRKPT, (void __user *) regs->csr_era);
    break;
```

在函数 do_bp()中,根据 bcode 的值为 0x7,选择"case BRK_DIVZERO"对应的分支进行处理,以执行函数调用语句"force_sig_fault(SIGFPE, FPE_INTDIV,(void __user *) regs->csr_era);",从而将整除 0 归为浮点错事件,从以下 siginfo.h 文件中对 SIGFPE 信号对应故障的定义可知,整除 0 的故障编号为 1,对应故障名为 FPE_INTDIV。

```
/*
 * SIGFPE si_codes
 */
#define FPE_INTDIV        1    /* integer divide by zero */
```

```
#define FPE_INTOVF          2       /* integer overflow */
#define FPE_FLTDIV          3       /* floating point divide by zero */
#define FPE_FLTOVF          4       /* floating point overflow */
#define FPE_FLTUND          5       /* floating point underflow */
#define FPE_FLTRES          6       /* floating point inexact result */
#define FPE_FLTINV          7       /* floating point invalid operation */
#define FPE_FLTSUB          8       /* subscript out of range */
#define __FPE_DECOVF        9       /* decimal overflow */
#define __FPE_DECDIV        10      /* decimal division by zero */
#define __FPE_DECERR        11      /* packed decimal error */
#define __FPE_INVASC        12      /* invalid ASCII digit */
#define __FPE_INVDEC        13      /* invalid decimal digit */
#define FPE_FLTUNK          14      /* undiagnosed floating-point exception */
#define FPE_CONDTRAP        15      /* trap on condition */
#define NSIGFPE             16
```

在断点异常处理程序中,执行函数调用语句"force_sig_fault(SIGFPE, FPE_INTDIV, (void __user *) regs—>csr_era);"向当前用户进程发送 SIGFPE 信号,从而在异常处理结束回到用户进程后跳转到 SIGFPE 对应的信号处理程序执行,在默认情况下该信号处理程序输出信息"Floating point exception(core dumped)"。

**例 8-2**　在 LA64+Linux 平台中所运行的程序 P 中主要包含以下 C 语言代码段。

```
int a = 0x80000000;
int b,c;
scanf("%d",&b);
c = a/b;
printf("%d\n", c);
```

已知编译器将上述赋值语句"c=a/b;"转换为以下机器级代码段。

```
1    ldptr.w    $r13,$r22,-28(0xffe4)     #R[r13]←b;
2    ld.w       $r14,$r22,-20(0xfec)      #R[r14]←a;
3    div.w      $r12,$r14,$r13            #R[r12]←a/b;
4    bne        $r13,$r0,.L0              #若 R[r13]!=0 则转.L0
5    break      0x7                       #触发断点异常
6    .L0
7    st.w       $r12,$r22,-24(0xfe8)      #c←a/b;
```

请问:当输入 b=-1 时,程序 P 对应进程的运行结果是什么?当输入 b=0 时,程序 P 对应进程的运行结果是什么?

**解**:LoongArch 架构规定,DIV 除法指令执行时,即使商的真正结果超出目的寄存器所能表示的最大值(即溢出)或除数为 0,也不会触发任何异常。从赋值语句"c=a/b;"对应的机器级代码可以看出,在 LoongArch+Linux 平台中,编译器会检查 DIV 指令中指定的除数是否为 0,若是,则执行"break 0x7"指令,从而触发断点异常。

变量 a 的机器数为 0x8000 0000,其为 int 型整数可表示的最小值-2 147 483 648,当变量 b 的值为-1(机器数为 0xffff ffff)时,a/b 的真实结果为 2 147 483 648,显然超出了 int 型数据能表示的最大数,但 div.w 指令不触发任何异常,因此,第 3 行的 div.w 指令执行后,结果寄存器 R[r12]中的机器数为 0x8000 0000。因为在这种情况下第 4 行的 bne 指令判断 b 不为 0,所以跳转执行第 7 行 st.w 指令,将机器数 0x8000 0000 写入变量 c 所在的单元。因此,printf 语句输出的结果为"-2147483648"。

当输入 b=0 时，按 LoongArch 架构的规定，第 3 行的 div.w 指令正常执行，结果可以为任意值。第 4 行的 bne 指令判断除数 b 为 0，因而执行第 5 行的"break 0x7"指令，该指令触发断点异常，陷入内核态，并最终执行对应的断点异常处理函数 do_bp()，从而通过函数 force_sig_fault() 向程序 P 对应的进程发送 SIGFPE 信号。从断点异常返回后，根据信号类型转到相应的浮点异常信号处理程序执行，从而在屏幕上显示"Floating point exception(core dumped)"。

Linux 系统采用向发生异常的进程发送信号的机制实现异常处理，其主要出发点是尽量缩短在内核态的处理时间，尽可能把异常处理过程放在用户态下的信号处理程序中进行。用信号处理程序来处理异常，使得用户进程有机会捕获并自定义异常处理方法。实际上，各种高级语言(如 C++、Java)运行时环境中的异常处理机制就是基于信号处理来实现的，如果异常全部由内核处理，那么高级语言的异常处理机制就无法实现。

### 8.3.7 LoongArch 中的系统调用机制

系统调用是一种特殊的异常事件，是操作系统为用户程序提供服务的一种手段。Linux 操作系统提供了几百种系统调用，主要分为以下几类：进程控制、文件操作、文件系统操作、系统控制、内存管理、网络管理、用户管理和进程通信。系统调用号用整数表示，用来确定**系统调用跳转表**中的索引，跳转表中每个表项给出相应系统调用对应的**系统调用服务例程**的首地址。

表 8-2 给出了 LoongArch＋Linux 平台中部分系统调用的调用号、名称及其含义。LoongArch＋Linux 平台的调用号定义可以从内核源码 include/uapi/asm-generic/unistd.h 获得。

表 8-2 LoongArch＋Linux 平台中部分系统调用示例

| 调用号 | 名称 | 类别 | 含义 | 调用号 | 名称 | 类别 | 含义 |
| --- | --- | --- | --- | --- | --- | --- | --- |
| 93 | exit | 进程控制 | 终止进程 | 49 | chdir | 文件系统 | 改变当前工作目录 |
| 220 | clone | 进程控制 | 克隆一个子进程 | 169 | gettimeofday | 系统控制 | 取得系统时间 |
| 63 | read | 文件操作 | 读文件 | 62 | lseek | 文件系统 | 移动文件指针 |
| 64 | write | 文件操作 | 写文件 | 172 | getpid | 进程控制 | 获取进程号 |
| 56 | openat | 文件操作 | 打开文件 | 129 | kill | 进程通信 | 向进程或进程组发信号 |
| 57 | close | 文件操作 | 关闭文件 | 214 | brk | 内存管理 | 修改虚拟空间中的堆指针 brk |
| 260 | wait4 | 进程控制 | 等待子进程终止 | 222 | mmap | 内存管理 | 建立虚拟页面到文件片段的映射 |
| 34 | mkdir | 文件操作 | 创建目录 | 80 | fstat | 文件系统 | 获取文件状态信息 |
| 221 | execve | 进程控制 | 运行可执行文件 | 179 | sysinfo | 系统控制 | 获取系统信息 |

LoongArch 架构中通过执行陷阱指令 SYSCALL 触发系统调用异常。如果高级语言编写的用户程序直接用陷阱指令来发起系统调用，则会很麻烦，因此，需要将系统调用封装成用户程序能直接调用的函数，如 exit()、read() 和 write()，这些都是标准 C 语言库中系统调用对应的**封装函数**。在用 C 语言编写的用户程序中，只要包含相应的头文件，就可以直接使用这些函数来调出操作系统内核中相应的系统调用服务例程，以完成相关操作。本书将系统调用对应的封装函数称为**系统级函数**。

从 C 语言程序开发者角度来看，系统级函数在形式上与普通的 API 及普通的 C 语言函数没有差别。但是，实际上，它们在机器级代码的具体实现上是不同的。例如，在 LoongArch＋Linux 平台中，普通函数（包括 API）使用 BL 指令来实现过程调用，而系统调用则使用陷阱指令 SYSCALL 来实现。对于过程调用，执行 BL 指令前后，处理器一直在用户态下执行指令，因而所执行的指令是受限的，能访问的存储空间也受限；而对于系统调用，一旦执行了发起系统调用的陷阱指令，处理器就从用户态转到内核态运行，此时，CPU 可以执行特权指令并访问内核空间。

实现普通的 API 或库函数可能会使用一个或多个系统调用服务功能，也可能不需要使用系统调用服务功能，例如，数学库函数就无须使用系统调用服务功能。

系统调用所用参数通过通用寄存器传递，在 LoongArch＋Linux 平台中，**系统调用号**存放在寄存器 a7 中，传递的参数从左到右依次存放在寄存器 a0～a6 中，最多可通过寄存器传递 7 个参数。若参数个数超出 7，则将参数块所在存储区首地址放在寄存器中传递。系统调用的返回值存放在寄存器 a0 和 a1 中。

封装函数对应的机器级代码有一个统一的结构，总是若干条用于参数传送的指令后跟一条陷阱指令。

例如，若用户程序希望将字符串"hello, world!\n"显示在标准输出设备文件 stdout 上，则可以调用函数 write(1, "hello, world!\n",14)，它的封装函数用以下机器级代码实现。

```
li.w        $a7, 64      #write 的系统调用号为 64,送寄存器 a7
li.w        $a0, 1       #标准输出设备 stdout 的文件描述符为 1,送寄存器 a0
la.local    $a1, .L0     #字符串"hello, world!\n"的首地址为.L0,送寄存器 a1
li.w        $a2, $14     #字符串的长度为 14,送寄存器 a2
syscall     0x0          #系统调用,从用户态陷入内核态
```

上述指令序列中，指令 li.w 和 la.local 是汇编形式的宏指令（有些指令集架构称为伪指令），例如，宏指令"li.w rd, imm"对应的真实指令可以是"addi.w rd, r0, imm"。宏指令"la.local rd, .L0"的功能是将标号 .L0 处的地址（字符串"hello, world!\n"的首地址）加载到寄存器 rd 中。

在 LoongArch＋Linux 平台中，有一个系统调用的统一入口，即是**系统调用处理程序** handle_syscall 的首地址，因此，处理器在执行完指令"syscall 0x0"后，便转到 handle_syscall 的第一条指令处开始执行。在 handle_syscall 中，将根据调用号跳转到当前系统调用号对应的系统调用服务例程执行。handle_syscall 执行结束时，将返回"syscall 0x0"指令的下一条指令继续执行。

系统调用的返回值在寄存器 a0 和 a1 中，为整数值，若是正数或 0 表示成功。当系统调用遇到错误时，返回值为负数（通常是 −1），并设置全局整数变量 errno 表示出错码，通过将 errno 作为入口参数调用函数 strerror()，可以得到一个与 errno 值关联的错误描述文本串。若在 C 语言程序中调用了系统调用封装函数，通常应进行错误检查及处理，在确定返回值为负数时，显示函数调用 strerror(errno) 返回的文本串，然后调用函数 exit() 以终止程序的执行。

为了避免程序中每次系统调用都出现其错误检查及处理代码，可使用**错误检查及处理封装函数**。对于某个**系统调用目标函数**，将对目标函数的调用，以及返回值的检查及错误处理的代码都封装在对应的封装函数中，这样，在需要调用目标函数时，用调用其封装函数来代替，从而简化程序代码。与 5.6 节中说明的要求一样，**目标函数**和**封装函数**的原型应该完全一致。

**例 8-3** 假定目标函数为 fork()，编写对应的错误检查及处理封装 Fork() 函数。

**解**：fork()函数没有入口参数，返回一个类型为 pid_t 的整数值，返回值为 −1 表示出错。对应的错误检查及处理封装 Fork()函数可如下实现。

```
1   pid_t Fork(void) {
2       pid_t pid;
3       if ((pid=fork()<0) {
4           fprintf(stderr, "fork error: %s\n",strerror(errno));
5           exit(0);
6       }
7       return pid;
8   }
```

上述程序中，fork()函数对应头文件为 unistd.h，stderr 为标准错误输出文件，对应头文件和 fprintf()函数对应头文件相同，都是 stdio.h，strerror()函数对应头文件是 string.h，全局整数变量 errno 对应头文件为 errno.h。在使用上述 Fork()封装函数的程序中必须包含这些头文件。

## *8.4  Linux 中的进程控制

8.3.7 节提到，Linux 操作系统提供了几百种系统调用，其中有一类用于**进程控制**，如表 8-2 中的 clone、wait4、execve、getpid 等，在 C 语言程序中可以调用这类系统级函数进行进程的创建和回收等操作。

### 8.4.1  进程的创建、休眠和终止

进程是某个程序的一次运行活动，有自己的生命周期，它随一个任务的启动而创建，随着任务的完成或终止而消亡，所占资源也应随着进程生命周期的结束而被释放。从程序员角度看，一个进程总是处于以下三种情况之一。

**运行状态**。进程正在 CPU 上运行或等待被操作系统调度以换上 CPU 运行。

**挂起状态**。进程的执行被暂停且不可能被调度执行。当进程接收到 SIGSTOP、SIGTSTP、SIGTTIN 或 SIGTTOU 信号时，就进入挂起（suspended）状态，直到收到一个 SIGCONT 信号，此时进程再次进入运行状态。这里的**信号**是 8.3.6 节中提到的 Linux 操作系统中提供的在进程之间或进程和操作系统内核之间进行消息传送的一种机制，细节内容将在 8.5 节介绍。

**终止状态**。通常以下三种情况导致进程终止：收到一个其默认行为为终止进程的信号、从主程序返回、调用 exit()函数。

**1. 进程终止函数 exit()**

exit()函数用于终止进程，在头文件 stdlib.h 中定义，函数原型为 void exit(int status)，可指定一个 int 型状态值作为入口参数，没有返回值。

**2. 创建子进程函数 fork()**

在父进程中可通过 fork()函数创建一个子进程，fork()函数的原型如下。

```
pid_t fork(void);
```

在 Linux 系统中，返回值类型 pid_t 在头文件 sys/types.h 中定义为 int 型，fork()函数原型在头文件 unistd.h 中定义。在系统中，通常用一个唯一的正整数标识一个进程，称为**进程**

ID，简写为 PID。这里的返回值实际上就是一个 PID。

通过 fork() 函数新创建的子进程和父进程几乎一样，通过复制父进程的相关数据结构，使得子进程具有与父进程完全相同但独立的虚拟地址空间，即只读代码段、可读写数据段、堆、用户栈、共享库区域都完全相同。此外，子进程还继承了父进程的**打开文件描述符表**，即子进程可以读写父进程中打开的任何文件。新创建的子进程和父进程之间最大的差别是它们的 PID 不同。

fork() 函数调用一次，返回两次，一次在父进程（即调用 fork() 函数的进程）中返回子进程的 PID，一次在子进程中返回 0。因为子进程的 PID 总是非零值，所以可通过返回值是否为 0 来确定是在父进程中返回，还是在子进程中返回。

**例 8-4** 以下程序使用例 8-3 中的 fork() 函数错误检查及处理封装函数 Fork() 创建一个子进程，并根据 fork() 函数返回值的不同，显示出在父进程和子进程中执行结果的不同。

```
1   int x=1;
2   int main(){
3       pid_t pid;
4
5       if ((pid=Fork())==0) {
6           printf("child process: x=%d\n",--x);
7           exit(0);
8       }
9       printf("parent process: x=%d\n",++x);
10      exit(0);
11  }
```

完整的程序还应包含相关头文件和 Fork() 函数的定义，给出执行该程序的结果并说明该程序应包含哪些头文件。

**解**：在父进程和子进程的并发执行过程中，假定 fork() 函数返回后操作系统内核先调度子进程执行完它的 printf 语句，然后再执行父进程的 printf 语句，则程序得到以下执行结果。

```
child process: x=0
parent process: x=2
```

假定操作系统内核先调度父进程执行，再调度子进程执行，则得到以下执行结果。

```
parent process: x=2
child process: x=0
```

该程序应包含 stderr、fprintf() 函数和 printf() 函数的对应头文件 stdio.h，strerror() 函数对应的头文件 string.h，error 对应的头文件 errno.h，pid_t 对应的头文件 sys/types.h，exit() 函数对应的头文件 stdlib.h 和 fork() 对应的头文件 unistd.h。

父进程和子进程是并发执行的两个独立进程，各自有自己的独立虚拟地址空间，在子进程被创建初始，其虚拟地址空间内容和父进程的几乎一样，因此，例 8-4 中父进程和子进程的可读写数据区都有全局变量 x，初始值都是 1。因为虚拟地址空间各自独立，所以对全局变量 x 的改变相互不受影响，对 x 的不同运算得到不同的值。

子进程被创建时共享父进程的打开文件描述符表，例 8-4 中父进程的打开文件描述符表包含三个自动打开的标准文件 stdin、stdout 和 stderr。因此，子进程和父进程一样，都可以通过 printf() 函数将信息输出到标准输出文件 stdout 中，即在屏幕中显示信息。有关文件描述符和打开文件描述符表等详细内容参见第 9 章。

fork()函数调用与普通函数调用不同,在父进程中调用fork()函数结束后,会返回到子进程的fork()函数后执行,同时还会返回到父进程的fork()函数后执行。若在程序中多次调用fork()函数,则会生成多个子进程,从而形成fork()函数嵌套调用,使得调用关系变得较复杂。通过画进程图的方式,可以更好地理解父进程和子进程的执行过程。进程图中每个顶点对应一条语句,有向边 $a \rightarrow b$ 表示语句 $a$ 在语句 $b$ 之前执行,有向边上可标记一些信息,如反映语句 $a$ 执行结果的变量值或显示信息等。进程图总是从一个顶点开始,对应父进程的main()函数,在一个对应exit()函数调用语句的顶点处结束。开始顶点只有出边,结束顶点只有入边。例如,对于例8-4中的程序,其进程图如图8-10所示。从图中可见,在执行完fork()函数调用后就多了一个子进程,父进程和子进程并发执行,因此程序执行结果包含了两个进程执行的结果,且执行顺序不确定。

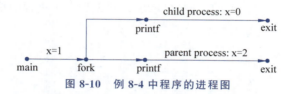

图 8-10　例 8-4 中程序的进程图

**例 8-5**　画出以下程序的进程图,并给出其中 4 种可能的执行结果。

```
1    int main(){
2        int x=1;
3    
4        Fork();
5        if (Fork()==0)
6            printf("CP: x=%d\n",--x);
7        printf("PCP: x=%d\n",++x);
8        exit(0);
9    }
```

**解**:程序的进程图如图 8-11 所示。

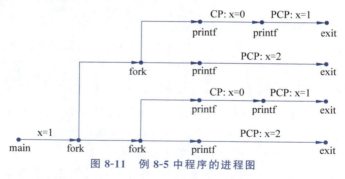

图 8-11　例 8-5 中程序的进程图

根据进程图可看出,执行完两次fork()函数调用后共有 4 个进程并发运行,因此操作系统内核调度进程执行的顺序组合很多,导致程序执行可能得到许多不同结果,只要保证输出序列中存在两个"CP:x=0→PCP:x=1"的有序输出对即可。例如,以下 4 种就是其可能的结果。

① PCP:x=2　　② CP:x=0　　③ CP:x=0　　④ PCP:x=2
　CP:x=0　　　　PCP:x=2　　　PCP:x=1　　　PCP:x=2
　PCP:x=1　　　PCP:x=1　　　PCP:x=2　　　CP:x=0
　PCP:x=2　　　PCP:x=2　　　PCP:x=2　　　CP:x=0

| CP: x=0 | CP: x=0 | CP: x=0 | PCP: x=1 |
| PCP: x=1 | PCP: x=1 | PCP: x=1 | PCP: x=1 |

### 3. 进程休眠函数 sleep() 和 pause()

程序中可通过调用 sleep() 函数让进程休眠指定的一段时间,进程在休眠期间被挂起。也可以使用 pause() 函数让进程休眠,直到进程收到一个信号为止。这两个函数原型如下。

```
unsigned int sleep(unsigned int s);
int pause(void);
```

这两个函数对应头文件为 unistd.h。sleep() 函数的参数 s 是指定的休眠秒数,若给定休眠时间已到,则返回 0;若 sleep() 函数被一个信号中断而提前返回,则返回剩下的秒数。

## 8.4.2 进程 ID 的获取和子进程的回收

可通过 getpid() 函数获取**调用进程**(在此指调用 getpid() 函数的进程)的 PID,调用 getppid() 函数可获得调用进程父进程(创建调用进程的进程)的 PID。这两个函数原型如下。

```
pid_t getpid(void);
pid_t getppid(void);
```

pid_t 在头文件 sys/types.h 中定义,getpid() 和 getppid() 函数对应头文件为 unistd.h,因此,调用这两个函数的程序中应包含这些头文件。

一个处于终止状态但还未被父进程回收的进程称为**僵尸进程**(zombie process)。这种进程的残留资源还存在于内核中,直到被父进程回收时,操作系统内核才能把它的资源收回并从系统中清除,并把它的退出状态传递给父进程,此时它在系统中完全消亡。

如果父进程先于子进程消亡,子进程就成为**孤儿进程**。**init 进程**是所有孤儿进程的父进程,它在系统启动时由内核创建,不会终止,其 PID 为 1,是所有进程的祖先,负责对孤儿进程的回收。

父进程可通过 waitpid() 函数等待子进程终止将其回收,并记录其终止状态或函数执行的错误码。waitpid() 函数的原型为

```
pid_t waitpid(pit_t pid, int *wstatusp, int options);
```

其中,pid 指定**等待集**,wstatusp 中存放回收进程的**退出状态**,options 用于设定按**默认行为**处理还是对处理行为进行某种修改。options=0 为默认情况,其处理行为是:调用 waitpid() 函数的调用进程被挂起,直到等待集中的一个进程终止时,waitpid() 函数返回,若等待集中的一个进程在刚调用 waitpid() 函数时已经终止,则 waitpid() 函数立即返回,这两种情况下,waitpid() 函数的返回值为已终止子进程的 PID。若函数发生错误,则返回 −1,并将错误码设置在全局变量 errno 中。

这里,pid_t 在头文件 sys/types.h 中定义,waitpid() 函数对应的头文件为 unistd.h,options 可通过在头文件 sys/wait.h 中定义的常量来修改默认行为,因此调用 waitpid() 函数的程序中应包含这些头文件。

waitpid() 函数涉及等待集的指定、默认行为的修改、子进程退出状态的判定和错误码的设置。

### 1. 指定等待集

若 pid>0,则等待集中仅有一个进程 ID 为 pid 的子进程;若 pid=−1,则等待集中包含调

用进程的所有子进程;若 pid=0,则等待集中包含与调用进程组 ID 相等的进程组中的所有子进程;若 pid<-1,则等待集中包含进程组 ID 为 pid 绝对值的进程组中的所有子进程。

**2. 修改默认行为**

可通过将 options 设定为特定常量 WNOHANG、WUNTRACED 等的各种组合,以修改默认行为。常用的常量有以下几个。

(1) WNOHANG:若等待集中没有任何子进程终止,则不挂起调用进程而立即返回,并设返回值为 0;若有子进程终止,则返回终止进程的 PID。与默认行为不同的是,不等待子进程终止。

(2) WUNTRACED:调用进程被挂起,直到等待集中的一个子进程终止或被挂起,返回值为终止进程或被挂起进程的 PID。与默认行为不同的是,多考虑了子进程被挂起的情况。

(3) WCONTINUED:调用进程被挂起,直到等待集中的一个子进程终止或被挂起的子进程收到 SIGCONT 信号而重新开始执行。

可以将上述常量进行组合,如 WNOHANG | WUNTRACED 表示不等待而立即返回,若等待集中没有任何子进程终止或被挂起,则返回 0;若有子进程终止或被挂起,则返回其 PID。

**3. 判定回收进程的退出状态**

若参数 wstatusp 为非空,则 waitpid() 函数会在其指向的 wstatus 中存放对应子进程的退出状态。头文件 sys/wait.h 中有若干用于状态值含义解释的宏定义,可根据这些宏执行的结果进行相应的处理或显示子进程的退出状态。常用若干宏定义含义如下。

(1) WIFEXITED(wstatus):若子进程通过调用 exit() 函数或执行 return 语句正常终止,则返回结果为真。

(2) WEXITSTATUS(wstatus):仅当 WIFEXITED(wstatus) 为真时才有定义,返回结果为正常终止的子进程的退出状态,例如,若子进程以调用函数 exit(1) 的方式终止,则返回结果为 1。

(3) WIFSTOPED(wstatus):若 waitpid() 函数是因为子进程被挂起而返回,则返回结果为真。

(4) WSTOPSIG(wstatus):仅当 WIFSTOPED(wstatus) 为真时才有定义,返回结果为引起子进程被挂起的信号编号,例如,若子进程因为接收到 SIGSTOP 信号而被挂起,则返回结果为对应编号 19。关于信号的编号和含义将在 8.5 节介绍。

(5) WIFCONTINUED(wstatus):若子进程收到 SIGCONT 信号而被重新启动,则返回结果为真。

**4. 设置错误码**

若函数发生错误,则错误码设置在全局变量 errno 中。例如,若调用进程没有子进程,则 errno 为 ECHILD;若 waitpid() 函数被一个信号中断,则 errno 为 EINTR。全局变量 errno 的取值(如 ECHILD、EINTR 等)在头文件 errno.h 中定义,若程序需要对错误码进行处理,则应包含 errno.h。

可用 wait(&wstatus) 代替 waitpid(-1, $wstatus, 0)。wait() 函数原型为 pid_t wait (int * wstatusp),当 wstatusp 为空(NULL)时,忽略子进程的退出状态;否则退出状态存放在其指定地址中。

**例 8-6** 列出以下程序应包含的头文件,画出对应的进程图,并给出程序执行结果。

```c
1   int main(){
2       pid_t pid;
3       int cnt=0;
4       int wstatus=20;
5   
6       if ((pid=Fork())>0)
7           if (wait(&wstatus)>0)
8               if (WIFEXITED(wstatus)!=0) {
9                   printf("cnt=%d, wstatus=%d\n",cnt,WEXITSTATUS(wstatus));
10                  printf("PP PID=%d\n",getpid());
11                  exit(0);
12              }
13      else {
14          while(1){
15              printf("CP PID=%d\n",getpid());
16              sleep(1);
17              cnt++;
18              if(cnt==2) exit(2);
19          }
20      }
21      return 0;
22  }
```

**解**：程序应包含的头文件有 sys/types.h、sys/wait.h、stdio.h、stdlib.h、unistd.h、string.h 和 errno.h。进程图如图 8-12 所示。

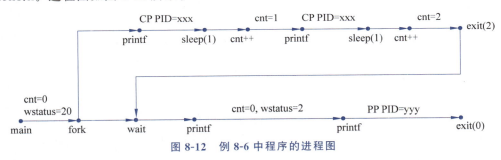

图 8-12 例 8-6 中程序的进程图

根据进程图可知，程序执行结果如下。

```
CP PID=xxx
CP PID=xxx
cnt=0, wstatus=2
PP PID=yyy
```

其中 xxx 为子进程的 PID，yyy 为父进程的 PID，在子进程中每次输出"CP PID=xxx"后休眠 1s。

### 8.4.3 程序的加载运行

启动一个可执行目标文件执行时，首先会调出一个称为**加载器**（loader）的内核程序进行处理。在 UNIX/Linux 操作系统中，可以通过调用 execve() 函数来启动加载器。

**1. execve() 函数**

execve() 函数的功能是在当前进程的上下文中加载并运行一个新程序。execve() 函数的用法如下。

```
int execve(char * filename, char * argv[], * envp[]);
```

该函数用来加载并运行可执行目标文件 filename,可带参数列表 argv 和环境变量列表 envp。若出错,如找不到指定文件 filename,则返回－1 并将控制权返回给调用程序;若函数执行成功,则不返回。若该可执行目标文件采用静态链接,则 execve()函数将 PC 设为可执行文件 ELF 头中定义的入口点 Entry Point(即符号_start 处);若该可执行目标文件采用动态链接,则 execve()函数将 PC 设置为动态链接器的_start 处,动态链接器加载该可执行文件所需的共享库后,将跳转到可执行文件 ELF 头中定义的入口点 Entry Point(即符号_start 处)。在 Linux 操作系统中,动态链接器由可执行文件的 PT_INTERP 节指示。

**2. main()函数**

通常,主函数 main()的原型形式为

```
int main(int argc, char **argv, char **envp);
```

或者

```
int main(int argc, char * argv[], char * envp[]);
```

其中,参数列表 argv 可用一个以 null 结尾的指针数组表示,每个数组元素都指向一个用字符串表示的参数。通常,argv[0]指向可执行目标文件名,argv[1]是命令中第一个参数的指针,argv[2]是命令第二个参数的指针,以此类推。命令中字符串数量由 argc 指定。参数列表结构如图 8-13 所示。图中显示了命令行"ld -o test main.o test.o"对应的参数列表结构。

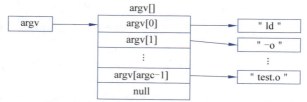

图 8-13 参数列表 argv 的组织结构

环境变量列表 envp 的结构与参数列表结构类似,也用一个以 null 结尾的指针数组表示,每个数组元素都指向一个用字符串表示的环境变量串。其中每个字符串都是一个形如"NAME＝VALUE"的名-值对。

当 Linux 系统开始执行 main()函数时,在虚拟地址空间的用户栈中具有如图 8-14 所示的组织结构。

如图 8-14 所示,用户栈的栈底是一系列环境变量串和命令行参数串,每个串以'\0'结尾,连续存放在栈中,每个串 $i$ 由相应的 $envp[i]$ 和 $argv[i]$ 中的指针指示。在命令行参数串下面是指针数组 envp 各元素,全局变量 environ 指向第一个指针 envp[0]。然后是指针数组 argv 中各元素。在 $envp[n]$ 上面还存放了大小不确定的辅助向量(auxiliary vector),供用户程序读取内核加载器传递的若干信息,感兴趣的读者可查阅 ABI 规范手册。

栈顶处是系统启动函数或初始化函数等对应过程的栈帧,调用 main()函数时,若是 IA-32 系统,则栈中存放的是 main()函数三个入口参数:envp、argv 和 argc,若是 RISC 架构或 x86-64 系统,则入口参数存放在通用寄存器中,再下面将是 main()函数的栈帧。

**3. 可执行文件的加载过程**

加载执行可执行文件 a.out 的大致过程如下。

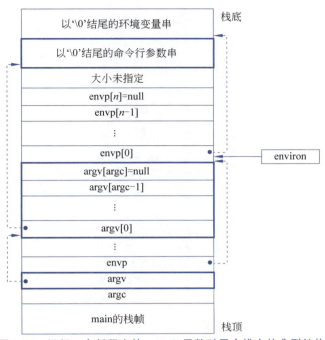

图 8-14　运行一个新程序的 main() 函数时用户栈中的典型结构

（1）shell 命令行解释器输出命令行提示符（如：linux>），并开始接收用户输入的命令行。

（2）当用户在命令行提示符后输入"./a.out[enter]"后，shell 开始解析命令行，获得各个命令行参数并构造传递给 execve() 函数的参数列表 argv，将命令行字符串数量送 argc。

（3）调用 fork() 函数。fork() 函数的功能是，创建一个子进程并使新创建的子进程获得与父进程完全相同的存储器映射，即子进程完全复制父进程的 mm_struct、vm_area_struct 数据结构和页表，并将两者中每个私有页的访问权限都设置成只读，将两者 vm_area_struct 中描述的私有区域中的页设置为私有的写时拷贝页。这样，如果其中一个进程写入其中某一页，内核将使用写时拷贝机制在主存中分配一个新页框，并将页面内容复制到新页框中。

（4）子进程以第 2 步命令行解析得到的参数数量 argc、参数列表 argv 及全局变量 environ 作为参数，调用 execve() 函数，在当前进程的上下文中加载并运行 a.out 程序。

execve() 函数将启动加载器执行加载任务并启动程序运行。具体步骤包括：回收已有的 VM 用户空间中的区域结构 vm_area_struct 及其页表；根据可执行文件 a.out 的程序头表创建新进程的 VM 用户空间中各个私有区域，生成相应的 vm_area_struct 链表，并填写相应的页表项。其中，私有区域包括只读代码、已初始化数据（.data）、未初始化数据（.bss）、栈和堆。

如图 8-15 所示，a.out 进程用户空间中有 4 个区域（私有的只读代码区和已初始化数据区、共享库的代码区和数据区）被映射到普通文件中的对象，其中，只读代码区域（.text）和已初始化数据区域（.data）以私有的写时拷贝方式分别映射到可执行文件 a.out 中的对象；共享库的数据区域和代码区域分别映射到共享库文件中的对象（如 libc.so 中 .data 节和 .text 节等）。除上述区域外，未初始化数据（.bss）、栈和堆这三个区域都是私有的请求零页，映射到匿名文件。未初始化数据区域长度由 a.out 中的信息提供，堆区的初始长度为零。

上述"加载"过程实际上并没有将 a.out 文件中的代码和数据（除 ELF 头、程序头表等信息）从硬盘读入主存，而是根据可执行文件中的程序头表，对当前进程上下文中存储器映射相

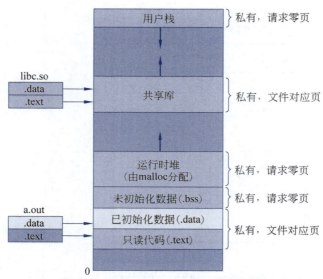

图 8-15 进程用户空间各区域页面类型

关的数据结构进行初始化,包括页表及 vm_area_struct 等信息,即进行了存储器映射工作。

以静态链接为例,当加载器完成加载任务后,便将 PC 设定指向入口点 Entry Point(即符号_start 处),返回到用户空间时将开始运行 a.out 程序。在运行过程中,一旦 CPU 检测到所访问的指令或数据不在主存(即缺页),则调用操作系统内核中的缺页处理程序执行,在执行处理程序过程中才将代码或数据真正从 a.out 文件装入主存。

**例 8-7**  假设用户在 shell 命令行提示符下输入的命令行字符串存于 cmdstrp 指向的字符串缓冲区中,函数 parsecmd(char * cmdstrp,char * argv[])可对 cmdstrp 所指缓冲区中的命令字进行解析,并将解析结果存于指针型数组 argv 中。给出一个对命令字指定可执行文件进行加载并执行的函数,其中可调用 parsecmd()函数进行命令行解析。

**解**:假定该函数名为 shcmdexec,入口参数为 cmdstrp,定义如下。

```
1   void shcmdexec(char * cmdstrp) {
2       char * argv[];
3       pit_t pid;
4       int wstatus;
5
6       parsecmd(cmdstrp,argv);
7       if ((pid=Fork())==0)
8           if (execve(argv[0],argv,environ)<0) {
9               printf("executable file %s not exist.\n", argv[0]);
10              exit(0);
11          }
12      if (waitpid(pid,&wstatus,0)<0)
13          fprintf(stderr,"waitpid error: %s\n",strerror(errno));
14      return;
15  }
```

## *8.5 Linux 系统中的信号与非本地跳转

计算机系统各层都有实现异常控制流的机制。除了异常和中断事件以及进程上下文切换会引起异常控制流以外，通过信号机制也会引起异常控制流。

### 8.5.1 Linux 系统中的信号处理机制

Linux 系统中提供了一种信号机制，允许用户进程和操作系统内核通过发送信号中断其他进程的执行。每种信号代表某类系统事件，通过发送信号给**目标进程**，以告知系统中发生了一个某种类型的事件。每种信号都有一个信号名和编号，例如，浮点异常信号名为 SIGFPE，编号为 8；非法指令对应信号名为 SIGILL，编号为 4。

对于程序执行过程中发生的异常事件，如非法指令、整除 0、存储保护错等，如果内核不发送信号给发生异常的用户进程，那么，在硬件检测到异常事件并转操作系统内核处理过程中，只有底层硬件和内核能了解发生了何种异常事件，而对于高层的用户进程则无法感知。8.3.6 节中提到，为了尽量缩短内核处理异常的时间，尽可能把异常处理过程放在用户态下进行，Linux 系统通过信号机制，让内核在处理异常时发送信号给用户进程，使得用户进程可以通过**注册****信号处理程序**的方式选择如何进行异常处理。

除了内部异常事件可以通过内核发送信号进行处理以外，还有一些系统事件，也可以由内核发送信号给用户进程来进行处理，例如，在**前台进程**运行时若按 Ctrl+C 组合键，则内核会发送 SIGINT 信号（编号 2）给**前台进程组**中每个进程，SIGINT 信号的默认处理行为是终止进程；当一个子进程终止或被挂起时，内核会发送 SIGCHID 信号（编号 17）给父进程，该信号的默认行为是不进行任何处理。

除上面两种由内核向用户进程发送信号的方式以外，进程之间也可以发送信号。例如，一个进程可通过调用 kill() 函数请求内核向另一个目标进程发送指定的信号，如 SIGKILL 信号（编号为 9）会强制终止目标进程。一个进程也可以给自己发送信号。

> **小贴士**
>
> **前台进程**：指控制标准输入输出（终端）的进程。shell 进程一开始工作在前台，用户输入命令后，shell 进程启动命令执行后被隐藏到后台，而执行命令对应的进程被提到前台，开始接受用户输入。前台进程运行结束后退出，shell 进程被自动提到前台，等待用户输入命令。
>
> **后台进程**：也叫**守护进程**（daemon）。耗时长且不使用终端交互的进程可以设置在后台运行，在 shell 命令行最后加 & 表示将命令对应的进程设置在后台执行，在后台执行的进程不必等到前一个进程运行完才能运行。

当目标进程被内核控制以某种方式对信号的发送进行处理时，称为**信号被接收**。目标进程接收到信号后，会将控制流转移到对应的信号处理程序执行，形成异常控制流。调用信号处理程序的过程称为**信号捕获**，执行信号处理程序的过程称为**信号处理**。信号处理结束后，将返回到被中断的程序继续执行。图 8-16 给出了信号处理程序进行信号捕获和信号处理的基本过程。

对于有些信号，目标进程可以忽略，如内核发送给父进程的 SIGCHID 信号、内核发送给挂起进程的 SIGCONT 信号等。有些信号则既不能被忽略，也不能被捕获，例如，SIGKILL 信号的行为只能是强制终止进程，而不能被忽略（什么都不做），也不能被捕获去调用信号处理

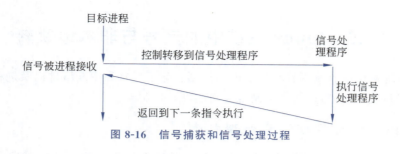

图 8-16　信号捕获和信号处理过程

程序。

如果一个发出的信号未被接收,则该信号称为**待处理信号**(pending signal),任何时刻,一个进程中每种信号最多只会有一个待处理信号,随后发送过来的同类信号直接被丢弃。一个进程可以有选择地**阻塞接收**某种信号,因此当某种信号被阻塞接收时,则发送过来的信号变为待处理信号,直到取消对这种信号的阻塞接收。一个待处理信号最多只能被接收一次。内核为每个进程维护着一个**待处理信号集**和一个**被阻塞信号集**。

### 8.5.2　信号的发送

Linux 操作系统提供了多种信号发送机制,可通过调用专门的系统级函数发送信号,也可以使用/bin/kill 程序或在键盘上按下特定的按键发送信号。

发送信号时可以指定发送到的目标进程属于哪个进程组。系统中每个进程都仅属于一个**进程组**,每个进程组有一个用正整数标识的**进程组 ID**。

可用 getpgrp()函数返回当前进程所属的进程组 ID,用 setpgid()函数设置自己或其他进程的进程组 ID,这两个函数原型如下。

```
pid_t getpgrp(void);
int setpgid(pid_t pid, pid_t pgid);
```

setpgid()函数将 pid 进程所属的进程组 ID 改为 pgid。若 pid 为 0,则表示对调用进程本身进行设置;若 pgid 为 0,则表示设置的进程组 ID 为 pid。例如,若调用进程 ID 为 20232,则其中的函数调用语句"setpgid(0, 0);"的功能是将进程 20232 所属的进程组 ID 改为 20232。

**1. 使用 kill()函数发送信号**

一个进程可使用 kill()函数给包括自身在内的一些进程发送信号。kill()函数的原型如下。

```
int kill(pid_t pid, int sig);
```

参数 pid 为发送信号的目标进程 ID,sig 为发送的信号。若 pid=0,则目标进程为调用进程所在进程组中的每个进程,包括调用进程本身;若 pid<0,则目标进程 ID 为 pid 绝对值(|pid|)的进程组中的每个进程。参数 sig 可用在头文件 signal.h 中定义的信号名常量来设置,如函数调用语句"kill(pid, SIGKILL);"中的发送信号为 SIGKILL。

**例 8-8**　画出以下程序的进程图,给出程序的执行结果,并说明需包含的头文件。

```
1    int main(){
2        int x=1
3        pit_t pid;
4
```

```
5       if ((pid=Fork())==0) {
6           printf("CPPID=%d,x=%d\n",getpid(),++x);
7           pause();
8           printf("CPPID=%d,x=%d\n",getppid(),--x);
9           exit(0);
10      }
11      kill(pid,SIGKILL);
12      exit(0);
13  }
```

解：程序的进程图如图 8-17 所示。

图 8-17 例 8-8 中程序的进程图

程序的执行结果是在标准输出终端（stdout）上输出"CPPID=xxx,x=2"，其中 xxx 为子进程的 PID。程序需包含的头文件有 stdio.h、sys/types.h、string.h、errno.h、unistd.h、stdlib.h 和 signal.h。

### 2. 使用 alarm() 函数发送信号

进程可通过 alarm() 函数给自己发送 SIGALRM 信号。alarm() 函数对应头文件为 unistd.h，函数原型如下。

```
unsigned int alarm(unsigned int seconds);
```

alarm() 函数用于设置闹钟（也称定时器）并传送 SIGALRM 信号，也即在经过函数参数 seconds 指定的时间（单位为秒）后将 SIGALRM 信号发送给调用进程。若未设置 SIGALARM 对应的信号处理程序，则默认的处理行为是终止进程。

一个进程只能有一个闹钟，若在设定的秒数内再次调用 alarm() 函数设置新闹钟，则之前设置的秒数将被新闹钟时间取代，所剩秒数作为返回值。若之前没有设定过闹钟，则返回 0。若设定的 seconds 为 0，则表示取消闹钟。

**例 8-9** 说明以下程序的执行过程，并说明需包含的头文件。

```
1   int main(){
2       int remtime;
3
4       alarm(50);
5       sleep(30);
6       remtime=alarm(10);
7       printf("remaining time: %d\n",remtime);
8       pause();
9       return 0;
10  }
```

解：该程序的执行过程如下：先休眠 30s，再输出"remaining time：20"，等待 10s 后接收到 SIGALARM 信号，然后进程终止（未设置 SIGALARM 对应的信号处理程序时默认行为是终止进程）。应包含的头文件有 stdio.h 和 unistd.h。

### 3. 用 /bin/kill 程序发送信号

Linux 系统中的 kill 命令(路径为 /bin/kill)用于向进程发送任何指定的信号。若用户没有指定发送信号,则发送默认的 SIGTERM 信号以终止进程。例如,以下命令

```
linux> /bin/kill -9 20232
```

将向 PID 为 20232 的进程发送编号为 9 的信号 SIGKILL。当进程号为负数时,表示将信号发送到进程组 ID 为其绝对值的进程组中每个进程。例如,以下命令

```
linux> /bin/kill -9 -20232
```

表示将 SIGKILL 信号发送到进程组 20232 中的每个进程。

### 4. 从键盘发送信号

Linux 系统中在一个 shell 命令行中输入的所有命令对应的进程构成一个**作业**(job),shell 为每个作业创建一个独立的进程组,所有前台进程组中的进程组成**前台作业**,后台进程组中的进程组成**后台作业**。任何时刻,系统中最多只有一个前台作业,有 0 个或多个后台作业。例如,以下命令行会创建由两个命令对应进程构成的前台作业。

```
linux> ls | sort
```

命令行中的"|"是 Linux 系统的管道操作符,表示前一个进程的输出流将作为后一个进程的输入。上述命令行构成的前台作业中包含两个前台进程:ls 和 sort。

在键盘上按 Ctrl+C 组合键会导致内核向前台进程组中每个进程发送一个 SIGINT 信号,默认情况下将终止前台作业,回到 shell 进程。按 Ctrl+Z 组合键则向前台进程组中每个进程发送一个 SIGTSTP 信号,默认情况下将挂起前台作业直到接收到下一个信号 SIGCONT。

## 8.5.3 信号的捕获和信号处理

操作系统内核在完成了异常/中断处理或进行了一次上下文切换而从内核态切换到用户态的进程 p 执行时,会检查进程 p 的未被阻塞的待处理信号集。若为空集,则直接返回到进程 p 的逻辑控制流中原被中断的下一条指令处(断点)执行;若为非空集,则内核将强制 p 对集合中编号最小的信号进行接收,从而触发进程 p 针对接收的信号采取某种处理行为。一旦处理完成,就返回到 p 的逻辑控制流中的断点处执行。

系统中每个信号都有一个预定义的默认处理行为,如终止进程、挂起进程等待被 SIGCONT 信号重启或忽略信号等。程序员可自行定义信号处理函数,并通过 signal 函数将其与对应信号绑定,从而修改信号的默认行为。不过,信号 SIGSTOP 和 SIGKILL 的默认行为不能修改。signal() 函数的用法如下。

```
typedef void (*sighandler_t)(int);
sighandler_t signal(int signum, sighandler_t handler);
```

若 handler=SIG_IGN,则忽略类型为 signum 的信号;若 handler=SIG_DFL,则类型为 signum 的信号恢复默认行为;否则 handler 就是用户自定义函数的地址,这个自定义函数称为**信号处理程序**。signal() 函数若出错,则返回 SIG_ERR。常数 SIG_IGN、SIG_ERR 等在 signal.h 中定义。

**例 8-10** 说明以下程序的执行过程,并说明需包含的头文件。若第 7 行中的 signal() 函数调用改为"signal(SIGINT,SIG_IGN)"或"signal(SIGINT,SIG_DFL)",则执行结果分别

是什么？

```
1   typedef void ( * sighandler_t)(int);
2   void sigint_handler(int sig) {
3       printf("caught SIGINT!\n");
4   }
5
6   int main(){
7       if (signal(SIGINT, sigint_handler)==SIG_ERR)
8           printf("signal error\n");
9       pause();
10      return 0;
11  }
```

**解**：该程序通过 signal() 函数将信号处理 sigint_handler() 函数和 SIGINT 信号进行了绑定，改变了该信号的默认行为。程序执行后一直休眠等待，直到用户在键盘上按 Ctrl+C 组合键时发送 SIGINT 信号，信号被捕获后进行信号处理，输出"caught SIGINT!"，然后回到主函数执行 return 语句，结束程序的执行。程序应包含的头文件有 stdio.h、signal.h。

若第 7 行中的函数调用改为"signal(SIGINT，SIG_IGN)"，则程序在执行过程中，用户按 Ctrl+C 组合键后没有任何反应。若改为"signal(SIGINT，SIG_DFL)"，则程序在执行过程中，如用户按 Ctrl+C 组合键，则程序立即执行结束。

### 8.5.4 非本地跳转处理

C 语言提供了一种**非本地跳转**（nonlocal jump）函数，可实现用户级异常控制流。通过使用非本地跳转函数，可将控制直接从一个函数转移到另一个当前正在执行的函数，而不需要经过正常的调用-返回（call-return）序列。非本地跳转通过 setjmp() 和 longjmp() 函数实现，这两个函数的原型如下。

```
int setjmp(jmp_buf env);
void longjmp(jmp_buf env, int retval);
```

头文件 setjmp.h 中给出了这些函数的原型声明及 jmp_buf 数据类型定义。setjmp() 函数在由参数 env 指定的缓冲区中保存**当前调用环境**以供 longjmp() 函数使用，并返回 0。调用环境包括程序计数器、栈指针和通用寄存器等上下文信息。

setjmp(env) 相当于对一个跳转目标处的程序上下文信息进行初始化并记录在 env 中。后面通过调用 longjmp(env, retval) 函数将 env 中的程序上下文信息恢复作为当前调用环境，从而触发从最近一次的 setjmp() 函数返回，此时，setjmp() 函数的返回值为非 0 的 retval，若 retval=0，则返回值为 1。

setjmp() 函数仅被调用一次，其返回值为 0，之后通过调用 longjmp() 函数触发而从 setjmp() 函数返回时，返回值不为 0。因而，可根据 setjmp() 函数的返回值来判定是调用了 setjmp() 函数还是调用了 longjmp() 函数而返回的，通常在检测到一个程序错误时，调用 longjmp() 函数。

非本地跳转的一个重要应用是，当检测到某个错误时允许从多层嵌套的函数调用中直接返回到一个错误处理程序执行，而无须逐层返回调用函数。

**例 8-11** 说明以下程序的执行过程，并说明需包含的头文件。

```
1   jmp_buf env;
2   int error1=0;
3   int error2=1;
4
5   void err_det1(void) {
6       if (error1) longjmp(env,1);
7       err_det2()
8   }
9   void err_det2(void) {
10      if (error2) longjmp(env,2);
11  }
12  int main(){
13      switch (setjmp(env)) {
14      case 0:
15          err_det1();
16          break;
17      case 1:
18          printf("error1 detected\n");
19          break;
20      case 2:
21          printf("error2 detected\n");
22          break;
23      default:
24          printf("other error detected\n");
25      }
26      return 0;
27  }
```

**解**：该程序首先调用 setjmp() 函数保存当前调用环境，并返回 0，因此调用 err_det1() 函数，在该函数中未检测到错误，因此继续调用 err_det2() 函数，在该函数中检测到错误后调用 longjmp(env,2)，使得 setjmp(env) 返回 2，从而转到 case 2 分支执行，输出 "error2 detected" 后程序执行结束。程序应包含的头文件有 stdio.h、setjmp.h。

非本地跳转的另一种应用场景在信号处理程序中使用，通过 sigsetjmp() 和 siglongjmp() 函数实现接收信号的进程和相应信号处理程序之间的跳转。这两个函数的原型如下。

```
int sigsetjmp(sigjmp_buf env,int savesigs);
void siglongjmp(sigjmp_buf env, int retval);
```

两个函数的功能与上述 setjmp() 和 longjmp() 函数类似，同样，sigsetjmp() 只被调用一次、返回多次，而 siglongjmp() 函数被调用一次但不返回。调用 sigsetjmp() 函数后返回值为 0，以后在调用 siglongjmp() 函数时触发从 sigsetjmp() 函数返回，返回值为非 0。

**例 8-12** 说明以下程序在 LA64+Linux 平台中的执行结果。

```
1   sigjmp_buf buf;
2   void FLPhandler(int sig) {
3       printf("error type is SIGFPE!\n");
4       siglongjmp(buf,1);
5   }
6   int main(){
7       int a, t;
8       signal(SIGFPE, FLPhandler);
9       if (!sigsetjmp(buf,1)) {
```

```
10          printf("starting\n");
11          a=100;
12          t=0;
13          a=a/t;
14      }
15      printf("I am still alive …\n");
16      exit(0);
17  }
```

**解**：上述程序的执行结果如下：

```
starting
error type is SIGFPE!
I am still alive …
```

上述程序给出了一个自定义信号处理函数 FLPhandler() 和主函数 main()。在 main() 函数中通过 signal() 函数将 FLPhandler() 函数注册为 SIGFPE 信号对应的信号处理函数。在 main() 函数中调用 sigsetjmp() 函数，返回值为 0，因而执行 if 分支中的一串语句，当执行到赋值语句"a＝a/t;"时，发生整数除 0 异常。从 8.3.6 节内容可知，在 LoongArch＋Linux 平台中，整除 0 异常将通过"break 0x7"指令陷入内核态，在对应的异常处理程序中通过执行函数调用语句"force_sig_fault(SIGFPE，FPE_INTDIV，(void __user ＊) regs－＞csr_era);"，将 SIGFPE 信号发送给该程序对应的用户进程。因为该进程已经通过 signal() 函数注册了 SIGFPE 信号对应的处理函数 FLPhandler()，所以，只要进程接收到 SIGFPE 信号，就会异步跳转到 FLPhandler() 函数执行。在 FLPhandler() 函数中，当调用 siglongjmp() 函数后，就触发 sigsetjmp() 函数返回 1，因此会跳过 if 分支直接执行 printf() 函数，输出"I am still alive…"。

如果将 main() 函数中的语句"signal(SIGFPE，FLPhandler);"注释掉，则 SIGFPE 信号的处理程序就是系统默认的，执行结果如下。

```
starting
Floating point exception(core dumped)
```

## 8.6 本章小结

进程是一个具有一定独立功能的程序关于某个数据集的一次运行活动，每个进程都有其独立的逻辑控制流和私有的虚拟地址空间。每个进程的逻辑控制流是确定的，不管这个逻辑控制流在哪个指令地址处被打断。每个被打断的逻辑控制流处都发生了一个异常控制流，造成这种异常控制流的原因有多种，可能是由于操作系统进行进程的处理器调度引起的，可能是硬件在执行指令时检测到有异常或中断事件引起的，还可能是一个进程利用信号机制向另一个进程发送信号而引起的。异常控制流是并发执行的基本机制。

操作系统通过进程的处理器调度，将当前正在处理器上执行的一个进程换下，把另一个进程换上处理器执行，导致系统在当前进程的执行过程中发生了一个异常控制流，这种异常控制流通过进程的上下文切换来实现。

硬件在执行指令过程中，会检测有无异常或中断请求发生。当发现当前执行的是陷阱指令、有异常发生或有外部中断请求，则当前进程发生异常控制流，转入一个特定的内核程序执行,以针对特定的异常或中断进行处理。

对于不同类型的异常或中断,其处理方式可能不同。对于陷阱指令,相当于提供了一个过程调用,在陷阱指令执行结束后转入一个特定的内核程序执行,执行结束后返回到陷阱指令后一条指令继续执行;对于无法恢复的故障类异常,如非法操作码、除法错、越界、越权或越级类访存错等,则相应的异常处理程序会向当前进程发送一个特定的信号,当前进程接受到信号后,就调用相应的信号处理程序执行(如果有对应的信号处理程序的话)或调用内核的 abort 例程终止当前进程(如果没有对应的信号处理程序的话);对于可以恢复的故障类异常,则相应的异常处理程序处理完故障后,会回到当前进程的故障指令继续执行;对于外部中断,则在相应的中断服务程序执行后,回到当前进程的下一条指令继续执行。

## 习 题

1. 给出以下概念的解释说明。

| CPU 的控制流 | 正常控制流 | 异常控制流 | 进程 |
| 逻辑控制流 | 物理控制流 | 并发 | 并行 |
| 多任务 | 时间片 | 进程的上下文 | 系统级上下文 |
| 用户级上下文 | 寄存器上下文 | 进程控制信息 | 上下文切换 |
| 内核空间 | 用户空间 | 内核控制路径 | 异常处理程序 |
| 中断服务程序 | 故障 | 陷阱 | 陷阱指令 |
| 终止 | 中断请求信号 | 中断响应周期 | 中断类型号 |
| 开中断/关中断 | 可屏蔽中断 | 不可屏蔽中断 | 断点 |
| 程序状态字寄存器 | 程序状态字 | 向量中断方式 | 中断向量 |
| 异常/中断查询程序 | 异常/中断处理程序 | 中断向量表 | 中断描述符表 |
| 系统调用 | 系统调用号 | 系统调用处理程序 | 系统调用服务例程 |
| 进程 ID | 进程运行 | 进程挂起 | 进程终止 |
| 僵尸进程 | 孤儿进程 | init 进程 | 加载程序 |
| 前台进程 | 后台进程 | 信号处理程序 | 信号捕获 |
| 信号处理 | 待处理信号 | 前台作业 | 后台作业 |

2. 简单回答下列问题。

(1) 引起异常控制流的事件主要有哪几类?

(2) 进程和程序之间最大的区别在哪里?

(3) 进程的引入为应用程序提供了哪两方面的假象?这种假象带来了哪些好处?

(4) "一个进程的逻辑控制流总是确定的,不管中间是否被其他进程打断,也不管被打断几次或在哪里被打断,这样,就可以保证一个进程的执行不管怎么被打断其行为总是一致的。"计算机系统主要靠什么机制实现这个能力?

(5) 在进行进程上下文切换时,操作系统主要完成哪几项工作?

(6) 在 LA32+Linux 平台中,一个进程的虚拟地址空间布局是怎样的?

(7) 简述异常和中断事件形成异常控制流的过程。

(8) 调试程序时的单步跟踪是通过什么机制实现的?

(9) 在异常和中断的响应过程中,CPU(硬件)要保存一些信息,这些信息包含哪些内容?

(10) 在执行异常处理程序和中断服务程序过程中,(软件)要保存一些信息,这些信息包含哪些内容?

(11) 普通的过程(函数)调用和操作系统提供的系统调用之间有哪些相同之处?有哪些不同之处?

(12) LoongArch 架构中,CPU 在响应中断和异常时最终如何跳转到异常/中断处理程序入口处执行?

(13) 子进程被新创建时,与父进程有什么不同?可用哪个函数新创建一个子进程?
(14) 可用哪几种方式终止一个进程?进程被终止后是否还占用系统资源?
(15) Linux 系统中提供了哪几种发送信号的机制?信号发送后一定被目标进程接收吗?为什么?
(16) 非本地跳转机制可以解决哪几种应用问题?

3. 根据表 8-3 给出的 4 个进程运行的起、止时刻,指出每个进程对 P1-P2、P1-P3、P1-P4、P2-P3、P3-P4 中的两个进程是否并发运行?

表 8-3 题 3 表

| 进 程 | 开 始 时 刻 | 结 束 时 刻 |
| --- | --- | --- |
| P1 | 1 | 7 |
| P2 | 4 | 6 |
| P3 | 3 | 8 |
| P4 | 2 | 5 |

4. 若将例 8-1 中数组 a 的类型修改为静态全局变量,并将 C 语言源程序修改如下。

```
1   static int a[1000];
2   int x=2;
3   int main(){
4       a[10]=1;
5       a[1000]=3;
6       a[10000]=4*x;
7       return 0;
8   }
```

假设经过编译、汇编和链接后,第 4~6 行源代码对应的 LA64 汇编指令序列如下。

```
     a[10]=1;
1    12000066c:   1c00010c     pcaddu12i    $r12,8(0x8)
2    120000670:   02e7b18c     addi.d       $r12,$r12,-1556(0x9ec)
3    120000674:   0280040d     addi.w       $r13,$r0,1(0x1)
4    120000678:   2980a18d     st.w         $r13,$r12,40(0x28)
     a[1000]=3;
5    12000067c:   1c00010c     pcaddu12i    $r12,8(0x8)
6    120000680:   02e7718c     addi.d       $r12,$r12,-1572(0x9dc)
7    120000684:   02800c0d     addi.w       $r13,$r0,3(0x3)
8    120000688:   250fa18d     stptr.w      $r13,$r12,4000(0xfa0)
     a[10000]=4*x;
9    12000068c:   1c00010c     pcaddu12i    $r12,8(0x8)
10   120000690:   02e5d18c     addi.d       $r12,$r12,-1676(0x974)
11   120000694:   2400018c     ldptr.w      $r12,$r12,0
12   120000698:   0040898c     slli.w       $r12,$r12,0x2
13   12000069c:   0015018d     move         $r13,$r12
14   1200006a0:   1c00010e     pcaddu12i    $r14,8(0x8)
15   1200006a4:   02e6e1ce     addi.d       $r14,$r14,-1608(0x9b8)
16   1200006a8:   1400014c     lu12i.w      $r12,10(0xa)
17   1200006ac:   0010b1cc     add.d        $r12,$r14,$r12
18   1200006b0:   29b1018d     st.w         $r13,$r12,-960(0xc40)
```

假设系统采用分页虚拟存储管理方式,页大小为 16KB,在运行该程序对应进程时,系统中没有其他进程在运行,回答下列问题或完成下列任务。

(1) 给出每条指令的注释,以说明指令的功能。

(2) a[10]、a[1000]、a[10000] 和全局变量 x 的虚拟地址各是什么?

(3) 数组 a 起始地址计算方式与例 8-1 中数组 a 起始地址计算方式有何不同?为什么有这种不同?

(4) 执行第 4、第 8、第 11 和第 18 行访存指令时,在访问存储器操作数的过程中是否会发生页故障异常?哪些指令中的异常是可恢复的?哪些指令中的异常是不可恢复的?

5. 假设在 LA64+Linux 平台中一个 main() 函数的 C 语言源程序 P 如下。

```
1   unsigned short b[2500];
2   unsigned short k;
3   main( ) {
4       b[1000]=1023;
5       b[2500]=2049%k;
6       b[10000]=20000;
7       return 0;
8   }
```

经编译、链接后,第 4~6 行源代码对应的指令序列如下。

```
            b[1000]=1023;
1   pcaddu12i       $r12,8(0x8)
2   ld.d            $r12,$r12,-1732(0x93c)
3   addi.w          $r13,$r0,1023(0x3ff)
4   st.h            $r13,$r12,2000(0x7d0)
            b[2500]=2049%k;
5   pcaddu12i       $r12,8(0x8)
6   ld.d            $r12,$r12,-1716(0x94c)
7   ld.hu           $r12,$r12,0
8   ori             $r13,$r0,0x801
9   mod.w           $r15,$r13,$r12
10  bne             $r12,$r0,8(0x8)         #120000708 <main+0x38>
11  break           0x7
12  pcaddu12i       $r14,8(0x8)
13  ld.d            $r14,$r14,-1776(0x910)
14  lu12i.w         $r12,1(0x1)
15  add.d           $r12,$r14,$r12
16  st.h            $r15,$r12,904(0x388)
            b[10000]=20000;
17  pcaddu12i       $r13,8(0x8)
18  ld.d            $r13,$r13,-1796(0x8fc)
19  lu12i.w         $r12,5(0x5)
20  add.d           $r12,$r13,$r12
21  lu12i.w         $r13,4(0x4)
22  ori             $r13,$r13,0xe20
23  st.h            $r13,$r12,-480(0xe20)
```

假设系统采用分页虚拟存储管理方式,页大小为 16KB,第 1 行指令对应的虚拟地址为 0x1 2000 06dc,进程 P 运行时在虚拟地址 0x0000 0001 2000 8018 开始的 8 个单元中存放的是数组 b 的起始虚拟地址 0x0000 0001 2000 8060,虚拟地址 0x0000 0001 2000 8038 开始的 8 个单元中存放的是变量 k 的虚拟地址 0x0000 0001 2000 93e8。在运行 P 对应的进程时,系统中没有其他进程在运行,回答下列问题或完成下列任务。

(1) 给出每条指令的注释,以说明指令的功能。

(2) 变量 k 的地址计算方式与第 4 题中变量 x 的地址计算方式有何不同? 为什么有这种不同?

(3) 对于上述 23 条指令的执行,是否可能在取指令时发生缺页故障?

(4) 执行第 2、第 4、第 6、第 7、第 13、第 16、第 18 和第 23 行访存指令时,在访问存储器操作数的过程中是否会发生页故障? 哪些指令中的异常是可恢复的? 哪些指令中的异常是不可恢复的? 分别画出第 2 行和第 23 行指令所发生故障的处理过程示意图。

(5) 执行第 11 条指令时会发生什么异常? 该异常能否恢复? 简述该指令引起的异常的处理过程。

(6) 分析程序 P 在系统默认情况下的输出结果。

6. 若用户程序希望将字符串"hello, world!\n"中的 14 个字符显示在标准输出设备文件 stdout 上,则可以使用系统调用 write 对应的封装函数 write(1, "hello, world!\n", 14),在 LA64+Linux 平台中,可以用以下机器级代码(用汇编指令表示)实现。

```
1    li.w      $a7, 64    #write 的系统调用号为 64,送寄存器 a7
2    li.w      $a0, 1     #标准输出设备 stdout 的文件描述符为 1,送寄存器 a0
3    la.local  $a1, .L0   #字符串"hello, world!\n"的首地址为.L0,送寄存器 a1
4    li.w      $a2, $14   #字符串的长度为 14,送寄存器 a2
5    syscall   0x0        #系统调用
```

针对上述机器级代码,回答下列问题或完成下列任务。

(1) 执行该段代码时,系统处于用户态还是内核态?为什么?执行完第 5 行指令后的下一个时钟周期,系统处于用户态还是内核态?

(2) 第 5 行指令是否属于陷阱指令?执行该指令过程中,应将 CSR.CRMD 中的 PLV、IE 分别设置为什么值?已知该指令的异常编码 Ecode 为 0xB,若配置 CSR.ECFG.VS=3,则该指令执行后所跳转到的异常处理程序入口地址低 12 位的页内偏移是什么(用十六进制表示)?

(3) 详细描述第 5 行指令的执行过程。

7. LA64 架构和 Linux 操作系统分别代表了硬件和软件(操作系统内核),根据它们各自在整个异常和中断处理过程中所做的具体工作,归纳总结出硬件和软件在异常和中断处理过程中分别完成哪些工作。

8. 画出以下程序的进程图,给出程序执行结果并说明产生了多少个僵尸进程。如何修改程序使得这些僵尸进程得以回收?

```c
1   #include <stdio.h>
2   #include <stdlib.h>
3   #include <unistd.h>
4   int x=100;
5   int main(int argc, char * argv[]){
6       int i, n;
7       printf("create child processes!\n");
8       if (argc < 2) {
9           printf("too few parameters.\n");
10          exit(0);
11      }
12      n = atoi(argv[1]);
13      for (i = 0; i < n; i++) {
14          if (Fork()==0) {
15              printf("CP%d, x=%d\n", i+1, ++x);
16              break;
17          }
18          sleep(i);
19          printf("PP, order=%d, x=%d\n", i+1, ++x);
20      }
21      return 0;
22  }
```

9. 画出以下程序的进程图,给出正常执行情况下程序的执行结果。

```c
1   #include <stdlib.h>
2   #include <stdio.h>
3   #include <unistd.h>
4   #include <sys/types.h>
5   #include <sys/wait.h>
6   int main() {
7       int status, i;
8       pid_t pid;
9
10      for (i=0; i < 1; i++)
11          if (Fork()==0) break;
12      if (i < 1) {
13          sleep(5);
14          printf("I am CP%d. PID=%d\n", i+1, getpid());
15      }
```

```
16      else {
17          if ((pid = wait(&status))== -1) {
18              printf("waitpid error.\n");
19              exit(1);
20          }
21          printf("CP%d reaped. PID=%d\n", i, pid);
22          if (WIFEXITED(status))
23              printf("CP%d exited normally.status=%d\n", i, WEXITSTATUS(status));
24          else printf("CP%d exited abnormally.\n", i);
25          printf("I am PP. PID=%d\n", getpid());
26      }
27      return 100;
28  }
```

10. 说明以下程序正常执行情况下的执行结果，并给出应包含的头文件。

```
1   int main() {
2       int status, i;
3       pid_t pid;
4
5       for (i=0; i < 4; i++)
6           if (Fork()==0) break;
7       if (i < 4) {
8           sleep(i);
9           printf("I am CP%d. PID=%d\n", i+1, getpid());
10      }
11      else {
12          sleep(i);
13          while (pid = wait(&status) != -1) {
14              printf("CP%d reaped. PID=%d\n", i, pid);
15              if (WIFEXITED(status))
16                  printf("CP%d exited normally with status=%d\n",i,WEXITSTATUS(status));
17              else printf("CP%d exited abnormally.\n",i);
18              printf("I am PP. PID=%d\n", getpid());
19          }
20          if (pid == -1) {
21              printf("waitpid finished.\n");
22              exit(1);
23          }
24      }
25      exit(i+10);
26  }
```

11. 画出以下程序的进程图，给出程序的执行结果，并说明应包含的头文件。

```
1   int x=100
2   int main() {
3       pit_t pid;
4
5       if ((pid=Fork())==0) {
6           printf("CPPID=%d, x=%d\n",getpid(),++x);
7           pause();
8           exit(0);
9       }
10      kill(pid, SIGINT);
11      exit(0);
12  }
```

12. 说明以下程序的执行过程和执行结果，并给出应包含的头文件。

```
1   sigjmp_buf buf;
2
```

```
3   void INThandler(int sig) {
4       printf("signal type is SIGINT!\n");
5       siglongjmp(buf,1);
6   }
7
8   int main() {
9       pid_t pid;
10
11      signal(SIGINT, INThandler);
12      if (!sigsetjmp(buf,1)) {
13          if ((pid=Fork())==0) {
14              printf("CPPID=%d\n", getpid());
15              pause();
16              exit(0);
17          }
18          kill(pid, SIGINT);
19      }
20      printf("INThandler finished.\n");
21      exit(0);
22  }
```

# 第 9 章 I/O 操作的实现

I/O 子系统主要用于控制外设与内存、外设与 CPU 之间进行数据交换，是计算机系统中重要的组成部分。无论是应用程序员编写用户程序，还是最终用户通过人机交互方式使用计算机，都涉及 I/O 操作。使用高级语言编写应用程序时，通常利用 I/O 库函数来实现 I/O 功能，而 I/O 库函数通常通过陷阱指令以系统调用的方式将具体的 I/O 操作交由操作系统内核来实现。任何 I/O 操作最终都由操作系统内核控制完成。

本章主要介绍与 I/O 操作相关的软硬件相关内容。包括文件的概念、与 I/O 相关的系统调用封装函数、基本的 C 语言标准 I/O 库函数、I/O 接口的基本功能和结构、I/O 端口编址方式、外设与主机之间的 I/O 控制方式，以及利用陷阱指令将用户 I/O 请求转换为操作系统内核控制的 I/O 处理过程。

## 9.1 I/O 子系统概述

**I/O 子系统**主要解决各类信息的输入和输出问题，即解决如何将所需的文字、图表、声音、视频等信息通过外设输入计算机，或将计算机处理结果通过相应外设输出。

所有高级语言的**运行时系统**（runtime system）都提供了执行 I/O 功能的高级机制。例如，C 语言中提供了 printf() 和 scanf() 等标准 I/O 库函数，C++ 语言中提供了<<（输入）和>>（输出）重载 I/O 操作符。从高级语言程序通过 I/O 函数或 I/O 操作符提出 I/O 请求，到 I/O 设备响应并完成 I/O 请求，整个过程涉及多个层次的 I/O 软件和 I/O 硬件的协调工作。

**小贴士**

运行时系统也称**运行时环境**（runtime environment）或简称**运行时**（runtime），它实现了一种计算机语言的核心行为。不管是被编译转换的语言，还是被解释执行的语言，或者是嵌入式领域特定的语言等，每一种计算机语言都实现了某种形式的运行时系统。一个运行时系统除了要支持语言基本的低级行为之外，还要实现更高层次的行为，如库函数等，甚至提供类型检查、调试以及代码生成与优化等功能。

与计算机系统一样，I/O 子系统也采用层次结构。图 9-1 所示是 I/O 子系统层次结构。

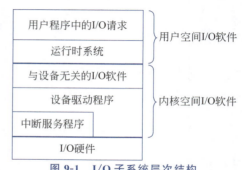

图 9-1 I/O 子系统层次结构

I/O 子系统包含 I/O 软件和 I/O 硬件两大部分。I/O 软件包括最上层提出 I/O 请求的**用户空间 I/O 软件**（称为**用户 I/O 软件**），以及在底层操作系统中对 I/O 进行具体管理和控制的**内核空间 I/O 软件**（称为**系统 I/O 软件**）。系统 I/O 软件又分三部分，分别是与设备无关的 I/O 软件、设备驱动程序和中断服务程序。I/O 硬件在系统 I/O 软件的控制下完成具体的 I/O 操作。

操作系统在 I/O 子系统中承担极其重要的作用，这主要是由 I/O 子系统以下三个特性决定的。

(1) 共享性。I/O 子系统被多个进程共享，因此必须由操作系统统一调度管理共享的 I/O 资源，以保证用户程序只能访问有权限的 I/O 设备或文件，并使系统的吞吐率达到最佳。

(2) 复杂性。I/O 设备控制的细节比较复杂，如果由最上层的用户程序直接控制，则会给广大的应用程序开发者带来麻烦，因而需操作系统提供专门的驱动程序进行控制，为应用程序员屏蔽设备控制的细节，简化应用程序的开发。

(3) 异步性。I/O 子系统的速度较慢，而且不同设备之间的速度相差较大，因而，通常使用异步的中断 I/O 方式在 I/O 设备与主机之间交换信息。中断导致 CPU 状态从用户态向内核态转移，因此，I/O 处理须在内核态完成，通常由操作系统提供中断服务程序来处理。

图 9-2 展示了 Linux 系统中 I/O 子系统的大致工作过程。在用户层，用户程序总是通过某种 I/O 函数或 I/O 操作符请求 I/O 操作，但不管使用何种方式，最终都是通过操作系统内核提供的系统调用服务例程来处理 I/O。例如，一个 C 语言用户程序在某过程（函数）中调用了 printf() 函数，便会转到 C 语言函数库中对应的**标准 I/O 库函数** printf()，而 printf() 函数最终又会转到**系统级 I/O 函数** write()；write() 函数对应的指令序列中有一条陷阱指令，该陷阱指令指示 CPU 从用户态转到内核态执行。

CPU 切换到内核态后，首先执行的是与设备无关的 I/O 软件。操作系统根据执行陷阱指令时某个寄存器中的系统调用号，选择相应的**系统调用服务例程**执行（如 sys_write）。在系统调用服务例程的执行过程中，需要调用**虚拟文件系统**（Virtual File System, VFS）提供的文件管理服务（如写操作）。这些文件管理服务首先查看需要访问的文件内容是否在**缓存**中，若是，则在缓存中完成文件操作，从而提升处理 I/O 的效率；否则，将调用**逻辑文件系统层**中具体的文件系统，如 FAT、NTFS、Ext4 等，由具体文件系统根据其组织结构将上述文件管理服务转换为访问设备中存储块的 I/O 请求，并将其提交到**通用块设备 I/O 层**。通用块设备 I/O 层

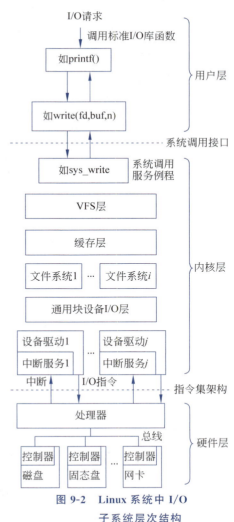

图 9-2 Linux 系统中 I/O 子系统层次结构

可对 I/O 请求进行调度，并调用具体的**设备驱动程序**启动外设工作。

I/O 硬件通常由机械部分和电子部分组成，机械部分是 I/O 设备本身，而电子部分则称为**设备控制器或 I/O 适配器**，通过**总线**与 CPU 连接。设备驱动程序通过 **I/O 指令**访问设备控制器，此时 CPU 会发起相应的总线事务请求，总线将该事务请求传递给相应的设备控制器，后者根据请求含义访问相应的 I/O 寄存器，也称 **I/O 端口**（I/O port）。通过执行设备驱动程序，CPU 可以向**控制端口**发送控制命令来启动外设，可以从**状态端口**读取外设状态，也可以与**数据端口**交换数据等。外设完成 I/O 操作后发出**中断请求**，CPU 响应中断后调出设备驱动程序所注册的**中断服务程序**，控制主机与设备进行下一次数据交换。

## 9.2 用户空间 I/O 软件

I/O 软件包括如图 9-1 所示的最上层提出 I/O 请求的用户空间 I/O 软件，以及在底层操作系统中控制 I/O 操作的内核空间 I/O 软件。

### 9.2.1 用户程序中的 I/O 函数

在用户空间 I/O 软件中，用户程序可以通过调用特定的 I/O 函数提出 I/O 请求。在 UNIX/Linux 系统中，用户程序使用的 I/O 函数可以是 C 标准 I/O 库函数或系统调用封装函数，前者如文件 I/O 函数 fopen()、fread()、fwrite() 和 fclose()，或控制台 I/O 函数 printf()、scanf() 等；后者如函数 open()、read()、write() 和 close() 等。

标准 I/O 库函数的抽象层次比系统调用封装函数更高，后者属于**系统级 I/O 函数**，前者基于后者实现。图 9-3 给出了两者之间的关系。

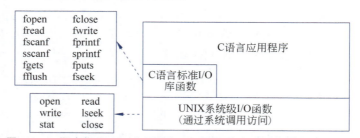

图 9-3　C 语言标准 I/O 库函数与 UNIX 系统级 I/O 函数之间的关系

图 9-4 给出了 LoongArch＋Linux 平台中 write 操作的执行过程。

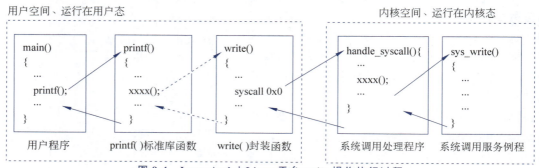

图 9-4　LoongArch＋Linux 平台 write 操作执行过程

从图 9-4 可看出，对于一个 C 语言用户程序，若在某过程（函数）中调用了 printf() 函数，则在执行到调用 printf() 函数的语句时,便会转到 C 语言库中对应的 I/O 标准库函数 printf() 去执行,而 printf() 函数最终调用函数 write() 执行;write() 函数对应一个指令序列,其中有一条陷阱指令,通过这条陷阱指令,CPU 从用户态转到内核态执行。在 LoongArch＋Linux 平台中,陷阱指令就是 SYSCALL。执行陷阱指令后,便转到**系统调用处理程序** handle_syscall() 函数的第一条指令执行。在 handle_syscall() 函数中,根据 a7 寄存器中的系统调用号跳转到当前系统调用对应的**系统调用服务例程** sys_write() 函数去执行。handle_syscall() 函数执行结束时,从内核态返回到用户态下的陷阱指令后面一条指令继续执行。

Linux 系统下 write() 函数的用法如下。

```
ssize_t write(int fd, const void * buf, size_t n);
```

这里的类型 size_t 和 ssize_t 在 32 位系统中分别是 unsigned int 型和 int 型,而在 64 位系统中则分别是 unsigned long int 型和 long int 型。字节数 n 通常是无符号类型,但是,因为有可能通过返回 −1 指示出错,所以返回类型只能是带符号整型。

每个系统调用封装函数都会对应一组与具体机器架构相关的指令序列,其中至少有一条陷阱指令,在陷阱指令前可能还有若干条传送指令,用于将 I/O 操作的参数送入相应寄存器。在 LoongArch 架构下,某版本 C 语言函数库中 write() 封装函数对应的主干部分汇编代码如图 9-5 所示(实际比图 9-5 给出的部分汇编代码更复杂)。根据 LoongArch 架构过程调用约定可知,在某个函数 P 中调用 write() 函数时,P 中函数调用语句对应的机器代码段功能如下:将参数 fd、buf 和 n 分别存入寄存器 a0、a1 和 a2,然后执行过程调用指令"bl .L1",其中 .L1 是 write() 函数的入口地址。bl 指令执行时,首先将返回地址保存在寄存器 r1(ra)中,然后跳转到图 9-5 所示的 write 过程执行。

```
1    write:
2           addi.w     $a7, $zero, 64(0x40)    #将系统调用号送寄存器a7
3           syscall    0x0                      #执行自陷指令,触发系统调用
4           lu12i.w    $t0, -1(0xfffff)         #0xffff ffff ffff f000 送 t0
5           bgeu       $t0, $a0, .L0            #若无错误,则跳转至.L0
6           sub.w      $a0, $zero, $a0          #返回值取负,送寄存器a0
7           st.w       $a0, errno               #将寄存器a0送errno
8           addi.w     $a0, $zero, -1(0xfff)    #将write函数返回值置-1
9    .L0    jirl       $zero, $ra, 0            #write函数返回
```

图 9-5  write() 封装函数对应的 LA64 汇编代码

因为在函数 P 跳转到 write 过程执行前,参数 fd、buf 和 n 已分别存入了寄存器 a0、a1 和 a2,所以在图 9-5 给出的汇编代码中,无须传送这些参数。在图 9-5 给出的汇编代码中,第 2 行的 addi.w 指令用于将系统调用号 64 存入寄存器 a7,第 3 行是陷阱指令"syscall 0x0",CPU 通过执行该指令,从用户态切换到内核态,调出系统调用处理程序 handle_syscall() 执行。

在 handle_syscall() 函数中,根据系统调用号 64,跳转到系统调用服务例程 sys_write() 函数执行,完成将数据写入文件的功能。其中,写入文件的文件描述符由 a0 寄存器指出,写入数据的首地址由 a1 寄存器指定,写入长度由 a2 寄存器指出。handle_syscall() 函数执行结束时,系统调用的返回值存放在 a0 寄存器中。

第 4~9 行代码的功能如下:判断在内核中执行系统调用时是否发生错误,Linux 操作系

统规定,若系统调用出错,则返回值在-4095~-1之间(-4096的64位机器数为0xffff ffff ffff f000)。若返回值表明发生错误,则将a0寄存器内容取负后得到的错误码存放在全局变量errno中,并让write()函数返回-1;若没有发生错误,则write()函数的返回值(在a0寄存器中)就是系统调用的返回值,它通常是真正写入文件的字节数。

通常情况下,C语言程序员大多使用较高层次的标准I/O库函数,而很少使用底层的系统级I/O函数。使用标准I/O库函数得到的程序移植性较好,可以在不同体系结构和操作系统平台下运行,而且,因为标准I/O库函数中的文件操作使用了文件缓存区,可显著减少系统调用以及I/O次数,所以使用标准I/O库函数能提高程序执行效率。不过,也存在以下不足:① I/O为同步操作,即程序必须等待I/O操作真正完成后才能继续执行;②在一些情况下不适合甚至无法使用标准I/O库函数实现I/O功能,如C语言标准库中不提供读取文件元数据的函数;③标准I/O库函数还存在一些问题,用它进行网络编程容易造成缓冲区溢出等风险,同时它也不提供对文件进行加锁和解锁等功能。但不管通过何种方式提出I/O请求,运行时系统最终都会将I/O请求转换为图9-5所示的若干条指令。

很多情况下使用标准I/O库函数就能解决问题,特别是对于磁盘和终端设备(键盘、显示器等)的I/O操作。但必要时也可以基于底层的系统级I/O函数自行构造高层次I/O函数,以提供适合网络编程的I/O读写操作函数。

在Windows系统中,用户程序同样可以调用C标准I/O库函数,此外,还可以调用Windows系统提供的API函数,如文件I/O函数CreateFile()、ReadFile()、WriteFile()、CloseHandle()和控制台I/O函数ReadConsole()、WriteConsole()等。

表9-1给出了关于文件I/O和控制台I/O的部分函数对照列表,其中包含了C语言标准I/O库、UNIX/Linux系统级I/O函数和用于I/O操作的Windows API函数。

表9-1 关于I/O操作的部分函数或宏定义对照表

| 序号 | C语言标准库 | UNIX/Linux | Windows | 功能描述 |
| --- | --- | --- | --- | --- |
| 1 | getc,scanf,gets | read | ReadConsole | 从标准输入读取信息 |
| 2 | fread | read | ReadFile | 从文件读入信息 |
| 3 | putc,printf,puts | write | WriteConsole | 在标准输出上写信息 |
| 4 | fwrite | write | WriteFile | 在文件上写入信息 |
| 5 | fopen | open,creat | CreateFile | 打开/创建一个文件 |
| 6 | fclose | close | CloseHandle | 关闭一个文件(CloseHandle不限于文件) |
| 7 | fseek | lseek | SetFilePointer | 设置文件读写位置 |
| 8 | rewind | lseek(0) | SetFilePointer(0) | 将文件指针设置成指向文件开头 |
| 9 | remove | unlink | DeleteFile | 删除文件 |
| 10 | feof | … | … | 停留到文件末尾 |
| 11 | perror | strerror | FormatMessage | 输出错误信息 |
| 12 | … | stat,fstat,lstat | GetFileTime | 获取文件的时间属性 |
| 13 | … | stat,fstat,lstat | GetFileSize | 获取文件的长度属性 |
| 14 | … | fcnt | LockFile/UnlockFile | 文件的加锁、解锁 |
| 15 | 使用stdin,stdout和stderr | 使用文件描述符0、1和2 | GetStdHandle | 标准输入、标准输出和标准错误设备 |

从表9-1可以看出,C语言标准库中提供的函数并没有涵盖所有底层操作系统提供的功能,如表中第12~14项;不同的C语言标准库函数可能调用相同的系统调用,如表中第1和第

2 项中不同的 C 语言库函数都由系统调用封装函数 read() 实现,同样,表中第 3 和第 4 项中不同的 C 语言库函数都由 write() 函数实现;此外,C 语言标准 I/O 库函数、UNIX/Linux 系统级 I/O 函数和 Windows API 函数所提供的 I/O 操作功能并非一一对应。虽然对于基本的 I/O 操作,其功能大致相同,不过,在使用时仍需注意其不同之处。例如,它们对文件的标识方式不同:函数 read() 和 write() 中的文件参数用整数类型的文件描述符标识,而 C 语言标准库函数 fread() 和 fwrite() 中则用一个指向特定结构的指针类型标识,这个特定结构就是 **FILE 结构**。

图 9-6 给出了文件复制功能的一种简单实现方式,它使用 C 语言标准库函数 fread() 和 fwrite() 实现。

```
void filecopy(FILE *infp, FILE *outfp) {
    ssize_t len;
    while ((len=fread(buf, 1, BUFSIZ, infp)) > 0) {
        fwrite(buf, 1, len, outfp);
    }
}
```

图 9-6 使用标准 C 语言库函数示例程序

还可用函数 fgetc() 和 fputc() 实现上述功能。

```
while (!feof (srcfile)) fputc(fgetc(srcfile), dstfile);
```

在 Windows 系统中,除了使用 C 语言标准库函数实现以外,还可使用 API 函数 ReadFile() 和 WriteFile() 来实现文件复制功能。此外,操作系统还可能会提供一些抽象度更高的 API 函数,它由若干基本 API 函数组合实现,用于完成特定功能。例如,Windows 系统提供函数 CopyFile(),它通过调用基本 API 函数 CreateFile()、ReadFile()、WriteFile() 和 CloseHandle() 实现,用户程序可以直接使用 CopyFile() 函数实现文件复制功能。

## 9.2.2 文件的基本概念

Linux 是一个类 UNIX 操作系统,其文件格式和文件操作相关的系统调用等与 UNIX 操作系统类似。在 UNIX 系统中,所有 I/O 操作都通过读写文件实现,所有外设,包括网络(套接字 socket)、终端设备(键盘和显示器)等,都被看成文件。把不同物理设备抽象成逻辑上统一的"文件"后,对于用户程序来说,访问一个物理设备与访问一个真正的硬盘文件完全一致,从而为用户程序和外设之间的信息交换提供了统一的处理接口。

在 UNIX 系统中,**文件**就是一个字节序列,因此,可将键盘看成是可读取字节序列的输入设备文件,将显示器看成是可写入字节序列的输出设备文件,而**网络套接字**则是可读取字节序列和写入字节序列的输入/输出设备文件。通常将键盘和显示器构成的设备称为**终端**(terminal),对应**标准输入文件**和**标准输出文件**。像磁盘、光盘等外存中的文件则是常规的**普通文件**(或称**常规文件**)。

根据文件中的每个字节是否为可读的 ASCII 码,可将文件分成 **ASCII 文件**和**二进制文件**两类。ASCII 文件也称**文本文件**,由多个正文行组成,每行以换行符('\n')结束,其中每个字节是一个字符。通常,终端设备上的标准输入文件和标准输出文件是 ASCII 文件;硬盘上的普通文件则可能是文本文件或二进制文件,例如,可重定位文件和可执行文件都是二进制文件,而源程序文件则是 ASCII 文件。

用户程序可以对系统中的文件进行创建、打开、读写和关闭等操作。

### 1. 创建文件

通常用户程序在访问一个文件前,必须告知系统将要对该文件进行何种操作,是读、写、添加还是可读可写,该告知操作通过打开或创建一个文件来实现。

可以直接打开一个已存在的文件,若文件不存在,则应先创建。创建一个新文件时,用户应指定其文件名和访问权限,系统将返回一个非负整数,称为**文件描述符**(file descriptor, fd)。文件描述符是进程中被打开文件的唯一标识,可用于后续的读写等操作。

### 2. 打开文件

打开文件时,系统会检测文件是否存在、用户是否有访问权限等。若成功,则系统会返回一个非负整数作为文件描述符。

UNIX 操作系统创建每个进程时,都会预先打开三个标准文件:**标准输入**(描述符为 0)、**标准输出**(描述符为 1)和**标准错误**(描述符为 2)。键盘和显示器可以分别抽象成标准输入文件和标准输出文件。

### 3. 设置文件读写位置

每个文件都有一个**当前读写位置**,表示相对于文件最开始处的字节偏移量,初始时为 0。用户程序中可通过函数 lseek() 设置文件读写位置。

### 4. 读文件和写文件

用户程序可以在被创建的新文件中写入信息,也可以从一个已存在且打开后的文件中读或写信息。写文件操作将从当前读写位置 $k(k \geqslant 0)$ 处写入 $n(n>0)$ 个字节,因而写入后文件当前读写位置为 $k+n$。

读文件操作将从文件当前读写位置 $k(k \geqslant 0)$ 处读出 $n(n>0)$ 个字节,因而读出后文件当前读写位置为 $k+n$。假设文件大小为 $m$ 字节,若执行读文件操作时 $k=m$,则当前位置为结尾处,这种情况称为**文件结束**(end of file,**EOF**)。

### 5. 关闭文件

完成文件读写等操作后,用户程序需要通知系统关闭文件,表示用户程序不再对该文件进行任何操作。关闭文件时,系统将释放文件创建或打开的数据结构所在存储区,并回收文件描述符。无论一个进程因为何种原因终止,系统都会关闭其打开的所有文件,以释放相应的存储资源。

## 9.2.3 系统级 I/O 函数

在 9.2.1 节中提到,与 I/O 操作相关的系统调用封装函数属于系统级 I/O 函数。在 UNIX/Linux 系统中,这类常用的函数有 creat()、open()、read()、write()、lseek()、stat()/fstat()、close() 等,其调用形式及功能说明如下。使用以下函数时必须包含相应的头文件(如 unistd.h 等)。

### 1. creat() 函数

用法: int creat(char * name, mode_t perms);

第一个参数 name 为需创建的文件路径;第二个参数 perms 用于指定所创建文件的**访问权限**,共有 9 位,分别指定**文件拥有者**、**拥有者所在组成员**及**其他用户**所拥有的读、写和执行权限。通常用一位八进制数字同时表示读、写和执行权限,例如,perms=0755 表示拥有者具有读、写和执行权限(八进制的 7,即 111B),而拥有者所在组成员和其他用户都只有读和执行权限,没有写权限(八进制的 5,即 101B)。若创建成功,该函数返回一个文件描述符,若出错,则

返回 $-1$。若文件已存在,则把文件长度截断为 0,即将原文件的内容全部丢弃,因此,创建一个已存在的文件不会发生错误。

**2. open() 函数**

用法:int open(char * name, int flags, mode_t perms);

除了默认的标准输入、标准输出和标准错误三个文件是自动打开以外,其他文件必须用相应的函数显式创建或打开后才能读写,例如,可以用 open() 函数显式打开文件。

open() 函数成功时返回一个文件描述符,若出错,则返回 $-1$。第一个参数 name 为需打开文件的路径名;第二个参数 flags 指出用户程序将会如何访问这个打开文件,如:

O_RDONLY:只读;

O_WRONLY:只写;

O_RDWR:可读可写;

O_WRONLY | O_APPEND:可在文件末尾添加并且只写;

O_RDWR | O_CREAT:若文件不存在则创建一个空文件并且可读可写;

O_WRONLY | O_CREAT | O_TRUNC:若文件不存在则创建一个空文件,若文件存在则截断为空文件,并且只写。

上述带 O_ 的常数在某个头文件中定义,例如,在 System V UNIX 系统的头文件 fcntl.h 或 BSD 版本的头文件 sys/file.h 中都定义了这些常数。

假定用户程序将以只读方式访问文件 test.txt,则可以用以下语句打开文件:

fd=open("test.txt", O_RDONLY, 0);

第三个参数 perms 用于指定所创建文件的访问权限,通常在 open() 函数中该参数总是 0,除非以创建方式打开,此时,参数 flags 中应带有 O_CREAT 标志。不以创建方式打开一个文件时,若文件不存在,则发生错误。对于不存在的文件,可用 creat() 函数打开。

**3. read() 函数**

用法:ssize_t read(int fd, void * buf, size_t n);

该函数功能是从文件 fd 的当前读写位置 $k$ 开始读取 $n$ 个字节到 buf 中,读取成功后文件当前读写位置为 $k+n$。假定文件长度为 $m$,当 $k+n>m$ 时,则真正读取的字节数为 $m-k<n$,并且读取后文件当前读写位置为文件尾。函数返回值为实际读取字节数,因而,当 $m=k$(EOF)时,返回值为 0;出错时返回值为 $-1$。

**4. write() 函数**

用法:ssize_t write(int fd, const void * buf, size_t n);

该函数功能是将 buf 中的 $n$ 字节写到文件 fd 的当前读写位置 $k$ 处。返回值为实际写入字节数 $m$,写入成功后文件当前读写位置为 $k+m$。对于普通的硬盘文件,实际写入字节数 $m$ 等于指定写入字节数 $n$。出错时返回值为 $-1$。

对于 read() 和 write() 函数,可以一次读或写任意多字节,如 1 字节、1 个物理块大小、1 个磁盘扇区(512 字节)或 1 个记录等。显然,按照 1 个物理块大小来读写可以减少系统调用的次数。

有时真正读写的字节数比用户程序指定的字节数要少,此时并非出错。通常,在读写磁盘文件时,除非遇到 EOF,否则不会出现上述情况。但是,在读写终端设备文件、网络套接字文件、UNIX 操作系统的管道、Web 服务器等特殊文件时,都可能出现上述情况。

### 5. lseek()函数

用法：long lseek(int fd, off_t offset, int whence);

若当前读写位置并非用户预期的位置，则需要用 lseek() 函数来调整文件的当前读写位置。第一个参数 fd 指出需调整位置的文件；第二个参数 offset 指出目标位置的相对偏移量；第三个参数 whence 指出 offset 相对的基准，分别是文件开头(SEEK_SET)、当前位置(SEEK_CUR)和文件末尾(SEEK_END)。例如：

```
lseek(fd, 0L, SEEK_END);          //定位到文件末尾
lseek(fd, 0L, SEEK_SET);          //定位到文件开头
```

若成功，函数返回新位置相对文件开头的偏移量，若发生错误，则返回 −1。

### 6. stat()/fstat()函数

用法：int stat(const * name, struct stat * buf);
　　　int fstat(int fd, struct stat * buf);

文件名、文件大小、创建时间等文件属性信息均由操作系统内核维护，这些信息也称**文件元数据**(file metadata)。用户程序可以通过 stat() 或 fstat() 函数查看文件元数据。stat() 函数第一个参数是文件路径，而 fstat() 函数第一个参数是文件描述符，这两个函数除了第一个参数类型不同外，其他方面全部一样。文件的元数据信息通过如下 stat 数据结构描述。

```
struct stat {
    dev_t         st_dev;         /* 包含该文件的设备 ID */
    ino_t         st_ino;         /* 节点编号,在给定文件系统中能唯一标识该文件 */
    mode_t        st_mode;        /* 文件访问权限和文件类型 */
    nlink_t       st_nlink;       /* 硬链接的数目 */
    uid_t         st_uid;         /* 文件拥有者的 ID */
    gid_t         st_gid;         /* 文件拥有者所在组的组 ID */
    dev_t         st_rdev;        /* 设备 ID,仅对于特殊的设备文件有效 */
    off_t         st_size;        /* 文件大小,仅对于普通文件有效 */
    unsigned long st_blksize;     /* 块大小 */
    unsigned long st_blocks;      /* 分配的块数 */
    time_t        st_atime;       /* 最近一次访问的时间 */
    time_t        st_mtime;       /* 最近一次修改的时间 */
    time_t        st_ctime;       /* 最近一次修改元数据的时间 */
};
```

### 7. close()函数

用法：close(int fd);

该函数用于关闭文件 fd。

**例 9-1**　利用系统级 I/O 函数和 mmap() 函数实现将一个指定文件中内容在标准输出(fd=1)上输出的功能，要求写出实现该功能的 C 语言程序，命令行中第一个参数为指定文件名。

**解**：可先用 open() 函数打开指定文件，然后通过 fstat() 函数得到文件大小，再通过 mmap() 函数为指定文件创建对应的虚拟存储区域映射，最后通过 write() 函数将创建的映射区内容写到标准输出(fd=1)文件中。主要过程对应的 C 语言程序如下。

```
void mmapcopy(int fd,int size) {
    char * bufp=mmap(NULL,size,PROT_READ,MAP_PRIVATE,fd,0);
    write(1,bufp,size);
    munmap(bufp,size);
}
```

```c
int main(int argc,char **argv){
    struct stat mstat;
    int fd;
    fd = open(argv[1],O_RDONLY,0);
    fstat(fd,&mstat);
    mmapcopy(fd,mstat.st_size);
    close(fd);
    exit(0);
}
```

实际程序中还应包括对命令行参数指定错误和系统调用函数返回错误等情况的处理,此外,程序应包含以下头文件:sys/types.h、sys/stat.h、unistd.h、sys/mman.h 和 fcntl.h。

### 9.2.4 C 标准 I/O 库函数

9.2.1 节中提到,标准 I/O 库函数是基于系统级 I/O 函数实现的。本节通过若干例子,介绍如何基于系统级 I/O 函数实现 C 语言标准 I/O 库函数。

C 语言标准 I/O 库函数将一个打开的文件抽象为一个类型为 FILE 的"流"模型。FILE 结构在头文件 stdio.h 中定义,它描述了包含文件描述符在内的一组信息,此外,stdio.h 文件中定义了其他与标准 I/O 有关的常量、数据结构、函数和宏等。

以下是从一个典型的 stdio.h 文件中摘录的部分内容(摘自 Brian W. Kernighan 和 Dennis M. Ritchie 编著的 *The C Programming Language*(*Second Edition*),并稍有改动)。

```c
#define NULL        0
#define EOF         (-1)
#define BUFSIZ      1024       /* 缓冲区大小为 1024 字节 */
#define OPEN_MAX    20         /* 同时最多可打开的文件数 */

typedef struct _iobuf {
    int   cnt;                 /* 剩余未读写字节数 */
    char  *ptr;                /* 当前读写指针 */
    char  *base;               /* 缓冲区的起始地址 */
    int   flag;                /* 文件的访问模式 */
    int   fd;                  /* 文件描述符 */
} FILE;
extern FILE _iob[OPEN_MAX];

#define stdin  (&_iob[0])
#define stdout (&_iob[1])
#define stderr (&_iob[2])

enum _flags {
    _READ  = 01,               /* 打开的文件可读 */
    _WRITE = 02,               /* 打开的文件可写 */
    _UNBUF = 04,               /* 缓冲区属性为非缓冲 */
    _EOF   = 010,              /* 文件遇到结束标志 EOF */
    _ERR   = 020,              /* 文件读写发生了错误 */
    _LNBUF = 040,              /* 缓冲区属性为行缓冲 */
};

int _fillbuf(FILE *);
int _flushbuf(int,FILE *);
```

```
#define feof(p) (((p)->flag & _EOF) != 0)
#define ferror(p) (((p)->flag & _ERR) != 0)
#define fileno(p) ((p)->fd)

#define getc(p) (--(p)->cnt >= 0 ?(unsigned char) * (p)->ptr++ : _fillbuf(p))
#define putc(x,p) (--(p)->cnt >= 0 ? * (p)->ptr++=(x) : _flushbuf((x),p))

#define getchar() getc(stdin)
#define putchar(x) putc((x), stdout)
```

文件 fd 的**流缓冲区**状态由缓冲区起始地址 base、当前读写指针 ptr 及剩余未读写字节数 cnt 来描述。标准 I/O 库函数通常用一个指向 FILE 结构的指针 fp 表示文件类型的参数。

读文件时，FILE 结构在内存中维护一个**输入流缓冲区**。图 9-7 给出了输入流缓冲区的工作原理。虽然 fread() 函数的功能是从文件中读信息，但实际上是从缓冲区的 ptr 处开始读信息，而缓冲区中的信息则是预先从文件 fd 中读入的。每次执行读操作时，会先判断当前缓冲区中是否还有可读信息。若没有（即 cnt=0），则从文件 fd 中读入 1024 字节（缓冲区大小 BUFSIZ=1024）到缓冲区，并将 ptr 设为 base，cnt 设为 1024。若 fread() 函数从缓冲区读 $n$ 字节，则 ptr 前进 $n$ 字节，cnt 减 $n$。

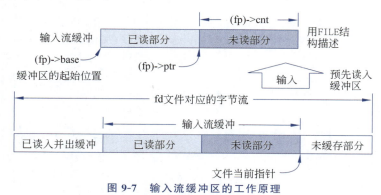

图 9-7　输入流缓冲区的工作原理

写文件时，FILE 结构在内存中维护一个**输出流缓冲区**。图 9-8 给出了输出流缓冲区的工作原理。虽然 fwrite() 函数的功能是向文件中写信息，但实际上是写到输出缓冲区的 ptr 处。输出缓冲区的属性有三种：**全缓冲**（fully buffered）、**行缓冲**（line buffered）、**非缓冲**（no buffering）。

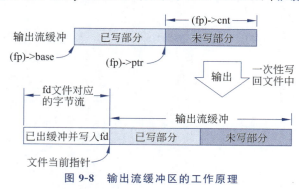

图 9-8　输出流缓冲区的工作原理

普通文件的缓冲区属性默认为全缓冲，只有当缓冲区满时才会将缓冲区内容真正写入文件 fd 中。每次执行写操作时，会先判断当前缓冲区是否已写满（即 cnt=0）。若是，则将缓冲区信息一次性写入文件 fd，并将 ptr 设为 base，cnt 设为 1024。对于行缓冲（line buffered），若本次写入的字节流中含有换行符'\n'，则需将缓冲区内容写入文件 fd 中。若 fwrite() 函数向缓冲区写入 n 字节，则 ptr 前进 n 字节，cnt 减 n。

stdio.h 文件定义了三个特殊的标准文件，分别是**标准输入**(stdin)、**标准输出**(stdout)和**标准错误**(stderr)，它们分别定义为进程描述符表中前三个文件，对应的文件描述符分别是 0、1 和 2，同时也对应结构数组 _iob 中前三项，其初始化定义如下：

```
FILE _iob[OPEN_MAX] = { /* stdin, stdout, stderr: */
    { 0, ( char * ) 0, ( char * ) 0, _READ, 0 },
    { 0, ( char * ) 0, ( char * ) 0, _WRITE | _LNBUF, 1 },
    { 0, ( char * ) 0, ( char * ) 0, _WRITE | _UNBUF, 2 },
};
```

三个标准文件的流缓冲区初始化信息相同，其起始地址 base、当前读写指针 ptr 以及剩余未读写字节数 cnt 都被初始化为 0。标准输入 stdin 的访问模式是只读(_READ)，标准输出 stdout 和标准错误 stderr 的访问模式都为只写(_WRITE)，但前者的缓冲区属性为行缓冲(_LNBUF)，当缓冲区满或遇到换行符'\n'时，将缓冲区数据写入文件；而后者为非缓冲(_UNBUF)，每个字符将直接写入文件。

在 stdio.h 中还给出了 feof()、ferror()、fileno()、getc()、putc()、getchar()、putchar() 等函数或宏的定义。

从 9.2.2 节和 9.2.3 节可知，系统级 I/O 函数中对文件的标识是文件描述符 fd，而 C 语言标准 I/O 库函数中对文件的标识是指向 FILE 结构的指针 fp，FILE 结构将文件 fd 封装成一个文件的流缓冲区，因而可以先从文件中读入一批信息到缓冲区，然后再从缓冲区中分批读出，或者先将信息分批写入缓冲区，写满缓冲区后再一次性将信息写入文件。

系统级 I/O 函数的功能通过执行内核中的系统调用服务例程实现，在用户程序中每调用一次系统级 I/O 函数，就进行一次系统调用。通常系统调用的响应过程和返回过程均需进行较多操作。首先，在硬件上，CPU 需要冲刷流水线，切换特权级；在软件上，异常处理过程需要保存/恢复寄存器现场。其次，操作系统需要根据系统调用号进行一系列处理，此过程不仅要执行较多指令，还会因此冲刷 CPU 缓存和分支预测器等部件中用户程序的内容，使得从系统调用返回时，上述部件对用户程序来说几乎处于冷启动状态。由此可见，每次系统调用会增加许多额外开销，故应尽量减少系统调用次数以提升程序性能。

在 C 标准 I/O 库函数中引入流缓冲区的目的正是为了减少系统调用次数。借助流缓冲区，用户程序仅需和缓冲区交换信息，而无须每次都直接读写文件，从而减少系统调用次数。

从 stdio.h 中 getc() 的宏定义可看出，大部分情况下 getc() 只需更新文件的流缓冲区指针（如 cnt 减 1，ptr 加 1）并返回缓冲区中当前所指字符即可。若 cnt 减 1 后为负数，则说明流缓冲区已空，此时调用函数 _fillbuf() 填充缓冲区。

通常在第一次调用 getc() 时，需要调用 _fillbuf() 函数的填充缓冲区。如图 9-9 所示，在 _fillbuf() 函数中，若文件的打开模式不是 _READ（对应 mode 为'r'的情况），就立即返回 EOF；否则，它会通过 malloc() 函数试图分配缓冲区。一旦缓冲区建立后，_fillbuf() 函数就会执行 read 系统调用，读入最多 1024（BUFSIZ=1024）字节到缓冲区，并设置当前读写指针 ptr 和剩余读写字节数 cnt 等。图 9-9 给出的 _fillbuf() 函数源代码摘自 Brian W. Kernighan 和 Dennis M. Ritchie 编著的 *The C Programming Language*（Second Edition）。

```
#include "syscalls.h"

/* _fillbuf: allocate and fill input buffer */
int _fillbuf(FILE *fp) {
    int bufsize;

    if fp ->flag & ( _READ | _EOF | _ERR)) != _READ)
        return EOF;
    bufsize = (fp ->flag & _UNBUF) ? 1 : BUFSIZ;
    if (fp -> base == NULL)                    /* no buffer yet */
        if (( fp -> base = (char *) malloc(bufsize)) == NULL)
            return EOF;                  /* can't get buffer */
    fp -> ptr = fp -> base;
    fp -> cnt = read ( fp->fd, fp ->ptr, bufsize);
    if (--fp->cnt < 0) {
        if (fp->cnt == -1) fp->flag | = _EOF;
        else fp->flag | == _ERR;
        fp -> cnt = 0;
        return EOF;
    }
    return (unsigned char) *fp->ptr++;
}
```

图 9-9　分配并填充缓冲区函数_fillbuf()的实现

假定有一个应用程序共调用 getc() 函数 $n$ 次，在第一次调用 getc() 时，实际上先通过系统调用封装函数 read() 一次性读入 1024 字节到流缓冲区，以后每次调用只需从该流缓冲区读取并返回字符即可。这样，若 $n<1024$，则只需执行 1 次 read 系统调用。若应用程序直接调用 read() 函数且每次只读一个字符，那么，应用程序就要执行 $n$ 次 read 系统调用，从而增加许多额外开销。

**例 9-2**　已知 filecopy() 函数的功能是从输入文件复制信息到输出文件，比较以下两种实现方式的系统调用次数。

```
/*方式一: getc/putc 版本 */
void filecopy(FILE * infp, FILE * outfp) {
    int c;
    while ((c=getc(infp)) != EOF)
        putc(c,outfp);
}
/*方式二: read/write 版本 */
void filecopy(int * infd, int * outfd) {
    char c;
    while (read(infd,&c,1) != 0)
        write(outfd,&c,1);
}
```

**解**：显然，方式二的系统调用次数更多，因为每次调用 read() 和 write() 函数时都只读写一个字符，因此，当文件长度为 $n$ 字节时，共需执行 $2n$ 次系统调用。方式一用 getc 读取输入文件中的字符，第一次读取文件时会通过 read 系统调用将最多 1024 个字符一次读入流缓冲区，这样，以后每次读取字符时可直接从流缓冲区读入，而无须调用 read() 函数，因而，若输入文件长度小于 1024 字节，则 read 和 write 系统调用都仅需 1 次。

从_fillbuf() 函数的实现可看出，C 语言标准 I/O 库函数和宏是基于底层系统调用函数实现的。以下以标准库函数 fopen() 函数为例说明如何基于底层系统级 I/O 函数实现 C 语言标准 I/O 库函数。

fopen() 函数的用法如下：

```
#include <stdio.h>
FILE * fopen(char * name, char * mode);
```

fopen()函数的功能是打开路径为 name 的文件,具体地,函数将分配一个 FILE 结构,并初始化其中的流缓冲区,返回指向该 FILE 结构的指针。若打开失败,则返回 NULL。

参数 mode 指出用户程序将如何访问文件,可以是"rwab+"中的一个或多个字符构成的字符串,如 r、w、a、a+b 等。各字符含义如下。

(1) a(append):表示追加写,当前写入位置初始化为文件尾部。

(2) r(read):表示只读,文件必须存在,且当前读出位置初始化为文件头部。

(3) w(write):表示只写,若文件不存在,则自动创建该文件,否则将该文件截断到 0 字节。当前写入位置初始化为文件头部。

(4) +(updata):表示允许读写该文件。如果和 r 或 w 一起使用,则当前读写位置初始化为文件头部。如果和 a 一起使用,则当前写入位置初始化为文件尾部;但 C 语言标准和 POSIX 标准均未定义当前读出位置的初始值,对此,不同系统的具体实现可能不同,如 glibc 将该初始值设为文件头部,BSD 则设为文件尾部。

(5) b(binary):表示文件按二进制形式打开,否则按文本形式打开。但由于包含 Linux 操作系统在内的 POSIX 兼容系统不区分文本文件和二进制文件,因此该字符只用于与 C89 语言标准保持兼容,没有实际作用。

假定系统级 I/O 函数定义包含在头文件 syscalls.h 中,C 标准库函数 fopen()的一个简单示例如图 9-10 所示,摘自 Brian W. Kernighan 和 Dennis M. Ritchie 编著的 *The C Programming Language*(Second Edition)。

```
#include <fcntl.h>
#include "syscalls.h"
#define PERMS 0666 /* RW for owner, group, others */

/* fopen: open files, return file ptr */
FILE *fopen(char *name, char *mode) {
    int fd;
    FILE *fp;

    if (*mode != 'r' && *mode != 'w' && *mode != 'a')
        return NULL;
    for (fp = _iob; fp < _iob + OPEN_MAX; fp++)
        if ((fp->flag & ( _READ | _WRITE )) == 0)
            break;               /* found free slot */
    if (fp >_iob + OPEN_MAX )  /* no free slots */
        return NULL;

    if (*mode == 'w' ) fd = creat(name, PERMS);
    else if (*mode == 'a' ) {
                if ((fd = open(name, O_WRONLY, O)) == -1)
                    fd = creat(name, PERMS);
                lseek(fd, 0L, 2);
        } else fd = open(name, O_RDONLY, O);
    if (fd == -1) return NULL; /* 文件名name不存在 */
    fp->fd = fd;
    fp->cnt = 0;
    fp->base = NULL;
    fp->flag = (*mode == 'r') ? _READ : _WRITE;
    return fp;
}
```

图 9-10　标准 I/O 库函数 fopen()的一种实现版本

图 9-10 给出的示例未对所有访问模式进行处理,缺少了 b 和＋的情况。其中,首先检查参数 mode 是否合法,若不合法,则返回 NULL 表示打开文件失败。其次,从_iob 数组中寻找一个空闲的 FILE 项,若_iob 数组已满,则表示该用户程序打开的文件数量已达到最大值,此时返回 NULL 表示打开文件失败。然后根据参数 mode 尝试通过不同的方式打开文件,若为 w,则用 creat()函数打开或创建文件,此时若文件已存在,则将其截断到 0 字节;若为 a,则先尝试通过 open()函数打开文件,打开失败时再尝试通过 creat()函数创建文件,在该情况下,若文件已存在,open()函数将打开成功,从而避免被 creat()函数截断文件,再通过 lseek()函数将当前写入位置设为文件末尾,以实现追加写的功能;若为 r,则只尝试通过 open()函数打开文件。若上述函数出错,则返回 NULL,表示打开文件失败。最后在空闲 FILE 结构中填写文件信息,并将该 FILE 结构的指针作为 fopen()函数的返回值返回。

## 9.3 内核空间 I/O 软件

所有用户程序中提出的 I/O 请求,最终都通过系统调用封装函数中的陷阱指令转入内核空间的 I/O 软件执行。内核空间的 I/O 软件由三部分组成,分别是与设备无关的 I/O 软件、设备驱动程序和中断服务程序,后两部分与 I/O 硬件密切相关。

### 9.3.1 设备无关 I/O 软件层

一旦通过陷阱指令调出系统调用处理程序(如 LoongArch＋Linux 平台中的 handle_syscall)执行,就开始执行内核空间的 I/O 软件。首先执行的是与具体设备无关的 I/O 软件,主要包括文件系统、缓存层及通用块设备 I/O 层等,它们用于完成所有设备公共的 I/O 功能,并向用户层软件提供统一接口。

**1. 文件系统概述**

用户空间**应用程序**中任何文件操作或设备 I/O 请求都通过调用 I/O 库函数及其系统级 I/O 函数,并进入操作系统内核中的系统调用服务例程(如 sys_write)进行处理。系统级 I/O 函数中的 creat()和 open()函数将文件名和文件描述符 fd 建立关联,随后 read()、write()和 lseek()等函数可通过 fd 找到对应的文件进行具体操作,同时,也可通过文件名或 fd 查看文件元数据信息。操作系统内核如何实现这些系统调用的功能就是**文件系统**所要实现的任务。

一方面,文件系统要为上层的用户和应用程序提供文件抽象以及文件的创建、打开、读写和关闭等所有操作接口;另一方面,文件系统需要将抽象的文件标识(文件名和文件描述符)与具体的硬件设备建立关联,并通过相应的设备驱动程序实现系统调用接口规定的操作。要实现这些功能,文件系统必须提供一套用于存储和管理文件数据及其元数据的机制。

对于普通文件,其数据及元数据信息通常存储在存储设备中,文件系统以特定的存储结构管理存储设备中的所有信息。对于 FAT、NTFS、Ext4 等文件系统,其存储结构各不相同。为了在一个计算机系统中同时支持不同文件系统,Linux 操作系统在**逻辑文件系统层**上面增加了一个 **VFS 层**,提供基于**索引节点**(index node,简称 **inode**)的一系列内存数据结构,实现对下面的逻辑文件系统层的抽象和封装,并为上层应用程序提供统一的文件操作接口。Linux 操作系统的 VFS 提供了超级块、目录项、inode 等内存数据结构。

**VFS 超级块**中保存了文件系统的通用元数据信息,如文件系统的类型、版本等。每个文件系统都有对应的一个 VFS 超级块,VFS 借助超级块中记录的信息管理多个文件系统。

VFS 的**目录项**中保存了文件名和对应 **inode 号**等信息。目录本身是一种文件，称为**目录文件**，因而有其对应的 inode 和数据信息，后者由若干目录项组成，每个目录项对应目录中的一个文件。当应用程序打开一个文件时，VFS 通过目录文件对文件名进行**路径解析**，找到相应的目录项，从而获得对应的 inode 号。当应用程序创建一个文件时，VFS 将会在相应目录中创建一个目录项，该目录项对应创建的新文件。

由 open()或 creat()函数指定的文件名可能是以"/"开头的**绝对路径名**，也可能是不以"/"开头的**相对路径名**。绝对路径名从**根目录**开始查找，相对路径名从**当前工作目录**开始查找。

VFS 为每个进程维护一个当前工作目录，例如，若当前工作目录为"/myfiles"，则语句"fd＝open("test.txt", O_RDONLY, 0);"所打开的文件名实际上是"/myfiles/test.txt"，VFS 从当前工作目录对应的目录文件 myfiles 开始进行路径解析，找到该目录文件中文件名"test.txt"对应的目录项，从而得到"test.txt"的 inode 号，这种情况下，VFS 将返回一个非负整数作为文件描述符 fd。若在 myfiles 目录文件中找不到文件名"test.txt"对应的目录项，则返回"路径不存在"的错误信息。

VFS 中的 **inode** 用于保存每个文件（包括普通文件、目录文件、套接字文件、字符设备文件、块设备文件等）的元数据信息，如文件大小、文件所有者、文件访问权限，以及文件类型等，也包括文件数据的寻址信息，利用该寻址信息可以找到文件数据本身。每个文件对应一个 inode，系统中所有打开的文件对应的 inode 组成一张所有进程共享的 **inode 表**。

VFS 为系统中所有打开的文件维护了一张**系统文件表**，因此，该表也称为**系统打开文件表**。该表由所有进程共享，每个表项对应一个打开的文件。inode 表中维护的是对应文件在存储设备上的元数据信息，而系统文件表维护的是对应文件的动态信息，即该文件打开的情况，包括 inode 指针（用于指向 inode 表中对应表项）、当前读写位置、打开模式、引用计数等。同时，VFS 为每个进程维护了一个**打开文件描述符表**，进程所打开的每个文件对应一个表项，其索引就是打开文件的**文件描述符** fd，每个表项中有一个指针，指向系统文件表中对应文件的表项。因此，根据文件描述符 fd 就可获得对应文件的当前读写位置等动态信息，同时，也可以通过其 inode 指针找到对应 inode 表项，以获得文件的所有元数据信息，包括文件数据的寻址信息，从而从文件的指定位置进行读写。

图 9-11 给出了某一时刻系统中调用 fork()函数后子进程继承父进程的打开文件的情况，子进程的打开文件描述符表是父进程的副本，两个进程中除了自动打开的三个标准文件外，还打开了其他两个文件 A 和 B，并且两者在系统文件表中的 inode 指针都指向了 inode 表中的同一个 inode 表项，说明在父进程对同一个文件调用了两次 open()函数，返回的文件描述符 fd 分别为 3 和 4。因为不同文件描述符对应的当前读写位置不同，所以可以通过不同的文件描述符（fd＝3 和 fd＝4）从同一个文件的不同位置读取数据信息。系统文件表中的引用计数表示当前指向该表项的文件描述符表项数，该例中文件 A 和 B 对应的表项都有两个文件描述符表项（父进程和子进程中各一个）指向，因而引用计数都为 2。通过调用 close()函数关闭文件时，将根据指定文件描述符释放当前进程的文件描述符表项，同时该表项指向的系统文件表的表项中引用计数减 1，若减 1 后为 0，说明当前没有进程打开该文件，此时系统将释放该表项及相关资源。

**例 9-3** 在 Linux 系统中，假设当前文件目录中硬盘文件 test.txt 由 4 个 ASCII 码字符 "test"组成，下列程序的输出结果是什么？

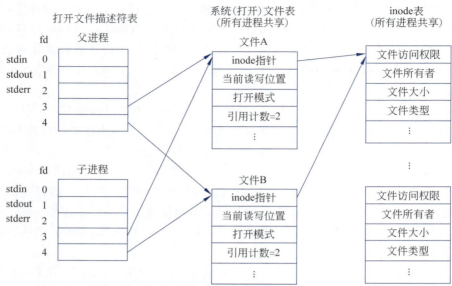

图 9-11 子进程继承父进程的打开文件且两个文件描述符共享同一个文件

```
1    #include <stdio.h>
2    #include <fcntl.h>
3    #include <unistd.h>
4
5    int main(){
6        int fd1,fd2;
7        char c;
8
9        fd1=open("test.txt", O_RDONLY, 0);
10       fd2=open("test.txt", O_RDONLY, 0);
11       read(fd1,&c,1);
12       read(fd2,&c,1);
13       printf("fd1=%d,fd2=%d,c=%c\n",fd1,fd2,c);
14       return 0;
15   }
```

**解**：Linux 系统中前 3 个文件描述符 0,1,2 分别分配给自动打开的三种标准设备文件 stdin、stdout 和 stderr，而 open() 函数的返回值从 3 开始分配，因此 fd1 和 fd2 分别为 3 和 4。每次打开一个文件时，Linux 操作系统的 VFS 通过路径解析找到该文件的 inode 后，除了会分配一个文件描述符以外，还会分配一个对应的系统文件表表项，并对其进行初始化，将 inode 指针、打开模式等信息填入相应的字段，将当前读写位置设为 0。因此，fd1 和 fd2 对应的系统文件表项中当前读写位置都为 0，都指向字符串"test"中的字符"t"。综上，该例程序输出的结果为 "fd1=3,fd2=4,c=t"。

为了简化对外设的处理，文件系统将所有外设都抽象成文件，**设备名**和**文件名**在形式上没有任何差别，因而统称**设备文件名**。文件系统负责将不同的设备名和文件名映射到对应的设备驱动程序。

在 UNIX/Linux 系统中，除了普通文件和目录文件外，还有一类**特殊文件**，包括设备文件、链接文件等，设备文件又分为块设备文件和字符设备文件，前者主要用于磁盘类设备，后者主要用于各类输入/输出设备，如终端、打印机和网络等。一个设备名能唯一确定相应设备文件的 inode,其中包含主设备号和次设备号。**主设备号**确定设备类型(如 USB 设备、硬盘设备),用于指定设备驱动程序;**次设备号**作为参数传递给设备驱动程序,用于指定系统中具体的设备。更多细节请参看操作系统方面的资料。

**2. 缓存层**

I/O 设备的工作速度较慢,为了提升 I/O 请求的处理效率,操作系统充分利用数据访问的局部性特点,在内核空间对应主存区中开辟一块空间作为高速缓存,用于存储最近访问的文件数据。传统的外部存储器是磁盘,因此上述高速缓存也称**磁盘高速缓存**。VFS 首先检查用户请求访问的数据是否在该缓存中,若是,则直接访问缓存,无须通过 I/O 请求访问外存中的数据;否则调用逻辑文件系统提供的功能,将该请求翻译成访问外存中若干存储块的 I/O 请求,并提交到通用块设备 I/O 层进行后续处理。缓存中存放的信息包括写入文件的数据、从磁盘读出的磁盘块等信息,缓存通常采用写回策略,操作系统每隔一段时间将缓存内容真正写入设备中,以保证数据的永久存储。

有了磁盘高速缓存,磁盘读写次数可大幅减少,用户的 I/O 请求能得到快速响应。例如,假定一个磁盘逻辑块的大小为 4KB,若用户程序首先请求读取某磁盘文件中 80B 数据,但数据不在缓存中,此时操作系统会读取该数据所在的一个磁盘逻辑块,并将读出的 4KB 数据存入缓存。根据程序访问的局部性原理,该用户程序随后请求读出的信息很有可能在刚被读出的磁盘逻辑块中,因而随后请求的数据可快速从缓存中读取,而无须读磁盘。同样,用户程序需要写入磁盘文件的数据可先写入缓存,多次写入缓存的数据可一次性写磁盘,而不必每次都写磁盘。

对于像函数 read()、write() 等常规文件读写操作,其指定的数据缓冲区(即参数 buf 所指区域)位于用户空间,而磁盘高速缓存位于内核空间,因此一次文件读写操作需要在用户空间和内核空间之间、内核空间和外存之间进行两次复制传送。

在 Linux 系统中,可采用 7.7.1 节介绍的 mmap() 函数直接访问文件。首先,通过 mmap() 函数建立某文件与进程虚拟地址空间中相应区域之间的映射,映射区域大小必须是页大小的整数倍;其次,可通过 memcpy() 等函数访问所映射区域,从而直接操作文件。首次访问映射区中某页时会发生缺页异常,从而由操作系统为其分配对应的物理页框,并将相应的文件数据从外存中读入该物理页框。这里,所映射区域属于用户空间,故数据在外存和用户空间对应物理页框之间直接进行复制传送。使用 mmap() 函数建立映射后,即使通过 close() 函数关闭了文件,映射依然存在。

此外,使用上述高速缓存可以保证设备 I/O 期间能成功交换数据。用户进程在提出 I/O 请求时,其指定的缓冲区位于用户空间,如函数 fread(buf, size, num, fp) 的参数 buf 指定的缓冲区就位于用户空间。若使用用户空间的缓冲区交换数据,则用户进程在等待 I/O 的过程中可能被挂起,导致用户空间缓冲区所在页面可能被替换出主存,此时设备将无法访问用户空间缓冲区中的 I/O 数据。若使用缓存层提供的高速缓存,则可以避免这种情况的发生,因为高速缓存在内核空间中分配,所以不会被替换出主存,从而可以保证设备能成功访问其中的 I/O 数据。

**3. 通用块设备 I/O 层**

通用块设备 I/O 层提供了所有像磁盘、SSD 和光盘之类块设备的统一抽象,负责调用具体的设备驱动程序向设备发起 I/O 请求。同时,通用块设备 I/O 层为这类设备设置统一的逻辑块大小。例如,无论磁盘扇区和光盘扇区有多大,所有逻辑数据块的大小均相同。高层的文件系统只需与这一抽象设备交互,从而简化了数据定位等处理。

通用块设备 I/O 层还提供了 I/O 请求调度功能,从逻辑文件系统发出的设备 I/O 请求会进入请求队列,I/O 请求调度器可进一步调度请求队列中的 I/O 请求,包括合并多个连续的相邻请求,对请求重排序以优化 I/O 访问时间等。例如,针对磁盘设备,可对若干磁盘访问请求进行重排序,以降低磁盘的寻道时间和旋转等待时间,从而优化磁盘的存取时间。Linux 操作系统中的常用 I/O 请求调度器包括:①CFQ(complete fairness queueing)调度器,它能优先保证不同用户进程间访问设备的公平性,是当前 Linux 操作系统默认的 I/O 请求调度器;②Deadline 调度器,它能优先保证 I/O 请求在某段时间内完成服务;③Noop 调度器,它不对 I/O 请求重排序,一般用于支持随机访问特性的设备,包括 ramdisk 等基于主存的虚拟设备。

### 9.3.2 设备驱动程序

设备驱动程序是与设备相关的 I/O 软件部分。每个设备驱动程序只处理一种外设或一类紧密相关的外设。每个外设或每类外设都有一个**设备控制器**,其中包含各种 **I/O 端口**。通过执行设备驱动程序,CPU 可以向**控制端口**发送控制命令来启动外设,可以从**状态端口**读取外设或其设备控制器的状态,也可以与**数据端口**交换数据等。CPU 通过 **I/O 指令**访问设备中的 I/O 端口,I/O 指令与指令集体系结构相关。Linux 操作系统中提供了 readb() 和 writeb() 等抽象,用于从 I/O 端口中读出或向 I/O 端口写入 1 字节数据。

设备驱动程序的实现方式与设备的 I/O 控制方式相关。**I/O 控制方式**主要有三种:程序直接控制 I/O 方式、中断控制 I/O 方式和 DMA 控制 I/O 方式。

**1. 程序直接控制 I/O 方式**

**程序直接控制 I/O 方式**的基本思想是,直接通过**查询程序**来控制主机和外设的数据交换,因此,也称**查询**或**轮询**(polling)方式。该方式在查询程序中通过 I/O 指令读出外设或其设备控制器的状态后,根据状态来控制外设和主机的数据交换。

下面以打印字符串为例说明其基本原理。假定用户程序 P 中调用了某 I/O 函数,请求打印机打印字符长度为 $n$ 的字符串。显然,P 通过一系列过程调用后,会通过一个系统级 I/O 函数(如 open())来打开设备文件。若打印机空闲,则用户进程可正常使用打印机,可通过另一个系统级 I/O 函数(如 write())对打印机设备文件进行写操作,从而陷入操作系统内核打印字符串。

如图 9-12 所示,假设设备无关的 I/O 软件已将用户进程缓冲区中的字符串复制到内核空间(kernelbuf),驱动程序首先读取打印机状态端口(printer_status_port)查看打印机是否就绪。若未就绪,则等待并重新检测状态端口。打印机就绪后,驱动程序将内核空间缓冲区中的一个字符输出到打印机控制器的数据端口(printer_data_port)中,并向打印机控制器的控制端口(printer_control_port)发出"启动打印"命令,以控制打印机打印数据端口中的字符。上述过程循环执行,直到字符串中所有字符打印结束。

```
for (i=0; i < n; i++) {                                  //对于每个打印字符循环执行
    while (readb(printer_status_port) != READY);         //忙等,直到打印机状态"就绪"
    writeb(printer_data_port, kernelbuf[i]);             //向数据端口输出一个字符
    writeb(printer_control_port, START);                 //发送"启动打印"命令
}
return;                                                  //返回
```

图 9-12 程序直接控制 I/O 的一个例子

打印机的"就绪"和"缺纸"等状态记录在打印机控制器的状态端口中。接收到"启动打印"命令后,打印机控制器自动将"就绪"状态清 0,表示当前正在工作,无法接收新的打印任务;打印完当前数据端口中的字符时,打印机控制器自动将"就绪"状态置 1,表示数据端口已准备就绪,CPU 可以向数据端口送入下一个欲打印字符。

若采用程序直接控制 I/O 方式,则驱动程序的执行与外设的 I/O 操作完全串行,驱动程序需等待用户进程的全部 I/O 请求完成后,才返回到上层 I/O 软件,最后再返回到用户进程。此方式下,用户进程在 I/O 过程中不会被阻塞,内核空间的 I/O 软件一直代表用户进程在内核态进行 I/O 处理。

程序直接控制 I/O 方式的特点是简单、易控制,设备控制器中的控制电路也简单。但是,CPU 需要从设备控制器中读取状态信息,并在外设未就绪时一直处于**忙等待**。如果外设的速度比 CPU 慢很多,CPU 等待外设完成任务将浪费大量处理器时间。

### 2. 中断控制 I/O 方式

**中断控制 I/O 方式**的基本思想是,当需要进行 I/O 操作时,首先启动外设进行第一个数据的 I/O 操作,然后阻塞请求 I/O 的用户进程,并调度其他进程到 CPU 上执行,在执行期间,外设在设备控制器的控制下工作。外设完成 I/O 操作后,向 CPU 发送一个**中断请求信号**,CPU 检测到该信号后,则进行上下文切换,调出相应的**中断服务程序**执行。中断服务程序将启动后续数据的 I/O 操作,然后返回到被打断的进程继续执行。例如,对于上述请求打印字符串的用户进程 P 的例子,如果采用中断控制 I/O 方式,则驱动程序处理 I/O 的过程如图 9-13 所示。

```
enable_interrupts();                                  //开中断,允许外设发出中断请求
while (readb(printer_status_port) != READY);          //等待直到打印机状态为"就绪"
writeb(printer_data_port, kernelbuf[i]);              //向数据端口输出第一个字符
writeb(printer_control_port, START);                  //发送"启动打印"命令
scheduler();                                          //阻塞用户进程 P,调度其他进程执行
```

(a)

```
acknowledge_interrupt();                              //中断回答(清除中断请求)
if (n==0) {                                           //若字符串打印完,则
    unblock_user();                                   //用户进程 P 解除阻塞,P 进就绪队列
} else {
    writeb(printer_data_port, kernelbuf[i]);          //向数据端口输出一个字符
    writeb(printer_control_port, START);              //发送"启动打印"命令
    n = n-1;                                          //未打印字符数减 1
    i = i+1;                                          //下一个打印字符指针加 1
}
return_from_interrupt();                              //中断返回
```

(b)

图 9-13　中断控制 I/O 的一个例子
(a)"字符串打印"驱动程序;(b)"字符打印"中断服务程序

从图 9-13(a)可看出,驱动程序启动打印机后,就调用**处理器调度程序** scheduler 切换到其他进程执行,而阻塞用户进程 P。在 CPU 执行其他进程的同时,打印机和 CPU 并行工作。若打印机打印一个字符需要 5ms,则期间其他进程可在 CPU 上执行 5ms 的时间。对于程序直接控制 I/O 方式,CPU 在这 5ms 内只是不断地查询打印机状态,因而整个系统效率很低。

**小贴士**

在多道程序(多任务)系统中,单个处理器可以被多个进程共享,即多个进程可以轮流使用处理器。为此,操作系统必须使用某种调度方法决定何时停止一个进程在处理器上的运行,转而使处理器运行另一个进程。操作系统中使用某种调度方法进行处理器调度的程序称为**处理器调度程序**。

简单来说,一个进程有三种状态:运行、就绪和阻塞。正在处理器上运行着的进程处于**运行态**;可以被调度到处理器运行但因为时间片到等原因被换下的进程处于**就绪态**;因为某种事件的发生而不能继续在处理器上运行的进程处于**阻塞态**。处于阻塞态的进程也称为**被挂起**,典型的处于阻塞态进程的例子就是等待 I/O 完成的进程,因为 I/O 操作没有完成的话,进程便无法继续运行下去。处于就绪态的进程可能有多个,为方便选择就绪态进程运行,通常将所有就绪态进程组成一个**就绪队列**,解除阻塞的进程可进入就绪队列。

中断控制 I/O 方式下,外设一旦完成任务,就会向 CPU 发中断请求。对于图 9-13 的例子,当一个字符打印结束后,打印机就会发中断请求,CPU 将暂停正在执行的其他进程,调出"字符打印"中断服务程序执行。如图 9-13(b)所示,中断服务程序首先通知打印机控制器中断已收到,清除中断请求,然后判断是否已完成字符串中所有字符的打印,若是,则将用户进程 P 解除阻塞,将其放入就绪队列;否则,就向数据端口送出下一个欲打印字符,并启动打印,将未打印字符数减 1、下一打印字符指针加 1。最后 CPU 从中断服务程序返回,回到被打断的进程继续执行。

图 9-14 和图 9-15 描述了中断控制 I/O 的整个过程。

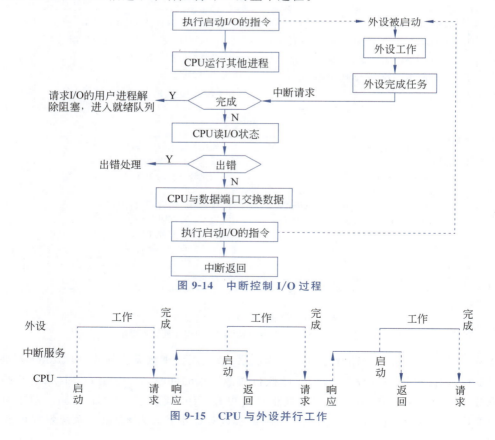

图 9-14 中断控制 I/O 过程

图 9-15 CPU 与外设并行工作

计算机系统中可能会存在多个可发送中断请求信号的设备,甚至一些复杂设备支持发送多种中断,它们称为**中断源**。硬件对不同的中断源编号加以区分,该编号称为**中断号**。驱动程序初始化时向操作系统注册相应的中断服务程序,同时将中断号作为参数,指示将该中断服务程序绑定到该中断号。CPU 响应中断后,可查询触发本次中断的中断号,然后根据中断号查询相应的中断服务程序并调用。

中断控制 I/O 方式下,每次执行中断服务程序仅传送一个数据。例如,对于上述字符串打印的例子,每次中断都只打印一个字符。但是,为了响应中断请求和执行中断服务程序,CPU 额外执行了许多操作,包括保存断点和程序状态字、保存现场、查询中断号、调用中断服务程序等。对于硬盘、网卡等高速设备,若采用中断控制方式,则 CPU 将会由于外设传输数据速度快而频繁响应和处理中断,从而影响整个系统的效率。

以下例子说明中断控制 I/O 方式下,CPU 用于硬盘 I/O 的开销。

**例 9-4** 假定某字长为 32 位的单核 CPU 主频为 3GHz,某硬盘传输带宽为 128MB/s,硬盘控制器中有一个 512B 的数据缓存。系统中有 A 和 B 两个用户进程,其中 A 为 I/O 密集型程序,不断从硬盘读出数据;B 为计算密集型程序,一直在用户态进行科学计算。假设系统使用中断 I/O 方式进行硬盘数据传输,每次中断传输 512B 数据,CPU 从硬盘 I/O 端口中读出一个字需要 24 个 CPU 时钟周期。系统的工作过程如下:①A 通过系统调用函数 read()读取 4KB 数据,从 A 发起系统调用到驱动程序向硬盘发出读命令,需要 3μs;②驱动程序向硬盘发出读命令,然后阻塞 A 并调度 B,并通过上下文切换返回到 B,需要 1.5μs;③B 执行一段时间;④硬盘读数据完成后发送中断请求,CPU 响应中断后查询中断源,并调出硬盘中断服务程序,需要 0.5μs;⑤硬盘中断服务程序从 I/O 端口中依次读出硬盘控制器数据缓存中的 512B 数据;⑥反复执行第②~⑤步,直到读出总计 4KB 数据;⑦唤醒 A 后切换到 A 的上下文,并从系统调用返回用户态,需要 3μs;⑧跳转回第①步,重复上述过程。问:硬盘实际的数据传输率为多少? CPU 运行进程 B 的时间占比为多少?

**解:**硬盘采用中断 I/O 方式,每次中断传输 512B 数据,故传输 4KB 数据需要处理 8 次中断,每次传输 512B 数据需要 512B/(128MB/s)=4μs。由于该 CPU 字长为 32 位,一次最多只能从 I/O 端口中读出 4B 数据,因此从 I/O 端口中读出 512B 数据需要 512B/4B×24=3072 个时钟周期,即 3072/3GHz≈1μs。综上,从驱动程序发出读命令,到 CPU 从 I/O 端口中读出全部数据,需要 4μs+0.5μs+1μs=5.5μs,上述一轮工作(即 A 从发起系统调用到系统调用完成)需要 3μs+5.5μs×8+3μs=50μs。在一轮工作中,硬盘实际工作的时间占比为(4μs×8)/50μs=64%,故硬盘实际的数据传输率为 128MB/s×64%=81.92MB/s;在一次硬盘传输的过程中,进程 B 执行的时间为 4μs−1.5μs=2.5μs,故 CPU 运行进程 B 的时间占比为(2.5μs×8)/50μs=40%。

对于程序查询方式,在外设准备数据时,CPU 一直在等待外设完成(忙等待),因此 CPU 用于 I/O 的时间为 100%。对于中断 I/O 方式,在外设准备数据时,CPU 可执行其他进程,外设和 CPU 并行工作,因而 CPU 在外设准备数据时没有 I/O 开销,只有在中断响应和处理以及进行数据传送时 CPU 才需要花费时间为 I/O 服务。当外设工作效率较低时,采用中断 I/O 方式可大幅降低 CPU 用于 I/O 的开销。

但对于像硬盘这类高速外设的数据传送,若用中断 I/O 方式,则 CPU 用于 I/O 的开销是无法忽视的。高速外设速度快,中断请求频率高,导致 CPU 被频繁打断,使得中断响应和处理的额外开销很大,因此,高速外设不适合采用中断 I/O 方式,通常采用 **DMA 控制 I/O 方式**。

### 3. DMA 控制 I/O 方式

DMA(Direct Memory Access)控制 I/O 方式使用专门的 DMA 接口硬件直接控制在外设和主存之间交换数据，此时数据不经过 CPU。通常把该接口硬件称为 **DMA 控制器**。

DMA 控制器与设备控制器一样，其中也有若干寄存器，包括**主存地址寄存器**、**设备地址寄存器**、**字计数器**、**控制寄存器**等，还有其他控制逻辑，用于控制设备通过总线与主存直接交换数据。在 DMA 传送前，应先进行 **DMA 初始化**，将需要传送的数据个数、数据所在设备地址及主存首地址、数据传送方向(从主存到外设还是从外设到主存)等参数写入上述寄存器中。

如图 9-16 所示，DMA 控制 I/O 过程如下：首先进行 DMA 初始化，然后发送"**启动 DMA 传送**"命令启动外设工作。之后，CPU 阻塞请求 I/O 的用户进程，转去执行其他进程。在 CPU 执行其他进程的过程中，DMA 控制器控制外设和主存交换数据，此时 CPU 和外设并行工作。DMA 控制器每完成一个数据的传送，就将字计数器减 1，并更新主存地址，其功能可看作使用专用硬件来执行 memcpy() 函数。当字计数器为 0 时，完成所有 I/O 操作，此时，DMA 控制器发送"**DMA 结束**"中断请求信号，CPU 检测到中断请求后，暂停正在执行的进程并调出"DMA 结束"中断服务程序执行。在该中断服务程序中，CPU 解除请求 I/O 的用户进程的阻塞状态，将其放入就绪队列，然后从中断返回，回到被打断的进程继续执行。

```
initialize_DMA();                        //初始化 DMA 控制器（准备传送参数）
writeb(DMA_control_port, START);         //发送"启动 DMA 传送"命令
scheduler();                             //阻塞用户进程，调度其他进程执行
```
(a)

```
acknowledge_interrupt();                 //中断回答（清除中断请求）
unblock_user();                          //用户进程 P 解除阻塞，进入就绪队列
return_from_interrupt();                 //中断返回
```
(b)

图 9-16　DMA 控制 I/O 过程
(a)write 系统调用服务例程；(b)"DMA 结束"中断服务程序

DMA 控制 I/O 方式下，CPU 只需在最初的 DMA 初始化和最后处理"DMA 结束"中断时介入，无须参与整个数据传送过程，因而 CPU 用于 I/O 的开销非常小。

**例 9-5**　考虑例 9-4 中的场景，但硬盘采用 DMA 方式传输数据，每次传输的数据量为 4KB。问：硬盘实际的数据传输率为多少？CPU 运行进程 B 的时间占比为多少？若 DMA 方式每次传输的数据量为 32KB，且用户进程 A 通过系统调用函数 read() 一次读取 32KB 数据，此时硬盘实际的数据传输率和 CPU 运行进程 B 的时间占比各为多少？

**解**：由于 DMA 方式每次传输 4KB 数据，因此每次系统调用只需传递一次数据并处理一次中断。每次传输 4KB 数据需要 $4\text{KB}/(128\text{MB/s})=32\mu s$，但由于 DMA 直接将数据传输到主存，CPU 无须从 I/O 端口中读出数据，故一轮工作(即 A 从发起系统调用到系统调用完成)需要 $3\mu s+32\mu s+0.5\mu s+3\mu s=38.5\mu s$。在一轮工作中硬盘实际工作时间占比为 $32\mu s/38.5\mu s=83.12\%$，故硬盘实际的数据传输率为 $128\text{MB/s}\times 83.12\%=106.39\text{MB/s}$；在一次硬盘传输过程中，可用于进程 B 执行的时间为 $32\mu s-1.5\mu s=30.5\mu s$，故 CPU 运行进程 B 的时间占比为 $30.5\mu s/38.5\mu s=79.22\%$。

相比于例 9-4 中的中断 I/O 方式，采用 DMA 控制 I/O 方式可使硬盘实际数据传输率提

升 29.88%，而 CPU 运行进程 B 的时间占比达到了之前的 1.98 倍。

若 DMA 方式每次传输的数据量为 32KB，则需要花费 32KB/(128MB/s)=256$\mu$s，故一轮工作（即 A 从发起系统调用到系统调用完成）需要 3$\mu$s＋256$\mu$s＋0.5$\mu$s＋3$\mu$s＝262.5$\mu$s。在一轮工作中，硬盘实际工作的时间占比为 256$\mu$s/262.5$\mu$s＝97.52%，故硬盘实际的数据传输率为 128MB/s×97.52%＝124.83MB/s；在一次硬盘传输过程中，进程 B 可执行的时间为 256$\mu$s－1.5$\mu$s＝254.5$\mu$s，故 CPU 运行进程 B 的时间占比为 254.5$\mu$s/262.5$\mu$s＝96.95%。

DMA 方式下，数据传送不消耗任何处理器周期，因此，即使硬盘一直在进行 I/O 操作，CPU 也仅需要初始化 DMA、发送"启动 DMA 传送"命令，以及处理"DMA 结束"中断。在实际场景中，硬盘大多数时间并不工作，因此 CPU 为 I/O 所花费的时间会更少。当然，若 CPU 在 DMA 传送过程中需要访问存储器，则需要与 DMA 竞争存储器带宽。但通过使用 cache，CPU 可避免大多数访存冲突，因为 CPU 的大部分访存请求都在 cache 中命中，所以存储器的大部分带宽都可让给 DMA 使用。

近年来，超高速外设开始流行，包括 SSD、万兆网卡、十万兆网卡等，甚至出现了传输速率接近 1Tb/s 的"太网卡"。这类外设的工作速度非常快，即使采用 DMA 方式，一次中断处理也会带来不可忽略的开销。有研究工作指出，通过轮询方式访问超高速外设反而可以使 CPU 能在更短的时间内完成 I/O 操作，从而提高 I/O 响应速度。

当系统中引入 DMA 方式时，存储层次结构和 CPU 之间的关系会变得更复杂。没有 DMA 控制器时，所有访存请求都来自 CPU，它们通过 MMU 进行地址转换，并在 cache 缺失时才访问存储器。有了 DMA 控制器后，系统中就多出另一条访问存储器的路径，它没有通过 MMU 和 cache。这样，在虚拟存储器和 cache 系统中就会产生一些新问题。解决这些问题通常要结合硬件和软件两方面的技术支持。

在虚拟存储器系统中同时有物理地址和虚拟地址，那么，DMA 是以虚拟地址还是以物理地址工作呢？

若 DMA 采用虚拟地址，则 DMA 控制器中应有一个类似页表的地址映射表，称为 **I/O 存储管理部件（IOMMU）**，用于将 DMA 控制器发出的虚拟地址转换为物理地址，再送到存储器总线上。不过，操作系统需要额外维护 CPU 中 MMU 与 DMA 控制器中 IOMMU 的一致性，否则可能会通过 IOMMU 访问到错误的物理地址。

若 DMA 采用物理地址，则需要额外考虑 DMA 传送范围跨页带来的问题。在虚拟存储器系统中，每个虚拟页可被映射到主存的任意一个物理页，这意味着 DMA 请求访问连续的物理地址时，可能会访问其他已分配物理页，从而读出非预期的数据，甚至往该物理页写入数据破坏原内容，造成灾难性的后果。为了解决上述问题，一种方案是由操作系统把一次传送分解成多次小数据量传送，将每个 DMA 传送请求的范围限制在一个页面内，但该方案的灵活性较低。Linux 操作系统采用与内存管理模块协助的解决方案，通过**连续内存分配器（Contiguous Memory Allocator，CMA）**来为驱动程序分配连续的物理内存。

采用 cache 的系统中，一个数据项可能会产生两个副本，一个在 cache 中，一个在主存中，因此，具有 DMA 的 cache 系统也会产生问题。若 DMA 控制器直接向主存发出访存请求而不通过 cache，此时 DMA 看到的一个主存单元的值可能与 CPU 看到的 cache 中的副本不同。考虑从磁盘中读一个数据，DMA 直接将其送到主存，如果有些被 DMA 写过的单元在 cache 中，那么以后 CPU 读取这些单元时，就会得到一个老的值。类似地，如果 cache 采用写回（write-back）策略，当一个新的值在 cache 中写入时，这个值并未被马上写回主存，而此时若

DMA 直接从主存读,那么读的值可能是老的值。这个问题称为**过时数据问题**或 **DMA 一致性问题**,其解决方法有两种。

第一种方法是在硬件上让 DMA 请求进入 cache,这样就保证了在 DMA 读时能读到最新的数据,而 DMA 写时能更新 cache 中的任何数据。当然,让所有 DMA 都通过 cache,其代价是非常大的。因为,有时 DMA 数据并不会马上要用到,如果这些数据把 CPU 正在使用的热数据替换出去,将会影响 cache 的命中率。有时 DMA 会传送大量页面内容,造成 cache 中大量热数据被冲刷,对 CPU 的性能带来较大影响。针对这个问题,Intel 在一些新型处理器的末级组相联 cache 中加入了**数据直接输入/输出**(data direct I/O,DDIO)技术,限制 DMA 数据只能进入每个 cache 组中特定一路或几路,从而把 DMA 数据对 cache 造成的冲刷行为限制在局部范围内,以降低 CPU 的性能损失。L1 cache 容量通常较小,因而通常不让所有 DMA 数据进入 L1 cache,而是借助现有的 cache 一致性协议来维护 L1 cache 和末级 cache 的数据一致性。

第二种方法是让驱动程序在发起 DMA 请求前通过软件方式维护 cache。具体地,在发起 DMA 写主存请求前,需要让写主存范围对应 cache 行无效;在发起 DMA 读主存请求前,需要对读主存范围对应 cache 行进行一次写回操作。这种方法需要处理器提供 cache 控制指令。大部分 RISC 指令集都提供了 cache 控制指令来实现上述方法。

### 9.3.3 中断服务程序

中断控制 I/O 和 DMA 控制 I/O 两种方式下,在执行设备驱动程序过程中,都会阻塞当前用户进程并调度其他进程执行;也都会向 CPU 发送中断请求信号,前者由设备在每完成一个数据的 I/O 后发送信号,后者由 DMA 控制器在完成整个数据块的 I/O 后发送信号。CPU 收到中断请求信号后,将调出中断服务程序执行。

图 9-17 给出了整个**中断过程**,包括**中断响应**和**中断处理**两个阶段。中断响应完全由硬件完成,包括关中断,保存断点,并跳转到预先设定的中断服务程序,进入中断处理阶段。

中断服务程序包含三个阶段:**准备阶段**、**处理阶段**和**恢复阶段**。准备阶段需要将寄存器现场保存到栈上,并根据实际情况决定是否需要在中断处理过程中响应并处理其他中断,若是,则进行以下操作:①保存当前的中断屏蔽字,中断屏蔽字用于指示是否允许响应新的中断源;②设置新的中断屏蔽字,从而指定允许在后续的处理阶段中响应哪些中断源;③开中断,允许 CPU 响应中断。否则可省略上述三步操作。中断屏蔽字寄存器是中断控制器中的一个 I/O 端口,由 CPU 通过 I/O 指令进行设置。有关中断控制器的介绍参见 9.4.5 节。

处理阶段需要从中断控制器中读出触发本次中断的中断号,并根据中断号查询相应的中断服务程序,然后调用具体的中断服务。具体的中断服务首先

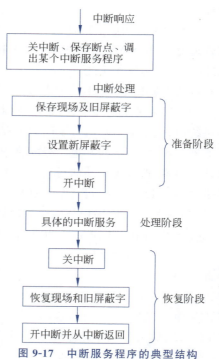

图 9-17 中断服务程序的典型结构

通知设备本次中断已收到,清除中断请求,然后根据设备的具体功能进行处理。由于具体的中断服务与设备紧密相关,因此通常作为设备驱动程序的一部分功能,设备驱动程序在初始化时会向操作系统注册相应的中断服务,同时将中断号作为参数,指示将该中断服务绑定到该中断号。

恢复阶段的工作与准备阶段相反,包括关中断、恢复现场和旧屏蔽字等,最后通过指令集提供的中断返回指令从中断处理过程返回。通常中断返回指令除了返回到程序的断点外,同时还会自动恢复处理器的中断使能位。

在中断处理过程中,若接收到了优先级更高的新中断请求,CPU 应立即暂停当前执行的中断服务程序,转去处理新中断,这种情况称为**多重中断**或**中断嵌套**,如图 9-18 所示。

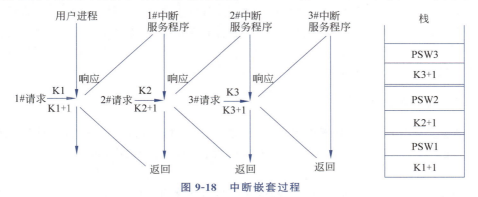

图 9-18 中断嵌套过程

为了正确实现中断嵌套,需要利用栈的特性。如图 9-18 所示,假定在执行用户进程时,发生了 1#中断请求,因为用户进程不屏蔽任何中断,所以 CPU 需响应 1#中断,中断响应过程将用户进程的断点 K1+1 及其程序状态字 PSW1 保存在栈中,然后调出 1#中断服务程序执行。而在处理 1#中断的过程中,又发生了 2#中断,且 2#中断的处理优先级比 1#高,即 1#中断服务程序所设置的屏蔽字对 2#中断是开放的(对应屏蔽位为 1),此时 CPU 将暂停 1#中断的处理,而响应 2#中断,中断响应过程将 1#中断的断点 K2+1 及其程序状态字 PSW2 保存在栈中,然后调出 2#中断服务程序执行。同样,若 2#中断未屏蔽 3#中断,则 3#中断也可以打断 2#中断的处理。当 3#中断处理完返回时,需从栈顶取出断点和程序状态字。因此从 3#中断返回后,首先回到 2#中断的断点 K3+1 处,而不是回到 1#中断或用户进程执行。

如 8.2.4 节所述,CISC 处理器一般在异常/中断响应过程的硬件响应阶段自动把断点和 PSW 保存在栈上。而对于 RISC 处理器,异常/中断响应过程的硬件响应阶段只会把断点和 PSW 保存在 CSR 中,若发生中断嵌套,CSR 中的断点和 PSW 将会被覆盖,从而无法恢复到旧中断到来时的状态。因此若 RISC 处理器系统要支持中断嵌套,则需在异常/中断响应过程的软件响应阶段从 CSR 中读出断点和 PSW,并将其保存在栈上;在异常/中断返回前,软件还需要从栈上将保存的断点和 PSW 恢复到 CSR 中,然后再通过异常/中断返回指令恢复断点和 PSW。

中断嵌套一般在复杂系统中使用。例如,一些任务较多的实时操作系统会预先定义不同中断源之间的处理优先级,若某中断源需要处理的任务更重要,则可通过中断嵌套方式打断正在处理的低优先级中断。早期的 Linux 操作系统也支持中断嵌套,但随着外设功能的增强,开发者发现,一些配备多个传输队列的复杂网卡可能会频繁向其中一个处理器核发送中断,造成内核栈溢出而导致系统崩溃。为了解决该问题,开发者在2010年4月向Linux操作系统项目提交了补丁,不允许在处理中断的过程中进行"开中断"操作,从而禁止中断嵌套。不过,Linux操作系统允许在异常处理过程中嵌套一层中断,这是因为系统调用和缺页异常等处理通常要花费较多时间,若此过程中一直处于"关中断"状态,将会导致系统长时间无法响应外设请求,从而可能造成时钟不准确、操作卡顿、网卡丢包等问题,影响用户体验。

## 9.4 I/O硬件与软件的接口

用户I/O请求通过陷阱指令转入内核,由内核I/O软件控制I/O硬件完成。内核空间中底层I/O软件的编写与I/O硬件的结构密切相关,编写这部分软件的程序员关心的是I/O硬件中与软件的接口部分,因此,本节主要介绍与软件相关的I/O硬件部分。I/O硬件通常由机械部分和电子部分组成,并且两部分通常可以分开。机械部分是I/O设备本身,而电子部分则称为**设备控制器**或**I/O适配器**。

### 9.4.1 输入/输出设备

**I/O设备**又称**外围设备**、**外部设备**,简称外设,是计算机系统与人类或其他计算机系统之间交换信息的装置。操作系统为了统一管理I/O设备,通常将I/O设备分成两类:字符设备和块设备。

**字符设备**是以字符为单位向主机发送或从主机接收字符流的设备。字符设备传送的字符流不能形成数据块,无法定位和寻址。

通常,大多数输入设备和输出设备都可以看作字符设备。**输入设备**的功能是把数据、命令、字符、图形、图像、声音或电流、电压等信息,以计算机可以接收或识别的二进制编码形式输入计算机中,例如,键盘、鼠标、触摸屏、跟踪球、控制杆、数字化仪、扫描仪、手写笔、光学字符阅读机等都是输入设备;**输出设备**的功能是把计算机处理的结果,变成最终可以被人理解的数据、文字、图形、图像和声音等信息。例如,显示器、打印机和绘图仪等都是输出设备。

还有一类主要用于计算机和计算机之间通信的设备,称为**机-机通信设备**,例如,网络接口、调制解调器、数/模和模/数转换器等。通常,大多数机-机通信设备也可看作字符设备。

**块设备**以一个固定大小的数据块为单位与主机交换信息。块设备中的数据块大小通常在512B以上,通常按照某种组织方式对其进行读写,每个数据块都有唯一的位置信息,因而是**可寻址的**。典型的块设备是**外部存储器**,如磁盘驱动器、固态硬盘、光盘驱动器和磁带机等,有关外部存储器内容可参见6.3节。

操作系统将所有设备划分成字符设备和块设备两类,主要是为了便于抽象出不同设备的共同特点,从而尽可能多地划分出与设备无关的I/O软件部分。例如,对于块设备,文件系统只处理与设备无关的抽象块设备,而把与设备相关的部分放到更低层次的设备驱动程序中实现。

### 9.4.2 基于总线的互连结构

图9-19给出了基于总线互连的传统计算机系统结构,在其互连结构中,除CPU、主存及各种接插在主板扩展槽上的I/O控制卡(如声卡、视频卡)外,还有北桥芯片和南桥芯片,这两个超大规模集成电路芯片组成一个芯片组,是计算机中各个部件相互连接和通信的枢纽。芯

片组几乎集成了主板上所有的存储器控制功能和 I/O 控制功能,既实现了总线功能,又提供了各种 I/O 接口及相关控制功能。其中,北桥是一个主存控制器集线器(Memory Controller Hub,MCH)芯片,本质上是一个 DMA 控制器,因此,可通过 MCH 芯片,直接访问主存和显卡中的显存。南桥是一个 I/O 控制器集线器(I/O Controller Hub,ICH)芯片,可集成 USB 控制器、磁盘控制器、以太网控制器等各种外设控制器,也可通过南桥芯片引出若干主板扩展槽,用以接插一些 I/O 控制卡。

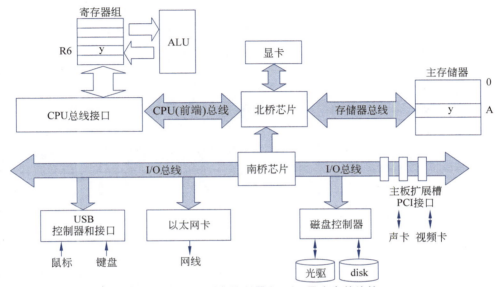

图 9-19 外设、设备控制器和 CPU 及主存的连接

如图 9-19 所示,CPU 与主存之间由处理器总线(也称前端总线)和存储器总线相连,各类 I/O 设备通过相应的设备控制器(如 USB 控制器、以太网卡、磁盘控制器)连接到 I/O 总线上,而 I/O 总线通过芯片组与主存和 CPU 连接。

传统上,总线分为处理器-存储器总线和 I/O 总线。处理器-存储器总线比较短,通常是高速总线,有的系统将处理器总线和存储器总线分开,中间通过北桥芯片(桥接器)连接,CPU 芯片通过 CPU 插座插在处理器总线上,内存条通过内存条插槽插在存储器总线上。

下面对处理器总线、存储器总线和 I/O 总线进行简单说明。

**1. 处理器总线**

早期 Intel 微处理器的处理器总线称为**前端总线**(Front Side Bus,FSB),它是主板上最快的总线,主要用作处理器与北桥芯片之间交换信息。

FSB 的**传输速率单位**实际上是 MT/s,表示每秒钟传输多少兆次。通常所说的总线传输速率单位 MHz 是习惯上的称呼,实质是时钟频率单位。早期的 FSB 每个时钟传送一次数据,因此时钟频率与数据传输速率一致。但是,从 Pentium Pro 开始,FSB 采用 4 倍并发(quad pumped)技术,在每个总线时钟周期内传 4 次数据,即总线的数据传输速率等于总线时钟频率的 4 倍,若时钟频率为 333MHz,则数据传输速率为 1333MT/s,即 1.333GT/s,但习惯上称 1333MHz。若前端总线的工作频率为 1333MHz(实际时钟频率为 333MHz),总线的数据宽度为 64 位,则总线带宽为 10.664GB/s。

Intel 公司推出 Core i7 芯片时,北桥芯片的功能被集成到了 CPU 芯片内,CPU 通过存储器总线(即内存条插槽)直接和内存条相连,而在 CPU 芯片与其他 CPU 芯片之间,以及 CPU

芯片与IOH(input/output hub)芯片之间,则通过QPI(quick path interconnect)总线相连。

**QPI总线**是一种基于包传输的高速点对点连接协议,采用差分信号与专门的时钟信号进行传输。QPI总线有20条数据线,发送方(TX)和接收方(RX)有各自的时钟信号,每个时钟周期传输两次。一个QPI数据包包含80位,需要两个时钟周期或4次传输才能完成整个数据包的传送。在每次传输的20位数据中,有效数据占16位,其余4位用于循环冗余校验,以提高系统的可靠性。由于QPI是双向的,在发送的同时也可以接收另一端传输的数据,因此,每个QPI总线的带宽计算公式如下。

QPI总线带宽＝每秒传输次数×每次传输的有效数据×2

QPI总线的速度单位通常为GT/s,若QPI的时钟频率为2.4GHz,则速度为4.8GT/s,表示每秒传输4.8G次数据,并称该QPI工作频率为4.8GT/s。因此,QPI工作频率为4.8GT/s的总带宽为4.8GT/s×2B×2＝19.2GB/s。QPI工作频率为6.4GT/s的总带宽为6.4GT/s×2B×2＝25.6GB/s。

图7-20给出了Intel Core i7-965/975中核与核之间、核与主存控制器之间以及各级cache之间的互连结构。从图7-20可看出,Core i7芯片中有4个处理器核。处理器支持三通道DDR3 SDRAM内存条插槽,因此,处理器中包含有一个主存控制器,并有三组并行传输的存储器总线,三组存储器总线连接的内存条以并行方式存取信息,从而提升主存带宽。此外,处理器还有两条QPI总线,分别与其他处理器芯片及IOH芯片互连,可通过IOH芯片访问更多I/O设备。

**2. 存储器总线**

早期的存储器总线由北桥芯片控制,处理器通过北桥芯片和主存、图形卡(显卡)及南桥芯片进行互连。但后来的处理器芯片(如Core i7芯片)集成了主存控制器,因而存储器总线直接连接到处理器。

芯片组设计时需确定其能够处理的主存类型,故存储器总线有不同的运行速度。如图7-20所示的计算机中,存储器总线宽度为64位,每秒传输1066M次,总线带宽为1066M×64/8≈8.533GB/s,因而3个通道的总带宽约为25.6GB/s,与此配套的内存条型号为DDR3-1066。

**3. I/O总线**

I/O总线用于为系统中的各种I/O设备提供输入/输出通路,其物理表现通常是主板上的I/O扩展槽。第一代I/O总线有XT总线、ISA总线、EISA总线、VESA总线,这些I/O总线早已被淘汰;第二代I/O总线包括PCI、AGP、PCI-X;第三代I/O总线是PCI-Express(简称PCI-e)。

前两代I/O总线采用并行传输同步总线,而**PCI-e总线**采用串行传输方式。两个PCI-e设备之间以一个**链路**(link)相连,每个链路可包含多条**通路**(lane),可能的通路数为1、2、4、8、16或32,PCI-e×$n$表示具有$n$个通路的PCI-e链路。

PCI-e每条通路由发送和接收数据线构成,发送和接收两个方向各有两条差分信号线,可同时发送和接收数据。在发送和接收过程中会对每个数据字节进行编码,以保证所有位都含有信号电平的跳变。这是因为在链路上没有专门的时钟信号,接收器使用锁相环(PLL)从进入的位流0-1和1-0跳变中恢复时钟。例如,PCI-e 1.0和PCI-e 2.0采用8b/10b编码方案,即将每8位数据编码成10位;而PCI-e 3.0、PCI-e 4.0和PCI-e 5.0采用128b/130b编码方案,即将每128位数据编码成130位,大大提升了数据传输效率。

PCI-e 1.0规范支持通路中每个方向的发送或接收速率为2.5Gb/s。因此,PCI-e 1.0总线

的总带宽计算公式(单位为 GB/s)如下:

$$总线总带宽 = 2.5 \text{Gb/s} \times 2 \times 通路数 / 10$$

根据此公式可知,在 PCI-e 1.0 规范下,PCI-e×1 的总带宽为 0.5GB/s;PCI-e×2 的总带宽为 1GB/s;PCI-e×16 的总带宽为 8GB/s。

将北桥芯片功能集成到 CPU 芯片后,主板上的芯片组不再是传统的三芯片结构(CPU+北桥+南桥)。根据需求有多种主板芯片组结构,有的是双芯片结构(CPU+PCH),有的是三芯片结构(CPU+IOH+ICH)。其中,双芯片结构中的 PCH(platform controller hub)芯片除包含原南桥芯片 ICH 的 I/O 控制器集线器功能外,原北桥芯片中的图形显示控制单元和管理引擎(management engine,ME)单元也集成到 PCH 中,另外还包括非易失 RAM(non-volatile random access memory,NVRAM)控制单元等,因此 PCH 比以前南桥芯片的功能复杂得多。

图 9-20 给出了一个基于 Intel Core i7-975 三芯片结构的单处理器计算机系统互连结构。在图 9-20 中,Core i7-975 处理器芯片直接与三通道 DDR3 SDRAM 主存连接,并提供一组带宽为 25.6GB/s 的 QPI 总线,与基于 X58 芯片组的 IOH 芯片相连。图中所配内存条速度为 533MHz×2=1066MT/s,因此每个通道的存储器总线带宽为 64/8×1066=8.5GB/s。

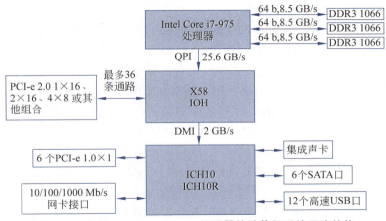

图 9-20 基于 Intel Core i7-975 处理器的计算机系统互连结构

图 9-20 中,IOH 的重要功能是提供对 PCI-e 2.0 的支持,最多可支持 36 条 PCI-e 2.0 通路,可以配置为一个或两个 PCI-e 2.0×16 的链路,或者 4 个 PCI-e 2.0×8 的链路,或者其他的组合,如 8 个 PCI-e 2.0×4 的链路等。这些 PCI-e 链路可以支持多个图形显示卡。

IOH 与 ICH 芯片(ICH10 或 ICH10R)通过 DMI(direct media interface)总线连接。DMI 采用点对点方式,时钟频率为 100MHz,因为上行与下行各有 1GB/s 的数据传输率,因此总带宽为 2GB/s。ICH 芯片中集成了相对慢速的外设 I/O 接口,包括 6 个 PCI-e 1.0×1 接口、10/100/1000Mb/s 网卡接口、集成声卡(HD Audio)、6 个 SATA 硬盘控制接口和 12 个支持 USB 2.0 标准的 USB 接口。若采用 ICH10R 芯片,则还支持 RAID 功能,也即 ICH10R 芯片中还包含 RAID 控制器,所支持的 RAID 等级有 SATA RAID 0、RAID 1、RAID 5、RAID 10 等。

### 9.4.3 I/O 接口的功能和结构

外设的 **I/O 接口**又称**设备控制器**或 **I/O 控制器**或 **I/O 控制接口**,也称 **I/O 模块**,是介于外设和 I/O 总线之间的部分,不同的外设往往对应不同的设备控制器。设备控制器通常独立于 I/O 设备,可以集成在主板上(即 ICH 芯片内)或以插卡的形式插在 I/O 总线扩展槽上。如

图 9-19 中的磁盘控制器、以太网卡（网络控制器）、USB 控制器、声卡、视频卡等都是 I/O 接口。

I/O 接口根据从 CPU 接收到的命令控制相应外设。它在主机一侧与 I/O 总线相连，在外设一侧提供相应的连接插座，在插座上连上电缆即可通过设备控制器将外设连接到主机。

图 9-21 给出了常用连接插座。目前很多外设都可连接到 USB 接口上，键盘和鼠标既可连接到 PS/2 插座（图中键盘接口和鼠标器接口处的插座）上，也可连到 USB 接口上。

I/O 接口的主要职能包括以下几方面。

（1）数据缓冲。主存和 CPU 寄存器的存取速度都非常快，而外设一般涉及机械操作，其速度较慢，在设备控制器中引入数据缓冲寄存器后，输出数据时，CPU 只需把数据送到数据缓冲寄存器即可；在输入数据时，CPU 只需从数据缓冲寄存器取数即可。在设备控制器控制外设与数据缓冲寄存器进行数据交换时，CPU 可执行其他任务。

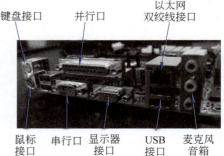

图 9-21 常用 I/O 设备连接插座

（2）错误和就绪检测。提供错误和就绪检测逻辑，并将结果保存在状态寄存器，供 CPU 查用。状态信息包括各类就绪和错误信息，如外设是否完成打印或显示、是否准备好输入数据供 CPU 读取、打印机是否缺纸、磁盘数据校验是否正确等。

（3）控制和定时。接收主机侧送来的控制信息和定时信号，根据相应的定时和控制逻辑，向外设发送控制信号，控制外设工作。主机送来的控制信息存放在控制寄存器中。

（4）数据格式的转换。提供数据格式转换部件（如进行串-并转换的移位寄存器），将从外部接口接收的数据转换为内部接口所需格式，或进行反向的数据格式转换。例如，以二进制位的形式读写磁盘驱动器后，磁盘控制器将对从磁盘读出的数据进行串-并转换，或对主机写入的数据进行并-串转换。

不同 I/O 接口（设备控制器）在复杂性和控制外设数量上相差很大，故不一一列举。图 9-22 给出了 I/O 接口的通用结构。

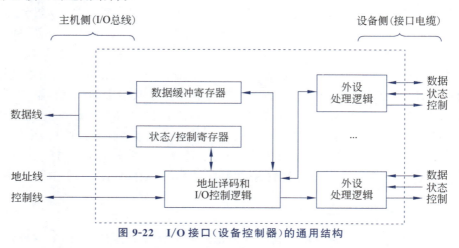

图 9-22 I/O 接口（设备控制器）的通用结构

如图 9-22 所示，I/O 接口中包含数据缓冲寄存器、状态/控制寄存器等多个不同寄存器，用于存放外设与主机交换的数据信息、控制信息和状态信息。因为状态信息和控制信息传送方向相反,而且 CPU 通常在时间上交错访问它们,所以有些设备控制器将它们合并为一个寄存器。

设备控制器是连接外设和主机的"桥梁",它在外设侧和主机侧各有一个接口。一方面,设备控制器在主机侧通过 I/O 总线和主机相连,CPU 可通过指令将控制信息写入控制寄存器、从状态寄存器读出状态信息或与数据缓冲寄存器进行数据交换,通常把这类指令称为 **I/O 指令**;另一方面,设备控制器在外设侧通过各种接口电缆(如 USB 线、网线、并行电缆等)和外设相连。因此,连接电缆、设备控制器、各类总线及其桥接器共同在外设、主存和 CPU 之间建立一条信息传输"通路"。

有了设备控制器,底层 I/O 软件就可以通过设备控制器来控制外设,因此编写底层 I/O 软件的程序员只需了解设备控制器的工作原理,包括设备控制器中有哪些软件可访问的寄存器、控制/状态寄存器中每一位的含义、设备控制器与外设之间的通信协议等,而无须了解外设的机械特性。

## 9.4.4 I/O 端口及其编址

通常把设备控制器中的数据缓冲寄存器、状态/控制寄存器等统称为 **I/O 端口**。数据缓冲寄存器简称**数据端口**,状态/控制寄存器简称**状态/控制端口**。为了让 CPU 指定所访问的 I/O 端口,必须给 I/O 端口编址,所有 I/O 端口编号组成的空间称为 **I/O 地址空间**。I/O 端口的编址方式有两种:统一编址方式和独立编址方式。

### 1. 独立编址方式

**独立编址方式**对所有 I/O 端口单独编号,使它们成为一个与主存地址空间独立的 I/O 地址空间。采用该编址方式时,无法从地址码区分 CPU 访问的是 I/O 端口还是主存单元,因此指令系统中需要有专门的 I/O 指令表明访问的是 I/O 地址空间,I/O 指令中地址码部分给出 I/O 端口号。CPU 执行 I/O 指令时,会产生 I/O 读写的总线事务,CPU 通过该总线事务访问 I/O 端口。

通常,I/O 端口数比主存单元少得多,选择 I/O 端口时,只需少量地址线,因此,在设备控制器中的地址译码逻辑较简单。独立编址的另一好处是,专用 I/O 指令使程序的结构较清晰,易判断出哪部分代码用于 I/O 操作,因而可读性和可维护性更好。不过,I/O 指令往往只提供简单的传输操作,故程序设计的灵活性差一些。

例如,Intel x86 架构支持独立编址方式,其 I/O 地址空间共有 65 536 个 8 位的 I/O 端口,两个连续的 8 位端口可看成一个 16 位端口;同时提供了 4 条专门的 I/O 指令:in、ins、out 和 outs,其中的 in 和 ins 指令用于将设备控制器中某寄存器的内容取到 CPU 的通用寄存器中;out 和 outs 用于将通用寄存器的内容输出到设备控制器中某寄存器。例如,以下两条指令将 AL 寄存器中的字符数据送到打印机数据缓冲寄存器(端口号为 378H)中。

```
movl $0x378,%edx        #将数据缓冲寄存器编号 378H 送 DX
outb %al,%dx            #将 AL 中的字符数据送数据缓冲寄存器
```

### 2. 统一编址方式

**统一编址方式**下,I/O 地址空间与主存地址空间统一编址,主存地址空间分出一部分地址给 I/O 端口编号。因为 I/O 端口和主存单元在同一个地址空间的不同区域中,故可根据地址范围区分访问的是 I/O 端口还是主存单元,因此无须添加专门的 I/O 指令,只要用一般的访存指令即可访问 I/O 端口。因为这种方式是将 I/O 端口映射到主存空间的某段地址,所以也

称为**存储器映射 I/O**(Memory Mapping I/O,**MMIO**)方式。

因为统一编址方式下 I/O 访问和主存访问共用同一组指令,所以其保护机制可由虚拟存储管理机制实现。统一编址方式大大增加了编程的灵活性,任何访问内存的指令均可用于访问设备控制器中的 I/O 端口。例如,可用访存指令在 CPU 通用寄存器和 I/O 端口之间传送数据;可用 and、or 或 test 等指令操作设备控制器中的控制/状态寄存器。

大多数 RISC 架构都采用统一编址方式。如在 LoongArch、RISC-V 和 MIPS 等架构中,I/O 端口采用存储器统一编址方式,通过 load/store 指令读/写 I/O 端口中信息,总线可根据访存指令的物理地址范围区分读写的是主存单元还是 I/O 端口。

例如,对于 MIPS 32 架构,图 9-23 给出了其虚拟地址空间映射,其中内核空间中位于 0xA000 0000~0xBFFF FFFF 的 kseg1 区域是非映射非缓存区域。它被固定映射到物理地址空间最开始的 512MB(0x0000 0000~0x1FFF FFFF)区间,只需将虚拟地址最高三位清零即可转换为物理地址,无须经过 MMU 转换,因此它是**非映射**(unmapped)区域。同时也是**非缓存**(uncached)区域,该区域中的信息不能送 cache 进行缓存。

通常将 I/O 端口地址空间分配在 kseg1 区域,其原因是,该区域的非缓存特性(即在 cache 中没有副本)能保证对 I/O 空间访问的**数据一致性**。此外,kseg1 是唯一能在系统启动时(此时 MMU 和 cache 还未能正常工作)可以访问的地址空间,因此,MIPS 32 规定,上电重启后所运行程序的第一条指令的地址为 0xBFC0 0000,所映射的物理地址是 0x1FC0 0000。

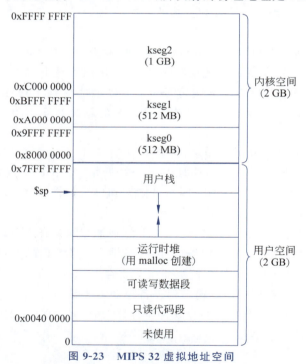

图 9-23 MIPS 32 虚拟地址空间

如果将 MIPS 32 虚拟地址空间的 kseg1 区域中的一块地址分配给 I/O 地址空间,其中的地址对应到不同外设控制器中的 I/O 端口号,例如,可将 0xB0C0 0000~0xB0C0 0FFF 范围的地址分配给网卡(网络控制器)中的 I/O 端口。执行加载指令 lw 时,只要通过简单的虚实地址变换(最高三位清 0),将分配给 I/O 端口号的虚拟地址变换为对应的物理地址,CPU 将该物理地址送到系统总线上,最终通过 I/O 总线的地址线传送到 I/O 接口中,从而选中要访问的 I/O 端口,就可完成从指定 I/O 端口加载信息的过程。例如,执行以下两条指令可将 I/O 端口 B0C0 0010H 中的信息(数据或状态)取到寄存器 $t8 中。

```
lui $t9, 0xb0c0         #将立即数 B0C0 0000H 送入寄存器$t9
lw $t8, 0x10($t9)       #从 I/O 端口 B0C0 0010H 中读取信息到$t8 中
```

在 LoongArch 架构中,I/O 地址空间与内存地址空间统一编址,因此,对于 I/O 端口的访问,与访问主存单元一样,都采用 load/store 访存指令。

例如,龙芯 3A5000 芯片所连接的通用异步收发器(Universal Asynchronous Receiver-Transmitter,UART)串行接口(称为 UART 控制器)支持全双工异步数据接收/发送功能,并采用硬件方式实现发送/接收数据的先进先出缓冲区。UART 控制器中包含了多个 I/O 端口,如数据寄存器(DAT)、FIFO 控制寄存器(FCR)、线路控制寄存器(LCR)、线路状态寄存器(LSR)等,对应设备驱动程序可以通过 load/store 指令从这些端口中读取状态信息或写入控制信息,并将欲发送数据写入数据寄存器 DAT 或从 DAT 中读出接收到的数据。为了使 CPU 能够连续读取(或连续发送)多个接收到的(或发送的)在 FIFO 缓冲区的数据,还新增了接收 FIFO 计数器(RFC)和发送 FIFO 计数器(TFC)两个 I/O 端口。

龙芯 3A5000 芯片配置的 UART0 对应的 I/O 端口物理地址基址为 0x1FE0 01E0,其中的每个 I/O 端口都是一个 8 位的寄存器,分别具有不同的 8 位偏移地址,如数据寄存器的偏移地址为 0x00,线路控制寄存器和线路状态寄存器的偏移地址分别为 0x03 和 0x05。表 9-2 中给出了线路状态寄存器中每一位的定义。

表 9-2  线路状态寄存器(LSR)中每一位的定义

| 位 | 名称 | 说 明 |
| --- | --- | --- |
| 7 | ERROR | 错误位。1:至少发生了奇偶校验错、帧错或线路中断请求中的一个;0:无错。在每次读操作后自动清零 |
| 6 | TE | 发送数据就绪位。1:发送 FIFO 和发送移位寄存器都为空,CPU 可送入发送数据;0:发送 FIFO 和发送移位寄存器中有数据。在发送 FIFO 中写入数据后,该位自动清零 |
| 5 | TFE | 发送 FIFO 就绪位。1:发送 FIFO 为空,说明已就绪,可送入发送数据;0:发送 FIFO 中有数据。在发送 FIFO 中写入数据后,该位自动清零 |
| 4 | BI | 线路中断请求位。1:接收的起始位+数据+奇偶位+停止位都是 0,即有线路中断请求。在每次读操作后自动清零 |
| 3 | FE | 帧错误位。1:接收的数据没有停止位,发生帧错误。在每次读操作后自动清零 |
| 2 | PE | 奇偶校验错误位。1:当前接收的数据中有奇偶校验错误。在每次读操作后自动清零 |
| 1 | OE | 数据溢出位。1:存在数据溢出。在每次读操作后自动清零 |
| 0 | DR | 接收数据有效位。1:在接收 FIFO 中有数据,CPU 可读取其中的内容;0:无数据可读。从接收 FIFO 中读出数据使其为空后,该位自动清零 |

LSR 中各位能实时反映对应 UART 设备的当前状态,驱动程序可通过读取 LSR 中对应的状态位来确定下一步操作。例如,当驱动程序需要读取外部输入数据时,可查询第 0 位(DR)以确定接收 FIFO 中是否有数据,当 DR=1 时,可从接收 FIFO 中读取外部发送过来的数据。采用轮询方式进行状态查询的过程中,UART 控制器将根据接收 FIFO 中的数据变化情况实时将 DR 位由 0 变为 1。

采用统一编址方式时,访存指令既可能访问主存,也可能访问 I/O 端口。与主存单元不同,即使 CPU 未主动写入 I/O 端口,其值也可能会随设备的工作状态发生变化,这会给软件编程和 CPU 设计带来若干新问题。

**例 9-6** 某 LoongArch 处理器配置了 UART0,其 I/O 端口物理地址基址为 0x1FE001E0,其中,线路状态寄存器(LSR)的偏移地址为 0x5,各状态位的定义如表 9-2 所示;数据寄存器(DAT)的偏移地址为 0x0。某生为该串口开发了一个简单的驱动程序,用于将字符 ch 发送出去,代码如下:

```
1   #define READY 1
2   void uart_putch(char ch) {
3     char * status_port = (char *)0x1FE001E5L;
4     char * data_port = (char *)0x1FE001E0L;
5     while (* status_port != READY); //wait until ready
6     * data_port = ch;
7   }
```

该生通过-O1 选项编译上述代码,发现频繁调用上述函数时有一定概率发生系统无响应。请分析系统无响应的原因,并给出解决方案。

**解**:上述驱动程序对应的汇编代码如下:

```
uart_putch:
    li.w     $a1,0x1FE001E0        #加载 UART0 的基地址到寄存器 a1
    ld.bu    $a2,$a1,0x5           #读取 LSR 线路状态寄存器的内容,送 a2
    andi     $a2,$a2,0x20          #获取 LSR 中的 TFE 位(即第 5 位),送 a2
.L0
    beqz     $a2,.L0               #当发送 FIFO 非空时,跳转至.L0,即非空时继续等待
    st.b     $a0,$a1,0x0           #当发送 FIFO 就绪时,将 a0 中数据写入 DAT 中
    jirl     zero,$ra,0x0          #过程返回
```

当发送 FIFO 非空时,ld.bu 指令从 I/O 端口 LSR 中读出的 TFE 状态位为 0,beqz 指令的执行结果为跳转,跳转目标为标号.L0,从而陷入死循环。当频繁调用上述函数时,可能会因串口忙碌使得 TFE 位为 0 而进入死循环,造成系统无响应。

造成上述结果的原因是编译器对代码进行了优化,使优化后的代码行为不符合预期。具体地,驱动程序希望在串口忙碌时等待,并在等待期间一直轮询状态寄存器。但编译器在优化时认为 status_port 是一个指向主存的指针,而主存中的值不会主动改变,因此编译器判断在循环中多次读出 status_port 的结果相同,故将读出 status_port 的操作提前到循环外进行,通过减少读出 status_port 的次数优化程序。但实际上 status_port 是一个指向设备寄存器的指针,即使软件未写设备寄存器,其中的值也可能由硬件自动改变,因此编译器进行上述优化的前提不成立,导致优化后的代码行为不符合预期。

为解决上述问题,可通过 C 语言中的 volatile 关键字修饰指针所指类型,表示指针指向的存储单元可能会因其他原因被修改,或者访问该存储单元会产生其他副作用。在该前提下,编译器将严格按照 C 语言的语义规则来生成访问该存储单元的代码。在本例中,可对第 3 和第 4 行进行如下修改。

```
3     volatile char * status_port = (volatile char *)0x1FE001E5L;
4     volatile char * data_port = (volatile char *)0x1FE001E0L;
```

修改后重新编译,得到如下汇编代码。

```
uart_putch:
    li.w     $a1,0x1FE001E0        #加载 UART0 的基地址到寄存器 a1
.L0
    ld.bu    $a2,$a1,0x5           #读取 LSR 线路状态寄存器的内容,送 a2
```

```
        andi    $a2,$a2,0x20    #获取 LSR 中的 TFE 位(即第 5 位),送 a2
        beqz    $a2,.L0         #当发送 FIFO 非空时,跳转至.L0,即非空时继续等待
        st.b    $a0,$a1,0x0     #当发送 FIFO 就绪时,将 a0 中数据写入 DAT 中
        jirl    zero,$ra,0x0    #过程返回
```

当串口忙碌时,beqz 指令的执行结果为跳转,跳转后重新从状态寄存器读出串口状态,从而正确实现了轮询功能。

现代 CPU 通常包含 cache,但架构师应保证通过访存指令访问 I/O 端口时,数据不应装入 cache。cache 可正确工作的其中一个假设是,装入的主存块在主存中的副本不会自动变化,使得 CPU 可以从 cache 中访问到最新的数据。但 I/O 端口的性质不符合上述假设,因此,若 I/O 端口的数据装入 cache,将会使得程序无法读取 I/O 端口的最新值,或者使得程序发送的命令字无法及时传送到设备。

为了避免上述问题,cache 在接收来自 CPU 的访存请求时,需要检查物理地址是否位于 I/O 地址空间。若是,则将该访存请求绕过 cache,直接通过总线传送到设备;从设备中读出的结果也绕过 cache,直接返回给 CPU。在虚拟存储系统中,页表项中的禁止缓存位也可以用于指示该页面能否装入 cache,操作系统可借助该位在虚拟地址空间中标识 I/O 端口所在的页面。

### 9.4.5 中断系统

现代计算机系统的中断处理功能相当丰富,每个计算机系统的中断系统功能可能不完全相同,但其基本功能主要包括几方面:①及时记录各种中断请求,通常用一个**中断请求寄存器**来记录;②自动响应中断请求。CPU 在"开中断"状态下,每执行一条指令后都会自动检测中断请求引脚,发现有中断请求后会自动响应中断;③同时有多个中断请求时,能自动选择并响应优先级最高的中断请求;④保护被打断程序的断点和现场。**断点**指被打断程序中将要执行的下一条指令的地址,由 CPU 保存,**现场**指被打断程序在断点处各通用寄存器的内容,由中断服务程序保存;⑤通过中断屏蔽实现多重中断的嵌套执行。

中断系统允许 CPU 在执行某中断服务程序时,被新的中断请求打断。但并非所有中断处理都可被新中断打断,对于一些重要的紧急事件,要设置成不可被打断,这就是**中断屏蔽**的概念。中断系统中要有中断屏蔽机制,针对每个中断,软件可以设置其允许被哪些中断打断,不允许被哪些中断打断。该功能主要通过在中断系统中设置**中断屏蔽字**实现。屏蔽字中每一位对应某个外设中断源,称为该中断源的**中断屏蔽位**,通常 1 表示允许中断,0 表示不允许中断(即屏蔽中断)。软件可以通过执行指令修改屏蔽字,从而动态改变中断处理的先后次序。

中断系统的基本结构如图 9-24 所示。

从图 9-24 可看出,来自各个外设的**中断请求**记录在中断请求寄存器的对应位,每个**中断源**有各自对应的中断屏蔽字,软件可根据需求设置**中断屏蔽字寄存器**。若有未屏蔽的中断请求到来,中断系统将会生成**中断请求信号**,同时将所有未被屏蔽的中断请求送到**中断判优电路**中。判优电路根据**中断响应优先级**选择一个优先级最高的中断源,通过编码器对该中断源进行编码,得到中断源的标识信息,称为**中断号**。CPU 在"开中断"状态下,每当执行完当前指令,都会检测中断请求信号(如 Intel x86 架构中的 INTR 信号)查看有无中断请求。若有,CPU 将会响应中断,在下个指令周期开始,CPU 将跳转到中断服务程序入口执行。中断响应过程与异常响应过程类似,具体可参见 8.2.4 节和 8.3.4 节。

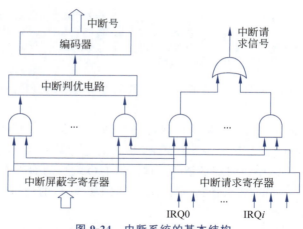

图 9-24 中断系统的基本结构

中断系统的功能一般通过**可编程中断控制器**（Programmable Interrupt Controller，**PIC**）实现。每个能够发出中断请求的外部设备控制器都有一条 **IRQ 线**，所有外设的 IRQ 线连到 PIC 对应的输入 IRQ0、IRQ1、…、IRQ$i$、…。若某 IRQ$i$ 输入信号有效，则 PIC 将其中断请求寄存器中对应那一位置 1，从而记录该中断请求。PIC 对所有外设发来的 IRQ 请求按优先级排队，如果至少有一个未屏蔽的 IRQ 请求，则 PIC 通过 INTR 信号向 CPU 发中断请求。

中断系统中存在两种**中断优先级**。一种是中断响应优先级，另一种是中断处理优先级。**中断响应优先级**由**中断查询程序**或如图 9-24 中的**中断判优电路**决定优先权，它决定多个中断同时请求时先响应哪个；而**中断处理优先级**则由各自的中断屏蔽字（如图 9-24 中的中断屏蔽字寄存器内容）来动态设定，决定本中断与其他所有中断之间的处理优先关系。如 9.3.3 节所述，在**多重中断系统**中通常用中断屏蔽字动态分配中断处理优先权。

## 9.5 本章小结

用户程序通常通过调用编程语言提供的库函数或操作系统提供的 API 函数来实现 I/O 操作，这些函数最终都会调用系统调用封装函数，通过封装函数中的陷阱指令使用户进程从用户态转到内核态执行。

在内核态中执行的内核空间 I/O 软件主要包含三部分，分别是与设备无关的操作系统软件、设备驱动程序和中断服务程序。具体 I/O 操作是通过设备驱动程序或中断服务程序控制 I/O 硬件来实现的。设备驱动程序的实现主要取决于具体的 I/O 控制方式。

程序直接控制 I/O 方式下，驱动程序实际上就是一个查询程序，而且不再调用中断服务程序。

中断控制 I/O 方式下，驱动程序在启动完外设后，将调用处理器调度程序以调出其他进程执行，而使当前进程阻塞；当外设完成任务，则外设的设备控制器向 CPU 发出中断请求，CPU 调出中断服务程序执行；在中断服务程序中，进行新数据的读写或进行 I/O 操作的结束处理。

DMA 控制 I/O 方式下，驱动程序进行 DMA 传送初始化并发出"启动 DMA 传送"命令后，将调用处理器调度程序以调出其他进程执行，而使当前进程阻塞；当 DMA 传送完成后，则 DMA 控制器向 CPU 发出"DMA 结束"中断请求，CPU 调出相应中断服务程序执行；在中断服务程序中,进行 DMA 结束处理。

在设备驱动程序和中断服务程序中,通过执行 I/O 指令对设备控制器中的 I/O 端口进行访问。CPU 通过读取状态端口的状态,来了解外设和设备控制器的状态,根据状态向控制端口发送相应的控制信息,以控制外设的读写和定位等操作,而外设的数据则通过数据端口来访问。I/O 端口的编址方式有两种:独立编址方式和统一编址(存储器映射)方式。

## 习　　题

1. 给出以下概念的解释说明。

| | | | |
|---|---|---|---|
| I/O 硬件 | I/O 软件 | 用户空间 I/O 软件 | 内核空间 I/O 软件 |
| 系统调用处理程序 | 系统调用服务例程 | 设备驱动程序 | 中断服务程序 |
| 系统级 I/O 函数 | 虚拟文件系统 | 文件描述符 | 文件元数据 |
| 流缓冲区 | 索引节点 | 目录文件 | 目录项 |
| 系统打开文件表 | 打开文件描述符表 | 磁盘高速缓存 | I/O 控制方式 |
| 程序直接控制 I/O | 就绪状态 | 中断控制 I/O | 中断屏蔽字 |
| 多重中断 | 中断嵌套 | DMA 方式 | DMA 控制器 |
| 设备控制器 | I/O 端口 | 控制端口 | 数据端口 |
| 状态端口 | I/O 地址空间 | 独立编址方式 | 统一编址方式 |
| 存储器映射 I/O | I/O 指令 | 可编程中断控制器 | 中断请求寄存器 |
| 中断响应优先级 | 中断处理优先级 | | |

2. 简单回答下列问题。

(1) I/O 子系统的层次结构是怎样的?
(2) 系统调用封装函数对应的机器级代码结构是怎样的?
(3) 为什么系统调用的开销很大?
(4) C 语言标准 I/O 库函数是在用户态执行还是在内核态执行?
(5) 与 I/O 操作相关的系统调用封装函数是在用户态执行还是内核态执行?
(6) 什么是程序直接控制 I/O 方式? 说明其工作原理。
(7) 什么是中断控制 I/O 方式? 说明其工作原理。
(8) 为什么在保护现场和恢复现场的过程中,CPU 必须关中断?
(9) DMA 方式能够提高成批数据交换效率的主要原因是什么?
(10) DMA 控制器在什么情况下发出中断请求信号?
(11) I/O 端口的编址方式有哪两种? 各有何特点?
(12) 为什么中断控制器把中断类型号放 I/O 总线的数据线上而不是放在地址线上?

3. 在 Linux 系统中,假设硬盘文件"\home\test.txt"的数据由 ASCII 码字符串"\home\test"组成,下列程序的输出结果是什么? 程序执行后,该文件中的内容是什么?

```
1    #include <stdio.h>
2    #include <fcntl.h>
3    #include <unistd.h>
4
5    int main() {
6        int fd1,fd2;
7        char data[11];
8
9        fd1=open("\home\test.txt", O_RDONLY, 0);
10       close(fd1);
11
12       fd2=open("\home\test.txt", O_RDONLY, 0);
```

```
13        read(fd2,data,10);
14        data[10]= '\0';
15        printf("fd2=%d,data=%s\n",fd2,data);
16        write(fd2, "\ngoodbye!\n",10);
17        exit(0);
18    }
```

4. 以下是在 LA64＋Linux 平台中执行的用户程序 P 的汇编代码。

```
1     #hello.s #
2     #display a string "Hello, world."
3
4     .section .rodata
5     msg:
6     .ascii "Hello, world.\n"
7
8     .section .text
9     .globl _start
10    _start:
11
12    li.w         $a7, 64         #系统调用号为 64(sys_write)
13    li.w         $a0, 1          #参数一 file descriptor:文件描述符(stdout)
14    la.local     $a1, msg        #参数二 string address:要显示的字符串
15    li.w         $a2, 14         #参数三 string length:字符串长度
16    syscall      0x0             #调用内核功能
17
18    li.w         $a7, 93         #系统调用号为 93(sys_exit)
19    li.w         $a0, 0          #参数一：退出代码
20    syscall      0x0             #调用内核功能
```

针对上述汇编代码，回答下列问题。

(1) 程序的功能是什么？

(2) 执行到哪些指令时会发生从用户态转到内核态执行的情况？

(3) 该用户程序调用了哪些系统调用？

5. 第 4 题中用户程序的功能可以用以下 C 语言代码段来实现。

```
1     #include <unistd.h>
2     #include <stdlib.h>
3        int main() {
4        write(1, "Hello, world.\n", 14);
5        exit(0);
6     }
```

针对上述 C 语言代码，回答下列问题或完成下列任务。

(1) 执行 write()函数时，传递给 write()的实参在 main 栈帧中的存放情况怎样？要求画图说明。

(2) 从执行 write()函数开始到调出 write 系统调用服务例程 sys_write()函数执行的过程中，其函数调用关系是怎样的？要求画图说明。

(3) 就程序设计的便捷性和灵活性以及程序执行性能等方面，与第 4 题中的实现方式进行比较。

6. 第 4 题和第 5 题中用户程序的功能可以用以下 C 语言代码段来实现。

```
1     #include <stdio.h>
2     int main() {
3        printf("Hello, world.\n");
4        exit(0);
5     }
```

假定源程序文件名为 hello.c，可重定位目标文件名为 hello.o，可执行目标文件名为 hello，程序用 GCC 编译驱动程序处理，在 LA64＋Linux 平台中执行。回答下列问题或完成下列任务。

(1) 为什么在 hello.c 的开头需加 "#include <stdio.h>"？为什么 hello.c 中没有定义 printf() 函数，也没它的原型声明，但 main() 函数引用它时没有发生错误？

(2) 需要经过哪些步骤才能在机器上执行 hello 程序？要求详细说明各个环节的处理过程。

(3) 为什么 printf() 函数中没有指定字符串的输出目的地，但执行 hello 程序后会在屏幕上显示字符串？

(4) 字符串 "Hello, world.\n" 在机器中对应的 0/1 序列（机器码）是什么？这个 0/1 序列存放在 hello.o 文件的哪个节中？这个 0/1 序列在可执行目标文件 hello 的哪个段中？

(5) 若采用静态链接，则需要用到 printf.o 模块来解析 hello.o 中的外部引用符号 printf，printf.o 模块在哪个静态库中？静态链接后，printf.o 中的代码部分（.text 节）被映射到虚拟地址空间的哪个段中？若采用动态链接，则 printf() 函数的代码在虚拟地址空间中的何处？

(6) 假定 printf() 函数最终调用的系统调用封装函数 write() 对应的汇编代码如图 9-5 所示，说明 write() 函数的执行过程，并分析该系统中系统调用返回的最大错误号。

(7) 就程序设计的便捷性和灵活性及程序执行性能等方面，与第 4 题和第 5 题中的实现方式分别进行比较，并分析说明哪个执行时间更短？

7. 若前端总线的工作频率为 1333MHz（实际时钟频率为 333MHz），总线宽度为 64 位，则总线带宽为多少？若存储器总线为三通道总线，总线宽度为 64 位，内存条的型号为 DDR3-1333，则整个存储器总线的总带宽为多少？若内存条型号改为 DDR3-1066，则存储器总线的总带宽又是多少？

8. 总线的速度通常指每秒传输多少次，例如，QPI 总线的速度单位为 GT/s，表示每秒钟传输多少个 10 亿（$1G=10^9$）次。若 QPI 总线的时钟频率为 2.4GHz，则其速度为多少？总带宽是多少 GB/s？QPI 总线的速度也称为 QPI 频率，QPI 频率为 6.4GT/s 时的总带宽是多少？

9. PCI-e 总线采用串行传输方式，PCI-e×n 表示具有 n 个通路的 PCI-e 链路。PCI-e 1.0 规范支持通路中每个方向的发送或接收速率为 2.5Gb/s，则 PCI-e×8 和 PCI-e×32 的总带宽分别为多少？

10. 假定采用独立编址方式对 I/O 端口进行编号，那么，必须为处理器设计哪些指令来专门用于进行 I/O 端口的访问？连接处理器的总线必须提供哪些控制信号来表明访问的是 I/O 空间？

11. 假设某计算机带有 20 个终端同时工作，在运行用户程序的同时，能接受来自任意一个终端输入的字符信息，并将字符回送显示（或打印）。每个终端的键盘输入部分有一个数据缓冲寄存器 RDBR$i$（$i=1\sim20$），当在键盘上按下某一个键时，相应的字符代码即进入 RDBR$i$，并使它的 "完成" 状态标志 Done$i$（$i=1\sim20$）置 1，要等 CPU 把该字符代码取走后，Done$i$ 标志才被自动清 0。每个终端显示（或打印）输出部分有一个数据缓冲寄存器 TDBR$i$（$i=1\sim20$），并有一个 Ready$i$（$i=1\sim20$）状态标志，该状态标志为 1 时，表示相应的 TDBR$i$ 是空着的，准备接收新的输出字符代码，当 TDBR$i$ 接收了一个字符代码后，Ready$i$ 标志被自动清 0，并将字符代码送到终端显示（或打印），为了接收终端的输入信息，CPU 为每个终端设计了一个指针 PTR$i$（$i=1\sim20$），用于指向为该终端保留的主存输入缓冲区。CPU 采用下列两种方案输入键盘代码，同时回送显示（或打印）。

(1) 每隔一固定时间 $T$ 转入一个状态检查程序 DEVCHC，按顺序检查全部终端是否有任何键盘信息要输入，如果有，则按顺序完成输入。

(2) 允许任何有键盘信息输入的终端向处理器发出中断请求。全部终端采用共同的向量地址，利用它，处理器在响应中断后转入一个中断服务程序 DEVINT，由 DEVINT 查询各终端状态标志，并为最先遇到的请求中断的终端服务，然后转向用户程序。

要求画出 DEVCHC 和 DEVINT 两个程序的流程图。

12. 某台打印机每分钟最快打印 6 个页面，页面规格为 50 行×80 字符。已知某计算机主频为 500MHz，若采用中断方式进行字符打印，则每个字符申请一次中断且中断响应和中断处理时间合起来为 1000 个时钟周期。请问该计算机系统能否采用中断控制 I/O 方式来进行字符打印输出？为什么？

13. 假定某计算机的 CPU 主频为 500MHz，所连接的某个外设的最大数据传输率为 20KB/s，该外设接口中有一个 16 位的数据缓存器，相应的中断服务程序的执行时间为 500 个时钟周期，则是否可以用中断方式进行该外设的输入输出？假定该外设的最大数据传输率改为 2MB/s，则是否可以用中断方式进行该外设的输入输出？

14. 若某计算机有 5 个中断源,分别记为 1♯、2♯、3♯、4♯、5♯,中断响应优先级为 1♯＞2♯＞3♯＞4♯＞5♯,而中断处理优先级为 1♯＞4♯＞5♯＞2♯＞3♯。要求如下。

(1) 设计各中断处理程序的中断屏蔽位(假设 0 为屏蔽,1 为开放)。

(2) 若在运行主程序时,同时出现 2♯、4♯ 中断请求,而在处理 2♯ 中断过程中,又同时出现 1♯、3♯、5♯ 中断请求,试画出此程序运行过程示意图。

15. 假定某计算机字长 16 位,没有 cache,运算器一次定点加法时间等于 100ns,配置的磁盘旋转速度为 3000r/min,每个磁道上记录两个数据块,每一块有 8000 字节,两个数据块之间间隙的越过时间为 2ms,主存周期为 500ns,存储器总线宽度为 16b,总线带宽为 4MB/s,假定磁盘采用 DMA 方式进行 I/O,CPU 时钟周期等于主存周期。回答下列问题。

(1) 磁盘读写数据时的最大数据传输率是多少？

(2) 当磁盘按最大数据传输率与主机交换数据时,主存周期空闲百分比是多少？

(3) 直接寻址的"存储器-存储器"SS 型加法指令在无磁盘 I/O 操作打扰时的执行时间为多少？当磁盘 I/O 操作与一连串这种 SS 型加法指令执行同时进行时,则这种 SS 型加法指令的最快和最慢执行时间各是多少？

16. 假设某计算机所有指令都在两个总线周期内完成,一个总线周期用来取指令,另一个总线周期用来存取数据。总线周期为 250ns,因而每条指令的执行时间为 500ns。若该计算机中配置的磁盘上每个磁道有 16 个 512 字节的扇区,磁盘旋转一圈的时间为 8.192ms,总线宽度 16 位,采用 DMA 方式传送磁盘数据,则在进行 DMA 传送时该计算机指令执行速度降低了百分之几？

17. 假设一个主频为 1GHz 的处理器需要从某个成块传送的 I/O 设备读取 1000 字节的数据到主存缓冲区中,该 I/O 设备一旦启动即按 50KB/s 的数据传输率向主机传送 1000 字节数据,每个字节的读取、处理并存入内存缓冲区需要 1000 个时钟周期,则以下几种方式下,在 1000 字节的读取过程中,CPU 花在该设备的 I/O 操作上的时间分别为多少？占整个处理器时间的百分比分别是多少？

(1) 采用定时查询方式,每次处理 1 字节,一次状态查询至少需要 60 个时钟周期。

(2) 采用独占查询方式,每次处理 1 字节,一次状态查询至少需要 60 个时钟周期。

(3) 采用中断 I/O 方式,外设每准备好 1 字节发送一次中断请求。每次中断响应需要 2 个时钟周期,中断服务程序的执行需要 1200 个时钟周期。

(4) 采用周期挪用 DMA 方式,每挪用一次主存周期处理 1 字节,一次 DMA 传送完成 1000 字节数据的 I/O,DMA 初始化和后处理的时间为 2000 个时钟周期,CPU 和 DMA 没有访存冲突。

(5) 如果设备的速度提高到 5MB/s,则上述 4 种方式中,哪些是不可行的？为什么？对于可行的方式,计算出 CPU 花在该设备 I/O 操作上的时间占整个处理器时间的百分比？

# 参 考 文 献

[1] Randal E, Bryant David R, O'Hallaron. 深入理解计算机系统[M]. 龚奕利,贺莲,译. 3版. 北京:机械工业出版社,2016.

[2] 袁春风,朱光辉,余子濠. 计算机系统:基于x86+Linux平台[M]. 北京:机械工业出版社,2024.

[3] 袁春风,余子濠,陈璐. 计算机系统:基于RISC-V架构+Linux平台[M]. 北京:高等教育出版社,2024.

[4] 袁春风,余子濠. 计算机系统基础[M]. 2版. 北京:机械工业出版社,2018.

[5] 袁春风,余子濠. 计算机组成与设计(基于RISC-V架构)[M]. 北京:高等教育出版社,2020.

[6] 袁春风. 计算机组成与系统结构[M]. 3版. 北京:清华大学出版社,2022.

[7] 龙芯中科. LOONGSON龙芯架构参考手册 卷一:基础架构[M]. V1.10. 2023.

[8] 胡伟武,汪文祥,苏孟豪,等. 计算机体系结构基础[M]. 3版. 北京:机械工业出版社,2021.

[9] Daniel P, Bovet Marco Cesati. 深入理解LINUX内核[M]. 陈莉君,张琼声,张宏伟,译. 3版. 北京:中国电力出版社,2007.

[10] 新设计团队. Linux内核设计的艺术[M]. 北京:机械工业出版社,2013.

[11] Robert Love. Linux内核设计与实现[M]. 陈莉君,康华,译. 3版. 北京:机械工业出版社,2011.

[12] Marc J, Rochkind. 高级UNIX编程[M]. 王嘉祯,杨素敏,张斌,等译. 2版. 北京:机械工业出版社,2006.

[13] Johnson M, Hart. Windows系统编程[M]. 戴峰,陈征,等译. 4版. 北京:机械工业出版社,2010.

[14] Brian W, Kernighan Dennis M, Ritchie. The C Programming Language[M]. 2nd. 北京:机械工业出版社,2006.

[15] 尹宝林. C程序设计导引[M]. 北京:机械工业出版社,2013.

[16] Andrew S. Tanenbaum. 现代操作系统[M]. 陈向群,马洪兵,等译. 4版. 北京:机械工业出版社,2017.

# 图书资源支持

感谢您一直以来对清华版图书的支持和爱护。为了配合本书的使用,本书提供配套的资源,有需求的读者请扫描下方的"书圈"微信公众号二维码,在图书专区下载,也可以拨打电话或发送电子邮件咨询。

如果您在使用本书的过程中遇到了什么问题,或者有相关图书出版计划,也请您发邮件告诉我们,以便我们更好地为您服务。

**我们的联系方式:**

清华大学出版社计算机与信息分社网站:https://www.shuimushuhui.com/

地　　址:北京市海淀区双清路学研大厦A座714

邮　　编:100084

电　　话:010-83470236　010-83470237

客服邮箱:2301891038@qq.com

QQ:2301891038(请写明您的单位和姓名)

**资源下载:** 关注公众号"书圈"下载配套资源。

书圈

清华计算机学堂

观看课程直播